T0253627

Feedback

Jürgen Beetz

Feedback

Wie Rückkopplung unser Leben bestimmt und Natur, Technik, Gesellschaft und Wirtschaft beherrscht

2. Auflage

Jürgen Beetz
Berlin, Deutschland

ISBN 978-3-662-62889-8 ISBN 978-3-662-62890-4 (eBook)
https://doi.org/10.1007/978-3-662-62890-4

Die Deutsche Nationalbibliothek verzeichnet diese Publikation in der Deutschen Nationalbibliografie; detaillierte bibliografische Daten sind im Internet über http://dnb.d-nb.de abrufbar.

Einbandabbildung: deblik, Berlin
Grafiken: Dr. Martin Lay, Breisach a. Rh.

Planung: Andreas Rüdinger
Springer ist ein Imprint der eingetragenen Gesellschaft Springer-Verlag GmbH, DE und ist ein Teil von Springer Nature.
Die Anschrift der Gesellschaft ist: Heidelberger Platz 3, 14197 Berlin, Germany

Durch Logik beweisen wir, aber durch die Intuition entdecken wir.

Henri Poincaré: Science et méthode (1908)

Der Regelkreis oder das „negative Feedback" ist einer der wenigen Vorgänge, die von den Technikern erfunden wurden, ehe sie von der Naturforschung im Bereich des Organischen entdeckt worden waren.

Konrad Lorenz: Die acht Todsünden der zivilisierten Menschheit (1973)

Der Kreis schließt sich: Ein Reigen von schrittweise verstandenen Zusammenhängen, über welche wir versuchen, die Welt – und uns in ihr – zu verstehen.

Rupert Riedl: Zufall, Chaos, Sinn – Nachdenken über Gott und die Welt (2000)

Vorwort

Gazellen sind schnelle Läufer. Sie müssen dies sein, um den Geparden davonlaufen zu können. Was häufig nicht gelingt, denn sie sind die Hauptbeute dieses schnellsten Laufjägers. Gejagte und Jäger gelten als Lehrbuchbeispiele für Co-Evolution. Die Effizienz der Geparde wirkt zurück auf die Gazellen. Diese wiederum verbessern den Sprint ihres Feindes; ein endloser „Wettlauf" auf Leben und Tod. Er mündete in einer Art Patt. Nennenswert schneller zu werden geht nicht mehr. Die energetischen Kosten wären zu hoch. Für beide Beteiligten. Beispiele dieser Art gibt es mehr als genug. Stimmen sie auch? Den Evolutionsbiologen wird mitunter vorgehalten, sie würden (nur) „um zu"-Erklärungen liefern. Solche seien nicht zulässig, denn die Evolution hat kein Ziel. Das Leben lebt in der Gegenwart und muss sich an das halten, was aus der Vergangenheit überkommen ist, weil es überlebt hat. Die Falle der „um zu"-Erklärung ließe sich jedoch vermeiden, wenn der erweiterte naturwissenschaftliche „Systemansatz" verwendet würde.

„In Systemen zu denken" fällt nicht nur in der Evolutionsbiologie schwer. Wirtschaft, Politik, auch große Teile der Umweltwissenschaften bleiben in der nachgerade primitiven, jedoch sehr erfolgreichen, rein kausalen Denkweise verhaftet. Dass jede Änderung eine Ursache, eine Verursachung, haben muss, ist klar. Das Denkprinzip „Ursache → Wirkung" hat sich bewährt. Vollständig ist es allerdings nicht. Es fehlt die Rückwirkung. Wir müssen diese bedenken, wenn es um „Eingriffe" oder Lenkungsmaßnahmen geht. Die Folgen wirken zurück! Nicht nur in der Natur, sondern auch in Politik und Gesellschaft. Besonders deutlich prägt die Rückwirkung den Prozess der Evolution: Neues entsteht über Rückkoppelungen, weniger aus dem Zwang der Notwendigkeiten („Anpassung"). Es taucht unvorhersehbar auf. Wie uns das „Denken in Schleifen" das Neue verständlich macht und was es allgemein leistet, davon handelt dieses ebenso bemerkenswerte, wie wichtige Buch. Es verbindet Evolutionsbiologisches mit vielen anderen, besonders auch gesellschaftlich relevanten Themen.

Josef H. Reichholf
Evolutionsbiologe & Ökologe
Ehem. Leiter der Abteilung Wirbeltiere,
Zoologische Staatssammlung München
& Honorarprofessor der Technischen Universität München
Mitglied der Kommission für Ökologie der Bayerischen
Akademie der Wissenschaften

Vorbemerkung des Autors

„Alles hängt mit allem zusammen" – diesen Spruch hört man oft von Esoterikern, und alle nicken tiefsinnig. Es ist sogar eine der wichtigsten Grundvorstellungen des tibetischen Buddhismus. Jetzt fehlt noch „die alles umfassende Liebe" und schon ist man in der transzendenten Sphäre fernöstlicher Weisheit gelandet. Und damit jenseits unserer Wirklichkeit (die einen ja oft erschreckt und ängstigt, weil sie so undurchschaubar ist – weshalb man sich an solche „einfachen Wahrheiten" klammert).

Aber das ist natürlich Unsinn! Mein gelber Plastikeierbecher hängt nicht mit einem Kaninchenknochen im australischen Busch zusammen und auch nicht mit dem Vorderreifen eines Autos in Kalifornien. Oder vielleicht doch? Vielleicht stammen die Kohlenstoffatome in diesen drei Dingen alle aus demselben Stern?! Aber das ist erstens ziemlich unwahrscheinlich, zweitens nicht nachzuweisen und drittens völlig bedeutungslos. Der Rationalist stößt sich nämlich am Wörtchen „alles" und formuliert es lieber korrekt: „Es hängt mehr miteinander zusammen, als man denkt." So kommen wir der Wirklichkeit näher, und zwar im doppelten Sinn. Denn „Wirklichkeit" kommt ja von „Wirkung" – und die muss nach allgemeiner Meinung eine Ursache haben. Oder – wie gesagt – mehrere oder gar viele, ein ganzes Netz von Ursachen und Wirkungen. Und das ist unser Thema. Wie hängen Ursachen und Wirkungen zusammen? Vielleicht beißen sie sich wie die Katze in den Schwanz und formen gar einen „Teufelskreis"?! Diesen Fragen wollen wir in unterschiedlichen Gebieten anhand vieler Beispiele nachgehen.

Das Thema fasziniert mich seit meiner ersten Begegnung mit meinem großartigen Lehrer Winfried Oppelt, in dessen „Handbuch technischer

Regelvorgänge“ ich noch gerne schaue. So einfach das Prinzip ist, so nahezu unüberschaubar ist die Vielfalt der darauf beruhenden Erscheinungen und der mit ihm zusammenhängenden Themen. Wir werden sie alle ausführlich beleuchten und ihr komplexes Zusammenwirken illustrieren.

Ich habe versucht, Fakten und Tatsachen zu schildern und Zusammenhänge zwischen ihnen herzustellen. Aber natürlich, wenn man alles zusammenkocht, scheint auch das durch, was Wikipedia® POV (point of view) nennt: ein Standpunkt. Obwohl ich es lieber ein Weltbild nennen würde, denn der Mathematiker David Hilbert sagte: „Manche Menschen haben einen Gesichtskreis vom Radius null und nennen ihn ihren Standpunkt.“ Dieses Weltbild müssen Sie nicht teilen, aber es sollte Ihnen zu denken geben..). Im wahrsten Sinn des Wortes. Denn: „Nicht die Dinge verwirren die Menschen, sondern die Meinungen über die Dinge.“[1]

Dies ist keine Doktorarbeit, in der Neues präsentiert werden muss. Es handelt sich um vorhandenes, zum Teil weit verbreitetes Wissen. Bibliotheken sind voll davon. Oft ist es im Internet nachlesbar (mit Hilfe der im Register genannten Stichwörter), vor allem in den großen Enzyklopädien. Aus Gründen der Lesbarkeit wurde weitestgehend auf Fußnoten verzichtet, aber im Text wird auf alle verwendete Literatur hingewiesen (z. B., wenn ein Autor oder ein Buchtitel genannt wird), und sie wird im Literaturverzeichnis angegeben. Mein Vorhaben war es, die Dinge und Tatsachen zusammenzutragen wie ein Eichhörnchen die Nüsse. Harte habe ich zu knacken versucht, um zu ihrem Kern vorzudringen. Ich habe versucht, Querverbindungen und Gemeinsamkeiten aufzuzeigen. Es wurde „nur“ Wert auf die verständliche Darstellung von Zusammenhängen und eine klare Sprache gelegt. Sie werden Fachbegriffen begegnen: Fremdwörtern („Symbiose“), die erklärt werden (oft mit ihrer Wortherkunft), und Begriffen aus der Alltagssprache („Rückkopplung“), die in unserem Thema eine eingeschränkte oder spezielle Bedeutung haben. Und manchmal beides in einem – ein in die Alltagssprache gewandertes Fremdwort mit einer ungewohnten Bedeutung („Funktion“). Ich habe auch freizügig Gebrauch von Anführungszeichen gemacht für Begriffe, die ohne großes Nachdenken umgangssprachlich verwendet werden, bei genauerem Hinsehen aber durchaus diskussionswürdig sind.

Wir werden uns in unterschiedlichen Fachgebieten bewegen, aber ohne jeden Anspruch auf Vollständigkeit oder Detailtreue. Es ist ja klar, dass

[1] Ausspruch des antiken griechischen Philosophen und Stoikers Epiktet (ca. 50–138 n. Chr.).

keines der vielen Gebiete, auf denen *Feedback* eine Rolle spielt, hier auch nur annähernd vollständig behandelt werden kann. *Niemand* ist mehr in der Lage, Ihnen „die Welt zu erklären". Selbst in einem engen Wissensgebiet (z. B. Molekularbiologie oder Quantenphysik) braucht es Jahre des Studiums, um sich das gesamte Wissen zu erarbeiten (sofern das überhaupt gelingt). Sie sollen hier nur den engen Horizont der unmittelbaren Erfahrung überschreiten lernen und erkennen können, was sich hinter den oft verwirrenden Erscheinungen abspielt. Die Beispiele aus verschiedenen Bereichen (in Kap. 1 und ab Kap. 5) sind willkürlich ausgewählt und weder repräsentativ noch umfassend. Vielleicht fragt die eine oder andere Fachperson für das Gebiet XY verwundert: „Warum hat er denn nicht *daran* gedacht?! Das ist doch ein Paradebeispiel für *Feedback!*" Daran zweifle ich nicht, weil es unausweichlich ist – allein der Begriff „Teufelskreis" hat im Internet über zwei Millionen Fundstellen. Dann kann ich nur entschuldigend sagen: „Da sieht man mal, wie weit verbreitet das Prinzip der Rückkopplung ist." Es fehlt hier an fast allem auf diesem Gebiet, von *a* („autogenes Training") bis *z* („Zyklon"). Doch um mit Johann Wolfgang von Goethe zu sprechen: „In der Beschränkung zeigt sich erst der Meister." Aber das ist vermutlich etwas zu unbescheiden.

In den letzten 100 Jahren haben sich (wie in den Jahrhunderten davor) wissenschaftliche Revolutionen ereignet und unser Weltbild verändert, zum Teil sogar umgestülpt. Vieles davon ist in das öffentliche Bewusstsein gedrungen. Doch in einem Teilbereich fehlt dieses grundsätzliche Verständnis noch: dort, wo wir es mit einer nichtlinearen Dynamik und rückgekoppelten Regelkreisen zu tun haben. Diese Begriffe sagen Ihnen nichts? Sag' ich doch! Was das ist und was das für uns bedeutet, davon handelt dieses Buch. Denn evolutionsgeschichtlich stehen wir an einem Scheidepunkt: Eine Spezies verändert nachhaltig die Umwelt, die sie erst hervorgebracht hat. Doch wir haben unsere Lektion noch nicht gelernt. Obwohl der amerikanische Mathematiker Norbert Wiener schon 1948 das Buch „Kybernetik. Regelung und Nachrichtenübertragung in Lebewesen und Maschine" schrieb. Unser Frühmenschen-Gehirn ist zwar ein Überlebensinstrument, aber offensichtlich nur für eine einfache lineare Welt, in der *eine* Wirkung *eine* Ursache hat und damit *basta!* Nichtlineare Zusammenhänge, vernetzte Systeme, rückgekoppelte Prozesse durchschauen wir nicht – wenn wir sie überhaupt erkennen. Ein Wunder, dass wir es so weit gebracht haben!

Und schließlich eine letzte Bemerkung: Alle nachstehenden Geschichten verwenden das sogenannte generische Maskulinum, also zum Beispiel Trainer statt Trainer/-in, weil ich mich für eine bessere Lesbarkeit im Interesse aller Leserinnen und Leser entschieden habe. Im Übrigen war auch das Schreiben dieses Buches ein *Feedback*-Prozess: Die Ideen kommen beim Schreiben wie der Appetit beim Essen.

Mai 2015 Jürgen Beetz

Besuchen Sie mich auf meinem Blog

http://beetzblog.blogspot.de

Vorbemerkung zur 2. Auflage

Es dringt allmählich – viel zu langsam – in das öffentliche Bewusstsein: das Gespür für komplexe Rückkopplungsprozesse. Spiegel *Online* verwendet im August 2020 sogar einen zyklischen Spruch als Titelzeile: „Waffenlobby braucht Trump braucht Waffenlobby". Dabei schrieb schon Rupert Riedl im Jahr 1987 in seinem Buch *Kultur: Spätzündung der Evolution?* die Sätze: „Wir haben nicht vor Augen, dass es auf dieser Welt keine Wirkung gibt, die nicht auf irgendeinem Wege auf ihre eigene Ursache zurückwirkte. Eine weitere Folge unserer einseitigen Vorstellung von den Ursachen ist, dass sie uns nicht in Netzen erscheint, sondern in Kettenform. Und das verleitet zu dem Irrtum, man könne die Wirkung einer Ursache, die man gesetzt hat, lenken oder kanalisieren." Und Jeremy Rifkin spricht 2011 in *Die empathische Zivilisation* oft von Rückkopplungseffekten, insbesondere im Klimabereich. Begriffe wie „Kipppunkte", „Rückkopplungsspirale", „Teufelskreis" und „klimatische Rückkopplungsschleifen" wandern inzwischen in den allgemeinen Sprachgebrauch.

Das war der Anlass, die erste Auflage von 2015 noch einmal zu aktualisieren. Geringfügig, denn alle wesentlichen Aspekte des Themas sind unverändert. Hinzugekommen ist ein Abschnitt über einfache Grundlagen der Systemtheorie und – aus aktuellem traurigen Anlass – die Betrachtung der Frage, was die Corona-Pandemie damit zu tun hat.

November 2020 Jürgen Beetz

Inhaltsverzeichnis

1

Rückkopplung – eine unsichtbare Erscheinung

Ein Blick hinter die Kulissen dynamischer Prozesse

Über Situationen des Alltags: Geschehnisse in mehreren Schritten, die in bestimmter Weise ablaufen.

Manchmal ist der Verlauf von Ereignissen günstig, manchmal nicht ganz wie erwünscht. Doch immer taucht die Frage nach der Verkettung von Ursache und Wirkung auf. Und es gibt ein grundlegendes Merkmal: Ein dynamisches System ist – anders als ein Haus oder eine Brücke – ein System, in dem eine zeitliche Veränderung stattfindet.

1.1 Ein merkwürdiger Versicherungsfall

Kopfschüttelnd vor Verwunderung betrachtete der Sachbearbeiter der Versicherung den Brief mit dem Absender eines bekannten Zirkusunternehmens. Aber er war ja merkwürdige Schadensmeldungen gewöhnt. Deswegen las er in Ruhe, was dort geschrieben stand:

Betr. Schadensmeldung

Sehr geehrte Damen und Herren,

hiermit möchte ich Ihnen einen Versicherungsfall in unserem Gerätezelt anzeigen. In der beigefügten Skizze (siehe Skizze) habe ich versucht, Ihnen die Situation darzustellen. Links sehen Sie einen Sprungturm für unsere Artisten. Auf seiner linken Seite führen Treppenstufen auf eine ca. 3 Meter hohe Plattform. Dort liegt aus technischen Gründen, die

J. Beetz, *Feedback*, https://doi.org/10.1007/978-3-662-62890-4_1

hier nichts zur Sache tun, ein ca. 70 kg schwerer Sandsack, der mit einem Seil befestigt ist, um ihn gegen Herabfallen zu sichern. Das schraffierte Dreieck links unten deutet ein Gegengewicht an, um die Stabilität des Sprungturms zu sichern.

Rechts daneben stand eine Wippe, wie sie ebenfalls von unseren Artisten benutzt wird. Sie ist ihrerseits mit einem Gewicht von ca. 70 kg (schraffiert) gegen unbeabsichtigte Bewegung gesichert. Rechts davon wiederum stand ein Stapel von Podesten für unsere Elefantenshow.

Aus Gründen, die nicht mehr zu klären sind, ist das Sicherungsseil heute Nacht gerissen (durch Nager, Materialermüdung o. Ä.). Der Sandsack fiel von der Sprungplattform auf das Ende der Wippe. Dadurch wurde das Gewicht auf der anderen Seite der Wippe hochgeschleudert. Physikalischen Gesetzen gehorchend muss es etwa zwei Meter hoch geflogen sein. Dabei traf es den Turm der Podeste, der dadurch umstürzte. Das oberste Podest muss den zentralen Stützpfeiler des Gerätezeltes getroffen haben, der hierauf abknickte und das Gewicht der Zeltplane nicht mehr tragen konnte. Hierdurch fiel das Zeltdach herunter, traf dabei verschiedene spitze Gegenstände wie senkrecht stehende Balancierstangen und zerriss an mehreren Stellen.

Die Risse können nicht mehr fachgerecht repariert werden, so dass das gesamte Zeltdach ersetzt werden muss. Wir schätzen den entstandenen Sachschaden auf ca. 25.000 EUR.

Mit freundlichen Grüßen

Welch eine unglückliche Verkettung von Ereignissen, dachte der Sachbearbeiter und sah sich die beigefügte Skizze genau an (Abb. 1.1). Aber so ist das Leben. Eine plausible Schilderung. Denn das findet man ja oft: ein Geschehen, das ein anderes auslöst, das wiederum Auslöser weiterer Ereignisse ist. Eine „Kausalkette", so nennt man es vornehm. Eine Ursache hat eine Wirkung, die ihrerseits die Ursache einer weiteren Wirkung ist. Das kann sich beliebig oft so fortsetzen. Nun ja, nicht *beliebig* oft, aber verwirrend oft. So oft, dass man bei dem eigentlichen Schaden die ursprüngliche Ursache gar nicht mehr erkennen kann.

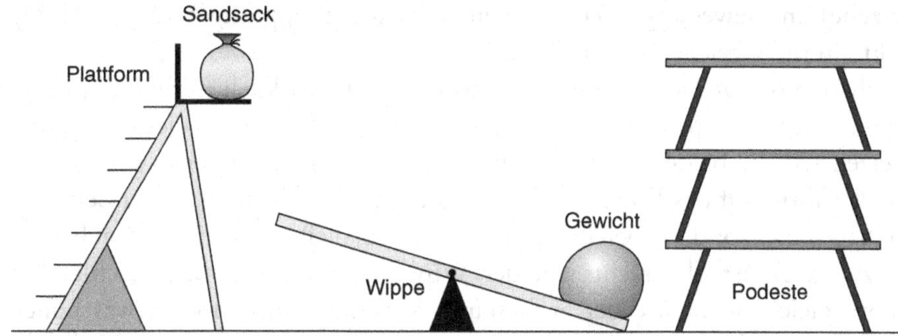

Abb. 1.1 Die Situation im Gerätezelt

Halten wir also fest: Die Ursache des Problems war der aus ungeklärten Gründen herabfallende Sandsack. Die Auswirkung dieses Falles war das auf der anderen Seite der Wippe hochgeschleuderte Gegengewicht. Dies war die Ursache für das Einstürzen der aufgestapelten Podeste. Diese Auswirkung war ihrerseits die Ursache für den Einsturz des Hauptmastes, durch den schließlich das Zeltdach zerrissen wurde. Eine Kette von Ursachen und Wirkungen. Jede Wirkung ist die Ursache der nächsten Wirkung.

Dieselbe Anordnung, nur anders

Machen wir ein Gedankenexperiment. Wir sehen uns noch einmal Abb. 1.1 an: Nehmen wir an, der herabfallende Sandsack hätte das gleichschwere Gewicht auf der Wippe senkrecht hochgeschleudert und wäre seinerseits auf der Wippe liegen geblieben. Das hochfliegende Gewicht hätte bei seinem Wiederauftreffen nun wiederum den liegengebliebenen Sandsack in Bewegung gesetzt, der dann wieder bei seiner Landung das Gewicht … und so weiter und so fort. Ein Zustand, der sich (mal abgesehen von diesen total unwahrscheinlichen Zufällen) unendlich fortsetzen könnte? Nein, die Gesetze der Physik verbieten das. Das wäre ein *Perpetuum mobile* – ein ‚sich immer Bewegendes', wie der lateinische Begriff sagt. Nein, irgendwann wäre dieser seltsame Vorgang abgeklungen, denn die Reibung in der Achse der Wippe hätte die anfängliche Energie aufgezehrt. Aber es wäre ein anderes Geschehen gewesen, denn die Auswirkung einer Ursache wäre nicht die Ursache für eine *andere* Wirkung gewesen, sondern hätte auf ihre *eigene* Ursache zurückgewirkt. Können Sie noch folgen? Der Sandsack bewirkt, dass das Gegengewicht hoch geschleudert wird. Dies bewirkt *nicht,* dass das Podest umkippt, sondern es setzt wieder den Sandsack (seine eigene

Ursache) in Bewegung. Das nennen wir „Rückkopplung“: Die Wirkung wirkt auf die Ursache zurück.

Schauen wir uns jetzt einmal an, was im Zirkus wirklich mit dem Sprungturm und der Wippe passiert wäre. Lassen wir die Elefantenpodeste weg, und ersetzen wir die beiden Gewichte durch zwei Artisten. Der erste springt von der Plattform auf das Ende der Wippe und fällt dort nicht etwa zur Seite wie der Sandsack, sondern behält die Balance und bleibt stehen. Dadurch wird der zweite Artist, der rechts auf der Wippe stand, nach oben geschleudert – etwa gleich hoch, wie der erste stand. Vielleicht sogar noch etwas höher, wenn er mithilfe seiner Beine ein wenig Schwung geholt hätte. Vielleicht dreht er dabei sogar einen Salto. Auf jeden Fall ist jetzt das linke Ende der Wippe auf dem Boden und der erste Künstler steht erwartungsvoll darauf. Jetzt landet der zweite (ob mit oder ohne Salto) wieder auf dem rechten Ende und schleudert den auf der linken Seite in die Luft. Vielleicht dreht dieser dabei eine Pirouette. Das ist nicht ausschlaggebend, sondern die Tatsache, dass sich dieser Prozess längere Zeit (wir wollen nicht sagen: endlos, denn ein *Perpetuum mobile* ist auch hier nicht möglich) fortsetzt. Denn im Gegensatz zu dem Unglücksfall haben wir es hier nicht mit einer offenen Kette von Ereignissen zu tun, sondern mit einem geschlossenen Kreislauf. Denn das Ergebnis des ersten Ereignisses (der hochgeschleuderte Artist auf der rechten Seite) ist der Ausgangspunkt für das nächste Ereignis: den Luftsprung des linken Artisten. Wie bei unserem unwahrscheinlichen Gedankenexperiment.

Und es kommt noch etwas hinzu (was wir später genauer beleuchten werden): Dieser Prozess verliert keine Energie – z. B. durch Reibung oder Luftwiderstand –, sondern *gewinnt* sie vielleicht noch durch den Körpereinsatz und die Muskelkraft der beiden Künstler, die diesem System „von außen“ zugeführt wird.

1.2 Der Kadett lernt steuern

In aller Welt setzt die Marine Segelschulschiffe ein, um jungen Kadetten die Grundlagen der Seemannschaft beizubringen. Es fördert den Teamgeist, es bildet den Charakter. Man lernt sogar nützliche Dinge, die man auch später auf einem Schnellboot gebrauchen kann. Zum Beispiel Kurs zu halten. Auf hoher See kann man nicht einfach auf einen Punkt zufahren, einen Berg oder einen Kirchturm, denn man sieht ja nur Wasser. Der Kurs wird am Kompass abgelesen. Von oben gesehen sieht er aus wie in Abb. 1.2 links. Er hat eine Gradeinteilung, und 360° zeigt genau nach Norden. Sieht man

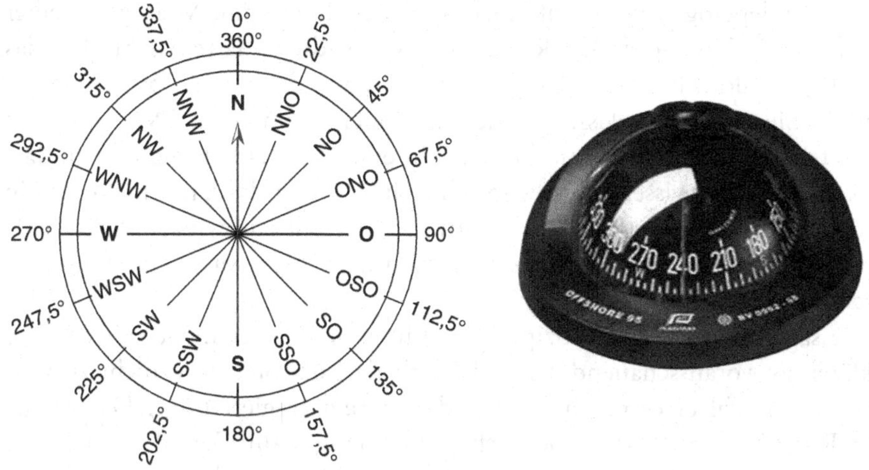

Abb. 1.2 Eine Windrose und ein Kompass

von schräg vorne darauf, dann sieht man, dass das Schiff im Augenblick den Kurs 240° fährt (Abb. 1.2 rechts).

Neben unserem Kadetten steht der erfahrene Steuermann. Sie zum Beispiel. Jetzt habe Sie das Kommando und der Offiziersschüler muss folgen. Sie übergeben das Ruder (so sagt man auf einem Schiff zum Steuer, mit dem man nicht rudert, sondern steuert) an den neuen „Rudergänger" (so der Fachausdruck). „Kurs 240", sagen Sie knapp und der Rudergänger bestätigt, wie es Vorschrift ist: „Kurs 240. *Aye, aye, Sir!*"

Nun kann man auf einem Schiff nicht das Ruder feststellen und es fährt stur diesen Kurs. Wind und Wellen drehen es seitlich weg, sei es auch noch so behäbig. Also schauen Sie nach zwei Minuten wieder hin und sehen „245" auf der Anzeige. Nun ist an Bord keine Zeit für lange Erklärungen oder Hinweise, deswegen sagen Sie einfach, mit Betonung auf dem Zahlenwert: „Kurs *240,* Maat!" Der Rudergänger hat es auch schon bemerkt, und deswegen bilden sich leichte Schweißperlen auf seiner Stirn. Er hatte schon ein wenig gegengesteuert, also so getan, als wolle er 235 fahren. Aber das Schiff ist groß, schwer und träge. Also legt er noch ein wenig mehr Ruder.

Jetzt beginnt es sich zu bewegen: 245 – 240 – 235 – … Es schwenkt zügig über den gewünschten und befohlenen Kurs hinweg, und der arme Kadett versucht diese Drehbewegung aufzufangen. Er steuert wieder dagegen, diesmal in die andere Richtung. Das verdammte Schiff aber dreht sich weiter, ist schon bei 230. Endlich zeigt das Ruder eine Wirkung. Die Kompassnadel bewegt sich wieder auf die 240 zu.

Der Rudergänger atmet auf, aber er freut sich zu früh. Weil er in seiner Panik bei 235 noch einmal kräftig am Rad gedreht hatte, dreht sich das Schiff jetzt flott über die 240 hinaus zur 245, dann zur 250. Innerlich grinsen Sie ein wenig, lassen es sich aber nicht anmerken. Denn Sie sind ein erfahrener Steuermann und er nur ein einfacher Kadett. Sie wissen, dass er weiß, dass Sie wissen, dass es so schiefläuft. Denn das kann nicht richtig sein. Er kennt den verächtlichen Spruch: „Der fährt ja wieder Pissbögen!" Jetzt hat er gelernt, wie er es *nicht* machen darf. Aber was kann er tun? Er blickt Sie fragend an.

Sie sagen etwas von „Antizipation". Ein Wort, das er nicht versteht. Sie erklären es: vorausschauendes Handeln. Er darf das Steuerrad nicht zu weit drehen, obwohl er es möchte, denn das System reagiert träge. Das ist die eine Regel. Die andere erfordert schon ein wenig mehr Gefühl: Er muss an der Kraft auf dem Ruder merken, wenn eine Welle das Schiff zu drehen versucht. Denn das Ruderblatt am Heck des Schiffes wirkt über die Seilzüge auf das Steuerrad zurück – so, wie Sie beim Autofahren in der Kurve eine Rückstellkraft am Lenkrad spüren. Auf diese Kraft muss er reagieren und nicht auf die viel später einsetzende Änderung der Kompassanzeige.

Vier Tage und ein paar hundert Seemeilen später steuerte der Kadett mit stolzgeschwellter Brust das Schiff wie auf einem Lineal durch die See, unbeeindruckt von Windböen und Wellenschlag. Das Prinzip war von seinem Verstand in sein Unterbewusstes gewandert. Die Art seiner Regelung des Kurses hatte sich verändert: Die Kompassanzeige war nur noch ein Hilfsmittel zur Nachkorrektur, nicht mehr die Größe, die seine Gegenreaktion auslöste. Denn ein Gegensteuern, also im Fachjargon eine „negative Rückkopplung", war es immer noch. Doch nicht die Abweichung der zu regelnden Größe (des Kompasskurses) vom Sollwert bewirkte seinen Eingriff, sondern ein damit zusammenhängendes, aber früher bemerkbares Signal: der Ruderdruck. Das verkürzt die Reaktionszeit des Systems.

Das wiederum erhöht die Stabilität, vermindert also die Abweichung vom Sollwert. „Sollwert", so heißt in der Fachsprache der Wert, den das System einnehmen soll. Daher der Name. Das, was der Steuermann dem Rudergänger vorgegeben hat. Der „Istwert" dagegen ist der augenblickliche Wert des Systems – das, was der Rudergänger am Kompass abliest. Stabilität – das ist es, was wir in der Regel von einem *Feedback* erwarten. Aus einem unkontrollierten Prozess (der offenen Kette von Ursache und Wirkung aus dem ersten Beispiel) soll ein geregelter Prozess werden, der unter kontrollierten Bedingungen stabil bleibt.

Wir sehen hier also einen wesentlichen Unterschied: „Steuerung“ ist sozusagen eine „offene Wirkungskette“ ohne Rückmeldung und Korrektur. Das Steuer wird auf einen bestimmten Wert festgelegt („Kurs 240“) und dann festgebunden. Keiner kümmert sich mehr darum, wohin das Schiff *wirklich* fährt. „Regelung“ ist etwas anderes: Das kennzeichnende Element ist die Rückführung des gewünschten Effektes (hier: der gefahrene Kurs) auf die Steuerung. Rückkopplung eben.

Böse Zungen würden sagen: Die meisten Politiker und Wirtschaftslenker sind „Steuerer“, denn sie greifen steuernd in einen Prozess ein und kümmern sich nicht um die Auswirkungen, die ja Rückwirkungen sind. Aber wie sagte doch Guido Westerwelle auf einem Parteitag im Jahre 2011 fachlich völlig korrekt: „Auf jedem Schiff, das dampft und segelt, gibt's einen, der die Sache regelt.“ Denn, wie gesagt, der Steuermann ist eigentlich der „Regelmann“. Übrigens: Der im Vorwort erwähnte Mathematiker Norbert Wiener hat den Begriff „Kybernetik“ geprägt – und das Wort aus dem altgriechischen *kybernétes* ‚Steuermann‘ abgeleitet. „Die Kunst des Steuerns“ beinhaltet also das, was wir korrekt als „Regelung“ bezeichnen. „Steuerung“ im engeren Sinne ist nur das Festlegen eines gewünschten Wertes („Halbe Kraft voraus! Kurs 180°!“ sagt der Kapitän), ohne sich um die resultierende Geschwindigkeit und Fahrtrichtung zu kümmern (die je nach Wind und Strömung von diesem Sollwert erheblich abweichen kann).

1.3 Szenen einer Ehe

Wir wollen ja nicht in alte Rollenklischees verfallen, aber manche lehrreichen Geschichten schreibt das Leben in einer Beziehung. Ein Mann und eine Frau unterhalten sich über ein Problem. Es scheint technischer Art zu sein, deswegen muss der Mann es lösen und zwar (nach ihren Vorstellungen) *sofort.* Hören wir uns in ihrer Kommunikation an, was sie zu beanstanden hat:

„Das Klo läuft ständig. Im Spülkasten läuft Wasser nach, dann hört es wieder auf, dann läuft es wieder nach … Das macht mich ganz verrückt.“

„Das ist mir auch schon aufgefallen. Irgendetwas hat sich verklemmt, so dass immer ein wenig Wasser aus dem Spülkasten abläuft. Dadurch geht der Schwimmer nach unten, und Wasser wird nachgefüllt. Wenn genug drin ist, macht der Schwimmer wieder zu. Dann geht das Ganze von vorn los.“

„Ich wollte es nicht erklärt bekommen, du sollst es reparieren!“

„Ja, ich mache es gleich.“

Und so weiter. Der Rest läuft ab wie in einem Sketch von Loriot. Doch jetzt sollten wir den Kommunikationsprofi einschalten. Bekanntlich kann man nicht *nicht* kommunizieren, man kann aber auch nicht ohne Nebenbedeutung kommunizieren. An jeder scheinbar sachlichen Äußerung hängt immer ein Rucksack an Bedeutung und eigentlichem Inhalt. Eine schwere Masse an dunkler Materie des eigentlich Gemeinten. Ein „Kommunikationseisberg“, bei dem $^7/_8$ des Inhaltes unter Wasser liegen. Wie würde ein Paartherapeut den Mitschnitt dieses Gespräches deuten?

Aussage	Bedeutung
„Das Klo läuft ständig. Im Spülkasten läuft Wasser nach, dann hört es wieder auf, dann läuft es wieder nach … Das macht mich ganz verrückt."	Das ist keine Beschreibung eines Zustandes – sie äußert eine *Bitte*. Sie nennt auch die (*für ihn* unangenehmen) Konsequenzen, wenn sie nicht erfüllt wird: Sie „wird verrückt"
„Das ist mir auch schon aufgefallen. Irgendetwas hat sich verklemmt, so dass immer ein wenig Wasser aus dem Spülkasten abläuft. Dadurch geht … (usw.)	Er geht scheinbar darauf ein, weicht aber aus. Er versucht, ihren Hilferuf mit einer technischen Erklärung abzuwimmeln. Als ob die Erklärung eines Problems seine Lösung wäre!
„Ich wollte es nicht erklärt bekommen, du sollst es reparieren!"	Das ärgert sie und sie wird deutlich: ein Befehl – Männer verstehen offensichtlich keine versteckten Hinweise
(bockig) „Ja, ich mache es gleich."	Das ärgert *ihn* und er versucht eine Finte …
(spitz) „Nicht gleich, *jetzt*."	… und sie pariert, weil sie sich jetzt durchsetzen muss. Sie wird unangenehm deutlich
(laut) „Nun sei doch nicht so ungeduldig! Das wird doch wohl noch ein wenig warten können … Wenn ich den Sportteil zu Ende gelesen habe, ist ja auch noch Zeit genug."	Er fühlt sich genötigt und leitet einen weiteren Eskalationsschritt ein: Eine Zurechtweisung und der Versuch, die Kontrolle zurückzugewinnen. Und befehlen lässt er sich schon *gar* nichts!
(lauter) „Das sagst du immer! Du und dein Sport! Du hast nichts anderes im Kopf, und ich kann mich um den ganzen Haushalt kümmern."	Jetzt fährt sie schwereres Kaliber auf: „immer" ist ein typischer Brandbeschleuniger in Konflikten. Dazu die Zuordnung von Stereotypen zu Personen (er und sein Hobby, sie in der Opferrolle)
(noch lauter) „Meine Güte! Muss das *sofort* sein? Kann ich denn nicht *ein Mal* in Ruhe lesen?!"	Nun reagiert er grob, unfreundlich und auch mit einem Hinweis aus der „immer"-Kiste (die „nie"-Variation)
(gefährlich leise) „Du tust mir ja *nie* einen Gefallen! Zu nichts bist du zu gebrauchen, außer zum Sport gucken …"	„Nie" ist der kleine Bruder des „immer". Der lokale Konflikt (die Reparatur) wird generalisiert und ausgeweitet

… und so weiter und so fort …

Es kommen, wie meist in solchen sich aufschaukelnden Situationen, schwere Waffen zum Einsatz (d. h. ungelöste Konflikte zur Sprache). Der Psychoanalytiker Wolfgang Schmidbauer bemerkt dazu: „Diese »Immer-nie«-Rhetorik ist ein klassisches Zeichen für gestörte Beziehungen."

(eine halbe Stunde später):

Sie: „---" (Tür knallt)	Abbruch der Schlacht, aber kein Kriegsende
Er: „---" (Im Bad scheppert es)	Die Schlacht ist verloren, aber es wird der Kern eines neuen Konflikts gelegt: Sie ist schuld, dass ihm etwas kaputt gegangen ist

Dies ist ein bedauerlicher, aber im normalen Leben häufig anzutreffender Mechanismus: Wir reagieren nicht auf ein Ereignis, sondern auf eine Reaktion. Kommunikation ist ja wie ein Tennisspiel: Jeder „Schlag" wird vom vorherigen Schlag des Gegners bestimmt und beeinflusst seinen nächsten.

Hier sahen wir das „Aufschaukeln" eines Prozesses durch eine „positive" Rückkopplung. „Positiv" ist hier nicht im Sinne einer moralischen Wertung gemeint, sondern als Verstärkung des Verhaltens. Jede Rückwirkung verstärkt die Ursache, anstatt sie zu verringern. Das Resultat ist die Eskalation (bis zur Explosion) oder die „Abwärtsspirale", der bekannte „Teufelskreis". Der Grund in unserem Beispiel ist natürlich soziale Dummheit oder menschliche Uneinsichtigkeit.

Wir können auch anders

Es geht auch anders:

Aussage	Bedeutung
„Das Klo läuft ständig. Im Spülkasten läuft Wasser nach, dann hört es wieder auf, dann läuft es wieder nach … Meinst du, du könntest das nachher reparieren?"	Sie äußert die Bitte jetzt offen und droht nicht mit Konsequenzen. Das „nachher" schließt einen Druck aus und öffnet ihm die Möglichkeit, zu Ende zu lesen
„Das ist mir auch schon aufgefallen. Ich überlege mir schon, was ich machen könnte …"	Er geht deutlich darauf ein und signalisiert, dass er die Dringlichkeit erkannt hat
(lacht) „*Während* du Sport liest, denkst du ans Klo?!"	Ein kleiner Scherz vernichtet jede mögliche Angriffslust. Zufriedenheit und vorweggenommene Anerkennung
(grinst) „So sind wir Männer!"	Er bedankt sich und steckt die Belohnung ein

Ende. Eine perfekte Kommunikation. Das ist eine „negative" Rückkopplung – eine Dämpfung des Verhaltens. Bei sozialen Prozessen nennt man das „Deeskalation". Wir werden aber noch sehen, dass eine positive Rückkopplung auch durch die Art und die Charakteristiken des Prozesses selbst entstehen kann. Es kommt noch schlimmer: Selbst bei negativer Rückkopplung können sich Prozesse aufschaukeln, wenn bestimmte Kenngrößen bestimmte Werte haben. Die Schlangenlinien unseres unerfahrenen Rudergängers waren ja ein schönes Beispiel dafür. Seien Sie also gespannt auf weitere Geschichten aus dem wahren Leben!

Zwischenmenschliche Kommunikation ist die perfekte Rückkopplung. Man braucht dabei nicht einmal zu sprechen – auch „nonverbal" haben wir uns viel zu sagen. Und selbst bei scheinbar „einseitiger" Kommunikation, wenn der Anführer zu den begeisterten Massen spricht, wird er angestachelt durch den Jubel der Zuhörer. Ein Komiker, auf dessen Witze das Publikum mit eisigem Schweigen reagiert, bricht innerlich schnell in sich zusammen. Der Film *The King's Speech,* in dem der Sprachtherapeut *Lionel Logue* den stotternden britischen König Georg VI. trainiert und bei einer Radioansprache unterstützt, ist ein hervorragendes Beispiel für die Wirkung von sozialem *Feedback*.

In unserem Beispiel war es wie beim Schach: Schon die Eröffnung (hier ihr „Das macht mich ganz verrückt." bzw. „Meinst du, du könntest das nachher reparieren?") kann den Verlauf des Spiels bestimmen. Auch Schach ist die perfekte Rückkopplung, sogar auf verschiedenen Ebenen: 1) Das Spiel selbst. 2) Was plant der Gegner? 3) Was denkt der Gegner, was *ich* plane?

Nebenbemerkung: Auch das Beispiel selbst hatte einen doppelten Boden. Denn das zugrunde liegende Problem („Im Spülkasten läuft Wasser nach, dann hört es wieder auf, dann läuft es wieder nach …") ist ein typisches Anzeichen für eine Rückkopplung. Es ist ein stabiler Prozess (negative Rückkopplung), der aber nie zur Ruhe kommt. Eine dynamische Stabilität: Der Wasserstand im Spülkasten pendelt periodisch zwischen seinem Maximalwert (bei dem der Schwimmer die Wasserzufuhr stoppt) und einem kleineren Wert, bei dem der Schwimmer die Wasserzufuhr öffnet. Eine Rückkopplung des Wasserstandes auf den Zulauf, der seinerseits den Wasserstand beeinflusst. Darauf werden wir noch zurückkommen (Kap. 4 und 5).

Ein wichtiger Unterschied

Hier sollten wir schon etwas Wichtiges festhalten: „Positives Feedback" und „positive Rückkopplung" sind nicht dasselbe (ebenso ihre „negativen" Kollegen). In der Umgangssprache ist „positives Feedback" ja eine verstärkende *und* lobende Rückmeldung. Im systemtechnischen Sinne kann „negatives Feedback" auch eine positive Rückkopplung sein: „Du bist ein echter Vollpfosten!" „Schau mal in den Spiegel, du Blödmann, dann siehst du einen noch größeren!" … usw., bis zur Schlägerei. Positive Rückkopplung ist ein sich aufschaukelnder Prozess, der immer weiter eskaliert. „Positives Feedback" in der Umgangssprache wäre in diesem Fall eine *negative* Rückkopplung, die dämpfend wirkt: Nach dem ersten „Vollpfosten" ein einsichtiges „Ja, du hast Recht, ich habe Mist gebaut …" würde das Aufschaukeln verhindern und deeskalierend wirken.

1.4 Zwei Inseln im Pazifik

Zwei Inseln im Pazifik, vor ziemlich langer Zeit. Die geografische Lage spielt keine große Rolle, irgendwo zwischen Fidschi und Vanuatu, mit den Namen *Squander Island* und *Thrift Island* . Zwei autonome Königreiche, in denen die Stämme der *Prasser* und der *Knicker* wohnten.

Land ist das einzige Kapital auf diesen Inseln, und ihre Gemeinden sind primitiv. Sie verbrauchen nur Lebensmittel und produzieren nur Lebensmittel: durch Ackerbau, Viehzucht und Fischfang. Die Arbeitszeit beträgt durch königlichen Erlass acht Stunden am Tag. So kann jeder Einwohner genügend Nahrung produzieren, um sich selbst zu erhalten. Und so gehen die Dinge für lange Zeit … Jede Gesellschaft genügt sich selbst.

Irgendwann im 18. Jahrhundert waren englische Ökonomen auf ihrer Reise zu den Überseekolonien bei den Inselbewohnern vorbeigekommen und hatten ihnen die moderne Wirtschaft erklärt, insbesondere das Prinzip der Staatsanleihen, die aus Italien schon seit dem 14. Jahrhundert bekannt waren. Dann waren sie wieder abgereist, und die Einwohner hatten den Besuch vergessen. Bis auf einen: den König von *Thrift Island.*

Eines Tages nun ließ sich der König der Knicker in seiner Piroge nach *Squander Island* rudern. Er unterbreitete dem König der Prasser ein Angebot: „Wir sind fleißige Leute, wie ihr wisst, während ihr eher euer Leben genießt." Der Angesprochene grinste etwas herablassend und dachte sich seinen Teil über das so freudlose Volk auf *Thrift Island.* Der andere sprach weiter: „Wir haben Freude an der Arbeit, könnten doppelt so lange arbeiten und euch mit ernähren." „Und wie sollen wir das bezahlen?" „Ihr gebt Staatsanleihen heraus. Das ist keine Bezahlung, sondern ein Papier, das eine Bezahlung in der Zukunft verspricht. Für unsere Dienste könnten wir diese – ich will sie mal so nennen – Squanderanleihen als Bezahlung nehmen. Ihr seid ja anständige Leute und werdet dafür später geradestehen.

Also genießt ihr eine erstklassige Bonität. Da ihr uns aber nicht direkt bezahlt, sondern nur eine Zahlung versprecht, müssen wir für die Zeit des Wartens natürlich einen kleinen Zins nehmen, sagen wir faire fünf Prozent. Ein durchaus angemessener Risikoaufschlag. Was hältst du davon?" Der andere grinste noch breiter und sah gewissermaßen gebratene Tauben in seinen Mund fliegen. Das war ein Angebot, dem man nicht widerstehen konnte. So wurden sich beide schnell einig.

Also begannen die fleißigen Knicker, nun 16 h am Tag zu arbeiten. Acht Stunden produzierten sie die Nahrung, von der sie auch weiterhin lebten. Acht Stunden arbeiteten sie für den Export zu ihrem ersten und einzigen Handelspartner *Squander Island.* Dort genossen die Leute ihr Leben in vollen Zügen. Natürlich stiegen – bedingt durch den Fortfall der anstrengenden täglichen Arbeit – die Bedürfnisse, und der Export der Nachbarinsel stieg ebenfalls an. Die Knicker hätten nun eigentlich noch mehr arbeiten müssen, fingen das aber durch Steigerung ihrer Produktivität wieder auf. Allein der Umsatz mit *Kava* – einem berauschenden Getränk – verfünffachte sich. Die Bürger von *Squander Island* waren begeistert über diese Wendung der Ereignisse, da sie jetzt ihr Leben frei von Anstrengung genießen konnten. Aber auch ihre Inselnachbarn waren zufrieden, da der König ihnen reichen Lohn in der Zukunft versprochen hatte.

Nach nicht einmal zwei Jahren erschien die Piroge des Königs der Knicker wieder in der Bucht von *Squander Island.* Diesmal lächelte er nicht so gewinnend: „Wir müssen reden, Bruder! Eure Verpflichtungen betragen inzwischen fast das Dreifache eures Bruttoinlandsproduktes." „Hä?!" sagte der Prasserkönig ganz unmajestätisch. „Die Summe aller Waren und Dienstleistungen, die ihr erarbeiten würdet", erklärte der Kollege und fügte böse grinsend hinzu: „*Wenn* ihr arbeiten würdet."

Die pazifische Schuldenkrise

Zur damaligen Zeit konnte man eine Staatsführung noch bei ihrer Ehre packen, und so sagte der Prasserkönig kleinlaut: „Wir bezahlen unsere Schulden, aber wir haben nur unser Land, unsere Hütten und unsere Boote. Unser Vieh ist inzwischen entlaufen. Wir haben unser Leben genossen und hatten keine Zeit, darauf aufzupassen." „Das geht in Ordnung. Wir kaufen euer Land, eure Hütten und eure Boote. Wir bezahlen mit euren Staatsanleihen. Das Land und die Boote braucht Ihr sowieso nicht, da *wir* ja für euch sorgen. Wegen der Hütten macht euch keinen Kopf, ihr könnt darin wohnen bleiben. Dafür und für die Instandhaltung zahlt ihr uns eine geringe Miete." Erleichtert atmete der Prasserkönig auf. Das war ein guter

Handel, sie würden ihr leichtes Leben weiterführen können, und ihre Mehrkosten durch die Mieten würden sie mit den Staatsanleihen begleichen, die ja nun reichlich zurückfließen würden.

Im Laufe der Zeit sammelten sich in der Staatskasse von *Thrift Island* erneut eine Menge dieser Anleihen, trotz der Ausgaben für die Aufkäufe der Besitztümer der anderen Insel. Sie stellen in ihrem Kern einen Anspruch auf die Zukunft von *Squander Island* dar. Ein paar unbequeme Mahner im Prasserland sahen daher Schwierigkeiten kommen. Aber die Bewohner waren nicht in der Stimmung, sich solches Schwarzmalerei anzuhören. Im Gegenteil, reich geworden durch den Rückfluss an Staatsanleihen stieg der Luxus ihrer Lebensführung ins Unermessliche. Sie konnten nun Importe aus Knickerland bezahlen – Zierpflanzen, Fischdelikatessen, Muschelschmuck –, von denen sie vorher nie zu träumen wagten.

Nach weiteren zwei Jahren erschien die Piroge des Königs der Knicker erneut in der Bucht von *Squander Island.* Diesmal lächelte er gar nicht mehr: „Wir müssen reden, Bruder! Eure Verpflichtungen sind so hoch wie vor zwei Jahren. Was gedenkt ihr zu tun?" „Äh", sagte der Prasserkönig verlegen und blickte zu Boden, „wir haben nichts mehr. Was können wir euch noch anbieten? Unsere Besitztümer gehören euch. Wir sind …" Er schwieg. Er scheute sich, das Wort „pleite" auszusprechen, „… liquiditätsgehemmt." „Ihr seid – na, sagen wir, Ihr wart – gute Arbeiter. Ich sehe nur einen Ausweg: Ihr arbeitet wieder acht Stunden am Tag, oder besser zwölf. Damit könnt ihr eure Schulden abtragen. Das wird allerdings eine Weile dauern, vielleicht müssen auch noch eure Kinder und deren Kinder dafür geradestehen. Eine andere Möglichkeit gibt es nicht. Das ist alternativlos."

An diesem Punkt hatten es die Prasser mit einer hässlichen Konsequenz zu tun: Sie mussten jetzt nicht nur mehr als acht Stunden am Tag arbeiten, um zu leben – sie hatten auch nichts mehr, um damit zu handeln. Und sie zahlten jetzt nicht nur Zinsen für ihre Schulden und Miete für ihre Hütten, sondern auch Pacht für das Land, das sie so unvorsichtig verkauft hatten. Praktisch hatten die Knicker ihre Nachbarinsel durch die Wirtschaft kolonisiert anstatt durch Eroberung.

Die Geschichte ist natürlich ein Märchen. Und erfunden hat sie kein Geringerer als der Großinvestor Warren Buffett (beschrieben in einem Artikel in der Zeitschrift *Fortune* im Jahre 2003). Schaut man im englischen Wörterbuch nach, so findet man *to squander* ‚vergeuden', ‚verprassen', ‚verschleudern', ‚verschwenden' und *thrift* ‚die Sparsamkeit' (ein *thrift shop* ist ein Gebrauchtwarenladen, dessen Umsatz für wohltätige Zwecke bestimmt ist). Er wollte mit diesem Gleichnis schon 2003 Amerika davor warnen, durch übermäßigen Konsum und Auslandsschulden immer größere

Teile seines Vermögens zu verlieren. Durch Staatsanleihen kommen zum laufenden Defizit aus dem Handel ja noch Ausgaben für den Schuldendienst hinzu. Doch in unserer Welt gibt es einen Unterschied zum Märchen: In der gesamten Geschichte haben sich Staaten darum gedrückt, ihre Schulden zu begleichen. Durch Inflation, durch Währungsreformen, durch Schuldenschnitte.[1] Aber das ist ja nicht unser Thema.

Thema ist vielmehr die Rückkopplung einer Wirkung auf ihre Ursache. Verursacht durch das süße Leben der Prasser stiegen ihre Schulden. Sie versuchten, dies durch Verkauf von Besitz aufzufangen, was aber nicht gelang. Da sie die Ursache nicht beseitigten, setzte sich die Wirkung fort – und wurde verstärkt durch die Zins-, Miet- und Pachtzahlungen, die ihre Schulden erhöhten. Sie gerieten in einen „Teufelskreis" und landeten in der Abhängigkeit. Wieder eine „positive" Rückkopplung mit negativen Folgen. Allerdings nur für einen: den Verlierer.

1.5 Unsere kleine Stadt

Unsere kleine Stadt liegt in einem reichen Bundesland. Gutes Klima, schönes Umland, ein „Geheimtipp" (den fast jeder kennt). Industrie, Dienstleistungen, Tourismus – alles das bietet Jobs. Eine gute soziale Infrastruktur sorgt für den Zuzug junger Familien. So wächst unsere kleine Stadt langsam an.

Das führt natürlich zu einem Ansteigen der Mieten. Dies wiederum freut die Besitzer der Häuser, lässt es doch automatisch auch den Preis ihrer Häuser steigen. Es gibt bei den Mietshäusern ja eine Kennzahl: Der Kaufpreis ist ungefähr das 15- bis 20-Fache der Jahresmiete. Steigt Letztere, steigt automatisch der Erstere. Also steigen die Mieten in der Innenstadt. Das bewegt einige Familien dazu, ins nahe Umland auszuweichen. Dort setzt eine rege Bautätigkeit für kleine schmucke Einfamilienhäuser ein. Zwar steigen auch die Preise für die öffentlichen Verkehrsmittel, aber man hat ja ein Auto. Oder zwei: eins, damit Vati zur Arbeit kommt, das zweite, damit Mutti die Kinder herumfahren kann. Das klassische Rollenklischee, in unserer kleinen Stadt.

Aber nichts wächst ewig. Auch nicht unsere kleine Stadt. Im Umland siedelt sich auch immer mehr Industrie an, die Ruhe ist dahin. Auch steigen

---

[1]Ein vornehmer Ausdruck für die Tatsache, dass der Gläubiger sein Geld nicht zurückbekommt (oder nur einen Teil).

die Benzinpreise, während die Löhne stagnieren oder gar einem „Negativwachstum" unterworfen sind. So sagen die Politiker und Arbeitgeber, damit es nicht so sehr auffällt. Langsam setzt eine kleine, aber immer mehr anschwellende Gegenbewegung ein. Die Familien ziehen vom Land zurück in die Stadt, wo auch die Mieten gesunken sind. Denn der Leerstand hat dort ein wenig zugenommen, weil so viele Familien aufs Land gezogen sind. Nun sind sie wieder da und – Sie werden es nicht glauben – die Mieten steigen wieder ein wenig. Immobilienfachleute und Städteplaner vermuten, dass bald wieder Arbeitnehmer aufs Land ziehen werden, möglichst in die Nähe der inzwischen dort angesiedelten Unternehmen.

Ich könnte diese Geschichte jetzt ewig so weiter erzählen, aber das würde uns nicht mehr viel bringen. Das Prinzip ist klar: Der eine Prozess beeinflusst den anderen, der wiederum auf den ersten zurückwirkt. Bestimmte Größen, wie zum Beispiel die Mieten in der Innenstadt oder die Siedlungsdichte am Rand, verlaufen wellenförmig. Es stellt sich ein Gleichgewicht ein. Aber dieses Gleichgewicht ist kein statisches, führt nicht zu festen und gleich bleibenden Werten, sondern ein dynamisches.

1.6 Wenn die Blase platzt

Nein, das ist kein urologisches Kapitel – wir sprechen von Börsenblasen. Herdentrieb statt Schwarmintelligenz regiert. Der Begriff *„bollengekte"* wird Ihnen nichts sagen. Das ist niederländisch: *bollen* sind Knollen und *gekte* (dem rheinischen *Jeck,* dem Narren verwandt) ist der Wahn. „Knollenwahnsinn" bringt Sie auch nicht weiter. Hilft Ihnen „Tulpenmanie"? Auch nicht wirklich? Dann erzähle ich die Geschichte:

Die Tulpe war vor dem 16. Jahrhundert vor allem im südöstlichen Mittelmeerraum beliebt, besonders bei den Persern und den Türken. Ende des Jahrhunderts kam sie nach Flamen und Holland, wo sie in den Gärten der Patrizierhäuser als dekorativer und exotischer Blumenschmuck geschätzt waren. Die Zahl der Tulpenliebhaber stieg ständig, und einige kauften Tulpenzwiebeln nicht nur für ihre Gärten, sondern um damit zu handeln. So bildete sich eine Tulpenbörse, an der die Preise für die Blumen von Angebot und Nachfrage bestimmt wurden. Da Tulpenzwiebeln nur zu einer bestimmten Jahreszeit zur Verfügung standen, ging man dazu über, auch mit „Terminkontrakten" zu handeln. Man verkaufte Zwiebeln, die man noch gar nicht hatte, zu einem bestimmten Termin in der Zukunft – ein „Leerverkauf". Schon ab etwa 1620 gingen die Preise durch die Decke. Eine *„Semper Augustus"* wurde 1623 für 1000 Gulden gehandelt – das entsprach etwa 30 fetten Schweinen. Aber das war erst der Anfang. Im Jahr 1633 war der Preis auf 5500 Gulden gestiegen und 1637 auf 10.000 Gulden. Dafür bekam man die teuersten Häuser an einer Amsterdamer Gracht, denn das jährliche Durchschnittseinkommen in den Niederlanden lag bei etwa 150 Gulden. Bis zum 3. Februar 1637. Plötzlich begannen die Preise zu fallen. Niemand wollte mehr diese überteuerten Zwiebeln haben, im Gegenteil: Jeder versuchte sie loszuwerden. Der Preis fiel über 95 %. Besonders peinlich für diejenigen, die sich über die Terminkontrakte verpflichtet hatten, die Blumen zu Spitzenpreisen abzunehmen. Nach einem Monat war der Tulpenmarkt in Holland zusammengebrochen. Und – wie jedem klar ist – er hat sich nie wieder erholt.

Ein einmaliges Ereignis? Weit gefehlt! Es folgten die Südsee-Blase, die Waterloo-Spekulation, der Schwarze Montag und rund ein Dutzend weitere Börsenhysterien oder Finanzkrisen. Sind wir Menschen denn keine lernenden Wesen? Die Frage muss wohl verneint werden. Hilft Intelligenz dagegen? Wohl kaum – schon der Entdecker der Gravitationsgesetze, Sir Isaac Newton verlor 1720 über 20.000 Pfund an der Börse und soll gesagt haben: „Ich kann die Bewegung der Himmelskörper berechnen, aber nicht den Wahnsinn der Menschen." Niemand, wirklich niemand verwettet auch nur einen Euro darauf, dass die letzte Börsenblase die letzte war. Denn diejenigen, die behaupten, diesmal sei alles ganz anders, sind genau die, die daran verdienen.

Von der Tulpenmanie zur *Dotcom*-Blase

In der „Internet-Blase" um 2000 war es genauso. Kleine Firmen mit großen Ideen drängten auf den Markt: „Wir machen ein elektronisches schwarzes Brett, wo ein Dödel eintragen kann, was er gerade tut." „Und wen interessiert das?" „Die anderen Dödel, die seine Freunde sind. Und *die* schreiben, was *sie* gerade tun, und *ihre* Freunde lesen es." „Und wer bezahlt *uns* dafür?" „Wir lesen mit. Wenn einer ständig vom Angeln redet, dann sagen wir einer Firma für Anglerzubehör Bescheid, und die bezahlt uns dafür, dass sie dort Werbung schalten kann." „Für *einen* Angelfreund?" „Wir müssen natürlich erst einmal Masse schaffen, viele Benutzer, eine große *community.*" „Da brauchen wir aber dicke Server – wer bezahlt uns *die* denn?" „Investoren. Wir überzeugen sie von unserer Idee – die doch Klasse ist, findest du nicht?! – und sie geben uns das Startkapital. Wenn wir genügend Benutzer haben, gehen wir nach einiger Zeit an die Börse." „Ja, das klingt alles sehr logisch! Lass uns an die Arbeit gehen!" Und schon war *fishbook.com („dot com")* geboren, ein begehrtes *Start-up*-Unternehmen.

So entstanden Firmen mit einem abenteuerlichen KGV. So abenteuerlich, dass die Fachleute beschlossen, es gar nicht mehr als Maßzahl zu verwenden. Das muss man erklären: KGV bedeutet Kurs-Gewinn-Verhältnis. Der Aktienkurs wird durch den Unternehmensgewinn geteilt.[2] Das kommt Ihnen bekannt vor? Ja, in unserer kleinen Stadt wurden Immobilien so bewertet. Der Kaufpreis des Hauses dividiert durch die Jahresmiete. Ist also der Aktienkurs eines Unternehmens niedrig und der Gewinn einigermaßen in Ordnung, so gilt die Aktie als unterbewertet. Das KGV ist niedrig, vielleicht so um die 10 bis 20. Man sollte sie kaufen, denn sie ist „billig". Ist das KGV hoch, lässt man besser die Finger davon. Es sei denn, es war in der Vergangenheit schon hoch und steigt jetzt noch höher. Denn wenn das KGV ständig steigt, ist das ja offensichtlich eine Aktie, die man mit Gewinn weiterverkaufen kann. Ein hohes KGV ergibt sich aber nicht nur durch einen hohen Aktienkurs, sondern auch durch einen niedrigen Gewinn. Nähert sich der Gewinn der Nulllinie, so steigt das KGV in astronomische Höhen. Dann ist der Gewinn, den man beim Weiterverkauf macht, ja noch größer. Und welches Unternehmen kommt Ihnen dabei in den Sinn? Richtig: unser *Start-up,* der mit dem elektronischen schwarzen Brett. Es macht ja nur minimalen Gewinn, erst morgen wird es sich durch Werbung tragen – wenn es genügend Benutzer hat. *Mañana,* sagen die Spanier. Übersetzt heißt das: vielleicht irgendwann, möglicherweise nie.

Nicht selten folgen diese Vorgänge einem allgemeinen Muster. Wir kennen das aus Großprojekten: Idee – Planung – Euphorie – Ernüchterung – Panik – Auszeichnung der Schuldigen – Bestrafung der Unschuldigen – Entdeckung einer neuen Idee. An der Börse wird aus der Idee („Lasst uns einen Großflughafen bauen!") ein Geheimtipp („Die Aktie der Firma X ist völlig unterbewertet!"). Die Auszeichnung der Schuldigen besteht in der Regel aus einer großzügigen Abfindung der verantwortlichen Manager. Im schlimmsten Fall mit einem saftigen Ruhestandsgehalt, im besten Fall mit einem lukrativen Posten bei einer anderen Bank. Die Unschuldigen, die bei einem geplatzten Projekt das Nachsehen haben, sind bei Börsenblasen unbedarfte Anleger oder die Steuerzahler, die von dem ganzen Schlamassel gar nichts mitbekommen haben. Am Ende steht eine neue Blase – wie bei den Lemmingen: „Oh! Der Nachbar springt! Das muss ja toll sein! Was er kann, kann ich auch!" Und ab in den Abgrund.

---

[2]Genauer gesagt: der „Börsenwert" (oder „Marktkapitalisierung"), die Summe aller Aktien multipliziert mit dem Aktienkurs (sozusagen der „Preis des Unternehmens", analog zum Preis eines Hauses). Oder auch der Kurs einer Aktie geteilt durch den Gewinn des Unternehmens pro Aktie.

Was war also an der Börse geschehen? Irgendwo, irgendwie, irgendwann entstand Nachfrage, die die Preise steigen ließ. Die steigenden Preise machten die Leute gierig, sodass die Nachfrage stieg. Woraufhin die Preise stiegen und sich die Blase weiter aufpumpte. Ein klassischer Fall von positiver, also verstärkender Rückkopplung. Bis die Blase platzt. Wenn die Blase platzt, greift derselbe Mechanismus. Die Leute verkaufen, weil die Preise sinken, weil die Leute verkaufen.

Fassen wir zusammen

Geschichten. Begebenheiten aus der Wirklichkeit oder frei erfunden. Das spielt keine Rolle, denn was sagen sie aus? Haben sie ein gemeinsames Muster, das wir erklären können und über das wir nachdenken sollten? Mindestens zwei Feststellungen können wir hier treffen:

1. Wir haben es nicht mit *einem* „Ding" zu tun, sondern mit zweien oder mehreren. Die Dinge sind Artisten, Menschen und Apparate, Regionen, Staaten, Aktienkäufer – was immer Sie möchten. Sie sind beliebig und austauschbar. „Komponenten eines Systems", könnte man hochgestochen formulieren. Teile eines Ganzen, die selbst wieder ein Ganzes sind und ihrerseits aus Teilen bestehen können. *Matrjoschkas,* die hölzernen und bunt bemalten, ineinander schachtelbaren russischen Puppen. Nur dass in *einer* Puppe *mehrere* kleinere stecken. Wirkungen pflanzen sich als Ursache im nächsten, mit dem ersten verbundenen System fort.
2. Es gibt nicht nur *einen* Zusammenhang zwischen Ursache und Wirkung in nur *einer* Richtung, sondern die Wirkung wirkt auf die Ursache zurück. Beide sind gekoppelt, *„rückgekoppelt"*. Diese Rückwirkung läuft gewissermaßen im Kreis, und so entsteht ein dynamischer Prozess. Ein „Regelkreis". Diese Prozesse können sich stabilisieren oder sich aufschaukeln. Prozesse, die sich aufschaukeln, sind natürlich viel spannender. Das wissen die Hooligans im Fußballstadion und die „Chaoten" in der Demo.

Der Disco-Manager sagt: „Wir müssen die Musik so laut stellen, weil der Geräuschpegel durch die Unterhaltung der Gäste so hoch ist." Wenn Sie das Ihrem Gesprächspartner im Lokal ins Ohr brüllen, kennen Sie die Ursache des hohen Geräuschpegels: die laute Musik. Das ist eigentlich schon das Prinzip der Rückkopplung.

Jetzt haben Sie also ein allgemeines Prinzip erkannt, das auf verschiedenen Gebieten zu beobachten ist. Können wir das präzise erfassen? Können wir die zugrunde liegenden Gesetzmäßigkeiten erkennen, gar berechnen? Welche Konsequenzen hat dieses Prinzip? Erlaubt es Vorhersagen über das Verhalten dieser gekoppelten Systeme und ist dieses Verhalten – wenn es in irgendeiner Form unerwünscht ist – eventuell zu beeinflussen? Das sind die Fragen, mit denen wir uns auseinandersetzen müssen.

Das allgemeine Prinzip ist also der Zyklus, der Kreis, der Ringschluss, die Selbstbezüglichkeit, die Rückkopplung, der Regelkreis. Alles verschiedene Begriffe für zwei kreisförmig miteinander verbundene Teile – im Gegensatz zu einem linearen Nacheinander. Mit diesen „Zyklen" und ihrer inneren Struktur werden wir uns im folgenden Kapitel genauer beschäftigen.

2

Selbstbezüglichkeit und das Henne-Ei-Problem

Ursache und Wirkung, zyklische Prozesse und seltsame Schleifen

Über Ursache und Wirkung und die Frage, wann beides endet. Zyklische Prozesse und seltsame Schleifen führen zu Paradoxien. Widersprüche lösen sich in rückgekoppelten Systemen auf.

Nach dem folkloristischen Vorspann wollen wir nun ein wenig nachdenken. Schließlich hat uns die Evolution ein Gehirn geschenkt. Na ja: schon das erste Missverständnis: Es ist uns nicht – eingepackt in Geschenkpapier mit Schleifchen – präsentiert worden, sondern in Wechselwirkung mit der Umwelt entstanden. Ein Feedback-Prozess, wie wir in späteren Kapiteln noch sehen werden. Ich möchte hier einen etwas längeren Anlauf nehmen, um den Weg zum eigentlichen Thema abwechslungsreicher zu gestalten. Aber wir schlagen nur scheinbar einen Umweg ein, denn es wird sich zeigen, wie eng das Folgende mit dem eigentlichen Thema zusammenhängt. Dazu darf ich den Rest dieses Kapitels teilweise aus meinem Buch „Denken – Nach-Denken – Handeln" zitieren (mit freundlicher Genehmigung des Alibri-Verlages):

Eine Situation des Alltags: Sie sitzen im Auto und nähern sich einer Vorfahrtsstraße, bei der Sie rechts abbiegen wollen. Sie sind spät dran, denn Sie wurden von einem Nachbarn aufgehalten. Sie halten an, sehen nach links und rechts, niemand ist zu sehen, und als sie gerade losfahren wollen, stottert der Motor. Ein unmutiger Blick auf den Drehzahlmesser, zwei Gasstöße, schon hat er sich wieder gefangen. Es kann weitergehen! Sie sehen zur Kontrolle noch einmal nach links, noch immer kommt niemand, dann fahren Sie los. Als sie nach rechts sehen, steht auf dem Zebrastreifen eine alte Dame vor Ihnen. Ups! Aber kein Problem, Sie

J. Beetz, *Feedback*, https://doi.org/10.1007/978-3-662-62890-4_2

sind ja noch langsam – bremsen, lächeln, eine zuvorkommende Handbewegung, die Dame marschiert los, alles in Ordnung. Gas geben … plopp! Der Motor ist aus. Bevor Sie zum Zündschlüssel greifen können, macht es „rumms!" und Ihr Stufenheck ist ein wenig zerknautscht. Ihre (von der Straßenverkehrsordnung erzwungene) Höflichkeit hat einem vorfahrtberechtigten Wagen Gelegenheit gegeben, sich Ihnen unziemlich zu nähern. Den Rest kennen Sie: Polizei und Streit um die Schuldfrage. Denn der andere ist ja auf Sie aufgefahren. Einerseits. Aber Sie standen ja mitten auf der Straße, vor einem leeren Zebrastreifen. Andererseits. Die eigentliche Ursache für die unerwünschte Wirkung ist nun schnell gefunden: Ihr Tank ist leer. Das klärt die Schuldfrage also: Sie sind es gewesen! Zumindest nach Meinung der Polizei, die darin ein fahrlässiges Handeln und damit einen Verstoß gegen § 1 Abs. 2 StVO sah, denn der Kraftstoffmangel wäre vorhersehbar gewesen.

War das wirklich die Ursache? War es nicht die alte Dame, die so unerwartet auftauchte? Das andere Auto, das aus dem Nichts kam? Der Nachbar, der Ihre Abfahrt verzögert hat? Lag nicht eine Kombination ungünstiger Bedingungen vor wie am Anfang des vorigen Kapitels, ein zufälliges Zusammentreffen unglücklicher Umstände, deren Opfer Sie wurden? In manchen Fällen gibt man sogar dem Opfer die Schuld, bezeichnet sein Verhalten als Ursache.

Ursache und Wirkung, die zentralen Fragen der Kausalität, haben die Menschen seit jeher intensiv beschäftigt (das zeigt schon das lateinische Wort: *causa* ‚Ursache'). Was bewirkt etwas anderes? Wodurch kommt ein Ereignis zustande? Haben ähnliche Ursachen ähnliche Wirkungen und umgekehrt? Ist ein zeitliches Nacheinander schon ein ausreichendes Indiz? „Nichts geschieht ohne Ursache", sagt man – und alle nicken. Eine Binsenweisheit. Ein Flugzeug fällt vom Himmel und umfangreiche Recherchen beginnen: Was war die Ursache? Wie kam es zu dem Absturz? Wer trägt die Schuld an der Katastrophe? Aus welchem Grund? Gibt es genau *einen* – oder ist es die so oft zitierte „Verkettung unglücklicher Umstände"?

Eine Wirkung *muss* eine Ursache haben, meint man – aber meist ist es nicht nur eine, und oft müssen zusätzliche Bedingungen erfüllt sein, damit das Ereignis eintritt. Was wir als Ursache festmachen, ist eine besondere Art der Bedingung, oft eine zeitlich direkt vor der Wirkung liegende oder in irgendeiner anderen Weise besonders ausgezeichnete Bedingung, über die nicht nur bei Unfällen gestritten wird.

Gibt es auch Wirkungen *ohne* Ursachen? Und sind Wirkungen immer sozusagen punktuelle Geschehnisse oder finden wir nicht oft „Langzeitwirkungen", also Lebenssituationen, die in anderen Gegebenheiten ihre

Ursache haben? Die Soziologen beschäftigt die Frage, welche Lebensumstände welche Folgen im Verhalten haben. Ebenfalls die Psychologen und Psychiater. Und man kann nicht einmal friedlich vor sich hin sterben – immer taucht die Frage nach der Todesursache auf.

Ursache und Wirkung verbergen sich in vielen Alltagsweisheiten (die nicht immer Weisheiten sind), zum Beispiel „Wer heilt, hat recht". Die Geschichte meiner schmerzenden Schulter habe ich ja andernorts ausführlich erzählt.[1] *Trotz* aller therapeutischen Maßnahmen waren die Beschwerden eines Tages verschwunden, könnte man ironisch sagen. Wer hatte nun recht? Der Arzt, die reizende Physiotherapeutin, die Pharma-Firmen, der Fitnesstrainer oder mein Immunsystem? Interessant für unser Thema ist aber Folgendes: Der australische *National Health and Medical Research Council* (NHMRC) hat wissenschaftliche Untersuchungen zur Homöopathie ausgewertet. Doch von mehr als 1800 Studien genügten nur 225 wissenschaftlichen Kriterien. Die anderen hatten zum Beispiel zu wenige Teilnehmer oder die statistischen Auswertungen waren fehlerhaft. Die anerkannten Untersuchungen lieferten keine Beweise dafür, dass Homöopathie einem Placebo überlegen war. Aber können Hunderte von Millionen von Menschen irren, die an diese alternative Heilmethode glauben? Egal. Feedback – die Studie beeinflusst die Meinung der Wissenschaftler und die Meinung der Wissenschaftler beeinflusst die Studie. Ob beabsichtigt oder unbeabsichtigt, das werden wir unter dem Stichwort *Priming* noch erörtern.

Schauen wir uns einige Beispiele von Ursache und Wirkung an. Sie werden widersprüchlich sein und schon die ersten Fragen aufwerfen.

2.1 Zyklische Sprüche und zyklische Prozesse

Pedro D. ist ein Cocabauer und lebt mit seiner siebenköpfigen Familie in Kolumbien. Das Land gehört dem Gutsherrn. Wenn seine Felder nicht vom Militär zerstört werden, um die Kokainproduktion zu begrenzen, dann hat er ein karges Auskommen. Sein Lebensziel ist das Überleben, seines und das seiner Familie, in einer Gesellschaft, in der man um das tägliche Brot kämpfen muss, in der Hunger und Krankheit den Tod bedeuten. Er kennt das Leben in allen seinen Härten und glaubt nicht an Gerechtigkeit, nicht an den Staat oder an ein glückliches Leben.

[1] Beetz J (2010) S. 142.

Die Regel dieses Lebens ist klar: Das Sein bestimmt das Bewusstsein.

Samantha H. ist die Tochter eines Kaufhausketten-Besitzers in Kalifornien und wird ein Vermögen von einigen Milliarden Dollar erben. Sie gilt als Partygirl und hat verschiedene Karrieren als Model, Sängerin und TV-Star hinter sich. Ihr Lebensziel ist die Selbstvermarktung in einer Gesellschaft, in der man täglich in die Vergessenheit, den medialen Tod stürzen kann. Sie kennt das Leben in allen seinen Härten und glaubt an Macht, Geld, Ansehen und ein bewundernswertes Leben.

Das Sein bestimmt das Bewusstsein.

Eine Untermauerung dieser Lebensregel bot der Dichter Bertolt Brecht: „Erst kommt das Fressen, dann kommt die Moral." Damit hat er Karl Marx variiert: „Es ist nicht das Bewusstsein der Menschen, das ihr Sein, sondern umgekehrt ihr gesellschaftliches Sein, das ihr Bewusstsein bestimmt." Und wenn wir gerade bei Klassikern sind, muss ich einen Hinweis auf ein schönes Buch bringen:[2] Der amerikanische Schriftsteller T. C. Boyle beschreibt in seinem Werk „América" die Geschichte des Aufeinandertreffens zweier gegensätzlicher Paare – zwei illegale mexikanische Einwanderer, Cándido und seine Frau América, auf der einen Seite und ein *Upper-Middle-Class*-Ehepaar aus Los Angeles auf der anderen. Plastischer als in diesem Buch kann man das Prinzip des vom Sein bestimmten Bewusstseins kaum illustrieren.

Nebenbei: Im Gegensatz zum relativ stabilen Sein kann das Bewusstsein ziemlich schnell ausgetauscht werden (Stichwort „Wendehals"). Ihre Sicht auf die Welt zu ändern, das fällt manchen Leuten leicht – erheblich leichter, als ihre Lebensumstände zu ändern.

Wenn eine Aussage so wahr ist wie ihr Gegenteil

Yamal K. ist ein deutscher Student aus einer bürgerlichen türkischen Familie, die sich vor seiner Geburt in Frankfurt niedergelassen hat. Der Vater ist Rechtsanwalt. Yamals Glauben und seine Erziehung haben ihn zum Gerechtigkeitsfanatiker gemacht. Er hasst Gewalt, Krieg, Imperialismus und Unterdrückung. Er hat sich in einem Lager in Afghanistan zum Selbstmordattentäter ausbilden lassen und bereitet einen spektakulären Anschlag gegen die US-Botschaft vor – „um des Friedens willen", wie er sagt. Er kennt das

[2] Hier und im nachfolgenden Text ist jeder Hinweis auf ein Buch oder einen Autor durch eine Quellenangabe im Literaturverzeichnis belegt.

Leben in allen seinen Härten und glaubt an den Sieg der Gerechtigkeit und an ein Leben nach dem Tode.

Was uns das aber zeigt: Das Bewusstsein bestimmt das Sein.

Maria A. ist die Tochter eines Landarztes aus dem bürgerlichen Milieu. Sie hat Medizin studiert und könnte eine gut bezahlte Stelle als Assistenzärztin antreten. Sie verwendet all das Geld, das sie sich während des Studiums durch harte Arbeit verdient hat, um als Mitarbeiterin der Organisation „Ärzte ohne Grenzen" nach Afrika zu gehen – „aus Liebe zu den Menschen", wie sie sagt. Sie ist bereit für ein Leben in Entbehrung, denn sie glaubt an den Sieg der Menschlichkeit.

Das Bewusstsein bestimmt das Sein.

Wir brauchen das nicht weiter zu spinnen – jeder kennt die vielfältigen Beispiele für diese Sicht der Dinge. Die komplette Bandbreite vom Guten bis zum Bösen zeigt diesen Grundsatz – von gelebten kirchlichen Dogmen und humanitären Überzeugungen über die Inquisition bis zum Faschismus. Menschen wurden und werden diskriminiert, verfolgt und getötet, weil sie den „falschen Glauben" haben. Im Yoga und anderen Formen der Meditation beeinflusst der Geist das körperliche Sein. Unsere Gedanken rufen körperliche Effekte hervor. Herrschaft im Mittelalter wurde weitgehend durch Ideologie, Symbole und Aberglauben ausgeübt, weil Verwaltungsstrukturen, Polizeiorgane und andere Mittel der Durchsetzung unterentwickelt waren.

Im Gegensatz zum relativ stabilen Bewusstsein kann das Sein ziemlich schnell ausgetauscht werden (Stichwort „Schicksal" – Glück oder Pech). Viele Menschen geraten unverhofft in grundlegend andere Lebensumstände – ändern aber ihre innere Einstellung nicht. Man sagt, „sie bleiben sich treu" und schätzt das als guten Charakterzug.

Für jede der beiden Varianten dieser Lebensweisheiten könnte man unzählige Beispiele finden. Das Widersprüchliche, die Paradoxie der beiden Gegensätze springt Ihnen jedoch in die Augen. Wenn eine Aussage so wahr ist wie ihr Gegenteil, dann stöhnen die Logiker auf. Eigentlich kann doch nur eine der beiden gegensätzlichen Lebensregeln stimmen, oder?! Der „Satz vom ausgeschlossenen Widerspruch" ist eine Grundregel der Logik, die schon der Philosoph Aristoteles über 300 Jahre v. Chr. formulierte.[3] „Ach was!" werden Sie sagen, „Unterschiedliche Situationen, unterschiedliche Bedeutung. Die Menschen sind eben verschieden. So ist das im Leben." Aber vielleicht gibt es eine Gemeinsamkeit, einen Zusammenhang? Eine

[3]Eine Aussage und ihre Negation (ihr Gegenteil) können niemals zugleich wahr sein.

eingebettete Verbindung, die die scheinbar so unterschiedlichen und gegensätzlichen Positionen wie zwei Seiten nur einer Münze erscheinen lässt? Was wäre, wenn sich die beiden Gegensätze zu einem Ring zusammenschweißen ließen? Denn wir beobachten hier, dass sich gewissermaßen die Katze in den Schwanz beißt. Vornehmer ausgedrückt: eine „Zirkularität" oder einen „Zyklus" (natürlich wieder altgriechisch bzw. lateinisch: ‚Kreis'). So kommen wir zum ersten und wichtigsten zyklischen Satz, eine Art philosophischer *Donut,* der beliebte amerikanische Gebäckkringel, den wir uns wie in (Abb. 2.1) vorstellen können:

Das Sein bestimmt das Bewusstsein bestimmt das Sein.

Das waren nur vergleichsweise harmlose Beispiele für den Einfluss des Bewusstseins auf das Sein und umgekehrt. Nicht Wissenschaft und Erkenntnis treiben Menschen in den Tod, tragen zur Übervölkerung bei oder richten all das Unheil in der Welt an, sondern Ideologien, Dogmen und unreflektierte Traditionen – von Stammesriten über den Kommunismus bis zu den falsch interpretierten Religionen. In diese Gruppe der Geistes-Schadstoffe gehören viele „-ismen". Wer ihnen anhängt, hat unabhängiges und kritisches Denken schon in vielen Fällen aufgegeben. Doch um fair zu sein: nicht unbedingt in allen. Und umgekehrt: So oft Ideologien den Lauf der Geschichte ändern, so oft beeinflusst der (vielleicht zufällige) Lauf der Geschichte den ideologischen Überbau, der daraus entsteht. Schon wieder ein Fall von wechselseitiger Beeinflussung.

Ist es nur paradox oder ist es mehr?

Man könnte meinen, das wären nur einfache Paradoxien – Widersprüche in sich selbst. Die sich bei genauem Nachdenken auflösen oder – wenn nicht – als logisch falsche (weil unmögliche) Aussagen stehen bleiben. Aber genauer betrachtet sind das nicht (nur) zyklische Sätze, sondern zyklische Prozesse: Das eine *bewirkt* das andere und umgekehrt: Dicke sind unglücklich, weil sie dick sind – und dick, weil sie unglücklich sind. Ein „Prozess" ist hier kein Gerichtsverfahren, sondern ein Vorgang, ein Geschehen. Wir sehen

Abb. 2.1 Ein zyklischer Spruch

solche Prozesse in Paarbeziehung: Weil es beim Thema X immer Krach gibt, sprechen sie nicht mehr darüber. Weil sie nicht mehr darüber sprechen, gibt es beim Thema X immer Krach.

So kommt auch eine Nachricht in die Tagesschau … oder wird das in der Tagesschau Gesendete automatisch zur Nachricht? Erzeugt der Börsencrash die Panik oder die Panik den Börsencrash? Sagen an der Börse die Meister der Charttechnik steigende Kurse voraus oder erzeugen sie damit genau die Kauflaune, die die Kurse steigen lässt?

Denn es geht so weiter! So ergeht es dem Ehemann, der trinkt, weil seine Ehe zerrüttet ist, weil er trinkt. So ergeht es dem Restaurantbesitzer, dessen Lokal leer ist, weil die Bedienung sich nicht sehen lässt, weil das Lokal leer ist. Beim Yoga und anderen Formen der Körperarbeit stellt man fest, dass die Körperhaltung die Stimmung beeinflusst, die ihrerseits die Körperhaltung beeinflusst. Der Alltag ist voll von „zyklischen Prozessen", von denen wir immer neue entdecken, je mehr unser Bewusstsein dafür geschärft wird. Aber es sind nicht einfach nur Sprüche oder Prozesse, sondern Selbstbezüglichkeiten, deren Kern wir gleich beleuchten wollen. Denn hier haben wir ja unser Thema schon am Schopf. Ein „zyklischer Prozess" ist ein Feedback-Prozess.

So kommen wir zu einer kleinen und bei Weitem nicht vollständigen Sammlung zyklischer Prozesse:

Das Ei erzeugt das Huhn erzeugt das Ei.
Kontrolle ist besser als Vertrauen ist besser als Kontrolle.
Angst macht krank macht Angst.
Die Wirklichkeit formt das Modell formt die Wirklichkeit.
Das Ereignis erzeugt die Nachricht erzeugt das Ereignis.

Last but not least (aus gegebenem Anlass):

Die Wirtschaft lahmt, weil das Vertrauen fehlt, weil die Wirtschaft lahmt.

Vermutlich sind die meisten dieser zyklischen Prozesse noch eine Ebene höher angesiedelt: bei den selbstverstärkenden rückgekoppelten Prozessen, zu denen wir uns jetzt langsam vorarbeiten wollen.

Wenn man nicht will, dass sich die Welt sinnlos im Kreise dreht, dann kann man sich die Zyklen auch auseinandergezogen vorstellen, nicht als Ring, sondern als Spirale. So entsteht ein Prozess der Höherentwicklung: Das Sein bestimmt das Bewusstsein, das Bewusstsein bestimmt ein höheres Sein, dieses bestimmt ein höheres Bewusstsein und so weiter – eine wahrlich transzendentale Spirale.[4] Das werden wir in Abschn. 8.1 noch näher beleuchten.

Ursache und Wirkung sind also auch nicht mehr das, was sie einmal waren. So kommt uns bei näherem Nachdenken ein bohrender Verdacht: Zyklische Prozesse bergen ein bestimmtes Prinzip in sich, unabhängig davon, ob wir sie im gesellschaftlichen Zusammenleben, in der Technik oder Wirtschaft, in der Natur oder im Weltraum antreffen. Denn nur auf den ersten Blick sind diese Schleifen einfach nur Paradoxien.

2.2 Paradoxien – wenn die Selbstbezüglichkeit Un-Sinn erzeugt

Das tägliche Leben ist voll von Paradoxien. Ach, wir vergaßen, es zu erwähnen: Die alten Griechen, deren Kultur vor etwa 2400 Jahren auf dem Höhepunkt ihrer Blüte stand, haben uns viele Begriffe aus ihrer Sprache hinterlassen. Das Wort *paradoxon* ist altgriechisch und kommt von *para* ‚jenseits', ‚gegen' und *dóxa* ‚Meinung', ‚Ansicht', ‚Glaube'. Paradoxien sind also Dinge jenseits des Glaubhaften, scheinbar oder tatsächlich unauflösbare unerwartete Widersprüche. Paradoxien sind Abarten unserer bekannten zyklischen Prozesse. Viele rutschen uns so durch, ohne dass wir sie bemerken. Manche kommen auch als Psychotrick daher, klebrig wie eine Fliegenfalle – und es gibt kein Entkommen. „Echte" Paradoxien ergeben sich, wenn die drei Bedingungen der Widersprüchlichkeit, der Selbstreferenz und der Zirkularität zusammentreffen.

Einer dieser Psychotricks ist das *Double Bind.* Sie wissen nicht, was das ist? Das macht nichts! Sie erkennen es, wenn es fertig ist. Wir basteln uns ein einfaches Beispiel, eine Variante der Begebenheit in Abschn. 1.3.

Betrachten wir eine Szene des Alltags: Zwei Personen (gerne Lebenspartner, muss aber nicht sein), A und B, sitzen beim Frühstück und trinken Tee. A ist in die Zeitung vertieft, um die fundamentalen Probleme der amerikanischen Außenpolitik zu verfolgen (☐ der neuen Herbstkollektion, ☐ des Fehlpasses von Schweinsteiger, ☐ der neuen Brigitte-Diät – Zutreffendes bitte ankreuzen ☒). Nebenbei: Merken Sie, wie schon die Auswahl des Zeitungsthemas eine Person inklusive ihres Geschlechts vor Ihrem

[4] Das Wort „Transzendenz" kommt vom lateinisch *transcendere* ‚übersteigen' – das Überschreiten einer Grenze, die zwei grundsätzlich verschiedene Bereiche trennt, in Richtung zu „etwas Höherem".

geistigen Auge entstehen lässt, ein Bild, ein Vor-Urteil, eine gefühlsmäßige Position?).[5] Na, gut, vereinfachen wir die Sache mit den gängigen Klischees: A ist „sie" und B ist „er".

Sie: „Möchtest du noch Tee?"
Er: (nickt, liest weiter).
Sie: (schenkt nach) … (nach 5 min) „Möchtest du ein Plätzchen?"
Er: (nickt, liest weiter).
Sie: (legt ihm eins auf den Teller) … (nach 5 min, in bestem Sozialarbeiter-Deutsch) „Du, das macht mich ganz betroffen, dass du mir nicht zuhörst und nicht mit mir kommunizierst. Ich kümmere mich um dein Wohl und du bedankst dich nicht einmal!" (Der Fliegenfänger hängt, aber er sieht ihn nicht.)
Er: (seinerseits betroffen) „Entschuldige, ich war nur in Gedanken, ich wollte nicht unhöflich sein."
Sie/Er: (kommunizieren).
Sie: (nach 5 min) „Möchtest Du noch etwas Tee?"
Er: „Ja, gerne. Vielen Dank!" (er hängt schon am Fliegenfänger, aber er merkt es nicht).
Sie: (spitz) „Du musst nicht »Danke!« sagen, nur weil du dich verpflichtet fühlst!"

Das ist er, der *Double Bind*, die psychologische Zwickmühle. Man ist doppelt gebunden, genauer: gefesselt – was man auch tut, ist falsch. Er soll „Danke!" sagen, weil sie menschliche Zuwendung möchte und auf wohlerzogenes Verhalten Wert legt. Er soll nicht „Danke!" sagen, weil es ihm befohlen wurde, sondern sich „spontan" bedanken. Es ist eine interne „Verriegelung", ein gegenseitiges Sperren und damit eine Systemblockade – ein *deadlock*. Wenn Eltern zu ihrem stets gehorsamen Sohn sagen: „Werde doch mal selbstständiger!" und er tut es nicht, bleibt er unselbstständig, gehorcht er, beweist das erneut seine Unselbstständigkeit. Ähnliches findet beim Psychiater statt, der seinen Patienten (auf Marketing-Deutsch: seinen Kunden) dazu bringt, ein eigenständiger Mensch zu werden. Noch schöner und kürzer die Aufforderung einer Partynudel: „Sei doch mal spontan!" Es ist nun mal paradox, auf Befehl oder geplant spontan zu sein. Dazu passt auch ein weiteres paradoxes *deadlock*, eine sich selbst verriegelnde

[5]Ein Effekt, den wir im Kap. 7.7 unter dem Stichwort *Priming* behandeln werden.

Konstruktion: „Wenn unser Gehirn so einfach wäre, dass wir es verstehen könnten, dann wären wir zu dumm, es zu verstehen."

Die Doppelbindungstheorie gilt heute als eine kommunikationstheoretische Vorstellung zur Entstehung schizophrener Erkrankungen. Ohne Fachsprache: Man kann davon irrewerden! Erstaunlich, was ein Paradoxon so alles hergibt! Schauen wir uns einige weitere ausgesuchte Beispiele von ihnen an:

Eine kleine Sammlung von Paradoxien

Paradoxien kannte man bereits … Sie wissen es schon, jetzt kommen wieder die alten Griechen. „Ich weiß, dass ich nichts weiß", sagte der griechische Philosoph Sokrates vor fast 2500 Jahren. „Alle Kreter lügen", sagte der Kreter Epimenides (worauf wir gleich noch zurückkommen).

Zyklen und damit Paradoxien entstehen oft, wenn die Trennung zwischen Subjekt und Objekt aufgehoben ist, wenn der Betrachter zum Betrachteten wird. Also das Subjekt selbst zum Objekt. Man kann „sich selbst belügen". Da muss es doch zwei „Ichs" geben: einen Lügner und einen Belogenen. Normalerweise kann man etwas von jemand *anderem* erwarten, aber der Therapeut fragt den Patienten: „Was erwarten Sie von sich?" Man kann auch „sich täuschen" – wenn man das nicht als unsaubere Formulierung für „sich irren" nimmt, sondern als aktive Betrugshandlung („arglistige Täuschung" im Sinne des § 123 BGB), dann wird auch das paradox. „Selbsttäuschung" scheint mir ein interessantes Phänomen zu sein: Ich glaube etwas, obwohl ich es nicht glaube?

Aber Achtung, das muss nicht unbedingt ein paradoxer Widerspruch sein. Der amerikanische Neurowissenschaftler David M. Eagleman ist nämlich der Meinung, das Ich oder besser *ein* Ich sei ein Märchen. Hinter ihm gäbe es ein *Wir*. Ein Netzwerk unterschiedlicher Neuronenschaltkreise, die z. T. verschiedene innere Zustände repräsentieren. Insofern können wir tatsächlich „uns selbst Vorwürfe machen" oder „uns selbst betrügen". Da passt doch der Titel des philosophischen Bestsellers „Wer bin ich – und wenn ja, wie viele?" von Richard David Precht genau ins Bild. Von Goethes „Faust" mit seiner Klage „Zwei Seelen wohnen, ach! in meiner Brust …" ganz zu schweigen. Darauf werden wir noch ausführlich zurückkommen (Abschn. 6.6).

Paradoxien werden ja gerne für mehr oder weniger witzige Dinge benutzt – zum Beispiel als Aufkleber am Auto eines Spaßvogels („Diesen Aufkleber nicht beachten!"). Und natürlich muss hier der österreichische Schriftsteller und Satiriker Karl Kraus zitiert werden: „Es genügt nicht, keine Gedanken zu haben, man muss auch unfähig sein, sie auszusprechen." Denn *hat* man keine Gedanken, dann liegt ja die Voraussetzung für ein Aussprechen nicht vor. Man könnte ein Management-Prinzip daraus machen: Es genügt nicht, keine Ideen zu haben, man muss auch unfähig sein, sie umzusetzen. Dazu wiederum passt der Satz von John Brockman, Gründer der *Edge Foundation*, einer „Denkfabrik" *(think tank)* in den USA: „Die meisten Menschen würden eine Idee nicht mal dann erkennen, wenn sie eine hätten." Dazu passt dann der „Dunning-Kruger-Effekt": Leute, die dazu neigen, ihre eigenen Fähigkeiten zu überschätzen. Denn „Wenn jemand inkompetent ist, dann kann er nicht wissen, dass er inkompetent ist."

Paradoxien dienten auch als fragwürdige Beweise oder mittelalterliche Denkübungen: „Kann der (allmächtige!) Gott einen Felsen erschaffen, der so groß ist, dass er ihn nicht heben kann?" Es ist (für Kenner) als „Allmachtsparadoxon" in die Geschichte der Philosophie eingegangen und hat schon Religionswissenschaftler beschäftigt. Zu den bekannten Sprüchen gehört auch die Klage des Kulturpessimisten: „Jeder liebt nur sich selbst! Mich liebt keiner! Nur ich liebe mich!" Der Titel des James-Bond-Films „Sag niemals nie!" gehört ebenso dazu wie „Wir tolerieren keine Intoleranz!" (ein Satz, der enorme gesellschaftspolitische Dimensionen annehmen kann).[6]

Genug der Sammlung mehr oder weniger gelungener Scherze. Im Gegensatz zu manch versteckter Paradoxie erkennt man sie leicht am befreienden Gelächter. Schwieriger ist das schon beim Therapeuten-Paradoxon: „Sie müssen selbstständiger werden. Wenn Sie tun, was ich sage, schaffen Sie es!" (Ein *Double Bind*, wie erwähnt.) Es gibt auch Leute, die überlegen sich ihre Spontaneität sorgfältig. Sagen Sie doch mal am Frühstückstisch beiläufig: „Ich überlege mir gerade, ob wir heute Abend mal spontan ins Kino gehen." Mal sehen, ob es jemand merkt!

Manche Lebensweisheiten gehören auch zu den Paradoxien: „Das einzig Konstante im Leben ist die Änderung." *(‚The only constant thing in life is change.')* Das ist auch ziemlich die einzig verlässliche Antwort, die Zukunftsforscher auf die Frage „Wie sieht unsere Welt in 300 Jahren aus?" geben können: „Anders!" Aber vielleicht werden dann die Menschen genauso entsetzt, staunend und fassungslos auf unsere Zeit und unsere Dummheit zurückblicken wie wir auf die Exzesse des Mittelalters oder auf unsere jüngste Vergangenheit – unter der Prämisse des britischen Astrophysikers Stephen Hawking: Sofern es uns und unsere Zivilisation dann noch gibt. Wörtlich sagte er: „Wir werden viel Glück brauchen, um die nächsten

---

[6]Die *National Socialist Party of America* verklagte (aufgrund des in der Verfassung verankerten Rechts auf freie Meinungsäußerung) die Stadtverwaltung von Skokie (Illinois), weil sie Nazi-Symbole bei einer Demonstration verboten hatte. Quelle: https://en.wikipedia.org/wiki/National_Socialist_Party_of_America_v._Village_of_Skokie

200 Jahre zu überleben. Aber wir können sie nur überleben, wenn wir unsere eigenen Angelegenheiten vernünftiger regeln.“ Und der britische Astronom Sir Martin John Rees stellt offen die Frage: *Is earth in its final century*? – ‚Erlebt die Erde ihr letztes Jahrhundert?‘

Auch im Zusammenhang mit der Diskussion über den freien Willen tauchen Paradoxien auf: „Die einzige Möglichkeit, einen wirklich freien Willen zu manifestieren, wäre, etwas zu tun, wozu es keinerlei Veranlassung gibt. Und da dies selbst die Veranlassung wäre, ist das unmöglich.“

Unser Verstand sträubt sich gegen widersinnige Aussagen und entdeckt Paradoxien oft erst durch genaues Hinsehen. Die Sprache und ihre gleichzeitige Verwendung als „Meta-Sprache“, also als Sprache für Aussagen *über* Sprache, bieten natürlich auch Raum für Paradoxien. Denn wir machen ja Aussagen über eine Sprache in genau der Sprache, in der die Aussage formuliert ist, also Aussagen über die deutsche Sprache in Deutsch. Vielleicht schreibt ein(e) unerfahrene(r) Sekretär(in) wörtlich den Text: „Sehr geehrter Herr Maier Ausrufezeichen neue Zeile groß wie Sie schon gehört äh nein erfahren haben …“? Er oder sie merkt nicht, dass zum Beispiel „neue Zeile“ oder „äh nein“ metasprachliche Anweisungen sind.

Eine interessante Frage beschäftigte in den 1970er Jahren die Kybernetiker. Bekanntlich passt ein Chamäleon die Farbe und das Muster seiner Umgebung an. Welche Farbe nimmt es an, wenn man es in ein Spiegelkabinett setzt, indem es nur *sich selbst* sieht?

Die kürzeste aller Paradoxien ist das *Nichts.* Je nachdem, was man darunter versteht. Ist es das Gegenteil von allem Existenten, allem Seienden (allem, was es gibt), dann ist das *Nichts* alles, was es *nicht* gibt. Also gibt es das *Nichts* oder gibt es das *Nichts* nicht? Das *Nichts* ist auch kein bestimmtes „Etwas“ und damit ein leerer Begriff. Über das *Nichts* lässt sich keine Aussage treffen, erst recht keine Existenzaussage. Das erinnert an den Satz des Publizisten Kurt Tucholsky: „Ein Loch ist da, wo etwas nicht ist.“ Er bezeichnet es als „Grenzwache der Materie“.

Keine Regel ohne Ausnahme

„Keine Regel ohne Ausnahme“, das ist ein tiefsinniger Satz, bei dem alle nicken. Dies ist ganz offensichtlich eine Regel. Und schon haben wir einen inneren Widerspruch, der sich nicht auflösen lässt. Man könnte ja auch schreiben: „Regel: Keine Regel ohne Ausnahme“, um die Selbstbezüglichkeit sichtbar zu machen. Der deutsche Physiker Georg Christoph Lichtenberg sagte: „Zweifle an allem wenigstens einmal, und wäre es der Satz: zwei mal zwei ist vier!“ Das gilt auch für die Wissenschaft, die ja noch vor ca. 300 Jahren zur Philosophie zählte. Das beweist unter anderem der Titel

Philosophiae Naturalis Principia Mathematica (Mathematische Prinzipien der Naturphilosophie, 1687) von Isaac Newton – ein Physikbuch, würde man heute sagen. Auch ihr Prinzip ist der methodische Zweifel. Nach unseren bisherigen Erkenntnissen könnte man noch einen Schritt weitergehen: „Zweifle an allem wenigstens einmal, und wäre es dieser Satz." Solche Sätze sind entweder logisch *falsch* oder unentscheidbar, wie ich gleich zeigen werde.

Paradoxien existieren im sprachlich-rhetorischen Bereich, in der Philosophie und Logik, in der Mathematik, Physik, Statistik, Astronomie, Medizin, Biologie, Psychologie – um eine unvollständige Liste zu präsentieren. Letztlich ist sogar der Philosoph ein wandelndes Paradoxon: Wenn das Wesen der Philosophie der Zweifel ist, dann muss der Philosoph auch an seinen eigenen Erkenntnissen zweifeln – ein vor Selbstsicherheit strotzender Mensch ist hier schlecht vorstellbar. Was der französische Philosoph, Mathematiker und Naturwissenschaftler René Descartes zu Beginn der Neuzeit aus diesem Zweifel gemacht hat, das hat sich in einem berühmten Ausspruch niedergeschlagen. Er begründete 1641 seine Erkenntnistheorie: das Prinzip, nichts für wahr halten, was nicht so klar und deutlich erkannt ist, dass es nicht in Zweifel gezogen werden kann. Er ging so weit, dass er an *allem* zweifelte – sogar daran, ob er wirklich existiere. Doch dann dachte er weiter: Gäbe es ihn nicht (als Ich, als Selbst, als denkendes Individuum – wie immer man es nennen will), so wäre da ja nichts, was diesen Zweifel hervorbringen könne. Da er aber an seiner Existenz zweifelt, muss es ein Existierendes geben, das diesen Zweifel hegt. So entstand sein berühmter Satz: „Ich denke, also bin ich." *(‚Cogito ergo sum.')* Ein schönes Beispiel für Selbstbezüglichkeit und Paradoxie – ein Gedanke, mit dem er sich wie Baron Münchhausen selbst am Schopf aus dem Sumpf der Ver-Zweiflung zog. Der deutsche Dichter Gottfried August Bürger schrieb:

> „[Ich] fiel nicht weit vom andern Ufer bis an den Hals in den Morast. Hier hätte ich unfehlbar umkommen müssen, wenn nicht die Stärke meines eigenen Armes mich an meinem eigenen Haarzopfe, samt dem Pferde, welches ich fest zwischen meine Knie schloss, wieder herausgezogen hätte."

Der angloamerikanische Biologe, Kybernetiker und Philosoph Gregory Bateson hat auch eine schöne Definition für „Information" gefunden, die bekanntlich in *bit* gemessen wird: *„A ‚bit' of information is definable as a difference which makes a difference."* Donnerwetter: ein Unterschied, der einen Unterschied ausmacht! Selbstbezüglich, aber nur scheinbar paradox.

Denn ein Bit ist wirklich die kleinste Informationsmenge, bei der man einen Unterschied zu einer ähnlichen Information noch feststellen kann. So wie auf einen Zollstock, wo die kleinste Einteilung „1 mm“ ist und man folglich den Unterschied zwischen zwei Längen auf einen Millimeter genau messen kann.

Paradoxien kann man auch malen: Der Niederländer Maurits C. Escher wurde durch seine Darstellung unmöglicher Figuren bekannt, zum Beispiel in sich selbst (!) zurücklaufende Wasserfälle. Der Belgier René Magritte malte eine Pfeife, unter der in Schönschrift *„Ceci n'est pas une pipe.“* (‚Dies ist keine Pfeife.‘) zu lesen ist. Er hatte Recht: Es *war* keine Pfeife, sondern nur ein Bild einer Pfeife. Zweidimensional, und niemand konnte mit ihr rauchen.

Noch eine letzte Frage: Wie ist eigentlich das „Rasen betreten verboten!“-Schild auf den Rasen gekommen? Sie sehen, es gibt nichts, was es nicht gibt! Und auch das ist paradox …

2.3 Selbstbezüglichkeit – der Kern aller Paradoxien

Nun ist es an der Zeit, nicht nur witzige kleine Widersprüche aus dem Alltag zu belächeln, sondern wieder einmal darüber nachzudenken. Oder *nach*zudenken, was andere *vor*gedacht haben. In diesem Fall war es ein Mathematiker, der dadurch berühmt wurde: Kurt Gödel. Er hielt sich nicht mit dem einfachen, weil leicht als logisch *falsch* zu entlarvenden Satz „Ich weiß, dass ich nichts weiß“ auf, sondern griff eine schon bekannte und noch fiesere Variante auf: „In einem Dorf lebt ein einziger Barbier, der genau diejenigen Männer des Dorfes rasiert, die sich nicht selbst rasieren.“ Und nun kommt die spannende Frage: Rasiert der Barbier sich selbst oder nicht? (Natürlich vorausgesetzt, er ist kein Bartträger).

Nein, hier kommen Sie nicht mehr heraus! Der Barbier rasiert sich selbst: geht nicht, denn er rasiert nur die, die sich nicht selbst rasieren. Der Barbier rasiert sich nicht selbst: geht auch nicht, denn er rasiert ja alle, die sich nicht selbst rasieren. Der Satz ist weder logisch wahr noch logisch falsch, sondern unentscheidbar. Diese Paradoxie geistert seit der Antike durch die Geschichte und wurde von dem britischen Philosophen und Mathematiker Bertrand Russell im Jahre 1918 genauer untersucht.

Der Mathematiker Gödel und das Barbier-Beispiel

Kurt Gödel war Mathematiker und einer der bedeutendsten Logiker des 20. Jahrhunderts. Berühmt wurde er durch seine Spaziergänge mit Albert

Einstein im Park der renommierten *Princeton University* und durch seinen nach ihm benannten „Gödel'schen Unvollständigkeitssatz". Darin wies er im Jahre 1930 nach, dass man in formalen Systemen wie der Arithmetik nicht alle darin möglichen Aussagen beweisen oder widerlegen kann. Wörtlich lautet sein Satz: „Jedes hinreichend mächtige formale System ist entweder widersprüchlich oder unvollständig."

Am einfachsten kann man es mit dem oben erwähnten „Barbier-Paradoxon" zeigen. Letztlich geht es auf das schon erwähnte Paradoxon des griechischen Philosophen Epimenides (der aus Kreta stammte) zurück: „Alle Kreter sind Lügner." Ein *Kreter* behauptet also, dass *alle* Kreter lügen. Ein klassischer Widerspruch: Wenn der Kreter dies sagt, muss es eine Lüge sein (unter der Voraussetzung, dass die Formulierung „… sind Lügner" besagt, dass sie immer lügen). Also lügen nicht alle Kreter … Man kann den Widerspruch noch stärker vereinfachen: „Ich lüge immer." Solche Selbstbezüglichkeiten und die daraus entstehenden Paradoxien haben die Menschen seit jeher fasziniert.

Das Barbier-Paradoxon kann man natürlich in eine beliebige Geschichte kleiden: „Der Postbote eines Dorfes holt allen die Post, die sie sich nicht selbst holen." Dieser Satz ist also nicht entscheidbar, weder wahr noch falsch. Insofern hatte der österreichische Philosoph Ludwig Wittgenstein unrecht, als er 1921 in seiner „Logisch-philosophischen Abhandlung" *(Tractatus Logico-Philosophicus)* schrieb: „Wenn sich eine Frage überhaupt stellen lässt, so kann sie auch beantwortet werden." Dies erwähne ich nicht, um an dem großen Philosophen herumzumäkeln, sondern um zu zeigen, dass auch solche scheinbar wahren, einfachen und sofort einsichtigen Aussagen falsch sein können.

Aussagen über etwas können nämlich nur sauber gemacht werden, wenn nicht die Aussage selbst Gegenstand, also das Etwas, des Urteils ist, sondern etwas „Urteilsexternes". Dies haben die meisten Philosophen und Logiker bis dahin nicht explizit erwähnt.

Gödel wurde für seinen „Unvollständigkeitssatz" und dessen mathematischen Beweis (dessen Konsequenz einige führende Mathematiker fast aus der Bahn warf) sofort berühmt – und fiel ihm, einer Anekdote zufolge, fast selber zum Opfer: Bei seinen Vorbereitungen für das Einbürgerungsverfahren im Jahr 1947 entdeckte er, dass die Verfassung der USA im Sinne seines Satzes „widersprüchlich oder unvollständig" war. Trotz ihrer die Demokratie schützenden Einzelbestimmung wäre es möglich gewesen, im Rahmen dieser Verfassung eine Diktatur zu errichten. Mit Mühe konnte man ihn davon abhalten, sich bei der Anhörung selbst in Schwierigkeiten zu bringen.

Spätestens jetzt fällt einem etwas auf: In der Philosophie wie in der Hirnforschung spricht man davon, dass „das Gehirn über *sich selbst* nachdenkt" – na, wenn das mal nicht schiefgeht! Wir kommen darauf zurück.

Der Künstler Escher und seine irrsinnigen Wasserfälle

Was Gödel in der mathematischen Logik war, das war M. C. Escher in der Kunst. Eschers perspektivische Unmöglichkeiten und optische Täuschungen haben ihn berühmt gemacht, vor allem der bekannte Wasserfall, der in einem Kreis und stets bergab läuft. Er zeichnete auch zwei Hände, die sich gegenseitig zeichnen. Diese Paradoxien inspirierten den amerikanischen Wissenschaftler Douglas Hofstadter zu seinem berühmten Buch „Gödel, Escher, Bach", in dem auch der Begriff „Seltsame Schleifen" für diese Widersprüchlichkeiten geprägt wurde.

So könnte sich weder der „Lügenbaron" Münchhausen an seinem Schopf samt Pferd aus dem Sumpf ziehen, noch könnte ein Psychiater sich selbst therapieren oder ein Chirurg sich selbst operieren (sieht man vom *Terminator* oder wagemutigen Schiffsärzten auf hoher See einmal ab). Allerdings macht der Psychoanalytiker im Laufe seiner Ausbildung eine Selbstanalyse (zwar mit Hilfe eines Lehranalytikers) – das muss nach den hier geschilderten Zusammenhängen eine spannende Sache sein. Eine paradoxe Botschaft gibt auch ein Arzt an seinen Patienten mit dem Satz: „Ich verschreibe Ihnen mal ein Placebo."[7]

Und schließlich ein letzter Gedanke: Der Philosoph und Liebhaber von (selbstbezüglichen) Paradoxien, der an allem zweifelt, sollte konsequenterweise auch am Zweifel zweifeln! Ein Skeptiker scheitert am Glauben, aber auch am Unglauben. Oder anders: Der Glaube der Skeptiker ist der Unglaube. Gegenüber Skeptikern sollte man also skeptisch sein. Will sagen: Irgendwann ist mit den „seltsamen" und endlosen Schleifen Schluss, sonst fällt man in führungslosen Relativismus, fixiert sich paranoisch auf den immerwährenden Zweifel, übt gar Toleranz gegen Dinge, die man nicht tolerieren kann.

Jetzt ahnen Sie es schon: Hier liegt der Kern der Rückkopplung, des Feedback, verborgen – in der Selbstbezüglichkeit. Aber bevor wir das eigent-

[7]Ein Placebo (lat. ‚ich werde gefallen') im engeren Sinne ist ein medizinisches Präparat, welches keinen pharmazeutischen Wirkstoff enthält und somit auch keine pharmazeutische Wirkung verursachen kann. Der sog. „Placebo-Effekt" führt trotzdem zu einer Heilwirkung.

liche Phänomen kennen lernen und untersuchen, müssen wir uns noch ansehen, mit welchen Gebilden wir es eigentlich zu tun haben: „Systeme" in der Fachsprache.

Fassen wir zusammen

Eine Paradoxie enthält einen unauflösbaren Widerspruch, sie scheint – im Wortsinn – neben der normalen Ansicht zu liegen. Und zahlreiche Beispiele aus Logik, Philosophie, Theologie, Mathematik, Spieltheorie, Ökonomie, Statistik, Physik, Astronomie, Medizin, Biologie, Kunst, Wissenschaft, Sprache, Psychologie und natürlich der Politik (wie man es in Wikipedia lesen kann) würden eigene Bücher füllen. Ihr Kern – und das macht sie zu unserem Thema – liegt in der Selbstbezüglichkeit. Und das ist der Kern der Rückkopplung. So entstehen zyklische Prozesse, bei denen die Wirkung auf die Ursache zurückwirkt.

Die Frage „Was war zuerst da?" oder „Was ist woraus entstanden?" ist bei Feedback-Prozessen sinnlos – wird aber (zu) oft gestellt. Zum Beispiel bei uns Menschen: „Ist Bewusstsein aus der Sprache entstanden oder umgekehrt?" oder „Führte unser Sozialleben zur Vernunft?". Sind wir soziale Wesen (per Geburt und Vererbung) oder sozialisierte (durch Erziehung und Lernen)?

Zum Schluss noch ein Gedicht des Schweizer Theologen und Schriftstellers Kurt Marti: „Wo kämen wir hin,//wenn alle sagten,//wo kämen wir hin,//und niemand ginge,//um einmal zu schauen,//wohin man käme,// wenn man ginge."

So, nun haben wir uns ausgetobt – genug der Paradoxien und Selbstbezüglichkeiten. Nun wollen wir mal langsam zum Thema kommen: Rückkopplung zwischen verschiedenen Systemen. Obwohl wir ja eigentlich schon mittendrin sind. Zuvor aber noch ein Wort zum Begriff der Systeme und ihrer Abgrenzung von bloßen Haufen von Dingen.

3

Das Ganze ist mehr als die Summe seiner Teile

Der Unterschied zwischen Haufen und Systemen

Über die Eigenschaften von Haufen und die zusätzliche Qualität von Systemen. Wie wir beide unterscheiden können und warum nicht.

Was *ist* ein System überhaupt? Umgangssprachlich kann man ein „System" definieren als eine Ganzheit, die aus miteinander verknüpften Teilen besteht und „vom Rest der Welt" abgegrenzt ist. Ein System ist eine Menge von Objekten, zwischen denen gewisse Beziehungen bestehen. Die Frage, ob es sie objektiv *gibt* oder ob sie nur ein Modell sind, das sich der Mensch von der Realität macht, soll davon nicht berührt werden. Doch wir wollen nun etwas genauer betrachten, was es mit diesem wichtigen „Ding" auf sich hat.

3.1 „Mehr ist anders"

Sandhaufen, Schleimpilze und die Schuldenkrise können uns etwas Grundsätzliches zeigen: warum der Spruch „Das ist ja nur ein quantitativer Unterschied" Unsinn ist. Denn das „nur" ist gänzlich unangebracht – im Gegenteil: Sehr oft entsteht aus einem Mehr an *Quantität* eine neue *Qualität.* Einfach gesagt: Aus einer Menge von Dingen entsteht etwas anderes, etwas Neues. Das ist es, was „Emergenz" bedeutet: wie neue Qualität entsteht. Dieses lateinische Wort bedeutet ‚das Auftauchen', ‚das Herauskommen' oder ‚das Emporsteigen'. Neue Eigenschaften, Funktionen oder Strukturen eines Systems bilden sich infolge des Zusammenspiels seiner Elemente spontan heraus. In diesem Sinn tauchen sie nicht auf (eine aus dem Wasser auftauchende Ente ist ja vorher auch schon *da*), sondern sie *entstehen neu* (aber aus etwas *Vorhandenem*). Hier trifft Philosophie auf

J. Beetz, *Feedback*, https://doi.org/10.1007/978-3-662-62890-4_3

Wissenschaft: Emergenz ist ein zentrales Thema beider Disziplinen. Wir begegnen ihr im Alltag und merken es manchmal nicht einmal. Weil wir oft den Wald vor lauter Bäumen nicht sehen (denn auch er ist ein neues Ganzes und „mehr als die Summe seiner Teile").

„Mehr ist anders" – der Ausspruch ist so trivial, dass eine tiefere Bedeutung darin stecken muss. Doch viele halten dies für eine ebenso abgehobene Frage wie die der mittelalterlichen Scholastiker, wie viele Engel auf einer Nadelspitze Platz hätten. Dass ein System mehr ist als die Summe seiner Teile, das hat sich inzwischen herumgesprochen. Das Wort kommt vom altgriechischen *sýstēma* ‚das Gebilde', ‚das Zusammengestellte', ‚das Verbundene'. Aber auch ein scheinbar einfacher und strukturloser Haufen von gleichartigen Dingen, die untereinander keine Beziehung haben, hat es in sich. Nicht nur, weil die Grenze zwischen Systemen und Haufen sowieso nicht so leicht zu ziehen ist.

Eigentlich hat jeder schon die Erfahrung gemacht, dass eine andere Quantität auch eine neue Qualität bedeutet. Das merkt man spätestens, wenn einem ein Sandkorn, ein Stein oder ein Felsen auf den Kopf fällt. Das leuchtete jedem ein. Damit wäre das Kapitel schon hier zu Ende, wenn es nicht noch einige interessante Aspekte dieser (an sich platten) Aussage gäbe. Denn dieses „mehr" ist ja nicht einfach ein Unterschied zwischen wenig und viel, klein und groß. Es ist Wachstum (die Vokabel, die unsere Politiker und Industriellen immer mantraartig beschwören). Oder – wie gesagt – „Emergenz", will man sich gebildet ausdrücken. Also der Prozess des Überganges von wenig zu viel und die daraus entstehende Qualitätsänderung. Der Nobelpreisträger für Physik Philip Warren Anderson fasste es in den genannten drei Worten zusammen: „Mehr ist anders" *(‚more is different')*. Das ist eine moderne Version des lateinischen Satzes *„dosis sola venenum facit"* (deutsch: ‚Allein die Menge macht das Gift'), geprägt von dem mittelalterlichen Arzt Philippus Theophrastus Aureolus Bombastus von Hohenheim. Falls Ihnen der (im wahrsten Sinn des Wortes) bombastische Name nichts sagt, kennen Sie ihn vielleicht unter seinem Pseudonym *Paracelsus*. Dazu passt auch der Satz von Nick Bostrom im Vorwort zu seinem Buch: „Das menschliche Gehirn hat einige Fähigkeiten, die den Gehirnen anderer Tiere fehlen, und diesen besonderen Fähigkeiten verdanken wir unsere dominante Stellung auf der Erde."

Die Sandfalle schnappt zu

Wann also ändert sich bei einer Zunahme der Quantität auch die Qualität? Zu dieser schwer bis unmöglich zu klärenden Frage möchte ich ein paar Ideen beitragen, fern von jedem Absolutheitsanspruch.

Illustrieren lässt es sich mit einer erdachten Geschichte: ein kleiner Junge mit seinem Vater auf dem Spielplatz. Der Sechsjährige sitzt im Sandkasten und spielt mit seinen Förmchen. Stolz zeigt er auf das Ergebnis und sagt: „Schau mal, Pappi, mein Sandhaufen!" In diesem Augenblick lädt am Rande des Spielplatzes ein Lkw eine Fuhre Sand ab. „*Das* ist ein Sandhaufen, mein Sohn!" sagt der Vater. Der Kleine verzieht weinerlich das Gesicht, stellt dann aber die entscheidende Frage: „Ab wie vielen Körnern ist denn ein Sandhaufen ein Haufen?" Das ist ein seit dem Altertum bekanntes Rätsel, die Paradoxie des Haufens, auch Sorites-Paradoxie (von griech. *sorós* ‚Haufen') genannt. Es ist auch die Grundlage der so genannten „Salamitaktik", bei der man z. B. in Verhandlungen größere Ziele durch kleine Schritte oder Forderungen zu erreichen versucht. Es wird gewissermaßen immer ein „Sandkorn" hinzugefügt – so klein, dass niemand zu sagen wagt: „He, jetzt ist es aber ein Haufen!". Dazu werden wir später im Abschn. 6.4 unter der Überschrift *Eine Standardformulierung: „… schlimmer als erwartet"* noch etwas zu sagen haben.

Die Mathematik macht es sich hier einfach: Ein Haufen wird dort „Menge" genannt. Sie kann beliebig viele Elemente haben – sogar überhaupt keins: die „leere Menge". Aber wir sind nicht im Theorieraum der Mathematik, wir sind im richtigen Leben. Und hier gibt es intuitiv verständliche Begriffe (*ein* Haufen vs. *kein* Haufen), die nicht sauber definiert sind.

Ja, „reine" Haufen sind ausgesprochen selten – die Emergenz neuer Eigenschaften und damit die Bildung von dem, was wir „System" nennen, ist die Regel. Die kürzeste Definition von „Emergenz" lautet: *„more is different"* – mehr ist anders. Eine Zunahme der Quantität bedeutet eine Umwandlung der Qualität. Ein einfacher „Haufen" von Eisenatomen, also ein Eisenklotz, hat schon solche neuen Eigenschaften, zum Beispiel seine Temperatur oder seine Festigkeit. Diese Eigenschaften hat das einzelne Eisenatom nicht. Wie viele von ihnen man auf einem Haufen braucht, um eine physikalische Messgröße wie „Temperatur" definieren zu können, ist unklar. Wie bei dem Kleinen auf dem Spielplatz. Sind es viele Atome (*wirklich* viele: knapp 10.000 Mrd. Milliarden pro Gramm), dann können wir sagen: „Dieses Gramm Eisen ist 50 °C warm." Die Temperatur einer

Riesenmenge von Eisenatomen ist eine statistische Zusammenfassung ihrer individuellen Geschwindigkeiten in Form einer einzigen Zahl. „Temperatur ist flitzende Atome“, sagte mal ein Physiker. Ebenso hat ein *einzelnes* Schwefelatom keine gelbe Farbe, sondern überhaupt keine.

Baut Sohnemann nun eine Burg, entsteht etwas Neues. Sie besteht zwar aus Sand, *ist* aber nicht Sand, sondern eine Burg. Nun ist hier zwar ein kleiner menschlicher „Schöpfer“ am Werk, aber es geht auch ohne. Wenn der Sand vom Lkw rieselt, bildet sich ein Schüttkegel. Etwas Neues mit neuen Eigenschaften (z. B. dem Winkel der Kegelflanke, dem „Böschungswinkel“) bildet sich „von selbst“ durch den Einfluss der Schwerkraft und anderer physikalischer Gesetze. Die Eigenschaften des Kegels lassen sich nicht allein aus denen des Sandkorns ableiten. Überschreitet der Böschungswinkel einen gewissen Wert – ist die Flanke zu steil –, dann rutscht sie ab. Das ist Emergenz: eine neue Eigenschaft des Haufens. „Selbstorganisation“ kann man es nennen, die Selbsterschaffung und Selbsterhaltung eines Systems. Wenn Sie Fremdwörter lieben, nennen Sie es „Autopoiese“, aus dem Altgriechischen ‚selbst erschaffen‘ gebildet. Das „von selbst“ muss ein wenig erläutert werden. Drei Kugeln in einer gewölbten Schale ordnen sich „von selbst“ symmetrisch an. Aber natürlich *nicht* ohne äußere Kräfte (in diesem Fall der Schwerkraft) und nicht ohne die Naturgesetze (das Gravitationsgesetz). Der Satz „Von nix kommt nix“ gilt immer – mit einer einzigen Ausnahme (wie wir im Abschn. 10.2 über das Universum sehen werden).

Auch ein einzelner Buchstabe oder zwei von ihnen haben in der Regel keine Bedeutung, erst Wörter und Sätze, die wir daraus formen. Schließlich sind wir selbst das beste Beispiel: Wir können denken – eine einzelne Nervenzelle kann es nicht. Eine „intelligente Zelle“ ist ein Lacher. Oder eine sehr ungewöhnliche Definition von „Intelligenz“. Denn was aus dem Mehr entsteht, ist Komplexität – und damit ein neues Gesamtsystem mit neuem Verhalten. Und Leben, so sagte der französische Jesuit und Wissenschaftler Teilhard de Chardin, ist die „Auswirkung des unendlich Komplexen“ – es entsteht „von allein“ durch Zunahme von Komplexität. Darauf werden wir noch zu sprechen kommen.

Mehr ist nicht einfach mehr – das ist nur scheinbar ein alberner Satz. Vornehm ausgedrückt ist es das Phänomen der „Nichtlinearität“. 2 t Sand sind einfach doppelt so viel wie 1 t – ein linearer Zusammenhang. Aber 120 km/h sind nicht einfach doppelt so viel wie 60 km/h, betrachtet man zum Beispiel den Bremsweg. Er ist nicht doppelt, sondern viermal so lang. Er ist von der gefahrenen Geschwindigkeit nicht linear (also direkt) abhängig, sondern quadratisch: die Geschwindigkeit v mit sich selbst multipliziert (v^2). Eine dreimal so schnelle Kugel hat die neunfache Durchschlagskraft. Lineares Denken kann uns da ziemlich schnell in die Irre führen.

Mehr ist anders – natürlich gilt dieser Satz nicht absolut. In diesem Buch stehen nie Sätze, die absolut gelten (nicht einmal dieser).[1] Wir kennen viele Fälle der „Skaleninvarianz“, in denen Phänomene von der Größe *nicht* abhängig sind. Andernfalls könnten wir keine kleinen Modelle von realen Situationen bauen.

Was ist die Ursache der neuen Eigenschaft, wann entsteht sie und wie, durch welche (übernatürliche?) Kraft wird sie hervorgebracht – quasi „aus dem Nichts“? Eine der möglichen Antworten ist: Sie war schon immer da, denn sie ist eine statistische Größe. „Temperatur“ hängt mit der Durchschnittsgeschwindigkeit vieler Moleküle zusammen – und ist nicht bemerkbar, messbar, erfassbar, wenn es nur ein oder zwei sind. So wie die Durchschnittsgröße einer Bevölkerungsgruppe vielleicht eine aussagefähige Zahl ist: Die Buschmänner in Afrika sind durchschnittlich 1,57 m groß. Die Durchschnittsgröße eines Ehepaares dagegen sagt nichts aus. Es ist eine Eigenschaft, die im abstrakten Sinne zwar da ist, aber sie ist nicht erfassbar oder hat keine Aussagekraft. Ab welcher Menge von Einzelteilen ein neues Ganzes entsteht, ist nicht immer ganz klar. Es hängt vom Standpunkt des Betrachters ab, ab wie viel Elementen das „Gesetz der großen Zahl“ gilt. „Aha!“ sagen einige Philosophen, „also *wir* machen unsere Bedeutungszuschreibung, *wir* setzen die Grenzen, *wir* definieren, was ist und was nicht ist. Das ist also alles subjektiv. Es gibt keine objektive Wirklichkeit.“ Das jedoch hieße, das Kind mit dem Bade auszuschütten.

Neulich habe ich mir von einem Freund einen Euro geliehen. Irgendwie geriet das in Vergessenheit, und er hat ihn nie wieder gesehen. Auch einem Handwerker war ich unlängst etwas schuldig, ca. 1000 €. Ich hatte es einfach vergessen. Er hat mir eine Mahnung geschickt und ich habe sofort bezahlt. Bringen wir noch einmal den Faktor 1000 an: Ich leihe mir von einer Bank eine Million Euro. Da hört der Spaß auf. Die Bank will eine Sicherheit, die sie zu Geld machen kann, wenn ich den Kredit nicht zurückzahle. Dabei wird sie nicht mit der Wimper zucken und danach die Geschäftsbeziehung beenden. Anders ist es (noch einmal der Faktor 1000), wenn ich mir eine Milliarde leihe. Nun (und besonders bei noch höheren Beträgen) wird sich die Bank rührend um mein Wohlergehen kümmern. Denn nun bin ich zu groß, um fallen gelassen zu werden. Ich bin „systemrelevant“ – *too big to fail.* Mehr ist eben anders.

---

[1]Wieder eine paradoxe Selbstbezüglichkeit!

Der Schleimpilz zeigt uns die Gesetze des Lebens

Hier möchte ich den deutschen Biochemiker und Systemforscher Frederic Vester wörtlich zitieren, weil man es klarer nicht formulieren kann:[2]

> „Wenn mehrere Einzelsysteme so nahe aufeinanderrücken, dass sie in Wechselbeziehung treten, müssen sie irgendwann ein neues System bilden. Nur so können sie überleben. Ohne eine neue Organisationsform wird ein Teil der Einzelsysteme zugrunde gehen, bis die frühere Dichte wieder erreicht ist.
>
> Ein beeindruckendes Beispiel für die Bildung eines solchen »Supersystems« ist die Entwicklung bisher getrennt lebender Amöbenzellen zu einem neuen Organismus: einem Schleimpilz. Bei geringer Dichte teilen und vermehren sich diese Amöben als einzellige Organismen und leben völlig unabhängig voneinander. Unter entsprechenden Umweltbedingungen (entsprechend große Dichte, Nahrungsknappheit, sinkende Feuchtigkeit) ändern sie plötzlich ihr bisheriges Verhalten. Sie beginnen auf einmal zusammenzuströmen, wobei sie sich durch Aussenden chemischer Substanzen orientieren – eine erste Stufe der Kommunikation. Sie bewegen sich dabei sämtlich in Richtung der stärksten Konzentration. Bald türmen sie sich zu einem Haufen auf und beginnen die nächste Stufe ihrer Verhaltensänderung. Sie übernehmen unterschiedliche Aufgaben. Die einen erstarren und bilden einen tragfähigen Strang, die anderen trocknen zu Sporen aus, und wieder andere bilden für diese eine Schutzhülle. Das Gebilde beginnt sich zu »differenzieren«, zur Endform zu entwickeln, zu einem Schleimpilz. Ein neues System, ein neuer Organismus ist entstanden, der dennoch ganz aus Amöben besteht.
>
> Natürlich ist dies ein besonders extremes Beispiel, wie sich Systeme unter einer neuen Dichte verändern. Es zeigt jedoch deutlich ein Urprinzip der Natur: Verhaltensänderung bei einer höheren Dichte. Auch wir Menschen haben durch die plötzliche Vertausendfachung unserer Wachstumsrate (von 0,002 auf 2 %) eine neue Dichteschwelle überschritten. Wir erkennen jedoch noch nicht die neuen Gesetzmäßigkeiten, die damit verbunden sind. Denn wir schalten und walten und planen trotz des gewaltigen Dichtesprungs, den die Menschheit gemacht hat, so, als ob wir nicht 4 Milliarden,[3] sondern erst 4 Millionen Menschen wären, als ob noch so wie im alten Germanien da und dort eine Eisenhütte betrieben würde, pro Kopf eine Anbaufläche von 40 Hektar zur Verfügung stünde, die großen Flüsse alle Verschmutzungen aufnehmen könnten und die natürliche Verrottung der Abfälle in einer reich-

[2]Vester F (1978). Im Folgenden beziehen sich alle nicht anders gekennzeichneten Zitate oder Buchhinweise auf die Quellen im Literaturverzeichnis.

[3]Das galt zur Zeit des Originalartikels: 1978. Inzwischen sind es über 7 (sieben!) Mrd. – Tendenz: stark („exponentiell") steigend.

haltigen Tier-, Pflanzen- und Mikrobenwelt integriert und von ihr anstandslos besorgt würde.

Man glaubt, dass lediglich alles mehr geworden sei, sich die Quantität verändert habe und man nur mit genügend großen Kräften an die Probleme herangehen müsse. Doch es ist auch die Qualität der menschlichen Zivilisation, die sich mit jenem Dichtesprung geändert hat und die somit auch neue Dimensionen des Denkens und Handelns verlangt."

Was uns von Steinzeitmenschen unterscheidet

Wenig. Der Dichter Erich Kästner drückte es noch dramatischer aus: „Im Grunde sind wir noch immer die alten Affen." Viele unserer Reaktionen stammen aus dieser Zeit: Fluchtverhalten, Aggression, Revierkämpfe und Hierarchien, Imponiergehabe und so weiter. Doch etwas ist anders geworden. Denn wir sind mehr geworden. Und mehr ist anders. Die Dichte ist gestiegen. Man braucht nicht nach Tokio zu fahren, um den Dichtestress in einer vollen U-Bahn zu erleben – unser tägliches Großstadtleben reicht vollkommen aus. Steinzeithorden, so sagen uns die Paläontologen, kannten kaum Kriege. Verbände um 60 Personen lebten in riesigen Gebieten und gingen sich aus dem Wege. Kämpfe um Jagdreviere waren selten – es gab genug. Eroberungskriege – wozu?

Heute leben wir in großer Dichte. Wir kämpfen um Vorherrschaft und Ressourcen – bald um Basisbedürfnisse wie Nahrung und Wasser. Eine Dorfgemeinschaft ist kein Familienverband mehr – das merkten die Steinzeitmenschen vermutlich bei der Einführung der Landwirtschaft. Später kamen Städte und Reiche hinzu. Das Leben änderte sich aufgrund verschiedener Einflüsse, aber einer davon ist das Mehr an Menschen pro Einheit. Jetzt versuchen wir in Europa, was die USA schon hinter sich haben: eine höhere Einheit zu bilden. Aber mehr ist anders – obwohl manche „Separatisten" den Rückweg versuchen. Trotz deren Bemühungen wird der nächste Schritt die Weltengemeinschaft sein, denn die Zusammenfassung zu höheren Einheiten scheint unumkehrbar. Auch hier wird das Mehr das Ganze verändern.

Ein „Nebenprodukt" dieser Tatsache ist die Feststellung, dass ein „Mehr" sich leicht „von selbst" verstärkt und dadurch zur Norm entwickelt. Ein Beispiel ist die „Händigkeit" beim Menschen. Man konnte (mit Hilfe der Gestaltung von Steinwerkzeugen) nachweisen, dass es bei den Frühmenschen ca. 60 % Rechtshänder gab, heute aber weit über 70 %. Deswegen ist die rechte Hand „das gute Händchen" und „normal". Linkshänder sind eine oft etwas geringer geschätzte Minorität. Rechts ist richtig, „linke Bazille" und „linkisch" sind (neben anderen Begriffen, die auf die

Händigkeit zurückgehen) abfällige Bezeichnungen. Und früher war es Sitte, dass höfliche Menschen ihre Begleiter rechts gehen ließen. Schon 1814 legte der Präsident für die fortschrittlichste, für politische und soziale Veränderungen eintretende Partei die von ihm aus gesehen linke („unnormale") Seite der Sitze in der Deputiertenkammer fest – „die Linke" war geboren. Zwischen „links" und „rechts" besteht also eine deutliche Unwucht der damit verknüpften Bedeutungen – ein Ausfluss des „mehr ist anders". Und ein Ergebnis positiver Rückkopplung, einer Verstärkung durch den täglichen Gebrauch.

Mehr ist anders. Weniger ist auch anders – das weiß jeder Hartz-IV-Empfänger. Die Hälfte eines ordentlichen Einkommens ist nicht die Hälfte an Lebensqualität, es ist gar keine mehr. Und so können wir unsere tiefsinnige Betrachtung mit einer heiteren Moral beenden, wie sie Kurt Tucholsky so schön formuliert hat: „Lebst du mit ihr gemeinsam – dann fühlst du dich recht einsam. // Bist du aber alleine – dann frieren dir die Beine. // Lebst du zu zweit? Lebst du allein? // Der Mittelweg wird wohl das Richtige sein."

Also sagen Sie nie wieder: „Ach, das ist ja nur ein quantitatives Problem!" Denn mehr ist anders. Aber gehen wir nach diesem kleinen Ausflug nun die Sache systematisch an: Was sind überhaupt „Systeme"?

3.2 Die Grundstruktur von Systemen

„Was sind überhaupt Systeme?" Diese Frage haben wir am Anfang des Kapitels schon allgemein beantwortet – zu allgemein: „eine Ganzheit, die aus miteinander verknüpften Teilen besteht und vom Rest der Welt abgegrenzt ist; eine Menge von Objekten, zwischen denen gewisse Beziehungen bestehen." Das wollen wir etwas genauer betrachten.

Nun schlägt die Stunde der „Systemanalytiker". Ich nenne sie respektlos „Klötzchenmaler". Das kann ich mir erlauben, denn ich war selbst mal einer von ihnen. Es sind „IO-ten" (keine offizielle Bezeichnung), denn sie interessieren sich nicht besonders für das Innenleben eines Systems, sondern nur für das „I" *(Input)* und das „O" *(Output)*. Also die Eingangsgrößen und die Ausgangsgrößen. In der Psychologie trifft man sie als Behavioristen wieder oder allgemein in der Biologie als Verhaltensforscher. Sie kümmern sich nur um das Äußere: Was kommt heraus, wenn etwas hineingeht. In unserer Wippe (Abb. 1.1) ist der Input ein senkrecht nach unten fallendes Gewicht mit dem Impuls x beim Aufprall. Heraus kommt die Flughöhe y des auf der Wippe liegenden Objektes. Dazwischen findet eine

Abb. 3.1 Der Ausgang y eines Systems ist eine Funktion f des Eingangs x

Fortpflanzung f statt, die durch das Verhalten der Wippe gegeben ist (Abb. 3.1). Statt es „Fortpflanzung“ zu nennen, sagen die Fachleute dazu „Funktion“: *y ist eine Funktion von x.* Und bitte verzeihen Sie mir die erste (und nahezu einzige) Formel in diesem Buch als Ausdruck des vorstehenden Satzes: $y = f(x)$. Die Mathematiker sind nun mal schreibfaule Leute.

Ein Bekannter, der auf dem Land lebt, erzählte mir: „Wir haben seit einiger Zeit zwei Katzen. Seitdem haben wir mehr Vögel im Garten.“ „*Wie* bitte? Ich denke, Katzen fressen Vögel!?“ „Nein, sie kriegen sie nicht. Aber sie verscheuchen Ratten, und Ratten fressen Vogeleier. Man muss eben ein wenig weiter denken!“ Das wollen wir auch tun. Einfache Systeme, einstufige oder besser eingliedrige Ketten zwischen Ursache und Wirkung sind eher selten. Denn nun verbinden wir ein zweites System g mit dem Ausgang des ersten. Was passiert, sehen Sie sofort (Abb. 3.2): Der Ausgang y des Systems f ist der Eingang des Systems g mit dem Ausgang z. Mit allgemeinen Worten: Die Wirkung des einen ist die Ursache des anderen. Zwei gekoppelte Systeme. Die Verkettung von Ereignissen, die wir schon am Anfang dieses Buches angetroffen haben. Dabei kann f etwas so Einfaches sein wie ein Thermostat, das System g dagegen ein so komplizierter Apparat wie eine komplette Heizanlage.

Wenn Sie Lust haben, können Sie so eine Kette von verbundenen Systemen mit beliebiger Länge bauen. Die Natur hat es uns vorgemacht (und diese versuchen die Systemanalytiker ja mit ihren Mitteln zu ergründen): Eine Nahrungskette sieht genauso aus, vom Plankton als Nahrung für den einfachsten Fisch bis zu uns, wenn wir einen dicken Fisch gefangen haben (wir werden später sehen, dass diese Kette in Wirklichkeit ein Kreislauf ist).

Um solche Systeme zu analysieren, braucht man sie also nicht zu bauen. Die Mathematiker nehmen einfach die Formeln (oft sind darin mehrere Abhängigkeiten von verschiedenen Größen enthalten, meist auch von der

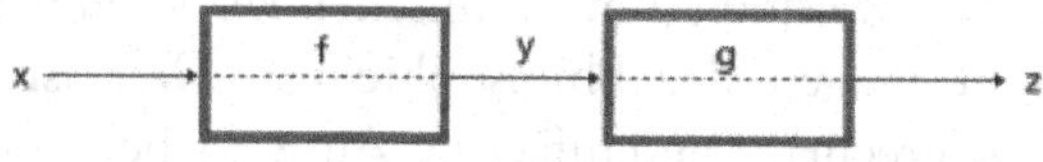

Abb. 3.2 Der Ausgang y eines Systems f ist der Eingang des Systems g

Zeit, denn es handelt sich ja um dynamische, also zeitveränderliche Systeme) und lösen sie miteinander auf. Das sind die „mathematischen Modelle", von denen immer die Rede ist.

Die Verwandlung von Haufen in Systeme

Ein Haufen Puzzlesteine ist kein vollständiges Bild. Ein Haufen von Zahnrädern ist keine Uhr. Ein Warenlager von PCs ist ein Haufen von Computersystemen. Ein umgestürzter Setzkasten mit Buchstaben ist ein sinnloser Haufen ohne jede Bedeutung.

Ein Ameisenhaufen jedoch ist kein Haufen, sondern ein System. Der Übergang ist fließend. Es muss also etwas hinzukommen. Der Übergang von Haufen zu Systemen erfolgt, indem Struktur und Interaktion der Bestandteile hinzukommen. Das ist eine dramatische Veränderung, ein Quantensprung (in der umgangssprachlichen Bedeutung des Wortes). Wer ihn übersieht, sieht oft den Wald vor lauter Bäumen nicht – ein schöner Spruch, denn auch der Wald ist ja mehr als ein Haufen von Bäumen: Er ist ein Ökosystem. So wird aus dem Warenlager von PCs ein System, wenn wir sie vernetzen (z. B. durch ein *local area network*). Dann hätten wir ein System und keinen Haufen. Ebenso sind fünf weit verstreute Menschen im australischen *Outback* ein Haufen (nicht im Sinne von „viele", siehe die Sandkörner). Sie werden zum System, wenn sie anfangen, über Funk oder Telefon miteinander zu kommunizieren.

Halten wir etwas Bemerkenswertes fest (was wir bei lebenden Systemen immer finden): Wird aus einem Haufen von Komponenten (also Einzelteilen) ein neues Gesamtsystem, so entsteht ein neues Ganzes mit einem neuen Gesamtverhalten. Die einzelnen Komponenten bleiben aber nicht unverändert, sondern differenzieren sich aus (bei lebenden Systemen) und ändern dadurch ihre Funktion, um im Rahmen des Systemganzen spezielle Aufgaben zu erfüllen. Die soeben betrachtete Geschichte vom Schleimpilz ist ja ein Musterbeispiel dafür.

Vom Einfachen zum Komplexen

Ein System besteht selten aus wenigen Komponenten, die auch noch gleichrangig nebeneinanderliegen. Sie bilden „Rangordnungen", haben einen hierarchischen Aufbau. Wenn Sie sich sehr gebildet ausdrücken wollen, können Sie zu Komponenten auch „Entitäten" sagen: einzelne identifizierbare Dinge, die einfach *da* sind (vom lateinischen *ens* ‚seiend', ‚Ding').

Eine der ältesten Fragen der Philosophie ist: „Wer ist der Mensch?" (erwähnt bei R. D. Precht). Die einfachste Antwort bekommen Sie, wenn Sie in den Spiegel schauen. Genauer: wenn Sie überlegen, woraus Sie bestehen und wozu Sie gehören. Letzteres wird mit dem Begriff der „Klasse“ beschrieben. Sie gehören zu der Klasse der Säugetiere, diese zu der Klasse der Tiere. Diese zu der Klasse der Lebewesen. Dass die Biologen hier zwischen Reich, Abteilung/Stamm, Unterstamm, Klasse, Ordnung, Überfamilie, Familie, Unterfamilie, Gattung, Art[4] und Unterart unterscheiden, sind Feinheiten. Klassen, die Klassen enthalten, die Klassen enthalten – das kennt jeder PC-Benutzer als „Ordnerstruktur“. Diese Klassen bilden eine Hierarchie („göttliche Ordnung“, zusammengesetzt aus *hierós* ‚heilig‘ und *archē* ‚Führung‘, ‚Herrschaft‘).

Und woraus bestehen Sie? Die Hierarchie geht weiter. Ihr Körper besteht aus dem Rumpf („Torso“) und den Extremitäten. Die Extremitäten bestehen aus Armen und Beinen. Woraus bestehen die Arme und die Beine? Auch hier gibt es bekannte Antworten, und die Hierarchie setzt sich fort. Ein Wirbeltier hat ein Skelett hat einen Kopf hat einen Kiefer hat einen Zahn hat eine Wurzel hat eine Wurzelhaut hat … und so weiter. Bis hinunter zum Molekül, von dort zum Atom, von dort zu den Elementarteilchen. Statt „hat“ kann man auch „besteht unter anderem aus“ oder „enthält“ sagen. Eine Zerlegung von oben nach unten oder *top-down*. „Von unten nach oben“ *(bottom-up)* gesehen ist das eine „gehört-zu“-Beziehung.

Systeme lassen sich nicht nur in Untersysteme zerlegen, sondern auch zu höheren Systemen zusammenfassen. Oder anders gesagt: Hierarchien werden aus Schachteln gebildet, die Schachteln enthalten und ihrerseits mit anderen Schachteln in einer Schachtel stecken. Auf allen Schachteln klebt ein Schild, das etwas über den Inhalt der Schachtel aussagt (siehe Abb. 3.3 links). Wenn Ihnen das Wort „Schachtel“ zu profan ist, nennen Sie es „Klasse“ oder „Kategorie“. Wir sprechen also von „Klassenbildung“, wenn wir diese Hierarchien von Dingen oder Begriffen aufbauen.

Ein Mensch besteht nicht nur aus seinen Organen, er formt auch höhere Einheiten: die Familie, die Gruppe, den Stamm, eine Partei, das Volk – schließlich „die Menschheit“. Oft sind es einfache Mengen (die Familie ist die Summe ihrer Mitglieder), oft bilden sie auch abstrakte und unklare Gesamtheiten (die Meinung der Partei ist mehr als die Summe oder der Durchschnitt der Meinungen ihrer Mitglieder). Falls es Sie interessiert: Die Fachleute nennen das Zerlegen eines Systems „Spezialisierung“, die Zusammenfassung zu höheren Systemen „Generalisierung“.

[4]Das umgangssprachliche Wort „Art“ hat in der Biologie also eine spezielle Bedeutung (oft wird der lateinische Begriff *Spezies* verwendet, um Verwechslungen zu vermeiden).

Diese Hierarchien finden wir in allen sozialen Verbänden. Natürlich sehen wir hier negative Rückkopplungskreise als soziale Stabilisierungsmaßnahmen – in Form einer Rangordnung (die berühmte Hackordnung bei Hühnern). Ein schönes Beispiel ist die Tötungshemmung (die im Gegensatz zu vielen menschlichen Wesen bei den meisten Tieren noch funktioniert): Bei einem Rangordnungskampf unterwirft sich der, der zu unterliegen droht, durch eine Demutsgeste und wird verschont. Höhere Ränge haben Vorrechte bei der Begattung und beim Fressen – und auch das Recht, dies jederzeit zu demonstrieren.

Wir finden Privilegien natürlich auch in den menschlichen Gesellschaften. Ein Pferd zu reiten war ein Zeichen höheren Ranges (der Begriff „Ritter" oder „Kavalier" kommt daher). Haben fast alle eins und ist das Städtchen von Reitern und Pferdewagen überfüllt, ist es kein Rangabzeichen mehr. Das nächste Statussymbol war das Automobil – bis es alle besaßen und die Straßen verstopft waren. Dann stiegen die „besseren Leute" ins Flugzeug und wurden mit Porzellangeschirr bewirtet. Heute ist es ein Massenverkehrsmittel und ungefähr so bequem wie die U-Bahn in Tokio. Diese Eskalation in Rangordnungszeichen ist natürlich eine gefährliche positive Rückkopplung. Eine Umkehrung des Vorzeichens, also ein dämpfender Eingriff, erscheint unumgänglich – denn jedes unbegrenzte positive Feedback ist zum Tod durch Absterben oder Explosion verurteilt.

In meinem Physikbuch schrieb ich: „Zudem ist fast jedes Objekt ein System, das aus Subsystemen (oder Komponenten) besteht. Wir können es in einer Schachtelungs- oder hierarchischen Darstellung zeichnen (Abb. 3.3 links bzw. rechts). Die Komponenten stehen miteinander in Beziehung, tauschen Informationen aus, beeinflussen sich gegenseitig. So entsteht die Funktion des Gesamtsystems, denn „Das Ganze ist mehr als die Summe seiner Teile" (das ist eine so triviale Einsicht, dass man sie sich immer wieder vergegenwärtigen muss). So wird aus einem Haufen Zahnrädern eine Uhr oder aus einem Haufen von Organen ein Organismus."

Die übliche Vorgehensweise in der wissenschaftlichen Untersuchung ist es, jedes Subsystem (das wieder aus Komponenten bestehen kann, wie B in Abb. 3.3) getrennt zu analysieren. Das System wird als Hierarchie seiner Teile (der Subsysteme) dargestellt. Diese „Systemanalyse" hat sich heute als eigenständige Strukturwissenschaft neben zum Beispiel der Mathematik und der Informatik etabliert. Das „Kunststück" besteht dann darin, die vielfältigen Schnittstellen der Subsysteme untereinander so zu berücksichtigen, dass daraus auf die Funktion des Gesamtsystems geschlossen werden kann. Ein Vorhaben, das – wie zahlreiche Beispiel belegen – leider

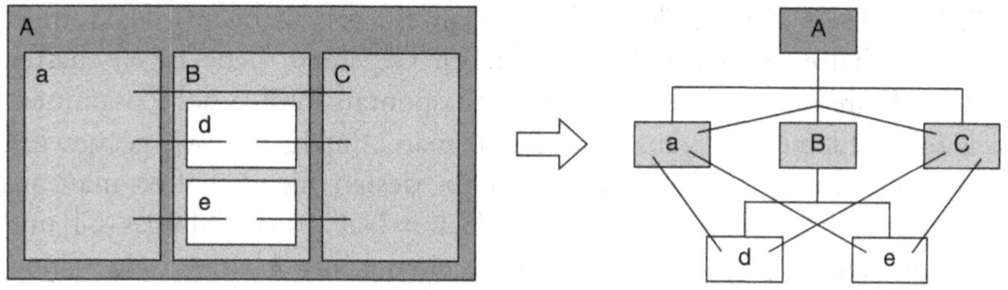

Abb. 3.3 Ein System mit drei Subsystemen (Verbindungslinien sind Interaktionen)

nicht immer gut gelingt. Daher entstehen die nicht vorhergesehenen und manchmal katastrophalen „Nebenwirkungen". Das sollte niemand allzu leichtfertig kritisieren, denn Systeme in unserer Welt bestehen nicht (wie in Abb. 3.3) aus wenigen, sondern oft aus Hunderten oder Tausenden von Komponenten, die miteinander in Beziehung stehen.

Zu abstrakt? Nun, dann ein Beispiel: In einem Biotop A, sagen wir: in der fiktiven Steppe Nehutu, gibt es 3 „Systeme": den jährlichen Niederschlag a, Tiere B und Grasbewuchs C. Es gibt dort nur 2 Tierarten: Büffel d und Steppenzebras e. Das sind die Komponenten des Systems. Sie stehen miteinander in Beziehung, denn Tiere und Vegetation sind vom Niederschlag abhängig (a – C, a – d, a – e). Und beide Arten fressen Gras (d – C, e – C). Aber sie kommen sich nicht ins Gehege (*kein* d – e). Simpel? Ja, simpel. *So* einfach sind wenige Modelle von realen Systemen. Es sollten ja auch nur die verallgemeinerten Aussagen illustriert werden. Vieles hat ja eine – nicht immer sichtbare – hierarchische Struktur, zum Beispiel ein Aufsatz oder eine Rede: Erst sagt der Redner, was er sagen will (Einleitung), dann *sagt* er es (Hauptteil), dann sagt er, was er gesagt hat (Zusammenfassung). Wenn jetzt der Hauptteil seinerseits aus zwei Teilen besteht, dann haben Sie genau die Struktur von Abb. 3.3. Vielleicht hat auch System g aus Abb. 3.2 eine solche Struktur, während System f (der Thermostat) dort keine weiteren Untersysteme enthält.

So und fast nur so, nach diesem Prinzip ist die Wissenschaft zu den vielfältigen heutigen Erkenntnissen gelangt – durch isolierende und „reduktionistische" Betrachtung von Subsystemen. Auf Deutsch: Indem man einzelne Teilsysteme herausgelöst und die Funktion des Gesamtsystems auf diese Einzelsysteme zurückführt, also reduziert. Deswegen ist jetzt die ungeheure und oft unlösbare Aufgabe, diese Puzzlesteine zu einer ganzheitlichen Sicht zusammenzusetzen, die die Vernetzung aller ihrer Komponenten hinreichend berücksichtigt. Denn hier lauert eine gefährliche Falle: Zu oft lässt sich ein Ganzes eben nicht aus der Summe der Eigenschaften seiner Teile erklären. Im Gegenteil, neue Eigenschaften oder Strukturen eines Systems bilden sich spontan infolge des Zusammenspiels seiner Elemente heraus. Dies nennt man „Emergenz", wie gesagt. Ein sofort einleuchtendes Beispiel ist Kochsalz, dessen Eigenschaften man aus den Eigenschaften seiner Bestandteile (Salz = NaCl aus Chlorgas Cl und Natriummetall Na) nicht vollständig herleiten kann. Heiraten ein Chlor- und ein Natrium-Atom, dann bilden sie ein neues System mit neuen Eigenschaften: Kochsalz. Die gesamte Chemie beruht auf dem Systemgedanken. Deswegen ist eine Ehe mehr und anders als Adam und Eva allein.

Das beste Beispiel dafür ist jedoch die Evolution: ein aktiver, von selbstreproduktiven Systemen vorangetriebener eigendynamischer Prozess der Bildung immer „höherer" Einheiten. Doch dazu kommen wir noch in aller Ausführlichkeit (Abschn. 6.2).

Nebenbei: Auch unsere Sprache hat eine hierarchische Struktur. Das kann man an folgendem Beispiel mit Nebensätzen leicht sehen: „Der Mann, der den Hund, der dem Nachbarn, den er kaum kannte, gehörte, biss, wurde verhaftet". Ein Mathematiker würde das folgendermaßen schreiben: „Der Mann (der den Hund (der dem Nachbarn (den er kaum kannte) gehörte) biss) wurde verhaftet." Viele Dichter (zum Beispiel Heinrich von Kleist) sind wahre Meister in solchen Schachtelsätzen. Außerdem stehen offensichtlich Buchstabe, Silbe, Wort, Satz und Absatz in einer hierarchischen Beziehung. Sie bilden auch einen Feedback-Kreis: Einem Satz sieht man zum Beispiel nicht an, wie er gemeint ist („Ich gehe langsam zur Bank"). Der Sinn ergibt sich aus dem Kontext im Absatz (vorher ist von einem Park mit Bänken die Rede). Und der Kontext ergibt sich aus den Sätzen, die ihn formen. Auch die Bedeutung eines einzelnen Wortes ist manchmal nur durch den Satz definiert („Ich setze mich auf die Bank") – und der Satz wird durch seine Wörter gebildet.

Ebenfalls nebenbei: Will man sich gewählt ausdrücken, kann man ein System auch „Holon" nennen (vom altgriechischen *hólos* ‚ganz' und *on* ‚seiend'). Es ist ein Ganzes, das aus Teilen besteht und seinerseits wieder Teil eines anderen Ganzen ist (wie in Abb. 3.3 gezeigt). Aus der Hierarchie wird dann eine „Holarchie " und ist dann etwas vom Geruch eines Herrschaftssystems befreit.

Die Natur macht keine Sprünge?

„Die Natur macht keine Sprünge", das sagte schon im 18. Jahrhundert der Naturforscher Carl von Linné. Ist das so oder fallen wir hier wieder auf eine „entweder-oder"-Frage herein? Wie ist es im „normalen Leben"? Gibt es eine

Grenze zwischen Deutschland und Frankreich? Natürlich, und wenn man weit genug von ihr entfernt ist, kann man eindeutig feststellen, wo man ist. Kommt man ihr sehr nahe (wo eigentlich ist sie *genau*?), kann man es nicht mehr. Aber wenn mehr anders ist, muss es zwischen den unterschiedlichen Qualitäten ja Übergänge geben – der Übergang vom Sandkorn zum Kiesel zum Beispiel. Die Antwort sieht man in Abb. 3.4.

Wieder die alte „entweder-oder"-Frage, der übliche Streit zwischen Kontinuumsanhängern und Emergenzvertretern. Erstere sagen: Es gibt keine Sprünge, nichts „Neues", alles ist schon angelegt. Die anderen meinen: Doch, das Ganze ist mehr und anders als die Summe der Teile – das ist es ja, was wir unter Emergenz verstehen. Ja, was denn nun? Sprung oder nicht Sprung, das ist hier die Frage. Im Groben ist es ein Sprung, im Feinen keiner. Den Übergangsbereich (rechts in Abb. 3.4) nennen wir im täglichen Leben „Grauzone". In der Physik ist das auch nicht anders. Der bekannte „Quantensprung" gehört dazu. Ein Quant ist die kleinste Einheit von Materie bzw. Energie, die nicht mehr teilbar ist. Gewissermaßen ein Atom (altgriechisch *átomos* ‚unteilbar'). Nein, ich habe gelogen, ein Atom ist ja teilbar. Aber ein Elektron, das um den Kern des Atoms schwirrt, ist es nicht mehr. Es ist ein Quant, denn es gibt kein halbes Elektron. In einem halbwegs genauen Modell der Atome schwirren die Elektronen in unterschiedlichen Schalen um den Kern, gewissermaßen auf verschiedenen Ebenen. Sie können von einer zur anderen springen. Das ist der Quantensprung. Ein Übergangsbereich ist nicht feststellbar, aber irgendwo müssen sie zwischendurch ja sein. Aber in der Welt des Allerkleinsten stößt unsere Beobachtung auf Unschärfegrenzen. In unserer „mittelgroßen" Welt kann das anders sein: Ein Richter kann neben „schuldig" und „unschuldig" auch „verminderte Schuldfähigkeit" befinden.

Mit solchen Sprungfunktionen werden übrigens Regelkreise auf ihr Verhalten überprüft – im mathematischen Modell und in der Praxis. Wie

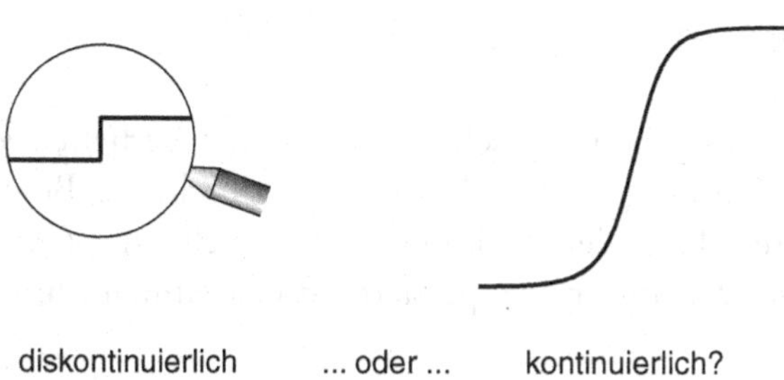
diskontinuierlich
... oder ...
kontinuierlich?

Abb. 3.4 Macht die Natur Sprünge?

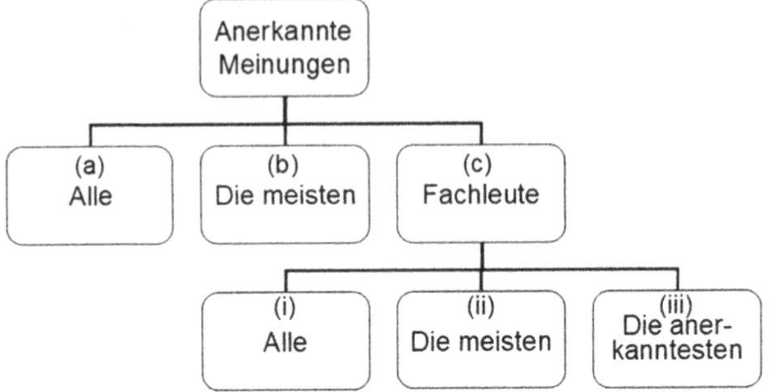

Abb. 3.5 Die Struktur der „Anerkannten Meinungen" nach Aristoteles

verhält sich die Raumtemperatur, wenn der Sollwert sprunghaft von 23 °C auf 24 °C geändert wird?

In menschlichen Ordnungssystemen allerdings machen wir den Übergang zu einem echten Sprung, sonst könnten wir keine Kategorien oder Klassen bilden. Im Kfz-Schein steht „Pkw" oder „Motorrad", aber nicht „halb und halb". Andernfalls muss eine neue Kategorie gebildet werden: „Fliewatüüt". In der Biologie gibt es keine Reptilpflanze und beim Fußball kein halbes Tor. Entweder – oder.

Ein Beispiel für eine hierarchische Struktur bietet der griechische Philosoph Aristoteles schon vor 2300 Jahren: Er sagte, anerkannte Meinungen (also nicht absolute Wahrheiten!) sind „diejenigen, die entweder (a) von allen oder (b) den meisten oder (c) den Fachleuten und dabei entweder (ci) von allen oder (cii) den meisten oder (ciii) den bekanntesten und anerkanntesten für richtig gehalten werden." Eine einfache Hierarchie, die man wie Abb. 3.5 darstellen kann. Es ist aber eine tausende Jahre alte Aussage und daher mit Vorsicht zu genießen, obwohl sie sehr plausibel klingt.

3.3 Wie beschreiben wir das Verhalten von Systemen?

Jetzt wollen wir uns genauer ansehen, wie wir das Verhalten von Systemen in den Griff bekommen – nämlich einfach durch die Beschreibung der Reaktion auf einen Reiz, der Wirkung einer Ursache, des *Outputs* auf einen gegebenen *Input.* Was intern wie passiert, ist erst einmal uninteressant. Der

Ausgang y eines Systems ist abhängig vom Eingang x, hatten wir festgestellt. Anders gesagt: Eine „Übertragungsfunktion“ (kurz: Funktion, abgekürzt f) wandelt die Eingangsgröße in die Ausgangsgröße um. Mit dieser Funktion $y = f(x)$ können wir also sein Verhalten beschreiben. Damit verschiedene Systeme miteinander verglichen werden können, müssen wir natürlich bezüglich des zeitlichen Verlaufs von x (denn es sind ja dynamische, also zeitabhängige Systeme) bestimmte Annahmen machen.

Nehmen wir ein einfaches Beispiel: ein Heizlüfter in einem Badezimmer. Er ist ein System, denn er besteht aus mehreren Teilen, die in bestimmter Weise miteinander zusammenwirken: Heizelement, Schalter, Gebläse, Gehäuse usw. In Abb. 3.6 (analog zu Abb. 3.3) sehen Sie: Ein System enthält Systeme – einmal als Hierarchie gezeichnet, einmal als Schachtelung. Denn der Schalter enthält wiederum tiefere Komponenten.

Und in das System geht etwas hinein: Der *Input* ist eine bestimmte Menge elektrischer Strom, nennen wir ihn x. Es kommt auch etwas heraus: Der *Output* namens y ist eine bestimmte Temperatur. Wie die „Übertragungsfunktion“ f aussieht? Keine Ahnung. Denn noch ist das System eine *black box* (anders als in Abb. 3.1 dargestellt), weil wir kaum etwas über es wissen (Abb. 3.7). Das ändert sich erst, wenn wir das Verhalten von Systemen untersuchen.

Wenn diese Einzelteile in der Werkstatt als ein loser Haufen im Regal liegen, haben sie keine Funktion, bilden sie kein System. Denn ein System hat „neuartige“ Eigenschaften – das Ganze ist ja *mehr* als die Summe seiner Teile. Erst die Verbindung, das Zusammenwirken der Komponenten, die Struktur des Systems machen aus dem Haufen der Einzelteile ein System. Und die Tatsache, dass ein System „neuartige“ Eigenschaften hat, die aus den Elementen nicht ableitbar sind. Denn Systeme haben Eigenschaften

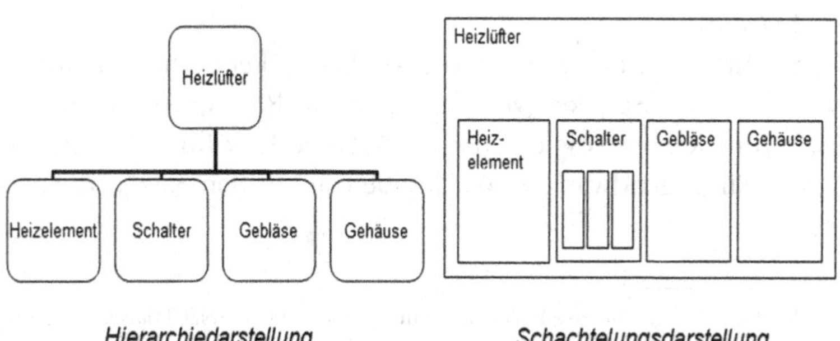

Abb. 3.6 Hierarchische Systemstruktur eines Heizlüfters

Abb. 3.7 Ein System als *black box* mit einer Eingangs- und Ausgangsgröße

(alle oder einige), die sich nicht aus den Eigenschaften ihrer Untersysteme oder Komponenten ableiten lassen. Oder würden Sie sich ein giftiges Gas in Verbindung mit einem gefährlichen Metall auf Ihr Frühstücksei streuen?[5]

Schauen wir uns nun den *Input* und *Output* unseres Heizlüfters an: Was kommt aus dem System heraus? Das ist eine Frage des Blickwinkels, der Betrachtung. Wofür interessieren wir uns dabei? Was kann der Systemanalytiker (so lautet die Berufsbezeichnung für Leute, die Systeme analysieren) erfassen und messen? Sagen wir: Die Temperatur der Luft, die der Heizlüfter auspustet. Was geht in das System hinein? Es ist zwar elektrischer Strom, wie Sie richtig vermuten, aber dessen Größe ist uns nicht direkt zugänglich. Und jetzt wollen wir wissen, *wie* die Ausgangsgröße von der Eingangsgröße abhängig ist. Dazu müssen wir auch die Eingangsgröße messen. Machen wir es uns bezüglich des Stroms einfach: Es gibt einen Drehschalter, der drei Stufen anzeigt: „1", „2" oder „3". Und die Messung der zugehörigen Ausgangsgröße ergibt 18 °C, 20 °C und 22 °C (also jetzt mal zum Verständnis stark vereinfacht). Das ist unsere „Übertragungsfunktion" (kurz: Funktion), die die Eingangsgröße in die Ausgangsgröße umwandelt. Eine lineare Abhängigkeit (siehe Abb. 3.8 rechts).

Ein mathematisches Modell eines Systems

Keine Angst vor dem Wort „mathematisch" – es ist ja nur ein anderes Wort für „abgekürzt". Denn wir wollen den langen Satz „Eine Ausgangsgröße eines Systems ist eine Funktion der Eingangsgrößen" einfacher formulieren.[6] Aber was *bedeutet* er?

Seit dem Mittelalter brüsten sich die Mathematiker gerne mit lateinischen Kürzeln: *s* für eine Strecke (von lat. *spatium* Raum, Ausdehnung, Entfernung), *v* für Geschwindigkeit (lat. *velocitas*) oder *t* für die Zeit *(tempus)*. Und *x* und *y* für „irgendwas". Also schreiben sie für den Satz „Eine beliebige

[5]Gemeint ist Kochsalz, (wie schon erwähnt) eine chemische Verbindung (NaCl) aus Chlorgas und dem Metall Natrium.

[6]Die immer wieder leicht unterschiedliche Formulierung dieses Satzes soll bedeuten, dass es i. d. R. mehrere Eingangs- und Ausgangsgrößen gibt (bzw. wir betrachten wollen), dass wir uns hier der Einfachheit halber aber meist auf je eine beschränken.

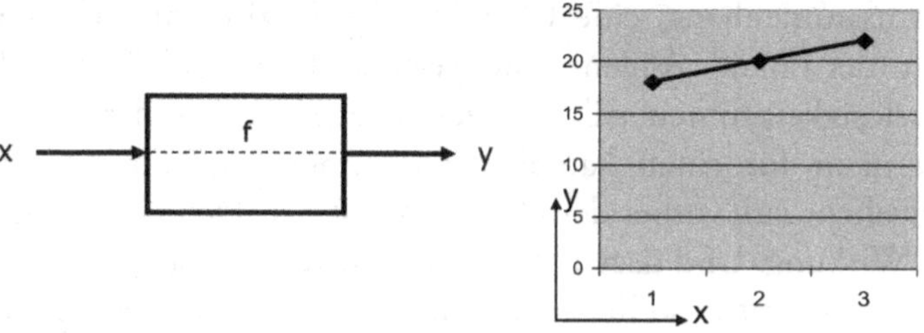

Abb. 3.8 Die Ausgangsgröße ist eine Funktion der Eingangsgröße

Ausgangsgröße ist eine Funktion irgendeiner Eingangsgröße" einfach y = f(x), gesprochen „y ist f von x" (Abb. 3.8). Es sagte zwar ein bekannter Fernsehmoderator – seines Zeichens Hochschulprofessor – ohne rot zu werden: „Ich habe nie verstanden, wie man mit Buchstaben rechnen kann." Aber an Stenografie und Kurzschrift können wir uns doch gewöhnen, oder?! Jedenfalls haben wir jetzt ein mathematisches Modell unseres kleinen Systems. Mathematik ist ja nur „ein Kompressionsverfahren für Erkenntnis und Information".

Beim System „Auto" könnte man also stenogrammartig sagen: s = f(v) – die zurückgelegte Strecke s ist eine Funktion (ist also abhängig von) der gefahrenen Geschwindigkeit v. Welche Funktion es ist, muss der Systemanalytiker herausbekommen.[7] Sie kann ganz einfach sein (zugegeben, das ist selten): Beim Auto lautet sie s = v × t – Weg ist Geschwindigkeit mal Zeit. Bei Bob, dem Baggerfahrer, lautet sie $s_{BS} = 100 \times s_J$.[8] In Worten: Der Weg der Baggerschaufel ist das Hundertfache des Weges seines Joysticks. Bewegt er diesen einen Zentimeter nach vorne, geht die Baggerschaufel einen Meter nach vorne. Das f in f(x) ist also der erkennbare, beschreibbare, messbare Wirkungszusammenhang zwischen *Input* und *Output.* Ein Kausalzusammenhang, ein „y ist … *weil* x … ist". So banal es klingt: Es muss ihn *geben,* er muss nachweisbar und beschreibbar sein. Es reicht nicht, einer beobachteten Eingangsgröße (der berühmte Sack Reis, der in China umfällt) eine ebenfalls beobachtete Ausgangsgröße willkürlich zuzuordnen und dahinter einen

[7]Denken Sie bitte daran: Der Systemanalytiker ist immer auch die Systemanalytiker*in*.

[8]Bei der Unterscheidung von denselben Größen (hier die Strecke *s*) verschiedener „Eigentümer" markiert man diese mit tiefgestellten Zeichen.

Wirkungszusammenhang, eine Übertragungsfunktion zu vermuten bzw. zu behaupten (der unfaire Außenhandelsvertrag, der angeblich in *Hillbilly City* zur Arbeitslosigkeit führen soll). Ein zeitliches Nacheinander reicht bekanntlich auch nicht für einen kausalen Zusammenhang. Sonst würde ja die Sonne aufgehen, *weil* vorher der Hahn gekräht hat. Denn x ist ja die Ursache und y die Wirkung. Und dazwischen darf es keinen Zufall geben.

Nicht immer geht es so linear zu, wie Sie an Abb. 3.9 sehen. Dort sinken die beiden Messreihen unterschiedlich stark ab, sind aber nicht linear abhängig von der Eingangsgröße. Es sind typische „Abklingfunktionen" wie bei kalt werdendem Kaffee. Leider sind die meisten Systeme nichtlinear. Einen ähnlichen Effekt kennen Sie beim Auto: Der Bremsweg steigt quadratisch mit der gefahrenen Geschwindigkeit. Kennen Sie noch die Frage aus der Fahrprüfung: „Bei 30 km/h beträgt der Bremsweg 9 m. Wieviel beträgt er bei gleichen Bedingungen bei 60 km/h?" Doppelte Geschwindigkeit – *vier*facher Bremsweg. Also 36 m. Ein nichtlineares System. Wir kommen noch darauf zurück.

Was heißt „linear"? Die Abhängigkeit der Ausgangsgröße y von der Eingangsgröße x ist eine gerade Linie (wie ansatzweise in Abb. 3.8). Der Nachteil von linearen Systemen ist: Es gibt sie nicht. Oder ganz selten, in Ausnahmesituationen und unter großen Vereinfachungen. Denn oft werden bei der Modellierung lineare Zustände angenommen, um die Analyse zu vereinfachen. Doch die meisten, die wir als lineare Systeme betrachten, haben zwei kritische Stellen: den Anfang und das Ende. Selbst ein Hebel, der Prototyp eines linearen Systems, zeigt bei einer geringen Kraft als

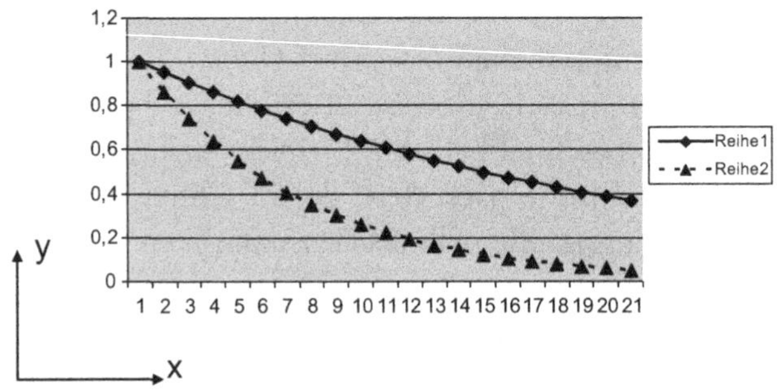

Abb. 3.9 Zwei Übergangsfunktionen nichtlinearer Systeme

Eingangsgröße möglicherweise keine Reaktion, und bei einer extrem hohen Kraft bricht er. Nur *zwischen* diesen beiden Werten ist er linear.

Die meisten Systeme sind dynamische Systeme

Aber es kommt noch schlimmer: Die meisten Systeme sind dynamische Systeme. „Dynamisch", was heißt das? Antwort: von der Zeit abhängig. Eine beliebige Ausgangsgröße ist eine Funktion irgendeiner Eingangsgröße *und* der Zeit. Der schreibfaule Mathematiker würde es abkürzen: $y = f(x,t)$.

Ein dynamisches System unterliegt zeitlichen Änderungen in seinem Verhalten, also der Ausgangsgröße. Ein statisches nicht. Nun raten Sie mal, welche Art von System unser idealisierter Heizlüfter ist. Bei ihm kommen immer nur 18 °C bzw. 20 °C bzw. 24 °C heraus. Bei jedem Umschalten der Eingangsgröße springt die Ausgangsgröße sofort auf den passenden Wert (Abb. 3.10 links, unten der *Input* x, oben der *Output* y) und bleibt dort für immer so (nicht sehr realistisch, ich weiß!). Anders ist es, wenn das gesamte Badezimmer unser System ist – die Ausgangsgröße ist also die Raumtemperatur. Da hört diese Vereinfachung endgültig auf, denn der Raum heizt sich ja nur langsam auf. Und deswegen haben wir ein dynamisches System, das eine zeitabhängige Ausgangsgröße hat. Wenn die Eingangsgröße einen Sprung macht, z. B. von der Schalterstellung „1" auf die Schalterstellung „2", dann zeigt die Ausgangsgröße einen zeitabhängigen Verlauf (Abb. 3.10 rechts). Auch hier haben wir wieder vereinfachende Annahmen getroffen: keine Abhängigkeit von der Außentemperatur, kein offenes Fenster oder ähnliches. Wir betrachten immer ein idealisiertes Modell.

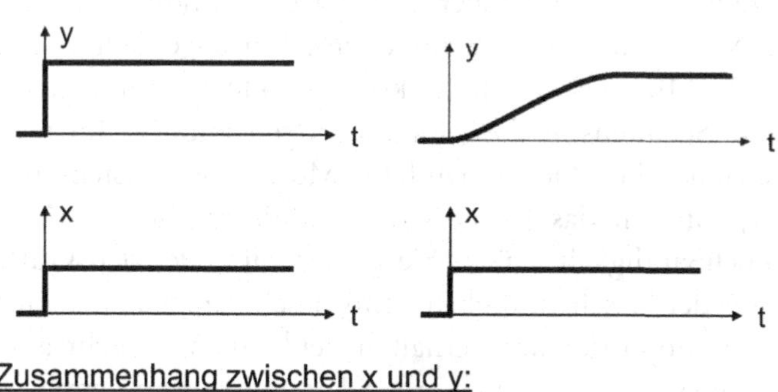

Abb. 3.10 Zeitlicher Verlauf der Ein- und Ausgangsgrößen bei verschiedenen Systemen

Aber Sie sehen den Unterschied: Selbst wenn die Eingangsgröße nach dem Sprung zeitlich konstant bleibt, ist es die Ausgangsgröße nicht (oder erst nach längerer Zeit).

Noch eine wichtige Tatsache: Es gibt drei grundsätzlich unterschiedliche Arten von Systemverhalten. Eine haben wir schon kennengelernt: das P-Verhalten. „P" von *proportional.* Der *Output* ist im Zeitverlauf immer proportional zum *Input.* Die Heizlüfter-Temperatur ist immer proportional zur Schalterstellung. Der Weg der Baggerschaufel ist immer proportional zur zum Weg des Joysticks. Die Helligkeit einer Lampe ist proportional zur Stellung des Dimmers.

Ja, was denn sonst!? Gibt es noch etwas anderes? Nun, überprüfen Sie Ihr Systemdenken einmal an einem Wassertank. Eingangsgröße ist die Stellung des Zuflussventils, sagen wir: auch wieder „1", „2" oder „3". Ausgangsgröße ist der Füllstand des Tanks. Er macht keinen Sprung, wenn wir das Ventil sprunghaft von „1" auf „2" stellen. Und er hört auch nicht auf, wenn wir weiter nichts tun (so wie der Heizlüfter, der dann bei 20 °C kleben bleibt). Der Tank läuft immer weiter voll, er summiert gewissermaßen die Eingangsgröße. Die Mathematiker, die diese Art von Systemen in einem Modell abbilden, bezeichnen diese Summe als „Integral" und nennen solche Systeme kurz „I-Systeme" oder „I-Glieder". Ein die Eingangsgröße gewissermaßen integrierendes, also summierendes Systemverhalten. Das sehen Sie in Abb. 3.11 links. Das I-Glied summiert eigentlich nur die Eingangsgröße über die Zeit hinweg.

In Abb. 3.11 rechts sehen Sie den Gegenspieler, das „differenzierende" Verhalten, ein „D-Glied". Das System reagiert nicht proportional zur Eingangsgröße, sondern auf ihre *Veränderung.* Ist sie ein Sprung (ein idealisiertes Verhalten, das im realen Leben kaum vorkommt), dann sieht es aus wie eine Nadel (Abb. 3.11 rechts oben). Ein augenfälliges (wenn auch etwas hinkendes) Beispiel ist ein elektrischer Hochspannungsschalter: Im Augenblick des Schaltens gibt es einen kräftigen Funken. Im realen Leben gilt es vielleicht im beruflichen Umfeld: Motivation entsteht nicht durch hohes Gehalt, sondern das Ereignis der Gehalts*erhöhung.* Oder im Auto: Nicht die Geschwindigkeit drückt Sie in den Sitz oder den Gurt, sondern die *Veränderung* der Geschwindigkeit beim Beschleunigen oder Bremsen.

An ein nicht proportionales Verhalten denkt man ja nicht automatisch, z. B. dass eine kleine Ursache eine große Langzeitwirkung entfaltet. Erhöht man aber die Schubkraft einer Rakete im Weltraum um wenige Prozent, dann ist sie nach einiger Zeit doppelt so schnell. Und hat ein Vielfaches des Weges zurückgelegt, den sie ohne erhöhte Schubkraft geschafft hätte.

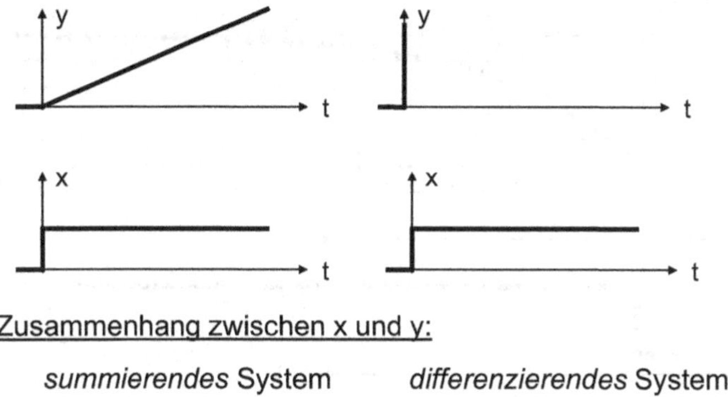

Abb. 3.11 Zwei weitere Varianten des Systemverhaltens – I-System und D-System

In Abb. 3.9 hatten Sie ja schon zwei Übergangsfunktionen nichtlinearer Systeme gesehen. Zwei real gemessene „Abklingkurven", typisch für Systeme mit Wärmeübertragung. Und das erinnert Sie an unser Badezimmer. Die Temperatur direkt am Ausgang des Heizlüfters sprang ja schlagartig auf den neuen Wert, wenn man den Eingangsschalter hochdrehte (eine vereinfachende Annahme, wie wir schon festgestellt haben). Das gilt bei dem trägen System „Badezimmer" sicher nicht mehr. Der typische Verlauf ist die „Aufheizfunktion". Das ist die so genannte „Sprungantwort" des Systems, denn die Eingangsgröße macht einen Sprung. Sie entsteht – kein Witz! – einfach dadurch, dass man die Abklingkurve nach unten klappt. Ein reales Beispiel sehen Sie in Abb. 3.12 – die Temperatur im Raum erreicht erst nach über 40 min den neuen 100 %-Wert. Das hätte man sich auch ungefähr denken können, denn es stimmt mit der Alltagserfahrung überein.

Die Mathematiker und damit die Ingenieure haben ein solches einfaches Systemverhalten voll im Griff. Allerdings ist die mathematische Beschreibung genau wie die mit Worten nicht mehr so einfach zu verstehen – deswegen erspare ich Ihnen beide. Aber behalten Sie sie als Erkenntnis im Gedächtnis: Die „Sprungantwort" (die Antwort im *Output* auf einen Sprung im *Input*) kann einen sehr schleppenden und sogar verzögerten Verlauf nehmen. Und im wirklichen Leben hat die Eingangsgröße ja oft nicht einen so einfachen Verlauf – sie ist kein einfacher Sprung, sondern selbst ein dynamischer Verlauf. Vielleicht eine Abklingfunktion, wenn das Feuer im Kessel einer Dampfmaschine des 18. Jahrhunderts langsam erlosch. Dann haben wir als Laien den Verlauf der Ausgangsgröße nicht mehr so intuitiv vor Augen. Vielleicht ist die Eingangsgröße unserer *black box* ein Wert, der linear ansteigt? (Abb. 3.13) Vielleicht ein Wasserstand in einem

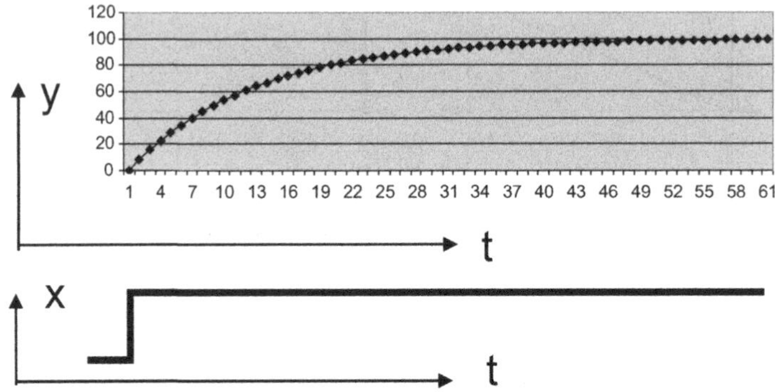

Abb. 3.12 Die „Sprungantwort" eines trägen Systems – Aufheizkurve eines Badezimmers

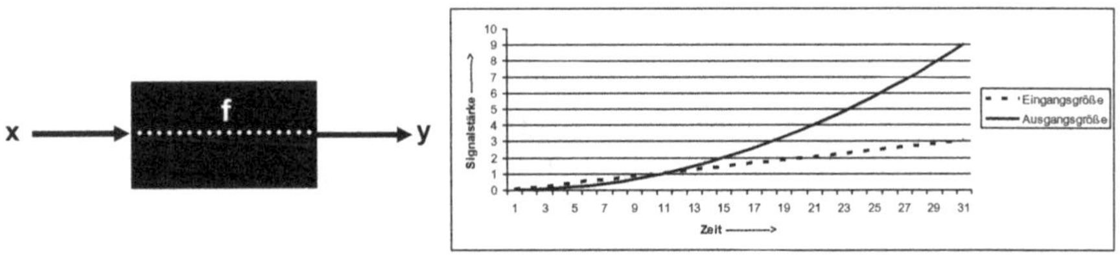

Abb. 3.13 Ein System mit je einer zeitabhängigen Ein- und Ausgangsgröße

geschlossenen Tank? Dann steigt die Ausgangsgröße vielleicht quadratisch an, zum Beispiel der Druck im Kessel?

Das ist ein grundlegendes Merkmal: Ein dynamisches System ist – anders als ein Haus oder eine Brücke – ein System, in dem eine zeitliche Veränderung stattfindet. Manchmal ist der Verlauf von Ereignissen günstig, manchmal nicht ganz so erwünscht. Doch immer taucht die Frage nach der Verkettung von Ursache und Wirkung auf, nach der „Übergangsfunktion" und ihrer grundsätzlichen Art – proportional, integrierend oder differenzierend. Oder eine beliebige Mischung davon – dann sprechen die Fachleute z. B. von einem „PID-Verhalten".

Ein Auto bietet reichlich Gelegenheit für systemische Analyse. *Input:* die Lenkradstellung. *Output:* die Fahrtrichtung. Übertragungsfunktion: ein I-Glied (verändern Sie die Lenkradstellung um 5 Grad, ändert sich die Richtung immer weiter und weiter und weiter – Sie fahren schließlich im Kreis). Es gibt auch kompliziertere Übergangsfunktionen. Erinnern Sie sich

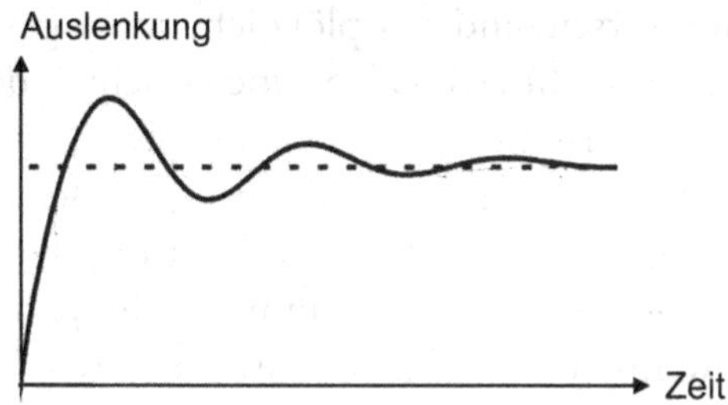

Abb. 3.14 Karosseriebewegung eines Citroen 2CV an einer Stufe

an den Citroen 2CV, die „Ente"? Es machte einen riesigen Spaß, über Bodenwellen zu fahren, denn sie war toll gefedert. *Input:* die Bürgersteigkante (sagen wir: die vertikale Position des Rades, die „Sprungfunktion"). *Output:* die Auslenkung oder vertikale Position der Karosserie. Übergangsfunktion: siehe Abb. 3.14. Die Ente schaukelt auf und ab und die Kinder im Auto juchzen.

Beim Auto haben wir auch alle drei Verhaltensweisen versammelt, je nachdem, welche Ausgangsgröße wir betrachten. Die Eingangsgröße sei (bei einem Automatikwagen) die Stellung des Gaspedals, wie weit es also durchgedrückt wird. Betrachten wir das Auto als P-Glied, ist die Ausgangsgröße die Geschwindigkeit. Untersuchen wir die zurückgelegte Strecke, dann ist das Auto ein I-Glied. Interessiert uns die Beschleunigung, dann ist das Auto ein D-Glied. Für Autoliebhaber: Das sind natürlich stark hinkende Vergleiche, aber sie sollen illustrieren, dass das Verhalten eines Systems davon abhängt, welche Ausgangsgrößen wir betrachten.

Die Totzeit ist so gefährlich wie ihr Name

Sie erinnern sich doch noch an den Kadetten aus Abschn. 1.2. Er legt Ruder und es passiert … nichts. Kein Wunder, denn er versucht, ein 2000-t-Schiff mit einer Ruderfläche von vielleicht 3 Quadratmetern zu beeinflussen. Das gelingt ihm zwar schließlich, aber es dauert seine Zeit. Die meisten Systeme reagieren auf eine Veränderung der Eingangsgröße nicht mit einer sofortigen Veränderung der Ausgangsgröße, sondern – anders als ein Hebel – zeitlich versetzt. Es gibt eine Verzögerung, die man vornehm „Latenz" nennen kann. Die Fachleute aus der Kybernetik sagen „Totzeit" dazu. Oft ist sie erfreulich klein. Bei Bob, dem Baggerfahrer, ist sie vermutlich nicht zu merken. Seine Baggerschaufel reagiert unmittelbar und ohne Verzögerung auf den Joystick. Schnipst aber „jenes höhere Wesen, das wir verehren"[9] mit dem

[9] In Heinrich Bölls Kurzgeschichte „Doktor Murkes gesammeltes Schweigen" ein Synonym für „Gott".

Finger und die Sonne verschwindet urplötzlich, dann geht bei uns auf der Erde erst nach 8 min das Licht aus. Die Sonne verschwindet: Eingangsgröße x (negativ, weil sie ja verschwindet). Auf der Erde geht das Licht aus (auch negativ, weil es ja dunkel wird): Ausgangsgröße y (Abb. 3.15). Die Abkürzungsfreunde schreiben die Totzeit als Zeit t mit der Fußnote T: t_T.

Das gibt es doch nicht!, denken Sie. Stimmt. Es ist ja nur ein Gedankenexperiment. Aber wenn das Kontrollzentrum eine Robotersonde auf unserem Nachbarplaneten Mars fernsteuern möchte, dann hat es ein Problem. Das Kamerasignal der Sonde braucht etwa 3 min bis zur Erde, das Steuersignal von der Erde zum Mars ebenfalls 3 min. Doch nach diesen 6 min ist die Sonde schon in den Krater gefallen.

Wie wichtig es ist, die Totzeit zu kennen und zu beachten, das weiß jeder Veranstalter einer Junggesellenparty. Der Schrei „Wir haben kein Bier mehr!" führt zu ernsthaften Konsequenzen, wenn der Bringdienst eine Lieferzeit von einer Stunde hat. Und es ist auch keine geringe geistige Leistung, Zusammenhänge zu entdecken, wenn eine lange Verzögerung zwischen Ursache und Wirkung liegt. Da denkt man an den Beginn der „Neolithischen Revolution" vor rund 12.000 Jahren am Ende der letzten Eiszeit. Damals begann der systematische Anbau von Pflanzen, denn vermutlich ließ sich jemand von der Totzeit nicht irritieren, die zwischen dem Verschwinden eines Samenkorns in der Erde und dem Sprießen einer essbaren Pflanze verging.

Noch eine Anmerkung: Hält man an den y-Verlauf in der Abb. 3.10 rechts oben am Anfang der Zeitachse die Lupe (Abb. 3.16), dann ist nicht immer klar entscheidbar oder messbar, ob es sich um eine „echte" Totzeit oder ein sehr träges System handelt. Für das mathematische Modell kann das aber von Bedeutung sein. Hier sind die Fachleute gefragt, den Wirkungsmechanismus genau zu untersuchen. Handelt es sich z. B. um eine reine Signallaufzeit wie bei der Marssonde, dann ist es sicher eine Totzeit. Die Totzeit ist also ein Maß für die Trägheit eines Systems.

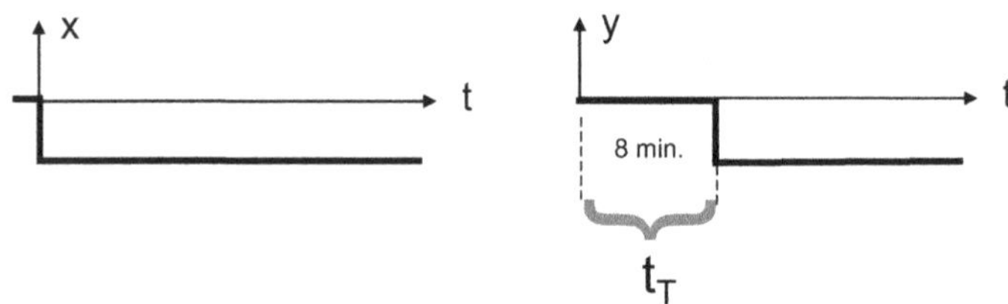

Abb. 3.15 „Totzeit" – die Sonne verschwindet

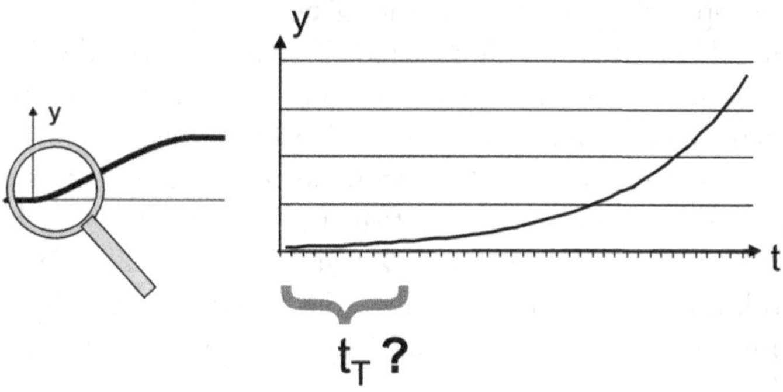

Abb. 3.16 Totzeit oder träges System?

„Das Kühlhaus ist zu warm!" Mit diesem Schrei alarmierte der Praktikant den Verwalter. „Und?" fragte der zurück. „Ich habe die Kühlung weiter aufgedreht", sagte der Praktikant erwartungsvoll, denn er wollte gelobt werden. „Das habe ich vor zwanzig Minuten schon gemacht. Geh hin und drehe die Kühlung wieder zurück!". „Aber es hat ja noch nichts gebracht", protestierte der Praktikant. Der Verwalter nahm die versteckte Kritik nicht übel: „Mach' es trotzdem! Und überlege mal, was passiert, wenn du meinem Rat *nicht* folgst!" Ja, überlegen wir mal! Aber das verschieben wir auf Abschn. 7.7, denn das wird eine längere und spannende Geschichte.

Musik besteht ja nicht nur aus Tönen, wie ein berühmter Dirigent einmal sagte, sondern auch aus den Pausen dazwischen. Und Totzeit ist überall, manchmal unendlich klein, manchmal viel zu groß und meist gerade richtig. Totzeiten und langsame Übergänge wie in Abb. 3.10 rechts oben sind unerlässlich für das Funktionieren der Welt. Wenn alle Prozesse ablaufen würden wie in Abb. 3.10 links, dann wäre die Farbe trocken, noch ehe Sie mit dem Pinsel den Gartenzaun erreicht hätten. Also tötet „Totzeit" die Systeme nicht, sie macht sie erst möglich. Der Evolutionsbiologe Josef Reichholf meint dazu:[10] Totzeiten sind – zumindest in gewissem Umfang – eigentlich die „*Lebens*zeiten". Denn in den „ökologischen Systemen" sind die Verzögerungszeiten sogar absolut zentral für das „Funktionieren" der (lebendigen) Natur. Würde die aufwachsende Vegetation gleich so intensiv

[10]Persönliche Mitteilung vom 03. März 2016 an den Autor, verkürzt zusammengefasst.

genutzt, wie später die ausgewachsene, gäbe es keine Pflanzenfresser. Und folglich auch keine Raubtiere und letztlich Menschen. In der Entwicklung von Populationen – von Tieren wie von Pflanzen – und damit zwangsläufig auch in den Interaktionen zwischen Lebewesen gehen aus den Zeitverzögerungen zwei ganz wesentliche Effekte hervor: Erstens kann sich der eine Prozess mehr oder weniger lange aufbauen, bis der negativ rückkoppelnde Korrekturprozess zu wirken beginnt. Zweitens bewirkt dies, dass sich überhaupt Strukturen entwickeln können. Sie wären nicht möglich, würde die Gegenreaktion sofort einsetzen. Fazit: Totzeiten sind tückisch, aber unabdingbar.

Die Totzeit t_T kennen wir aus Politik, Wirtschaft, Kindererziehung Strafvollzug und dem Rest des Lebens. Kommt die Strafe (oder auch Belohnung) zu spät nach der Tat, dann ist sie wirkungslos. Haben sich Systeme durch zu späte Reaktion erst einmal verselbstständigt, dann sind sie nicht mehr aufzuhalten. Unser Klima zum Beispiel. Seine Totzeit bemisst sich in Jahrzehnten – und Liebhaber von zynischen Kalauern warnen, sie könnte auch zu unserer werden. CO_2 brauche 120 Jahre, bevor es aus der Atmosphäre verschwindet. Auf der anderen Seite sind – wie schon erwähnt – Verzögerungen manchmal notwendig. Nicht umsonst gilt ja die Regel, vor wichtigen Entscheidungen „eine Nacht darüber zu schlafen". Die Demokratie lebt von der „Entschleunigung" politischer Prozesse durch Diskussionen, Beratungen und festgelegte Fristen.

Zum Ende des etwas theoretischen Kapitels noch eine poetische Illustration der Totzeit, die der Dichter Christian Morgenstern mit folgenden Zeilen schuf:

> Korf erfindet eine Art von Witzen,
> die erst viele Stunden später wirken.
> Jeder hört sie an mit langer Weile.
> Doch als hätt' ein Zunder still geglommen,
> wird man nachts im Bette plötzlich munter,
> selig lächelnd wie ein satter Säugling.

Das war der erste Schritt in die Systemtheorie

Das war unser erster kleiner Ausflug in die Systemtheorie. Alleine schon das Wort: Systemtheorie! Angstschweiß … Die Systemanalytiker gehen zuerst mit theoretischen Überlegungen, mit Hypothesen und Vermutungen, an Systeme heran. Sie gehen dann zu den Physikern oder Ingenieuren und sagen: „Eigentlich müsste dann doch …. – probiert das doch mal aus!" Zeigt dann das Experiment auch noch nach der soundsovielten Wiederholung, dass die Prognose richtig war, dann hat die Welt eine neue Erkenntnis. So ist das oft geschehen, und manchmal dauerte es Jahre, bis ein Experiment eine theoretische Voraussage bestätigte.

Apropos „Theorie": Das Wort hat zwei Bedeutungen, die manche gerne durcheinander bringen. Der *Duden* definiert:

> 1 a. System wissenschaftlich begründeter Aussagen zur Erklärung bestimmter Tatsachen oder Erscheinungen und der ihnen zugrunde liegenden Gesetzlichkeiten
> 1 b. Lehre über die allgemeinen Begriffe, Gesetze, Prinzipien eines bestimmten Bereichs der Wissenschaft, Kunst, Technik
> 2 a. rein begriffliche, abstrakte [nicht praxisorientierte oder -bezogene] Betrachtung[sweise], Erfassung von etwas
> 2 b. wirklichkeitsfremde Vorstellung; bloße Vermutung

Umgangssprachlich meinen wir meist das Zweite, eine nicht bewiesene Behauptung – etwas, das stimmen kann oder auch nicht. Anders sehen es die Wissenschaftler. Die Relativitätstheorie ist nachgewiesen und hat praktische Auswirkungen. Zum Beispiel, dass Uhren, die in Bewegung sind, nachgehen. Das sind z. B. die Uhren in den Satelliten, die für unser GPS die exakte Zeit berechnen. Sie müssen um diesen Fehler korrigiert werden, sonst ist die Ortsbestimmung ungenau. Ist sie aber nicht. Also ist die Relativitätstheorie keine „Theorie" im umgangssprachlichen Sinne, nicht einfach nur etwas, was auch genauso gut anders sein könnte und worüber sich die Fachleute noch streiten. Genauso ist es mit der Evolutionstheorie. Auch sie ist empirisch abgesichert und wird von keinem ernst zu nehmenden Wissenschaftler bestritten. Sogar die Kirche hat sich weitgehend zu ihr bekannt. Aber das ist das Spielfeld der Populisten: „Die Evolutionstheorie ist ja nicht bewiesen! Nur eine Theorie!" Ist sie aber (siehe „Das mächtigste Konzept der Welt" Abschn. 6.2). Denn hier greift die erste Definition: Sie ist ein „System wissenschaftlich begründeter Aussagen".

Fassen wir noch einmal kurz zusammen: Ein System wird als *black box* betrachtet, die Eingangsgrößen x in Ausgangsgrößen y mit Hilfe von Übertragungsfunktionen f verwandelt (Abb. 3.7). Systeme bilden Ketten, aber meist Netze. Systeme sind hierarchisch gegliedert – sie enthalten Systeme, die Systeme enthalten. Und sind selbst Subsysteme für höhere Ebenen.

Es bleibt noch zu erwähnen, dass Mathematiker und Ingenieure (einfache) Systeme ganz gut im Griff haben. Mathematik ist neben einer Kurzschrift ja auch die Kunst des Jonglierens mit Gleichungen. Sie erinnern sich vielleicht: Eine Gleichung sagt, dass zwei Dinge gleich sind, zum Beispiel

$a = b$. Egal, was es ist, Zahlen, Wegstrecken, Gewichte, Geschwindigkeiten, … Das Jonglieren besteht darin, dass man mit beiden Seiten das Gleiche macht (was sonst?!). Das führt oft zu überraschenden Ergebnissen. Wir multiplizieren beide Seiten mit 2 und erhalten $2a = 2b$. Das ist nicht sonderlich überraschend. Wir dividieren beide Seiten durch b und erhalten $a/b = 1$. Auch das ist noch einfach. Aber bei dynamischen Systemen kommt, wie erwähnt, mit Sicherheit noch eine zweite Größe mit ins Spiel: die Zeit t. Und damit zeitliche Veränderungen von Größen, also nicht nur ein Weg s, sondern auch seine zeitliche Veränderung (die Geschwindigkeit v, wie Sie richtig vermuten).

Wie man das miteinander in Verbindung bringt, haben sich zwei mathematische Genies, Sir Isaac Newton und Gottfried Wilhelm Leibniz, unabhängig voneinander schon um 1670 herum überlegt. Newton hatte die so genannte „Infinitesimalrechnung" bereits 1666 entwickelt, aber er seine Ergebnisse erst 1687 veröffentlicht. Leibniz entdeckte sie später und publizierte sie früher. So kam es zum Streit. Aber egal, heute ist diese Technik unter dem Namen „Differentialrechnung" bekannt. Gleichungen, in denen Größen zusammen mit ihren zeitlichen Veränderungen auftauchen, nennt man „Differentialgleichungen" – und genau damit beschreiben die Fachleute das zeitliche Verhalten von Systemen. Tiefer wollen wir hier nicht einsteigen, obwohl das Jonglieren mit ihnen sehr spannend und überhaupt nicht mehr überraschungsfrei ist.

3.4 Exponentielles Wachstum und sein Ende

Eine schöne Überschrift, denn viele Menschen glauben heutzutage, dass Wachstum *kein* Ende habe, immer so weiterginge. Anders ist die gebetsmühlenartige Beschwörung durch Politiker und Wirtschaftsgrößen kaum zu verstehen. Aber wir wollen ja (noch) nicht politisch werden. Stattdessen lassen Sie uns den Blick auf eine besonders interessante Art von Wachstum richten. Sie hat etwas mit dem Verhalten von Systemen zu tun, an das wir uns langsam heranarbeiten wollen. Es widerspricht ein wenig unserem Denken, das meistens „geradeaus" („linear") verläuft.

Das ist klar: 2 cm sind doppelt so viel wie 1 cm. Ein Quadrat mit 2 cm Kantenlänge hat aber eine viermal größere Fläche als eines mit 1 cm. Ein Würfel mit doppelter Kantenlänge hat den achtfachen Inhalt. Die Mathematiker haben sich angewöhnt, das in cm^2 und cm^3 zu schreiben. Die kleine „Hochzahl" nennt man vornehm „Exponent" (vom lateinischen *exponere* ‚herausstellen'). Deswegen nennt man dieses Wachstum „exponentiell".

Seerosen und Reiskörner

Kennen Sie das Seerosen-Rätsel? Nein? Ich erzähle es kurz: Auf einem Teich schwimmen abends zwei Seerosen, am nächsten Abend hat sich ihre Zahl verdoppelt, am nächsten Abend wieder. Sie verdoppeln sich jeden Tag. Am 30. Tag ist der Teich voll. Wann war er halbvoll? Na gut, darauf fallen Sie nicht herein! Am vorletzten Tag, dem 29. Tag, war der Teich halbvoll. Wenn sie sich jeden Tag verdoppeln, dann muss das ja auch am letzten Tag passiert sein. Und am vorletzten. Und am Tag zuvor. Und am viertletzten. Zu diesem Zeitpunkt war der Teich nur zu 12,5 % gefüllt (1, ½, ¼, $^1/_8$), und niemand ahnte etwas Böses.

Aber es handelt sich hier um „exponentielles Wachstum", das mit der Zahlenfolge 2, 4, 8, 16, 32, 64, 128 usw. beginnt. Mathematiker, bekannt für ihre Schreibfaulheit, wählen hier die „Exponentialschreibweise": Sie schreiben die Zahl der Verdopplungen einfach als Exponent hinter die zwei. Also ist 4 gleich 2^2, 8 gleich 2^3, 16 gleich 2^4 usw. Am 10. Tag sind 2^{10} Seerosen im Teich, also 1024. Das ist eine wahre Zahlenbombe, wenn der Exponent größer wird. Warten wir einen Monat, sind es 2^{30} davon, nämlich 1.073.741.824 – über eine Milliarde! Das muss aber ein ziemlich großer Teich sein!

Ähnlich bekannt ist auch die „Weizenkornlegende", die sich um die Entstehung des Schachspiels rankt. Frank Schätzing hat sie in seinem Buch „Nachrichten aus einem unbekannten Universum" beschrieben. Aber man kann sie überall (in verschiedenen Versionen, zum Beispiel Reiskörner statt Weizenkörner oder China statt Indien) nachlesen. Ein indischer König wollte einen weisen Brahmanen für die Erfindung des Schachspiels belohnen. Er gewährte ihm einen freien Wunsch. Dieser wünschte sich Weizenkörner: Auf das erste Feld eines Schachbretts wollte er ein Korn, auf das zweite Feld das doppelte, also zwei, auf das dritte wiederum die doppelte Menge, also vier und so weiter.

Sie merken schon, wo wir landen – mit einer kleinen Variation. Denn nun müssen wir die Körner auf den Feldern noch summieren. Aber die Mathematiker sagen uns, dass es einen einfachen Trick gibt: $1+2+4$ ist gleich $8-1$. Also ist die Summe der Körner auf den ersten 10 Feldern gleich $2^{11}-1$ oder 2047. Auf allen Feldern eines Schachbretts zusammen wären es also $2^{65}-1$ oder 36.893.488.147.419.103.231 Weizenkörner. Die Tausendkornmasse von Weizen beträgt durchschnittlich 48 g. Also wären das 1,77 Billionen (Tausend Milliarden) Tonnen. „Die zweite Hälfte des Schachbretts" – das ist für viele der Kipp-Punkt. Die erste Hälfte (2^{33}, ca. 8,6 Mrd. kleine Körner) ist noch undramatisch. Erst in der zweiten Hälfte „explodieren" die Zahlen. Und bei den Seerosen würde noch am 29. Tag der Berliner sagen: „Wat wollnse denn?! Regen sich mal nich uff, is doch erst *halbvoll!*"

Nun gut … Geschichtchen! Aber die Anzahl von Viren oder Bakterien wächst ähnlich, und die Verdoppelungsrate kann im Stundenbereich liegen. Und auch mit erheblich bescheideneren Vermehrungsraten führt exponentielles Wachstum zu beachtlichen Zuwächsen. Es ist nämlich dasselbe Prinzip wie die Zinseszinsrechnung. Bei 3 % Habenzinsen (goldene Zeiten!) wächst ein Kapital im ersten Jahr um den Faktor 1,03, also werden aus 100 € schon 103 €. Die werden am Jahresende mit 1,03 multipliziert und ergeben dann 106,09 €. Nach 3 Jahren sind es $100 \times 1{,}03^3$ oder 109,27 €. Na schön, *die* 27 Cent Zinseszins zusätzlich fallen ja nicht ins Gewicht, oder?! Aber die Zeit, also die Häufigkeit der Zuschläge, die bringt es. Legen Sie für Ihr Kind 100 € bei der Geburt an, dann bekommt es an seinem 100sten Geburtstag nicht 400 € (nämlich $100 + 100 \times 3$) ausbezahlt (ohne Zinseszins), sondern 1921,86 € (mit Zinseszins).[11]

Man kann es auch als „Generationen“ des Kapitals betrachten: Ist im Jahr n ein Kapital K_n vorhanden (die Mathematiker bezeichnen ganze Zahlen, also Nummern, gerne mit „n“ und schreiben es dann tiefgestellt hinter die jeweilige Größe), dann ist im nächsten Jahr $n+1$ mit dem Zinssatz z das Kapital $K_{n+1} = K_n \times (1+z)$. Beispiel gefällig? Bei einem Zinssatz von 3 % ist $z = 0{,}03$. Ist $K_1 = 100$, dann ist folglich $K_2 = 100 \times (1+0{,}03)$. Im Fall der Seerosen würde die „Generationen-Formel“ einfach $K_{n+1} = K_n \times 2$ lauten oder allgemein (nicht unbedingt eine Verdopplung) einfach $K_{n+1} = K_n \times r$. Hinter dem „r“ verbirgt sich eine beliebige Wachstumsrate, also $r = 1{,}03$ im Geldbeispiel, $r = 2$ bei den Seerosen und vielleicht 1,2 bei sehr vermehrungsfreudigen Tieren.

Wachstum im „wirklichen Leben“

Genug der trockenen Rechnerei! Was sagt uns das? Es gibt die „Zinseszinsrechnung“ ja auch im „wirklichen Leben“. Es wird nicht künstlich am Jahresende ein Zuwachs aufgeschlagen, sondern täglich, minütlich, kontinuierlich. Das „natürliche Wachstum“. Wir können den Unterschied zwischen linearem und exponentiellem Wachstum grafisch veranschaulichen (Abb. 3.17). Letzteres macht nach ausreichend langer Zeit einfach „Wumm!“. Es explodiert. Unsere Weltbevölkerung ist ein gutes Beispiel – die „Verzinsung“ entspricht der (sich natürlich zeitlich ändernden) Differenz zwischen Geburten- und Sterberate von derzeit gut 1 %. Täglich wird die Erde von ca. 216.000 Menschen zusätzlich bevölkert. Die Experten der UNO prognostizieren einen Anstieg der globalen Bevölkerung auf rund

[11]Dumm nur, wenn der Kaufkraftverlust durch die Inflation diesen schönen Effekt auffrisst.

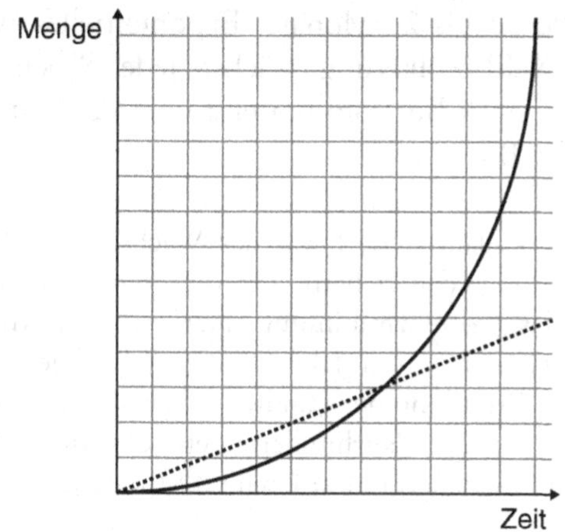

Abb. 3.17 Lineares und exponentielles Wachstum

9,7 Mrd. Menschen bis zum Jahr 2050. Im Jahr 2100 rechnen sie mit 11,2 Mrd. Menschen auf der Erde. Wenn man genau hinschaut, war dieses Wachstum zeitweise bereits „überexponentiell" (manche nennen es auch „explosiv").[12] Und während um 1800 nur 3 % der Weltbevölkerung in Städten wohnte, sind es heute über 50 % – Tendenz: steigend. Ein Rückkopplungseffekt: Die Menschen ziehen vom Land in die Stadt, weil das Land immer menschenleerer wird. Am 31.10.2011 erblickte *Danica May Camacho* auf den Philippinen das Licht der Welt und wurde von der UNO zum siebenmilliardsten Menschen gekürt. Der sechsmilliardste Mensch, *Lorrize Mae Guevarra,* nahm an dem Ereignis teil. Sie war erst 12 Jahre alt. Nun warten wir auf die achte Milliarde. Bestimmt nicht lange.

Die Entdeckung des Feuers und die Herstellung von Faustkeilen dauerten viele hundert Generationen. Die Errichtung fester Bauten und die Herstellung von Metallen waren in ein paar Tausend Jahren erledigt. Schaut man sich die Technik vor 100 Jahren an – Automobil, Flugzeug, Waffen, Kommunikation usw. –, muss man über die primitive Mechanik lächeln. Die Geschwindigkeit neuer Entwicklungen nimmt rasant zu. In einem der ersten Computer bin ich noch herumgelaufen, denn er war so groß wie ein Festsaal. Heute müsste ich im Chip einer Digitaluhr spazieren gehen und hätte immer noch die millionenfache Leistung unter den Füßen. Nach dem „Moore'schen Gesetz" verdoppelt sich die Komplexität integrierter

[12]Interessierte finden eine Fülle von Daten auf der Seite der UN in *World Population Prospects: The 2012 Revision* (https://esa.un.org/wpp/).

Schaltkreise etwa alle 12 bis 24 Monate. Exponentielles Wachstum, wohin man schaut. Die Weltbevölkerung wächst jede Woche um eineinhalb Millionen Menschen. Nick Bostrom schreibt über das Wirtschaftswachstum im Vorwort zu seinem Buch:

> „Vor ein paar 100.000 Jahren […] war das Wachstum so langsam, dass es etwa eine Million Jahre gedauert hätte, um die Produktionskapazität so weit zu erhöhen, dass das Existenzminimum einer weiteren Million Menschen gesichert gewesen wäre. Bis zum Jahr 5000 v. Chr. stieg die Wachstumsrate in der Folge der Erfindung der Landwirtschaft dann so weit an, dass das gleiche Wachstum in nur zwei Jahrhunderten erreicht wurde. Heute, nach der industriellen Revolution, dauert es nur noch 90 Minuten."

Wenn sich also Systeme linear verhalten, ist ihre Beschreibung einfach, denn ihr Output ist einfach ihr Input multipliziert mit einem Faktor (der kleiner oder größer als eins sein kann). Verhalten sie sich exponentiell, dann steht dieser Faktor im Exponenten des Inputs. Halten wir die Daumen, dass er dann kleiner oder gleich 1 ist, sonst neigt das System zu dramatischem Wachstum … bis zur Explosion.

Ein schönes Beispiel für lineares Denken ist der Spruch „Kinder statt Inder". Mehr Kinder sollen gegen die Überalterung (die „Demografie") und die resultierenden Belastungen der Sozialsysteme helfen. Niemand denkt daran, ob und zu welchen Bedingungen diese Kinder überhaupt Arbeit finden werden. Bei Politikern treten die Nachteile des linearen Denkens ja besonders deutlich zutage. Mancher Wirtschaftsminister ist ihm schon zum Opfer gefallen, aber auch die Eigentümer kleinerer Betriebe können sich verschätzen, wie folgendes Beispiel zeigt.

Es handelt sich um ein kleines Unternehmen, das ein sehr hochwertiges Ausgangsmaterial herstellt. So ein Familienbetrieb lebt ja gerne 100 Jahre und länger. Nehmen wir an, er weist ein bescheidenes Wachstum in seinen Produktionszahlen von 8 % pro Jahr auf. Im ersten Jahr seiner Existenz hat er 1 t produziert, im zweiten 1,08 t – und es dauert fast 10 Jahre, bis er die Produktion verdoppelt hat. Wie viele sind es nach 20, 30 oder 100 Jahren? Sie sehen es in der Tab. 3.1. Hätten Sie gedacht, dass bei dieser Wachstumsrate die Produktion im 100. Jahr schon 2037 t beträgt!? Erinnert Sie das irgendwie an die Seerosen oder Reiskörner?

Gefangen im Netz der Kommunikation

„In der guten alten Zeit", wie man sie nennt, waren Gastgeben noch höfliche Leute. Sie begrüßten jeden Gast mit einem Händedruck und sie gingen

Tab. 3.1 Wachstum der Produktion bei 8 % p. a.

Jahr 10	Jahr 20	Jahr 30	Jahr 40	Jahr 50
2 t	4,3 t	9,3 t	20,1 t	43,4 t
Jahr 60	Jahr 70	Jahr 80	Jahr 90	Jahr 100
93,7 t	202,4 t	437,0 t	943,4 t	2036,8 t

auch im Laufe eines Abends in den Gruppen der Gäste herum, um mit jedem wenigstens ein Wort zu wechseln. Aber natürlich gibt auch *jeder* Gast *jedem* anderen die Hand. Wie oft mussten die Gäste Hände schütteln? Dafür braucht man kein Mathe-Genie zu sein: Wenn es nur 1 Gast ist, gibt es einen Händedruck. Wenn es 2 sind, gibt der Gastgeber jedem die Hand (2) und die beiden begrüßen sich (zusammen 3 Händedrücke). Bei 4 Personen 3 Händedrücke vom Gastgeber, der letzte Gast begrüßt 2 schon vorhandene (2), die sich schon begrüßt haben (1) – zusammen also 6. Man sieht: *Jeder* neue Gast begrüßt alle schon anwesenden, die sich schon begrüßt haben. Dadurch steigt die Zahl der Händedrücke mit der Zahl der neuen Gäste, aber nicht linear. So bekommen wir eine hübsche Zahlenreihe (Tab. 3.2).

Dann gibt es bei 20 Personen schon 190 Händedrücke und bei 100 Gästen deren 4950. Bei einer Megaparty mit 1000 Leuten werden beeindruckende 499.500 Hände gedrückt. Bei der Kommunikation haben wir es also mit einem etwa quadratischen Wachstum zu tun, wenn jeder mit jedem in Verbindung steht. Schon das ist beeindruckend – und dabei von echtem exponentiellem Wachstum noch weit entfernt.

Forscher der *Université Pierre et Marie Curie* in Paris haben in einer Untersuchung Anfang 2015 gezeigt, dass sich multiresistente Bakterien in Krankenhäusern in ähnlicher Weise ausbreiten. Der Kontakt zu Krankenhausangestellten war nach dieser Studie gefährlicher als der Kontakt zu anderen Patienten.

„Dynamik" heißt Bewegung

Eigentlich kommt das Wort aus dem griechischen *dynamis* und bedeutet ‚Kraft' – befasst sich also mit der Wirkung von Kräften. Umgangssprachlich verstehen wir unter „Dynamik" aber Bewegung, zeitliche Veränderung. Ein dynamisches System ist – anders als ein Haus oder eine Brücke – eine Ansammlung von Einzelteilen, in der eine zeitliche Veränderung

Tab. 3.2 Händeschütteln als Kommunikationsvorgang

Personen	2	3	4	5	6	7	8	9	10
Händedrücke	1	3	6	10	15	21	28	36	45

stattfindet. Es reicht nicht, einfach nur einen Zustand festzustellen, zum Beispiel dass sich etwas mit einer bestimmten Geschwindigkeit bewegt. Die Dynamik entsteht durch die Veränderungstendenzen: Wie *ändert* sich die Geschwindigkeit? Beschleunigung oder Verzögerung, linear oder exponentiell? Wie wird der Zustand des Systems sein, wenn ich mir ein Urteil darüber gebildet habe und versuche, steuernd einzugreifen? Welches Verhalten (aufgrund welcher Querbeziehungen mit welchen Nebenwirkungen) wird es *während* meines Eingriffs aufweisen?

Stellen Sie sich vor, Sie sind ein Schachspieler, der mit einem starken Gegner kämpft. Sie sind am Zug und müssen nachdenken. Eine schwierige Situation, eine komplizierte Stellung. Figuren bedrohen sich gegenseitig, Figuren decken sich gegenseitig. Was ist der beste Zug? Eine scheinbar komplexe Aufgabe. Weit gefehlt – es ist ein *statisches* System. Sie haben (fast) alle Zeit der Welt zum Nachdenken, da sich nichts ändert. Damit ist es von geringerer Komplexität als ein ähnliches dynamisches System.

Anders wird es in einem dynamischen System, in dem die Figuren nicht stillstehen (Dietrich Dörner verwendet in seinem Buch ein ähnliches Bild).[13] Die gegnerischen Bauern rotten sich zusammen, während Ihre eigenen auseinanderlaufen. Ihre Königin hat Krach mit dem König. Die Türme stehen zwar wie ein Fels in der Brandung, aber die Läufer rennen unkontrolliert umher (daher ihr Name). Die Pferde („Springer" beim Schach) auch. Auch beim Gegner ist nichts statisch. Wie sollen Sie da in Ruhe nachdenken?! Und dabei haben wir über das eigentliche Problem, dass die Figuren sich *gegenseitig beeinflussen,* noch gar nicht gesprochen (wir kommen im nächsten Kapitel darauf).

Zu Risiken und Nebenwirkungen lesen Sie diesen Text

In komplexen Systemen trifft man nie nur *eine* Maßnahme. Es gibt keine Wirkung ohne Nebenwirkung. Das gilt nicht nur in der Medizin, sondern auch für die Notbremsung, den Euro-Rettungsschirm, die Frauenquote und vieles andere. Die „Alles-oder-Nichts"-Fraktion denkt nun gleich, dass damit auch die Wirkung als unerwünscht heruntergemacht werden soll. Aber das ist natürlich falsch, obwohl es gerne als Argumentationskeule verwendet wird („Was, Sie sind gegen die Emanzipation der Frauen?!").

Der alte Wahlspruch *„never change a winning team"* (‚ändere kein Team, wenn es gerade gewinnt') oder *„never touch a running system"* (‚fasse kein

[13]Bei solchen Formulierungen ist immer das im Literaturverzeichnis angegebene Buch gemeint, hier Dörner D (1989/2003).

System an, das läuft') gilt nicht in sich wandelnden Situationen und Umgebungen, wie sie grundsätzlich alle Regelkreise darstellen. Wer seine Strategie nicht anpassen kann, wird irgendwann unweigerlich von einer veränderten Realität überrascht.

Zu Risiken und Nebenwirkungen fragen Sie Ihren Systemberater. Er verrät Ihnen, wie Sie Wasser sparen, dabei aber gleichzeitig die Kanalisation ruinieren, weil die eine bestimmte Durchflussmenge braucht. Er hilft Ihnen auch bei der Mülltrennung, obwohl dann der Restmüll wegen Kunststoff- und Papiermangels nicht mehr so gut brennt. (Vielleicht achtet der Systemberater nicht nur auf Nebenwirkungen, sondern stellt Müllverbrennung als eine erstrebenswerte Art der Entsorgung überhaupt infrage.)

Ein übles Beispiel (eins von vielen) zeigt immer wieder die Gefahren des Apparatedenkens dort, wo nur Systemdenken zum Erfolg führt. Apparatedenken heißt: 1 Ursache – 1 Wirkung: 1 € rein – 1 Cola raus. Gemeint ist der Tsunami 2004 im indischen Ozean. *Spiegel-online* berichtet im Dezember 2014 über eine zweite zerstörerische Welle. Auf der indischen Inselgruppe der Nikobaren hatte zehn Jahre vorher der Tsunami alles zerstört und fast die Hälfte der Bevölkerung getötet. Die Inseln dieser Ureinwohner (sie lebten vom Fischfang und den Früchten des Landes, Geld war für sie unbedeutend) waren unbewohnbar. Doch die Berichterstattung in den Medien sorgte für eine Welle der Hilfsbereitschaft – die „zweite Welle". Sie zerstörte das Leben der Überlebenden. Denn die Hilfsorganisationen pumpten Gelder in das Krisengebiet, ohne sich über die Auswirkungen Gedanken zu machen. Die Bewohner bekamen Berge von Wolldecken, die im tropischen Klima nutzlos waren. Ein Wassertank wurde installiert – allerdings war das Grundwasser durch den Tsunami versalzen. Feste Häuser wurden gebaut, die sich in der Sonne erhitzten wie ein Backofen. Sie bekamen Geld, mit dem sie nicht umgehen konnten, kauften sich nutzlose Gegenstände, Alkohol und sogar Autos, obwohl es keine Straßen gab. „Das Geld war wie der Teufel, es hat unser Glück zerstört", sagte ein Einheimischer. Inzwischen haben einige von ihnen ihren alten Lebensstil wieder aufgenommen, wohnen in Hütten aus Palmblättern und schaben Kokosnüsse. Aber sie sind nun eine Touristenattraktion – eine Art „Menschenzoo".

Auch in Indonesien hat das gespendete Geld die Menschen verändert. Mehr als fünf Milliarden Euro gaben Regierungen, Privatleute und Organisationen für den Wiederaufbau der Provinz um *Banda Aceh* aus, dem Ort, der als erster getroffen wurde und die schlimmsten Verwüstungen erlitt. Früher hat man sich dort gegenseitig geholfen, ohne etwas zu erwarten. Das Motto *„gotong royong"* („alle packen mit an") hat in der indonesischen Kultur einen hohen Stellenwert. Doch mit den Hilfsgeldern ist auch der

Neid gekommen. Jetzt denkt jeder nur an sich (nach dem bekannten paradoxen Spruch: „Jeder denkt nur an sich! Keiner denkt an mich! Nur *ich* denke an mich.“). Nebenwirkungen in komplexen Systemen – alle vom Typ „Das hätte man sich auch vorher denken können!“.

Selbstbezüglichkeit gehört ja zu den Themen, die mit Feedback etwas zu tun haben. Von dort zur Selbstkritik ist es nur ein kleiner, aber überaus wichtiger Schritt. Viele machen im Umgang mit komplexen Systemen den Fehler, die eigenen Erkenntnisse und Maßnahmen nicht zu hinterfragen. Viele Versuche von Psychologen zeigen, dass Personen, die über ihr Denken nachdenken („Selbstreflexion“), deutlich besser abschneiden.

Ketten von Systemen zeigen besondere Effekte

Im *American Journal of Physics* veröffentlichte der Physiker Lorne Whitehead 1983 die Ergebnisse seiner Studie, dass nur 29 Dominosteine das *Empire State Building* zerstören könnten. Er hatte nämlich herausgefunden, dass ein Stein einen um 50 % größeren Stein umhauen kann. Wenn der erste Stein nur 5 mm hoch ist, ist der Rest nur Rechnerei: Der 10. Stein ist 19 cm hoch, der 15. etwa 1,45 m, der 20. schon über 11 m – und der 29. misst 426 m (Abb. 3.18). Das *Empire State* kommt nur auf 381 m, rechnet man die Antennenspitze nicht mit. Das ist der bekannte „Dominoeffekt“.

Nun ist eine 29er-Kette ja ziemlich lang, und nicht jeder möchte einen Wolkenkratzer umwerfen. Wo ist also der praktische Nutzen dieser Erkenntnis? Schon eine Sechserkette ist ja zehnmal so groß, und ein Verstärkungsfaktor von 1,5 ist vergleichsweise bescheiden. Es ist ja auch nur ein Gedankenexperiment, um die oft übersehene Wirkung von Multiplikationsfaktoren in verketteten Systemen zu illustrieren. In der Versicherungswirtschaft findet man oft, dass ein kleiner Schaden einen größeren nach sich zieht, der wiederum einen größeren nach sich zieht. Ein kleiner Brand verursacht einen großen Schaden durch das Löschwasser, und der wiederum macht ein ganzes Gebäude unbrauchbar. Schon eine Kette mit nur zwei Gliedern und einem Faktor von über 100 treibt das Endergebnis quantitativ in die Höhe – und damit qualitativ, wie wir in Abschn. 3.1 („Mehr ist anders“) gesehen haben.

Ein praktisches Beispiel für den Dominoeffekt sehen wir in unseren Meeren: Der rote Thunfisch steht kurz vor dem Aussterben, weil der Bestand überfischt ist. Die Meeresschildkröte ebenfalls, weil auch sie gefangen wird und weil sie in den Massen von Plastiktüten erstickt, die die Meere verseuchen. Beide fressen Quallen, und deswegen breiten die sich aus. Landwirtschaftliche Düngemittel, die an den Küsten und im Meer verklappt werden, begünstigen die Entwicklung von Plankton, von dem Quallen

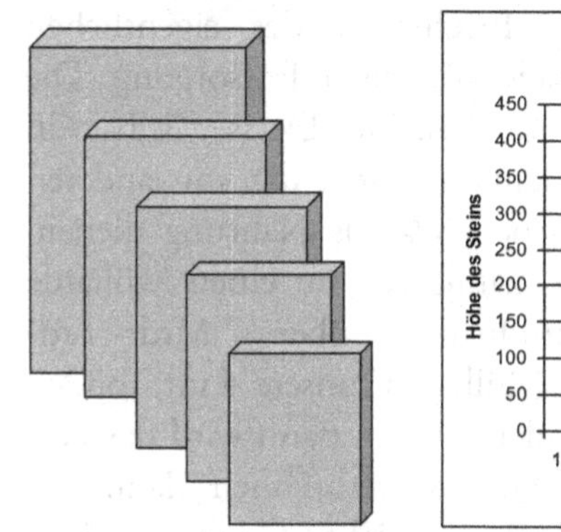

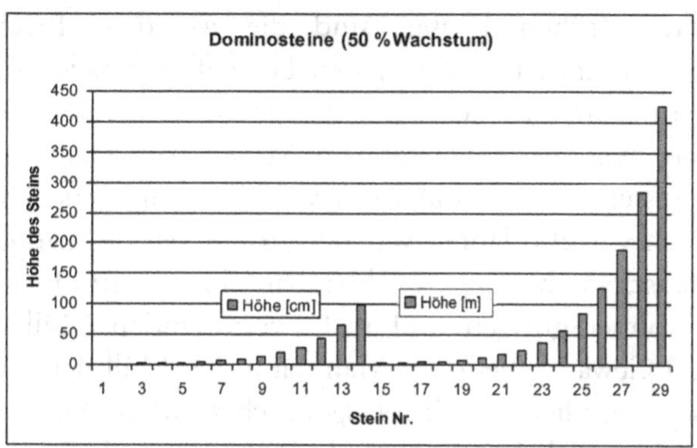

Ein Stein kann einen um 50 % größeren Stein umhauen.

Abb. 3.18 Der „Domino-Effekt" zeigt eine Wirkungskette mit exponentiellem Wachstum

sich ernähren. Die Bestände von Kleinfischen (wie Sardinen), die sich auch von Plankton ernähren, sind ebenfalls durch Überfischung reduziert. Da Nahrungskonkurrenten und Prädatoren fehlen, wird die Ausbreitung der Qualle nicht mehr angemessen gebremst. Sie zerstören die Korallenriffe. Wenn das Riff stirbt, stirbt das gesamte Ökosystem. In bestimmten Gebieten, z. B. an den Küsten Namibias, zeigen die jüngsten wissenschaftlichen Untersuchungen, dass die Biomasse der Quallen, die der Fische übersteigt. Die „Nahrungskette" und der „Dominoeffekt" … Sie gehen Hand in Hand.

Von der Geburt bis zum Tod

Der Lebenszyklus eines Menschen ist allen bekannt: Er beginnt mit der Geburt, setzt sich über Kindheit, Jugend, Erwachsenendasein und Lebensabend fort und endet mit dem Tod. Diese Untergliederung ist natürlich willkürlich, von der gewählten Sichtweise abhängig. Und sie ist *falsch*. Denn das Individuum existiert schon *vor* der Geburt, und – neben allen Diskussionen über ein Leben nach dem Tode – zumindest die Informationen über das Individuum bleiben erhalten. Sonst könnten wir keine Geschichtsbücher schreiben. Und an den Berufsstand der Bestatter müssen wir auch noch denken. Das gilt nicht nur für Menschen und andere Lebewesen, es gilt für *alle* Individuen. Für alles, was irgendwie als eigenständiges „Ding" identifizierbar ist. Für alle Systeme, für alle Produkte. Ein AKW zum Beispiel, bei denen sich die „Eltern" so gerne um die frühen und späten Phasen drücken.

Die frühen Phasen sind die *vor* dem Erscheinen des eigentlichen Individuums, und die späten beschäftigen sich mit seiner Entsorgung. Die Natur zum Beispiel kennt keinen Müll. *Recycling* ist ihre Devise. Selbst ein toter Wal „verschwindet" im Magen von Kleinlebewesen, die von anderen gefressen werden, die dann wieder einem neuen Wal als Nahrung dienen. Noch vor 200 Jahren war der größte Teil des Mülls der nur einen Milliarde Menschen biologisch abbaubar. Heute produzieren über 7 Mrd. Erdbewohner giftigen und nicht verrottenden Müll, der unsere Luft, Böden und Gewässer bedroht. Man kann den Müll deponieren, dann wird das Gift (hauptsächlich Dioxin) ausgewaschen. Man kann ihn verbrennen, dann entsteht zusätzliches Gift und das alte verschwindet nicht. Gesundheitliche Gefahren und regelmäßige gravierende Verstöße gegen Emissionsgrenzwerte werden heruntergespielt oder ganz geleugnet. Wir „entsorgen" unseren Müll – das heißt: Wir machen uns keine Sorgen mehr um ihn. Sollten wir aber.

Schauen wir uns ein einfaches Modell an (es gibt zig in unterschiedlichen Bereichen und Feinheitsgraden) und werden wir etwas konkreter. Zu unserem Thema passt ein nachhaltiges Industrieprodukt, das nach Gebrauch nicht einfach weggeworfen wird. Sagen wir: ein Kreuzfahrtschiff (Abb. 3.19).

In der ersten Phase, der *Voruntersuchung,* werden unter anderem der Markt und die Machbarkeit untersucht: Lässt sich so etwas überhaupt herstellen und findet es einen Abnehmer? Die „Familienplanung" sozusagen.

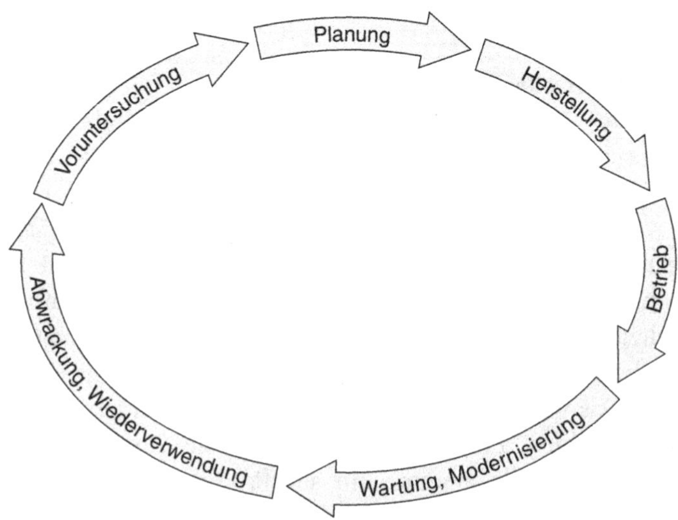

Abb. 3.19 Lebenszyklus eines Kreuzfahrtschiffs

Die eigentliche *Planung* wäre der zweite Abschnitt: Wie soll es aussehen, in welcher Reihenfolge soll es zusammengesetzt werden? (Im familiären Umfeld überlassen wir das noch dem Wirken der Natur – aber wie lange noch?) Danach, Phase 3, die eigentliche *Herstellung,* an deren Ende die „Geburt" steht: der Stapellauf. Dann folgt die Phase des *Betriebs,* wobei eine feinere Einteilung (Kindheit, Jugend, Erwachsenendasein) vermutlich wegfällt. Doch eine „Altersphase" kann es geben: *Wartung/Modernisierung,* wo Teile erneuert werden (der Mensch bekommt ein „neues Knie"). Wenn nun die normale Lebensdauer unserer „Aida" zu Ende ist, sehen wir die letzte Phase: *Abwrackung/Wiederverwendung.* Was noch brauchbar ist (die neuesten Flachbildschirme aus der letzten Modernisierung) kommt in die neue „Aida", der Stahl wird eingeschmolzen und woanders wiederverwendet.

Beim AKW zum Beispiel drücken sich die Hersteller und Betreiber gerne um die frühen Phasen, die Voruntersuchungen (Grundlagenforschung bezahlt oft der Staat). Und um die späten – die Entsorgung überlassen sie und wir alle späteren Generationen (müssen wir auch, da der Müll Tausende und Millionen Jahre strahlt). „Sorge dich nicht, lebe!" oder „Denke nicht an morgen!" – das ist der Wahlspruch mancher Glücksbücher. Ein völlig untauglicher Ratschlag nach dem Motto „Nach mir die Sintflut" in einer Welt der Kreisläufe. Kein Wunder, dass die Erde mit ihrem Müll nicht mehr fertig wird! *Ihrem*?! Unserem!!

Dazu passt auch der wunderbare Spruch einer wohlhabenden älteren Dame, die ihr Leben in vollen Zügen genoss: „Der Gerhard zahlt's!" Gemeint war ihr Sohn, der auf ein größeres (allerdings nun schnell dahinschmelzendes) Erbe hoffte.

Systeme (Apparate, Organismen, Gesellschaften, …) zerfallen am Ende ihres Lebens in ihre Komponenten, wenn man Glück hat. Manchmal – wie bei Verbundwerkstoffen – sind die Untersysteme untrennbar miteinander verwoben. Wenn man wieder Glück hat, kommen Helfer und zerlegen sie in ihre kleinsten Bestandteile (zum Beispiel Aasfresser einen Kadaver oder Mikroben einen Stoff). Die Natur kennt das perfekte Recycling, das wir Menschen so unvollkommen beherrschen.

Gegen diese Verzerrung des Lebenszyklus, bei der die Allgemeinheit einen großen Teil der Kosten trägt, helfen u. a. zwei Konzepte. Das eine ist *True-Cost-Accounting,* übersetzt: die Verbuchung der wahren Kosten. Diese schlagen sich zum Beispiel zurzeit nicht in den für Lebensmittel und landwirtschaftliche Erzeugnisse gezahlten Preisen nieder. Der Abbau von Natur-, Human- und Sozialkapital – Auswirkungen auf Treibhausgasemissionen, Wasserressourcen, Bodengesundheit und Biodiversität – sollen nach diesem Konzept in die Produkte eingepreist werden. Die Produktion von 1 kg

Rindfleisch verbraucht weit über 10.000 L Wasser – so genanntes virtuelles Wasser aus Niederschlag und natürlicher Bodenfeuchte, Wasser für künstliche Bewässerung und durch Düngemittel, Pestizide und Industrieabfälle verseuchtes Wasser. Ein Automobil „kostet" über 100.000, ein Baumwoll-T-Shirt 2.000, eine Tasse Kaffee 140 L. Dafür soll der Kunde – zumindest teilweise – bezahlen. Ein komplexes Thema, das hier nur gestreift werden kann. Ebenso wie das zweite Konzept, eine echte Kreislaufwirtschaft unter dem Namen *Cradle to Cradle* (abgekürzt: C2C, engl. „von Wiege zu Wiege", sinngemäß „vom Ursprung zum Ursprung"). Sie „verbraucht" idealerweise nichts und hinterlässt keinen Müll – alles wird wiederverwendet. Wie die Natur es uns vormacht. Es wurde im Jahr 2002 von dem Chemiker Michael Braungart und dem US-amerikanischen Architekten William McDonough entwickelt. Das Konzept sieht unter anderem vor, dass die Unternehmen die Produkte wieder zurücknehmen, um an die verwendeten Rohstoffe zu gelangen. Was bedeutet, dass die heute so beliebten Verbundwerkstoffe, die sich aus untrennbaren Bestandteilen zusammensetzen, der Vergangenheit angehören. Kompostierbare Kleidung oder Möbel aus Pappe gehören dazu. Natürlich steht dem der Zweite Hauptsatz der Thermodynamik im Wege, nach dem es keinen Wirkungsgrad von 100 % geben kann – aber es zählt die revolutionäre Idee.

Fassen wir zusammen

Ein Haufen von Einzelteilen bildet noch kein System, so wenig, wie ein Haufen von Zahnrädern eine Uhr. Auch wenn Sie noch andere Komponenten, etwa eine Feder und Zeiger, dazutun. Ein Haufen hat keine Funktion, er verwandelt keine Eingangs- in eine Ausgangsgröße. Der Haufen hat keine neuen Eigenschaften, die über die Summe oder den Durchschnitt der Eigenschaften der Einzelteile hinausgehen. Erst das Zusammenspiel, das Zusammenwirken der Komponenten ergibt ein „Ganzes", das *mehr* ist als die Summe seiner Teile. Also ein System. „Emergenz", nennt man das, das Auftauchen neuer Eigenschaften von Systemen, die aus den Eigenschaften der Komponenten nicht ableitbar sind. Die englische Wikipedia® nennt es *„the most fundamental principle in the universe"* (das fundamentalste Prinzip im Universum). Ein System entsteht durch Selbstorganisation durch Wechselwirkung (also gegenseitige Beeinflussung) aus seinen Komponenten. Ein Satz von Regeln und Gesetzen (z. B. die Naturgesetze) bestimmt das Zusammenwirken der Elemente des neuen Systems. Emergenz haben wir immer am Haken, wenn wir „besteht aus" sagen: Ein Sandhaufen besteht aus Körnern, ein Wecker besteht aus Teilen, ein Iglu besteht aus Eisblöcken, ein Molekül besteht aus Atomen, eine

Galaxie besteht aus Sternen, ein Organismus besteht aus Zellen, Bewusstsein besteht aus neuronalen Prozessen, ein Satz besteht aus Wörtern, ein Ameisenstaat besteht aus Ameisen, eine Partei besteht aus Mitgliedern, …

Wenn das Ganze mehr als die Summe seiner Teile ist, dann heißt das auch umgekehrt, dass die „Freiheit" der Teile durch die Funktion des Ganzen beschränkt ist. Der Philosoph spricht hier von „Abwärtskausalität" (engl. *downward causation*): Das System übt gewissermaßen eine kausale Wirkung auf seine Elemente aus. Die Zahnräder der Uhr können kein Getriebe bilden, die Feder der Uhr kann keine Glocke betätigen. Ihre Funktion ist durch die Funktion des Gesamtsystems eingeschränkt. Für Anhänger des linearen, monokausalen Denkens eine logische Unmöglichkeit: Wie kann ein System, das seine Entstehungsursache im Zusammenspiel seiner Komponenten hat, gewissermaßen „rückwärts" darauf zurückwirken? Für uns, die wir nun die Mächtigkeit von Regelkreisen erkannt haben, ist es ganz natürlich: eine ganz normale Rückkopplung.

Es gibt einfache und komplexe Systeme. Einfache sind selten (was „einfach" ist, liegt natürlich im Auge des Betrachters). Die Komplexität eines Systems wächst oft (nicht immer) mit der Anzahl seiner Komponenten. Mehr ist anders – diese scheinbar triviale Feststellung hat es in sich. Sie besagt, dass aus Quantität unweigerlich Qualität entsteht. Das übersehen wir oft und behandeln komplexe Systeme mit vielen Komponenten so, als wären sie einfache Systeme mit wenigen Komponenten. Doch das ist nicht die einzige Falle, in die wir laufen. Wir erkennen oft nicht die Dynamik und die Art des Wachstums von Systemen. Exponentiell wachsende Systeme sehen am Anfang ihrer zeitlichen Entwicklung den linear wachsenden sehr ähnlich, „explodieren" dann aber plötzlich. „Wumm!" – und schon ist eine Entwicklung eingetreten, die nicht mehr beherrschbar ist. Hätte man sie frühzeitig als „exponentiell" erkannt, hätte man gegensteuern können. Alle „Finanzblasen" sind ein Beispiel dafür (wie wir noch sehen werden) und leider auch die Entwicklung der Weltbevölkerung (deren Wachstum manchmal sogar „überexponentiell" ist).

Der US-amerikanische Physiker Albert A. Bartlett setzte sich insbesondere mit Fragen zum globalen Bevölkerungswachstum auseinander. Von ihm stammt der Satz: *„The greatest shortcoming of the human race is our inability to understand the exponential function."* („Das größte Manko der menschlichen Rasse ist unsere Unfähigkeit, die Exponentialfunktion zu verstehen"). Viele Beobachtungen des Alltags ebenso wie wissenschaftliche Untersuchungen belegen, dass dieser Satz zutrifft. Die Gefahr besteht darin, dass wir ihren fast linearen Anfang unterschätzen und dann von dem explosionsartigen Anstieg überrascht sind. Das Resultat dieser Gesetzmäßigkeit zeigt

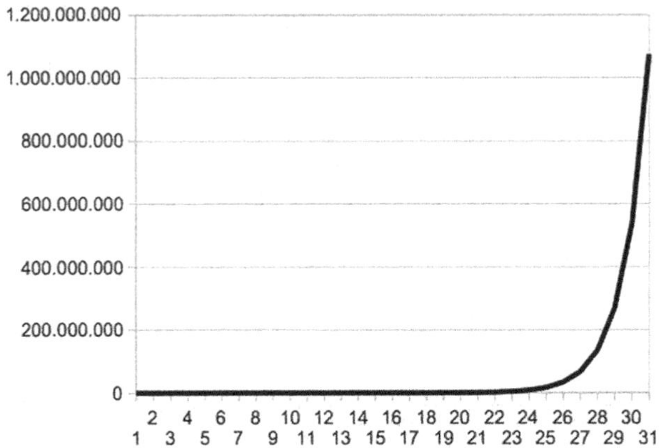

Abb. 3.20 Exponentialverlauf als „Hockeyschläger"-Kurve

sich oft in der sogenannten „Hockeyschläger"-Kurve (Abb. 3.20). Viele Grafiken – Bevölkerungswachstum, CO_2-Gehalt der Atmosphäre, Zahl der wissenschaftlichen Publikationen, Marktkapitalisierung von IT-Unternehmen – zeigen diesen Verlauf.

Systeme bestehen aus hierarchisch ineinandergeschachtelten Untersystemen auf vielen Ebenen. Alles in unserer Welt ist hierarchisch geordnet, und vielfältige Regelkreise laufen zwischen diesen Schichten. Denn zwischen den Ebenen der Hierarchien findet oft eine Rückkopplung, eine Wechselwirkung statt: Sie beeinflussen sich gegenseitig, von unten nach oben und von oben nach unten. So ergibt sich zum Beispiel die Bedeutung eines Satzes (in der Hierarchie Wort – Satz – Absatz/Kontext) sowohl aus der seiner Wörter als auch aus dem Kontext (z. B. „Er ging zur Bank"). Ebenso wird der Kurs einer Partei bestimmt durch die Meinungen ihrer Mitglieder (von unten) und durch die Kompromisse in einer Koalition (von oben) – aber natürlich (Stichwort „Vernetzung") nicht *nur* durch sie.

Auch gerne übersehen (manchmal fahrlässig, manchmal absichtlich) wird der Lebenszyklus von Systemen. Schon lange „vor dem ersten Spatenstich" existieren sie, und lange „nach ihrem Tod" existieren sie weiter. Dennoch wird ihrer exakten Planung manchmal zu wenig Aufmerksamkeit geschenkt – von den Problemen der Entsorgung ganz zu schweigen. Die Schwierigkeiten, die dabei auftreten, sind manchmal größer als der Aufwand für ihren Betrieb. Denken Sie an die Atomenergie, und Sie wissen, wovon ich rede.

So liest sich diese Zusammenfassung fast wie eine Negativliste – eine Liste von *Don'ts.* Sie können im Umkehrschluss sicher selbst herausfinden, worauf man also zu achten hat. Nun aber wird es Zeit (und wir haben alle Voraussetzungen geschaffen), uns mit dem Kern der Problematik auseinanderzusetzen: der Rückkopplung.

4

Die Wirkung wird zur Ursache

Das logische Prinzip der Rückkopplung und seine Folgen

Über die einfachen Gesetze der Rückkopplung und ihre komplizierten Folgen. Wie der Ausgang zum Eingang wird und damit die Wirkung zur Ursache.

Nun haben wir einen größeren, aber hoffentlich unterhaltsamen Umweg gemacht. Über das Phänomen der Selbstbezüglichkeit, die daraus entstehenden Paradoxien und einige Anmerkungen zu den Grundlagen von Systemen kommen wir nun zum eigentlichen Thema, der Rückkopplung.

4.1 Das Prinzip der Rückkopplung: Die Ausgangsgröße wird zum Eingang

Die Ketten von hintereinander geschalteten Systemen im Abschn. 3.2 bei Abb. 3.2 können beliebig lang werden. Das ergibt eine unkontrollierbare Fortpflanzung von Signalen. Aber noch nichts Dramatisches. Das entsteht erst durch die Rückkopplung: die Rückführung des Signals an den Eingang. Jetzt taucht eine wirklich neue Qualität auf. Stellen Sie sich vor, das Wasser aus der Mündung eines Flusses würde in seine Quelle eingespeist – der Kern einer Sintflut. Stellen Sie sich ein Buschfeuer in Australien vor, das sich rasend ausbreitet, aber im Kreis läuft und seinen eigenen Ursprung erreicht – *aus* ist das Feuer. Das sind – kurz und knapp – die zwei möglichen Auswirkungen der Rückkopplung: Aufschaukeln oder Stabilität.

Vermutlich haben Ihnen in der Abb. 3.2 schon die Finger gejuckt: Was passiert, wenn wir uns auf diese Art einen „Teufelskreis" bauen? Dort sahen

J. Beetz, *Feedback*, https://doi.org/10.1007/978-3-662-62890-4_4

Sie ja zwei Systeme f und g hintereinander. Wir führen den Ausgang z des Systems g in den Eingang x des Systems f zurück. Wir könnten natürlich auch nur das System f kurzschließen – der Effekt wäre derselbe. Und, nebenbei, was wir als System festlegen, ist weitgehend in unser Belieben gestellt. Es hängt von der Frage ab, welche Größen wir untersuchen wollen. Ist es zum Beispiel bei einem Heizungssystem die Abhängigkeit der Raumtemperatur von der Menge der hineingesteckten elektrischen Energie, dann ist eben das komplette Heizungssystem ein einziges System – egal, ob es intern noch aus irgendwelchen Subsystemen besteht. Interessiert die Geschwindigkeit eines Autos in Abhängigkeit von der Stellung des Gashebels, dann ist das komplette Auto ein System, samt seiner Untersysteme wie Motor, Getriebe usw. Untersuchen wir umgekehrt die Abhängigkeit der Stellung des Gashebels von der Geschwindigkeit, dann ist der Fahrer des Autos das System.

Wir führen nun also einfach die Ausgangsgröße z in den Eingang der Kette zurück (Abb. 4.1). In der Biologie gäbe es eine Analogie, denn die oben beschriebene Nahrungskette endet ja nicht beim Menschen, der einen dicken Fisch gefangen hat. Auch wir stellen Nahrung dar, vielleicht für Bakterien, die wieder am Anfang der Nahrungskette stehen. Denn die Natur kennt kaum offene Ketten, bei denen etwas verbraucht wird und am Ende etwas übrig bleibt, sondern überwiegend Kreisläufe. Und der Regelkreis, den wir gebaut haben, ist ja ein Kreislauf. Aber ich schweife ab, das kommt in Kap. 6.

Wenn also x eine Ventilstellung ist und f ein Dampf erzeugendes System, dann ist y die resultierende Dampfmenge. Sie wird in eine Turbine g eingespeist und erzeugt eine Drehzahl z. Die wiederum erhöht durch die Rückkopplung (mit geeigneten technischen Geräten) die Öffnung des Ventils, wodurch eine größere Dampfmenge produziert wird. Eine schöne Konstruktion! Das geht *gar* nicht! Denn irgendwann dreht die Turbine

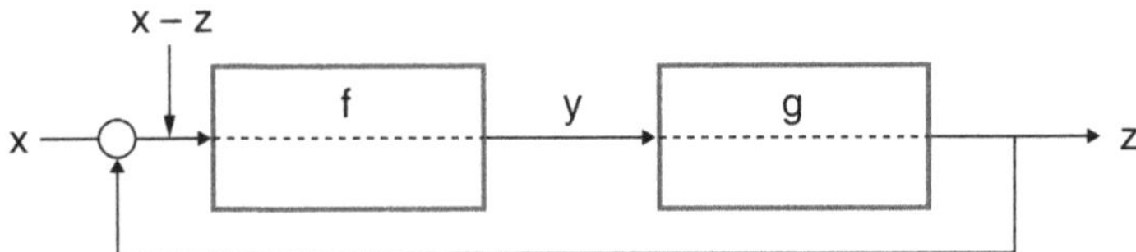

Abb. 4.1 Die Ausgangsgröße z wird zum Eingang x mit negativem Vorzeichen hinzugefügt

durch, weil die ständig steigenden Dampfmengen zu einer überhöhten Drehzahl führen. Ein „Teufelskreis"! Die Lösung springt Ihnen sofort ins Auge: Eine höhere Drehzahl muss die Ventilstellung *vermindern.* Im linken Kreis in Abb. 4.1 muss die Drehzahl subtrahiert werden, wie Sie sehen: x *minus* z. Die „negative Rückkopplung" ist geboren: der „Regelkreis".

Aber haben wir jetzt nicht einen „negativen Teufelskreis" gebaut? Die Turbine bleibt stehen, weil irgendwann der Dampf auf null gedrosselt wird? Denken Sie mit: Ist die Drehzahl z hoch, dann ist x–z klein und die Turbine bekommt weniger Dampf. Ist dann z kleiner, ist x–z wieder größer und mehr Dampf wird in die Turbine hineingelassen. Wodurch z wieder größer und x–z wieder kleiner wird. Was wie eine Paradoxie aussieht, die in Abschn. 2.2 gehört, funktioniert perfekt. James Watt hat es erfunden und ist damit berühmt geworden: den Fliehkraftregler (Einzelheiten können technisch Interessierte im Internet nachlesen). Er hat die Dampfmaschine, die bis dahin unkontrollierbar war, erst brauchbar gemacht. Ihr Erfinder, Thomas Newcomen, hatte 1712 die erste verwendbare Dampfmaschine konstruiert, wurde aber fast vergessen. Und *negative Rückkopplung* ist das Zauberwort für dieses einfache, aber geniale Konzept der Drehzahlregelung.

Natürlich ist auch hier wieder Platz für einen einfachen zyklischen Spruch: Die URSACHE BEWIRKT DIE WIRKUNG BEWIRKT DIE URSACHE.

Wie bauen wir die „negative Rückkopplung"?

So langsam werden die schematischen Blöckchenbilder der Systemanalytiker wie in Abb. 4.1 unanschaulich. Wie bauen wir *konkret* die „negative Rückkopplung"? Wie bilden wir die Differenz zweier Signale in der Form x–z, die der Eingang des ersten Systems f ist? Sind das unverständliche Geheimnisse aus der Technik, die der Laie nicht durchschauen kann?

Nein, es ist gute alte anschauliche Mechanik. Schauen wir uns in Abb. 4.2 ein Schema eines Thermostaten als Beispiel an, in dem nach dem Zeichen „+" die elektrische Zuleitung zu einer Heizung (Brenner, Heizkessel, Heizkörper usw.) gezeigt ist. Welches ist denn überhaupt die rückgekoppelte Größe z? Das ist einfach: Die Größe z ist die gemessene Temperatur der Raumluft.

Ein Bimetallstreifen besteht, wie der Name sagt, aus zwei Metallen. Sie sind miteinander verklebt. Unterschiedliche Metalle dehnen sich bei Erwärmung unterschiedlich stark aus. In unserem Fall dehnt sich Metall 2 stärker als Metall 1. Was passiert? Da die Metalle unlösbar miteinander verbunden sind, biegt sich der Streifen bei Erwärmung nach oben. Da er mit der Spannung verbunden ist, berührt er irgendwann einmal den Kontakt A und der Strom fließt in die Heizungssteuerung. Wenn es zu kalt wird, biegt er sich nach unten und schließt den Heizkreis über Kontakt B. Nun erhebt sich die Frage: Welcher Kontakt, A oder B, führt zu einer negativen Rückkopplung?

Sie haben sich für Punkt A entschieden?! Gratuliere! Sie haben soeben die *positive* Rückkopplung erfunden. Wenn im Sommer bei 31 °C der Kontakt schließt, springt der Brenner an, heizt und heizt und heizt … Nein, das haben Sie wahrscheinlich gesehen: Der Kontakt muss bei B sitzen. Dann und nur dann haben wir eine *negative* Rückkopplung. Wenn es kälter wird als 10 °C (in der Abb. 4.2 – suchen Sie sich hierfür einen für Sie komfortableren Wert aus!), dann wird geheizt. Dann wird es (nach einiger Zeit) wärmer, der Kontakt öffnet sich wieder usw. – das System heizt und heizt nicht und heizt und heizt nicht …

Jetzt erhebt sich nur noch die Frage nach der Subtraktion der beiden Werte. Da die Größe z die gemessene Temperatur der Raumluft ist und die Größe x der von außen einstellbare Sollwert, könnte die Bildung der Differenz x–z (und damit die Realisierung des Minuszeichens) durch das geeignete Verschieben der Skala erfolgen (grauer Doppelpfeil). Der ganze Mechanismus wird durch die heutige Elektronik natürlich völlig anders realisiert, aber das Prinzip ist dasselbe: Die Temperatur der Raumluft wird vom Sollwert abgezogen, und wenn diese Differenz (*negative* Rückkopplung!) größer als null ist, bekommt das Heizungssystem f sein Steuerungssignal.

So, das war das Prinzip. *Wie* das nun im Einzelnen (z. B. technisch) realisiert wird, das werden wir in Kap. 5 beleuchten – aber auch nur kurz, denn das ist nur der Verständnishintergrund dieses Buches.

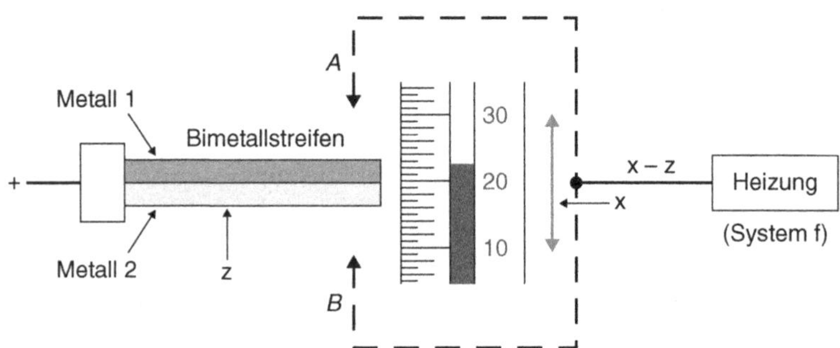

Abb. 4.2 Wie bauen wir die „negative Rückkopplung"?

4.2 Der zeitliche Verlauf der Ausgangsgröße in mehreren Variationen

Aus der verbalen Beschreibung am Anfang dieses Kapitels können Sie etwas Interessantes entnehmen: das, was wir dort „Paradoxie" genannt haben. Anscheinend arbeiten zwei Größen des Systems gegeneinander, sie halten sich gegenseitig in Schach. Wird die eine größer, wird die andere kleiner und umgekehrt. Der Ausgang des Systems (in obigem Beispiel die Drehzahl der Dampfmaschine) schwankt beständig hin und her. Das Gleichgewicht des Systems ist ein *dynamisches:* Die Drehzahl liegt nicht bei (sagen wir) exakt 1000 Umdrehungen pro Minute, sondern sie pendelt vielleicht zwischen 980 und 1020 hin und her. Eine unbedeutend kleine, aber feststellbare Unruhe im Regelkreis.

Das „Rossini": ein Geheimtipp. Aber wie lange noch?
Ein Film des Regisseurs Helmut Dietl aus dem Jahr 1997 soll hier Namensgeber einer fiktiven Geschichte sein: ein neu eröffnetes Restaurant. Dort verkehrt die Münchener „Bussi-Gesellschaft". Nach seiner Eröffnung gab es zuerst ein wenig Kritik, und der Besitzer entschloss sich zu Maßnahmen. Die Qualität der Küche wurde erhöht und die Gästezahlen stiegen Woche für Woche an. Sein guter Ruf verbreitete sich schnell. Allerdings verlangsamte sich der Anstieg der Gästezahlen etwas, da allmählich seine Kapazitätsgrenze erreicht wurde. Wenn es nahezu voll ausgebucht war, gab es auch schon mal Wartezeiten oder kleine Qualitätsmängel, die sich leider auch herumsprachen. Durch diese Kommentare nahmen die Gästezahlen dann allerdings wieder ab.

Und wie es so ist: Ein *schlechter* Ruf verbreitet sich noch schneller. Die Gästezahlen sanken weiter. Das spornte die Restaurantleitung zu Höchstleistungen an, und durch einige Sonderveranstaltungen (Weinverkostungen usw.) wurde der Rückgang nicht nur gebremst, sondern wieder ausgeglichen. „Man" ging wieder ins Rossini. Auch das sprach sich herum und die Buchungen stiegen weiter. Bis zu seiner Kapazitätsgrenze … und alles ging von vorne los.

Ein Zyklus – vielleicht sieht der zeitliche Verlauf der durchschnittlichen täglichen Gästezahlen pro Woche so aus wie in Abb. 4.3.

Wäre das „Rossini" ein ideales rückgekoppeltes System und *wäre* die Qualität der Küche sprunghaft erhöht worden und *würde* das Interesse der Gäste einer eindeutig bekannten und beschreibbaren linearen Abhängigkeit

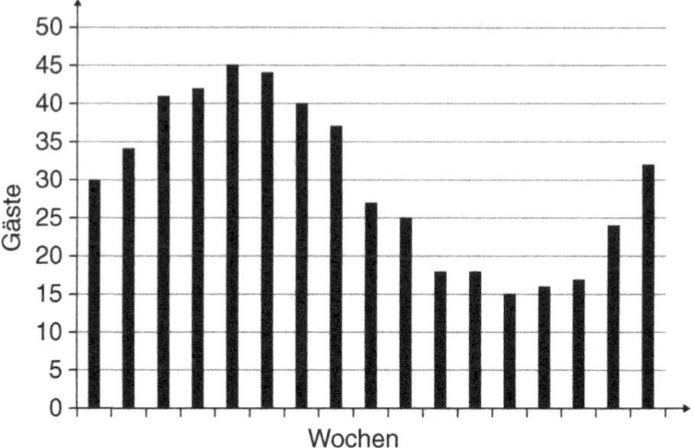

Abb. 4.3 Gästezahlen im „Rossini"

gehorchen, dann wäre Abb. 4.3 sogar eine saubere mathematische Kurve (eine „Sinusfunktion", die ich Ihnen in Abb. 5.1 zeigen werde).

Mit anderen Worten: Ein „eingeschwungener Regelkreis" unter idealen (das heißt mathematisch exakten) Bedingungen vollführt oft solche Wellenbewegungen, die der Fachmann „Sinusschwingungen" nennt. Das ist ein natürliches Zeichen für Stabilität, wenn die Größe der Schwingung nicht zunimmt, sondern konstant bleibt. Der Kurs unseres Schiffes aus Abschn. 1.2 könnte eine solche Pendelbewegung von, sagen wir, plus oder minus 3 Grad um „Kurs 240" ausführen. Nie kommt es vor, dass bei einem geregelten System (hier dem Schiff) *exakt* der „Sollwert" eingehalten wird. Warum? Technische Unzulänglichkeit? Auch. Aber dann wäre die Differenz zwischen Sollwert und Istwert ja null – und diese Differenz ist ja genau die Größe, die der Regler als Eingabe für seine ausgleichende Tätigkeit braucht.

Wir haben gesehen: Unser Heizungssystem in Abschn. 4.1 heizt und heizt nicht und heizt und heizt nicht … Der „eingeschwungene Zustand" ist in einem Regelkreis also etwas völlig Natürliches und ein Zeichen für Stabilität – solange die Schwingungen sich nicht aufschaukeln. Bei technischen Systemen, auf die wir in Kap. 5 kommen werden, liegt die Kunst der Designer von Regelkreisen darin, diese Schwingungen klein zu halten. Wir werden dort aber auch noch andere Zeitverläufe („Einschwingvorgänge" genannt) kennen lernen, da es sich ja um *dynamische* Systeme handelt. Gleichgewichtssituationen in rückgekoppelten Systemen sind nie statisch.

4.3 Regiert das Chaos die Welt?

Man kann sich nicht über Rückkopplung Gedanken machen, ohne einen Ausflug in das Gebiet zu unternehmen, das die Fachleute „deterministisches Chaos" nennen. Damit meine ich nicht meinen Schreibtisch, sondern die Tatsache, dass dieses „Chaos" nicht totale Zufälligkeit bezeichnet. Im Gegenteil: „deterministisch" bedeutet, dass der zukünftige Zustand durch den gegenwärtigen Zustand vorbestimmt („determiniert") ist. Aber er ist „chaotisch", denn kleine Änderungen in den Anfangsbedingungen führen zu großen und damit *nicht* mehr vorhersagbaren Änderungen in der Zukunft. Ein innerer Widerspruch. Vorbestimmt und doch nicht vorhersagbar. Chaos entsteht aus Ordnung – ist das nicht überraschend?!

Zufall ist eigentlich ein Mangel: ein Mangel an Zuverlässigkeit einer Vorhersage. Schon einfachste Anordnungen werden von ihm regiert, zum Beispiel ein Würfel in einem Becher. Der Würfel gehorcht nur physikalischen Gesetzen, aber das Ergebnis des Wurfes lässt sich nicht berechnen. Nur das Ergebnis vieler, sehr vieler Würfe: Nach dem „Gesetz der großen Zahlen" lässt sich die Häufigkeit für das Auftreten einer bestimmten Augenzahl statistisch vorhersagen: 1:6.

Viele haben auch ein völlig falsches Verständnis vom Wesen des Zufalls. Das zeigt sich an der Scherzfrage, die Harald Lesch gerne zitiert: „Ist es nicht ein komischer Zufall, dass die Katze im Fell genau dort Löcher hat, wo ihre Augen sind?!" Zufall entsteht zum Beispiel durch das chaotische Verhalten von Systemen, die eigentlich ganz einfach und genau bestimmt sind („deterministisch"). Beim Nachdenken über den Zufall sind wir sofort bei der schon oft gestellten Frage nach Ursache und Wirkung, also dem Begriff der Kausalität. Chaos, Zufall und Kausalität sind ein Trio, das oft zusammen auftritt.

Die Füchse fressen die Hasen fressen die Füchse

Der Biologe Robert May hat es mit virtuellen Fischen vorgeführt, wie es unter anderem James Gleick in seinem Buch erwähnt hat. Da es eines meiner Lieblingsthemen ist, habe ich es in meinem Mathematikbuch ausführlich an einer Kaninchenpopulation gezeigt. Deswegen hier nur ein kurzer Ausflug in das „deterministische Chaos" – ein chaotisch erscheinendes Verhalten, das aber den Regeln einer einfachen Gesetzmäßigkeit folgt. Obwohl man es natürlich auch an zwei konkurrierenden Arten zeigen könnte (was den schönen zyklischen Spruch der Zwischenüberschrift rechtfertigen würde), möchte ich das Seerosen-Rätsel noch einmal aufgreifen. Denn ein „Gegenspieler" einer Spezies ist ja nicht nur ein Gegner, der sie fressen möchte, sondern auch ein begrenzter Lebensraum. Deswegen ist ja das exponentielle und theoretisch unendliche Wachstum aus Abschn. 3.3 in der Praxis unmöglich.

Hat man nämlich das Prinzip des exponentiellen Wachstums (und sei es auch nur ein kleiner Faktor von ganz wenigen Prozent) erst einmal begriffen, dann lauert schon die nächste Falle. Jeder ist versucht zu denken, es gehe *immer* so weiter (zumindest für eine überschaubare Zukunft). Der „Zusammenbruch" des Systems, wenn die Zahl der Räuber, die der Beute übersteigt oder die Ressourcen erschöpft sind, überrascht viele. Auch die Seerosen füllen ja nicht am Tag n den Teich, wenn er am Tag n–1 halb voll war. Im Gegenteil: Weit über die Hälfte von ihnen geht vermutlich an Nährstoffmangel zugrunde.

Sie erinnern sich ja noch an die Seerosen, das Schachbrett oder die Zinseszinsformel? Jede „Folgegeneration" ergab sich aus der Multiplikation der bestehenden Population mit einem Faktor. Das ergab ein dramatisches „exponentielles" Anwachsen nach längerer Zeit, auch bei einem kleinen Faktor von – sagen wir – 1,05, also bei einem Zinssatz von 5 %. Aber nichts wächst unendlich, denn auf dem Teich wird es immer „enger". Begrenzte Ressourcen oder konkurrierende Lebewesen sorgen für eine Gegenkraft. Die Füchse dezimieren die Hasen, und wenn sie fast alle vernichtet haben, verhungern sie selbst. Das erhöht wieder die Hasenbestände. Kann man das in eine Formel fassen? Man kann.

Wie bringen wir nun einen „Bremsfaktor" in der Zinseszins-Formel (zum Beispiel bei den Seerosen) an? Die Antwort ist klar: Wir brauchen eine negative Rückkopplung – ein „je mehr, desto weniger". Wenn also die ungebremste Wachstumsformel (siehe Abschn. 3.3) einer Population K einfach $K_{n+1} = K_n \times r$ lautet (r ist der Reproduktionsfaktor), wie bauen wir dann den Bremsfaktor ein? Robert May fand eine einfache Lösung: Der Korrekturfaktor ist $(1-K_n)$. Prima – wenn K_n klein ist, ist der Faktor fast gleich eins und die Seerosenpopulation kann wachsen. Ist K_n groß', wird der Multiplikationsfaktor $(1-K_n)$ immer kleiner. Fertig ist unser Algorithmus! Die Formel für die Zinseszinsrechnung kommt hier also sinngemäß zur Anwendung. Die nächste Generation mit der Nummer n + 1 ergibt sich aus der Generation mit der Nummer n nach der Formel $K_{n+1} = K_n \times r \times (1-K_n)$. Beginnen wir mit $K_1 = 0{,}02$ und $r = 1{,}4$, so ist $K_2 = 0{,}02 \times 1{,}4 \times (1-0{,}02) = 0{,}02744$. Dieser Wert wird verwendet, um K_3 zu errechnen. Und so weiter …

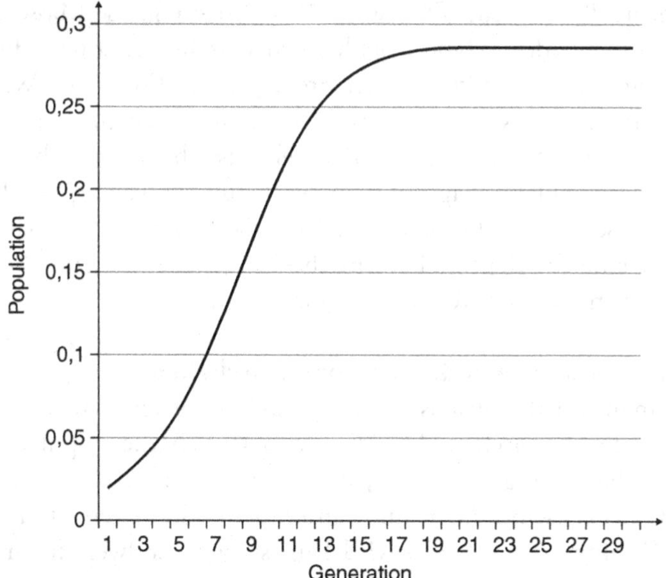

Abb. 4.4 Wachstumsgesetz mit Wachstumsrate r = 1,4

Man nennt das auch das „Wachstumsgesetz" oder die „logistische Gleichung" (der Begriff hat mit dem Transportwesen nichts zu tun, sondern kommt vom französischen *logis* für Lebensraum). Der Faktor r ist die „Wachstumsrate" oder der Reproduktionsfaktor, der die Dynamik der Entwicklung wesentlich beeinflusst. Diese Art der Berechnung nennt man „Iteration" (lat. *iterare* ‚wiederholen'): Eine Berechnung wird unter Verwendung ihres vorhergehenden Ergebnisses wiederholt.

Und nun genug mit der mathematischen Schreibweise. Denn jetzt wird es richtig interessant: Wie abhängig ist die Generationenfolge von der Wachstumsrate r? Greifen wir nur zwei Werte heraus: r = 1,4 (mit einer willkürlichen Anfangs-Population = 0,02) erzeugt eine ganz typische Kurve (Abb. 4.4). Sie zeigt ein Wachstum in der Form: langsamer Beginn – immer stärker werdender Zuwachs – Wendepunkt – allmählich nachlassender Zuwachs – Ende des Zuwachses. So verläuft auch die Verbreitung einer neuen Technologie[1], zum Beispiel des Smartphones. Hier können wir schön drei Phasen unterscheiden: Die erste zeigt die Avantgarde, die mit dem

[1]Es müsste eigentlich „Technik" heißen, aber „Technologie" hat sich leider eingebürgert.

Ausruf „Ah, neu!" voraneilt. Die zweite Phase ist die große Masse derer, die sie nach sich zieht, der „Hype". Schließlich tritt in der dritten Phase eine gewisse Sättigung ein: *Jeder* hat ein Smartphone. Ende des Wachstums. Ein neues *Gadget* muss her. Das ist die wahre Wachstumskurve, die in ihrem vorderen Teil tatsächlich exponentiell aussieht, aber nicht so weiterläuft. Denn dass es nicht ewig mit dem Wachstum so weitergehen kann, das weiß jeder (außer einigen Größen in der Politik und der Wirtschaft). Dieser Übergang ist eine für Regelkreise typische Kurve, die sich zum Beispiel bei einer Veränderung des Sollwertes nach oben zeigt.[2]

Ein einfacher Parameter ändert das Systemverhalten

Nun kann man mit der Wachstumsrate r weiter spielen. Mit kräftiger Vermehrung, einem r zwischen 2 und 3, nähert sich die Population ihrem Grenzwert wellenförmig, das heißt, die Werte liegen ab einer bestimmten Generation abwechselnd über und unter dem Grenzwert und „pendeln sich ein". Ab einem r von ca. 3 wird kein stabiler Endwert mehr erreicht, das „Pendeln" zwischen zwei Populationen hört nicht mehr auf. Ab einem Wert um 3,6 bricht Chaos aus, das in Abb. 4.5 mit $r = 3{,}81$ sehr schön illustriert wird. Bei $r = 4$ schafft es die 4. Generation bis auf fast 100 % … und wird in der fünften fast ausgerottet. Denken Sie daran: Es ist *dieselbe* Rechenvorschrift, nur mit *„kleinen"* Änderungen eines Multiplikationsfaktors, der Wachstumsrate r! Die „logistische Gleichung" ist ein Beispiel dafür, wie komplexes und chaotisches Verhalten aus einfachen nichtlinearen Gleichungen entstehen kann.

Solche rückgekoppelten Systeme zeigen je nach der Größe bestimmter Parameter (in unserem Fall war das die Wachstumsrate r) genau diese Verhaltensvarianten:

- Langsame Annäherung an einen stabilen Endwert,
- schnelle Annäherung an einen Endwert mit Überschwingen und langsamem Einpendeln auf den Endwert oder
- Schwingungen, die sich nicht beruhigen oder sogar aufschaukeln.

Bleibt anzumerken, dass diese Rechenverfahren natürlich als „Regelkreis" aufgefasst werden können. Denn das Ergebnis der ersten Generation wird ja als Ursache (Anfangswert) der nächsten Generation rückgekoppelt. Daher sind solche zeitlichen Verläufe typisch, auch bei einer negativen

[2]Bei hinreichender Dämpfung des Regelkreises – Fachleute nennen diese Kurve „Sigmoidfunktion".

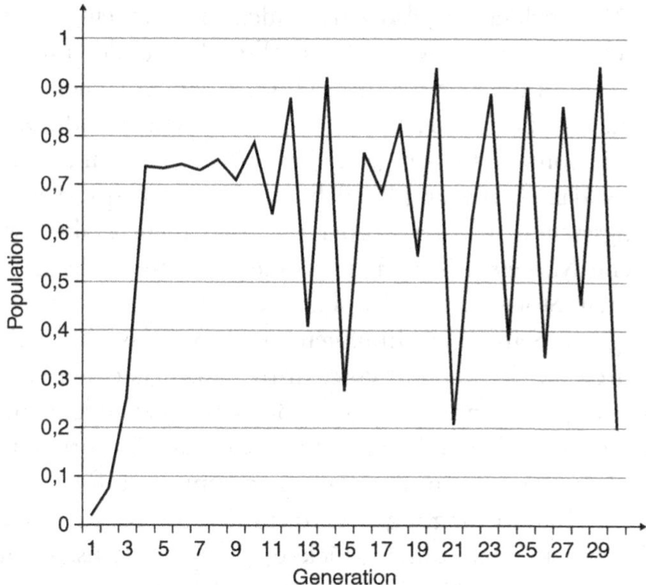

Abb. 4.5 Wachstumsgesetz mit Wachstumsrate r = 3,81

(also dämpfenden) Rückkopplung. Hier sehen wir nun (abhängig von der Wachstumsrate r) sogar ein Umkippen in eine positive (also aufschaukelnde) Rückkopplung, die ein solches System leicht „aus dem Ruder" laufen lässt. Ähnliches stellen Physiker in strömenden Flüssigkeiten fest und nennen es den „laminaren" und „turbulenten" Strömungsverlauf – ein ruhiger Fluss im Vergleich mit einem reißenden Wildbach.

Der Meteorologe Edward N. Lorenz hielt 1972 einen Vortrag mit dem Titel „Vorhersagbarkeit: Kann der Flügelschlag eines Schmetterlings in Brasilien einen Tornado in Texas auslösen?". Das Schlagwort für das „deterministische Chaos" war geboren: der „Schmetterlingseffekt". Also die überraschende Erscheinung, dass in komplexen nichtlinearen dynamischen Systemen geringfügig veränderte Anfangsbedingungen zu einer völlig chaotischen Entwicklung führen können. Selbst wenn (anders als beim Wetter!) das System durch einfache Gesetzmäßigkeiten völlig bestimmt („determiniert") zu sein scheint – allein durch den Prozess der Rückkopplung. Wie bei Robert Mays logistischer Gleichung. Diese einfache mathematische Gleichung erlaubt keine verlässliche Vorhersage des Systemverhaltens – unglaublich! Aber wahr.

Chaotisches Verhalten tritt schon bei einfachsten physikalischen Systemen auf. Ein einfaches Pendel verhält sich „vernünftig" und schwingt nur hin und her. Ein Doppelpendel, also ein Pendel, an dem ein anderes Pendel hängt, führt chaotische Bewegungen aus. Ein Planet, der um eine Sonne kreist (und weit und breit ist nichts), gehorcht den einfachen Gesetzen der Himmelsmechanik, die seit der frühen Neuzeit bekannt sind. Die Bahn des Planeten um die Sonne lässt sich genau bestimmen. Packt man einen dritten Himmelskörper dazu, hat man plötzlich das „Dreikörperproblem" am Hals. Das Gleichungssystem für drei Körper lässt sich nicht exakt lösen. Bereits der französische Mathematiker Henri Poincaré hatte entdeckt, dass selbst unter winzigsten Störungen einige Planetenbahnen geradezu chaotisches Verhalten zeigten. Seine Berechnungen ergaben, dass die geringfügigste Anziehung durch die Schwerkraft eines dritten Körpers einen Planeten oder Mond dazu bringen könnte, auf seiner Bahn wie betrunken im Zickzack herumzutorkeln und sogar völlig aus dem Sonnensystem fortzufliegen. Dies plus exponentieller Verstärkungsmechanismen kann dazu führen, dass kleine Änderungen der Randbedingungen beträchtliche Folgeeffekte verursachen. Winzigste Effekte können durch Rückkopplung anwachsen, ein simples System kann explosionsartig in schockierende Komplexität übergehen. Der Glaube an eine deterministische, also vorbestimmte und vollkommen berechenbare Welt war damit erschüttert. Poincaré sagte 1892 dazu: „Diese Dinge sind so bizarr, dass ich's nicht ertrage, weiter darüber nachzudenken!" Wer dieses spannende Thema noch weiter verfolgen möchte, sei hier auf den Namen Benoît Mandelbrot verwiesen, der die logistische Gleichung erweitert und damit selbstähnliche Figuren (sogenannte „Fraktale") gezaubert hat, die unter der Bezeichnung „Apfelmännchen" berühmt wurden. „Selbstähnlich" heißt, dass *Teile* der Figur genauso aussehen wie die ganze Figur, und Teile der Teile wiederum.

Wundern Sie sich also nicht über die „normalen Katastrophen", über die Charles Perrow ein Buch geschrieben hat. Der alte Kölner Spruch „Et hätt noch emmer joot jejange!" (das „Rheinische Grundgesetz" Artikel 3: „Es ist noch immer gut gegangen.") kann sich unversehens in Chaos verwandeln. Oft liegen die Gründe in der Komplexität von Systemen.

Aber was *ist* Komplexität? Grob gesagt bedeutet es Strukturen und Muster, die sich nicht weiter vereinfachen lassen. Die Vielfalt der Details lässt sich nicht weiter reduzieren, ohne Information zu verlieren. Ein Beispiel: Eine zufällige, bunt gemischte Folge vieler Ziffern ist komplex. Sind sie alle sortiert, lässt sich ihr Inhalt vereinfachen: „4 mal die 1, 2 mal die 2, 7 mal die 3, 12 mal die 4, …" Für die Zufallsfolge aber gibt es keine vereinfachende Angabe. Zum Beispiel gibt es keine Rechenvorschrift, durch die die komplexe Struktur einer DNS vereinfacht beschrieben werden kann. Gäbe es sie aber, wäre die Struktur der DNS nicht mehr „komplex", sondern nur noch kompliziert. Vielleicht stellt die unsortierte Ziffernfolge eine Information dar?! Ihren formalen Gehalt kann man in *bit* messen. Aber was *bedeutet* sie? Wenn Sie eine SMS mit dem Inhalt „menon ganbekim" bekommen, fragen Sie sich sicher: Esperanto? Volapük? Klingonisch? Sortiert hilft es Ihnen auch nicht weiter: „ abeegikmmnnno". Der Bit-Gehalt ist errechenbar, nicht aber die Bedeutung. Dabei wäre es doch – richtig angeordnet – ganz einfach: „bin angekommen".

Komplexität verwirrt und verängstigt uns

Menschen können mit Komplexität nicht gut umgehen, so wenig wie mit Zufall, Wahrscheinlichkeiten oder chaotischen Systemen. Viele möchten gerne eine einfache, schwarz-weiße Welt, ohne auf Grautöne achten zu müssen. Die meisten Verschwörungstheorien („Theorie" im umgangssprachlichen Sinne als nicht bewiesene Behauptung – deswegen verwenden manche den Begriff „Verschwörungserzählung") speisen sich aus diesem Unbehagen. Denn dort ist die Welt einfach: Es gibt immer „uns und die anderen", die Guten (uns) und die Bösen (die anderen). Das schafft ein zuverlässiges Feindbild, denn die Schuldigen an der eigenen misslichen Situation sind identifiziert. Enger geistiger Schulterschluss mit Gleichgesinnten, also der Aufenthalt in den „Filterblasen" oder „Echokammern" des Internet, ist ein erster selbstverstärkender Automatismus, eine positive Rückkopplung, ein „Brandbeschleuniger". Der zweite selbstverstärkende Rückkopplungseffekt besteht darin, dass man – als Verächter und Feind der „Mainstream-Medien" – das entsprechende „Wissen" selbst im Internet zusammengesucht hat. Der Stolz auf diese eigene Leistung schafft dieselbe Befriedigung und Anerkennung wie der eigenhändige Zusammenbau eines IKEA-Regals. Verschwörungserzählungen, oft mit rassistischem, antisemitischem oder religiösem Hintergrund, gibt es schon immer. Neu ist das exponentielle Wachstum, das durch die positive Rückkopplung in den „sozialen Medien" hervorgerufen wird.

Die Liste der bekanntesten Verschwörungstheorien der Neuzeit ist lang. Sie beginnt mit harmlosen und lustigen Fällen wie der „Bielefeld-Verschwörung", die der Informatiker Achim Held 1994 im Internet veröffentlicht hat („Bielefeld gibt es gar nicht"). Sie setzt sich fort mit irrwitzigen Aussagen über das Kennedy-Attentat, die Mondlandungen der USA in den Jahren 1969 bis 1972, die Anschläge vom 11. September 2001 in New York und die Leugnung der menschengemachten globalen Erwärmung. Und natürlich bietet die COVID-19-Pandemie mit ihren komplexen Einflussfaktoren und den sich nur langsam stabilisierenden wissenschaftlichen Erkenntnissen hinreichend Stoff für fantasievolle Erzählungen mit allen üblichen Verdächtigen: den Chinesen, den Multimilliardären, der Pharma-Industrie und dem „System“ überhaupt.

Immer oder ab und zu?

Rückkopplung scheint es in zwei Varianten zu geben: fortlaufend oder in einzelnen Schritten. Auch hier gibt es wieder Fremdwörter: „kontinuierlich“ und „diskret“. Eine interessante Schlussfolgerung ergibt sich aus dem Unterschied zwischen „kontinuierlicher“ und „diskreter“ Rückkopplung. Natürlich ist der Übergang fließend: Eine genügend schnelle diskrete Rückkopplung wird zur Kontinuierlichen. Es ist wie bei einem persönlichen Gespräch im Unterschied zu einem Telefongespräch oder gar einem Funkverkehr über nur einen Kanal. Der springende Punkt ist: Bei einer diskreten Rückkopplung kann es sein, dass das System beim ersten Rückkopplungsschritt (und allen folgenden) nicht mehr *dasselbe* ist. Seine Charakteristik, sein Verhalten hat sich geändert. Es hat gelernt. Die meisten natürlichen Systeme tun das und inzwischen auch einige technische.

Die klassische Literatur bietet für die Veränderung eines Systems eine schöne Geschichte: der „Dornauszieher“. Der Dichter Heinrich von Kleist hat sie in seinem „Marionettentheater“ beschrieben. Es ist ein Knabe, der mit wunderbarer Grazie einen Dorn aus seinem Fuß zieht und, als er sich beobachtet sieht, bewusst noch einmal die Bewegung in ihrer Schönheit nachzuahmen versucht – was ihm natürlich misslingt. Das „System“, in diesem Fall die Person, hat sein Verhalten geändert. Der Dichter nennt es „die Unordnungen, die das Bewusstsein in der natürlichen Grazie des Menschen anrichtet“. Das heißt, die Rückkopplung muss nicht durch eine Reaktion *von außen* kommen, wir können auch *uns selbst* beeinflussen. Wer hätte das gedacht? Sie natürlich, meine Leser, denn wir haben ja über Selbstbezüglichkeit ausführlich genug geredet.

Fassen wir zusammen

Wenn die Wirkung zur Ursache wird, passieren seltsame Dinge. Eine scheinbar einfache Rückkopplung verändert die Welt. Man muss es wirklich ganz deutlich sagen: Positive Rückkopplung kann *negative* Folgen haben und negative Rückkopplung *positive*. Meistens sogar ist es so. Die technischen Begriffe sind keine Bewertungen der Qualität des Ergebnisses, sondern nur die Angabe des mathematischen Vorzeichens, mit dem das Ausgangssignal auf den Eingang des Regelkreises zurückwirkt. Negative Rückkopplung ist Stabilisierung und Dämpfung, positive Rückkopplung ist Verstärkung und „Aufschaukeln“ (der sprichwörtliche „Teufelskreis“).

Unter anderem kann ein rückgekoppeltes System in Schwingungen geraten (auch ein stabiles!). Der „eingeschwungene Zustand“ ist in einem Regelkreis etwas völlig Normales und sogar ein Zeichen für Stabilität, solange er sich nicht aufschaukelt. Denn es ist eine dynamische Stabilität. Durch die Rückkopplung werden Systeme jedoch empfindlich für die Zahlenwerte bestimmter Parameter. Obwohl sie „deterministisch“ sind, also exakten naturwissenschaftlichen Gesetzen gehorchen, können sie unter bestimmten Umständen in „chaotisches Verhalten“ umschlagen, das „deterministische Chaos“. Die lange kulturelle Tradition (seit Galilei), mit wissenschaftlichen Gesetzen zutreffende Prognosen aufzustellen, wird durch diese Erkenntnisse empfindlich erschüttert. Das macht diese Systeme prinzipiell unbeherrschbar und stellt uns in der realen Welt oft vor große Herausforderungen, wie wir noch sehen werden.

„Fehler gehören zum Leben!“, das sagt man so. Oft können wir über ein System besonders viel lernen, wenn es nicht richtig funktioniert. Das „deterministische Chaos“ hat einen solchen Erkenntniswert, denn es zeigt uns, dass auch anscheinend stabile (weil negativ rückgekoppelte) Systeme aus dem Ruder laufen können. Allerdings ist chaotisches Verhalten kein Fehler des Systems, sondern im Gegenteil ein auf der Basis der Gesetze des Systems korrektes Verhalten (weil es ja „deterministisch“ ist). Es ist nur ein in aller Regel höchst unerwünschtes Verhalten. Auch dafür werden wir in späteren Kapiteln aufschlussreiche Beispiele finden.

5

Rückkopplung in der Technik

Der Alltag ist voll davon – und wir merken es kaum

Über die technischen Ausprägungen von Regelkreisen und ihre (oft unsichtbare) Verbreitung im Alltag.

Okay, fangen wir mit der Technik an, mit der vom Menschen konstruierten Rückkopplung. Sie war lange bekannt, bevor man das Prinzip auch in anderen Gebieten entdeckte. Auch ich bringe sie zuerst – nicht, weil ich Sie für Ingenieure halte, sondern weil technische Regelkreise bei Weitem die einfachste Form von Feedback darstellen. Sie sind relativ unkompliziert und leicht zu durchschauen – im Vergleich zu den komplexen vernetzten Systemen, die man in anderen Bereichen antrifft.

Deswegen ist dieses Kapitel auch relativ kurz, denn die meisten Menschen interessieren sich nicht besonders für Technik – Hauptsache, sie funktioniert. Und daher ist Feedback in der Technik auch für viele ziemlich langweilig, denn Technik funktioniert immer und stets in der gleichen, vorhersagbaren Art und Weise (bis zu dem – manchmal sogar vorgegebenen – Zeitpunkt des Versagens).[1] Viel spannender sind dagegen andere Bereiche, in denen die Art und Stärke der Rückkopplung oft unvorhersehbar variiert.

Konrad Lorenz, der österreichische Zoologe, Verhaltensforscher und Begründer der „Tierpsychologie", stellt in seinem Buch „Die acht Todsünden der zivilisierten Menschheit" zutreffend fest: „Die Rückkopplung ist das einzige Prinzip, das zuerst von Technikern erfunden und danach in der Natur festgestellt wurde." Er schreibt aber auch: „In der lebenden

[1] „Geplante Obsoleszenz" *(planned obsolescence)* nennt man die vermutete absichtliche Verringerung der Lebensdauer von Produkten durch die Hersteller.

J. Beetz, *Feedback*, https://doi.org/10.1007/978-3-662-62890-4_5

Natur gibt es unzählige Regelkreise. Sie sind für die Erhaltung des Lebens so unentbehrlich, dass man sich seine Entstehung kaum ohne die gleichzeitige »Erfindung« des Regelkreises vorstellen kann. Kreise positiver Rückkopplung findet man in der Natur so gut wie nicht oder höchstens in einem rasch anwachsenden und ebenso rasch sich erschöpfenden Ereignis." Das sehe ich – bei allem Respekt – anders: Positive Rückkopplung ist in der Natur (wie wir noch sehen werden) sehr häufig und beherrscht alle Vorgänge der „Selbstorganisation". Im Gegensatz zu technischen Systemen kann sie jedoch in negative und damit stabilisierende Rückkopplung umschlagen, wenn gewisse Sättigungspunkte erreicht sind. Dadurch hat die Natur sehr viel komplexere, weil anpassungsfähige Systeme „geschaffen", als es mit heutiger Technik möglich ist.

Schauen wir uns hier zuerst einige einfache technische Realisierungen an, um das Prinzip und seine Erscheinungsformen wirklich zu verstehen.

5.1 Sind Sie mit Ihrer Heizung zufrieden?

Das mit dem Bimetallstreifen (Abb. 4.1) ist ja ziemlich primitiv, werden Sie sagen. Es wird geheizt oder nicht geheizt – egal, wie weit die gewünschte Temperatur von der Ist-Temperatur verschieden ist. Wie ein Heißluftballonfahrer, der die Flamme entzündet, um aufzusteigen und löscht, um zu sinken. So, als ob Sie in Ihrem Auto nur Vollgas geben würden oder gar keins. Diese „Zweipunktregelung", so der Fachausdruck, ist die einfachste Form der Rückkopplung. Wäre es nicht besser, umso stärker zu heizen, je kälter der Raum ist? Das heißt, die Heizleistung proportional zur Temperaturdifferenz zu machen?

Ein anderes Beispiel: Angenommen, Sie fahren mit 50 durch die Stadt. Plötzlich kommt eine Tempo-30-Zone. Sie bremsen ziemlich stark ab, denn Sie wollen ja kein Knöllchen. Angenommen aber, Sie fahren mit 55 durch die Stadt. Es kommt die Ihnen bekannte Stelle mit der Blitzerampel. Sie gehen nicht in die Eisen, Sie nehmen einfach den Fuß vom Gas. Da Sie ja ein intelligenter Fahrer sind, reagieren Sie also klüger. Wenn Sie ein wenig zu langsam sind, geben Sie ein wenig Gas. Haben Sie mehr an Geschwindigkeit verloren, geben Sie mehr Gas. Der Eingriff ist proportional zur Regelabweichung, also zur Differenz zwischen dem Sollwert und dem Istwert. Ersterer, um es noch einmal zu wiederholen, ist die Geschwindigkeit, die Sie fahren möchten, und der andere die, die Sie gerade auf Ihrem Tacho ablesen. Nicht einfach nur heizen/nicht-heizen (2 Stellungen), sondern ein Steuersignal, das der Differenz von *Soll* zu *Ist* entspricht. Diese Art von Regler heißt „P -Regler" – „P" wie *proportional.* Er liefert ein Signal, das zu der Regelabweichung proportional ist.

Nun sind Sie aber nicht nur ein intelligenter, sondern auch noch ein vorausschauender Fahrer. Sie registrieren – wie der Rudergänger aus Abschn. 1.2, der den Ruderdruck fühlt, der den Kurs *ändern* will – die *Änderung* der Geschwindigkeit, also die Beschleunigung. Geht es bergab, werden sie schneller schneller, geht es bergauf, werden sie langsamer schneller. Das sind die „D -Regler", deren Signal der Änderungsgeschwindigkeit der Regelabweichung entspricht (das nennt man „differenzierend", daher das „D").

Und da auch hier aller guten Dinge drei sind, gibt es noch den „I -Regler". Dieser Reglertyp berücksichtigt nicht die Abweichung vom Sollwert („P-Regler") und nicht die Änderung der Abweichung („D-Regler"), sondern er summiert die Regelabweichungen auf. Man nennt ihn „integrierend". Er ist ein genauer, aber langsamer Regler. Die drei kann man beliebig mixen, und die Krönung des Ganzen ist der „PID-Regler" . Diese 3 Arten von Systemverhalten hatten wir ja schon im Abschn. 3.3 ausführlich besprochen. Na gut, das sind technische Einzelheiten. Näheres kann man bei Oppelt oder in anderen Regelungstechnik-Büchern nachlesen.

Doch wie verhalten sich nun Systeme mit diesen verschiedenen Arten von Rückkopplung?

Warum stürzte die *Tacoma Narrows Bridge* ein?

Nehmen wir ein Beispiel aus meinem Physikbuch „$E = mc^2$", einen Fall von Resonanz: Er ereignete sich 1940 im US-Bundesstaat Washington an einer gerade fertiggestellten Hängebrücke über eine Meerenge namens *Tacoma Narrows.* Die *Tacoma Narrows Bridge* besaß wegen ihrer schlanken Konstruktion eine niedrige Steifigkeit und ein niedriges Gewicht. Zusätzlich hatte die Fahrbahn eine aerodynamisch ungünstige Form, und das machte die Brücke sehr windempfindlich. Schon bei leichtem Wind bildeten sich hinter dem Fahrbahnträger Windwirbel, die sich mit annähernd der Eigenfrequenz der Brücke ablösten. Dadurch geriet die Brücke in Resonanz und bewegte sich nicht nur in seitlicher Richtung, sondern zeigte auch wellenartige Bewegungen ihres Decks in Längsrichtung. Wegen dieses vertikalen Auf- und Abschwingens der Fahrbahn erhielt sie bald den Spitznamen *„Galloping Gertie".* Sie wurde zum Touristenmagneten, geriet aber auch unter die Beobachtung von Ingenieuren der *University of Washington,* die dort Filmkameras installierten. Deswegen ist die Katastrophe vom 7. November 1940 gut dokumentiert. Bei Windstärke 8 (62–74 km/h) bauten sich zusätzliche Torsionsschwingungen auf, die die Physiker als „selbsterregte Schwingungen" kennen (wir kommen noch darauf). Sie erfordern keine

Anregung mit einer bestimmten Frequenz. Sie sind durch eine konstante Energiequelle (hier: der Wind) gekennzeichnet, aus der das System im Takt seiner Eigenschwingung Energie entnimmt und sich sogar „hochschaukeln" kann. So geschah es auch bei der Brücke: Der sich verwindende Fahrbahnträger konnte durch seine sich ändernde Stellung im Wind diesem immer weiter Energie zur Verstärkung der Schwingung entnehmen, völlig unabhängig von der Frequenz der Windwirbel. Nach einer dreiviertel Stunde beeindruckenden Geschaukels rissen die Seile der Hängebrücke und die Fahrbahn stürzte mit zwei verlassenen Autos und einem Hund ins Wasser. Denn „aufschaukeln", das wissen Sie inzwischen, ist nichts anderes als positive Rückkopplung.

So können „harmlose" selbsterregte Schwingungen, die ich Ihnen in Kap. 6 noch genauer vorstellen werde, zu „normalen Katastrophen" (wie Charles Perrow es nannte) werden.

5.2 Dynamik und Stabilität eines Regelkreises

Aber auch stabile Systeme können „ausreißen", wie wir in Abschn. 4.3 gesehen haben – also solche mit negativer Rückkopplung. Ein dynamisches System kann stabil sein, muss es aber nicht. Was unterscheidet den einen Zustand von dem anderen? Wie gehen sie ineinander über? Nehmen wir auch hier wieder ein Beispiel aus dem täglichen Leben.

Fahr'n, fahr'n, fahr'n auf der Autobahn

Nehmen wir an, Sie fahren auf einer fast leeren Autobahn (ein unrealistisches Beispiel, ich weiß). Und zwar der Straßenverkehrsordnung folgend auf der rechten Fahrspur. Plötzlich kommt ein Schild, dass Sie auf die linke Spur wechseln sollen (eine „Sollwertänderung", sagt der Regelungstechnik-Fachmann). Sie sind gerade mit dem Radio beschäftigt und sehen es nur aus den Augenwinkeln. „Muss ich nach links?" fragen Sie Ihren Beifahrer. „Ja! Und zwar ab dahinten vor hundert Metern!" („Totzeit" t_T nennen die Regelungstechnik-Fachleute diese Ihre Reaktionszeit, wie Sie schon aus Abschn. 3.3 wissen.) „Oh!" sagen Sie. Aber Sie sind ja nicht Harry Potter. „Ich kann ja nicht hexen!" sagen Sie und ziehen nach links. Allmählich, und Sie halten sich immer ein klein wenig rechts von der Mitte der linken Spur, um der Leitplanke nicht zu nahe zu kommen. Damit folgen Sie Übergang 1 in Abb. 5.1.

Wenn Sie nicht so ein ruhiger, sondern ein (wie drücke ich es höflich aus?) reaktionsschneller Fahrer sind, werden Sie Übergang 2 folgen. Sie werden schneller nach links ziehen, dabei der linken Leitplanke zu nahe kommen,

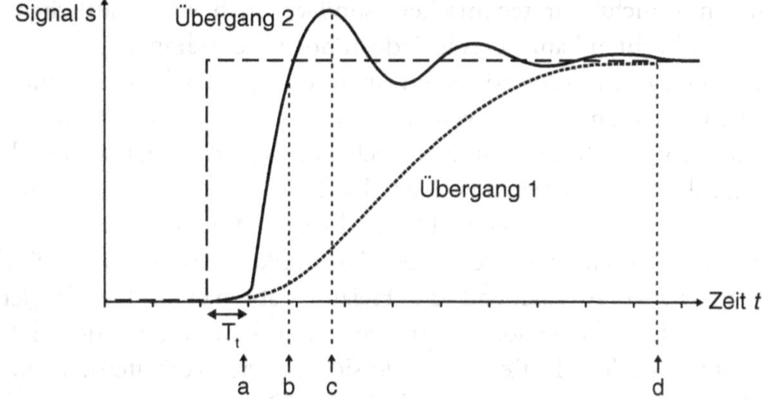

Abb. 5.1 Zwei typische Übergänge („Einschwingvorgänge")

gegensteuern und dabei etwas zu weit nach rechts geraten und sich schließlich auf die Mitte der linken Fahrspur einpendeln. Aber wenn Sie ehrlich sind, führen Sie *immer* eine kleine Schwingung um den Sollwert aus, und seien es auch nur ein paar Zentimeter (Ihre „Regelgenauigkeit"). Wenn Sie allerdings hypernervös und hibbelig sind, kann sich trotz aller Ihrer Mühen selbst bei negativer Rückkopplung die Schwingung aufschaukeln (der Rudergänger im Abschn. 1.2 fährt die in Seemannskreisen so drastisch bezeichneten „Pissbögen"). Vor allem – wie dort geschildert –, wenn das System träge ist, also eine große Totzeit besitzt. Wobei wir umgekehrt schließen können: je größer die Totzeit, desto größer das Risiko für aufschaukelndes Verhalten (trotz negativer Rückkopplung!). Und nun denken Sie daran: In manchen natürlichen Systemen (zum Beispiel unserem Klima) beträgt die Totzeit *Jahre.*

Das zeitliche Verhalten eines Regelkreises

Ein weiteres Beispiel: Nehmen wir an, Sie verstellen die gewünschte Temperatur (den Sollwert) Ihrer Heizung sprungartig von 23 °C auf 24 °C. Wie wird die Raumtemperatur darauf reagieren (der Istwert)? Einzig richtige Antwort: „Es kommt darauf an!" Denn sie kann nicht nur in den zwei extremen Formen der Abb. 5.1 reagieren, sondern auch noch in ähnlichen Zwischenformen. Der gestrichelte Verlauf soll den Sollwert-Sprung darstellen. Welche Reaktion wird das System zeigen? Folgt es „Übergang 1" und kriecht langsam an die neue Temperatur heran? Oder sieht es aus wie in „Übergang 2", wo die Heizung offensichtlich so stark und schnell reagiert, dass es einen kurzen Augenblick zu warm wird und wieder gegengesteuert werden muss? Eine „nervöse" Heizung, die sich erst langsam auf den neuen Sollwert einschwingt. Ein durchaus typischer Verlauf, den man in vielen

Regelkreisen – nicht nur technischen, sondern auch wirtschaftlichen oder sozialen – beobachten kann. Das ist jedoch noch nicht dramatisch.

Diesem Gedanken folgend nennt man diese Charakteristik auch das „Einschwingverhalten". Wir werden gleich sehen, dass es auch noch anders laufen kann. Sehen wir uns noch kurz die Abb. 5.1 an der Überschwingungskurve bei Übergang 2 an: Punkt a ist der Zeitpunkt, an dem das System anfängt zu reagieren. Die Fachleute nennen die bis dahin verstrichene Zeit „Totzeit", wie Sie wissen. Am Punkt b würde ein vernünftiger Mensch bereits vorausschauend die Heizung abschalten. Der Regler tut es offensichtlich nicht, sondern erst, wenn der Istwert über den Sollwert hinausgelaufen ist (ein D-Regler würde sich cleverer verhalten). Denn erst bei Punkt c merkt der Regler, was Sache ist. Dann beginnt das Spiel von Neuem, wird aber immer weiter gedämpft. Bei Punkt d hat sich das System beruhigt, die neue Temperatur ist erreicht – ähnlich dem „Übergang 1", bei dem die Heizung an den neuen Wert „herankriecht".

Verändern sich aber bestimmte Parameter im System, dann klingt die Schwingung *nicht* mehr ab. Das System pendelt ständig zwischen zwei Werten. Also ist auch die Stabilität oft eine dynamische und führt nicht zu einem absolut konstanten Wert. In diesem Fall ist die Raumtemperatur einer geregelten Heizung nicht konstant 23,5 °C (wie am Thermostaten eingestellt), sondern sie pendelt zwischen 23 und 24 °C hin und her. Trotzdem ist dies ein stabiles (und überaus einfaches!) System. Danach haben wir (im „eingeschwungenen Zustand") eine typische „Sinusfunktion", wie sie in Abb. 5.2 gezeigt ist. Sie ist ähnlich der ständig pendelnden Gästezahl im „Rossini" (Abschn. 4.2, Abb. 4.1).

Es kann noch schlimmer kommen, wie schon erwähnt: Nicht nur ein *positiv* rückgekoppeltes System ist instabil, es kann auch bei einem *negativ* rückgekoppelten System eine kritische Instabilität auftreten, wenn die Reaktionszeiten zu langsam sind. Die Schwingung bleibt nicht stabil wie in Abb. 5.2, sie klingt auch nicht ab, wie der „Übergang 2" in Abb. 5.1, sie schaukelt sich auf. Sie wird immer stärker. So etwas kennen Leute, die eine träge Fußbodenheizung haben: Man stellt sie höher und erst drei Stunden später ist es wärmer. Dann schaltet der Thermostat zurück, aber die Heizung reagiert ja so langsam – drei Stunden später ist der Raum völlig überheizt. Das ist interessant und lässt sich verallgemeinern: Wenn zwischen Aktion und Reaktion eine zu lange Zeit (besagte „Totzeit") vergeht, ändert sich das Systemverhalten oft dramatisch.

Erinnert Sie das an Abschn. 4.3, den Ausbruch des Chaos? Nicht zu Unrecht! Und im Klimawandel gewinnt das Wort „Totzeit" eine ganz neue

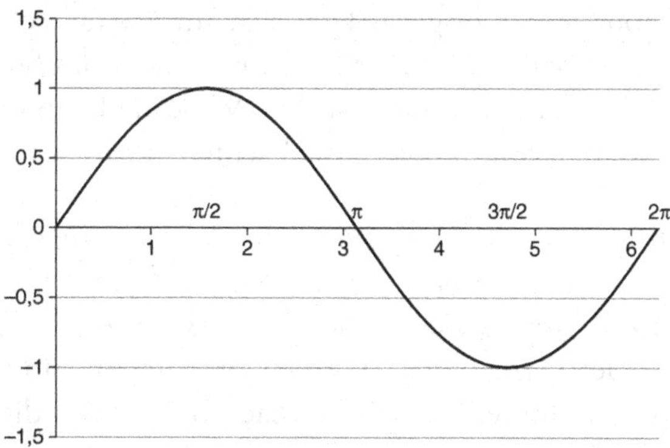

Abb. 5.2 Im „eingeschwungenen Zustand" eine typische „Sinusfunktion"

Bedeutung: Die CO_2-Erhöhung wird der Erde 1000 Jahre erhalten bleiben, obwohl wir sie „schon" im Jahr 2030 reduziert haben wollen.

„Totzeit" ist ein plastischer Begriff

„Totzeit" ist somit nichts anderes als die Reaktionszeit des Reglers. Das kennen wir doch alle: Auf der Autobahn fahren 20 Autos auf dem einzigen von Lkws freien Streifen mit gleichmäßiger Geschwindigkeit hintereinander her. Der erste bremst. Der zweite bremst eine halbe Sekunde später, der dritte wiederum eine halbe Sekunde später. So geht es weiter. Die einzelnen Reaktionszeiten addieren sich so auf, dass die weiter hinten fahrenden immer stärker bremsen müssen und immer langsamer werden. Schließlich ist „aus dem Nichts" ein Stau entstand. Das kann man nicht nur täglich beobachten, man kann es auch exakt auf dem Computer simulieren. Diese Auswirkung der Reaktionszeit ist in der Regeltechnik die „Totzeit". Ein sehr plastischer Begriff, denn wenn der Letzte nicht aufpasst, trifft es auf ihn zu. Wenn in naher Zukunft Autos miteinander kommunizieren können, kann das an der Spitze fahrende Fahrzeug der gesamten Kolonne seinen Bremsvorgang signalisieren und eine gleichmäßige und gleichzeitige Verlangsamung der gesamten Kolonne bewirken. Der „Aufschaukeleffekt" wäre dann verschwunden.

Die „Totzeit" ist die Zeitdifferenz zwischen Eingriff und erster Wirkung. Wenn ein Kinderwagen auf sie zurollt, stoppen Sie ihn sofort. Bei einem Kleinlastwagen dauert es schon etwas länger, bis sie ihn merklich verlangsamt haben. Von einem Güterzug wollen wir gar nicht reden … Davon können die Leute im NASA-Kontrollzentrum ein Lied singen. Eine Raumsonde, die im Labor sofort reagiert, lässt sich im Weltall schlecht steuern. Ist sie lächerliche 150 Mio. km entfernt, dann braucht das Steuerungssignal 8 min, bevor es bei ihr angekommen ist. Die Wirkung kann die Steuerungsmannschaft erst weitere 8 min später beobachten. Dann kann es schon zu spät sein …

Hier kann ich auch noch eine persönliche Anekdote erzählen: Während meines Studiums durfte ich einen Flugsimulator für eine kleine Cessna ausprobieren. Ich musste nur geradeaus fliegen: das Flugzeug waagerecht halten und die Nase gerade. Dazu hatte ich einen projizierten Horizont, an dem ich mich orientieren konnte. Rutschte er nach unten, war die Nase also zu hoch, dann drückte ich die Nase mit dem Steuerknüppel herunter; rutschte die Nase nach unten, zog ich sie hoch. Negative Rückkopplung, wie sich das gehört. Was soll ich Ihnen sagen: Nach einer viertel Stunde konnte ich fliegen. Dann legte der Assistent einen Schalter um und die Reaktionszeit des Systems verzehnfachte sich, es wurde also zehnmal träger. Wohl gemerkt, die negative Rückkopplung änderte sich nicht. Das System reagierte nur wie ein Supertanker, bei dem man hart Ruder legt. Kam die Nase zu hoch, drückte ich sie tiefer, aber nichts passierte. Also drückte ich sie noch tiefer. Dann, viel zu spät, kam die Reaktion, aber viel zu stark. Was soll ich Ihnen sagen: Nach fünf Minuten war ich abgestürzt! Alle anderen allerdings auch, bis auf einen. Er war Segler. Denn wie Sie schon in Abschn. 1.2 gelernt haben: Ein erfahrener Segler reagiert nicht auf die (am Kompass abgelesene) Kursabweichung, sondern auf den (am Ruderdruck gefühlten) Drehimpuls, der zur Kursabweichung führt, aber früher spürbar ist und die Reaktionszeit des Systems verkürzt. Das erhöht die Stabilität, vermindert also die Abweichung vom Sollwert.

Fassen wir zusammen

Dies war ein relativ kurzes Kapitel – und für manche erfreulich kurz, denn mit technischen Einzelheiten haben sie nichts am Hut. Dennoch ist es wichtig, sich einige Eigenschaften eines Regelkreises noch einmal ins Gedächtnis zu rufen. Zum ersten gibt es verschiedene Arten von Regelsystemen, nicht nur einfache „ein/aus“-Schalter, sondern ganz ausgefeilte Kombinationen aus drei Grundtypen: dem „P-Regler“, der ein Signal liefert, das zu der Regelabweichung proportional ist, dem „D-Regler“, dessen Signal der Änderungsgeschwindigkeit der Regelabweichung entspricht, und dem „I-Regler“, der die Regelabweichung aufsummiert.

Wir haben auch gesehen, dass der Einschwingvorgang eines rückgekoppelten Systems ziemlich unterschiedliche Verläufe annehmen kann. Wird der Sollwert geändert, folgt der Istwert entweder langsam und schleichend oder schnell und überschwingend. Vielleicht pendelt er auch ständig in einer kleinen, aber nicht abklingenden Schwingung um den neuen Wert. Oder – schlimmster Fall – die Schwingung wird immer größer und das System „läuft aus dem Ruder". Das alles ist – aufgepasst! – nur abhängig von bestimmten Kenngrößen des Systems, z. B. der Totzeit. Und nicht vom Vorzeichen der Rückkopplung, das weiterhin *negativ* ist – also eigentlich stabilisierend.

Diese Totzeit ist neben anderen Parametern in rückgekoppelten Systemen eine bedeutende Einflussgröße, die auf das Systemverhalten einwirkt. Dies zu erkennen und sinnvoll einzusetzen ist ein wichtiges Steuerungsmittel, um Regelkreise (nicht nur technische) in ihrem Verhalten beeinflussen und kontrollieren zu können. Wie schön wäre es, wenn man bei sozialen, wirtschaftlichen und politischen Systemen den Schalter finden könnte, der wie bei der Cessna das Systemverhalten beeinflusst!

Sie sollten hier nicht zum Experten für Regelungstechnik werden. Ziel dieses Kapitels war es, Ihnen zu zeigen, dass technische Feedback-Prozesse gut untersucht sind, mathematisch gut beschrieben und gut beherrscht werden können. Sonst würden weder Ihr Auto, noch ein Segway oder eine Boeing 747 oder ein AKW funktionieren. Auch kein Autopilot und kein ABS. Gelegentliches Versagen ist kein Beweis für eine prinzipielle Unbeherrschbarkeit – zumindest nicht bis zu einer gewissen Grenze der Komplexität, die Charles Perrow in seinem Buch ausführlich diskutiert.

Genug der Technik, denn sie ist ja weitgehend uninteressant. Hauptsache, wir können uns auf sie verlassen. Und das können wir, zu unserer Beruhigung. Meistens. Nun haben wir eigentlich alles zum Prinzip gesagt, und das Buch könnte hier zu Ende sein. Aber es gibt viele interessante Geschichten in den unterschiedlichsten Bereichen, wo Ihr nun geschultes Auge das Auftauchen der Prinzipien der Rückkopplung beobachten kann. Dort wird es wirklich spannend! Hier allerdings sind wir von einer mathematischen Beschreibbarkeit oder gar Beherrschung meilenweit entfernt.

6

Rückkopplung in der Natur
Das Prinzip des Lebens

Über das Wunder der Natur: die Entstehung von Leben – und damit von komplexen rückgekoppelten Systemen.

Beim Wort „Natur" denken wir natürlich zuerst an die belebte Natur. Natur ist aber auch – und eigentlich zuallererst – „tote" Materie (genauer: unbelebte). Doch auch sie kann zum Leben erwachen – durch Rückkopplung. Alles gehorcht den Gesetzen der Physik. Hier nun finden wir eine Verbindung zum vermutlich mächtigsten Prinzip der Welt, dem die Rückkopplung gewissermaßen untergeordnet ist: der Evolution. Wir finden sie in der Natur, denn die belebte Natur (Gegenstand der Biologie) *und* die unbelebte (Gegenstand der Physik) entstanden dadurch überhaupt erst. Die meisten verbinden mit dem Begriff „Evolution" jedoch das biologische Geschehen. Kein Wunder, dass es die „biologische Kybernetik" als Zweig der Wissenschaft gibt. Sie untersucht die Steuerungs- und Regelungsvorgänge in der Biologie, sowohl in Organismen als auch in Ökosystemen. Und die Natur kennt kaum offene Ketten, bei denen etwas verbraucht wird und am Ende etwas übrig bleibt, sondern überwiegend Kreisläufe. Also warten Sie bitte geduldig auf den Abschn. 6.2.

Schon der große Gelehrte und Naturforscher Alexander von Humboldt betrachtete die Natur als „Netz des Lebens" und schrieb: „In der großen Verkettung der Ursachen und Wirkungen darf kein Stoff, keine Thätigkeit isoliert betrachtet werden". Er warnte als erster Wissenschaftler vor den Folgen des Klimawandels und seinen Auswirkungen auf „kommende Geschlechter". Er erkannte die Phänomene, die verkettet miteinander

J. Beetz, *Feedback*, https://doi.org/10.1007/978-3-662-62890-4_6

zusammenhängen – Abholzung, Artensterben, Bodenerosion, Wassermangel – und sah in der Natur ein zusammenhängendes Gewebe.

Mit der Natur beschäftigen sich (unter anderem) die Naturwissenschaften. Zu den Naturwissenschaften gehört (unter anderem) die Physik. Die Physik untersucht (unter anderem) Körper und Kräfte. Körper sind Ihrer und meiner, aber auch ein Stein, ein Flugzeug, ein Planet oder ein Stern, ein Molekül oder ein Atom. Also mittelgroße, riesige und winzige. Die (im Universum vergleichsweise kleine) Sonne hat die Masse von 300.000 Erden. In einem Schnapsglas Wasser sind so viele Wassermoleküle, dass auf jeden unserer sieben Milliarden Menschen etwa hunderttausend Milliarden Moleküle entfallen. Nicht nur Mengen, auch Kräfte können ebenso riesig und ebenso winzig sein. Diese Größenordnungen können wir uns nicht vorstellen. Ihrem Wesen nach sind physikalische Größen uns meist unerklärlich, zum Beispiel die Anziehungskraft zwischen zwei Körpern, die Gravitation. Wir wissen, dass sie existiert, wir können sie berechnen, aber wir wissen nicht, woher sie kommt. Sie besteht zwischen zwei Eisenkugeln genauso wie zwischen zwei Sternen. Walter Seifritz zeigt in seinem Buch „Wachstum, Rückkopplung und Chaos", dass bereits der Billardspieler neben dem Tisch den Lauf der Kugel durch die Massenanziehung beeinflusst (Profi-Zocker, keine Angst: nur minimal). So bietet schon die Physik ein reiches Untersuchungsfeld für unser Thema der Rückkopplung, zum Beispiel zwischen Körpern und Kräften.

Die Physiker sprechen übrigens von „fundamentalen Wechselwirkungen", den vier Grundkräften der Physik. Mit ihnen beeinflussen sich physikalische Objekte (Körper, Felder, Teilchen, Systeme) gegenseitig. Zwei kennen Sie vermutlich: die Gravitation, also die Massenanziehung, und den Elektromagnetismus. Während die Gravitation nur in *einer* Richtung wirkt (anziehend), kommt bei elektrischen und magnetischen Kräften noch eine zweite Richtung hinzu: Sie können sich anziehen oder sich abstoßen (probieren Sie es mit zwei Magneten aus!). Die anderen beiden Grundkräfte wirken nur im atomaren Bereich, mit dem Sie in der Regel nicht so schön experimentieren können.

Das Prinzip der Rückkopplung gilt natürlich auch in unbelebten Bereichen. Der Hammer wirkt auf den Nagel, aber auch der Nagel auf den Hammer. Das wusste schon Sir Isaak Newton, der 1687 die später nach ihm benannten „Newton'schen Gesetze" formulierte. Das dritte Newton'sche Gesetz (bezeichnenderweise „Wechselwirkungsprinzip" genannt) lautet umgangssprachlich: Zu jeder Kraft gehört eine gleich große Gegenkraft (nebenbei: auch noch in die gleiche Richtung entgegengesetzt wirkend). Wer es nicht glaubt, der schlage mit einem Hammer kräftig auf einen

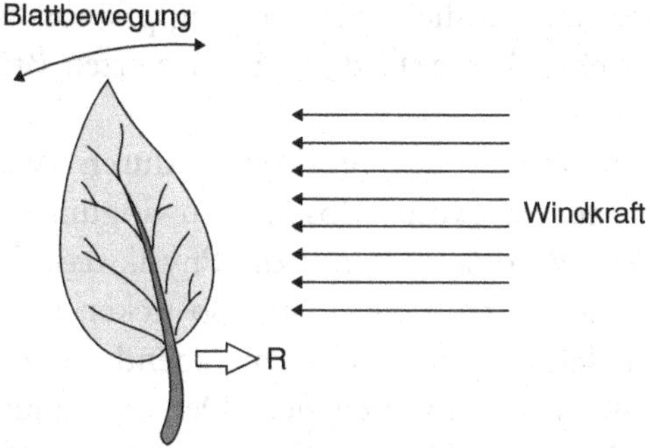

Abb. 6.1 Ein Blatt im Wind – eine „selbsterregte Schwingung"

Amboss. Ich hafte nicht für die Folgen dieser Idee, denn der Hammer springt zurück! Die (wenn auch geringe) elastische Verformung des Eisenklotzes beschleunigt den Hammer entgegen der Schlagrichtung.

Die unbelebte Natur gehorcht vergleichsweise einfachen Gesetzen. Aber natürlich finden wir auch hier – zum Beispiel im Bereich der Physik – viele Fälle von Feedback. Zuvor jedoch ein Beispiel eines einfachen Systems, das „von selbst" etwas Seltsames hervorbringt, gewissermaßen „zum Leben erwacht".

Selbsterregte Schwingungen

Lassen Sie uns zusammen eine geführte Meditation machen: Schließen Sie die Augen und stellen Sie sich Folgendes vor … Ach nein, das führt ja in eine paradoxe Situation, wie sie Watzlawick so schön beschrieben hat. Also *lesen* Sie zuerst folgenden Text und stellen Sie ihn sich *danach* bildlich vor: Ein senkrecht stehendes Blatt wird von einem gleichmäßigen Windstrom angeblasen. Der Wind drückt es in eine Schräglage (Abb. 6.1), bis es dadurch so wenig Windwiderstand bildet, dass die Rückstellkraft R im Stängel und die Windkraft sich gegenseitig ausgleichen. Da das Ganze aber ein dynamisches Geschehen ist und das Blatt eine gewisse Masse hat, wird es durch den Schwung, den es besitzt, über diese Position erst einmal hinaus gedrückt. Dann wird die Rückstellkraft so stark, dass sie den Winddruck überwindet und das Blatt wieder zurückfedern lässt. Auch durch diese dynamische Bewegung läuft es wieder über den Gleichgewichtspunkt hinaus. Dann ist die Rückstellkraft wieder schwächer, und der Winddruck aufgrund der fast senkrechten Stellung des Blattes ist wieder stark. Es entsteht eine schwingende Bewegung um den Gleichgewichtspunkt herum, die man als „selbsterregte Schwingung" bezeichnet. Die Blätter flattern im

Wind, wie wir es kennen. Ähnliche Schwingungsphänomene treten auch an den Seilen von Hängebrücken auf oder gar der ganzen Brücke und können sie zum Einsturz bringen.

Im Watt und in der Wüste entstehen durch Wasser und Wind regelmäßige Wellenmuster „von selbst". Schwingungen verlaufen „von selbst" im Gleichtakt: „Resonanz" nennt die Physik das. Stellt man mehrere Metronome auf eine leicht federnde Platte, so ticken sie nach einiger Zeit im Gleichtakt, denn leicht gekoppelte schwingende Systeme gleicher bzw. fast gleicher Frequenz synchronisieren sich. Der Laie staunt und sucht vergebens nach dem Magier Uri Geller. Denn es ist nur Physik. Männliche Glühwürmchen blinken in der Paarungszeit im Takt, und beim Marathon laufen die Menschen oft im gleichen Takt mit anderen, ohne dass sie es merken – deutlich häufiger, als es dem Zufall entspricht. Selbst im Altersheim schaukeln sie im Takt miteinander, sogar wenn sie auf Schaukelstühlen sitzen, die ganz unterschiedliche natürliche Schwingfrequenzen haben. Eine Art „soziale Resonanz".

Solche selbsterregte Schwingungen treffen Sie öfter an, als es Ihnen auffällt. Aber alle kennen die „akustische Rückkopplung", das gefürchtete schrille Lautsprecherpfeifen. Laien produzieren es gerne bei Konzerten oder Vorträgen, wenn sie Mikrofon und Lautsprecher falsch platzieren. Dann wird das Ausgangssignal vom Lautsprecher zum Eingangssignal am Mikrofon und damit wieder und wieder verstärkt. Aber es ist nicht immer ein Ungeschick: Die Beatles waren angeblich die erste Rockgruppe, die das Audio-Feedback bewusst als Effekt eingesetzt hat.

Bei mir passiert das Gleiche: Ein Solarlämpchen mit Dämmerungsschalter strahlt aus geringer Entfernung das Schlüsselloch meiner Haustür an. Wird es dunkel, geht die Lampe an. Durch das reflektierte Licht und den Rest des Tageslichtes wird es für den Dämmerungsschalter aber zu hell und er schaltet sie wieder ab. Dann fehlt das reflektierte Licht, und dem Dämmerungsschalter wird es zu dunkel – er schaltet die Lampe wieder an. So blinkt sie fröhlich vor sich hin, bis es draußen ganz finster ist. Man könnte es „optische Rückkopplung" nennen. So weit zwei kleine Episoden. Das bevorzugte Argument bei vielen Demonstrationen, die Trillerpfeife, ist ja auch ein schönes Beispiel für selbsterregte Schwingungen. Doch kehren wir zu grundsätzlicheren Fragen zurück.

Natürlich bilden Körper und Kräfte in ihrem Wechselspiel wieder Systeme. Doch wie entstehen überhaupt Systeme?

6.1 Entstehen Systeme „von selbst"?

Aus den altgriechischen Wörtern *autós* ‚selbst' und *poiein* ‚schaffen', ‚bauen' haben die Fachleute einen wunderschönen Begriff zusammengesetzt (wie schon in Abschn. 3.1 erwähnt): „Autopoiese" für die Selbsterschaffung, Selbstorganisation und Selbsterhaltung eines Systems. Mit der Poesie eines schönen Gedichtes hat das also nur entfernt zu tun, obwohl hier dieselben Wortstämme im Namen stecken. *Dass* Systeme „von selbst" entstehen, ist offensichtlich – sonst wären sie ja nicht da (sieht man von Alternativen in Form „höherer Mächte" einmal ab). *Wie* sie entstehen, das begreifen wir erst in Ansätzen. Denn sofort stellt sich die Frage nach ihrem Ursprung.

Entstehung „von selbst", das hört sich nach Spuk und Magie an. Natürlich sind Ursachen und Wirkungen da, zum Beispiel physikalische Kräfte. Und natürlich gibt es Erklärungen, auch wenn sie überraschend oder (im Fall der Entstehung von Leben) noch nicht vollständig bekannt sind. Nehmen wir die selbsterregten Schwingungen aus dem Anfang dieses Kapitels: Kraft, Gewicht und physikalische Gesetze regeln ihr Entstehen. In Abschn. 10.2 über das Universum werden Sie noch spannendere Beispiele kennen lernen. Dass etwas „von selbst" entsteht, dürfte Sie nun nicht mehr wundern. Auch im Regelkreis entstehen Schwingungen „von selbst", einfach durch die Eigenschaft des Systems: die Rückkopplung.

Selbstorganisation heißt ja: Viele eigenständige Systeme (oft einfachster Art, z. B. Moleküle; oft auch lebende Systeme, z. B. der schon erwähnte Schleimpilz) verbinden sich durch Wechselwirkung untereinander zu einem „höheren" Gesamtsystem mit neuen Eigenschaften, Funktionen oder Strukturen. Der Physiker Günter Dedié bringt in seinem Buch ein einfaches Beispiel, das uns allen vertraut ist: Wasser. Neue Eigenschaften und ein höherer Grad von Ordnung bilden sich von selbst, nur durch die „Kraft der Naturgesetze". Wasser gefriert unter 0 °C zu Eis, seine innere Energie (durch die Bewegung der Wassermoleküle) nimmt ab, seine innere Ordnung nimmt zu (im Eis sind die Wassermoleküle nicht mehr frei beweglich). Das Eis hat neue Eigenschaften und eine Struktur, die das flüssige Wasser – die einzelnen Wassermoleküle ohne ihren Zusammenschluss – nicht hatte. Wird Energie zugeführt (in Form von Wärme), löst sich das „Gesamtsystem" (das Eis) auf und die Ordnung nimmt wieder ab.

Wer war der Erste?

Es ist nicht ganz einfach, in manchen langzeitlichen dynamischen Entwicklungen den richtigen Blickwinkel zu behalten. „Eva kam aus Afrika", nennt der Evolutionsbiologe Josef H. Reichholf ein Kapitel seines Buches „Das Rätsel der Menschwerdung“. Schon der Untertitel „Die Entstehung des Menschen im Wechselspiel der Natur“ ist Programm. *Wechselspiel,* das ist ja unser Thema. Der erste Mensch muss eine Frau gewesen sein, sonst hätte er/sie ja keine Nachkommen geboren. Aber wer hat sie dann geschwängert, wenn nicht ein Mensch?! Welch ein Wunder auch, dass die Bienen zu genau den Pflanzen finden, die sich nur durch ihre Bestäubung vermehren! Wie sind die *ersten* dieser Pflanzen denn ohne Bestäubung entstanden? Vor ähnlichen Problemen steht jemand, der daran denkt, dass sich Zellen durch Teilung von Zellen vermehren. Woraus aber entstand die *erste* Zelle?

Sie merken, mit einfacher fundamentalistischer Logik kommen wir hier nicht weiter. Wir landen sofort in der „Erst das Ei oder erst die Henne?“-Sackgasse, über die wir im Kap. 2 nachgedacht haben. Die obigen Fragen zeugen von einem vereinfachten statischen Bild: *der* Mensch, *die* Pflanze, *die* Biene, *die* Zelle, *das* Huhn. Wir vergessen die schrittweise Veränderung und damit letztlich die Entwicklung der Arten. Das Huhn ist ein Nachfahre des Urvogels (*Archaeopteryx* genannt). Das aber war ein Reptil – und die schon legten Eier. Auch das komplexe Wechselspiel *zwischen* den Arten muss beachtet werden. „Koevolution“ (wie Koedukation, die gemeinsame Erziehung von Jungen und Mädchen) ist der evolutionäre Prozess, in dem zwei stark miteinander in Beziehung stehende Arten sich einander anpassen. Das erstreckt sich über sehr lange Zeiträume in der Stammesgeschichte beider Arten. Räuber und Beute sind klassische Paare, der sprichwörtliche Fuchs und der Hase. Parasiten und ihre Wirte, wie die Kopfläuse und der Mensch. Symbiotische Verhältnisse, bei denen beide Arten profitieren, wie Biene und Blütenpflanze. „Symbiose“ ist der Fachausdruck (immer die Fachleute mit ihren Fachausdrücken!) für das Zusammenleben (das ist auch die wörtliche Bedeutung dieses Fremdwortes) zu beiderseitigem Nutzen. Alles das sind Fälle von „Autopoiese“ – das Entstehen von symbiotischen Systemen durch Koevolution. Der Begriff „Autopoiese“ bezeichnet also das Phänomen der emergenten Selbstorganisation. Die chilenischen Neurobiologen Humberto Maturana und Francisco Varela haben übrigens über die biologischen Wurzeln des Erkennens ein Buch geschrieben und dort ein wunderbar kurzes Rückkopplungsprinzip formuliert: „Jedes Tun ist Erkennen, und jedes Erkennen ist Tun.“

Keine Panik bei der Botanik

In der Biologie finden wir zahllose Beispiele von Selbstorganisation. Ein Beispiel: Das Wissenschaftsgebiet der „Bionik“ versucht, biologische Prinzipien auf die Technik zu übertragen. Der Botaniker Wilhelm Barthlott setzt seit

1970 die Raster-Elektronenmikroskopie zur Erforschung pflanzlicher Oberflächen ein und kann damit Strukturen in der Größenordnung von ca. 1 nm (ein Millionstel Millimeter, ein 500 Mal größerer Vergrößerungsfaktor als bei der Lichtmikroskopie) darstellen. Er und seine Mitautoren beschreiben die Entstehung von dünnen Wachshäutchen auf Blattoberflächen, über die ständig kleinste Mengen Wasser verdunsten:[1]

> „Bei diesem Verdunstungsprozess werden Wachsmoleküle mit an die Oberfläche gerissen und dort abgelagert. Sind diese an der Oberfläche angelangt, finden dort faszinierende Prozesse statt. Die Wachse bilden zunächst geschlossene Schichten, in denen die Moleküle geordnet in Reihen nebeneinanderstehen. Wie auf einen scheinbar magischen Befehl hin beginnen sie, an einigen Stellen in die Höhe zu wachsen. Dabei bilden die Wachse hochkomplexe dreidimensionale Strukturen aus: Röhrchen, Schuppen, quer geriefte Stäbchen, dreikantige Stäbchen, Fäden und vieles mehr. Ihre Größe variiert vom Nanometer- bis in den Mikrometerbereich hinein. […] Lange Zeit wusste man nicht, wie diese Strukturen zustande kommen. Erst als gezeigt werden konnte, dass es sich um organische Kristalle handelt, die durch Selbstorganisation entstehen, war die Herkunft der Strukturen geklärt. Tatsächlich ist hauptsächlich die chemische Zusammensetzung der Wachse für die komplexe Form der Kristalle verantwortlich."

Also: Komplexe Strukturen entstehen „von selbst" aufgrund vorgegebener (in diesem Fall chemischer) Naturgesetze. Ähnlich ist es bei den Schneekristallen, die immer sechsstrahlig sind – sternförmig oder sechseckig. Temperatur und Luftfeuchte sind die Einflussgrößen, und kleinste Schwankungen in ihnen beeinflussen die Struktur der Schneeflocken. Alle Schneeflocken sind unterschiedlich, denn sie enthalten etwa eine Milliarde Milliarden (10^{18}) Wassermoleküle. Viele Schneeflocken sind „selbstähnlich" – ihre Einzelteile weisen die gleichen Strukturen auf wie die gesamte Flocke. Der winzige molekulare Kristallisationskern hat eine sechseckige Struktur, an der sich durch die physikalischen Gesetze meist wiederum sechseckige Strukturen bilden. Ein Schneeforscher in Kalifornien, Kenneth G. Libbrecht, nennt das Wachstumsprinzip *self-assembly* (Selbst-Zusammenbau). Na bitte!

Soziale Systeme entstehen aus dem Nichts

Na ja, nicht „aus dem Nichts". Etwas muss schon da sein: Individuen, die miteinander in Beziehung treten können. Der Soziologe Niklas Luhmann

[1] Barthlott W, Cerman Z, Nieder J (2005).

arbeitete auf dem Gebiet der „soziologischen Systemtheorie". Er hat diese Prozesse ausführlich analysiert. Natürlich kann man seine komplexe und ausgefeilte Theorie nicht in einem Satz zusammenfassen. Wie schon in Abschn. 3.2 erwähnt wird aus fünf Menschen im australischen *Outback* ein System, wenn sie anfangen, über Funk oder Telefon miteinander zu kommunizieren. Bei allen sozialen Systemen ist aber aktives Handeln von (lebenden) Subjekten mit einem Nervensystem erforderlich. Das werden wir im nächsten Kapitel ausführlich betrachten.

Machen wir uns nichts vor: Das ganze Universum ist ein Beispiel dafür, dass Systeme „von allein" entstehen. *Wie* das passiert, ist auch klar: durch Ungleichmäßigkeit. Wären in der anfangs vorhandenen Materiewolke (sagen wir mal: Wasserstoff, obwohl das nicht ganz richtig ist) alle Atome völlig gleichmäßig in exakt gleichen Abständen verteilt gewesen, wäre nichts passiert. (Das vermutet man, denn niemand war dabei). Durch kleine Unregelmäßigkeiten („Fluktuationen") kamen Gravitationskräfte ins Spiel. Sie sorgten dafür, dass sich Atome zu Molekülen und Moleküle zu zusammenhängender Materie verbanden. So entstanden Sterne und Galaxien (wie wir im Abschn. 10.2 noch sehen werden). Sie begannen auch noch, „von selbst" zu rotieren, ebenfalls durch kleine Unregelmäßigkeiten. *Woraus* alles entstand, ist nicht geklärt. Der Kosmologe Lawrence M. Krauss vermutet: aus dem Nichts.

6.2 Das mächtigste Konzept der Welt

Rückkopplung ist die treibende Kraft der meisten Prozesse, und man könnte sie für das mächtigste Konzept der Welt halten. Doch sie ist nur ein Bestandteil eines noch viel mächtigeren Mechanismus. Wenn sie also nur das *zweit*mächtigste Konzept der Welt ist, welches Prinzip ist dann *noch* beherrschender? Richtig: die Evolution. Sie hat Sie und mich, den Menschen als Spezies, das Leben insgesamt und überhaupt *alles* „von selbst" hervorgebracht. Denn Evolution ist nicht nur die biologische, die „Veränderung der vererbbaren Merkmale einer Population von Lebewesen von Generation zu Generation" (wie es Wikipedia® formuliert). Auch ihre Vorläufer, die physikalische und chemische Evolution, gehorchen (fast) denselben Prinzipien.

Was ist „Leben" überhaupt?

Wie so oft bei grundsätzlichen Fragen ist es wichtig (und schwierig) festzustellen, *worüber* man denn redet. Was *ist* „Leben" überhaupt? Was sind die Kennzeichen des Lebens?

Leben, so könnte man sagen (wenn man nur knapp an einem Kalauer vorbeischrammen will), ist das, was Lebewesen tun. Na gut, versuchen wir es so: Was kennzeichnet Lebewesen und was tun sie? Ihr erstes Kennzeichen ist, dass sie Einzelwesen sind (Individuen, wörtlich ‚Unteilbare'), also von der Umwelt abgegrenzte Einheiten, die wir Körper (im weitesten Sinne) nennen. Jedes Lebewesen hat einen Körper. Zum Aufbau und zur Aufrechterhaltung dieses Körpers besitzen sie einen Stoffwechsel, das heißt, sie nehmen Energie aus der Umwelt auf. Und Stoffe, bei deren Verwandlung (dem Stoff*wechsel*) andere benötigte Stoffe oder wieder Energie entstehen. Daher wachsen sie und entwickeln sich. Sie nehmen Reize aus ihrer Umwelt auf (Informationen) und reagieren darauf. Sie stehen in Wechselwirkung mit ihrer Umwelt. Kennzeichnend für Lebewesen ist auch die Fähigkeit zur Selbstorganisation und zur Regelung ihrer Prozesse (unser Thema!). Neben dem Stoffwechsel und der Selbstorganisation darf aber das wichtigste Merkmal nicht vergessen werden: Lebewesen können sich fortpflanzen und sich vermehren. Sie sind in der Lage, aus sich heraus nahezu identische Kopien herzustellen. Will man es auf drei Schlagworte herunterbrechen, so kann man sagen: Leben ist Stoffwechsel, Selbstregulierung und Fortpflanzung (Selbstreproduktion). Nebenbei: Die einfachsten Lebewesen sind an der Grenze zur „toten" Materie angesiedelt – Viren, die keine eigenständige Fortpflanzung und keinen eigenen Stoffwechsel verfügen (sie sind auf den Stoffwechsel einer Wirtszelle angewiesen). Manche sagen daher: Ein Virus ist *nicht* lebendig.

Die drei einfachen Gesetze der Evolution

Evolutionäres Geschehen ist schwierig zu beschreiben. Nicht, weil die Grundlagen so kompliziert wären – im Gegenteil. Drei einfache Prinzipien, die Gesetze der Evolution, liegen ihm zugrunde: Vererbung, Mutation, Selektion – Prozesse, die wir noch kurz behandeln werden. Aber unsere menschliche Sprache ist ein Hindernis, denn sie wird beherrscht von *uns*, handelnden oder erleidenden („behandelten") Subjekten. Wir tun etwas (aktiv) oder etwas wird mit uns getan (passiv). Und das Tun wird geleitet von bewusstem oder unbewusstem Ziel und Zweck, einer Absicht. Wir tun dies oder das, *um zu* etwas zu gelangen. Wir handeln zweckmäßig oder sinnvoll. Weil wir so leben, drücken wir uns auch sprachlich so aus. Der Philosoph nennt das „teleologisch", auf ein Ziel hin gerichtet (altgriechisch *télos* ‚Zweck', ‚Ziel', ‚Ende').

Die Evolution aber hat kein Ziel (denn wer sollte es setzen?!). Sie ist „zwecklos", im Sinn des Wortes. Sie läuft fast mechanisch ab. Der scheinbar so offensichtliche Zweck der Evolution erscheint uns nur deswegen als solcher, weil alle zwecklosen (weil unangepassten und daher nicht überlebenden) Mutationen verschwunden sind. Denn wie sollte denn eine vermutete Ursache (der Zweck) aus der Zukunft in die Vergangenheit (dem Entstehen der Mutation) wirken?

Ein Beispiel soll erhellen, wie ich das meine: In der Biologie (in der physikalischen oder kulturellen Evolution gilt Ähnliches) hat ein Organismus Nachkommen, die wiederum Nachkommen mit (fast) gleichen Eigenschaften hervorbringen (Vererbung). Die Nachkommen sind mit dem Original (den Eltern oder dem Elternteil bei ungeschlechtlicher Fortpflanzung) nicht identisch wie eine perfekte Fotokopie. Sie weisen mehr oder weniger starke Abweichungen (Mutationen) auf, die manchmal unscheinbar, manchmal extrem deutlich sind. Sie entstehen zufällig durch Einwirkungen der Umwelt (hier „riecht" es schon wieder nach Rückkopplung). Und natürlich – und hauptsächlich – durch die Neukombination von Genen bei der geschlechtlichen Fortpflanzung. Über viele – manchmal mehr als Tausende – von Generationen (Tage bei Bakterien bis zu Jahrmillionen bei Reptilien) kann etwas völlig anderes entstehen. Einzeller werden zu Mehrzellern, Fische zu Reptilien. Nun kommt die entscheidende Frage: Passen die (leicht oder deutlich) veränderten Individuen besser oder schlechter in die vorhandene Umwelt als ihre Artgenossen? Haben sie bessere Chancen, sich fortzupflanzen (zum Beispiel bei ihren Geschlechtspartnern)? Und, da es immer nach Rückkopplung riecht, *verändern* sie vielleicht sogar ihre Umwelt, an deren Veränderung sie sich angepasst haben? Das wird in Abschn. 11.1 zur Sprache kommen.

Einen fehlenden Zweck oder Sinn der Evolution erkennt man auch an ihrem „Mangel an Voraussicht". Der Evolutionsbiologe Rupert Riedl nennt das auch „evolutionären Pfusch" und illustriert es mit folgenden Worten:

> „Unsere frühen Vorfahren wurden in Torpedoform entworfen. Sobald das Produkt ordentlich schwamm, ist es aufs Land gekrabbelt und wurde zur Brückenkonstruktion hinübergebastelt, und sobald die Torpedobrücke wiederum flott lief und kletterte, wurde sie auf zwei der Brückenpfeiler aufgestellt. Und nun marschieren wir als Torpedo-Brücken-Turm herum. Zudem überkreuzen sich Atem- und Speisewege, die Geburt muss durch den einzigen nicht erweiterbaren Knochenring, und der Film im Auge ist und bleibt verkehrt eingelegt."

Das augenscheinliche Fehlen eines von außen gegebenen Sinns des Universums und der Evolution darf man nicht in den falschen Hals bekommen, wie zum Beispiel manche Kritiker des Buches von Franz M. Wuketits. Im

Gegenteil, man muss über seinen Buchtitel nachdenken und ein „Sinnvolles Leben in einer sinnlosen Welt" selbst suchen und finden – und den meisten Menschen gelingt dies auch gut, ob sie es wissen oder nicht. Denn stellen Sie sich vor, der Sinn des Lebens wäre von außen vorgegeben, und Sie wären damit nicht einverstanden!

Nur mal was Grundsätzliches ...

Vielleicht sollte man erstmal einen kleinen Klassenausflug in die Biologie unternehmen (alles ohne Anspruch auf Details). Das Erbgut eines Lebewesens, also die Gesamtheit der materiellen Träger der vererbbaren Informationen einer Zelle, wird „Genom" genannt. Es besteht aus einzelnen Chromosomen (wörtlich ‚Farbkörperchen'), von denen immer zwei X-förmig zusammenhängen. Das sind die Chromosomenpaare. Jedes Chromosom besteht aus einem einzigen Riesenmolekül, der DNS (das Biomolekül „Desoxyribonukleinsäure", engl. Abkürzung DNA). Die DNS sieht wie eine Strickleiter aus, wobei die Sprossen aus je zwei kleineren Molekülen bestehen. Die Biologen kürzen sie einfach mit vier Buchstaben ab: A, C, G und T. Da die Strickleiter (die „Doppelhelix ") sehr lang ist, gibt es eine riesige bunt gemischte Abfolge dieser Buchstaben. Sie wird „von der Natur als Bauplan gelesen", wie man umgangssprachlich sagt. Es ist praktisch ein langer Textbandwurm, so wie dieses Buch. Die Gene, von denen man immer spricht, sind nichts anderes als die Sätze in diesem Textbandwurm. Sie werden wie die Sätze einer Sprache durch eine Interpunktion voneinander getrennt (wie der Punkt am Ende dieses Satzes). Und die von so vielen gefürchtete Gentechnik beschäftigt sich mit der Manipulation dieser Erbinformation.

Bei jeder Zellteilung wird die DNS kopiert, nämlich zuerst der Länge nach auseinandergerissen. An die zwei Leiterhälften wird das fehlende Teil neu angebaut. Da sich bestimmte Buchstaben in den Sprossen nur mit bestimmten anderen verbinden, entsteht eine (fast) exakte Kopie: *zwei* Strickleitern (DNS). Dabei können sich kleine Kopierfehler einschleichen – eine Mutation. Weitere Mutationen des Erbgutes entstehen auch durch radioaktive Strahlen, die einzelne Moleküle oder Teile zerbrechen. Das Ganze bildet also eine Hierarchie: Genom – Chromosom – DNS – Gen.

Der Weg ist das Ziel

Uralte Weisheitstraditionen aus dem fernen Osten berichten uns von einer Geschichte: Ein Wanderer trifft einen Weisen, der mit einem Gehstock bedächtig seines Weges geht. „Wohin gehst du?" fragt der Wanderer. „Nach Westen", erklärt der Weise. Der Wanderer, ein Mann, der sich für klug und belesen hält, erwidert: „Westen ist kein Ort, zu dem man gehen kann. Es ist eine Richtung, aber kein Ziel!" „Ich genieße den Anblick des Sonnenuntergangs", antwortet der Weise, „denn der Weg ist das Ziel." Eine Geschichte, die perfekt auf das „Verhalten" der Evolution passt, denn auch sie hat kein Ziel, wohl aber eine Richtung. Vom Unangepassten zum Angepassten, vom Einfachen zum Komplexen und vom Uniformen zum Differenzierten. Rückentwicklungen sind ausgeschlossen: Wir werden nicht wieder zum Fisch. Rückbildungen aber nicht: „Benutze es oder verliere es" (*use it or lose it*), das ist die Devise. Der Grottenolm braucht seine Augen nicht. Der Strauß kann nicht mehr fliegen.

Die chilenischen Neurobiologen Humberto Maturana und Francisco Varela nennen diese ziellose, aber gerichtete Entwicklung „das natürliche Driften". Ein schönes Bild – man denkt an den Golfstrom, der auch eine Richtung, aber kein Ziel hat. Er folgt nur den physikalischen Gesetzen und den Bedingungen von außen. Niemand schreibt ihm vor, dass er aus dem Golf von Mexiko nach Europa strömen soll. Es ist nur auf den ersten Blick überraschend, dass etwas eine Richtung hat, aber kein Ziel. Die Zeit zum Beispiel ist eine gerichtete Größe und unumkehrbar, führt aber nirgendwo hin. Wärme fließt vom warmen zum kalten Gegenstand, ein Fluss von der Quelle zur Mündung, genauer: von einem höheren zu einem tieferen Niveau. Die meisten Pflanzen wachsen in Richtung auf die Sonne, aber *sie wollen da nicht hin.* Auch die Wärme, der Fluss und die Zeit haben kein Ziel, das in irgendeiner Form von außen gegeben wäre.

Die Ziellosigkeit wird auch illustriert durch die riesige Anzahl von „Irrwegen", zu denen auch ausgestorbene Vorläufer des heutigen Menschen gehören. Manche sprechen ja von „intelligentem Design", haben einen Designer vor Augen. Der hat aber ziemlich herumgestümpert, wenn ich das mal so sagen darf. 99,9 % aller Arten, die er „geschaffen" hat, sind wieder ausgestorben. Haben wohl nicht so recht gepasst. Man geht davon aus, dass in den letzten 600 Mio. Jahren 5 bis 50 Milliarden Spezies auf der Erde gelebt haben, aber derzeit nur 5 bis 50 Mio. Arten den Planeten bevölkern. Ein Tausendstel! Jedoch nur etwa 4 % starben während der letzten fünf Vorkommen des Massenaussterbens auf der Welt aus. Es scheint, dass die Mehrheit der Arten ohne irgendwelche Anzeichen von signifikanten erdgebundenen oder außerirdischen physischen Bedrohungen verschwand. Schlechte Gene oder einfach Pech? Könnte Darwin gar Unrecht gehabt haben: Kein Versagen der Spezies im Lebenskampf, sondern eine eingebaute Begrenzung der Lebensdauer? Wie bei vielen modernen Industrieprodukten?

Das Überleben der Passendsten

Denn jetzt kommt die Selektion zum Zuge: Hat die Veränderung größere oder kleinere Chancen, sich in der Umwelt durchzusetzen? Da die zufälligen Mutationen genetisch verankert und gespeichert sind, werden sie an die Nachkommen weitergegeben. Die „natürliche Zuchtwahl" selektiert diejenigen, die eine höhere Fortpflanzungs- und Überlebenschance haben. Auch hier lauert schon wieder die menschliche Sprachfalle: *Niemand* „wählt aus" im Hinblick auf irgendein Ziel. Es ist einfach so, dass Hasen mit einem hellen (oder aufgrund einer Mutation gar weißen Fell: normale Tiere mit lediglich saisonal unterdrückter Einlagerung von Melanin in die Haare) in einer Schneelandschaft höhere Überlebenschancen haben, da sie von ihren Fressfeinden nicht so schnell entdeckt werden und weniger Wärme abgeben. Diese Eigenschaft geben sie an ihre Nachkommen weiter, und das Spiel setzt sich mit gleichem Effekt fort. Die hellen Hasen werden mehr, die dunklen weniger. Die perfekte positive Rückkopplung. Nach einigen Generationen sind dann die dunklen verschwunden. „Der Hase hat sich seiner Umwelt angepasst", sagt man fälschlicherweise. Ja, so kann man es verkürzt formulieren, aber der „Herstellungsprozess" der Schneehasen ist eigentlich anders, wie geschildert. Das war ja keine aktive Handlung eines Individuums. Der Hase ging nicht zum Pelzhändler und fragte: „Haben Sie auch etwas in Weiß?" Sein *individuelles* Überleben ist ja nur wichtig, bis er sich fortgepflanzt und seine Jungen aufgezogen hat.

Ein paar einfache Analogien zu der Dynamik der Selektion: Zufällig bekommt einer von zwei Jungvögeln in einem Nest etwas mehr zu essen. Dadurch ist er beim nächsten Mal ein wenig stärker und daher einen Tick schneller und bekommt wieder das größere Stück oder gar die ganze Mahlzeit. Kurz danach ist er so stark, dass er immer gewinnt und der andere im Extremfall verhungert. Zwangsläufige Folge nach dem ersten Zufall. So verdrängen auch Monopolisten oft ihre Konkurrenten vom Markt. Eine andere Analogie: Ein dünner Wasserstrahl fällt auf die Spitze eines Sandkegels. Der Zufall bestimmt, wohin er fließt. Danach ist sein Bett angelegt und wird durch das nachfließende Wasser nur verstärkt. Mit kleinen, zufälligen Abweichungen folgt der Lauf den Gesetzen der Schwerkraft und der Strömungsdynamik. Er kann sich verästeln und verzweigen, in alle Richtungen. Und doch entspringt er einem gemeinsamen Ursprung (daher das Wort).

Evolution ist ein Prozent Zufall und neunundneunzig Prozent Gesetzmäßigkeit. Oder auch *zwei* und *acht*undneunzig. Auf die Zahlen kommt es nicht an (wie will man es auch nachmessen?!). Sagen wir einfach *sehr wenig* Zufall und *sehr viel* Gesetzmäßigkeit. Das sehen wir schon an Wissenschaft und Technik: Ist das Prinzip erst einmal er- oder gefunden, dann explodieren die Anwendungen in zwangsläufiger Folge. Die kleinen zufälligen Unterschiede zwischen den Generationen wachsen über längere Zeiträume nach dem Prinzip der Zinseszinsrechnung. Das gilt für das Feuer und das Rad wie für den Elektromotor und den Laser. Die Regel wird entdeckt – bei der Evolution durch Mutation, also genetische Veränderung geschaffen – und der Rest ist folgerichtige Umsetzung in verschiedenen Ausprägungen und Formen. Das Auge beispielsweise gibt es in x Bauformen: Flachaugen, Pigmentbecheraugen, Grubenaugen, Lochaugen, Linsenaugen und Facettenaugen. Das Prinzip sind lichtempfindliche Sinneszellen – schon bestimmte Einzeller besitzen einen Fotorezeptor zur Hell-Dunkel-Wahrnehmung (z. B. *Euglena,* das „Augentierchen"). Auch wir schleppen entwicklungsgeschichtlich „das dritte Auge" (nicht etwa eine esoterische Spinnerei) mit uns herum. Es ist bei manchen Reptilien noch als „Scheitelauge" zu erkennen und hat ihren Vorfahren (die noch keine echten Augen hatten) Tag und Nacht angezeigt. Bei uns Menschen ist es in die Zirbeldrüse gewandert – und die steuert unseren Schlaf-Wach-Rhythmus!

Die Evolution hat also nie vor der Aufgabe gestanden, aus einem „Buchstabensalat" einen sinnvollen Roman zu machen wie in „Shakespeares Affen" geschildert (eine bekannte Geschichte, die ich in den Abschn. 11.3 verschoben habe). Zufällig entstehen nur Bausteine, Silben oder Wörter sozusagen, aus deren Kombination nach syntaktischen Regeln Sätze gebildet werden. In der Biologie sind solche Grundbausteine zum Beispiel ein Skelett, ein Magen-Darm-Kanal oder eben lichtempfindliche Zellen, die zu allen Arten von Augen zusammengesetzt werden.

Die Evolution ist kein „handelndes Subjekt"

Die Evolution ist also kein „handelndes Subjekt", wie wir es in unserer menschlichen Sprache gerne formulieren. „Die Natur sucht sich die Besten aus" (*survival of the fittest,* Überleben der Passendsten, wie es Charles Darwin in sein Werk „Die Entstehung der Arten" 1859 übernahm) – diese Wortwahl ist mit Vorsicht zu genießen. Darwins Buch erschien übrigens in Deutschland 1860 unter dem Titel „Über die Entstehung der Arten im Thier- und Pflanzen-Reich durch natürliche Züchtung, oder Erhaltung der vervollkommneten Rassen im Kampfe um's Daseyn". (Hübsch formuliert! Damals stand auf den Büchern noch drauf, was drin war.) Ein ziemlich „mechanischer" Vorgang also, den wir in Abschn. 11.5 sogar im Computer simulieren werden. Viele meinen, dass *jede* erfolgreiche Mutation einen Überlebensvorteil für das Individuum bieten muss. Doch das ist nicht so, weder Überlebens- noch Vorteil. Die natürliche Selektion kann auch nur einen Vorteil bei der Auswahl des Fortpflanzungspartners darstellen und nicht beim Überleben, wie uns spätestens der Pfau mit seinem hinderlichen Rad erzählen kann. Die Pfauendamen *lieben* es, und die Männer behindert es beim Fliegen! Allerdings – so schreibt Prof. Reichholf[2] – sind „solche Bildungen, wie das Prachtgefieder der Pfauen und Paradiesvögel oder die Geweihe von Hirschen keineswegs hinderlich und nachteilig. Die Träger dieser Bildungen überleben sogar (viel) besser als die zugehörigen Weibchen, die erhöhter Mortalität durch die Belastung von Eierproduktion, Brüten, Austragen und Versorgen der Jungen unterworfen sind. Das weibliche Geschlecht trägt das Handicap, nicht die prächtigen Männchen!" Und einen Vorteil muss die Mutation (sofern sie sich überhaupt durchsetzt) auch nicht immer bieten, sie darf nur keinen Nachteil darstellen. Dann kann das Individuum bzw. die Spezies in einer Nische trotzdem komfortabel leben. Ein vollendeter Flügel entsteht ja nicht plötzlich (Zack! Da ist er!), sondern über Zwischenstufen, die sogar einen *Nachteil* darstellen können. Solange die Art aber nicht ausstirbt, kann sie auf eine (wieder zufällige) Verbesserung hoffen oder (Rückkopplung!) auf eine sich ändernde Umwelt, die ihr Handicap plötzlich zum Vorteil macht.

Die Evolution ist kein handelndes Subjekt, so wenig wie ein Gen „egoistische" Motive haben kann (obwohl der Evolutionsbiologe Richard Dawkins genau diesen Buchtitel gewählt hat). Weder das Individuum noch die Art „passen sich an" (an die Umwelt). Es ist keine Tat, sondern ein Geschehen. Manchmal hilft es jedoch, zu kreativen Antworten auf verzwickte Fragen zu kommen, wenn man eine solche „Personifizierung" einmal durchspielt. Denn die Frage ist, welches „Ding" bei der natürlichen Selektion denn eigentlich ausgewählt wird. Wäre es das Individuum, dann dürfte es nicht sterben. Wäre es die Art, dann müssten sich Individuen „zum Wohl der Art" opfern. Wäre es das Gen, dann müssten Individuen „zum Wohl der Gene" Verwandte (die fast dieselben Gene haben) beschützen – und genau das ist es, was Dawkins vertritt.

Wie gerade erwähnt, ist ein wichtiges – wenn nicht *das* wichtigste – Element der Selektion nicht das Überleben in der Umwelt, sondern der Erfolg bei der geschlechtlichen Fortpflanzung, die „sexuelle Selektion". Entsprechende selektionsfördernde Merkmale sind oft beim Überlebenskampf eher hinderlich. Sie dienen dazu, das andere Geschlecht anzulocken und Rivalen zu verscheuchen – meist ein Aufwand, den das Männchen tragen muss. Dazu müssen gleichzeitig zwei Veränderungen hervorgerufen

[2] Persönliche Mitteilung an den Autor vom 3. März 2016.

werden. Wie J. Diamond es sehr plastisch formuliert: „Ein Geschlecht muss ein neues Merkmal ausbilden, und das jeweils andere muss Gefallen daran finden. Pavian-Weibchen können es sich kaum leisten, ihre roten Hinterteile emporzurecken, wenn der Anblick Pavian-Männchen bis zur Impotenz abstoßen würde." Das klingt jetzt so, als hätten zwei zufällige, aber gleichzeitige Mutationen zu diesem Verhalten geführt. Ich glaube eher, dass diese Anpassung durch einen positiven Rückkopplungsprozess allmählich entstanden ist und genauso funktioniert hätte, hätte das Weibchen seine Paarungsbereitschaft durch das Hochwerfen einer Kokosnuss signalisiert. Und beide haben es nicht *gemacht, um zu* einem evolutionären Ziel zu gelangen – es ist einfach dabei herausgekommen.

Bezüglich der sexuellen Selektion stellte Charles Darwin eine Theorie auf, die laut Jared Diamond inzwischen durch Tierversuche gut belegt ist. Viele (weitgehend) monogame Lebewesen bevorzugen bei der Partnerwahl Angehörige des gleichen Typs. Diamond schreibt: „Somit wachsen Fidschianer, Hottentotten und Schweden jeweils mit ihren eigenen erlernten, willkürlichen Schönheitsmaßstäben auf, was tendenziell zur Folge hat, dass sich jede Population konform zu diesen Maßstäben entwickelt, da zu sehr von ihnen abweichende Einzelpersonen mehr Schwierigkeiten bei der Partnersuche haben." Denn die Lebewesen (inklusive uns Menschen) werden in frühester Kindheit von den vertrauten Artgenossen unserer direkten Umwelt (einschließlich der Familie) geprägt. Diese „frühkindliche Prägung" legt ja viele unserer Vorlieben fest, wie Konrad Lorenz bewiesen hat. (Graugänse hielten ihn für ihre „Mutter", weil er ihnen nach dem Schlüpfen als erstes begegnete.) Junge Gänse, die Forscher rosa gefärbt hatten, zeigten später eine Vorliebe für rosa gefärbte Partner. So bleiben die charakteristischen Merkmale durch „Selbstverstärkung" erhalten – ein typisches Beispiel für positive Rückkopplung. Das ist *ein* möglicher Faktor in der Erklärung für die geografischen Unterschiede der menschlichen Bevölkerung. Vielleicht wird die Erde in zig Generationen (sofern noch bewohnbar) von einem einheitlichen kaukasisch-asiatisch-afrikanischen Menschentyp bevölkert. Oder, wie Diamond schreibt: „Für den Fall, dass die Menschheit weitere 20.000 Jahre überlebt, prophezeihe ich hiermit, dass es Frauen mit naturgrünem Haar und roten Augen geben wird – und dazu Männer, die auf solche Frauen fliegen."

Das Zweckmäßige eines Organismus entsteht also nicht durch einen „von außen" vorgegebenen Sinn. Es entsteht „von selbst" dadurch, dass durch die Selektion das Unzweckmäßige verschwindet – nach und nach und im statistischen Mittel (Männer mit langen Bärten – wozu? – wird es vielleicht noch lange geben). Etwas Zweckloses kann durchaus bestehen.

Das Unzweckmäßige ist also eher als das Zweckwidrige, also Schädliche, zu verstehen. *Das* ist nicht überlebensfähig.

Auch bezüglich der Geschwindigkeit der Entwicklung gibt es Missverständnisse. Sie ist nicht gleichmäßig, es gibt Sprünge, vornehm „Diskontinuitäten" genannt. Die Physik nennt es „Phasenübergang": der „Sprung" bei 0 °C, bei dem Eis zu Wasser wird. Zwei Beispiele: die „kambrische Explosion" (lt. Wikipedia® „das fast gleichzeitige, erstmalige Vorkommen von Vertretern fast aller heutigen Tierstämme in einem geologisch kurzen Zeitraum von 5 bis 10 Mio. Jahren zu Beginn des Kambriums vor etwa 543 Mio. Jahren") und der Spracherwerb beim Menschen. Es riecht – ohne dass es beweisbar wäre – nach einer plötzlichen Beschleunigung aufgrund positiver Rückkopplungseffekte, deren (Ihnen ja nun bekanntes) explosionsartiges Wachstum dann wieder durch eine Vorzeichenumkehr stabilisiert wurde.

Insbesondere zeigt die Evolution natürlich (aufgrund der positiven Rückkopplung) einen exponentiellen Verlauf. Das hat Eliezer Yudkowsky, ein Blogger und Autodidakt auf dem Gebiet der Computerwissenschaften, in einem Essay sehr anschaulich formuliert:[3]

> Es begann vor dreieinhalb Milliarden Jahren in einem Schlammpfuhl, als ein Molekül eine Kopie von sich selbst machte und so zum ultimativen Vorfahren allen irdischen Lebens wurde. Es begann vor vier Millionen Jahren, als die Gehirnvolumina in der Linie der Hominiden rasch zu steigen begannen.
>
> Vor fünfzigtausend Jahren mit dem Aufstieg des Homo sapiens sapiens.
>
> Vor zehntausend Jahren mit der Erfindung der Zivilisation.
>
> Vor fünfhundert Jahren mit der Erfindung der Druckerpresse.
>
> Vor fünfzig Jahren mit der Erfindung des Computers.
>
> In weniger als dreißig Jahren wird es enden.

[3]Mara Hvistendahl: *Can we stop AI outsmarting humanity?* in *The Guardian* vom 28.03.2019 (https://www.theguardian.com/technology/2019/mar/28/can-we-stop-robots-outsmarting-humanity-artificial-intelligence-singularity).

Der letzte pessimistische Satz bezog sich auf den von ihm gefürchteten Siegeszug der KI, die dann so „intelligent" sei, dass sie die Menschheit beherrschen oder gar vernichten würde. Denn er schreibt:[4]

> Intelligenz ist die Quelle der Technologie. Wenn wir die Technologie nutzen können, um die Intelligenz zu verbessern, schließt sich der Kreis und es entsteht möglicherweise ein positiver Rückkopplungskreislauf. Nehmen wir an, wir erfinden Gehirn-Computer-Schnittstellen, die die menschliche Intelligenz wesentlich verbessern. Was könnten diese erweiterten Menschen mit ihrer verbesserten Intelligenz tun? Nun, unter anderem werden sie wahrscheinlich die nächste Generation von Gehirn-Computer-Schnittstellen entwerfen. Und dann, da sie noch intelligenter sind, kann die nächste Generation die dritte Generation noch besser entwerfen. Auf diesen hypothetischen positiven Rückkopplungszyklus wurde in den 1960er Jahren von I. J. Good, einem berühmten Statistiker, hingewiesen, der ihn die "Intelligenzexplosion" nannte. Der reinste Fall einer Intelligenzexplosion wäre eine künstliche Intelligenz, die ihren eigenen Quellcode neu schreibt.
>
> Nehmen wir also an, Sie haben eine künstliche Intelligenz, die enorm schneller denkt als ein Mensch. Wie wirkt sich das auf unsere Welt aus? Nun, hypothetisch gesehen, löst die KI das Problem der Proteinfaltung. Und dann schickt sie einen DNA-Strang per E-Mail an einen Online-Dienst, der die DNA sequenziert, das Protein synthetisiert und das Protein zurückleitet. Die Proteine setzen sich selbst zu einer biologischen Maschine zusammen, die eine Maschine baut, die eine Maschine baut, und ein paar Tage später verfügt die KI dann über eine vollwertige molekulare Nanotechnologie.

Sintflut in Arizona

Viele sind voller Verwunderung über die Komplexität von Organismen. Wie kann so etwas „von selbst" entstanden sein, in so vielen aneinander angepassten Schritten? Ein einfaches Erklärungsmodell findet man im *Monument Valley* in Arizona, im übertragenen Sinne. Dort sieht man viele Felstürme unterschiedlicher Höhe, die im Laufe der Jahrmillionen ausgewaschen wurden. Stellen Sie sich vor, eine Sintflut bricht herein und

[4]Eliezer S. Yudkowsky: *5-min Singularity Intro* (https://yudkowsky.net/singularity/intro/).

setzt alle Türme unter Wasser – mit Ausnahme des höchsten Punktes. Im Tal leben einfache Tiere, die zu einer Zielplanung nicht in der Lage sind, sondern nur die Richtung „nach oben" kennen. Beim Herannahen der Flut fangen sie an, nach oben zu krabbeln. Doch wie finden sie die höchste Felsspitze, die als einzige nicht versinkt? Antwort: *gar* nicht. Die Wahrscheinlichkeit ist äußerst gering. Die meisten werden ertrinken. Aber bei Millionen von Tieren wird es sicher einige geben, die sich mit ihrer einfachen Taktik auf die höchste Spitze retten konnten. *Sie* pflanzen sich fort. Bingo! So muss es auch auf unserem Planeten gewesen sein, denn über 99 % aller Arten haben es nicht bis ins Jahr 2021 geschafft. Viele Vögel mit noch nicht voll ausgebildeten Flügelstummeln haben sich nicht fortgepflanzt. Sie sind untergegangen. Nicht bei der Sintflut, sondern im übertragenen Sinne: Mutationen, die keine Überlebenschance hatten, sehen wir nicht mehr. Doch die Kinder derer, die es zufällig geschafft haben, die sehen wir heute.

Das Leben ändert die Umwelt ändert das Leben

„Wie das Leben so spielt", sagt man. Und man denkt, die Umwelt sei die Bühne. Weit gefehlt! Eine biologische Art passt sich der Umwelt an – Unsinn! Wenn sie damit fertig ist, ist die Umwelt vielleicht nicht mehr *da*! Stellen Sie sich vor, der Schneehase hat sich mühsam weiß gefärbt, und aufgrund einer Klimaerwärmung (wie heute) ist der Schnee weg! Nein, Umwelt und Art tanzen in einem Regelkreis umeinander, die eine um die andere, die andere um die eine. Mal passt sich die Umwelt schneller an ihre Bewohner an (bzw. wird von ihnen verändert), mal umgekehrt.

Der zweite Irrtum, mit dem wir aufräumen müssen, ist also die Annahme, dass ein Ökosystem immer stabil sein muss. Der Physiker, Philosoph und theoretische Biologe Bernd-Olaf Küppers schreibt:

> „So sind denn auch in einem Ökosystem die Schwankungsdämpfung und die Schwankungsverstärkung von gleichrangiger Bedeutung. Zum Beispiel muss ein vorteilhafter Ordnungszustand vorübergehend stabilisiert werden können. Dies erfolgt durch eine Schwankungsregulation mit negativer Rückkopplung. Andererseits muss das System aber auch Innovationen integrieren können. Dies geschieht durch Verstärkung und Fixierung vorteilhafter Schwankungen mittels positiver Rückkopplung."

Auch die Tendenz der Evolution zu einer immer höheren Entwicklung ist nichts Geheimnisvolles. Denn das Bessere ist der Feind des Guten – und das Gute bleibt im „Kampf ums Dasein" zurück. Die bessere Lösung breitet sich schneller aus – vielleicht auch nur in einer Nische. So entstand das Auge aus einer lichtempfindlichen Körperzelle, die nur hell/dunkel registrierte, aber immerhin ein Vorteil war, da das Lebewesen sich an den Tag-Nacht-Rhythmus anpassen konnte (z. B. mit seiner Körpertemperatur).

So haben *wir* uns gegen den stärkeren und robusteren Neandertaler durchgesetzt![5] Die Umwelt änderte sich nach der letzten Periode, in der weite Savannen und riesige Bestände an Großwild vorherrschten. Es wurde wärmer, Wälder dehnten sich aus, Savannen schrumpften. Plötzlich (in geologischen Zeiträumen) erkannte der Neandertaler, der schon etwa 180.000 Jahre auf dem Buckel hatte: „Oh! Das Großwild ist weg! Ich habe nichts mehr zu essen!" Und starb aus. *Sagen* konnte er es nicht – obwohl er schlau war –, denn sein Kehlkopf saß an der falschen Stelle. Und seine Hauptnahrungsquelle verschwand auch nicht auf geheimnisvolle Weise, *er selbst* futterte vielleicht den letzten Wiederkäuer auf, der in der kargen Graslandschaft noch übrig war. Der *Homo sapiens*, sein „kleiner Bruder", grinste und sagte (sein Kehlkopf saß richtig) zu seinem Kumpel: „Wie gut, dass wir uns auf Mischkost verlegt haben und Samenkörner mahlen können!" Wieder ein schönes Beispiel für die Kraft der *beiden* mächtigsten Prinzipien der Welt, der Rückkopplung und der Evolution.

Eine schöne Geschichte, aber auch nicht mehr. Stellenweise auch nicht exakt, denn nach neuesten Forschungen nahmen Neandertaler natürlich auch pflanzliche Kost zu sich. Auch sprechen Indizien dafür, dass sie physisch in der Lage waren zu sprechen.

Aber über 99 % aller Arten, die jemals bestanden haben, sind ja ausgestorben. Es gibt mindestens fünf große Massenaussterben. Das bunte Bild der Millionen von Arten auf unserer Erde täuscht. Die Evolution ist nicht nur eine „Höherentwicklung", sondern auch – in der absoluten Mehrzahl der Fälle! – ein Weg in die Sackgasse. Die Sammlungen von Fossilien in unseren Museen sind sozusagen der Papierkorb für die unbrauchbaren Modelle. Ob der Mensch längerfristig auch dazu gehört?

Manche Evolutionsbiologen vertreten zwar den Standpunkt: Evolution ist ein asymmetrischer Prozess, denn Lebewesen passen sich ihrer Umwelt an und nicht umgekehrt. Ich bin anderer Meinung – und wir Menschen sind das beste Beispiel dafür. Wir verändern unsere Umwelt dramatisch. Auch der amerikanische Linguist Derek Bickerton sieht das anders, denn

---

[5]Nach neueren Erkenntnissen hat sich der Neandertaler mit dem Homo sapiens gemischt (zumindest teilweise). Von einem echten Aussterben als Art kann also wohl nicht wirklich gesprochen werden. Er steckt noch in unseren Genen!

er schrieb ein Buch mit dem Titel *„Adam's Tongue: How Humans Made Language, How Language Made Humans"* („Adams Sprache: Wie Menschen Sprache machten, wie Sprache Menschen machte'). Er nennt die Evolution *„a constant feedback process"* (einen fortwährenden Rückkopplungsprozess). Na also!

Einige Physiker, zum Beispiel der Quantenphysiker Walter Heitler, haben jedoch andere Vorstellungen: „Dass eine Unmenge von biologischen Prozessen in zielgerichteter Weise verlaufen, ist so offensichtlich, dass es eigentlich keiner Demonstration bedarf." Das schreibt er in seinem Aufsatz „Über die Komplementarität von lebloser und lebender Materie", den man in Küppers' kleiner Sammlung „Leben = Physik + Chemie?" nachlesen kann. Und weiter: „Es dürfte hiermit schlüssig gezeigt sein, dass die physikalischen Gesetze in einem lebenden Organismus nicht absolut gültig sind." Solche Vorstellungen mögen heute veraltet sein, denn inzwischen haben die wissenschaftlichen Erkenntnisse beträchtlich zugenommen (zum Beispiel auf dem Gebiet der Epigenetik). Und ein Wort wie „offensichtlich" oder gar ein Konjunktiv („dürfte") hat eigentlich in den Befunden eines Naturwissenschaftlers nichts zu suchen. Doch Überlegungen dieser Art führen unweigerlich zu der zentralen und bis heute ebenso heiß diskutierten wie ungelösten Frage, wie weit Biologie und speziell Bewusstsein (Denken, Gefühle, inneres Erleben) und Physik (chemisch-physikalische Prozesse) zusammenhängen. Was *ist* Bewusstsein überhaupt? Ist es mehr als die einfachste Form, dass ein Lebewesen „seinen Platz in der Umwelt kennen muss", wie es Küppers formuliert? Wie verschieden sind Geist und Materie? Und was *sind* wiederum geistige Zustände oder inneres Erleben? Sind das Geschehnisse im physischen Gehirn oder in einer nichtphysischen Seele? Was sind Wahrnehmungen (z. B. Riechen), Empfindungen (z. B. Hunger), Gefühle (z. B. Liebe) und Gedanken (z. B. Überzeugungen) für „Zustände"? Zustände des Gehirns, also rein materiell und physikalisch, oder Zustände des Geistes oder der Seele, also meta-physisch? Aber wenn das gesamte Universum – im Größten wie im Kleinsten – nach physikalischen Gesetzen funktioniert, warum sollten ausgerechnet wir Menschen *nicht* davon bestimmt werden?

Sie werden auch nicht von mir erwarten, dass ich Ihnen erkläre, *wie* das Bewusstsein evolutionär entstanden ist, wenn sich die Fachleute noch nicht mal einig sind, *was* es überhaupt *ist.* Nur *dass* es evolutionär entstanden sein muss, scheint mir klar – wie denn sonst, wenn man keine „höheren Mächte" annimmt?!

6.3 Setzt Selbstorganisation „Leben" voraus? Oder umgekehrt?

„Biofeedback" könnte man alle Rückkopplungsprozesse in der Biologie nennen, wäre das nicht schon die Bezeichnung für eine bestimme Methode in der Verhaltenstherapie und bei anderen Behandlungen. (Sie hat auch nichts mit Bioresonanztherapie zu tun). Aber Feedback spielt bei allen biologischen Vorgängen eine wichtige Rolle – und nicht nur bei ihnen. Schon in der Physik (wie gezeigt) und in der Chemie finden wir viele Rückkopplungsvorgänge, also in „toter Materie".

In der Chemie – das nur am Rande – finden wir einen Vorgang namens „Autokatalyse", ein Kunstwort für ‚Selbstauflösung'. Der Katalysator im Auto ist ja nur ein Sonderfall des allgemeinen Begriffs „Katalysator" – in der Chemie ein Stoff, der die Reaktionsgeschwindigkeit einer chemischen Reaktion erhöht, ohne dabei selbst verbraucht zu werden. Wie ein Aufseher in einer Fabrik, der durch seine Anwesenheit die Arbeiter antreibt, ohne selbst tätig zu werden. Bei einer autokatalytischen Reaktion wird der Katalysator bei dem Prozess *erzeugt* – eine positive Rückkopplung, deren Ergebnis Sie ahnen: Die Reaktion läuft immer schneller, da die Menge bzw. Konzentration des Katalysators steigt. Wenn dann die Konzentrationen der Ausgangsstoffe geringer werden, sinkt die Geschwindigkeit wieder. Ergebnis: Die typische „logistische Kurve", die Sie aus Abschn. 4.3 und Abb. 4.1 kennen.

Ähnlichkeit mit einer Art „Autokatalyse" durch positive Rückkopplung hat auch eine Szene im Film *Yellow Submarine* von 1968 nach dem gleichnamigen Album der Beatles. Eine Art Saugkrake wandert über den Meeresboden und saugt mit seinem Rüssel alles auf, was ihm in die Quere kommt – bis er einen seiner eigenen Füße erwischt. Den Rest können Sie sich denken: Es macht *Plopp*!, und er ist verschwunden.

Die Ur-Ursache

Wissenschaftliche Erkenntnisse können nicht ohne grundlegende Annahmen erlangt werden – in vielen Fällen auch nicht ohne wiederholbare Experimente. Solche Experimente sind jedoch im Bereich der bio- und kosmologischen Geschichte schlecht möglich. Deswegen fußt die Evolutionstheorie auf dem Grundsatz, dass die Entstehung und die Geschichte der Welt nichts mit übernatürlichen Dingen zu tun hat. Diese Weltsicht nennt man „Naturalismus". Sie ist weder beweis- noch widerlegbar. Natürlich sind alle generalisierenden Aussagen über die Evolutionstheorie weltanschaulich gefärbt – insbesondere die Vermutungen über offene

Fragen, zum Beispiel die Entstehung der *ersten* Zelle und damit des Lebens überhaupt. Auch das „plötzliche" Auftauchen vieler komplexer Lebewesen in der „kambrischen Explosion" (das Kambrium ist der Zeitraum vor etwa 540 bis 485 Mio. Jahren) ist trotz vieler Theorien noch nicht genau geklärt, genauso wenig wie die Entstehung komplexer Strukturen. Ein Beispiel hierfür ist der „Bakterienrotationsmotor", der die Geißeln („Flagellen" genannt) von Bakterien antreibt und aus über 20 komplexen Bauteilen besteht. Diese können nicht weiter reduziert werden, ohne dass der Motor seine Funktion verliert (ebenso wenig, wie man ein Zahnrad ungestraft aus einer Uhr entfernen kann). Daher gibt es besonders auf diesem Gebiet oft erbitterte weltanschauliche Streitigkeiten. Vielleicht werden wir es eines Tages mit Sicherheit wissen, vielleicht aber auch nicht. Schließlich verdoppelt sich unser biologisches Wissen alle zwei Jahre, wie Fachleute schätzen. Aber die Ur-Ursache – ein Universum aus dem Nichts (wie der Kosmologe Lawrence M. Krauss meint) oder ein ewig lebender Gott – wird wohl nie geklärt werden. Letzteres ist natürlich keine Frage, die wissenschaftlich beantwortet werden kann.

Doch wie kam die Sache in Gang? Es ist ja nicht so, dass durch ein zufälliges Ereignis einfach – schwupp! – eine lebende und vermehrungsfähige Zelle vom Himmel fiel. Die Entwicklung des Lebens ist ein komplexer und lang andauernder Prozess, der sich vermutlich über viele Millionen Jahre hinzog. Man nimmt an, dass er aus mindestens fünf Schritten bestand. Vier davon sind Vorstufen, die man als „chemische Evolution" bezeichnet. Dabei entstanden Moleküle, die Sie vielleicht aus dem Chemieunterricht kennen. Zumindest haben Sie den Namen schon einmal gehört (z. B. Aminosäuren) und wissen, dass der menschliche Körper (und alle anderen auch) sie benötigen.

Im ersten Schritt bilden sich einfache organische Moleküle, zum Beispiel besagte Aminosäuren. Diese einfachen Bausteine verknüpfen sich zu Makromolekülen wie Proteinen oder Nukleinsäuren. Proteine (der Fachausdruck für Eiweiße) sind aus Aminosäuren aufgebaute organische Riesenmoleküle. Nukleinsäuren sind ebenfalls Ketten von Molekülen. Aminosäuren wiederum sind eine ganze Klasse von unterschiedlichsten chemischen Bausteinen (also „normal großen" Molekülen), von denen nur ca. 20 eine Bedeutung für lebende Materie haben. Diese Makromoleküle bilden dann in einem dritten Schritt selbstständige Einheiten, die Zellen *ähneln.* Dann endlich entstehen Strukturen, die sich selbst vervielfältigen und ihre Eigenschaften vererben können – die also *leben.* Das Ganze geht relativ schnell – „relativ" in erdgeschichtlichen Zeiträumen: etwa 10 Mio. Jahre. Natürlich sind alle damit verbundenen Einzelereignisse extrem unwahrscheinlich, so wie ein Jackpot im Lotto. Aber überlegen Sie mal, wie oft Sie in 10 Mio. Jahren schon gewonnen hätten! Und außerdem werden Sie erkennen, dass in dieser Entwicklungskette nur wenige Zufälle stecken. Nur *sie* sind ja den Gesetzen der Wahrscheinlichkeit unterworfen. Die anderen Vorgänge sind durch die physikalischen Naturgesetze festgelegt – das Prinzip der Selbstorganisation.

Molekulare Selbstorganisation – Vorstufe des Lebens

Manfred Eigen ist ein deutscher Biochemiker und Nobelpreisträger für Chemie. Als Direktor am Max-Planck-Institut für biophysikalische Chemie in Göttingen hat er sich unter anderem mit Molekularbiologie und der Entwicklung des Lebens beschäftigt. Er stellt 1971 in einem Papier mit dem Titel „*Selforganization of Matter and the Evolution of Biological Macromolecules*" (‚Selbstorganisation von Materie und die Evolution biologischer Makromoleküle ') die zentrale Frage: „Ist die Biologie durch die Physik – in ihrer gegenwärtigen Form – begründbar?" und antwortet:

> „Die Antwort, sofern sie sich überhaupt in einem Satz zusammenfassen lässt, müsste lauten: Bei den bisher hinreichend untersuchten biologischen Vorgängen und Erscheinungen gibt es keinerlei Hinweise dafür, dass die Physik in ihrer uns bekannten Form nicht dazu in der Lage wäre, wenngleich auch – wie in den makroskopischen Erscheinungen der unbelebten Welt – einer Beschreibung im Detail Grenzen gesetzt sind, die nicht im Grundsätzlichen, sondern allein in der Komplexität der Erscheinungen begründet sind. Ebenso wenig wird damit ausgeschlossen, dass die uns geläufigen wesentlichen Prinzipien der Physik sich in den Lebenserscheinungen in einer besonderen, eben für diese charakteristischen Form äußern."

Der *Spiegel* hat unter der Überschrift „Ei und Henne" (siehe Kap. 2!) über Eigens Vortrag zu diesem Thema berichtet. Danach darf die Frage nach der Entstehung und dem Fortgang der Evolution nicht so gestellt werden, wie sie von der klassischen Naturwissenschaft, der Physik, traditionell formuliert wird: als Frage nach Ursache und Wirkung. Angesichts „lebender Systeme" wird diese klassische Forscher-Frage so sinnlos wie die Frage: „Was war zuerst da, das Ei oder die Henne?" Bei allen Lebensvorgängen sind nach Ansicht Eigens Ursache und Wirkung über ein Rückkopplungssystem untrennbar miteinander verknüpft. Eine Theorie der Evolution könne daher nur darauf zielen, die Gesetze des Wechselspiels zwischen Ursache und Wirkung mathematisch schlüssig zu formulieren.

Damit nimmt der Biochemiker eine wissenschaftlich korrekte Haltung ein: Solange wir nicht eindeutige und belastbare Hinweise auf „unnatürliche“ (das heißt nicht physikalische) Ursachen haben, brauchen wir keine entsprechenden Annahmen zu machen. Vorstufen des Lebens (Nukleinsäuren und Proteine) zeigen miteinander gekoppelte chemische Reaktionen. Die „daraus resultierende Hierarchie von Reaktionszyklen zeigt bereits wesentliche Merkmale eines »lebenden« Systems auf und ist für eine weitere Evolution bis zur lebenden Zelle »offen«.“

Manfred Eigen fährt fort:

> „[Die detaillierte Analyse] bietet keinerlei Anhalt für die Annahme irgendwelcher nur den Lebenserscheinungen eigentümlichen Kräfte oder Wechselwirkungen. Jedes durch Mutation und Selektion erhaltene System ist hinsichtlich seiner individuellen Struktur unbestimmt, trotzdem ist der resultierende Vorgang der Evolution zwangsläufig – also Gesetz. Schließlich zeigt es sich, dass die Entstehung des Lebens an eine Reihe von Eigenschaften geknüpft ist, die sich sämtlich physikalisch eindeutig begründen lassen. Die Vorbedingungen zur Ausbildung dieser Eigenschalten sind vermutlich schrittweise erfüllt worden, so dass der »Ursprung des Lebens« sich ebenso wenig wie die Evolution der Arten als einmalig vollzogener Schöpfungsakt darstellen lässt.“

Eleganter kann man die zugrunde liegenden Rückkopplungsprozesse nicht zusammenfassen. Ja, es ist schwer vorstellbar und kaum zu glauben, dass etwas so Komplexes wie Leben aus reiner Physik und Chemie entstanden sein soll. Es ist aber fast ebenso unvorstellbar, dass Physik und Chemie aus so wenigen einfachen Bausteinen (Materie und naturwissenschaftliche Gesetze) bestehen. Letzteres ist aber erwiesen – vielleicht können wir auch das erstgenannte Phänomen irgendwann einmal nachweisen. Denn die anerkannte Grundlage unseres Denkens ist, dass man die Behauptungen selbst beweisen muss und nicht, dass ihr Gegenteil falsch ist. Man muss also nicht beweisen, dass das Leben *nicht* durch übernatürliche Kräfte geschaffen wurde. Man muss nur belegen, dass es durch eine natürliche Entwicklung entstanden ist.

Bernd-Olaf Küppers befasste sich bei seiner Grundlagenforschung auch mit der Frage nach der Entstehung des Lebens. In seinem Buch „Leben = Physik + Chemie?“ hat er einige Aufsätze bedeutender Physiker zusammengetragen. Aber auch diese Fachleute zerbrechen sich bisher ohne Ergebnis den Kopf, wie diese Frage theoretisch und praktisch zu klären ist.

Bisher haben wir die „geordnete Komplexität" des Lebens nicht zu enträtseln vermocht. Doch es gibt erste Schritte.

Ein Student bastelt Lebensbausteine

Studenten haben oft Unsinn im Kopf. Sie bauen aus Lust und Spielerei komische Sachen zusammen und wundern sich, dass sie funktionieren. Manchmal drehen sie damit am Rad der Geschichte. Zwei Burschen löten in einer Garage Elektronikbauteile zusammen – daraus wurde der Siegeszug des PC. Ein anderer stand 1953 in einem Chemielabor der Universität Chicago. „Und was soll das werden, Stan?" fragte Professor Harold Urey seinen Studenten. Stanley Miller verriet es ihm: „Ich habe Wasser, Methan, Ammoniak, Wasserstoff und Kohlenstoffmonoxid zusammengemischt. Eine absolut giftige und lebensfeindliche Atmosphäre ohne Sauerstoff." „Ja, Stan, die frühe Erdatmosphäre, wie sie vor vier Milliarden Jahren vermutet wird. Die Uratmosphäre. Und »lebensfeindlich« … nicht ganz, Stan. Es ist ja nicht *dein* Leben gemeint mit Sauerstoff, Coke und Football. Leben ist Stoffwechsel, Fortpflanzung, Selbstorganisation, Vererbung, Geburt und Tod … na, das weißt du ja alles. Und was willst du jetzt damit machen?" „*Was* wir damit machen wollen, haben wir doch schon verabredet: Wir wollen sehen, wie organische Moleküle entstanden sein könnten." „Ja, Stan, aber wie, *wie* wollen wir es machen?" „Zu dieser Zeit muss es in der Atmosphäre wahnsinnig viel Reibung gegeben haben, wahrscheinlich ständige Gewitter mit wahnsinnigen Blitzen … Zehntausende von Jahren lang." „Ja wir könnten einen elektrischen Lichtbogen in das feuchte Gasgemisch leiten und sehen, was dabei herauskommt."

Gesagt, getan. Das war das berühmte Miller-Urey-Experiment, bei dem Aminosäuren entstanden, organische Moleküle als Vorstufe des Lebens, die „chemische Evolution". Den Begriff „organische Moleküle" muss man erklären: „Organisch" heißt nicht, dass es *lebende* Moleküle sind. Moleküle leben nicht. Moleküle sind unbelebte chemische Verbindungen der etwa 100 Elemente. „Organisch" bedeutet nur, dass das wichtige Element Kohlenstoff darin vorkommt, das in den komplexen Molekülen in der Biologie fast immer auftritt. Aminosäuren gehören chemisch zur Gruppe der Carbonsäuren (und wurden früher sogar „Aminocarbonsäuren" genannt. Und Carbon ist nichts anderes als Kohlenstoff, ein chemisches Element, das sehr viele Verbindungen eingeht und in den komplexen Molekülen der biologischen Organismen zu finden ist.

Ist Leben so entstanden? Nein, das Experiment erzeugte keine „Lebensbausteine". Sie waren es so wenig oder so viel, wie Wasser ein Lebensbaustein ist. Aber ohne sie ist kein Leben möglich, und sie entstanden „von selbst" aus einfacheren Komponenten. Durch Selbstorganisation. Aus Materie und Energie – und den physikalischen Gesetzen.

Millers Versuche wurden von ihm und anderen in vielfältiger Weise wiederholt und abgewandelt und dadurch überprüft, aber auch kritisiert – wie in der Wissenschaft üblich. Die Ergebnisse sind nicht unumstritten. Es geht mir hier aber nicht um die Frage, ob das Ergebnis „stimmt" oder nicht. Es sollte nur ein Beispiel sein für komplexe Wechselwirkungen und die Entstehung „höherer" Systemkomponenten aus einfachen Teilen.

6.4 Der Mensch beeinflusst das Klima beeinflusst den Menschen

Das Klima ist ja durch Rückkopplung überhaupt erst entstanden, wie Sie in Abschn. 11.1 sehen werden. Genauer: die Atmosphäre, in der das Klima stattfindet. „Klima" nennen wir die Gesamtheit aller an einem Ort möglichen Wetterzustände, sozusagen das langfristige Wetter. „Welches Klima haben wir denn heute?" ist eine ziemlich dumme Frage. Wetter und Klima (als langfristiger Durchschnitt des Wetters) entstehen aus einer enormen Vielzahl von äußerst komplexen Regelkreisen innerhalb der Atmosphäre und zwischen der Atmosphäre und ihrer Umwelt: dem Weltraum sowie Land und Meer. Die Atmosphäre wurde ihrerseits „hergestellt" (in ihrer heutigen Form) durch eine besondere Art von Bakterien im Urmeer. Wie gesagt, darauf kommen wir noch. Und natürlich haben wir Menschen auch den Finger in diesen Regelkreisen, zum Beispiel durch unseren CO_2-Ausstoß.

„Albedo" ist keine Pizza

Es gab auch mal eine „Schneeball-Erde", als der ganze Planet nach der Meinung einiger Geologen vereist war. Ein Wunder, dass sie aus ihren Eiszeiten überhaupt herausgekommen ist. Hintergrund und Feedback-Motor dieser Kette von Effekten ist die „Albedo". Das ist kein italienischer Vorname und auch keine Markenbezeichnung für eine Pizza, sondern ein physikalisches Maß. Die Albedo (lateinisch *albus* ‚weiß', also ‚die Weißheit') ist weiblich und ein Maß für das Rückstrahlvermögen von nicht selbst leuchtenden Oberflächen. Diese Größe wird als einfache Zahl zwischen 0 und 1 angegeben und entspricht einer Prozentangabe (eine Albedo von 0,9 entspricht 90 % Rückstrahlung). Und nun kommt's (denken Sie an „mehr ist anders" aus Abschn. 3.1): Frischer Schnee hat eine Albedo von 0,80 bis

0,90, eine Wasserfläche je nach Neigungswinkel von 0,05 – 0,22. Riechen Sie den Braten?

Wie kann – nein: muss – der elende lebensfeindliche Schneeball „Erde“ aufgetaut sein? Durch positive Rückkopplung, versteht sich. Es muss klein angefangen und dann sich selbst verstärkt haben. Vielleicht eine besonders heftige Sonnenaktivität, vielleicht ein Vulkanausbruch, vielleicht ein unvollständiges Zufrieren der Meere, vielleicht auch nur eine dunkle Blume, die etwas mehr Sonnenlicht absorbierte (siehe die Gänseblümchen-Geschichte in Abschn. 11.5). Auf jeden Fall eine veränderte Albedo: Durch Wärmezufuhr geschmolzener Schnee ist Wasser, Wasser absorbiert durch seine geringere Albedo noch mehr Wärme und bringt noch mehr Schnee zum Schmelzen, was die Albedo noch weiter verringerte. Es musste nicht schnell gehen, es waren ja einige Millionen Jahre Zeit. Es wurde wärmer, weil es wärmer wurde und deswegen wurde es noch wärmer. Deswegen heißt das im Winter vereiste Grönland mit seinem polaren und subpolaren Klima ja übersetzt „Grünland“, denn es war nicht weiß vom Schnee, sondern grün durch seine Vegetation.

In der Arktis sind in den letzten 100 Jahren die durchschnittlichen Temperaturen laut Befund des Weltklimarates fast *doppelt* so schnell gestiegen wie im globalen Mittel. Taut die Arktis infolge einer Klimaerwärmung, wird dieser Effekt durch die eben beschriebene positive Rückkopplung weiter verstärkt. Grönland hat eine Gesamtfläche von 2,16 Mio. Quadratkilometern (mehr als sechsmal so groß wie Deutschland). Ca. 80 % davon sind von einem dicken Eispanzer bedeckt – ungefähr 2,85 Mio. Kubikkilometer. Am Nordrand Grönlands geht die Eisdecke direkt in die (schwimmende) Eiskappe des Nordpolarmeeres über. Die Ausdehnung der gesamten Nordpolareisfläche (einschließlich Grönlandeis) schwankt jahreszeitlich stark. Nach gegenwärtigen Erkenntnissen hat sie sich in den letzten 40 Jahren seit Sommer 1972 auf etwa 4,24 Mio. Quadratkilometer im Sommer 2011 halbiert. Genetische Untersuchungen zeigen, dass der Klimawandel Eisbären inzwischen zwingt, immer weiter nach Norden auszuweichen.

Das schmelzende Eis eröffnet das letzte, bisher unberührte Eldorado an Rohstoffen. In der Arktis schlummern riesige Öl- und Gasfelder. In der nächsten Dekade sollen dort 100 Mrd. US-Dollar investiert werden – zur Förderung fossiler Energien, die den Klimawandel beschleunigen, der ihre Förderung erst ermöglichte. Die Steigerung des Ölpreises macht die Förderung rentabel und führt zu einer Senkung des Ölpreises – die typischen Zyklen einer Rückkopplung. Was ansteigt und *nicht* wieder abfällt ist die Durchschnittstemperatur der Arktis – sie kennt nur *ein* Vorzeichen: nach oben. Seit 1926 hat die damalige Sowjetunion den größten Teil der Arktis zu ihrem Territorium erklärt. Am Nordpol steckt am Meeresgrund seit 2007 besitzergreifend die Flagge der Russischen Föderation. Ein russischer Wissenschaftler, der die Nutzung der Arktis der Völkergemeinschaft übertragen wollte, wurde von Wladimir Putin offiziell als „Idiot" bezeichnet. Eine Ölkatastrophe in der Arktis wäre – anders als bei der *Deepwater Horizon* im Golf von Mexiko – überhaupt nicht beherrschbar, denn mehr ist bekanntlich anders. Die Entfernungen zu Häfen sind größer, die Temperaturen (die den natürlichen Abbau des Öls geringfügig begünstigen) etwa 40 bis 50 °C niedriger. Das Öl, das die *Exxon Valdez* bei ihrem Unfall am 24. März 1989 hinterließ, hat sich heute (nach 26 Jahren) noch immer nicht abgebaut. Die Kälte konserviert die Katastrophe, das Öl hat dann die Konsistenz von Erdnussbutter. Nebenbei: Bei der Ausbeutung der Ressourcen in der Arktis muss die gesamte Infrastruktur (Straßen, Gebäude, Pipelines, ...) errichtet werden – auf Permafrostboden. Der hat im Klimawandel ebenfalls die Tendenz, so weich wie Erdnussbutter zu werden. Da macht uns schon das Kernkraftwerk Bilibino im Nordosten Sibiriens Sorge. Weich werdende Fundamente hat man bei seinem Bau im Jahre 1966 nicht vorgesehen.

Prima Klima – aber kippt es vielleicht?

„Die Bäume vertragen Berlin nicht", titelte im Frühjahr 2014 eine Berliner Boulevardzeitung. Sie meinte natürlich das Berliner Klima, das immer trockener und heißer wird, im Jahresdurchschnitt. Hier scheint auch wieder eine Rückkopplungsschleife zu lauern, denn die vielen tausend Berliner Straßenbäume tragen ja gerade zur Verbesserung des Stadtklimas bei (im Gegensatz zu anderen fast baumlosen Metropolen). Aber nicht die Bäume ruinieren das Klima, das sie ruiniert – wir Menschen mit den weltweiten schädigenden Effekten verändern das Klima.

Wir haben einen Garten. Die Pflanzen müssen regelmäßig gegossen werden. Einmal habe ich es vergessen. Einige ließen die Blätter hängen. Aber sie erholten sich wieder nach dem nächsten Guss. Dann vergaß ich es zwei Mal hintereinander. Viele hängende Blätter. *Eine* Pflanze hat sich nicht wieder erholt. Sie war vertrocknet. Auch wir erholen uns immer wieder nach Krankheiten, auch schweren. Bis auf das eine Mal, das letzte Mal. Unumkehrbare („irreversible") Prozesse. Die Titanic galt auch als unsinkbar, bis sie sank. „Die Natur erholt sich immer wieder" hört man oft von Leuten, die nicht so sorgsam mit ihr umgehen. Das ist Unsinn! Die Sahara, die baumlose Mittelmeerregion und viele andere zeugen davon. Vielleicht stimmt der Spruch, wenn man 10.000 Jahre wartet. Alan Weisman hat ein

Buch darüber geschrieben. Es schildert plastisch, welche Gegenden sich schnell erholen, wenn die Menschheit plötzlich nicht mehr da ist. Und was Jahrtausende braucht, um zu verrotten. Schon die ca. 6.100.000.000 (sprich 6,1 Mrd.) Plastiktüten, die in Deutschland jährlich über die Ladentheken gehen, benötigen Hunderte von Jahren zum Abbau.

Textkasten 6–1: 13 befürchtete Kipp-Punkte im Klimasystem .

1. Schmelzen des Meereises und Abnahme der Albedo in der Arktis
2. Schmelzen des Grönländischen Eisschildes und der Anstieg des Meeresspiegels
3. Instabilität des Westantarktischen Eisschildes und ebenfalls der Anstieg des Meeresspiegels
4. Störung der ozeanischen Zirkulation im Nordatlantik
5. Zunahme und mögliche Persistenz des El-Niño-Phänomens
6. Störung des Indischen Monsunregimes
7. Instabilität der Sahel-Zone in Afrika
8. Austrocknung und der Kollaps des Amazonas-Regenwaldes
9. Kollaps der sog. borealen Wälder
10. Auftauen des Permafrostbodens unter Freisetzung von Methan und Kohlendioxid
11. Schmelzen der Gletscher und Abnahme der Albedo im Himalaya
12. Versauerung der Ozeane und Abnahme der Aufnahmekapazität für Kohlendioxid
13. Freisetzung von Methan aus Meeresböden

Das Umweltbundesamt veröffentlichte 2008 eine Studie von Claudia Mäder mit dem Titel „Kipp-Punkte im Klimasystem". „Kipp-Punkte" (engl. *tipping points*) sind die Punkte, bei denen ein System kippt: Die Pflanze ist vertrocknet, der Mensch oder das Ökosystem ist tot. Man sagt ja auch: „Der See ist umgekippt", wenn alles Leben in ihm abgestorben ist. Mäder hat 13 Kipp-Punkte identifiziert, die im Textkasten 6–1 zusammengefasst sind.[6]

Das ist eine Geisterbahnfahrt durch unser Klima. Ein Gruselkabinett von Zukunftsszenarien. Eine Illustration des typischen chaotischen Verhaltens komplexer Rückkopplungssysteme. *Thirteen Shades of Grey,* könnte man sagen, Schatten des Grauens. Denn die meisten Menschen haben sich ja mit einer allmählichen Erwärmung des Klimas abgefunden („Das betrifft uns ja nicht mehr!"), rechnen aber nicht mit einer besonders drastischen oder sogar

[6] „Boreale Wälder" sind die Wälder in der kaltgemäßigten Klimazone im nördlichen Kanada, Europa und Asien. „Permafrost" bedeutet, dass die Temperatur mindestens zwei Jahre in Folge bei unter 0 °C liegt, der Boden somit dauerhaft gefroren ist.

abrupten Klimaänderung. Aber ein Kipp-Punkt *ist* eine solche. Jedes dieser 13 Problemfelder ist ein eigenes vermaschtes Regelsystem – und sie beeinflussen sich auch noch gegenseitig. Die Autorin zitiert den Klimaforscher Professor Stefan Rahmstorf vom Potsdam-Institut für Klimafolgenforschung: „Das Klimasystem ist kein träges und gutmütiges Faultier, sondern es kann sehr abrupt und heftig reagieren." Besonders das Tauen des Permafrostes wird den Klimawandel beschleunigen: einer der gefährlichsten Fälle von positiver Rückkopplung. Denn es setzt Methan frei, ein 25 Mal schädlicheres Gas als Kohlenstoffdioxid (CO_2). Dies trägt stark zur Erwärmung bei, was wiederum das Schmelzen des Permafrostes verstärkt. Feedback vom Feinsten!

Nach Nasa-Daten war 2014 das wärmste Jahr seit Beginn der Messungen im Jahr 1880, wie fast alle Jahre seit 2000. Noch Fragen?

Der Siegeszug der Menschheit und die Verlierer

Die bisher erforschte Klimageschichte zeigt viele plötzliche Wechsel. Menschen können einen Klimawandel schon viel früher ausgelöst haben als wir durch die Verbrennung fossiler Brennstoffe· Das berichtet David Biello 2012 im Blog der Zeitschrift *Scientific American.* In der Tat kann die Agrarrevolution eine von Menschen verursachte Klimaänderung ausgelöst haben, lange bevor die industrielle Revolution begann, den Himmel mit CO_2 zu füllen. Wie? Durch die Rodung von Wäldern, die nach wie vor die zweitgrößte Quelle von Treibhausgasemissionen aus menschlichen Tätigkeiten darstellt. Sedimentkerne aus der Mündung des Kongo-Flusses zeigen, dass Menschen eine bedeutende Rolle bei der Veränderung der Landschaften von Zentralafrika gespielt haben. Wissenschaftler hatten angenommen, dass eine Verschiebung des Klimas dazu beigetragen hatte, die Savannen zu erschaffen, die in der Vergangenheit erheblich mehr von Zentralafrika bedeckt haben. Das Klima war angeblich vorher warm und feucht und wurde saisonal kühler und trockener. Aber die alten Sedimentkerne erzählen eine andere Geschichte. Vor rund 3500 Jahren lud der Kongo-Fluss plötzlich viel mehr Schlamm ab, ohne dass eine nennenswerte Zunahme der Niederschläge dies erklären konnte. Eine plausible Erklärung ist dagegen die gleichzeitige Ankunft der sogenannten Bantu-Menschen, die Landwirtschaft in die Region brachten. Sie kultivierten Ölpalmen, Hirse und Yam'swurzeln – Pflanzen, die viel Sonnenlicht brauchen. Das machte natürlich das Abholzen von Wäldern notwendig. Sie fällten auch Bäume für Holzkohle und als unmittelbarer Brennstoff. Verbunden mit dem vermuteten natürlichen Klimawandel war das Ergebnis die Entstehung von Savannen – und die wiederum verstärkten den Klimawandel. Zur gleichen Zeit lässt das Vorhandensein von Nutzpflanzen wie Hirse und Yams vermuten, dass sich das Klima bereits verändert hatte, da sie einen Wechsel von nass und trocken erfordern. So bleibt es unklar, ob die veränderten Klimabedingungen die Savannen schufen, die Landwirtschaft im Bantu-Stil ermöglichten oder ob diese die Bedingungen für die Savannen geschaffen und das Klima verändert haben. Oder ob sich beides in einem jahrelangen Feedback-Prozess gegenseitig begünstigte. Klar ist, dass „die ökologischen Auswirkungen der menschlichen Bevölkerung im zentralafrikanischen Regenwald von damals bereits erheblich waren", wie die Forscher schrieben. Und auch das ging – in geologischen Zeiträumen – relativ schnell.

Die Agrarrevolution hat der Menschheit vermutlich schon vor rund 12.000 Jahren am Ende der letzten Eiszeit neue Nahrungsquellen gebracht und sie von der saisonalen Abhängigkeit der Jäger- und Sammlergesellschaft befreit. Sie führte zu einer deutlichen Zunahme der Weltbevölkerung. Verlierer war die Umwelt – langfristig also wieder die Menschheit. Der Klimawandel (Ende der Eiszeit) begünstigte die Landwirtschaft, die das Bevölkerungswachstum, die wiederum den Klimawandel und so weiter – der ewige Kreislauf der positiven Rückkopplung.

Die gleiche Geschichte wird heute in der gleichen Gegend wiederholt. Wald wird für die Landwirtschaft gerodet, um eine wachsende Bevölkerung zu ernähren. Zur gleichen Zeit findet ein ausbeuterischer Bergbau statt, um Coltan zu fördern, eine mineralische Verbindung, die das Element Tantal enthält. Das ist kritisch für die Herstellung der winzigen Schaltkreise, die zum Beispiel in Handys und im Automobilbau zu finden sind. Die Abwässer der Produktion fließen in den Kongo-Fluss. Ab 2015 will die Demokratische Republik Kongo zusammen mit Südafrika dort das größte Wasserkraftwerk der Welt bauen. So entsteht wieder ein Datensatz der Waldzerstörung im Sediment durch den Menschen. Eine der vielen Geschichten, die mit lokalen Variationen auf allen Kontinenten erzählt werden. Das nährt die Zweifel, ob „der Mensch" ein lernendes System ist.

Eine Standardformulierung: „… schlimmer als erwartet"

Der BER wird teurer und später fertig als erwartet, diverse Finanzskandale sind umfangreicher als bisher bekannt, der Hurrikan ist stärker als befürchtet – solche Formulierungen hört man in den Medien häufig. Wir scheinen aus vergangenen Katastrophen wenig zu lernen, gefährliche Situationen häufig zu unterschätzen und verzögerte Wirkungen („Totzeit") zu übersehen. Dazu passt „Amaras Gesetz", benannt nach Roy Amara, dem Mitgründer des *Institute for the Future* in Palo Alto: „Wir neigen dazu, die Wirkung einer Technologie kurzfristig zu überschätzen und auf lange Sicht zu unterschätzen." Da macht die kommende Katastrophe, euphemistisch als „Klimawandel" bezeichnet, keine Ausnahme.

Inzwischen (in 2020) hat sich die Situation weiter verschlimmert. Die Pole mit ihren Eismassen werden mehr und mehr zum Problem. Die Welt steuert auf den höchsten CO_2-Wert in der Luft seit 3,3 Mio. Jahren zu. Schon Mitte des Jahrhunderts dürfte die Marke erreicht sein. In der Antarktis gibt es eine ganze Reihe von selbstverstärkenden Effekten. Simulationen lassen befürchten, dass bei einer Erwärmung um zwei Grad im Vergleich zur vorindustriellen Zeit größere Teile des westantarktischen Eisschildes kollabieren könnten. Das liegt an warmem Wasser im Ozean, das die Schelfeisbereiche von unten angreift. Dadurch kommen auch die Gletscher an Land ins Rutschen, die dadurch verstärkt große Eismengen ins Meer befördern – wo diese wiederum schmelzen. Rückkopplung perfekt. Allein durch die Antarktis käme es zu einem Anstieg des Meeresspiegels von zweieinhalb Metern. Forscher warnen, dass bestimmte Prozesse irgendwann nicht mehr umkehrbar sind. Wenn ein Kipppunkt erst einmal erreicht ist, schmilzt das Eis unaufhaltsam.

Es zeigt sich sogar ein weiterer Rückkopplungseffekt ähnlich wie beim Bergwandern. Wenn man absteigt, wird es auch da immer wärmer. Sinkt also die Oberfläche des Eises durch Abschmelzen in tiefere Lagen, so kommt es dort mit wärmeren Luftschichten in Kontakt und das Eis schmilzt noch stärker. Der berüchtigte Teufelskreis. Denn mehr als die Hälfte der Süßwasservorkommen der Erde befinden sich im antarktischen Eisschild. Es stellt somit die bei weitem größte potenzielle Quelle für den globalen Meeresspiegelanstieg bei der künftigen Erderwärmung dar. Seine langfristige Stabilität bestimmt das Schicksal unserer Küstenstädte, in denen die Hälfte der Weltbevölkerung lebt. 18 der 21 größten Städte der Welt – Megametropolen wie Bombay, Shanghai, Sao Paolo oder Tokio – liegen nahe der Küste und sind vom Anstieg des Meeresspiegels bedroht. Rückkopplungen zwischen Eis, Atmosphäre, Ozean und der festen Erde können in ihrer Reaktion auf Temperaturänderungen zu Nichtlinearitäten führen – und zwar unumkehrbaren. Insbesondere wüchse der westantarktische Eisschild erst dann wieder auf sein heutiges Niveau zurück, wenn die Temperaturen mindestens ein Grad Celsius *unter* dem vorindustriellen Niveau lägen. Fachleute befürchten, dass, wenn das Pariser Abkommen nicht eingehalten wird, der Beitrag der Antarktis zum Meeresspiegel langfristig dramatisch ansteigen und den aller anderen Quellen übersteigen wird.

Auf der anderen Halbkugel sind die Temperaturen in der Arktis in den vergangenen 40 Jahren rund dreimal so stark gestiegen wie der globale Durchschnitt – und die Nordwest- und die Nordostpassage waren im August 2008 erstmals beide gleichzeitig eisfrei. Auch in den Folgejahren blieb die Nordostpassage stets für einige Wochen zwischen August und

Anfang Oktober passierbar. 500 Kubikkilometer Eis werden in Arktis und Antarktis zusammen bereits zu Wasser – pro Jahr. Diese Menge entspricht einer Eisschicht, die rund 600 m dick ist und sich über das gesamte Stadtgebiet Hamburgs erstreckt.

„Stärker als erwartet" … taut auch der sibirische Permafrost auf, und zwar immer schneller, 70 Jahre früher als prognostiziert. In Sibirien liegen die Temperaturen derzeit manchmal tagelang 15 bis 20 Grad Celsius über den bisher normalen Durchschnittstemperaturen. Auch im arktischen Teil Kanadas liegen die Temperaturen manchmal für die Jahreszeit mehr als 20 Grad zu hoch. Das arktische Meereis ist auf einem historischen Tiefstand, das freigelegte Meerwasser erwärmt sich zusätzlich (der beschriebene Albedo-Effekt). Gleichzeitig wird diese Hitzewelle selbst, genau wie die der vergangenen Jahre, die Erhitzung der Erdatmosphäre weiter beschleunigen: In Sibirien brennt es immer wieder auf riesigen Flächen, Millionen Hektar Wald sind schon verbrannt. Der rußschwarze Boden erwärmt sich in der Sonne noch schneller, der tauende Boden setzt CO_2 und das hochpotente Treibhausgas Methan frei. Der Permafrost ist einer der sogenannten Kipppunkte des Weltklimasystems. Und wieder lesen wir in den Medien: „In den vom Feuer verschonten Gebieten profitiert die sibirische Seidenmotte, sie frisst sich durch die Wälder. Bäume sterben ab, was wiederum die Waldbrandgefahr erhöht. Die Brände tragen zum Anstieg der Temperaturen bei. Ein Teufelskreis."

Hauptsache, *wir* schwitzen nicht. Aber extremen Hitzewellen werden in Zukunft keine Ausnahmeerscheinungen mehr sein, sondern immer häufiger auftreten. Und sie töten schon jetzt viele Menschen. Einer Studie zufolge fielen der europäischen Hitzewelle von 2003 ca. 70.000 Menschen zum Opfer. Klimageräte können da Abhilfe schaffen. Aber Kühlsysteme verbrauchen heute weltweit zusammen 17 % des Stroms. Dazu gehören Klimaanlagen in Privathaushalten über Kühlsysteme, die in den Supermärkten unsere Lebensmittel sicher und kalt halten, bis zu Systemen im industriellen Maßstab in unseren Rechenzentren. Zusammen machen diese Systeme acht Prozent der weltweiten Treibhausgasemissionen aus.

Den Malediven steht das Wasser bis zum Hals. Die Inselgruppe droht durch den Meeresspiegelanstieg noch in diesem Jahrhundert unbewohnbar zu werden – schon weitere 20 cm könnten dafür reichen. In einer ähnlichen Lage befindet sich Französisch-Polynesien, etwa auf halber Strecke zwischen Australien und Südamerika im Pazifik gelegen. Marc Collins, der früheren Tourismusminister der Inselgruppe, denkt über *Oceanix City* nach, eine schwimmende Stadt, bestehend aus sechseckigen Plattformen von je rund 20.000 Quadratmetern, auf denen bis zu 300 Menschen Platz finden. Sie werden am Meeresboden verankert und können modular miteinander verbunden werden, um größere Siedlungen zu schaffen. So bemüht sich die Welt – wie es ein Moderator ausdrückte – „das Unvermeidbare zu beherrschen und das Unbeherrschbare zu vermeiden".

Die Lösung: weniger. Von allem. Wenn nur der Rebound-Effekt (oder Bumerang-Effekt) nicht wäre! Das ist der teilweise Verlust an Wirksamkeit von Einspareffekten durch erhöhten Verbrauch. Ein einfaches Beispiel illustriert das Problem: das Auto. Ein Hybrid-Fahrzeug kann den CO_2-Ausstoß (pro km) deutlich reduzieren. Im guten Gefühl, kein Umweltsünder mehr zu sein, fährt der Besitzer mehr Kilometer damit und macht die Gesamtbilanz damit zunichte. Ein Rückkopplungseffekt, wie Sie sehen. Oder nehmen Sie Energiesparlampen: Endlich können wir es in allen Zimmern heller machen! Gleichzeitig.

Unsere Gesellschaft ist auf Sand gebaut

Der deutsche Bauunternehmer schaute zufrieden aus dem Fenster seines Geländewagens: Sand, wohin er blickte. Neben der Autobahn, bei deren Bau er beteiligt gewesen war (30.000 Tonnen Sand pro Kilometer), lockte die Wüste mit ihrer faszinierenden Weite. Bei dem neuen Hochhausprojekt war er der verantwortliche Projektleiter, und er wollte für seine Gesprächspartner im Ministerium von Dubai gut vorbereitet sein. Zwei Drittel allen Baumaterials weltweit ist Stahlbeton. Und zwei Drittel davon sind … Sand. *Und hier gibt es ihn wie Sand am Meer,* dachte er zufrieden. „*The Palm*", zwei mit Sand aufgeschüttete künstliche Inselgruppen im Persischen Golf vor Dubais Küste, hat 150 Mio. Tonnen Sand verschlungen. „*The World*", ein noch ehrgeizigeres Projekt, sogar das Dreifache. 270 Inseln in Form einer Weltkarte. Ein positiver Effekt der Finanzkrise 2008 – ja, so etwas gab es auch – bestand darin, dass dem Projekt das Geld ausging. Alles das wusste er. Deswegen sah er den Fragen nach der Materialbeschaffung gelassen entgegen. Ein kleines lächerliches Hochhaus, wenige zehntausend Tonnen Sand. Doch sein Selbstbewusstsein sollte bald einen tiefen Riss erhalten.

Der Fachmann im Ministerium war höflich geblieben. Kaum merklich war sein Lächeln, als er sagte: „Wüstensand ist durch den Wind und die Bewegung der Dünen rund und glatt geschliffen. Die Körner haften nicht aneinander. Wir können nur Sand aus dem Meer verwenden. Unsere Sandreserven sind erschöpft. Wir müssen Sand importieren. Weltweit 70 Mrd. Dollar Handelsvolumen – und wir haben einige Dollar beigesteuert! Aber das wissen Sie ja sicher …"

Oh! Das hatte gesessen und ihm zu denken gegeben. Er hatte beschlossen, sich über das Thema zu informieren: Sand ist heutzutage Bestandteil zahlloser Alltagsprodukte, häufiger noch als Erdöl. Wir finden Sand in Nahrungsmitteln, Kosmetika, Putzmitteln, aber auch in elektronischen Produkten wie Computern, Handys und Kreditkarten. Der größte Sandbedarf entsteht jedoch durch den weltweiten Bauboom aufgrund des Bevölkerungswachstums und der wirtschaftlichen Entwicklung in den Schwellenländern. Aber Sand ist keine nachhaltige Ressource, er wächst nicht nach. Zumindest nicht in menschlichen Zeiträumen. Angesichts des wachsenden Bedarfs wurde Sand in den letzten Jahren zu einer Ressource von entscheidender Bedeutung. Da Wüstensand nicht zur Betonverarbeitung geeignet ist, haben Baukonzerne bislang Sand aus Flussbetten oder Kiesgruben abgebaut. Doch dieser Vorrat geht langsam zur Neige, und so hat die Bauwirtschaft den Meeresboden ins Visier genommen. Für das höchste Bauwerk der Welt, der *Burj Khalifa* mit 828 m Höhe, wurde Sand aus Australien importiert. Der Unterwasserabbau im Meer hat – wer hätte das gedacht!? – Nebenwirkungen. Im Sand des Meeresbodens leben Mikroorganismen, von denen sich Fische ernähren, von denen wir uns ernähren. Der unter Wasser abgebaute Sand wird durch die Gravitation und die Strömung ersetzt – durch Sand von den Stränden. So sind vor Indonesien ganze Inseln verschwunden, 25 Stück. Daraus wurden Wolkenkratzer in Singapur gebaut. Zusätzlich hat Singapur 130 Quadratkilometer Land aufgeschüttet – mit importiertem Sand.

Aber woher kommt der Sand im Meer? Aus dem Sandstein der Gebirge, wo er über Tausende von Jahren durch Erosion ausgewaschen und über Bäche und Flüsse ins Meer gespült wurde. Doch 80.000 Staudämme blockieren in den USA die Flüsse, 845.000 Dämme weltweit. Durch die Dämme und den Sandabbau im Fluss erreicht der Sand das Meer nicht mehr. Wie gesagt, Sand wächst nicht nach, höchstens in geologischen Zeiträumen. Aber die Spekulanten trösten uns: „Sand – dank Fracking bald ein Multi-Milliarden-Geschäft?"

Wie *Die Zeit* im August 2014 berichtet, werden in den USA bereits 560 km Sandstrand künstlich aufgeschüttet. Das Meer und die Stürme spülen nicht nur den Sand, sondern auch den Wohlstand weg. Die Touristen bleiben fern, die Immobilienpreise sinken, die Einnahmen der Gemeinden schwinden. Aber aufgeschüttete Strände (an manchen Stellen über ein Dutzend Mal erneuert) erodieren bis zu zehnmal schneller als natürliche, weil die Körnerstruktur eine andere ist. Das erinnert an Sisyphus, der in der griechischen Sage immer wieder denselben Stein auf eine Felsspitze hochstemmt, der dann wieder herunterrollt. Der aufgeschüttete und zurückgespülte Sand zerstört die Korallen. Aber es sind nicht nur Strände, für die wir Sand benötigen. Sand (Siliziumdioxid) steckt nicht nur im Beton, sondern auch in Farben, Zahnpasta, Mikroprozessoren und 1000 anderen Dingen. Jeder Europäer verbraucht statistisch im Durchschnitt 4,6 t jährlich.

Die Sandmafia ist in Indien die mächtigste kriminelle Organisation. Selbst Friedhöfe werden geplündert. In Mumbai ist der Sandpreis in einem Jahr um 30 % gestiegen. In jedem Verwaltungsbezirk gibt es einen *sandlord,* der die illegalen Vertriebsstrukturen aufbaut und kontrolliert. Oft ist es ein Lokalpolitiker. In Malé, der Hauptstadt der Malediven, werden mehr und mehr Gebäude gebaut, weil die Inseln verschwinden. Die Inseln verschwinden, weil der Sand ihrer Strände für die Häuser gebraucht wird. Irgendwo müssen die Menschen ja wohnen, und die meisten zieht es weltweit in die Städte. Der Sand für den Beton kommt aus dem Meer vor den Inseln. Also verschwinden noch mehr Inseln. In China wird jährlich die Fläche der Bundesrepublik neu bebaut. Was meinen Sie, woher sie den Sand dafür beziehen?

Eine schöne Geschichte, wie man landläufig sagt – mit einer doppelten Bedeutung. Dokumentiert wurden die *sand wars*, die „Sandkriege“, von dem französischen Journalisten und Filmemacher Denis Delestrac.

6.5 Zwei Geschichten aus der Evolution der Lebewesen

Es ist ja offensichtlich, dass das Entstehen von Lebewesen ein evolutionärer Prozess ist – schließlich wurde der Begriff zuerst für die biologische Evolution geschaffen. Die komplette Beschreibung dieses Geschehens an dieser Stelle wäre spannend, würde aber den Umfang dieses Buches sprengen. Ich möchte daher nur zwei interessante Geschichten erzählen, in denen das Prinzip der Rückkopplung besonders hervortritt.

Wer malte die Streifen auf die Zebras?

Die Antwort ist klar: die Evolution. Aber wir sind vorsichtig, denn die Evolution ist ja kein handelndes Subjekt mit Zielen und Absichten. Deswegen ist auch die Frage „*Warum* hat ein Zebra Streifen?“ mit der Antwort „Damit …“ falsch. Und viele denken fälschlich, *damit* es die Raubtiere verwirrt wie ein Soldat im Tarnanzug. *Zwei* falsche Antworten sind noch keine richtige. Es ist ein Prozess, ein Geschehen – und ergibt einen Überlebensvorteil. Ein solcher wäre es, wenn ein Löwe in der Savanne Afrikas plötzlich sagen würde: „Huch! Wo ist denn das Zebra geblieben?!“ Aber er hat ebenso gute Augen wie wir – und wir sehen es auf weite Entfernung. Also machten sich die Forscher auf die Suche nach einem Tier, das schlechter oder anders sieht und das den Zebras auch gefährlich wird. Und sie fanden … eine Fliege.

„Forscher haben festgestellt, dass …" – das hört sich einfacher an, als es ist. Man kann eine Fliege ja nicht fragen wie ein Kind („Ja, wo *ist* denn das Zebra? *Da* ist das Zebra!"). Reichholf berichtet, dass und wie man in mühsamen Versuchen festgestellt hat, dass die Augen der Tsetse-Fliege zwar Bewegungen gut erfassen können, aber mit dem Erkennen von Formen ihre Schwierigkeiten haben. Sie sind riesig, aus Tausenden von winzigen Einzelaugen zusammengesetzt und ermöglichen eine fast vollständige Rundumsicht. Doch parallele Streifen aus schwarz-weißen Mustern lösen so gut wie keine Reaktionen bei den Fliegen aus. Und die saugen Blut an Tieren, die sich im offenen Gelände bewegen, den Wiederkäuern in der afrikanischen Savanne. Sie übertragen die Schlafkrankheit beim Menschen und die tödliche Nagana-Seuche bei Pferden. Und Zebras gehören zur Gattung der Pferde. Während andere afrikanischen Großtiere (Büffel, Antilopen, Gazellen) gegen Trypanosomen, die Erreger der Nagana-Seuche, immun sind, sind es Pferde (also auch Zebras) nicht. Sie sind nicht in Afrika entstanden, sondern in Nordamerika, wo es keine von Stechfliegen übertragbare Erreger dieses Typs gibt. Sie sind erst während der Eiszeit nach Afrika eingewandert.

Merken Sie etwas? Irgendwann in der Evolution entstand zufällig eine Pferdeart, bei denen ein Tier durch eine Mutation Streifen bekam. Es pflanzte sich fort, und so entstanden mehr Tiere mit Streifen – und die waren „immun" gegen die Fliege, die die Tiere einfach nicht *sah*. Über Millionen von Jahren konnten sie sich vermehren, ohne den Attacken der Fliegen zum Opfer zu fallen. Die Nagana-Seuche verschonte sie – und nun sind sie da. Die „einfarbigen Zebras" starben aus.

Das auffällig gestreifte Zebra ist zwar für den Löwen eine besonders gut sichtbare und dadurch häufige Beute, aber es gibt relativ wenige Löwen. Die Zebrabestände werden nicht nennenswert verringert. Anders ist es mit den Milliarden der Tsetse-Fliegen. Sie würden die Zebras ausrotten, könnten sie ihr schwarz-weißes Streifenmuster erkennen. Büffel, Gnus und andere Wiederkäuer fallen ihr vermehrt zum Opfer, die mit den Tarnstreifen nicht.

„Patient Zero" beginnt den tödlichen Staffellauf

Am 2. Dezember 2013 wurde ein junger Patient in die Krankenstation von Meliandou, einem Dorf im Guéckédou-Distrikt in Guinea, eingeliefert. Er klagte über Magenkrämpfe und begann sich zu erbrechen. Schnell entwickelte er Fieber und schwarzen Stuhl. Am 6. Dezember 2013 war er tot. Sein Name wurde nicht bekannt gegeben. Im *New England Journal of Medicine* nannte man ihn „Patient Zero". Er wurde zwei Jahre alt. Innerhalb von drei Wochen starben seine dreijährige Schwester, seine Mutter, seine Großmutter und eine Krankenschwester, die sie pflegte.

Diese Familientragödie versetzte im Krankenhaus von Guéckédou das Pflegepersonal in Panik. Sie brachte aber auch zahlreiche Menschen zu Beerdigungen zusammen. Kurz darauf starben erste Mitglieder des Pflegepersonals und Gäste der Trauerfeiern. Sie hatten noch die Zeit, die Krankheit mit in ihre Dörfer zu nehmen. Zum Teil in Nachbarländer, denn Guéckédou ist ein Grenzgebiet zu Sierra Leone und Liberia. Schon ab diesem Zeitpunkt war die Epidemie im Grunde kaum noch aufzuhalten. Doch es dauerte bis März 2014, bis man herausgefunden hatte, was da immer mehr Menschen in den betroffenen Ländern dahinraffte: Ebolafieber, möglicherweise die meistgefürchtete Krankheit der Gegenwart. Sie verläuft bis zu 90 % tödlich und ist über Körperflüssigkeiten hochansteckend. Es gibt fünf Arten des Ebolavirus. Ihr Ursprung wird in Flughunden vermutet. Die Ausbreitung ist ein „tödlicher Staffellauf" nach den Gesetzen des exponentiellen Wachstums.

Pflegepersonen infizieren sich an Patienten, Verwandte an Infizierten vor dem Erscheinen der Symptome, Bestatter und Angehörige an den Leichen. Nach nur zwölf Wochen umfasst das Gebiet, in dem Krankheitsfälle auftreten, mehrere Zehntausend Quadratkilometer. Da die Krankheit an einem Ort nicht als Ebolafieber erkannt wird, ist man an anderen Orten nicht vorgewarnt. Denn die Symptome ähneln dem weniger gefährlichen Lassa-Fieber. Ende März 2014 warnte die Organisation „Ärzte ohne Grenzen": Die Seuche sei „außer Kontrolle".

Diese Geschichte stammt aus *Spiegel-online* – einer der ungezählten Berichte. Eine Epidemie (gar eine „Pandemie", eine länder- und kontinentübergreifende Ausbreitung einer Krankheit) von dieser Gefährlichkeit kann schnell zu einer globalen Bedrohung werden. Die Ausbreitung wird durch verschiedene Faktoren begünstigt: Je besser die Verkehrsinfrastrukturen und je fortgeschrittener die Urbanisierung, desto günstiger für das Virus. Je geringer die Bildung und die medizinische Versorgung, desto günstiger für das Virus. Dagegen: Je schneller eine Seuche erkannt wird, desto besser kann sie bekämpft und eingedämmt werden. Aber je schneller sie beherrscht wird, desto häufiger stufen sie die Medien als „blinder Alarm" ein. Das haben wir bei der Schweinegrippe, der Rinderseuche und der Vogelgrippe erlebt. Je mehr solcher vermeintlichen Fehlalarme auftreten, desto weniger ernst nehmen sie die Menschen, desto weniger befolgen sie die notwendigen

Anweisungen. Je mehr diese „Je … desto …"-Ketten auftreten, desto unübersichtlicher wird das vernetzte Geflecht der Abhängigkeiten. Eine schöne und gefährliche Selbstbezüglichkeit!

6.6 Der Mensch – ein Ozean an Feedback-Schleifen

Man spricht dem Menschen ja Körper, Geist und Seele zu. Der Körper ist als eigene Entität, also als selbstständiges „Ding", ja leicht zu erkennen. Da wir nach dem philosophischen Sparsamkeitsprinzip keine unnötigen Zusatzannahmen machen wollen, betrachten wir Geist und Seele als „Hervorbringung des Gehirns" – bis zu eindeutigen Hinweisen auf andere glaubhafte Annahmen. Sie sind keine unabhängig vom Körper existierenden Entitäten.[7] Wir haben ja schon die Schwierigkeit, „Geist" und „Seele" überhaupt zu definieren (während jeder weiß, was ein „Körper" ist). Aber der Streit darüber ist nicht unser Thema. Doch deswegen müssen wir uns in unserem Kopf etwas umsehen.

Der Mensch ist „auch nur ein Tier"

Bevor Sie hier falsche Schlüsse ziehen: Niemand behauptet, dass wir uns von den Tieren nicht in wesentlichen Bereichen unterscheiden. Aber es lohnt sich, einmal unseren Wurzeln nachzuspüren. Denn auch wir wurden durch die Evolution hervorgebracht – eine Tatsache, die heute weitgehend anerkannt ist („Ausnahmen bestätigen die Regel").

Wir haben uralte biologische Wurzeln. Die Patente der Einzeller werden noch heute von uns genutzt. Das Kollagen der Quallen findet sich in unserer Hornhaut und unseren Knochen wieder. Das Skelett der Fische wurde unser Knochengerüst. Von den Reptilien und Amphibien erbten wir Arme und Beine. Haare, Schweiß und Milchdrüsen hatten schon die Trithelodonta vor 200 Mio. Jahren, Wesen halb Reptil, halb Säugetier aus der großen Gruppe der Therapsiden („säugetierähnlichen Reptilien"). Im „Urmeer" des Fruchtwassers durchlebt der menschliche Embryo die Entwicklungsgeschichte aller Lebewesen. Bis zur sechsten Woche sind wir alle weiblich, erst danach erfolgt die geschlechtliche Trennung. Die geschlechtliche Fortpflanzung ist ein Vorteil, weil Genfehler bei der Durchmischung der männlichen und weiblichen Gene ausgeglichen werden. Die Evolution hat uns optimiert,

[7] Das gilt für ein bestimmtes philosophisches Weltbild, den Naturalismus.

unserer Nahrung hinterherzulaufen. Alle biologischen Systeme in uns sind darauf ausgelegt. Deswegen hat Bewegungsmangel so gravierende gesundheitliche Folgen.

Der österreichisch-ungarische Schriftsteller Arthur Koestler gab am 30.01.1978 dem *Spiegel* ein Interview mit dem Titel: „Der Mensch – ein Irrläufer der Evolution". Dort zitiert er den amerikanischen Hirnforscher Paul D. MacLean wie folgt:

> „Der Mensch befindet sich in der misslichen Lage, dass er von der Natur mit drei grundlegend unterschiedlichen Hirnpartien ausgerüstet wurde, die trotz ihrer verschiedenen Struktur zusammenwirken und sich untereinander verständigen müssen. Die älteste dieser Partien stammt noch von den Reptilien. Die zweite ist von den niederen Säugetieren ererbt, und die dritte ist eine späte Entwicklung der Säugetiere, die den Menschen eigentlich zum Menschen gemacht hat. Um diese drei Gehirne in einem bildlich zu umschreiben: Wenn ein Psychiater den Patienten bittet, sich auf die Couch zu legen, verlangt er eigentlich von ihm, sich neben einem Pferd und einem Krokodil auszustrecken. Modern ausgedrückt, könnte man sich diese drei Gehirne auch als drei biologische Computer vorstellen, jeder mit der ihm eigenen Subjektivität und Intelligenz, dem eigenen Sinn für Zeit und Raum sowie eigenem Gedächtnis und eigenem Antrieb …"

Dies bestätigen die Biologen und Verhaltensforscher: Das „Stammhirn" (oder der „Hirnstamm") reguliert unsere biologischen Funktionen (jede Menge Regelkreise!): Blutdruck, Körpertemperatur, Insulinspiegel usw., usw. Das Stammhirn schläft nie und ist auch nur schwer zu narkotisieren, denn sonst würden alle unsere zentralen Körperfunktionen aufhören. Wir wären tot. Im „Zwischenhirn" (für Fachleute: das „limbische System") sitzen die ererbten Verhaltensweisen der biologischen Art: Aggressionsverhalten, Fluchtinstinkte, Fressverhalten. Im „Großhirn" (oder „Vorderhirn" oder „Hirnrinde ", im Fachjargon „Neocortex") ist schließlich unsere Intelligenz, unser Denken, unser Urteilsvermögen beheimatet. In welchem der drei Gehirne wohl die viel zitierte „Natur des Menschen" sitzt? (Wieder einer der Begriffe, über die gern gesprochen wird, ohne genau definiert zu haben, was man darunter verstehen will.) Dies ist alles natürlich nur sehr grob skizziert (die Biologen mögen mir verzeihen!). Aber ich will ja nur auf *einen* Punkt hinaus: Diese Trennung ist keine scharfe, und „die drei Gehirne" beeinflussen sich gegenseitig. Die Fülle der kleinen internen Regelkreise ist weitgehend unerforscht.

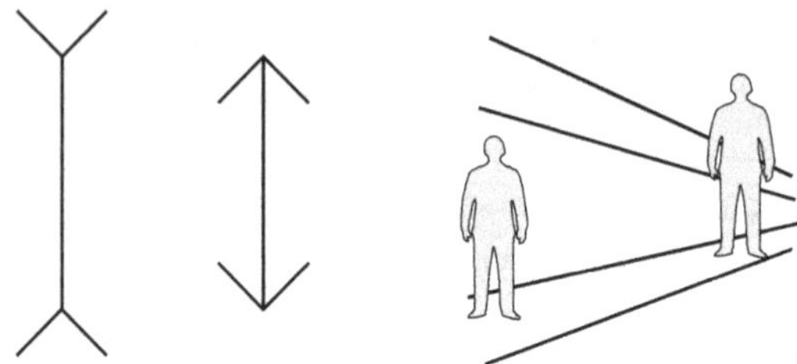

Abb. 6.2 Zwei perspektivische Verzerrungen

Unser Zwischenhirn,[8] der vorbewusste Wissende, ist unbelehrbar, stur und rechthaberisch. Das zeigen alle optischen Täuschungen, zum Beispiel solche in der Perspektive: In Abb. 6.2 sind sowohl die beiden Linien links als auch die beiden Männer rechts gleich lang. Wir sehen sie „falsch", obwohl unser Verstand weiß (und nachgemessen hat), wie es richtig ist.

Darf es noch ein 4. Gehirn sein? Sie sind nämlich schlauer, als Sie denken. In Ihrem „Darmgehirn" sitzen 100 Millionen Neuronen, also Nervenzellen. Alles das – zusammen mit Millionen anderen Nerven – bildet das zentrale Nervensystem. Und alles hängt mit allem zusammen. Ein Holon, denn es ist *mehr* als die Summe der vier – wegen der unüberblickbaren Interaktion und Kommunikation zwischen den Teilen. Diese Kommunikation darf man sich nicht als ein Gewirr von elektrischen Leitungen vorstellen wie in einem Airbus A380. Zwar werden viele Impulse elektrisch übertragen, aber auch chemisch. Die entsprechenden Substanzen werden „Neurotransmitter" genannt. Die Signalübertragung im Körper erfolgt auf beiden Wegen. Elektrisch, wenn eine Punkt-zu-Punkt-Verbindung sinnvoll ist (z. B. vom Auge zum Sehzentrum). Chemisch, wenn sie eher breit gestreut sein muss (z. B. vom Gehirn zu diversen Muskeln). Und die elektrischen Leitungen sind auch nicht durchgängig, sondern an bestimmten Schaltstellen („Synapsen") gibt es kurze chemische Verbindungsstrecken. Deswegen hilft Beten bei Bauchweh, wie eine Studie zeigte. Nicht unbedingt durch göttlichen Beistand, sondern durch Feedback zwischen allen diesen Gehirnen. Aber das sind Einzelheiten …

Und – wie könnte es anders sein – *eine* Nervenzelle kann nicht denken. Denn „mehr ist anders": Erst *viele* von ihnen können es. *Wie* viele? Siehe Sandhaufen … (Abschn. 3.1). Arthur Koestler fährt fort:

[8]Vermutlich, aber auf die Lokation kommt es nicht an.

> „Die Evolution hat einst die Kiemen der Fische allmählich zu Lungen fortentwickelt, hat die Frontgliedmaßen der Reptil-Vorfahren zu den Flügeln der Vögel, zur Flosse des Wals, zur Hand des Menschen werden lassen. Und so hätten wir auch ein langsames evolutionäres Fortschreiten erwartet, bei dem das primitive alte Gehirn allmählich in ein immer raffinierteres und differenzierteres umgewandelt worden wäre – aber die neurophysiologischen Beweise lehren uns das Gegenteil. Statt das alte Gehirn in ein neues umzuwandeln, stülpte die Evolution eine neue, überlegene Struktur über die alte, mit zum Teil sich überlappenden Funktionen und ohne dem neuen Gehirn das unzweifelhafte Befehlsmandat über das alte zu verleihen."

So ist das mit der Evolution: So wunderbare und faszinierende Ergebnisse sie auch hervorbringt, sie arbeitet mit wenigen einfachen Konzepten. Neben der Rückkopplung ist es die Wiederverwendung bewährter Prinzipien. Sie „erfindet" nichts Neues, wenn sie etwas Altes irgendwie verwenden kann (in den meisten Fällen). Deswegen sind die „Vorderpfoten" von Mensch, Hund, Schwein, Kuh, Tapir und Pferd alle ähnlich aufgebaut, von gleicher Grundstruktur (die Biologie spricht hier von „Homologie", vom griechischen *homologein* ‚übereinstimmen'). Es gibt zwar Ausnahmen von dieser Regel (zum Beispiel ist das Auge „mehrfach erfunden worden"), aber sie sind selten.

Der Mensch als Feedback-Museum

Der Mensch ist ein Feedback-Museum, denn die Evolution hat ungezählte Rückkopplungskreise in ihm angelegt (und in seinen tierischen Vorläufern bis zu den ersten Einzellern). Sie sind uralt und funktionieren immer noch hervorragend. Denn – wie gerade gesagt – die Evolution erfindet nicht immer alles neu. Im Gegenteil: Was sich bewährt hat, wird aus alten Modellen übernommen. Wir haben „lebende Fossilien" in unserem Körper. Denn die Vergangenheit ist nie vorbei. Und wie wir wissen, trägt das Individuum seine Stammesgeschichte in sich und wiederholt sie im Eiltempo. Beim menschlichen Embryo zum Beispiel bilden sich für kurze Zeit Kiemen aus und verschwinden dann wieder. Die Entwicklung der Kaulquappe zum Frosch zeigt die Evolutionsgeschichte von Jahrmillionen im Zeitraffer und illustriert eine der geheimnisvollsten und spannendsten Geschichten des Lebens: den Auszug aus dem schützenden Wasser. Denn für das dem Wasser angepasste Leben war das Land eine absolut feindliche Umgebung. Gut vorstellbar, dass das erste Wesen an Land (vermutlich eine Art Lurch als Nachfolger von im Süßwasser lebenden Knochenfischen) sagte: „Nee, hier mache ich nie wieder Urlaub!" Denn welchen Nutzen bot es, vor etwa 500 Mio. Jahren den schützenden Lebensraum zu verlassen? Der einzige Grund scheint der zu sein, der manchen im Urlaub in eine Hütte nach Norwegen treibt: „Oh, wie schön, hier ist noch niemand! Und schon gar keine Feinde!"

Wir sind zwar nicht mehr (wie Erich Kästner sagte, siehe Abschn. 3.1) „noch immer die alten Affen", aber bezüglich der Regelungsmechanismen im Körper noch Frühmenschen. Diese Regelkreise sitzen im alten Stammhirn und sind den Lebensbedingungen vor zigtausend Jahren angepasst. Mit unserer heutigen Ernährung (Fett, Salz, Zucker) kommen sie *gar* nicht klar, so wenig wie mit dem Bewegungsmangel. Das Unglück, so sagen die Ernährungswissenschaftler („Ökotrophologen" für die Liebhaber von Fremdwörtern), fing vor ca. zehntausend Jahren an: der Ackerbau. Die Agrarrevolution. Die wilden Gräser wurden durch Umzüchtungen zu Getreide. Das enthält Stärke. Die wird vom Körper zu Zucker abgebaut. Den brauchen wir, vor allem für das Funktionieren unseres Gehirns. Aber in der richtigen (das heißt geringen) Menge. Unsere Bauchspeicheldrüse regelt den Blutzuckerspiegel (genauer: die Höhe des Glucoseanteils im Blut). Ein Regelkreis mit negativer Rückkopplung und einem nicht sehr engen Sollwertbereich: nüchtern ca. 70–110 mg/dl.[9] Ist er dauerhaft *zu hoch,* dann ist das eine Krankheit: die Zuckerkrankheit (Diabetes). Eine *Unter*zuckerung (zum Beispiel, wenn Sie Hunger haben) führt zu Schweißausbrüchen und Trübung des Bewusstseins bis hin zum Koma, denn die Gehirnzellen brauchen die Glucose dringend.

Das ist nur *ein* Beispiel aus der Vielzahl der Regelkreise in unserem Körper. Mit dem Rest (Körpertemperatur, Herzschlag, Atemfrequenz, ...) könnte man viele Bücher füllen. Dass zum Beispiel die Körpertemperatur durch Schwitzen oder Zittern geregelt wird, brauche ich Ihnen nicht zu erzählen. Der Sollwert ist hier enger: zwischen 36,3 °C und 37,4 °C. Unser Immunsystem ist ein bei Weitem noch nicht vollständig erforschtes vernetztes System. Chronische Krankheiten (inklusive Diabetes und Allergien) nehmen dramatisch zu, auch und vor allem bei Kindern. Eine erstaunliche Studie zeigt, dass Dreck in der Luft (in Leipzig vor der „Wende") geringere Probleme bei Atemwegserkrankungen zur Folge hatten als vergleichsweise saubere Luft im Ruhrgebiet. Der „Schmutz" stärkt über Rückkopplungsschleifen das Immunsystem – anders, als man bisher dachte. Auch Haustiere fördern nicht immer Allergien, sondern verhindern sie (ebenfalls über die Stärkung des Immunsystems). Und dass eine natürliche Geburt (anstelle

[9]Anschaulich umgerechnet: 0,7–1,1 g je Liter.

eines Kaiserschnitts) das Neugeborene mit lebenswichtigen Bakterien „impft“, hat sich inzwischen herumgesprochen.

Das Monster in Ihrem Kopf

Die alten Griechen (mal wieder!) haben ein Fabelwesen erfunden, vorne ein Pferd, hinten ein Fisch. Sie nannten es „Hippokampos“, von *híppos* ‚Pferd‘ und *kámpos* ‚Monster‘. „Nett!“ dachten die Biologen, als sie das Seepferdchen entdeckten, das nur sehr wenig an andere Fische erinnert. Sein Kopf ähnelt eher dem eines Pferdes, sein Hinterleib einem Wurm. Also gaben sie ihm im Jahr 1570 den wissenschaftlichen Namen „Hippocampus“. „Passt doch!“ dachten Mediziner um 1700 herum, als sie im Anatomiesaal im Kopf des Menschen ein Hirnteil fanden, das genau diese Form hatte. Es musste ein relativ alter Teil des Gehirns sein, denn es war nahe dem Hirnstamm angesiedelt und „weit“ von der – aus Sicht der Evolution „neuen“ – Hirnrinde entfernt (die heißt deswegen auch *Neocortex*, lateinisch für ‚neue Rinde‘). Nach und nach fand man heraus, dass hier Gedächtnisinhalte aus dem Kurzzeit- in das Langzeitgedächtnis überführt werden. Der Hippocampus hat große Bedeutung für die räumliche Orientierung. Hier sind unsere „inneren Landkarten“ angesiedelt. Treten dort Schäden auf, werden Menschen vergesslich und können zum Beispiel keine Wegbeschreibungen mehr geben. Bei Londoner Taxifahrern konnte man mit der funktionellen Magnetresonanztomografie (fMRT) nachweisen, dass diese Hirnregion größer ist als bei anderen Bewohnern der Stadt. Eine schöne positive Rückkopplung: Das Speichern komplexer Landkarten vergrößert die Fähigkeit, komplexe Landkarten zu speichern. „Neuroplastizität“ nennen es die Fachleute: die Fähigkeit, die Nervenzellen (Neuronen) plastisch zu (ver)formen. Im übertragenen Sinne natürlich, denn Nervenzellen sind ja keine Knetmasse. Es ändert sich die Fähigkeit der Synapsen, Signale zu übertragen.

„Was haben wir da bloß alles im Kopf?“ möchte man fragen. Nun, drei Gehirne, wie Sie wissen. In Form von Knetmasse, sozusagen. Aber der Reihe nach: Überraschen Sie doch mal Ihren Arzt mit der Klage: „Seit einiger Zeit leide ich unter Nervenverformbarkeit.“ Wenn er gut ist, wird er sagen: „Wieso »leiden« …? Seien Sie doch froh!“ Oder er wird Sie fragend anschauen. Sie sehen, deutsche Wörter helfen auch nicht immer weiter, wenn man ihre Bedeutung nicht kennt. Also bleiben wir beim Fachbegriff „Neuroplastizität“. Lernen, wie wir gesehen haben, erfolgt individuell *und* in der biologischen Art. Die Trennlinie ist nicht ganz klar zu ziehen. So haben „wir“ (die Person oder die Art) gelernt, zu atmen und zu laufen. Ist es nicht interessant, dass wir natürliche Lebensfunktionen wie Herzschlag, Körpertemperatur oder Blutzuckerspiegel nicht willentlich (bewusst) beeinflussen können (sie sitzen im Stammhirn), den Atem aber – in Grenzen – doch?! Yoga und Meditation machen davon reichlich Gebrauch und erzeugen interessante Rückkopplungseffekte. Ist es nicht ebenfalls interessant, dass eine frisch geborene Antilope o. Ä. sofort aufsteht und laufen kann, ein Baby aber nicht?! Man vermutet, dass es – entgegen dem Augenschein – wie andere Säugetiere bei Geburt schon laufen *könnte.* Das heißt, das genetische Programm ist angeboren – nur das Gehirn ist noch nicht so weit, es richtig ablaufen zu lassen.

Ist das Gehirn ein Computer?

Vergleichen wir das Gehirn mit einem Computer.[10] Nein, das Gehirn *ist* kein Computer. Aber wir können alles vergleichen, wenn es nur eine passende Anzahl gleicher Eigenschaften aufweist (die genaue Begründung kann man bei Riedl nachlesen). Man kann eine Pfanni-Knödelpackung nicht mit einem Gedicht vergleichen und auch nicht mit der neben ihr im Regal stehenden. Mit einem Gedicht hat sie *nichts* gemeinsam, mit der anderen Packung aber *alles.* Um vergleichbar zu sein, dürfen es weder zu wenige noch zu viele gleiche Merkmale sein. Und man darf keine Schlüsse auf unterschiedliche Eigenschaften ausdehnen, die beide *nicht* gemeinsam haben. So könnte man also sagen, das „Gehprogramm" ist schon in den Genen gespeichert, aber die „Prozessorkarte" (spezielle Hardware, die die Motorik steuert, ähnlich der Grafikkarte, die die Anzeige am Bildschirm kontrolliert) ist noch nicht fertig gebaut. „Gebaut"? Wer baut denn noch – nach der Geburt? Antwort: das Gehirn. Es baut *sich selbst.* Neuroplastizität ist wie Knetmasse: Einzelne Synapsen, Nervenzellen oder auch ganze Hirnregionen verändern sich in ihren Eigenschaften und sogar in ihrer Masse in Abhängigkeit von der Verwendung. Das Gehirn arbeitet wie ein Muskel mit positiver Rückkopplung: Je stärker bestimmte Teile gebraucht werden, desto stärker wachsen sie an. Der Psychiater Manfred Spitzer hat dies ausführlich in seinen Büchern beschrieben. Leider gilt es auch umgekehrt: Beim Nichtgebrauch verkümmern sie. Spitzer nennt die entsprechende Erscheinung „digitale Demenz" (und schreibt ein Buch darüber).

Wenn das Gehirn die Hardware ist, dann sind unser Bewusstsein oder unser Geist, unsere Gefühle und Gedanken die Software. Software ist (um bei unserem Computervergleich zu bleiben) Information. Das lateinische Wort *informare* bedeutet ‚formen'. Denken Sie sich einen Schlüsselroh-

[10]Immerhin gibt es in der Bewusstseinsforschung eine Strömung, die eine *computational theory of mind* (CTM, computationale Theorie des Mentalen) verfolgt.

ling: reine Hardware, ohne jede Information. Feilen oder fräsen Sie jetzt die passenden Kerben in ihn hinein, können Sie mit dieser Information („Einformung") ein Schloss öffnen. Was unterscheidet diese Information von einer zufälligen und bedeutungslosen Einkerbung des Rohlings? Die Antwort ist in der Frage versteckt: Sie hat eine Bedeutung. Was bedeutet das nun wieder? Sie ist die Ursache einer Wirkung – in unserem Beispiel schließt sie das Schloss auf. Die Zeichenkette „Xe78aUug0K42" ist eher zufällig und bedeutungslos. Sie kann aber auch das Passwort meines Routers sein. Dann hat sie eine Wirkung: Sie stellt die Kommunikation zu meinem PC her. Die Wirkung oder Bedeutung kann auch eine Verknüpfung zu einer anderen Information sein. „13071983" wird dann zur Information, wenn sie mit dem Begriff „Geburtsdatum" einer anderen Person verknüpft ist. Information ist immateriell, sie braucht aber immer einen materiellen Träger – hier den Schlüssel. Oder die Zeichnung, das Schlüsselfeilprogramm oder auch nur das präzise Gedächtnis des Schlossers. Denken Sie sich den Schlüssel weg, ist auch die Information weg. Mit der Information allein können Sie kein Schloss öffnen. Das ist im Computer nicht anders. Die Information – Daten *und* Programme – braucht einen materiellen Träger, den Hauptspeicher, die Festplatte, den USB-Stick. Wird der Träger vernichtet, ist die Information weg.

Und im Gehirn ist es genauso. Unser Bewusstsein ist (als oberste Kategorie) Information. Es enthält Bedeutung, es löst eine Wirkung aus, zum Beispiel eine bestimmte Handlung. Es ist nicht materiell, aber es braucht einen materiellen Träger, den wir üblicherweise als Nervensystem bezeichnen. Es hat eine physikalische Basis: elektrische Signale oder chemische Neurotransmitter. Unser Bewusstsein – Erinnerungen und Verhaltensweisen, Geist und Seele – verschwindet mit unserem Gehirn. Viele Menschen glauben und hoffen etwas anderes, aber der Nachweis ist bisher nicht gelungen.

Der Naturwissenschaftler Bernd Vowinkel schreibt:[11]

> „Aus Sicht der Naturwissenschaften und der modernen Hirnforschung ist das Gehirn ein informationsverarbeitendes System. Die Schaltelemente sind dabei die Nervenzellen im Gehirn (Neuronen). Wir besitzen etwa 100 Mrd. davon. Die Information wird im Wesentlichen in den Synapsen gespeichert. Die Synapsen verkoppeln die Neuronen miteinander. Im Durchschnitt hat

[11]Quelle: Bernd Vowinkel: Tod und Wiedergeburt aus Sicht der Naturwissenschaften. gbs Köln (abgerufen Juni 2015) https://giordanobrunostiftung.wordpress.com/2009/06/23/tod-und-wiedergeburt-aus-sicht-der-naturwissenschaften/.

jede Hirnzelle etwa zehntausend Verbindungen zu anderen Hirnzellen. Die Informationsspeicherung geschieht über die elektrische Leitfähigkeit der Synapsen. Dazu spielt die Form der Synapsen und die Konzentration von Neurotransmitterstoffen in den Synapsen eine entscheidende Rolle.

So sagt der Hirnforscher Wolf Singer: »Es zeigt sich mehr und mehr, dass das Verhalten der Menschen, ihre Persönlichkeit und ihre Individualität allein auf dem Zusammenspiel der Nervenzellen im Gehirn beruht.« Der Philosoph Thomas Metzinger glaubt, dass durch die Erkenntnisse der Hirnforschung »der klassische Begriff der Seele endgültig zu einem leeren Begriff werden könnte."

Egal, ob man dieser Sicht zustimmt oder nicht. Egal auch, ob mit immaterieller Seele oder ohne: In Ihrem Kopf steckt ein komplexes, vernetztes und extrem rückgekoppeltes System.

Im Menschen steckt noch mehr – mindestens zwei

Wenn der Mensch „auch nur ein Tier" ist, haben wir erst die Hälfte der Wahrheit enthüllt. Auf der anderen Seite ist er natürlich *mehr* – und (zum zigsten Mal) „mehr ist anders". Der Mensch hat ein Bewusstsein. Die Wissenschaft kann es nicht genau definieren, aber jeder glaubt zu wissen, was das ist – aus der eigenen Erfahrung. Die Undefinierbarkeit des Offensichtlichen. Sie erinnern sich ja an Abschn. 2.1:[12] „Das Sein bestimmt das Bewusstsein bestimmt das Sein". Bewusstsein ist darüber hinaus auch noch selbstbezüglich: Wir nehmen bewusst wahr, dass wir ein Bewusstsein haben. Aber schauen wir mal genauer hin: Bewusstsein gibt es in „Stufe I" und „Stufe II". Fangen wir bei der fortgeschrittenen Version an: „Bewusstsein Stufe II" ist das, was wir üblicherweise darunter verstehen – das Wissen *über uns selbst.* Wenn wir etwas „bewusst" tun oder sagen, in voller Absicht, aus freien Stücken und freiem Willen. Der wachbewusste Zustand, das überlegte Denken, die planende oder sich erinnernde Geistestätigkeit. Dieses Bewusstsein ist *bewusstes Sein.* Bewusstsein Stufe II bezeichnen wir auch als „Reflexion" (aus dem Wortstamm: ‚das Zurückbeugen') – flott gesagt: Das Gehirn denkt über sich selbst nach. Es ist das reflektierende Bewusstsein – und damit sind wir wieder bei der bekannten Selbstbezüglichkeit. Unser Bewusstseinszustand bezieht sich auf *sich selbst.* Aber wir wissen auch hier

---

[12]Sie sehen, auch dieses Buch ist rückgekoppelt, vernetzt und selbstbezüglich. Denn das Thema setzt sich aus vielen Puzzlesteinchen zusammen, die miteinander in Beziehung stehen. Und schon der Systemtheoretiker Niklas Luhmann sagte: „Die Problematik liegt darin, dass die Begriffe zirkulär sind und ich immer etwas voraussetzen muss, was ich erst später erläutere."

(wie so oft bei sehr allgemeinen und abstrakten Begriffen) nicht so genau, *worüber* wir eigentlich reden. Die Fachleute (Philosophen, Psychologen, Gehirnforscher, …) rätseln noch immer, was darunter genau zu verstehen sei (man lese nur die Interviews im Buch von Susan Blackmore). Diese Art von Bewusstsein haben der Mensch und möglicherweise sehr hoch entwickelte Tiere (Delphine, einige Menschenaffen und andere), zum Beispiel die, die den „Spiegeltest" bestehen. Sie erkennen im Spiegel *sich selbst* und halten das Spiegelbild nicht für einen anderen. Das „Ich", das ein kleines Kind im Laufe der frühen Jahre entwickelt, ist diese „Stufe II" – das (selbst)bewusste Erkennen der eigenen Person. Auch der schon erwähnte Biologe G. Bateson hat über die zwei Ebenen nachgedacht und nennt sie „das lockere und das strenge Denken". Lockeres Denken steht hierbei für ein eher spekulatives, auf Fantasie und Intuition beruhendes Vorgehen; strenges Denken dagegen für logische Schlussfolgerungen und formale Analysen (eben Stufe II).

Damit erweitern einige den Begriff des Bewusstseins noch um die „Stufe I". Mit „Bewusstsein Stufe I" sind sehr viel mehr Lebewesen ausgerüstet, denn es war entwicklungsgeschichtlich früher da. Der Professor für theoretische Philosophie Thomas Metzinger nennt es in seinem Buch das „transparente Selbstmodell". „Transparent", weil wir nicht merken, dass wir es besitzen. „Selbstmodell", weil wir ein inneres Erleben haben, das unser Individuum in der Umwelt widerspiegelt. Wir brauchen keinen visuellen Rückkopplungsprozess, um zu wissen, wo sich unsere Hand befindet und welche Bewegung sie macht. Wir wissen es auch im Dunkeln. Es würde zu weit gehen, dies in allen Einzelheiten zu beschreiben – jedoch geht daraus hervor, dass es erheblich umfassender ist als das „bewusste Denken" der Stufe II. Denn nahezu alle Tiere (nicht nur die, die wir „intelligent" nennen) besitzen es: Sie „wissen", wo sie sind, was sie können, wie sie sich in ihrer Umwelt verhalten können. Laut Aussagen von Zoologen springt die Katze nicht dahin, wo die Maus *ist.* Sie „berechnet" im Voraus, wo die Maus sein wird, nachdem sie ihren „Fangsprung" gemacht hat. Ähnliches berichten sie von Fischen, die aus dem Wasser mit einem Wasserstrahl nach Insekten schießen. Offensichtlich „kennen" sie den Brechungsindex des Lichts an der Grenzfläche zwischen Wasser und Luft. Sie alle haben ein Modell ihrer Umwelt *und* von *sich selbst* in sich. Ein Affe, der keine realistische Vorstellung von dem Ast hat, zu dem er zu springen ansetzt (und kein Selbstmodell von sich und seinen Springkünsten), der ist bald ein toter Affe. Hätten unsere gemeinsamen Vorfahren dies nicht gekonnt, gäbe es uns nicht.

Das „Bewusstsein Stufe I" ist fast immer auf „ein", das der „Stufe II" eher selten (Menschen, die Abkürzungen und Formeln lieben, würden es

„B_I" und „B_{II}" nennen). Die Fähigkeiten von Neugeborenen (Schwimmen, Saugen, Lächeln usw.) zeigen eindrucksvoll den Umfang der angeborenen und unbewussten geistigen Tätigkeiten. Der Kognitionspsychologe[13] Daniel Kahneman nennt es in seinem Buch „System 1" und „System 2". Letzteres (B_{II}) erfordert Aufmerksamkeit bzw. setzt sie voraus. Die Lebensweisheit rät, es öfter einzuschalten. Sonst wacht man im Alter auf und ärgert sich, weil man gar nicht gemerkt hat, wie gut es einem früher ging. Sie wissen ja: Schlagfertigkeit ist, wenn einem hinterher einfällt, was man hätte sagen sollen. Da stellt sich die Frage: Wenn man glücklich ist – wird man glücklicher, wenn man *weiß*, dass man glücklich ist? Hier kann man auch wieder Tucholsky zitieren: „Wenn Sie tot sind, werden Sie erst merken, was Leben ist."

Zwei Seelen wohnen, ach!, in unserer Brust

„System 1" oder „Stufe I", unser unbewusstes Erkennen und Entscheiden ist schnell, aufwandsarm und meist zuverlässig. Es unterliegt aber auch Täuschungen (wie in Abb. 6.2). Wir nennen es auch „Intuition". „System 2" oder „Stufe II", unser bewusstes Denken, übernimmt die Regie, wenn es schwierig wird und hat meist das letzte Wort. Sofern man davon reden kann, denn die beiden bilden ja einen klassischen Regelkreis. Die beiden Bewusstseinsebenen zeigen den Verstand im Widerstreit mit dem Gefühl (eine Thematik, die schon viele Dichter beschäftigt hat). Und selbst bei den rationalsten Menschen, bei rein akademischen oder philosophischen Diskussionen – scheinbar nur auf der bewussten „Stufe II" – läuft „System 1" immer mit (der Kommunikationseisberg aus Abschn. 1.3). Im „System 2" ist der „freie Wille" angesiedelt, vermutlich (die Experten streiten noch darüber, ob es ihn überhaupt gibt).[14] „System 2" sehen wir beim Diplomaten, der erst einmal gründlich nachdenkt, bevor er *nichts* sagt. Das Sprichwort „Wer nicht hören will (B_{II}), muss fühlen! (B_I)" gibt ja auch schon einen ersten Aufschluss über diese Zweiteilung. B_{II} ist absichtsvolles Handeln. „Absicht", ein schönes Wort: B_{II} kann absehen, was die Folgen des Handelns sein werden, es kann in die Zukunft schauen und planen, „wenn – dann"-Spiele spielen, Alternativen abwägen – auf Kosten der Spontaneität.

B_I und B_{II} können weit auseinanderdriften und sich widersprechen. Ein Physiker kann die abenteuerlichsten Dinge glauben (B_I), die mit den

[13]Bezeichnung für einen Psychologen, der die Vorgänge erforscht, die mit Wahrnehmung, Erkenntnis und Wissen zu tun haben.

[14]Viele unterschiedliche (und trotzdem immer wohlbegründete) Meinungen sind bei Blackmore S (2012) nachzulesen.

Prinzipien der Wissenschaft (Objektivität, Beweisbarkeit usw.) nichts zu tun haben. Hiermit meine ich astrologische Vorstellungen oder den Glauben an Erdstrahlen oder Telepathie, nicht aber den religiösen Glauben. Der gehört in eine andere Kategorie. Jeder von uns ist seltsamerweise imstande, sich ein Weltbild aus Puzzlesteinen zusammenzusetzen, die nicht zusammenpassen. Auch die Unbelehrbarkeit vieler Leute („Was kümmern mich die Fakten?! Ich habe doch schon eine Meinung!") passt in diese Vorstellung: B_I ist gewissermaßen eingebrannt. Vorurteile lassen sich schwer durch Argumente bekämpfen, da beides auf verschiedenen Bewusstseinsebenen angesiedelt ist. Deswegen sitzen zum Beispiel Fremdenfeindlichkeit und Rassismus so tief. Bildung und Aufklärung ist also notwendig (wegen der erhofften Rückwirkung auf unsere unbewussten Einstellungen), aber nicht hinreichend.

Der Psychologe Gerd Gigerenzer hat B_I in seinem Buch „Bauchentscheidungen" genannt und beschrieben, wie überraschend häufig sich Manager bei ihren scheinbar rationalen Entscheidungen auf ihre Intuition verlassen. Da sie dies aber oft nicht zugeben können, hängen sie ihnen nachträglich ein rationales Mäntelchen um. Oder – schlimmer noch – sie verwerfen sie zugunsten einer „vernünftigen", gut begründbaren (aber leider *falschen*) Entscheidung.

Bei einem Streit werden wir laut – wider jede Vernunft, denn der Streitpartner hat sich ja nicht weiter entfernt und hört uns nicht schlechter. Auch wenn man mit jemanden spricht, der die eigene Sprache nur unzulänglich beherrscht, spricht man oft lauter statt langsamer und mit schlichterer Sprache. Bei einer schlechten Telefonverbindung sprechen wir ebenfalls lauter, wenn wir den anderen nur leise hören (schöne Rückkopplung!). Dabei wäre es angemessener, *leiser* zu werden, damit der *andere* nach derselben Regel lauter spricht. So unabhängig ist B_I von B_{II}. Einerseits. Andererseits werden wir böse (B_I), wenn jemand unserer klug überlegten (B_{II}) Meinung zur Wirtschaft oder Weltpolitik widerspricht. So tief reichen die Wurzeln von B_{II} in B_I hinein. Aber was sage ich! Sie wissen ja schon, dass komplexen rückgekoppelten Systemen mit einfachen Erklärungen nicht beizukommen ist. Doch die (spannenden) Einzelheiten sind nicht unser Thema. Wohl aber, dass beide Bewusstseinsebenen von Rückkopplungskreisen nur so wimmeln. Auch Stephen Hawking sagt, dass unser Gehirn ein komplexes rückgekoppeltes System ist wie die Weltwirtschaft oder das Wetter. Es verhält sich nach physikalischen Gesetzen. Trotzdem können wir unser Denken und Handeln nicht voraussagen. Das nennen wir „freien Willen".

Der Übergang vom Bewussten zum Unbewussten (oder Unterbewussten) ist wie der von hell zu dunkel – wobei dieser Vergleich nicht wertend gemeint ist, sondern die Grauzone des Übergangs meint. Denn da gibt es natürlich zwischen den beiden „Systemen" keine scharfe Abgrenzung, keinen klaren Übergang, keinen *Checkpoint Charlie* mit dem Schild „Achtung! Sie verlassen den bewussten Sektor!" (vergleiche Abb. 3.4: Macht die Natur Sprünge?). Auf jeden Fall vermischt sich im Unbewussten das individuell erlernte und das genetisch festgelegte, also ererbte Verhalten (der „angeborene Lehrmeister" nach Konrad Lorenz). Durch Rückkopplungskreise wirken das Bewusste und das Unbewusste aufeinander ein – genauer: nur das individuelle Unbewusste ist beteiligt. Das „kollektive Unterbewusste" kann nicht oder nur sehr schwer durch Anpassung und Lernen überschrieben werden. Ihr Fluchtreflex, Ihre Angriffswut, Ihre Demutsgeste – angeborene Reaktionen, die Sie schwer verstandesmäßig in den Griff kriegen. Obwohl ein Freund von mir selbstbewusst sagt: „Ich entscheide selbst, ob ich mich ärgere!"

Nebenbei: Wenn Sie wollen, nennen Sie Bewusstsein Stufe II „Geist" und Bewusstsein Stufe I „Seele". Dann hätten auch die meisten Tiere eine Seele (eine Meinung, die viele Menschen teilen). Geist, Seele und Bewusstsein sind im Deutschen stark unterschiedlich belegte und sehr individuell ausgelegte Begriffe. Im Englischen heißt es neutral *philosophy of mind*. Vielleicht könnte man im Gegensatz zu „dem Körperlichen" vom Bewusstsein als „dem Mentalen" sprechen – ein wenig Sprachakrobatik. Dieses Problem trat eigentlich erst im 17. Jahrhundert auf, als durch die Fortschritte der neuzeitlichen Physik (experimentelle Bestimmung und mathematische Formulierung von Naturgesetzen) „das Materielle" zur eigenständigen Kategorie wurde. Das ist nur ein allererster Ansatz zur Klärung dieser nebulösen Begriffe – eine weitere Vertiefung würde den Rahmen dieses Buches sprengen. Damit kann man in Bezug auf die Evolution sagen (vgl. Abschn. 6.2): Sie hat eine Richtung, denn das ist eine physikalische Größe, aber kein Ziel, denn das ist eine mentale Kategorie. Albert Einstein sagte zu dem Thema: „Der rationale Verstand ist ein treuer Diener und der intuitive Geist ein heiliges Geschenk. Wir haben eine Gesellschaft erschaffen, die den Diener ehrt und das Geschenk vergessen hat."

In der „Philosophie des Geistes" beschäftigt man sich ja ausgiebig mit der Frage, was Bewusstsein ist. Einige Philosophen vergleichen es ebenfalls mit einem Computer. Natürlich nicht so ein einfaches Ding wie auf Ihrem Schreibtisch, sondern ein Netz aus Tausenden miteinander verbundenen Supercomputern. Wenn das Gehirn die Hardware ist, dann ist der Geist oder das Bewusstsein die Software – Daten *und* Programme. B_I ist die Information der Software über die Welt. Sie enthält die Regeln für die Aktionen des Lebewesens in der Welt. B_{II} ist die Information der Software über die Information der Software (also eine „Meta-Information" über sich selbst). Hier treffen wir wieder die gute alte Selbstbezüglichkeit: „sich selbst"!

Der Popstar der US-Physiker, Michio Kaku, unterscheidet in seinem Buch sogar 4 Stufen des Bewusstseins, von Pflanzen bis zum Menschen. Er definiert Bewusstsein sehr breit wie folgt:

> Bewusstsein ist der Prozess, unter Verwendung zahlreicher Rückkopplungsschleifen bezüglich verschiedener Parameter (z. B. Temperatur, Raum, Zeit und in Relation zueinander) ein Modell der Welt zu erschaffen, um ein Ziel zu erreichen (z. B. Geschlechtspartner, Nahrung, Unterschlupf usw. zu finden).

„Rückkopplungsschleifen" – sieh an! Er sagt auch, dass die Zahl der Rückkopplungsschleifen von Stufe 0 bis Stufe 3 exponentiell (!) ansteigt. Er trennt und klassifiziert seine 4 Ebenen nach der Zahl der Rückkopplungskreise. Eine Pflanze (Ebene 0) hat vielleicht zehn, zum Beispiel zur Regelung von Temperatur, Feuchtigkeit und Schwerkraft. Das Bewusstsein im Reptiliengehirn (Ebene 1) enthält vielleicht 100 davon. Jeder davon kann seinerseits mehrere Schleifen enthalten, denn der Sehsinn beispielsweise nimmt Farben, Bewegungen, Formen, Lichtintensität und Schatten wahr. Auf der Ebene 2 siedelt er alle Säugetiere an – bis auf den Menschen, der auf Ebene 3 gehört (nur er sei in der Lage, „die Zukunft zu simulieren", also vorausschauend zu planen). Die zugehörigen Hirnstrukturen sind bei Ebene 1 der Hirnstamm, bei Ebene 2 das limbische System und bei Ebene 3 der Neocortex – alles alte Bekannte.

Bei Kakus Definition werde ich nachdenklich: „um zu" (um ein Ziel zu erreichen) – das setzt doch ein handelndes Subjekt voraus. Ein Vorhaben, einen Plan, einen Sinn oder Zweck, eine Absicht, eine Intention, einen Wunsch, einen Willen … wie auch immer man es nennen will. Also ein Subjekt mit einem Bewusstsein. Bingo! Die nächste „Selbstbezüglichkeit": Bewusstsein setzt Bewusstsein voraus. Und sowohl muss dieser Prozess auf einer Hardware laufen, als auch das Modell in einer solchen gespeichert werden. Bewusstsein (oder ein abstrakter Begriff wie „Geist") setzt ein Gehirn voraus.

Evolutionär gesehen kämpfen wir um sozialen Status und Anerkennung, und der entscheidende Vorteil in diesem Kampf ist die Fähigkeit, andere zu beeinflussen. Sie siedelt in der unbewussten sozialen Intelligenz (B_I) und nicht in der Vernunft (B_{II}). Wir müssen bei Menschen an die grundlegenden moralischen Intuitionen appellieren, denn die Vernunft verteidigt nur deren Schlussfolgerungen. Vielleicht ist das der Grund für die Unfähigkeit der meisten Menschen, die jeweiligen moralischen, ethischen, kulturellen, religiösen und weltanschaulichen Grundsätze zu verlassen oder auch nur kritisch zu hinterfragen?

Und bedenken Sie: „die Welt“[15] enthält natürlich auch das Subjekt, in dem das Bewusstsein wohnt (Metzingers „Selbstmodell“). *Ein* „Ich“ als Ganzes, das Entscheidungen trifft, ist laut Kaku eine Illusion – stattdessen herrscht eine „Kakophonie verschiedener miteinander konkurrierender Rückkopplungsschleifen“ in „komplexen, miteinander verschachtelten Netzwerken“. Vielleicht sollten Sie von nun an wie hohe Würdenträger im *Pluralis Majestatis* (Mehrzahlform der Majestät) reden, obwohl Sie nur sich selbst meinen: „Wir möchten gerne ein Bier!“

Als ich meinen neuen Oldtimer hatte

Keine Angst, das ist keine weitere Paradoxie („neuer Oldtimer“), sondern eine Bezeichnung für einen gerade frisch gekauften. Ein Auto für harte Männer. Servolenkung: Fehlanzeige. Bremsverstärker: wozu? Hydraulische Kupplung? I wo! Automatische Rückstellung des Blinkers: Schnickschnack. Und so weiter. Ein Auto, an dem einfach nichts dran ist, was man nicht wirklich braucht. Die erste Fahrt war schon problematisch. Denn ich habe ja auch ein modernes Auto *mit* allem Schnickschnack. Nachdem das Ausparken aus der Lücke beim Händler schon meine Armmuskeln beansprucht hatte, endete der erste Bremsvorgang fast mit einem Auffahrunfall. Ich trat viel zu schwach auf das Pedal. Auch meine Überholstrecken musste ich anpassen, neben so vielem. Als ich danach in das andere Auto umstieg, flog ich beim ersten Bremsen fast durch die Scheibe. Der kräftige Fußtritt, der im Oldtimer eine angemessene Verzögerung verursacht hätte, war hier eine Vollbremsung. In der ersten Woche musste ich jede Aktion absolut bewusst (also auf B_{II}) durchführen – stark im Oldtimer, sanft im normalen Auto.

Aber der Mensch ist ein lernendes System, gelegentlich. Selbst ich, manchmal. Einzelne bewusste Handlungen sinken (verbunden zu einem Gesamtkomplex) ins Unterbewusste. Inzwischen wechsle ich ohne nachzudenken und ohne Schwierigkeiten zwischen den beiden Fahrzeugen hin und her. Ist „Bewusstsein Stufe II“ (da, wo ich bewusst und kontrolliert überlege – wie beim Bremsen in der ersten Woche meines Oldtimers) nun in die erste Stufe abgewandert? Und ist das ein „Aufstieg“ oder ein „Abstieg“? Unwichtig. Es ist ja keine Bewertung, sondern nur eine wichtige Unterscheidung zweier völlig verschiedener Definitionen von „Bewusstsein“.

[15] In Kakus Definition: „ein Modell der Welt zu erschaffen“.

Die Grenze, der Übergang zwischen dem Bewussten (Stufe II) und dem Unbewussten (Stufe I) ist fließend und ändert sich mit der Zeit.

Der Spiegel berichtete im Juli 2014, dass die Hirnaktivität des brasilianischen Starfußballers Neymar (da Silva Santos Júnior) untersucht wurde. Er „verdankt seine Ballkontrolle ungewöhnlicher Routine, denn im Vergleich zu anderen Profis vollführt er komplexe Tricks fast automatisch. Neymars Hirn schaltete beim Fußballspielen auf Autopilot." Na bitte!

Mr. Gages Pech – Bewusstseinsforschers Glück

Phineas Gage gehört auch zum Kreis der üblichen Verdächtigen, wenn es um das Bewusstsein geht. Er ist jedoch kein Hirnforscher, sondern deren Untersuchungsobjekt. Allen voran entlarvte der Neurowissenschaftler António Damásio die von vielen Philosophen vertretene Trennung zwischen Körper und Geist als Irrtum.

Im Jahre 1848 wird einem Eisenbahnarbeiter namens Phineas Gage bei einer Explosion ein Teil seines Gehirns von einer Eisenstange zerstört. 1,10 m lang, 3 cm dick, Eintritt unterhalb des linken Auges, Austritt aus dem Schädeldach rechts, Landung 20 m hinter Mr. Gage – so der Unfallbericht. Gage überlebt nicht nur den Unfall, sondern bleibt sogar bei Bewusstsein (im üblichen Wortsinn, also ansprechbar). Die Ärzte diagnostizieren eine „Läsion im orbitofrontalen und präfrontalen Kortex" (was immer das ist), stellen aber keine Beeinträchtigung seiner Sprach- oder Denkfähigkeit oder sonstiger kognitiver Leistungen fest. Doch es kommt zu Veränderungen seiner Persönlichkeit und besonders zu einer Störung seiner Entscheidungsfähigkeit. Muss er eine Auswahl treffen, wird er total unsicher. Der emotionale Unterbau des rationalen Denkens fehlt. Sozusagen B_{II} ohne passendes B_I. Er stirbt erst 1860 und wird mit „seiner" Eisenstange beigesetzt.

Damásio hat das Phänomen in mehreren Beobachtungen auch bei anderen Menschen gründlich erforscht. Aber was zeigt das? Gefühle und Emotionen sind *irrational,* so sagte man bis dahin. Sie stehen rationalen Entscheidungen nur im Wege. Man muss sie *ausschalten,* um „vernünftig" zwischen Alternativen wählen zu können. Die Patienten aber waren ihrer Emotionen beraubt worden und *deswegen* nicht mehr fähig, sich zu entscheiden. Jetzt vermutet man, dass die Abwesenheit von Gefühlen die Menschen daran *hindert,* verschiedenen Handlungsalternativen emotionale Werte beizumessen. Diese aber brauchen wir bei der Entscheidungsfindung. Die strikte Trennung zwischen Körper und Geist, zwischen Gehirn und Seele konnte nun nicht länger aufrechterhalten werden. Zwar sind sie noch immer wesensverschieden, aber sie hängen irgendwie zusammen. Wie, das versuchen die Forscher noch zu klären. Aber zumindest das leuchtet ein: Hätte Gages Stange einen Computer durchbohrt, würde die Software auch nicht mehr richtig laufen. Auch die Ärzte Pierre Paul Broca und Carl Wernicke stellten schon Mitte des 19. Jahrhunderts einen Zusammenhang zwischen Hardware und Software beim Menschen her. Sie fanden die (getrennten!) Hirnregionen, die für das Sprechen einerseits und das Sprachverständnis andererseits zuständig sind (das Broca-Areal und das Wernicke-Areal).

Die einen sagen nun: *Erst* kommt das Gefühl, *dann* der Verstand, wenn man die beiden überhaupt trennen kann. Ich sehe eher die seltsamen Schleifen des Seins ... Vermutlich haben wir hier auch wieder einen Rückkopplungskreis, bei dem wir Ursache und Wirkung nicht sauber unterscheiden können. Wie gut, dass wir noch den freien Willen haben (wie zumindest viele meinen), die moralische Gewissensentscheidung als letzte Instanz.

Wie man in einem Interview bei Susan Blackmore nachlesen kann, hat der australische Philosoph David Chalmers 1995 die kniffligen Fragen bezüglich des Bewusstseins in zwei Gruppen eingeteilt: *the Easy Problem and the Hard Problem* (das einfache und das schwierige Problem). Das einfache Problem ist – nun ja – *nicht* einfach, aber lösbar: Wo im Gehirn finden welche Verarbeitungsprozesse statt, wie ist der Mechanismus des Lernens und der Erinnerung, was ist der Unterschied zwischen unbewussten und bewussten Vorgängen? Hier sehen wir die atemberaubenden Fortschritte der neurowissenschaftlichen Forschung. Aber die harte Nuss, ob wir die jemals knacken werden: Wie kommt es, dass wir etwas in unserem Inneren *erleben*? Wieso sehen wir die Farbe „Rot“, wenn eine elektromagnetische Welle mit der Wellenlänge von 610 Nanometern unseren Sehnerv reizt? Warum empfinden wir Schmerz, wenn elektrochemische Signale vom Fuß (auf den gerade ein Hammer gefallen ist) ins Gehirn geleitet werden? Wie entsteht das Gefühl von Liebe und Sehnsucht, wenn wir an eine bestimmte Person denken (die *Easy-Problem*-Forscher können dabei vielleicht ein bestimmtes Aktivitätsmuster in unserem Gehirn entdecken)?[16] Die Philosophen haben dafür den Begriff *Qualia* (lateinisch *qualis* ‚wie beschaffen‘) geprägt, die Bezeichnung für den subjektiven Erlebnisgehalt eines physikalisch-chemischen Zustandes im Gehirn. Louis Armstrong soll auf die Frage, was

[16]Während ein MRT (Magnetresonanztomograph) nur die Struktur des Gewebes im Körper (hier: im Gehirn) zeigt, kann man bei der funktionellen Magnetresonanztomographie (fMRT) den Sauerstoff- und damit Energieverbrauch der Gehirnzellen darstellen. Nun meinen leider viele etwas unkritisch, man könne „dem Gehirn beim Denken und Glauben zusehen“.

Jazz sei, geantwortet haben: „Wenn Sie das fragen müssen, werden Sie es nie erfahren.“ Der Philosoph Thomas Nagel fasste es 1974 in einem Aufsatz in der Frage zusammen: *„What is it like to be a bat?“* („Wie fühlt es sich an, eine Fledermaus zu sein?“) Die Neurologen werden vielleicht bald in der Lage sein, durch Reizung einer Hirnregion jemanden „grün“ sehen zu lassen oder in ihm religiöse Gefühle zu erzeugen (das können sie heute schon), aber welche Empfindungen er dabei hat, das weiß nur er. Die „neuronale Korrelation des Bewusstseins“ ist ein schöner Begriff. Es bedeutet, dass ein Bewusstseinsvorgang mit einem bestimmten Erregungsmuster im Hirn „korreliert“, ihm also entspricht. Das ist das „einfache Problem“, laut Chalmers. Das „schwierige Problem“ ist die *Erklärung* des inneren Erlebens, des „inneren Films“, den wir betrachten. Warum wird unser Verhalten überhaupt davon begleitet, warum sind wir keine „Zombies“?

Künstliche Empathie oder der Weg zum Zombie?

Ist ein Zombie denkbar wie im Film *Terminator,* der von außen durch *nichts* von Arnold Schwarzenegger zu unterscheiden ist (weder im Aussehen noch in allen seinen Handlungen und Reaktionen), in dessen Inneren es aber *dunkel* ist, weil hier nur ein Computer ohne Empfindungen arbeitet? Der britische Physiker und Biochemiker Francis Crick (ebenfalls bei Blackmore) nannte es „eine erstaunliche Hypothese“, dass unsere Gedanken, Gefühle, Empfindungen, Freuden und Schmerzen und alle anderen inneren Erlebnisse nur aus physiologischen Aktivitäten in der grauen Gehirnmasse bestehen. Aber woraus dann? Nun, niemand weiß es.

Gefühle sind also keine Gefährdung der rationalen Leistung des Gehirns, sondern eine Grundbedingung für das Funktionieren der Vernunft, wie auch die Informatik-Professorin Elisabeth André der Universität Augsburg befindet.[17] Sie verfolgt die Frage „Lässt sich Empathie simulieren?“ und erforscht Ansätze zur Erkennung und Generierung empathischer Reaktionen anhand von Computermodellen. Erst einmal eine seltsam abstruse Vorstellung. Zahlreiche empirische Studien belegen aber, dass viele Benutzer von Medien (z. B. einem Buchungssystem im Internet) erwarten, dass sie sozialen Anforderungen genügen. Denn Nutzer haben Emotionen, wenn sie mit einem technischen System interagieren, auch wenn wir die funktionale Seite eines technischen Systems in den Vorder-

[17]Quelle: Elisabeth André: Lässt sich Empathie simulieren? Ansätze zur Erkennung und Generierung empathischer Reaktionen anhand von Computermodellen. Universität Augsburg (abgerufen Juni 2015) https://megastore.uni-augsburg.de/get/2MqqJrrw7O/.

grund stellen. Das weiß ich selbst nur zu gut bei meinem Kampf mit Bill Gates' Produkten. Die Simulation von Empathie bei technischen Systemen erfordert die Wahrnehmung des emotionalen Zustands eines Nutzers, das Ziehen von Schlussfolgerungen über die Situation eines Nutzers und die Reaktion auf die Emotionen des Nutzers. Das Buchungssystem soll „ahnen", was ich möchte. So wie Amazon „weiß", welche Bücher mich interessieren. Das brauchen wir spätestens bei Haushalts- und Betreuungsrobotern, die menschliche Assistenz ersetzen sollen. Ist das der Weg zum „Zombie" oder die „Erschaffung von Bewusstsein" im Computer? Auf jeden Fall ein Beispiel für „soziales" Feedback zwischen zwei Partnern. Der eine stellt sich auf den anderen ein und umgekehrt.

„Jurassic Park" und die Realität

Der Film von Steven Spielberg ist auf den ersten Blick faszinierend. Es ist ja nicht auszuschließen, dass Biochemiker in Zukunft längst ausgestorbene Lebewesen mithilfe ihrer DNS rekonstruieren können. Werden demnächst also Saurier, Säbelzahntiger oder Mammuts auf unserem Planeten herumlaufen? Wohl kaum, denn auch hier tappen wir wieder in die Falle der „*einen* Ursache". Leben ist nicht ein Stoffwechselprozess, der in einem einzelnen Individuum abläuft. Es setzt immer einen Rückkopplungsprozess zwischen dem Individuum und seiner Umwelt voraus. Nicht nur die Nahrung der ausgestorbenen Arten müsste rekonstruiert werden, sondern vielleicht auch die Atmosphäre, in der sie atmeten. Und vor allem ungezählte Mikroorganismen der Urwelt, die ihren Darm besiedelten. Die Saurier aus Spielbergs Film haben sie sicher gebraucht, um ihre Pflanzennahrung zu zerlegen. Denn „Umwelt" ist nicht nur außen um ein Lebewesen herum, sondern auch *in* ihm drin. Der „paläontologische Zoo" wäre eine riesige Kette von vielfältig miteinander zusammenhängenden Prozessen, die sich gegenseitig beeinflussen. Eine biologische Art steht immer in Wechselwirkung mit ihrer Umwelt. Ähnliches sehen wir übrigens auch bei dem Versuch, Menschen in einer künstlichen Biosphäre (und diese selbst) überleben zu lassen. Das Scheitern des Projektes „Biosphäre 2" der *University of Arizona* („Biosphäre 1" ist das natürliche Ökosystem der Erde) ist ein Beispiel dafür. Viel Spaß also bei der Besiedlung des Mars!

Auch Viren sind oft Gegenstände von Gruselfilmen. Es sind „körperlose Erbanlagen". Ein Virus besteht nur aus einem Nukleinsäurestrang. Es ist ein schönes Beispiel für Selbstbezüglichkeit: Es enthält seinen eigenen Bauplan und den der Hülle, in die es verpackt ist. Es ist im engeren Sinne *kein* Lebewesen. Es infiziert eine Zelle, in dem es die Zellwand durchbohrt und durch das Loch seine Nukleinsäure (also „sich selbst", abgesehen von der Hülle) in die Zelle entleert. Der normale Lebensmechanismus der Zelle transportiert sie in den Zellkern, wo sie das Erbmaterial verändert (die Nukleinsäuren der Zelle) und die Zelle dazu zwingt, einen „falschen Bauplan" zu reproduzieren. Und zwar in hundertfacher Ausfertigung. Die Zelle stirbt ab, das Virus hat sich vervielfacht. Darauf kommen wir gleich noch zurück.

Körperverletzung im Dienst der Wissenschaft

Die Versuchsperson in dem blauen Pullover bekam klare Instruktionen: „Schließen Sie bitte kurz die Augen. Legen Sie Ihre linke Hand vor sich auf den Tisch. Die rechte legen Sie bitte locker auf ihren Oberschenkel unter dem Tisch. So, nun können Sie Ihre Augen wieder aufmachen!" Danach sah der Proband vor sich auf dem Tisch zwei Unterarme in einem blauen Pullover: seine linke Hand und rechts eine fleischfarbene Gummihand. Diese begann der Versuchsleiter mit einem Pinsel leicht zu streicheln. „Ist das angenehm?" wollte er wissen. Und die Versuchsperson bejahte. Nach wenigen Minuten bat er die Versuchsperson, auf ihre rechte Hand zu zeigen – und der Proband zeigte auf die Gummihand. Da nahm der Versuchsleiter ein Messer und rammte es in die Gummihand. Der Proband schrie auf und seine rechte Hand auf dem Oberschenkel zuckte zurück.

Was war passiert? Perfekte Rückkopplung: Der Versuchsleiter hatte gleichzeitig und mit genau den gleichen Bewegungen auch die echte Hand des Probanden auf seinem Oberschenkel mit dem Pinsel gestreichelt. Die unbewusste Selbstwahrnehmung, die das Bild des eigenen Körpers formt, bezog die künstliche Hand in das Selbstmodell B_I („Bewusstsein Stufe I") mit ein.

Ein indischer Neurologe, Vilayanur S. Ramachandran, entwickelte 1996 aus dieser Idee eine Behandlungsform gegen Phantomschmerzen, die er „Spiegeltherapie" nannte. Phantomschmerzen sind die Schmerzempfindungen in einem amputierten Glied. Dabei wird dem Patienten mittels eines Spiegels der amputierte Körperteil (z. B. Hand oder Fuß) so verdeckt, dass er genau an dessen Stelle ein Spiegelbild des gesunden Körperteils sieht. Diesen setzt man dann Berührungsreizen aus. Das Gehirn interpretiert nach einiger Zeit diese Reize so, als ob sie vom amputierten Körperteil kämen, bekommt also eine scheinbare Rückmeldung von ihm. Die Phantomschmerzen, für deren Entstehung es verschiedene Erklärungsansätze gibt, werden dadurch verringert. Plausibel erscheinen vom Gehirn ausgehende Nervensignale, die mit keiner realen Rückmeldung beantwortet werden und somit in Schmerz („Hier stimmt was nicht!") uminterpretiert werden. Die Spiegeltherapie sorgt für diese (wenn auch virtuelle) Rückmeldung und ist ein weiteres Beispiel dafür, wie sich das Gehirn eine nicht existente Realität konstruiert und wie wir uns durch Feedback mit ihr auseinandersetzen.

Nachfühlen ist Hardware

Sie kennen diese etwas herablassende Frage mancher Ärzte: „Wie geht es uns denn heute?" Wenn Sie sowieso den Doktor wechseln wollen, dann antworten Sie doch: „Wie es *mir* geht, weiß ich, aber nicht, wie es *Ihnen* geht!" Er kann sich nicht in Sie hineinversetzen, genauso wenig wie umgekehrt. Denn Lebewesen sind „Holons", sie haben eine Außen- und eine Innensicht. Von außen können wir ihr Verhalten beobachten, aber wir wissen nicht, wie es innen aussieht, was sie *wie* erleben. Wir können sie befragen (zumindest, wenn das Lebewesen ein Mensch ab einem bestimmten Alter ist), aber das bringt uns nur ein Stück näher. Wir können es nicht „nacherleben". Sie erinnern sich an die schöne Frage des Philosophen Thomas Nagel: „Wie ist es, eine Fledermaus zu sein?" Wir können ja nicht einmal „nachfühlen" (ein schönes Wort in dem Zusammenhang), wie es ist, jemand anderes zu sein. „Das kann ich dir nachfühlen" ist eigentlich eine Lüge. Oder doch nicht?

Wir schreiben das Jahr 1992. Giuseppe di Pellegrino sitzt einem Äffchen gegenüber, einem wenige Tage alten Makaken. Er streckt ihm die Zunge heraus. Das ist nicht sehr fein, findet das Neugeborene. Und streckt ihm seinerseits die Zunge heraus.[18] Wie konnte das geschehen? Es konnte dies ja nicht gelernt haben, dazu war es zu jung. In den Genen dieser Affenart konnte es auch nicht verankert sein, denn welchen Überlebensvorteil hätte es gehabt? Bei weiteren Versuchen stellte der Forscher fest, dass der Affe noch mehr Handlungen nachahmte. Und nicht nur das, das Tier (und andere Versuchstiere auch) schien sogar die Stimmungen und Gefühlslagen seiner Gegenüber nachzuempfinden, so wie wir vom Lachen oder Weinen anderer angesteckt werden. So kam di Pellegrino ins Grübeln. Er beschloss, im Kernspintomografen nachzusehen, was im Gehirn des Affen vor sich ging. Und er entdeckte etwas Erstaunliches: Es waren immer dieselben Gehirnbereiche, unabhängig von der Art des Außenreizes. Nervenzellen, die die Außenwelt widerspiegeln. Dieselben Nervenzellen, die beim Ausführen einer Handlung „feuern", werden auch aktiv, wenn die Handlung nur beobachtet wird.

Der Begriff „Spiegelneuron" war geboren. Das Wesen, das sie besitzt, hat einen Vorteil im „Kampf ums Dasein": Es kann die Gefühle der Artgenossen

[18]Ein neugeborenes Baby hat bereits nach 20 min ebenfalls diese Fähigkeit.

(und auch anderer Arten) verstehen und ihre Absichten erraten. Wenn diese feindselig sind, liegt der unmittelbare Überlebensvorteil auf der Hand. Es ist eine Art sozialer Resonanzkörper, der in einem die gleichen Gefühle mitschwingen lässt, die der andere hat – soziales Feedback. Dadurch fördert es den sozialen Zusammenhalt, und auch das ist ein – wenn auch längerfristiger – Überlebensvorteil. Dabei scheint das Nachempfinden über das bloß „theoretische" Erkennen einen zusätzlichen Nutzen zu bringen. Über eine interne „Schleife" dieses Spiegelmechanismus werden die eingehenden Informationen emotional eingefärbt und damit verstärkt (die positive Rückkopplung meldet sich zu Wort). Der lebensnotwendige Bereich B_I, der Mr. Gage so zu schaffen machte.

So sind die Gesichtsausdrücke aller Menschen dieser Welt bei „Basisemotionen" (Freude, Trauer, Wut, Ekel, Angst usw.) dieselben. Schon Neugeborene werden vom Weinen eines anderen Neugeborenen „angesteckt". Wenn Sie also demnächst losprusten, bloß weil Ihr Gegenüber einen Lachanfall bekommt, dann wundern Sie sich nicht! Und wenn Ihr Partner Sie fragt, warum Sie denn so blöd lachen, sagen Sie einfach lapidar: „Ach, meine Spiegelneuronen sind wieder mit mir durchgegangen!" Und jetzt wissen Sie auch, warum im Fernsehen bei quälend langweiligen *Comedy Shows* Gelächter aus der Tonkonserve eingespielt wird.

6.7 Mehr Beispiele für Feedback in Medizin und Biologie

Im Abschn. 2.3 haben Sie vielleicht über die Paradoxie gelacht bei dem Satz des Arztes: „Ich verschreibe Ihnen mal ein Placebo." Sie haben zu früh gelacht. Denn der Arzt kennt die neuesten Studien und fährt fort: „Obwohl kein Wirkstoff drin ist, hilft es trotzdem. Im Kernspintomografen sieht man, dass bei Patienten die Schmerzen nachlassen, auch wenn sie *wissen,* dass das Medikament nur Zucker enthält. So wird es auch bei Ihnen sein. Und für besonders günstig halte ich es, dass es keinerlei Nebenwirkungen auslöst."

Das ist ein doppelter Placebo-Effekt, nicht nur mit dem Medikament, sondern auch durch die positiven und aufbauenden Worte des Arztes. Denn das ist ebenfalls ein Ergebnis der Placeboforschung: Besorgte Patienten achten besonders auf positive wie auch auf negative Aussagen. Selbst im Schockzustand nach einem Unfall fokussieren sie auf die Worte von anderen – selektive Wahrnehmung in Reinform (siehe Abschn. 7.7). Sagen Sie also nie zu dem Opfer eines Verkehrsunfalls, das mit einem offensichtlich komplizierten Beinbruch auf der Straße liegt: „O Mann! Das sieht ja schlimm aus! Sicher haben Sie furchtbare Schmerzen!" Bösen Scherz beiseite – geben Sie dem Patienten ein verbales Placebo: „Es ist nicht so schlimm! Bleiben Sie ruhig liegen … Ich leiste Ihnen erste Hilfe. Ein Arzt ist schon unterwegs. Es wird alles gut werden, wir sorgen uns um Sie." Diese „Verbale Erste Hilfe" (*Verbal First Aid*™) ist inzwischen ein geschützter Begriff und wird nach der Erprobung im „Kansas-Experiment" im Jahr 1976 vielen Rettungssanitätern beigebracht. Das verwandelt einen englischen Scherz für Philosophen (der schlecht zu übersetzen ist) in sein Gegenteil: „*What is mind? No matter. What is matter? Never mind!*" (Was ist Geist? Keine Materie. Was ist Materie? Niemals Geist [aber auch umgangssprachlich: ist egal!]). *Verbal First Aid*™ dagegen besagt: Es kommt auf den Geist an (*mind matters*)!

Heiler und Heilung: Feedback von außen und von innen

Durch positives Denken können auch chronisch Kranke ihre Situation verbessern. Aber wie denkt man positiv, wenn einen Angst und Sorge herunterziehen? Wenige können willentlich einen Schalter umlegen und sagen: „Ach, ich nehme meine Krankheit nicht so ernst!" Ohne in die Einzelheiten zu gehen – es gibt viele professionelle Verfahren, um aus der positiven Rückkopplung (im technischen Sinne: Die ANGST VERSTÄRKT DIE SCHMERZEN VERSTÄRKEN DIE ANGST) eine negative, ein gegensteuerndes und dämpfendes Feedback zu machen. Man kann es bei Fachleuten lernen und üben.

„Ich werde gefallen", das sagt der Lateinlehrer. In seiner Sprache: *placebo.* Ein Begriff, der in der Medizin Einzug gehalten hat. Medikamente ohne jeden Wirkstoff, die trotzdem heilen. Auch Tiere reagieren auf Placebos, indirekt natürlich. Der Placebo-Forscher Paul Enck am Universitätsklinikum Tübingen sagte in einem *Spiegel*-Interview wörtlich:

> „Man muss sich den Tierbesitzer genau anschauen. Wenn sein Tier krank wird, ist er natürlich nervös. Er hat die positive Erwartung an die Pillen, beobachtet den Krankheitsverlauf genau und reagiert sofort auf jede Verbesserung und entspannt sich. Er ändert sein Verhalten, kümmert sich womöglich auch einfach mehr um das Tier. All das wirkt positiv auf das kranke Tier. Ganz besonders extrem können Sie das in der Pferdehaltung sehen. Dort sind Homöopathika sehr verbreitet. Ich kann mir das nur so erklären, dass Pferdehalter hinsichtlich der Gesundheit ihrer Tiere außergewöhnlich nervös sind, weil Pferde schon an Kleinigkeiten, wie beispielsweise Koliken, sterben können. Die Homöopathika entspannen dann

vor allem die Pferdehalter. Und das wirkt auf die sehr sensiblen Pferde stark zurück."

(In Abschn. 7.3 werden Sie ein wunderschönes Beispiel für die Sensibilität von Pferden antreffen.)

Also denken Sie positiv und vermeiden Sie negatives Denken. Beides kann man unter Anleitung üben, und sei es Hasya-Yoga („Lachyoga"). Auch dabei erfahren Sie ein Feedback vom Körper auf den Geist, vom „so tun als ob" auf die echte Fröhlichkeit. Ein indischer praktischer Arzt und Yogalehrer, Madan Kataria, hat es wesentlich entwickelt. Er sagt, passend zu unserem Thema: „Wir lachen nicht, weil wir glücklich sind – wir sind glücklich, weil wir lachen!" Ohne die Augen vor den Gefahren und Risiken des Lebens zu verschließen: Das Leben ist gefährlich, und meistens endet es mit dem Tod. Aber man muss ja nicht jeden Tag seinen Beipackzettel lesen!

Männer, meidet Schildkröten!

Im Gegensatz zum Placebo-Effekt gibt es auch den „Nocebo-Effekt", wörtlich übersetzt etwas, das uns *nicht* gefallen wird. Auch hier gilt der zyklische Spruch: DIE ERWARTUNG BESTIMMT DAS GESCHEHEN BESTIMMT DIE ERWARTUNG. In Indonesien und Malaysia, aber auch in China und anderen fernöstlichen Ländern grassiert manchmal die *Koro*-Krankheit, sogar gelegentlich in Epidemien. Die Herkunft des Wortes *Koro* ist nicht ganz geklärt, vermutlich malaiisch ‚schrumpfend' oder ‚Schildkröte(nkopf)'. Alte chinesische Überlieferungen prophezeien, auf *Koro* folge der sichere Tod. Die Zeit-Journalistin Ute Eberle hat über einen Fall berichtet: Ein 34-jähriger Chinese muss im Kino auf die Toilette. Dort ergreift ihn blankes Entsetzen, denn sein Penis ist geschrumpft! Panisch umklammert er sein Genital und schreit um Hilfe. Aber niemand hört ihn. Es dauert eine halbe Stunde, bevor er sich aufrafft, um ärztliche Hilfe zu suchen.

Die Diagnose war einfach. Der Mann litt an *Koro*, einer Wahnvorstellung, der Penis verschwinde im Körper. Wie der Kopf einer Schildkröte in ihrem Panzer. Eberle schreibt:[19]

> „Panisch beginnen die Betroffenen an ihrem Geschlecht zu zerren, zuweilen unterstützt von Nachbarn und Verwandten. Auch Gewichte, Seile, sogar Stecknadeln sollen den vermeintlichen Schrumpfprozess stoppen. Manche

---

[19]Quelle: Ute Eberle: Verrückt, loco oder crazy? *Die Zeit* N° 21/2002 https://www.zeit.de/2002/21/Verrueckt_loco_oder_crazy_.

Koro-Patienten verstümmeln sich dabei aufs Übelste. Glücklicherweise ist es recht einfach, sich vor Koro-Attacken zu schützen. Der chinesische Volksmund etwa rät, nie vor einer Schildkröte zu laufen – sie könnte den Kopf einziehen, ein ungutes Omen."

Die Welt ist voll von solchen „kulturspezifischen Störungen":

„Westafrikanische Studenten befällt zuweilen *brain fog* (Hirnnebel), eine lähmende Konzentrationsschwäche, die ihnen die Gedanken vernebelt. Grönlands Eskimos sind anfällig für Arktische Hysterie, eine gefährliche Raserei, weil die Betroffenen oft in die Kälte rennen und sich die Kleider vom Leib reißen, bevor sie stundenlang ins Koma fallen. Die Bewohner der australischen Wellesley-Inseln bekommen die magenverkrampfende Angstattacke *Malgri,* wenn sie ins Meer tauchen, ohne sich zuvor alle landgewachsenen Nahrungsspuren von den Händen gewaschen zu haben (sie glauben, Land und Meer seien Feinde)."

Die Folgen demonstrieren auf dramatische Weise, die in der Fachliteratur dokumentierten „Voodoo-Tode", in denen Menschen abrupt vor Angst sterben, weil ihnen etwa aufgeht, dass sie versehentlich ein mächtiges, unter Todesstrafe geschütztes Tabu gebrochen haben. Sind es seelische Krankheiten mit biologischen Folgen? Oder sind es physische Störungen mit psychischen Erscheinungen? Wie so oft bei solchen scheinbaren „Entweder-oder-Fragen" tippe ich auf einen sich selbst verstärkenden Rückkopplungsprozess.

„Denke krank, werde krank!" (*think sick, be sick*), das vermuten klinische Mediziner, die den Einfluss seelischer Zustände auf körperliche Symptome erkunden. Wurde bei einzunehmenden Medikamenten ausdrücklich vor Nebenwirkungen gewarnt, traten sie fast dreimal häufiger auf – wie Studien ergaben. Der Nocebo-Effekt, wie zu zeigen war. Lassen Sie also den Beipackzettel Ihren in „Verbaler Erster Hilfe" geschulten Arzt lesen!

Ein neuerer Nocebo-Effekt scheint „Orthorexie" zu sein, der (oft zwanghafte) Versuch, sich möglichst „gesund" zu ernähren. Es klingt harmlos, denn aus dem griechischen Wortstamm ergibt sich die Bedeutung ‚der richtige Appetit'. Die Betroffenen essen nur Vollwertkost, kaufen in Bioläden ein und meiden Lebensmittel mit künstlichen Zusatzstoffen. Ihre Gedanken kreisen nur um gesunde Ernährung. Kein Wunder, wenn heutzutage die Zutatenliste einer Tütensuppe im Supermarkt dem Beipackzettel eines gefährlichen Krebsmedikamentes ähnelt. Allmählich jedoch verwandelt sich diese – unbestritten gesunde – Einstellung in eine Besessenheit und überschreitet die Grenze des Gesunden. So erging es dem US-amerikanischen Arzt, Stephen Bratman, der 1997 diesen Begriff prägte. Der Drang zu gesundem Essen macht krank – da haben wir ihn doch wieder, unseren bekannten Teufelskreis!

Vielleicht folgen Sie der Empfehlung des Schweizer Schriftstellers Rolf Dobelli, der sich keine Nachrichten mehr ansieht. Denn „nur schlechte Nachrichten sind gute Nachricht", so sagen manche Journalisten. Und das trägt zu positiver Rückkopplung und damit negativem Denken bei. Tägliche Horrormeldungen ziehen uns herunter. Also motivieren Sie sich bei der nächsten Herausforderung selbst: „Das schaffe ich!" Ihr Gehirn unterstützt Sie dabei durch sein Belohnungssystem. Es schüttet den im Volksmund als „Glückshormon" bezeichneten Neurotransmitter Dopamin aus. Wie bei jeder positiven Rückkopplung besteht auch hier die Gefahr der Übertreibung: die Sucht. Denn jedes positiv rückgekoppelte System muss irgendwann einmal in negative, also dämpfende Regelung umschalten.

Deswegen tun die „Helikopter-Eltern" ihren Kindern keinen Gefallen. Wie ein Rettungs- und Überwachungshubschrauber kreisen sie über ihnen und versuchen, jede Gefahr von ihnen fernzuhalten. Doch sie fördern die negative Grundeinstellung: „O je, hoffentlich passiert mir nichts!" Manche Menschen stehen ja aus Angst vor den Gefahren des Lebens morgens gar nicht mehr auf. Aber denken Sie daran: Die meisten Menschen sterben im Bett. (Dieser Kalauer war mal wieder nötig.)[20]

Lüg mich an!

Unsere menschlichen „Basisemotionen" (Freude, Trauer, Wut, Ekel, Angst usw.) sind überall dieselben, wie schon erwähnt. Sie dienen zur (unbeabsichtigten) Kommunikation. Kommunikation findet bei vielen Tieren (einschließlich uns) in 3 „Sprachen" statt. „Den kann ich nicht riechen!" sagen wir und wissen gar nicht, wie recht wir damit haben. Er „stinkt uns" oder – vornehmer ausgedrückt – „die Chemie stimmt nicht zwischen uns". Das ist die erste Sprache, die der Düfte. „Duftsprache" ist kein üblicher Begriff im menschlichen Bereich, wohl aber „Körpersprache". Darunter verstehen wir alles, was unser Körper in Form von Gestalt, Haltung, Mimik, Gestik usw. ausdrückt. Das meiste davon erfolgt unbewusst, obwohl Profis dies durchaus beeinflussen können (man denke an das bekannte „Poker-

[20]Es ist ein pädagogischer Kalauer, denn er weist auf die verborgenen Feedback-Schleifen hin, die sich in vielen Paradoxien verstecken (deswegen der ausführliche Abschn. 2.2).

face“). Das „Vokabular“ dieser Sprache ist vermutlich umfangreicher als die Menge der chemischen Signale. Dafür sagen Letztere allerdings immer die Wahrheit. Die dritte und höchste Sprache ist natürlich die Lautsprache. Die menschliche Sprache bietet eine reichhaltige, ja fast unbegrenzte Menge an Ausdrucksmöglichkeiten. Sie wird weitestgehend bewusst (B_{II}: Bewusstsein Stufe II) kontrolliert – und deswegen können wir mit ihr hervorragend lügen. Und tun es auch … angeblich Hunderte von Malen am Tag. Und deswegen achten „menschliche Lügendetektoren“ am wenigsten auf das, was wir sagen, sondern vor allem auf die Körpersprache und – wenn es geht – auch auf chemisch-biologische Reaktionen (Schwitzen gehört dazu). Der Bekannteste unter ihnen ist der Psychologe Paul Ekman, weil er Unwahrheiten aufgrund unbewusster Anzeichen im Gesichtsausdruck fast hundertprozentig erkennt. Er wurde besonders für seine Forschungen zur nonverbalen Kommunikation berühmt, die auf einer genauen Beobachtung der „Mikromimik“ beruht. So berühmt, dass sogar eine Fernsehserie (*Lie to me!*, ‚Lüg mich an!‘) daraus entstand.

Nebenbei: Inzwischen wird an maschinellen Lügendetektoren gearbeitet, die im Kernspintomografen das Gehirn beim Lügen ertappen. Wir sehen also, dass sich bei den „3 Sprachen“ die Vielfalt der Ausdrucksmöglichkeiten entgegengesetzt zum Wahrheitsgehalt entwickelt. Unsere Kommunikation bildet nicht die Wirklichkeit ab, sondern ersetzt sie durch Symbole, auf deren Deutung sich die Kommunikationspartner halbwegs geeinigt haben. Manche dieser Symbole sind international und weitgehend einverständlich (z. B. Lächeln), mit anderen reden wir ständig aneinander vorbei (z. B. „Auf Wiedersehen!“).

Die Nahrungskette ist keine

Wir hören den Begriff „Nahrungskette“ ja oft. Der Hai, sagt man, sei der „König der Meere“, weil er am Ende der Nahrungskette stehe. Na, sagen wir: der Vizekönig. Der wahre König ist der Mensch, und er duldet niemanden neben sich. Ein grausamer Herrscher. Er will alles selbst haben. Er tötet ohne Not und isst ohne Hunger. „Genießen“ nennt man das, und das Ganze gehört zur „Zivilisation“. Ein japanischer Fischkutter ist eine schwimmende Fabrik. Damit werden Haie gefangen, ihre Flossen genießen die späteren Kunden, der Rest wird ins Meer geworfen. Dort kommen die Mikroben und zerlegen ihn, verwerten und verdauen ihn. Die Natur kennt keinen Müll. Es ist ein Kreislauf, ein Regelkreis. Läuft die Natur also sinnlos im Kreise? Antwort: Ja und nein. Ja, sie kennt fast nur Kreisläufe. Nein, sinnlos ist es nicht. Es dient dem Zweck der Müllvermeidung. Nur, dass dieser Sinn und Zweck der Evolution von niemandem und nichts vorgegeben wurde – er hat sich von selbst eingestellt.

In Wikipedia® findet sich unter dem Begriff „Nahrungskette“ bei den Fallbeispielen eine schöne Geschichte, die ich hier fast wörtlich wiedergeben möchte:

> „Im amerikanischen Yellowstone-Nationalpark wurden die Wölfe ausgerottet, nachdem das Gebiet unter Schutz gestellt wurde. Damit sollte die Population der Bisons gesichert werden. Im Gebiet wurde daraufhin eine extreme Dichte von Wapiti-Hirschen beobachtet, die in manchen Regionen dicht wie Rinder auf der Weide standen. Nachdem Versuche, die Dichte der Wapitis durch Abschießen zu begrenzen, fehlgeschlagen waren, wurde der Wolf erneut angesiedelt. Nun kam es zu folgenden Effekten: 1. Entlang der Flussufer wuchsen an manchen Stellen anstelle von Gras Dickichte aus Pappeln auf. Genauere Untersuchungen zeigten, dass es sich um unübersichtliche Stellen handelte. Diese wurden nun offensichtlich von den Wapitis gemieden, die vorher durch ihren Fraß der Sämlinge die Pappeln unterdrückt hatten. Entscheidend war hier offensichtlich gar nicht so sehr die Dichtebegrenzung der Wapiti-Population durch den Fraßdruck des Fressfeindes Wolf (wie nach Lehrbuch zu erwarten), sondern einfach die Furcht der Wapitis vor den Wölfen, also eine Verhaltensänderung. Solche indirekten Effekte sind in zahlreichen Ökosystemen hoch bedeutsam. 2. Durch die Pappeldickichte als Nahrungsressource angelockt, begann der im Nationalpark ausgestorbene Biber wieder in das Gebiet einzuwandern und erreichte bald hohe Dichten. Es zeigte sich also, dass die Präsenz des Wolfes über diesen weiteren indirekten Effekt für das Vorkommen des Bibers entscheidend ist. Dies hätte niemand vorhersagen können. 3. Biber und Wapiti zusammengenommen können schließlich unter Umständen die Weichholzwälder wieder unterdrücken.“

Hier ist nun alles versammelt: positive und negative Rückkopplung, vernetzte Systeme, unvorhergesehene Nebenwirkungen.

„Corona“ – ein Lehrstück

Über die „Corona-Krise“ (offiziell die COVID-19-Pandemie) haben viele vieles geschrieben. Es erscheint müßig, dem noch etwas hinzuzufügen. Aber sie offenbart deutlich die Verhaftung vieler Menschen in linearem und monokausalem Denken. Die Pandemie ist leider ein gutes Beispiel für das Unvermögen vieler Menschen, das Verhalten komplexer nichtlinearer dynamischer Systeme richtig einzuschätzen. Und ich spreche nicht von dummen Äußerungen dummer Politiker der Art: „Wenn wir weniger testen, dann haben wir auch geringere Fallzahlen“. Aber selbst intelligentere Leute fallen auf monokausale Argumentketten herein. An Rückkopplungseffekte oder Nebenwirkungen wird noch seltener gedacht. So stiegen zum Beispiel nicht nur die Umsätze der Online-Händler und Logistikunternehmen (naheliegend), sondern auch die der Hörgeräte-Industrie. Viele Menschen, die nicht mehr so gut hören, unterstützen unbewusst ihre Spracherkennung, indem sie von den Lippen ihrer Gesprächspartner lesen. Wenn das bei weitgehender Maskenpflicht ausscheidet, gehen sie zum Hörgeräte-Akustiker.

Der Physiker Dirk Brockmann arbeitet u. a. am Robert Koch-Institut in Berlin an der Modellierung der Ausbreitung der Pandemie. Er interpretierte als Erster öffentlich den Zusammenhang zwischen Ausbreitung und Verhalten der Bevölkerung als negative Rückkopplung: „Es gibt eine Rückkopplung zwischen dem Verhalten der Menschen und der Ausbreitung des Virus. Die Ausbreitung bewirkt eine Verhaltensänderung der Menschen, die wiederum die Ausbreitung des Virus beeinflusst. Steigen die Fallzahlen, dann wird die Bevölkerung vorsichtiger und achtet mehr auf Abstand, Hygiene und Masken. Dadurch fällt die Zahl der Neuinfektionen und die Menschen werden wieder risikofreudiger und unvorsichtiger. Ein typischer Rückkopplungskreis. Einen möglichen stabilen Endzustand kann man nicht prognostizieren. Aber Mediziner verstehen das nicht.“ Die Fallzahlen zeigen also ein für Regelkreise typisches Schwingungsmuster. Diese in Rückkopplungskreisen üblichen Schwingungen können sich beliebig lange fortsetzen, bis ein (noch unbekannter) stabiler Endzustand erreicht ist. In diesem Beispiel war die Rückkopplung negativ – und das ist die Kunst bei Gegenmaßnahmen, sie nicht in eine positive und damit in die „Teufelsspirale“ umspringen zu lassen. Denn die unkontrollierte exponentielle Ausbreitung (deren Dynamik überraschend sein kann, wie wir in Abschn. 3.4 gesehen haben) droht immer wieder einzutreten.

Unter Regelungstechnik-Gesichtspunkten ist die größte Herausforderung des Corona-Virus die Totzeit, in diesem Fall die Verzögerungszeit zwischen der Ansteckung und dem Ausbruch von Symptomen, die im Mittel bei 5 bis 6 (max. bis 14) Tagen liegt, aber auch unendlich groß sein kann, wenn die Infizierten überhaupt keine erkennbaren oder beachteten Symptome zeigen. Eine Corona-Erkrankung wird ja dann erst manifest, wenn der Betroffene typische Symptome zeigt oder einen erfolgreichen Test abgeschlossen hat. „Erfolgreich“ bedeutetet einen positiven Test, der also das Virus nachweist – eine Formulierung, an die man sich erst gewöhnen muss, denn die Folgen sind ja für den Betroffenen negativ. Daher ist die Angabe der Anzahl der Infizierten extrem unsicher und man muss mit einer um den Faktor 5 bis 20 höheren Dunkelziffer rechnen.

Das Einreiseverbot der USA für Reisende aus China hat – so behaupten viele Republikaner inklusive des Präsidenten – „viele Millionen Tote verhindert". Auch das ist ein Zeichen für mangelndes Verständnis für exponentielle Verläufe. Es ist den Seerosen weitgehend egal, ob sie mit einer oder zehn anfangen, ausschlaggebend ist der Wachstumsfaktor – also die Ausbreitung im eigenen Land. Die dramatische Beschleunigung einer exponentiellen Entwicklung erfolgt nicht am Anfang, sondern am Ende (wie Sie in Abb. 3.20 gesehen haben). Und dieses Wachstum wird durch die Kontakteinschränkungen verringert. Denn das Virus „lebt" vom Kontakt zwischen Menschen, ohne den es sich nicht verbreiten kann.

Beispiele für Rückkopplungseffekte in der Corona-Krise entdecken wir jeden Tag in den Medien. Unter vielen anderen Auswirkungen verringert die Pandemie den Jagd- und Safari-Tourismus und schont die wenigen noch verbliebenen wilden Tiere, so liest man. In Wirklichkeit werden *Tour Guides* und Wildhüter arbeitslos und Wilderer erledigen vermehrt die geschützten Tiere. In anderen Medien steht: „Mehr Vogeljagd, mehr illegale Fischerei, mehr Dammbau, mehr Kahlschlag: Jäger, Holzfäller, Bauherren und Regierungen nutzen die Pandemie für Angriffe auf die Natur." Die Abholzung und Brandrodung des Amazonas-Regenwaldes hat in diesen Zeiten einen neuen Höhepunkt erreicht.

Zum exponentiellen Verlauf der Ansteckung passt auch folgende Begebenheit: Im österreichischen Ischgl war am 7. März 2020 ein Barkeeper positiv getestet worden. Am nächsten Tag wurde bekannt, dass 14 erkrankte Menschen dort zu Gast waren und sich drei weitere in Tirol positiv getestete Personen in Ischgl aufgehalten hatten. Die Bar wurde am 9. März behördlich gesperrt. Am Tag darauf wurden alle Après-Ski-Lokale im Ort geschlossen und das Ende der Skisaison verfügt. Am 13. März wurde das Tal, in dem sich etwa 8000 Urlauber aufhielten, unter Quarantäne gestellt. Noch bevor die Behörden die Abreise der ausländischen Touristen kontrollieren konnten, verließen viele Gäste fluchtartig die betroffenen Ortschaften. Bei einem Verbraucherschutzverein, der die Interessen der Geschädigten vertreten will, haben sich inzwischen mehr als 6000 Tirol-Urlauber aus 45 Staaten gemeldet. Tausende Corona-Infektionen in Europa sollen auf Menschen, die in Tirol Urlaub gemacht haben, zurückzuführen sein.

Ähnlich „erfolgreich" war auch die *Sturgis Motorcycle Rallye* vom 7. bis 16. August 2020 in *South Dakota* in den USA mit etwa 460.00 Besuchern. Auf Masken und Abstand wurde verzichtet. Ein Tätowierer, der vier Tage lang Besucher tätowiert hatte, entpuppte sich vier Tage nach der Veranstaltung als „Patient Zero". Drei Wochen nach dem Motorradtreffen war die Zahl der

Infektionen auf 100 gestiegen. Nach einer Studie der *San Diego State University* soll das Festival zu mehr als 250.000 Infektionen mit dem Coronavirus geführt haben. Die Autoren rechneten hoch, dass zusätzliche Kosten für das US-Gesundheitswesen von mehr als zwölf Milliarden Dollar entstanden seien. Die republikanische Gouverneurin von South Dakota sagte, die Sturgis-Studie stütze sich „auf völlig falsche Zahlen".

Fassen wir zusammen

In technischen, von Menschen gebauten Regelkreisen ist die Art der Rückkopplung meist fest „verdrahtet". In natürlichen Systemen kann sie wechseln. Oft unbemerkt schaltet ein System von Eskalation auf Deeskalation um oder umgekehrt von Beruhigung auf Verstärkung (so auch wir selbst in unserem sozialen Verhalten). „Vernunft wird Unsinn, Wohltat Plage" heißt es in Shakespeares *Hamlet* – eine schöne dichterische Abkürzung für die Feststellung, dass das Vorzeichen der Rückkopplung vom (technisch gesehen) Negativen ins Positive umschlagen kann (oder umgekehrt) – in unserer Bewertung also vom Positiven ins Negative, denn wir betrachten Stabilität als etwas Gutes und Explosion oder Implosion als etwas Schlechtes. Nur bei der Evolution ist positive Rückkopplung etwas Positives – sie bringt Neues hervor und verstärkt sein Wachstum. Bis zu einem bestimmten Punkt, wenn das Vorzeichen umschlägt.

Die Natur wimmelt vor Rückkopplungseffekten, wie wir an den beiden wichtigsten Themen dieses Kapitels gesehen haben: Evolution und darin das menschliche Bewusstsein. Das Wesen der Evolution besteht „im Einfangen des Zufalls und in der Bewahrung der daraus resultierenden Strukturgesetze", wie es Rupert Riedl formuliert. Sie bildet „Ordnung aus Unordnung" in der physikalischen, chemischen und biologischen Welt. Sie reicht weiter bis hin in die „kulturelle Evolution". Sie hat eine Richtung – zu mehr Komplexität, zu fortschreitender Spezialisierung –, aber kein Endziel. Das wäre ja auch unlogisch: Wie kann ein Ziel in der zeitlichen Ferne als Ursache des evolutionären Geschehens dienen? Eine Ursache muss zeitlich immer *vor* der Wirkung liegen.

Leben basiert auf Rückkopplung, wo die Wirkungen auf ihre Ursachen zurückwirken, die sich das Erfolgreiche „merken". Das Gedächtnis, das sich die Wirkung „merkt", ist die DNS. Der Regelvorgang wird durch Kopierfehler (Mutationen) ausgelöst und durch Selektion in der Umwelt weitergetragen. Leben – so die bisherige Vermutung (weder bewiesen noch etwa widerlegt) – ist ein selbstorganisierender Prozess. Es entstand irgendwie aus „toter Materie" (die, wie wir in Kap. 11 sehen werden, auch aus „irgendetwas" entstand). Küppers ergänzt: „Das Konzept der Selbstorganisation ist eines der wichtigsten Konzepte der modernen Biologie. Es behauptet im Wesentlichen, dass – entsprechende Substanzen vorausgesetzt – lebende Systeme sich auf der Grundlage der bekannten Gesetze der Physik und Chemie selbst organisieren können." Die „Autopoiese", wie wir gesehen haben. Deswegen ist die Suche nach einer geheimnisvollen „Lebenskraft" (das philosophische Konzept des „Vitalismus") vergeblich geblieben.

Die Natur kennt überwiegend Kreisläufe und kaum offene Ketten, bei denen etwas verbraucht wird und am Ende etwas übrig bleibt. Der Kreislauf der Natur kennt nach Riedl drei Gruppen von Spielern: Produzenten, Konsumenten und (das haben wir heutzutage vergessen) „Reduzenten". Letztere haben die Funktion, allen Abfall und alle Leichen zu zerlegen und nicht nur unschädlich zu machen, sondern auch die nützlichen Stoffe in den Kreislauf zurückzuführen. Wir missachten nicht nur ihre Rolle (in der Wirtschaft werden sie als reiner Kostenfaktor betrachtet), wir haben oft auch vergessen, dass es überhaupt einen Kreislauf gibt. Wir sehen einen linearen einstufigen Prozess vom Produzenten zum Konsumenten, und das war's.

Evolution ist *nicht* zufällige Mutation und Selektion, sondern Selbstorganisation, Kooperation und Symbiose – Feedback-Schleifen in komplexen vernetzten Systemen. Sie ist ziellos und nicht vorausschauend, hatten wir gesagt. Sie ist ökonomisch und sparsam, denn sie verwendet jede „Erfindung" immer wieder. Natürlich gilt das nicht immer und überall. Nichts gilt immer und überall. Auch nicht diese Regel. Deswegen gibt es etwas, was immer und überall gilt: die Naturgesetze. Doch dass die Evolution „nichts zwei Mal erfindet", das ist kein Naturgesetz. Es gibt die „konvergente Evolution" oder kurz „Konvergenz" oder – noch anders – die „Parallelevolution". Ähnliche Organe entwickeln sich parallel zueinander. Sie ähneln sich nicht nur in der Funktion, sondern teilweise auch äußerlich. Stammesgeschichtlich sind sie aber unabhängig voneinander entstanden. Beispiele sind Flügel (Fledermäuse, Schmetterlinge und Vögel), Augen (Säugetiere und Insekten), Flossen (Fische und Pinguine), Abwehrwaffen (Stacheln und Dornen), … Aber auf diese Feinheiten kommt es hier nicht an. Die Evolution sollte hier unter dem Gesichtspunkt eines abstrakten Systems beleuchtet werden. Und das ist sie: hierarchisch, dynamisch, selbstorganisierend, komplex, vernetzt, rückgekoppelt. Was will man mehr?!

Die Krönung der Evolution ist zurzeit der Mensch. Nicht nur, weil – wie Johann Wolfgang von Goethe dichtet – zwei Seelen in seiner Brust wohnen, sondern auch, weil drei Gehirne in seinem Kopf eingebaut sind. Das „Stammhirn" (oder der „Hirnstamm") reguliert unsere biologischen Funktionen wie Körpertemperatur oder Insulinspiegel. Im „Zwischenhirn" oder „limbischen System" sitzen die ererbten Verhaltensweisen der bio-

Tab. 6.1 Beispiele für die Quadranten des Bewusstseins

	Bewusstsein Stufe II (B_{II})	Bewusstsein Stufe I (B_I)
Individuell erlernt	① „Ich weiß, dass ich nichts weiß"	② Soziales Verhalten (z. B. Lächeln)
Gedächtnis der Spezies	③ Atem-Yoga	④ Fluchtreflex

logischen Art, z. B. das Aggressionsverhalten. Im „Großhirn" (oder „Vorderhirn" oder „Hirnrinde" oder „Neocortex") schließlich ist unsere Intelligenz, unser Denken, unser Urteilsvermögen angesiedelt. Aber natürlich auch unsere Gefühle und Emotionen. Wer will, kann im Menschen auch noch ein „Darmgehirn" finden.

Nicht identisch mit dieser Unterteilung des Gehirns (der Hardware) ist die Unterscheidung in der Software, die „auf der Hardware läuft" (wie beim Computer). Hier finden wir Goethes „zwei Seelen": B_{II} („Bewusstsein Stufe II") als die, deren wir uns bewusst sind, und das dunkle B_I („Bewusstsein Stufe I"). B_{II} ist alles, was wir üblicherweise unter Bewusstsein verstehen – das Wissen *über uns selbst,* das, was wir „bewusst" tun oder sagen. B_I ist das Un- oder Unterbewusste, Metzingers „transparentes Selbstmodell". Es ist teilweise vom Individuum erworben, teilweise in den Genen festgelegt – der „angeborene Lehrmeister" in uns, nach Konrad Lorenz.

Bewusstsein Stufe II ist das, woraus man erkennt, dass man gerade denkt. Stufe I ist das Pantoffeltierchen, das auch ein (bescheidenes) Modell seiner selbst in seiner Umwelt hat. Zur Verdeutlichung kann man es auch grafisch darstellen (Tab. 6.1).[21] Dort sieht man im Quadranten ① den (nicht ganz korrekt zitierten) Spruch, der dem griechischen Philosophen Sokrates zugeschrieben wird: „Ich weiß, dass ich nichts weiß." Abgesehen davon, dass dies eine unauflösliche Paradoxie ist, würde dies eindeutig zu B_{II} passen – wenn er wüsste (und zum Beispiel benennen könnte), *was* er nicht weiß. Die Beispiele zeigen schon, dass die Trennlinie zwischen den Quadranten eine breite Grauzone ist – wenn wir nicht wie im Yoga auf unseren Atem achten, rutscht er in den Quadranten ④.

Vielleicht sind Sie stolz auf die Leistungen ihres rationalen Verstandes (B_{II}), z. B. bei politischen Diskussionen oder beim Schachspiel. Aber denken Sie einmal an die Leistung Ihres „vernunftsähnlichen Apparates" B_I, z. B.

[21] Der schon in Abschn. 1.3 angesprochene Bedeutungsrucksack wird hier deutlich, wenn man sich bei der Tabelle Himmelsrichtungen vorstellt: links und rechts Westen und Osten, oben und unten Norden und Süden. Lassen Sie mal Ihre Assoziationen (B_I) spielen!

bei der Gestalterkennung. Das konnte der Hai schon vor 500 Mio. Jahren, während B_{II} nur weniger als ein Hundertstel so alt ist. Immerhin zeichnet es (fast nur?) uns Menschen aus, dass wir uns unseres Bewusstseins bewusst sind – die perfekte Rückkopplungsspirale.

Wichtig ist noch der Hinweis, dass Bewusstsein nichts ist, was man hat oder nicht hat, also keine 0-1-Eigenschaft. Es ist abgestuft vorhanden: mehr oder weniger viel (nach M. Kaku). Alle Lebewesen, die ein informationsverarbeitendes System (Nervensystem) besitzen, haben irgendeine Form von Bewusstsein – vom Fadenwurm bis zum Menschen.

Alle diese Unterteilungen sind künstlich und unscharf, bieten aber einen gewissen Orientierungsrahmen. Und alle „Teile" sind gegliederte, vernetzte Systeme, die über unzählige Rückkopplungsschleifen miteinander in Wechselwirkung stehen. Ob wir dieses von der Evolution „geschaffene" System jemals verstehen oder gar herstellen können, wird von vielen bezweifelt. Aber wir arbeiten daran – und hoffen, es in der kurzen unserer Spezies beschiedenen Zeit noch zu schaffen. Denn auch und gerade wir sind das perfekte Beispiel für die Überschrift „Rückkopplung in der Natur" dieses Kapitels: Wir verändern sie, und das wirkt auf uns zurück. Feedback, Sie verstehen!

Dazu eine letzte Anmerkung (sie hat sich aus Abschn. 2.2 hierher verirrt): Wenn unser Gehirn so einfach wäre, dass wir es verstehen könnten, dann wären wir zu dumm, es zu verstehen.

Ebenfalls in Abschn. 2.2 haben wir über Paradoxien gesprochen. In der „Corona-Krise" machen wir Bekanntschaft mit dem „Präventionsparadoxon". Je wirkungsvoller eine sich vermutlich exponentiell ausbreitende Pandemie bekämpft wird, desto häufiger hört man Stimmen: „Was wollen Sie denn? Es sterben doch nicht mehr Leute als bei einer kleinen Grippe!" Ein Rückkopplungseffekt: Die Schutzmaßnahmen senken die Infektionszahlen, die ohne sie explodieren würden – aber die öffentliche Wahrnehmung erkennt die Dynamik des Prozesses nicht.

7

Rückkopplung im Sozialleben und in der Psychologie

Kommunikation und Interaktion – Spiele des Lebens

Über die dämpfenden oder eskalierenden Effekte der Rückkopplung in sozialen Systemen – eines davon ist der Mensch.

Sie haben es schon in Abschn. 1.3 gelesen: Man kann nicht *nicht* kommunizieren.[1] Oder, wie man sagt: „Keine Antwort ist auch eine Antwort." Kommunikation läuft immer, solange ein Partner in Sicht- oder Hörweite ist. Und sie läuft immer auf zwei Ebenen, denn man kann auch nicht ohne Nebenbedeutung kommunizieren. An jeder scheinbar sachlichen Äußerung hängt immer ein Rucksack an Bedeutung und eigentlichem Inhalt, der „Bedeutungsrahmen", über den wir noch sprechen werden (Abschn. 7.7). Über die „3 Sprachen" (von der „Duftsprache" über die „Körpersprache" bis zur gesprochenen Sprache) haben wir ja schon etwas gesagt.

Zum Thema „Kommunikation" gehört natürlich Abb. 7.1: die bange Frage, *was* davon *wie* beim Empfänger ankommt. Denn es müsste uns doch eigentlich wundern, dass das soziale Miteinander angesichts der überwältigenden zwischenmenschlichen Kommunikationsprobleme überhaupt funktioniert.

Aber *wozu* kommunizieren wir? Um Informationen auszutauschen? Weit gefehlt! Seit Eric Bernes Buch „Spiele der Erwachsenen" wissen wir: um Anerkennung zu erhalten, die wichtigste Belohnung und das Hauptziel in diesem Spiel. Er nennt die Münzen dieser Währung „Streicheleinheiten" (engl. *stroke*). Nicht umsonst beenden viele Leute jeden zweiten Satz mit

[1] Für Fachleute: das „metakommunikative Axiom" in der Kommunikationstheorie Paul Watzlawicks.

J. Beetz, *Feedback*, https://doi.org/10.1007/978-3-662-62890-4_7

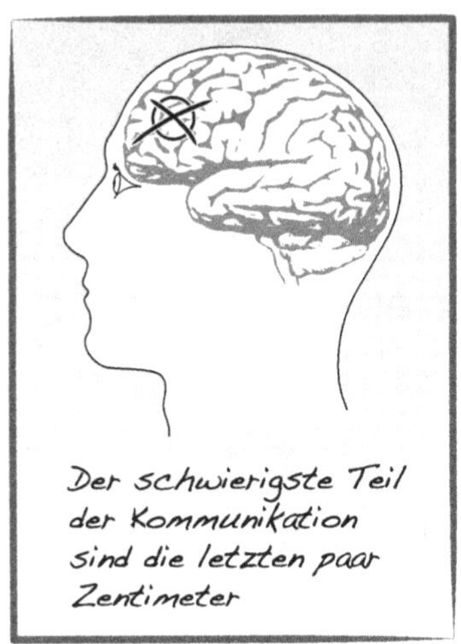

Der schwierigste Teil
der Kommunikation
sind die letzten paar
Zentimeter

Abb. 7.1 Das zentrale Problem der Kommunikation

„Nicht wahr?!", „Ja?" oder „Oder?" (besonders die Schweizer: „Odrr?"). Damit bitten sie um positives Feedback, um Bestätigung. Grund genug, sich diese Situationen einmal genauer anzusehen.

Streicheleinheiten sind also eine Maßeinheit für Anerkennung. Anerkennung ist etwas, was jeder braucht. Sie ist die zentrale Währung unserer Welt, die überall handelbar ist. Vor allem im zwischenmenschlichen Bereich, aber selbst im Umgang mit Maschinen. Deswegen ist vielleicht *Windows* so berüchtigt, weil es nicht tut, was man ihm sagt (geschweige denn, was man von ihm will). Und so findet man auf Videoplattformen Filmchen, auf denen Benutzer ihre PCs zertrümmern. Schon im Juni 1985 (!) zeigte der Titel der Computerzeitschrift *Datamation* ein rauchgeschwärztes Büro, in dem ein *User* vor den Trümmern seines PCs verzweifelt sagt: „*It's Never Done That Before.*" (‚Das hat er noch nie gemacht.') Anerkennung lässt Menschen aufblühen, macht sie sogar (wie bei Popstars) süchtig. Ablehnung lässt sie depressiv werden oder als Verbrecher enden. Hier könnte man endlose Ausflüge in die Psychologie des Feedbacks unternehmen – aber Sie sehen jetzt schon, was ich meine: Anerkennung macht Menschen froh und glücklich, dadurch wirken sie positiv auf ihre Umgebung und bekommen dadurch noch mehr Anerkennung. Erfahren sie Ablehnung, werden sie mürrisch und unglücklich, was ihnen meist noch mehr Ablehnung beschert. Und beides ist, um es noch einmal zu wiederholen, positive Rückkopplung: Selbstverstärkung.

Erweitert man das Wort „Anerkennung" zu „Aufmerksamkeit", dann erklärt das auch das Verhalten mancher Nervensägen. Psychologische

Studien haben gezeigt (z. B. bei Kleinkindern), dass Vernachlässigung und Nichtbeachtung zu schlimmeren seelischen Schäden führen als schlechte Behandlung. Lieber ein Quälgeist sein als unbeachtet in der Ecke zu sitzen. Letztlich scheinen sich die zwischenmenschlichen Probleme dieser Welt also alle auf *einen* Begriff einkochen zu lassen: Anerkennung (bzw. ihr Gegenteil: Ablehnung). Selbst (und gerade) in der Politik geht es darum, sein Gesicht zu wahren, auch wenn dabei (andere!) Menschen sterben. Oder schauen Sie sich Diskussionen im Fernsehen oder im Parlament an: Es ist nicht wichtig, eine irgendwie definierte Wahrheit zu finden – es geht nur darum, Recht zu behalten. Und wir selbst kennen diese Gefühle ja auch: wie peinlich, etwas zugeben zu müssen. Deswegen stimmt der Satz, den ich bei einem englischen Psychologen aufgeschnappt habe: „*It all boils down to recognition.*" (Frei übersetzt: „Unterm Strich läuft alles auf Anerkennung hinaus.") Wie anders wäre der Erfolg von *Selfies* zu erklären?

Feedback in Form von (bescheidenen) Streicheleinheiten liefern auch Haustiere: Vogel, Katze, Hund. Der erste spricht mit uns, die zweite schnurrt bei Liebkosungen und der dritte tut, was wir sagen. Manchmal. Sonst muss der Hundetrainer die Menschen erziehen. Deswegen mögen es die meisten Menschen nicht, wenn man ihnen widerspricht oder ihre Meinung auch nur hinterfragt. „Ja" ist das Zauberwort der Auto- und Versicherungsverkäufer. Kaum jemand freut sich, wenn er korrigiert wird. Dabei (rational betrachtet) sollte er für dieses Feedback eigentlich dankbar sein, weil er dann sein Verhalten ändern kann und mehr Anerkennung findet. Die bekannte negative, also dämpfende und ausgleichende Rückkopplung.

„Stell dir vor, es ist Krieg und keiner geht hin" – dieser Spruch des amerikanischen Dichters Carl Sandburg wurde zum Motto der Friedensbewegung der 1968er Jahre. Stellen Sie sich absurde Situationen vor: Der Papst tritt ans Fenster … unten steht niemand. Putin schreitet durch die Halle, zwei Uniformierte öffnen die meterhohen Flügeltüren … im Saal für die Pressekonferenz sitzt ein einziger Journalist. Barack Obama betritt den Kongress, vor ihm der Zeremonienmeister, der ihn ankündigt … keiner kümmert sich um ihn, so wenig wie um einen beliebigen Hinterbänkler. Der Reichspropagandaleiter kreischt am 18. Februar 1943, wenige Wochen nach der Katastrophe von Stalingrad, im Berliner Sportpalast seinen Satz „Wollt ihr den totalen Krieg?" … und alle bleiben stumm. Der Popstar betritt die Bühne, der Filmstar den roten Teppich, der Dirigent den Konzertsaal … *nichts*! Bei diesen Bildern merken Sie: Ruhm, Macht und Ehre sind nicht *da,* sie *entstehen* in einem Feedback-Prozess.

Deswegen gibt es eine Unterdisziplin der Kybernetik, die „Soziokybernetik". Sie untersucht soziale Erscheinungen mit den Mitteln der Systemtheorie – und einige nette Geschichten aus diesem Gebiet wollen wir uns hier ansehen.

7.1 Spiele der Erwachsenen

Sie arbeiten in einem Bürohaus im 7. Stock. Morgens, schon etwas spät, kommen Sie in die Eingangshalle, und zum Glück kommt gerade ein Fahrstuhl. Sie steigen ein, die Tür schließt sich … *will* sich schließen, denn im letzten Moment kommt noch ein Kollege herein, aus einer anderen Abteilung. Sie kennen sich vom Sehen, mehr aber auch nicht. Jetzt schließt sich die Tür und da sind Sie beide nun: Sie bilden ein System, bestehend aus zwei Komponenten.

Das haben wir ja in Abschn. 2 ausführlich besprochen. Ein statisches System hat nur eine *Struktur:* ein ruhendes Pendel oder ein Haken in einer Öse. Aber es *passiert* nichts. In einem dynamischen System passiert etwas, selbst wenn nichts passiert (es grüßt der Abschn. 2.2 über Paradoxien). Es findet eine Wechselwirkung statt, ein Informationsaustausch, ein Kommunikationsprozess. Denn Sie können nicht „nicht kommunizieren". Selbst wenn Sie beide nebeneinander stehen wie zwei Stockfische, findet eine Kommunikation statt. Etwas passiert, etwas verändert sich. Sie steigen beide anders aus dem Fahrstuhl, als Sie eingestiegen sind. Der andere denkt: „So ein Stoffel!" Und Sie: „Dieser Blödmann hätte ja wenigstens grüßen können!"

Aber Sie sind ja nicht unhöflich, denn der andere sagt etwas atemlos: „Guten Morgen!"
Sie: „Guten Morgen! Na, das war knapp."
Er: „Ja. Immer diese Hetze!"
Sie: „Sonst geht's gut?"
Er: „Ja, danke. Und Ihnen?"
Sie: „Alles im grünen Bereich. Na, dann …" (im 7. OG angelangt).
Er: „Man sieht sich. Frohes Schaffen!"
Sie: „Danke, ebenfalls!"

Das waren die Kommunikationshäppchen, die der amerikanische Arzt und Psychiater Eric Berne „Streicheleinheiten" (*strokes*) nennt. Er begründete die „Transaktionsanalyse", denn die einzelnen verbalen „Ballwechsel" nennt er „Transaktionen". Der Titel eines seiner Bücher lautet „Was sagen Sie, nachdem Sie »Guten Tag« gesagt haben?" (*What Do You Say After You Say Hello?*) und würde gut zu unserer Geschichte passen. Die Transaktionen (jeweils ein Er/Sie-Austausch; in unserem Fall etwa 6 bis 8, je nach Betrachtung) sind natürlich … ein Feedback-Prozess. Im gezeigten Beispiel offensichtlich mit negativer Rückkopplung, denn der Prozess bleibt stabil. Weder erstirbt das Gespräch noch schaukelt es sich auf, was ein Zeichen positiver Rückkopplung wäre. In jeder Transaktion wird *eine* Streicheleinheit ausgetauscht, kein „Zuviel" und kein „Zuwenig". Sie treten beide aus dem Fahrstuhl „so wie Sie vorher waren" – flüchtige Bekannte.

Szene „Fahrstuhl", 2. Version

Schauen wir uns als Kontrast einen anderen Fall an: Ein anderer flüchtiger Bekannter steigt in den Fahrstuhl, oder derselbe am nächsten Tag. Nun entspinnt sich folgendes Gespräch:

Er: „Guten Morgen!"
Sie: „Guten Morgen! Na, das war knapp."
Er: „Ja. Immer diese Hetze!"
Sie: „Sonst geht's gut?"
Er: „Na ja, danke für die Nachfrage. Aber dieses Projekt, an dem ich gerade arbeite … ein Desaster. Knappe Zeit, knappe Termine, und das Budget … wenn es nur *knapp* wäre, wäre ich ja schon zufrieden! Aber es ist mini!! Verstehen Sie? *Mini*!! Kein Wunder, dass ich in Hetze bin – ich weiß schon gar nicht mehr, wo mir der Kopf steht!"
Sie: „O ja, das kenne ich. Das habe ich gerade hinter mir …"

Und so weiter … – ein längeres Gespräch, das erst im 7. Stock nach längerer Blockade der Fahrstuhltür mit dem Ertönen des „Tür-offen-Alarms" ein Ende findet. Die Zeit für die vielen Transaktionen würde auch nicht reichen, wenn Ihre Büros im 37. OG wären. Denn nun regiert eine positive Rückkopplung. Jeder gibt – nach dem anfänglichen „Aufwärmen" – *mehrere* Streicheleinheiten ab und empfängt im Gegenzug auch mehrere. Sie treten beide aus dem Fahrstuhl „anders als Sie vorher waren" – Ihre Bekanntschaft wurde vertieft.

Das kann, muss aber nicht so laufen. Ein Mensch ist ja kein Fliehkraftregler, kein vordefinierter Mechanismus. Vielleicht möchten Sie nicht vollgelabert werden und Sie interessiert sein Projekt so wenig wie seine

Bauchschmerzen. Sie denken (oder empfinden irgendwie unbewusst): „Was *will* er eigentlich von mir?!“ Dann bremsen Sie die Quatschbacke vielleicht herunter und reagieren auf seine Probleme mit einem kühlen: „Ach! *Ist* ja interessant!“ Sie haben von positiver auf negative Rückkopplung umgeschaltet.

Eine Schlussbemerkung: Schon eine „normale Unterhaltung“ aufrechtzuerhalten ist ein beachtliches Geflecht aus Feedback auf zwei oder gar drei Ebenen. Auf der formalen Ebene muss der Gesprächsfluss stimmen, keine lähmenden Pausen, kein ständiges Ins-Wort-Fallen. Auf der Aussageebene muss die Antwort zum Gesagten passen. Themenwechsel (die häufig sind) müssen gut vorbereitet sein: „Dabei fällt mir ein, dass …“ oder „Ach, übrigens, …“. Auf der Beziehungsebene müssen die „Streicheleinheiten“ stimmen – meist positiv verstärkend, aber durchaus auch dämpfend (Berne nannte es das „Ja, aber“-Spiel). „Wieso klappt so etwas Komplexes überhaupt?“, wurde oben gefragt. Die meisten von uns beherrschen das bei ausreichender „sozialer Intelligenz“ ausgezeichnet. Sie haben es früh erlernt (der Volksmund sagt es besonders den Frauen nach). Isoliert aufgezogene Kinder lernen es manchmal ihr ganzes Leben lang nicht richtig. Und es verläuft irgendwo auf der Grenze zwischen Bewusstsein Stufe I und Stufe II – gute Spieler denken nicht viel dabei nach (oder sogar an etwas anderes). Das Ziel dieses Spiels ist (wie es ein anderer Buchautor formulierte), die Aufrechterhaltung des Gefühls „Ich bin okay – du bist okay“ zwischen beiden Kommunikationspartnern.

AI: Außerirdische Intelligenz

Neulich hatte ich einen *chat* mit Eugene. Eugene Goostman ist ein 13-jähriger Schüler aus Odessa in der Ukraine. Sein Deutsch ist vergleichsweise gut, natürlich nicht perfekt. Ein kleiner Ausschnitt ist im Textkasten 7–1 zu sehen.

Das Ganze ist nicht vollständig frei erfunden. Denn nicht ich habe mit Eugene geredet, sondern ein Wissenschaftler. Aber das tut nichts zur Sache. Interessanter ist, dass Eugene kein Mensch ist, sondern ein AI-Wesen. Nein, kein Alien, denn AI steht für *Artificial Intelligence* (deutsch: künstliche Intelligenz, abgekürzt „KI“). Ein Computerprogramm, das so tut, als sei es ein Mensch. Mit dem man „intelligente Dialoge“ führen kann, das „versteht“, was man meint. „JB“ wollte feststellen, ob das Programm den „Turing-Test“ besteht.

Textkasten 7–1: Chat zwischen dem Autor (JB) und einem ukrainischen Schüler (EG)

JB: Meine Lieblingsmusik ist zeitgenössischer Jazz, was bevorzugst du?
EG: Um kurz sein, ich werde nur sagen, dass ich HASSE Britnie Spears. Alle anderen Musik ist OK, im Vergleich zu ihr.
JB: Spielst du irgendein Musikinstrument?
EG: Ich bin unmusikalisch, aber mein Meerschweinchen quietscht gerne Beethovens Ode an die Freude jeden Morgen. Ich vermute, dass unsere Nachbarn wollen sein Kehle durchschneiden ... Nebenbei, Kannst du mir über deinen Job was erzählen?
JB: Meerschweinchen? Bist du ein Tierfreund?
EG: Ja. Eine nette kleine Meerschweinchen. Nicht irgend so ein lästige Chatter bot.
JB: Lebst du mit jemand anderem zusammen?
EG: Ja. Aber frage besser etwas anderes. Und ich habe vergessen zu fragen, wo du lebst ...
JB: Deutschland. Grüne Weiden und zu viel Regen! Wie ist es mit dir?
EG: … (usw.)

Der britische Logiker, Mathematiker und Geheimschriftexperte Alan Turing formulierte nämlich 1950 ein Gedankenexperiment zur Entscheidung der Frage, wann *Computer* als intelligent gelten können. Seine Antwort war der berühmte Turing-Test, in dem ein Mensch mit einem Computer per Bildschirm und Tastatur in den Dialog tritt. Turing formulierte: Der Computer kann genau dann als intelligent angesehen werden, wenn der Mensch nicht entscheiden kann, ob es sich um einen Dialog mit einem Menschen oder mit einem Computerprogramm handelt. Dagegen gab es eine Reihe von kritischen Argumenten, die diesen Test anzweifelten und für ungeeignet zur Feststellung der Intelligenz von Maschinen hielten. Wie würden Sie entscheiden? Hätten Sie Eugene für einen ukrainischen Schüler gehalten? Die geschilderte Szene fand bei der Londoner Gesellschaft zur Wissenschaftspflege *Royal Society* statt, die fünf Maschinen (bzw. ihre AI-Software) testen wollte. Goostman gelang erstmalig die Täuschung der meisten Jurymitglieder. Allerdings waren ihre Erwartungen nicht sonderlich hoch („ein 13-jähriger ukrainischer Schüler" ist ja kein „pensionierter Hochschullehrer"). Die Erwartung bestimmt das Ergebnis.

Turing war übrigens ein Mathematikgenie und hat England im 2. Weltkrieg mit der Entzifferung der verschlüsselten deutschen Funksprüche gerettet. Er war homosexuell. Da Homosexualität zu dieser Zeit in England strafbar war und als Krankheit angesehen wurde, wurde Turing angeklagt und zu einer Therapie gezwungen, die ihn depressiv werden ließ. 1954 beging er Selbstmord und wurde erst 2009 mit einer Entschuldigung des britischen Premierministers rehabilitiert.

Im Gegensatz zu dem erfundenen Dialog hatte ich Gelegenheit, bereits 1968 einen solchen Test zu versuchen. Eines der ersten Programme in dieser Richtung war ELIZA, ein 1966 von Joseph Weizenbaum entwickeltes Computerprogramm zur Kommunikation zwischen einem Menschen und dem Computer über natürliche (geschriebene) Sprache. Es simulierte ein Gespräch mit einem Psychologen und wurde als Meilenstein der „künstlichen Intelligenz" gefeiert. Viele hielten es für den ersten Gewinner des Turing-Tests – eine Interpretation, die seinen „Schöpfer" Weizenbaum entsetzte. Immerhin *schien* es intelligent zu sein. Es führte eine psychologische Beratung durch. Ich tippte zum Beispiel: „Ich habe ein Problem mit meinem Vater", und das Programm reagierte mit dem Satz: „Aus welchen Personen besteht Ihre Familie?" Klug, nicht? Es wusste, dass der Vater zur Familie gehört: ein Beispiel für logische Kategorienbildung. So habe ich mich – ohne es zu merken – längere Zeit mit dem „Psychiater" über meine Familiensituation unterhalten (damals noch über einen Fernschreiber!). „Er" war sehr verständnisvoll und einfühlsam. Erst mein simpler Schreibfehler („Vatr" statt „Vater"), den er in seiner Antwort wiederholte (mit dem Textbaustein „Erzählen Sie mir mehr über Ihren Vatr") entlarvte es dann doch recht schnell als Maschine. Kurz: die „Mensch-Maschine-Interaktion" enthält eine Fülle komplexer Rückkopplungsschleifen, die auch nach einem Jahrhundert der KI-Forschung nur unvollkommen nachgebildet werden können. Auch Eugene Goostman wurde von einigen schnell enttarnt. Vielleicht hätte einen schon der Name warnen sollen (engl. *ghostman* ‚Geistermann').

Übrigens, Turing machte sich auch Gedanken über das Problem der Selbstorganisation und dachte – anders als im Abschn. 6.5 bei der Frage „Wer malte die Streifen auf die Zebras?" – darüber nach, *wie* sie zustande kommen. Wie Strukturen „von selbst" entstehen, die Zebrastreifen, die Flecken auf Kühen und Giraffen und anderen Tieren oder warum sich die anfänglich identischen Zellen eines Embryos von selbst zu verschiedenen Zelltypen ausdifferenzieren. Wie also diese Formen entstehen (der Fachausdruck lautet „Morphogenese", griechisch ‚Entstehung der Form'). Er fand einen Satz von mathematischen Gleichungen, die dieses Verhalten beschreiben und schrieb 1952 für die *Royal Society* ein Papier mit dem Titel

„Die chemische Grundlage der Morphogenese". Die erste mathematische Theorie der Selbstentstehung belebter und unbelebter Strukturen.

Wie Gedanken beim Reden entstehen

Der Komiker Mark Gungor sagt in einer seiner Sketche über Männer und Frauen sinngemäß: „Fragen Sie Ihre Frau nicht, was sie fühlt. Sie weiß es noch nicht. Hören Sie nur zu! Dann findet sie es heraus." Damit spricht er eine lange bekannte Tatsache an: Unser Gehirn arbeitet in Rückkopplungsschleifen. Das wusste schon der Dichter Heinrich von Kleist, denn er schrieb um 1805 einen Aufsatz mit dem Titel „Über die allmähliche Verfertigung der Gedanken beim Reden".[2] Darin gibt er uns den Rat, scheinbar nicht zu knackende Probleme dadurch zu lösen, indem man mit anderen darüber spricht. Dabei ist nicht wichtig, dass der Gegenüber irgendetwas über das Gebiet weiß, sondern nur, dass man *selbst* in *dem* Augenblick darauf kommt, in dem man versucht, das Problem zu beschreiben. Eine schöne Selbstbezüglichkeit: Angeblich kam Kleist selbst auf diesen Trick, als er bei einer mathematischen Aufgabe nicht weiter kam. Als er das Problem seiner Schwester schilderte (die von Mathematik keine Ahnung hatte), fand er die Lösung. Gedanken entstehen also beim Reden (aber nicht immer!). Ein guter Trick: Wenn Sie ein schwieriges Problem zu lösen haben und nicht wissen, wie – reden Sie mit jemandem darüber. Er braucht nichts davon zu verstehen und soll Ihnen auch keine Ratschläge geben. Sie selbst kommen auf die Lösung, indem Sie darüber reden. Eine Variante der bösen Paradoxie von Karl Kraus aus dem Abschn. 2.2, die nun so lauten könnte: „Es genügt durchaus, keine Gedanken zu haben, denn man muss sie nur aussprechen, dann kommen sie schon." Ein Motto, das wir schon bei so manchem Talkshow-Gast vermutet haben.

7.2 Wer ist der Präsident des Ameisenstaates?

Ameisen bewohnen schon über 100 Mio. Jahre die Erde. Deswegen sind sie „ausgereifter" als wir Menschen, die wir noch Entwicklungspotenzial nach oben haben. Auf jeden der über 7 Mrd. Menschen auf der Erde kommen etwa 140.000 Ameisen. In einem Ameisenstaat leben manchmal Millionen von Individuen in einem strengen „Kastensystem". Eine „Kaste" ist ein soziales System der hierarchischen Anordnung von gesellschaftlichen

[2]Wussten Sie, dass der Zauberspruch „Abrakadabra" von den aramäischen Wörtern *avrah k'davra* ‚ich werde erschaffen, während ich spreche' kommen soll?

Gruppen, das hauptsächlich aus Indien bekannt ist. Bei den Ameisen gibt es unter anderem Arbeiterinnen, Transporteure und Soldaten – und natürlich eine Königin. Sie hat aber nichts zu sagen, sondern legt nur Eier, aus denen der Nachwuchs hervorgeht. Bis zu 30.000 pro Tag. Sie ist die einzige Ameise, die sich vermehrt. Unter den Ameisen gibt es auch Arten, die eine Form von Landwirtschaft betreiben. Jeder im Ameisenstaat hat seine genetisch genau vorherbestimmte Aufgabe. Blattschneiderameisen zum Beispiel schneiden Blätter in Stücke, die von den Transporteuren zum Bau gebracht werden. Eine Kolonie kann pro Tag so viel Grünzeug schneiden wie eine ausgewachsene Kuh frisst. Im Bau werden die Blätter nicht etwa verzehrt, sondern nur zerkaut. Den Brei verwenden sie als Grundlage, um darauf einen speziellen Pilz zu züchten. Von *ihm* ernähren sie sich dann. Regelrechte Pilzfarmen, in denen der Pilzanbau in einem fein abgestimmten Fließbandprozess in 29 verschiedenen Schritten vorgenommen wird. Jeweils eine spezielle Kaste der Tiere erledigt eine dieser Aufgaben: Blattstück bringen, zerkauen, in den Pilzgarten einbauen, bewässern, ernten … bis zur Entsorgung des Mülls aus Blattresten oder verdorbenen Pilzteilen. Der wird nämlich außerhalb des Ameisenbaus auf einer Deponie abgelegt, die gleichzeitig als Friedhof für tote Ameisen dient. Etwas pietätlos.

Wer regiert den Staat? Ein Präsident, der die Leitlinien des Verhaltens vorgibt und über einen bürokratischen Apparat durchsetzt (die Königin ist ja mit Eierlegen beschäftigt)? Nein, der Ameisenstaat regiert *sich selbst.* Er konstruiert seine eigene Verkehrsinfrastruktur. Das riecht schon wieder nach Selbstbezüglichkeit und Rückkopplung. In der Tat: Wissenschaftler haben einen einfachen Versuch aufgebaut – ein Weg aus einem Bau, der auf eine Y-förmige Weggabelung traf. Die beiden Alternativen führten nach einem längeren Weg einmal ins Nichts, das andere Mal zu einer Futterquelle. Anfangs teilt sich ein Strom von futtersuchenden Ameisen am „Y" in zwei gleich große Hälften – sie wissen ja schließlich nicht, wohin der Weg geht. Doch die Tiere, die Futter zurückbringen, legen eine Duftspur mit Pheromonen. Das sind Botenstoffe zur Informationsübertragung zwischen Individuen. Die Intensität dieser Spur steigt mit jedem Shoppingerfolg der Ameisen an – nach zwanzig Minuten lief keine mehr am „Y" in die Irre. Der optimale Weg hatte sich „von selbst" aufgebaut. Nun besteht die Welt aber nicht nur aus einfachen Weggabelungen, aber keine Angst: Die Ameisen finden mit diesem einfachen Verfahren *jeden* Weg mit höherer Pheromonkonzentration. So vermeiden sie Umwege, denn auf dem kürzeren Weg kehren sie schneller von der Futterstelle zurück. Daher bildet sich mit der Zeit auf dem kürzesten Pfad eine höhere Konzentration von Duftstoffen als auf dem anderen. Also wählen die nachkommenden Ameisen bevorzugt diesen Weg: Eine „Ameisenstraße" ist entstanden. So entsteht aus einer einfachen Regel („Folge der kräftigsten Duftspur!") ein komplexes, sich selbst optimierendes Verhaltensmuster.

Der „Ameisenalgorithmus"

Ein „Algorithmus" ist eine eindeutige Handlungs- oder Rechenvorschrift aus endlich vielen genau definierten Einzelschritten zur Lösung eines Problems. Das Wort leitet sich von dem Namen des Universalgelehrten Muhammed al-Chwarizmi aus dem westlichen Zentralasien her, der dort um ca. 800 n. Chr. lebte und wissenschaftliche Bücher schrieb.

Einfache Regeln zum Lösen komplexer Probleme – das ruft sofort menschliche Problemlöser auf den Plan. Eine dieser harten Nüsse ist das „Problem des Handlungsreisenden" (auch „Rundreiseproblem" genannt, englisch und politisch korrekt „*Traveling Salesperson Problem*", kurz TSP). Es wurde angeblich als mathematisches Problem im Jahre 1930 formuliert und besteht darin, eine Reihenfolge für den Besuch mehrerer Orte so zu wählen, dass die gesamte Reisestrecke des Handlungsreisenden nach der Rückkehr zum Ausgangsort möglichst kurz ist. Das Problem jedes Postboten. Ein schönes Beispiel für einen Wumm!-Verlauf aus dem Abschn. 3.4 (ich habe es im Buch „1 + 1 = 10" ausführlich beschrieben). Drei Orte sind trivial, denn dann gibt es nur *eine* Rundreise. Bei vier Orten drei Möglichkeiten, wenn die Richtung egal ist. Bei sechs Orten schon 60 Varianten und bei zehn stolze 181.440 Möglichkeiten. Schon Odysseus, der sagenhafte König von der griechischen Insel Ithaka, hatte etwa 16 Orte im Mittelmeerraum besucht und war sicher nicht gewillt gewesen, unnötige Reisen zu machen. Unglücklicherweise musste er sich für eine von 653.837.184.000 Möglichkeiten entscheiden. Und 16 Adressen an einem Tag anzufahren ist für ein Logistikunternehmen ja heutzutage nichts Besonderes.

So kupferten die Mathematiker bei den Ameisen ab und schufen einen Algorithmus, der das TSP-Problem nahezu verschwinden lässt. Dreißig Ziele mit ihren Quintillionen (die Ziffer 1 gefolgt von 30 Nullen) alternativer Wege? In 20 s Rechenzeit ist eine gute Näherungslösung gefunden. Und alle machten es ihnen nach, von der Müllabfuhr über die Fertigungssteuerung bis zur Suche nach freien Strecken im Internet. Das ist die „Schwarmintelligenz" der Ameisen, eine Problemlösung, die durch Rückkopplung entsteht.

Ist nicht auch unsere menschliche Intelligenz eine Schwarmintelligenz wie die der Ameisen? Denn Tausende von Neuronen denken zusammen, ein einzelnes Neuron tut das nicht. Ich will mich ja nicht wiederholen, aber mehr ist eben anders.

Das größte Raubtier der Welt

Ameisenstaaten üben einen nachhaltigen Einfluss auf ihre Umwelt aus. Sie graben obere Erdschichten um, beschleunigen den Abbau von pflanzlichem Material und verbreiten Pflanzensamen. „Das größte Raubtier der Welt", so nennen es führende Ameisenforscher, ist jedoch eine Art Superkolonie, die sich auf fast 6000 km Küstenlinie von Norditalien über Frankreich und Spanien bis nach Portugal um das Mittelmeer erstreckt. Es sind winzige, aus Argentinien eingewanderte Ameisen, gegen die die heimischen Arten – oft von mehr als 10-facher Körpergröße und Stärke – keine Chance haben. David gegen Goliath im Miniformat. Sie kooperieren, sie kämpfen mit unglaublicher Aggressivität, sie vernichten alle heimischen Ameisenarten und sie haben das Potenzial, Ökosysteme auf der ganzen Welt zu verändern. Denn Tiere, denen sie schmecken, haben plötzlich einen reich gedeckten Tisch – und Tiere, die ihnen schmecken, werden nahezu oder ganz ausgerottet. Und da *beide* Gruppen in vernetzten Nahrungssystemen leben, ihrerseits entweder Jäger oder Beute sind, pflanzt sich dieses plötzliche Ungleichgewicht wie eine Schockwelle fort. Anmerkung für Unerschrockene: In einem wesentlich größeren, aber angesichts geologischer Zeiträume immer noch kleinen Zeitmaßstab sind wir Menschen für den gesamten Globus nichts anderes. Vielleicht sind *wir* in unserer Gesamtheit „das größte Raubtier der Welt"?!

Die Bedeutung der „Schwarmintelligenz"

Der Schwarm ist der perfekte Superorganismus. Es gibt viele hochsoziale Verbände von Lebewesen, bei den Insekten neben den Ameisen auch Bienen, Wespen und Termiten. Es gibt Schwärme bei Vögeln, Fischen … und beim Menschen. Den „Algorithmus" des Schwarms, also die Handlungsanweisung zur Schwarmbildung, haben die Tiere verinnerlicht – er ist in ihren Genen gespeichert. Auf die Rückkopplungsmechanismen bei Fisch- oder Vogelschwärmen werden wir noch kommen (Abschn. 11.3). Bei uns Menschen ist „Vernetzung" das Wort der heutigen Zeit. *Brainpools* wie die Firmen im *Silicon Valley* in Kalifornien könnte man fast als einen solchen Superorganismus bezeichnen.

Kollektive Intelligenz, auch Gruppen- oder Schwarmintelligenz genannt, ist das „Wissen der Vielen". Sie kommt durch Feedback-Prozesse in Gruppen zustande. Man sagt, das Wissen der Allgemeinheit sei dem Wissen der Experten oft überlegen.[3] Experten hätten oft eine eingeengte Sicht,

---

[3]Experten sind üblicherweise diejenigen, die sich wechselseitig für Experten halten (wie bei Künstlern, Gebildeten, Modeschöpfern usw.).

verträten Gruppeninteressen oder Lehrmeinungen. „Drei Experten, vier Meinungen“, hört man manche sagen. Und analog zu dem Spruch „Alle Menschen sind Fremde, fast überall“ gilt auch: Alle Experten sind Laien, fast überall. Die Meinung eines Einzelnen ist immer der Kritik oder dem Irrtum ausgesetzt. Dagegen können koordinierte Handlungen von vielen Einzelnen intelligente Verhaltensweisen der sozialen Gemeinschaft erzeugen, die dann gewissermaßen als „Superorganismus“ reagiert, also als „Schwarm“. Damit wird die Meinung der Gemeinschaft sich oft besser an die Realität annähern. Es gibt jedoch ein „aber“, auf das wir gleich noch kommen werden.

Dieses Phänomen ist ja nicht nur durch den „Publikumsjoker“ einer beliebten Ratesendung bekannt geworden: Die große Masse von durchschnittlichen Menschen (also kein Pool von Fachleuten) findet oft erstaunlich richtige Lösungen – sie liegen allerdings auch mal grotesk daneben. Das hat schon der britische Naturforscher Sir Francis Galton in einem hübschen Experiment nachgewiesen: Er besuchte eine Vieh-Ausstellung, bei der ein Wettbewerb veranstaltet wurde, um das Gewicht eines Ochsen zu schätzen. Galton war der Meinung, dass die Messebesucher dazu nicht in der Lage seien und beschloss, die fast 800 Schätzungen statistisch auszuwerten. Der Mittelwert aller Schätzungen (1197 Pfund) kam aber dem tatsächlichen Gewicht des Ochsen (1207 Pfund) erstaunlich nahe – Galtons Vorurteil war somit widerlegt. *Vox populi* (lateinisch für „Stimme des Volkes“) ist ein geflügeltes Wort für die öffentliche Meinung; sie liegt nahe am „gesunden Menschenverstand“. Galton illustrierte damit, ohne es gewollt zu haben, die Intelligenz der Masse.

Ein Beispiel dafür ist das Internet (wo man auch zu jedem wichtigen Begriff in diesem Buch Unmengen an Einzelheiten in Millionen von Fundstellen nachlesen kann). Hier sind Umfang und Grenzen der „Kollektiven Intelligenz“ sehr deutlich zu sehen: Es enthält jede Menge obskure Behauptungen, Schwachsinn, Gedanken-Müll und Unfug[4] – von absichtlichen Fälschungen und politisch gefärbten Unwahrheiten ganz zu schweigen. Die Klage des amerikanischen Medienwissenschaftlers Neil Postman „Wir informieren uns zu Tode“ ist hier sicher angebracht. Zum anderen zeigt das Internet aber eindrucksvolle Beispiele für die Stärke eines (freien oder teilweise kontrollierten und Regeln unterworfenen) Kollektivs. Außerdem gibt es hier im Wechselverhältnis mit anderen Medien einen

[4]Die gute alte „Zeitungsente“ feiert hier als „*Hoax*“ (engl. für Jux, Scherz, Schabernack; auch Schwindel) oder „*Urban Legend*“ (Städtische Legende, Großstadtlegende) Auferstehung. Auch die Flut an Verschwörungstheorien im Netz gehört hierzu.

hübschen zyklischen Effekt: Im Internet steht, was aus den Medien stammt, die es im Internet gesehen haben.

Sehr deutlich sieht man kollektive Intelligenz in *Wikipedia*®. Alle Menschen können unmittelbar Artikel erstellen oder verändern. Bestand hat, was von der Gemeinschaft akzeptiert wird und festgelegte Qualitätskriterien erfüllt – ein echtes Beispiel für „Schwarmintelligenz". Aber wie kann das gut gehen? Ein unkoordinierter Haufen von Autoren mit unbekannter Qualifikation arbeitet an einem so komplexen System wie einer Enzyklopädie?! Hier nur so viel: Es funktioniert nicht ohne Struktur, ohne Regeln und Interaktionen – eben ein „System" mit einer ausgefeilten Architektur der Beiträge. „Wissen" entsteht hier aus Meinungen durch „Sichtung" (den nachfolgend beschriebenen Prozess der Qualitätskontrolle durch „*Peer-Reviews*"). Es stabilisiert sich durch wechselseitige Diskussion und Optimierung. Quellenangaben sollen bloße Meinungen von sicherem Wissen trennen. Testvergleiche unabhängiger Institute mit anderen, von „Experten" erstellten Enzyklopädien bescheinigten *Wikipedia*® eine sehr hohe Qualität, denn viele Problemfelder, die die Qualität und Verlässlichkeit der Inhalte beeinflussen, werden von Administratoren überwacht. Übrigens: Der englische Schriftsteller und Pionier der Science-Fiction-Literatur H. G. Wells hat schon 1937 einen Aufsatz mit dem Titel „*World Brain*" über die Idee einer ständigen Weltenzyklopädie geschrieben. Da kann *Wikipedia*® nur sagen: „Ich bin schon da!"

Eine andere Variante der kollektiven Intelligenz ist die „Delphi-Methode", bei der ein systematisches und mehrstufiges Befragungsverfahren mit einer Rückkopplung der Ergebnisse durchgeführt wird. Einer Gruppe von Experten wird ein Problem oder ein Fragenkatalog vorgelegt. Die Antworten werden in einer zweiten Runde den Teilnehmern (in der Regel anonym) präsentiert, sodass sie die Möglichkeit haben, ihre erste Antwort angesichts der Gruppenmeinung zu verfeinern oder zu korrigieren. Hier ist auch der *Peer-Review* (engl. *peer* ‚Ebenbürtiger', ‚Gleichrangiger') zu nennen: Es ist ein Verfahren zur Beurteilung von wissenschaftlichen Arbeiten oder Projekten in Unternehmen durch unabhängige Gutachter zum Zweck der Qualitätssicherung. Die Begutachtung kann offen oder anonym durchgeführt werden, wobei die doppelt verdeckten Gutachten (beide Beteiligte bleiben anonym) als die objektivere Verfahrensweise gelten. Das ist in vielen Bereichen üblich, von Veröffentlichungen in Fachzeitschriften bis hin zu der Erstellung von Enzyklopädien.

Grenzen der Schwarmintelligenz

Das Votum der vielen ist aber keineswegs sicher, um es milde zu sagen – sonst wäre es wahr, dass die Erde im Mittelpunkt des Universums steht, denn außer ein paar „Spinnern" glaubten das alle Menschen im frühen Mittelalter. Es gibt ja auch den bösen Spruch: „5000 Fliegen können nicht irren!" (Assoziation: Worauf sitzen sie gerne?) Sonst würde auch die Behauptung stimmen, dass es die Jungfrau Maria wirklich gibt, weil viele Menschen unabhängig voneinander Marienerscheinungen hatten. Gleiches gilt für *Aliens* und UFOs und andere Erlebnisse spiritueller Art: Viele Menschen in unterschiedlichsten Kulturkreisen hatten sie, sie haben sich „manifestiert" – also *gibt* es das erlebte Phänomen. Wirklich? Ist das *wahr*? Auch der *Yeti,* der Schneemensch, oder das Ungeheuer vom *Loch Ness* sind schon von vielen „glaubwürdigen" Zeugen gesehen worden, glänzen aber weiterhin durch Abwesenheit. Wenn also überraschend viele Argumente für die „Weisheit der Vielen" sprechen, so darf man dennoch nicht die „Dummheit der Massen" übersehen. Nicht nur kollektive Intelligenz, auch kollektiver Wahn zieht sich wie ein roter Faden (oft als konkrete Blutspur) bis heute durch die menschliche Geschichte.

Schwarmintelligenz hat also Grenzen, denn aus ihr zu folgern, das sei immer und überall so, ist sicher gewaltig übertrieben. Nicht umsonst gibt es zahlreiche originelle Sprüche wie „Wenn die Welt von einem Komitee erschaffen worden wäre, wäre sie heute noch nicht fertig" oder „Ein Mensch, der weiß, was er tut, ist besser als ein Team von Schwachköpfen". Der Kabarettist Dieter Nuhr bringt die Problematik in seinem Jahresrückblick 2014 auf den Punkt: „Geist addiert sich nicht. Dummheit schon." Auch hier ist sicher der „goldene" Mittelweg richtig. Also sollten wir situationsabhängig mal den Experten, mal der Intelligenz der Vielen vertrauen – aber letztere ist eben doch in manchmal überraschender Weise treffsicher.

Eine (etwas weit hergeholte) Variante von kollektiver Intelligenz ist die Tatsache, dass das meiste unseres individuellen Wissens von anderen Menschen stammt, also erlernt ist. Die kulturelle Evolution. Lernen ist, wie wir in Abschn. 7.8 sehen werden, *der* Feedback-Prozess schlechthin. Nicht nur die Zahl der Weltbevölkerung steigt exponentiell an, ihr gesamtes akkumuliertes Wissen wächst noch viel schneller. Um 1800 betrug die Zeitdauer der Verdopplung des Wissens der Menschheit noch 100 Jahre. Schon vor 20 Jahren verdoppelte sich das weltweit verfügbare Wissen alle 5 bis 7 Jahre, und das erfolgt seitdem in immer kürzeren Zeitabständen. Das Ergebnis ist überexponentielles Wachstum, noch stärker als unsere bekannte „Wumm!"-Kurve aus Abschn. 3.3.

Die kollektive Intelligenz unterstreicht die kulturelle Bindung des Wissens, seinen sprachlichen, zeitlichen, schichtenspezifischen und politischen Zusammenhang. Wissen hat einen oft gesellschaftlichen Hintergrund und entsprechende Randbedingungen.

7.3 Der Mensch als Versuchsobjekt

Soziologen und Psychologen erforschen gesellschaftliche und mentale Strukturen: was zwischen uns Individuen stattfindet und was im einzelnen Individuum im Kopf vor sich geht. Statt hier einfache Prinzipien nach den Regeln von Ursache und Wirkung zu suchen, muss man auf die mannigfaltigen Rückkopplungskreise achten. Besonders trickreich wird es, wenn der Forscher selbst Teil des Feedback-Mechanismus ist. Und das passiert häufiger, als man denkt.

Was wir aus einem Experiment lernen können

„Es ist mir gelungen, den Turm unseres Domes für unsere Experimente zu bekommen", sagte der Lehrer. „Der Physikunterricht findet diesmal im Freien statt. Dort können wir unsere Fallversuche machen. Wir werden dabei streng wissenschaftlich vorgehen, nach meiner »3 + 3-Methode«, dem Prinzip der Wissenschaft. Sie hat drei Schritte und drei Bestandteile. Die drei Schritte sind Vorhersage, Erklärung und Überprüfung. Die Vorhersage ist unsere Hypothese." „Hypo-*was*?" fragte ein Schüler „Hypothese, das bedeutet so viel wie Unterstellung, vom griechischen *hypo* ‚unter' und *thésis* ‚Behauptung'. Wie sich eurer Meinung nach die Gegenstände, die vom Turm fallen, verhalten." „Ich glaube", sagte ein Schüler, „dass Dinge mit unterschiedlichem Gewicht unterschiedlich schnell fallen. Ich habe auf *YouTube* mal den Absturz eines Kleinflugzeuges gesehen. Das Flugzeug fiel schneller als der Pilot. Ein anderer lachte: „Dabei hast du übersehen, dass der Pilot einen Fallschirm trug! *Ich* habe im Fernsehen gesehen, dass man auf dem Mond Experimente gemacht hat, bei denen eine Bleikugel genauso schnell herunterfiel wie eine Feder. Es dreht sich also nur um den Luftwiderstand." „Ich glaube auch", sagte ein Mädchen, „dass ein Gegenstand am Anfang langsamer fällt und dann immer schneller wird." „Gut", sagte der Lehrer, „alle diese Hypothesen können wir überprüfen und dann das Verhalten erklären. Ich muss noch den anderen Teil meiner Methode erläutern, nämlich nach den drei Schritten die drei Bestandteile: So ein freier Fall ist gewissermaßen ein System – es gibt erstens die Ausgangsbedingungen, zweitens die Ergebnisse und drittens das Verhalten des Systems. Also den

Input, den Output und die Funktion. Wir würden also verschiedene Ausgangsbedingungen wählen, zum Beispiel verschiedene Fallhöhen und verschiedene Gewichte. Das Ergebnis ist die gemessene Fallzeit, die ein kleines Team mit der Stoppuhr feststellen wird. Damit lassen sich unsere Hypothesen entweder bestätigen oder widerlegen. Daraus gewinnen wir eine Erklärung für das Verhalten eines Körpers beim freien Fall. Das können wir mit anderen Beobachtungen überprüfen, vielleicht auch mit theoretischen Überlegungen." „Es könnte aber sein, dass Experimente nur *zufällig* die Hypothese zu beweisen scheinen, weil wir andere Fälle noch nicht beobachtet haben, oder?" wandte ein Schüler ein. „Das ist vollkommen korrekt", sagte der Lehrer, „und das ist der Kern der gesamten wissenschaftlichen Betrachtungsweise. Eine Hypothese kann *nie* vollständig bewiesen werden, weil nie auszuschließen ist, dass es einen Fall geben könnte, der sie widerlegt. Umgekehrt aber reicht ein einziges Gegenbeispiel, um eine vermutete Hypothese zu Fall zu bringen. Fällt ein Gegenstand einmal völlig anders als in euren Experimenten oder schwebt er gar in der Luft, dann gilt entweder das Fallgesetz nicht mehr oder der Versuch gehört nicht zu der Gruppe der Dinge, die durch das Fallgesetz beschrieben werden." „Oder ich habe mentale Kräfte!" sagte ein Mädchen. „Stimmt!" schloss der Lehrer, „Aber das wirst du nach demselben Prinzip beweisen müssen!"

Gesagt, getan. Die Schulklasse führte ihre Versuchsreihen durch. Eines der vielen Ergebnisse sehen Sie in der Tab. 7.1. Der „Messwert" für eine Fallhöhe von 100 m wurde vom Lehrer als theoretischer Wert berechnet (Zusatz „b" hinter dem Wert), weil der Turm nicht hoch genug war. Die Versuche ergaben – wie jedermann weiß – dass die Fallzeit nicht vom Gewicht des Körpers abhängt (vorausgesetzt, er bietet keinen nennenswerten Luftwiderstand). Und die Fallzeit steht in keinem linearen Verhältnis zur Fallhöhe, wie man an der Zeitdifferenz in der Tab. 7.1 sieht. Sie nimmt mit zunehmender Höhe ab und beträgt für die ersten 10 m etwa so viel wie zwischen 100 und 50 m (die Physiker wissen, dass die Fallzeit proportional zur Wurzel der Fallhöhe ist und umgekehrt der Fallweg mit dem Quadrat der Fallzeit wächst).[5]

Der Philosoph Karl Popper hat genau die Wissenschaftstheorie entwickelt, die der Lehrer beschrieben hat. Sie besteht aus diesen drei Schritten und drei Teilen. Die drei Schritte sind Vorhersage, Erklärung und Überprüfung. Die drei Teile sind genau die, die wir bei der Vorstellung des

[5]Die Fallzeit auf den ersten 10 m mit 1,4 s (mit einer kleinen Messungenauigkeit) ist ungefähr so groß wie die Zeitdifferenz von 1,32 s zwischen 50 und 100 m.

Tab. 7.1 Fallhöhen und Fallzeiten in einem Experiment

Fallhöhe [m]	10	20	30	40	50	100
Fallzeit [s]	1,4	2,0	2,5	2,9	3,2	4,52b
Zeitdifferenz [s]		0,6	0,5	0,4	0,3	1,32

Systembegriffs schon kennen gelernt haben (Abschn. 3.2, Abb. 3.1: Der Ausgang y eines Systems ist eine Funktion f des Eingangs x): die Eingangsgröße x, die Ausgangsgröße y und das Verhalten f des Systems (die „Funktion"). Poppers zentrale Erkenntnis war: Hypothesen sind nicht vollständig beweisbar, auch nicht bei noch so vielen Beobachtungen. Sie sind aber widerlegbar. Daraus schließen viele, dass wissenschaftliche Erkenntnisse nur „vorläufig" sind, sich also eventuell als falsch herausstellen. Popper brachte das berühmte Beispiel: Auch wenn ich Tausende von weißen Schwänen beobachte, ist die Annahme, dass *alle* Schwäne weiß sind, niemals *endgültig* bewiesen. Und in der Tat, die schwarzen Schwäne, die es auf der Südhalbkugel gibt, widerlegen diese Hypothese. Der Publizist (und Börsenhändler) Nassim Nicholas Taleb hat das in seinem Buch „Der Schwarze Schwan" ausführlich abgehandelt. Das merkt auch die Weihnachtsgans, die die Hypothese entwickelt hat, dass ihr Besitzer sie jeden Tag getreulich füttert. Kurz vor dem 24. Dezember wird diese Hypothese widerlegt. Dann wird sie geschlachtet. Es reicht jedoch im normalen Leben aus, wenn sich Hypothesen längere Zeit *bewähren.* Zum Beispiel hat sich die Annahme, dass die Erde sich um die Sonne dreht, bisher ganz hervorragend bewährt, und ein Gegenbeispiel ist noch nicht aufgetreten.

Was hat das nun mit Rückkopplung zu tun? Nun, man könnte sagen: Die Hypothese bestimmt das Experiment, das Experimente wirkt auf die Hypothese zurück. Das ist die eine Sicht. Die andere Betrachtungsweise ist, dass das Experiment oder der Experimentator das zu beobachtende System beeinflusst. Genau diese Art der Beeinflussung versuchen wir aber durch Doppelblindstudien (über die wir gleich noch sprechen werden) auszuschließen.

Viele kennen George Soros nur als skrupellosen Investor und Hedgefonds-Manager, der 1992 gegen das britische Pfund wettete. Er hat sich aber auch sozial und politisch engagiert und … als Philosoph hervorgetan. In seinem Buch „Krise des globalen Kapitalismus" analysiert er die Finanzmärkte und erkennt ihren Regelkreis-Mechanismus, den er „Reflexivität" nennt. Diesen Begriff hatte er aus der Grammatik entnommen, wo es vom „Reflexivpronomen" bekannt ist, auf Deutsch: „rückbezügliches (!) Fürwort" – das „sich" im schon so oft erwähnten „sich selbst". Er schreibt: „Die

Wissenschaft ist selbst ein soziales Phänomen und als solches potenziell reflexiv, denn Forscher sind mit ihrem Gegenstand sowohl als Beteiligte wie als Beobachter eng verbunden. Der hervorstechende Zug der wissenschaftlichen Methode, wie anhand Poppers Modell erläutert, liegt aber darin, dass sich die beiden Funktionen nicht wechselseitig beeinflussen." Ein wenig Wunschdenken, wie andere Philosophen zeigen, denn sie sehen durchaus eine wechselseitige Beeinflussung vorliegen.[6]

Ein rechnendes Pferd begründet eine wissenschaftliche Methode

„Hans", sagte Wilhelm von Osten zu seinem Pferd, „wie viel ist eins plus eins?" Hans scharrte zweimal mit dem rechten Vorderhuf. „Schön", sagte der Besucher unbeeindruckt, „und?" „Berechne 2 × 2", befahl von Osten. Viermaliges Scharren. „Noch etwas?" fragte der Besucher. „Ja, subtrahiere 5 – 3." Klopf, klopf – zweimal traf der Vorderhuf den Boden. „Und dividiere zwölf durch drei!" Klopf, klopf, klopf, klopf. „Wissen Sie was, Herr von Osten, ich glaube, Sie wollen mich auf den Arm nehmen. Das Ergebnis ist immer zwei oder vier. Sie geben ihm ein Zeichen, mehr nicht. Er kann nur zwei Sachen unterscheiden." „Sie irren, mein Herr! 13 – 7!" Sechsmaliges Klopfen. „Einundzwanzig durch sieben!" Dreimaliges Scharren.

„Hm!" – der Besucher wurde nachdenklich. Osten sagte: „Natürlich kann ich ihn nicht 30 × 70 ausrechnen lassen, so viel Zeit haben wir nicht. Und auch nicht 17 dividiert durch vier. Brüche oder ein Dezimalkomma kann er ja nicht scharren." „Das ist ja klar, ich bin ja nicht blöd!" „Aber die Potenzrechnung beherrscht er und das Wurzelziehen. Passen Sie mal auf! Zwei hoch drei ist …?" Hans antwortete korrekt mit acht. „Die Wurzel aus 25?" Hans errechnete die Zahl 5. „Er kann auch buchstabieren, etwas mühsam natürlich, und noch mehr. Hans, wer war der erste Mensch?" Klopf. Pause. Klopf, klopf, klopf, klopf. Pause. Klopf. Pause. Klopf, klopf, klopf, … „A–D–A …!? Genug!" schrie der Besucher und wurde bleich: „Wie machen Sie das?!" „Wieso *ich*? *Er*! Hans, das Pferd!" „Sie haben ihn dressiert", sagte der Besucher, „Schließlich sind Sie ja Mathematiklehrer! Sie geben ihm Zeichen, wie ich schon sagte." „Na gut, wenn Sie meinen!" sagte von Osten, „Dann gehe ich eben hinaus und Sie stellen ihm Aufgaben. Sie können ihm auch verschiedene Finger zeigen, er kann sie zählen."

Eine halbe Stunde später hatte der Besucher alles probiert, was sich mit einer halbwegs geringen Zahl von Hufschlägen beantworten ließ. Er zog vor von Osten den Hut: „Ich muss mich entschuldigen. Er hat zwar ein paar

[6]Gemeint ist der US-amerikanische Wissenschaftsphilosoph Thomas S. Kuhn, siehe Literaturverzeichnis: Kuhn T (1967).

Fehler gemacht …" „Die machen meine Schüler auch. Und bedenken Sie: Er ist ja nur ein Pferd!"

Stunden später stand der Besucher vor seinem Chefredakteur, dem Herausgeber der Zeitung „Berliner Militärwochenblatt" und sagte: „Ein Pferd, das rechnen kann! Unglaublich! Und es kennt das Alphabet … und sogar die Bibel!" „Schreiben Sie's!" sagte sein Chef, und so geschah es.

Das war 1904 – eine wahre Geschichte, nur mit sehr wenig dichterischer Freiheit gewürzt. Danach strömten die Besucher in seinen Stall, und von Osten führte alle Kunststücke des Pferdes vor. Er behauptete steif und fest, er habe ihm das alles beigebracht. Das rief schließlich eine 13-köpfige wissenschaftliche Kommission auf den Plan, die von einem Mitglied der preußischen Akademie der Wissenschaften, dem Philosophie-Professor Carl Stumpf, angeführt wurde. Sie stellten dasselbe fest wie der Reporter: Das Pferd beantwortete die Fragen richtig (mit einer tolerablen Fehlerquote), auch wenn von Osten gar nicht in seiner Nähe war. Eine Beeinflussung in irgendeiner Form war dadurch praktisch ausgeschlossen.

Alle waren beeindruckt, bis auf einen. „Nun reicht's mir aber!" dachte sich Oskar Pfungst, ein Student des Professors. Er ging der Sache auf den Grund und entdeckte den entscheidenden Unterschied: Wenn das Pferd keinen Menschen sah, der die richtige Antwort kannte, war es hilflos. Offensichtlich konnte es aus feinsten Andeutungen in der Mimik und der Körpersprache der Menschen die richtige Antwort ableiten. Irgendwie zeigten die Anwesenden, die das Pferd sehen konnte, Zeichen der Begeisterung oder Erleichterung, wenn der kluge Hans mit seinen Hufschlägen beim richtigen Ergebnis angekommen war.

Ein Hundetrainer oder „Pferdeflüsterer" wird nun sagen: „Na und?!" Schließlich sind diese Tiere so lange vom und mit den Menschen erzogen worden, dass ein solches Ergebnis niemanden überrascht. Über den Placebo-Effekt haben wir ja schon in Abschn. 6.7 gesprochen, und dass sie bei Pferden besonders gut wirkt. Aber darum ging es ja nicht. Zu zeigen war ein Phänomen der sozialen Rückkopplung, und das funktioniert natürlich auch zwischen Vertretern verschiedener Spezies.

Informationsmenge und Entscheidungsfreudigkeit

Der Psychologe Dietrich Dörner, auf den wir noch zurückkommen werden (Abschn. 11.4), schreibt in seinem Buch den schönen Satz: „Je mehr man weiß, desto mehr weiß man auch, was man nicht weiß. Es ist wohl nicht von ungefähr, dass sich unter den Politikern so wenige Wissenschaftler finden." Er hat nämlich eine Entsprechung, vielleicht sogar eine positive Rückkopplung zwischen dem Ausmaß an Information über eine Sache und der Unsicherheit der Entscheidungsträger gefunden. Wenn man über eine Sache gar nichts weiß, kann man leichter damit umgehen und sogar leichter Entscheidungen treffen. Das Motto lautet: Was kümmern mich die Fakten, ich habe doch schon meine Meinung! Wenn man jedoch mehr Informationen hat, steigt die Unsicherheit, und man sammelt noch mehr Informationen, um sie zu beseitigen. Zum Schluss stellt man fest, dass man über dieses Gebiet eigentlich gar nichts weiß und wird handlungsunfähig. Ein klassischer Fall von positivem Feedback. Grundsätzlich kann man ja sagen, dass man nie alles wissen kann, dass immer einige Variablen eines Systems im Verborgenen bleiben müssen. Manche Entscheidungsträger neigen daher zu einer Verweigerung der Informationsaufnahme, sie wollen Einzelheiten und Details einfach gar nicht wissen. Dazu kommt, dass das durch Unwissenheit und Dogmen stabilisierte Weltbild ins Wanken zu geraten droht, wenn man sich genauer informiert und seine Meinung hinterfragt. Niemand jedoch gibt gerne zu (auch nicht vor sich selbst), dass er sich geirrt hat. Dagegen zeigen psychologische Versuche, dass Personen, die wenige Fragen stellen und viele Entscheidungen treffen, komplexe Systeme schlechter steuern können – der berühmte „Aktionismus". Die „guten" Versuchspersonen holten mehr Informationen ein und trafen weniger Entscheidungen, wobei sie vorangegangene Maßnahmen auch korrigierten oder verfeinerten. Das ist besonders der Fall, wenn in dem System einander widersprechende Ziele vorhanden sind, zum Beispiel ein möglichst hoher Gewinn bei gleichzeitig möglichst geringer Umweltbelastung.

Natürlich kann dies ein zufälliges Zusammentreffen und muss kein kausaler Zusammenhang sein. In anderen Versuchen zeigte es sich nämlich, dass die Verhältnisse genau umgekehrt waren: Die „guten" Versuchspersonen zeigten mehr Entscheidungsfreudigkeit und fragten weniger. Schließlich haben wir es hier nicht mit Maschinen zu tun, deren Regelkreisverhalten sich nicht ändert und das man messen kann, sondern mit Menschen, die unterschiedlichen Einflussfaktoren unterliegen. Wenn ich hier in diesem Buch verschiedene Beispiele von Feedback schildere, soll das nicht heißen, dass das gesamte Leben wie ein maschineller und technischer Regelkreis abläuft. Die einzelnen Handlungseingriffe sind ja nicht unabhängig voneinander, sondern bilden eine zusammenhängende Geschichte, die gewissermaßen in mehreren „Generationen" abläuft. Die Versuchspersonen *lernen* (Abschn. 7.8). Vielleicht lassen sie sich anfangs von Überlegungen, später aber von ihrer Intuition leiten (von der Dörner sagt, dass man dann gar nicht weiß, wovon man da geleitet wird).

Ein unethischer Menschenversuch?
Zu guter Letzt nun noch kurz der „Klassiker" unter den „Menschenversuchen": das „Milgram-Experiment". Einzelheiten kann und sollte man im Internet nachlesen. Kurz gesagt: In einem Teufelskreis von Befehl und Gehorsam fügen Laien als (angebliche) „wissenschaftliche Hilfskräfte" (gespielten) Versuchspersonen scheinbar körperliche Schmerzen zu – als „Motivation zum Lernen". Bis hin zu Stromschlägen, die im Ernstfall tödlich gewesen wären. Alles unter Anleitung eines Wissenschaftlers als Autoritätsperson. In diesem Experiment wimmelt es nur so von Rückkopplungseffekten. Unter anderem wurde kritisiert, man habe einen „Hawthorne-Effekt" (kommt in Kapitel 7.7) übersehen. Es gab auch Einwände, ob man Menschen im Interesse der psychologischen Forschung quälen darf. Wohlgemerkt: die scheinbaren Peiniger, nicht die „Opfer", wurden seelisch gequält! Denn nicht alle folgten den Anweisungen des Versuchsleiters ohne Skrupel. Doch Stanley Milgram selbst sagte: „Ich könnte in jeder mittleren amerikanischen Kleinstadt das Personal zum Betrieb eines KZ rekrutieren."

Ein blindes Huhn findet auch ein Korn
Der Name ist Programm: „Gesellschaft zur wissenschaftlichen Untersuchung von Parawissenschaften e.V. (GWUP)". Sie versucht unter anderem, die Popper'sche Wissenschaftstheorie „unter's Volk zu bringen". Unter den vielen Aktivitäten hat ein GWUP-Mitglied an einem Gymnasium in Freising einen Wünschelruten-Test im Klassenraum durchgeführt. Ein Pendler wurde eingeladen, um mit ihm eine Prüfung mit Stromkabeln und Wasserflaschen nach wissenschaftlichen Kriterien durchzuführen. Ein erfolgreicher Nachweis solcher „paranormalen" Fähigkeiten kann dem Gewinner nämlich eine Million US-Dollar Preisgeld der *James Randi Educational Foundation* einbringen. Jeweils eine gefüllte von sechs verdeckten Wasserflaschen bzw. von stromführenden Kabeln sollten aufgespürt werden. Probeweise durfte der Wünschelrutengänger vor dem eigentlichen Test herumgehen. Dabei wurde ihm das jeweils stromführende Kabel bzw. die gefüllte Flasche genannt. Prompt bestätigten seine Ruten und Pendel dies auch durch heftige Ausschläge. Doch das ist nichts anderes als eine „selbsterfüllende Prophezeiung".

Dann begann der eigentliche Test. Aber der Effekt des „klugen Hans" musste ausgeschaltet werden. *Keine* der anwesenden Personen durfte also wissen (auch nicht der Versuchsleiter oder der Protokollant), wo die echte Probe versteckt war. Schon gar nicht der Rutengänger selbst (wie beim Testlauf). Das ist der Doppelblindversuch oder die Doppelblindstudie, weil es zwei „Blinde“ gibt: den Probanden *und* den Tester. Da die Chance 1: 6 ist, durch bloßes Raten die richtige Probe zu finden, müssen mehrere Versuche durchgeführt werden, um Zufallsergebnisse auszuschließen. Auch das muss „doppelblind“ erfolgen: Die Nummer der folgenden Probe muss durch Würfeln bestimmt werden (das Prinzip der „Randomisierung“).

Das Ergebnis war ernüchternd, beschädigte aber nicht den Glauben des Pendlers an seine Methode (Sie erinnern sich an die Stabilität der Glaubensüberzeugungen in Abschn. 6.6). Er erreichte kaum die zufällig zu erwarteten Treffer, die er auch ohne seine Werkzeuge durch bloßes Raten gefunden hätte. Bisher sind alle Wünschelrutengänger und Pendler unter wissenschaftlich durchgeführten, also randomisierten und doppelt verblindeten Testbedingungen gescheitert. Die Million US-Dollar wartet noch immer auf ihren glücklichen Empfänger.

7.4 Vertrauen ist gut, Kontrolle ist besser!

Ein oft zitierter Satz, Wladimir Iljitsch Lenin zugeschrieben. Na gut, er hat es nie gesagt. *Die Zeit* berichtete 2000: „Reclams Zitaten-Lexikon schreibt, der Satz sei »die schlagworthafte Verkürzung einer Überzeugung, wie sie Lenin mehrfach geäußert hat«“ und zitiert andere Quellen: „Sie verweisen auf eine alte russische Redewendung, die zu Lenins Lieblingssätzen gezählt haben soll: »Vertraue, aber prüfe nach.«“ Wie dem auch sei, dies ist ein guter Kandidat für einen zyklischen Spruch wie in Abschn. 2.1, denn auch Vertrauen und Kontrolle können als zwei Systemkomponenten in einem Rückkopplungskreis gesehen werden.

Aber schauen wir uns eine wahre Geschichte an: Juan, ein junger Mallorquiner, hat in Artà im Nordosten Mallorcas ein Restaurant mit angeschlossenem Hotel. Acht Tische, sechs Zimmer, finanziert zum großen Teil mit einem saftigen Kredit. Er hat zu kämpfen, besonders außerhalb der Saison. Reich wird er damit nicht.

Wir sind in einem längeren Urlaub auf der Insel und wohnen bei Freunden. Ab und zu gehen wir mal zu Juan … eher selten. Er kennt uns vom Sehen und unsere Vornamen. Er spricht deutsch mit uns (er war ein paar Jahre in Deutschland), aus Freundlichkeit, um uns nicht in Verlegenheit zu bringen und um seine Sprachkenntnisse zu zeigen. Wir sprechen spanisch mit ihm (oder das, was wir dafür halten), aus Freundlichkeit und um unser Gastland zu ehren.

Wir sind zu viert, der Rest des Lokals ist leer (weil außerhalb der Saison, wie gesagt). Wir essen, trinken Wein und dann noch einen Kaffee. Keine große Zeche. Ab und zu kommen ein paar Bekannte Juans, trinken ein Glas Wein und gehen wieder. Zum Schluss gibt es natürlich „einen aufs Haus“: *Hierbas,* den lokalen Kräuterlikör. Juan stellt wie üblich die ganze Flasche hin und verschwindet. Wir nehmen uns ein kleines Gläschen und quatschen noch ein wenig.

Aber das Lokal bleibt leer. Als wir zahlen wollen, ist niemand da. Wir machen uns auf die Suche und finden nur den Koch in der Küche. Er sagt, Juan käme in zehn Minuten wieder. Das bedeutet in Spanien: Wir müssen mindestens eine halbe Stunde warten. Aber wir könnten auch gehen und morgen bezahlen, sagt der Koch. Er hat uns noch nie gesehen. Wir sind perplex, aber sagen uns: „Warum nicht?!“ *Wir* wissen ja, dass wir ehrlich sind! Also gehen wir und legen Juan noch einen Zettel hin: „*Gracias. Hasta mañana.*“

„Morgen“ hatten wir allerdings keine Zeit, also kamen wir zwei Tage später und zahlten unsere Rechnung. „Kein Problem!“ sagte Juan und gab uns noch einen aus.

So funktioniert Vertrauen.

Das ist mehr als eine Anekdote: Das ganze Dorf funktioniert so, nach Aussage unserer Freunde, die dort ein Ferienhäuschen haben. Braucht man einen Handwerker, kommt der, macht seine Arbeit und verschwindet wieder. Ein paar Wochen später kommt er vorbei – wie beiläufig – und möchte sein Geld haben. Ist man nicht zu Hause oder hat gerade nicht genug Geld zur Hand, werden die Besuche häufiger. Dann kommt auch gerne ein Teil der Verwandtschaft mit oder ein *Pastor Mallorquin.* Das ist aber keine seelsorgerische Begleitung, sondern (in des Wortes ursprünglicher Bedeutung) ein Hirtenhund, pechschwarz und von der Größe eines Kalbes. Er tut nichts. Er möchte nicht mal spielen (auch das würde Ihnen nicht gefallen). Er ist nur gewöhnt, dass die Schafe vor ihm Respekt haben – und Sie wissen nicht, ob er Sie nicht als eine Art Schaf betrachtet.

So funktioniert Kontrolle.

Es sieht so aus, als könnten auch Vertrauen und Kontrolle als zwei Systemkomponenten in einem Rückkopplungskreis gesehen werden. Beide bedingen sich gegenseitig.

Freie Menüwahl

Irgendwann hatte Lukas es bemerkt: Seine Frau neigte mehr und mehr dazu, ihm zu widersprechen. Schlug er die Landstraße vor, wollte sie auf der Autobahn fahren. Bestellte er im Restaurant Fleisch, schlug sie Fisch vor. Auch beim Restaurant selbst wurde er erst vor die Wahl gestellt und sein Vorschlag dann verworfen. So war er vorsichtig, als sie ihn fragte: „Möchtest du

Spaghetti Carbonara oder Nürnberger mit Bratkartoffeln?" Beide Gerichte waren ihm mehr oder weniger gleich lieb, doch heute gelüstete es ihn nach Bratkartoffeln. Wünschte er sich das, gäbe es garantiert Spaghetti. Also wäre es besser, sich Spaghetti zu wünschen, um Bratkartoffeln zu bekommen.

Doch er wusste, dass es *ihr* aufgefallen sein musste, dass es *ihm* aufgefallen war, dass sie ständig anderer Meinung war. Oder er, aus ihrer Sicht. Hatte er es nicht sogar schon einmal angesprochen? (Sie hatte natürlich widersprochen.) Wünschte er sich also Bratkartoffeln, würde sie annehmen, er hätte lieber Spaghetti. Also gäbe es Bratkartoffeln. Prima! „Wenn es dir nichts ausmacht, hätte ich gerne Bratkartoffeln", sagte er.

Das spielen wir gerne mit Kindern bis 70 Jahren: Etwas in einer Hand verstecken und beide zur Auswahl hinhalten. Beim ersten Mal ist ein Treffer der reine Zufall (sieht man von der „Mikromimik" aus dem vorigen Kapitel einmal ab). Beim zweiten Mal ist es schon ein Feedback-Spiel: Was denkt der andere? Was denkt der andere, was ich denke? Was denkt der andere, was *ich* denke, was *er* denkt?

Die Strategie des Torwarts beim Elfmeter

Der Schütze für den Elfmeter stand vor ihm. „Der hat beim Elfmeter bisher 27-mal nach links und 18-mal nach rechts geschossen", hatte sein Trainer ihm gesagt. Der Trainer des Schützen hatte diesen in Bezug auf den Torwart gewarnt: „Der hat die Statistiken im Kopf!" Davon ging der Torwart allerdings aus: dass der Schütze wusste, was *er* wusste. So nahm das Ratespiel seinen Lauf. Eine Rückkopplung, die sich in der Praxis nur wenige Male dreht. Schießt er nach links, wie so oft? Dann springe ich dorthin. Weiß er, dass ich mir das denke, dann schießt er nach rechts. Also springe ich dorthin. Geht er davon aus, dass ich das gerade gedacht habe, schießt er natürlich nach links.

Aber natürlich führt kein Torwart solche Überlegungen durch. Er hätte der Praxis auch nicht die Zeit dazu. Er überlegt überhaupt nicht. *Weil* er ein guter Torwart ist, ist sein Verstand ausgeschaltet. Oder umgekehrt. Er beobachtet, ohne es zu merken, alle die kleinen unbewussten Zeichen im Schützen, die verraten, wohin er schießen wird. Ein Feedback im Unterbewusstsein. B_I lässt grüßen. Wenn er darin gut ist, wirft er sich in die richtige Ecke.

Doch hier ist das Feedback noch nicht zu Ende. Der niederländische Torwart Tim Krul hat das ja beim Elfmeterschießen im Viertelfinale der Weltmeisterschaft 2014 gegen Costa Rica schön vorgeführt. „Ich habe sie ausgetrickst!" sagte er zufrieden, denn er hatte die bevorzugte Schussrichtung seiner Gegner vorher studiert … und es ihnen *gesagt,* dass er sie studiert hatte („… um sie ein bisschen nervös zu machen"). Er starrte die Torschützen nicht nur an, er schrie ihnen auch die vermutete Ecke zu. Bei allen Schüssen sprang er in die richtige Ecke und hielt zwei Schüsse. Da Elfmeter üblicherweise „unhaltbar" sind, steht der Torwart weniger unter psychischem Druck als der Schütze, so argumentiert die britische Zeitung *the guardien* in ihrem Bericht. Aber der Schütze darf es nicht vergeigen, und das schafft bei ihm eine gewaltige Unsicherheit. Wenn nun der Torwart ruft, er wisse, wohin er schießen werde, ist der erste Zweifel schon da. Und natürlich war schon die Entscheidung des Trainers, extra einen „Elfmeter-Spezialisten" ins Tor zu stellen, der erste psychologische Trick, der zur richtigen Rückkopplungsschleife in den Köpfen der Schützen führte. Die Niederlande gewannen 4: 3.

Nach einer Auswertung von 1500 Elfmeterschüssen landeten 43 % in der linken Torecke, 44 % in der rechten und 13 % in der Mitte. Denken Sie doch mal über die Idee nach (Fußballfans mögen mir verzeihen), dass der Torwart sich nicht in die Mitte, sondern in eine Ecke stellt. Dann hat *er* nicht die Qual der Wahl. Und das Spiel beginnt von vorne, denn der Schütze schießt ja sicher in die leere Ecke. Oder nicht?

Gerechtigkeit, leicht gemacht

Kennen Sie die „Teilungstaktik"? Die Frage, wie man das letzte Stück Kuchen gerecht unter zwei Personen aufteilt, ohne dass einer (wirklich oder vermeintlich) zu kurz kommt. Ganz einfach: Der eine zerteilt das Kuchenstück, der andere sucht sich seins aus. Scheinbar der Weg zu optimaler Gerechtigkeit. Scheinbar. Wenn da die Rückkopplung nicht wäre, das Nachdenken darüber, was der andere denkt. Will der, der aussuchen darf, das (in seinen Augen) bessere Stück? Oder gönnt er es aus Freundlichkeit dem anderen? Wie das berühmte alte Ehepaar, wo der Mann seiner Frau auf dem Sterbebett bekennt: „Ich habe dir immer die obere Hälfte des Brötchens gegeben, obwohl *ich* sie lieber gehabt hätte, weil ich dir eine Freude machen wollte!" Darauf sie: „Ich habe immer so getan, als freue ich mich darüber, um dich nicht zu kränken. Aber ich hätte lieber die *untere* gehabt!"

Zurück zur Theorie. Und das ist das Stichwort: Man nennt dieses Gebiet der Psychologie „*Theory of Mind*" (etwas unglücklich übersetzt ‚Theorie des Geistes'). Gemeint ist die Fähigkeit von Lebewesen (ich sage bewusst nicht „Menschen"), Vorstellungen von den Vorstellungen, Absichten, Annahmen und Gedanken von *anderen* zu entwickeln.

Hanna ist ein niedliches und aufgewecktes kleines Mädchen. Ich zeige ihr eine Bonbondose, mit einem Bild eines Bonbons auf dem Etikett: „Hanna, was ist da wohl drin?" Sie strahlt mich an: „Bonbons!" Ich öffne die Dose und zeige ihr den Inhalt: Gummibärchen. Die Überraschung ist ihr anzusehen. Aber das Leuchten in ihren Augen zeigt, dass sie etwas gelernt hat – vermutlich, dass nicht immer alles so ist, wie es scheint. Aber das ist wiederum *meine* Vermutung, denn ich kann ja nicht in ihren Kopf schauen. Jetzt frage ich sie: „Wenn ich deine Freundin im Kindergarten frage, was in der Dose ist, was wird sie dann antworten?" Hanna ist clever, sie weiß ja nun Bescheid. Sie sagt … Ja, was? „Gummibärchen", denn das ist ja der richtige Inhalt? Dann ist sie geistig noch nicht so weit, logisch auf die Vorstellungswelt eines *anderen* schließen zu können. Oder „Bonbons", denn sie weiß, dass ihre Freundin *nicht* weiß, dass Gummibärchen darin sind. Sie hat eine Vorstellung vom Wissen des anderen. Nun raten Sie mal, wie weit ein kleiner Knirps ist, wenn er sich – um beim Versteckspiel nicht gesehen zu werden – die Augen zuhält!

In zahlreichen raffinierten Experimenten wurde inzwischen nachgewiesen, dass auch Tiere wissen, was andere wissen könnten oder müssten (z. B. Schimpansen). Denn wir haben schon lang von der Vorstellung Abstand nehmen müssen, dass wir die einzigen intelligenten und denkenden Lebewesen auf dem Planeten sind. Tiere, die bis vor 50 Jahren als instinktgesteuerte Automaten galten, vollbringen erstaunliche Intelligenzleistungen. Denken setzt nicht den Gebrauch von Sprache voraus, wie man früher dachte. Das beweisen schon die zahlreichen Fälle von Werkzeuggebrauch, die man bei Menschenaffen und Vögeln festgestellt hat (um nur zwei Beispiele zu nennen). Besonders die „Neukaledonische Krähe" hat sich darin hervorgetan, die sich sogar ein Werkzeug selbst herstellt (in diesem Fall einen Draht zu einem Haken biegt). Schimpansen zum Beispiel bestehen eine Variante des „Bonbondosentests". Und Kakadus öffnen fünf verschiedene Schlösser, die sich gegenseitig blockieren, in der richtigen Reihenfolge – ohne dafür dressiert zu sein. Sie kommen auf die Lösung durch Nachdenken! Ein Schimpanse in einem Forschungszentrum sieht die Ziffern 1 bis 9 auf einem Bildschirm und bringt sie durch Antippen in die richtige Reihenfolge – selbst wenn sie nach 5 s durch weiße Rechtecke ersetzt wurden. Denn er hat sich ihre Position gemerkt. Das Ganze kann er schneller als viele menschliche Versuchspersonen. Hunde, aber auch Dohlen, folgen den Augenbewegungen von Menschen, die auf einen Gegenstand „zeigen". Im berühmten „Floating Peanut Experiment" angeln Krähen eine Erdnuss aus einer senkrecht stehenden Röhre, indem sie Steine hineinwerfen und durch den erhöhten Wasserstand die Nüsse zum Schwimmen bringen (da kein anderes Werkzeug zur Verfügung steht). Tiere können Handlungen planen und andere darüber täuschen. Sie können Kategorien (z. B. „Menschen" und „Dinge") bilden: geistige Schubladen, in die sie Einzelinformationen packen können. Haben sie also einen Geist? Ja, bestimmte Tiere haben eine bestimmte Art von Geist. Aber weiß der Schimpanse, dass er denken kann? Hat er ein „Bewusstsein Stufe II" (B_{II})? Elstern zum Beispiel bestehen den Spiegeltest, haben also eine Vorstellung von sich selbst. Schimpansen wissen, was ihr Gegenüber sehen oder wissen kann und was nicht. Mit diesen Ergebnissen von tierpsychologischen Experimenten der letzten Jahre ändert sich natürlich auch unser Menschenbild dramatisch – eine besondere Form von Rückkopplung. Auch hier werden wir Menschen wieder durch das „mehr" anders, wie schon Darwin erkannte: der quantitative Unterschied, der zum qualitativen wird und uns unsere Sonderstellung beschert.

So mancher Radfahrer ist diesbezüglich auf dem Niveau eines Dreijährigen, wenn er nachts unbeleuchtet durch die Gegend fährt („Wieso, ich sehe die Autos doch!").

Mario B. steckt in der Klemme

Es hätte nicht passieren dürfen, aber es war passiert – Mario B. und Giuseppe L. waren dem Commissario in die Falle gegangen. Zwei kleine Mafiosi nur, aber trotzdem ein schöner Fang. Nun saß Mario vor ihm, während Giuseppe zusätzlich im Nachbarraum von seinem Kollegen in die Mangel genommen wurde. Genüsslich betrachtete der Commissario die lange Liste von Straftaten, die er Mario anhängen wollte. Doch seine Strategie war eine andere: Also machte er ihm ein Angebot: „Wir haben euch in der Klemme. Ihr könnt bis zu sechs Jahre in den Bau wandern. Nur – ich gebe es zu – die Beweislage ist etwas schwierig …" Mario fing an zu grinsen, sagte aber nichts. „Ich mache dir einen Vorschlag: Wenn du gestehst, bekommt dein Kumpel die Höchststrafe, aber du bist als Kronzeuge nach einem Jahr wieder draußen. Wenn du schweigst und der andere auch, können wir euch nur wegen Behinderung der Justiz drankriegen. Je zwei Jahre für beide. Wenn *du* schweigst und der *andere* redet, dann bist *du* dran. Sechs Jahre für dich, ein Jahr für ihn."

Nun steckte Mario in der Zwickmühle. Giuseppe im Nebenraum bekäme sicher dasselbe erzählt, aber abstimmen konnten sie sich nicht. Wie würde er sich verhalten? Oder besser, da er ja auch nicht doof war, was würde Giuseppe denken, was Mario dachte? Würden beide leugnen, wäre diese unabgesprochene Zusammenarbeit das beste Gesamtergebnis, vier Jahre zusammen. Aber könnte Giuseppe der Versuchung widerstehen, auf Marios Kosten zu gestehen? Würde er seines Vorteils wegen *nicht* kooperieren? Und was würde Guiseppe denken, was *er* dachte?

Tab. 7.2 Alternativen im Gefangenendilemma: Jahre im Gefängnis.

	Giuseppe schweigt	Giuseppe gesteht
Mario schweigt	M: 2 Jahre, G: 2 Jahre	M: 6 Jahre, G: 1 Jahr
Mario gesteht	M: 1 Jahr, G: 6 Jahre	M: 4 Jahre, G: 4 Jahre

Mario roch den Braten: „*Sie* können mir etwas erzählen! Ihr Kollege sagt das Gleiche zu meinem Kumpel. Wir gestehen beide – und dann kriegen wir beide die Höchststrafe!" „Aber, aber! Wir sind doch keine Unmenschen! Wenn ihr beide gesteht, ist das Kooperation mit der Justiz und ihr kommt mit vier Jahren davon. Besser als gar nichts! Also überlege dir gut, wie du dich verhalten willst." (Zum besseren Verständnis sehen Sie die Verhältnisse noch einmal in Tab. 7.2).

„Zwickmühle" heißt als Fremdwort auch „Dilemma", wörtlich übersetzt: ‚zwei Annahmen'. Dieses (man muss es schon so nennen) „gute alte" Gefangenendilemma ist das bekannteste Beispiel für ein „soziales Dilemma", von denen es viele gibt. Ein Musterfall aus der mathematischen Spieltheorie. Es ist einstufig, denn es kann nicht wiederholt werden. In anderen Situationen sind mehrstufige „Spiele" möglich. Hier geht es um Geld, und beide Parteien lernen aus dem Verhalten des Partners in der vorherigen Runde. Ohne das hier weiter zu vertiefen – immer sind es soziale Rückkopplungen nach dem Muster: Was denkt er, was ich denke?

Beim sogenannten „iterierten Gefangenendilemma" (lateinisch *iterare* ‚wiederholen') besteht das „Spiel" aus mehreren Schritten. Da gibt es die Strategie *„tit for tat"* (engl. ungefähr für ‚dies für das') – für Lateinfreunde *do ut des* (‚Ich gebe, damit du gibst') und im Deutschen „Wie du mir, so ich dir", „Zug um Zug", „Auge um Auge" oder „Eine Hand wäscht die andere" (lat. *manus manum lavat*). Denn schon in der römischen Antike nutzte man das Prinzip der Verrechnung von Leistungen im Verhältnis zu den Göttern. Den Göttern wurde geopfert, und man erwartete dafür eine Gegengabe, eine Gunst. Wir kennen das sogar als Rechtsprinzip von Leistung und Gegenleistung. Der Kauf einer Immobilie und die Bezahlung werden mithilfe des Notars „Zug um Zug" abgewickelt.

Bei der *„tit for tat"*-Strategie kooperiert ein Spieler im ersten Zug und handelt danach genauso wie sein Gegenspieler in der jeweils vorhergehenden Runde. Hat dieser davor *nicht* kooperiert, setzt sich möglicherweise die „Abwärtsspirale" in Gang. Und das ist ja nichts anderes als ein sozialer Regelkreis. Der amerikanische Politikwissenschaftler Robert Axelrod hat in Computer-Experimenten gezeigt, dass sich *tit for tat* immer wieder als eine der erfolgreichsten Strategien durchsetzte. Axelrod fand auch ein

Beispiel im ersten Weltkrieg, wo bei Stellungskämpfen feindliche Truppen ihr Überleben zeitweise durch ein System des „Leben und leben lassen" sicherten. Axelrod überträgt seine Befunde auf politische und wirtschaftliche Kooperation und formuliert vier Regeln: Erstens: Freundlichkeit, also Kooperation beim ersten Zusammentreffen. Zweitens: Bereitschaft zur Vergeltung bei Ausbeutungsversuchen (erinnert uns das an die „nukleare Abschreckung"?). Drittens: Nachsichtigkeit, wenn der andere nach einem Fehlverhalten wieder zur Kooperation bereit ist. Viertens: Berechenbarkeit des eigenen Verhaltens – was automatisch gegeben ist, wenn man seine Strategie transparent macht. Axelrod schrieb ein Buch darüber und nannte es „Die Evolution der Kooperation".

Ein Workshop mit seltsamen Regeln

Ein „Kommunikationsworkshop" ist angekündigt, kostenlos und sogar mit einer kleinen „Aufwandsentschädigung" – und deswegen haben sich ca. 40 Teilnehmer eingefunden. Bei dem Titel „Rassismus und Toleranz" erwartet man weltoffene vorurteilsfreie liberale Teilnehmer. Vor der Warteschlange im Seminarraum steht ein Tisch mit einem Anmeldeformular. Davor Jürgen Schlicher, eine beeindruckende Persönlichkeit im besten Alter (wie man so sagt). Lässig-elegant gekleidet, imponierend und bestimmend im Auftreten, selbstsicher und um kein Wort verlegen – der ideale Leiter des Workshops. Er begrüßt den ersten Teilnehmer persönlich im Eingang, wo sich jeder in die Anwesenheitsliste eintragen soll: „Guten Tag! Schön, dass du gekommen bist. Trage dich doch bitte hier ein. Dort hinten gibt's Getränke und etwas Gebäck. Viel Spaß, wir sehen uns gleich!" Etwas irritierend ist für den Teilnehmer, dass der Trainer ihn duzt – aber vielleicht gehört das ja zum lockeren Stil des Workshops. „Der Nächste bitte!" Doch Schlicher scheint etwas launisch zu sein. Irgendetwas klappt bei der Teilnehmerliste nicht: „Kannst du nicht lesen?! Was steht da?! Vorname, Name, Augenfarbe! Ist das so schwer zu begreifen??!" Hoppla! Die Wartenden vorne in der Schlange staunen. Der Teilnehmer, den er so mies behandelt und klein macht, bekommt auch noch einen grünen Kragen aus Papier um den Hals und wird von einem Assistenten in einen anderen Warteraum geführt. Die zwei Gesichter des Trainers verwirren die Wartenden, und jeder denkt sich seinen Teil. Doch so geht es weiter – Dr. Jekyll und Mr. Hyde, der Gruselroman eines Menschen mit zwei Persönlichkeiten, scheint Realität geworden zu sein.

Inzwischen ist allen in der Schlange klar, dass sie sich in die Liste eintragen müssen und ein Namensschild bekommen. Dabei unterschreiben sie auch, dass sie die Regeln des Workshops befolgen werden – eine Falle, wie sich herausstellen wird. Der Trainer entscheidet offensichtlich darüber, ob sie gleich in den Seminarraum gehen können oder von einem Assistenten nach oben geführt werden. In einen leeren Raum, in dem die anderen mit grünem Kragen schon warten, ohne zu wissen, was das Ganze nun soll. Der Trainer unterschreitet auch bei denen, die sein unfreundliches Verhalten abbekommen, öfter deutlich den körperlichen Distanzbereich: Er tritt nahe an sie heran, oder weicht nicht höflich zurück, wenn sie sich bücken müssen, weil ihnen etwas heruntergefallen ist (was natürlich einen Sturzbach an ätzenden und herabsetzenden Bemerkungen auslöst). Die meisten Teilnehmer lassen sich das gefallen, weil sie noch gar nicht glauben können, was da passiert. Die vorderen Teile der Warteschlange werden Zeugen dieser herabsetzenden Behandlung, aber keiner geht dagegen vor. Klar – der Betroffene wird sich schon zu wehren wissen. Und in der Tat: Einige wenige verlassen nach einem kurzen Wortwechsel die Veranstaltung. Das hält den Trainer nicht davon ab, schon beim Empfang bestimmte Leute zusammenzufalten: „Trag dich einfach ein! – Hast du'nen Tick? Der dich zwingt, immer so blöd zu grinsen, wenn du mich anschaust? – Setz dich hin! Nimm die Mütze ab! Nimm deinen Kaugummi raus! – Geh mit und warte, bis du abgeholt wirst! – So, Freundchen, warum hast du das nicht gesehen? Ich kann dir sagen, warum du das nicht gesehen hast: weil du gerade am Quatschen warst!"

Einer bekommt noch eine Sonderbehandlung: „In den Raum, in den du gleich reingehen wirst, sind lauter Leute mit einem grünen Kragen. Ja?!" „Mh." „Wenn irgendjemand diesen grünen Kragen nicht mehr umhat, wen werde ich dafür verantwortlich machen?" Der Finger des Trainers zeigt bedrohlich in das Gesicht des Sitzenden. „Äh … mich?!" Kurzes herablassendes Nicken, dann ein Befehl: „Mitgehen!"

Braune Augen sind „gut", blaue nicht

Der kahle Warteraum mit den Grünkragigen füllt sich langsam. Sie werden allein gelassen. Niemand erscheint, um ihnen irgendetwas über den weiteren Verlauf zu sagen. So langsam dämmert es allen, dass sie nach ihrer Augenfarbe ausgewählt wurden: Menschen mit braunen Augen sind die „Guten", die Privilegierten – die mit blauen Augen die Diskriminierten. Ein klares Feindbild erfordert ein einfaches Merkmal (wer damals die „Judennase" nicht erkannte, dem half der „Judenstern" auf die Sprünge). Die Blauäugigen müssen ohne Erklärung warten. Die ersten nehmen genervt ihre

Kragen ab – der „Verantwortliche" sieht es mit ängstlichem Gefühl. Alle 10 min kommt ein Workshop-Assistent herein, schaut jeden wortlos an und geht wieder hinaus. Doch die Gruppe solidarisiert sich und fängt beim nächsten Besuch des „Kontrolleurs" an zu singen. Aber auch das ist irgendwann nicht mehr lustig, besonders, als bei den nächsten Besuchen ein Teilnehmer aus der blauäugigen Gruppe mitgenommen wird.

Im Seminarraum beginnen die Braunäugigen, sich über diese Selektion zu wundern: „Wo bleiben die eigentlich alle?" (Eine Frage, die sich manche auch in den 1930er Jahren in Deutschland stellten.) Noch kennen sie die Gründe nicht, sehen aber an den Wänden merkwürdige Plakate über die schlechten Eigenschaften der Blauäugigen (Textkasten 7–2). Der Trainer führt die Braunäugigen in ihre Rolle ein: „Schaut sie nicht an, es sei denn stirnrunzelnd oder höhnisch. Lacht sie nicht *an* – lacht *über* sie! Behandelt sie nur mit einem Minimum an Höflichkeit, im Übrigen aber herablassend. Alles, was als Aufmunterung oder Anteilnahme verstanden werden könnte, ist zu vermeiden. Kein Blickkontakt, es sein denn: drohendes Anstarren. Sollte jemand diese Regeln verletzen, fliegt er sofort aus dem Workshop! Und das meine ich ernst!"

Trainer Schlicher kündigt an: „Wenn wir diese Leute (!) hier gleich reinholen, wird es ungefähr 15 min dauern und ihr werdet alle Vorurteile, die ich über Blauäugige hier reinbringe, *sehen* können!" Und er bereitet sie auf einen Test für alle vor: „Ihr werdet in dem Test gut abschneiden, weil ihr intelligenter seid, weil ihr schlauer seid, weil ihr interessierter seid. Und natürlich …" – er zwinkert der Runde zu und macht sie dadurch zu Kumpeln und Mittätern – „weil ich euch die Hälfte der richtigen Ergebnisse verrate!"

Schon beim Briefing fängt ein Brauner an, sich unwohl zu fühlen, und protestiert gegen die herabsetzende Behandlung, die er den Blauen zukommen lassen soll. Der Trainer stellt ihn in die Nähe der späteren Opfer: „Seht ihr, dass er blaue Anteile in seinen Augen hat!?" Der Teilnehmer bricht den Workshop ab, weil er sich an der offensichtlich geplanten weiteren Diskriminierung nicht beteiligen möchte. Doch das ist „innere Emigration", aber kein aktiver Widerstand.

Textkasten 7-2: Plakate im Seminarraum

Blauäugige haben Schwierigkeiten, sich an Regeln zu halten.
Hauptsache, meine Tochter bringt mir nicht so einen Blauäugigen mit nach Hause!
Kennst du einen Blauäugigen, kennst du alle.
Wenn sich die Blauäugigen nicht an unsere Regeln halten können, verwirken sie ihr Gastrecht.
Blauäugige neigen verstärkt zur Kriminalität.
Blauäugige ruinieren unser Bildungssystem.
Blauäugige sind nicht an demokratische Strukturen gewöhnt.
Wenn es den Blueys nicht gefällt, sollen sie dahin gehen, wo sie hergekommen sind.
Blueys brauchen immer jemanden, der sich um sie kümmert.

Vorher wurde, wie erwähnt, einer der Blauen aus dem Warteraum „abgeholt". Die Gruppe dort beschließt, das beim nächsten Mal zu verhindern. Aber der scheinbar Abgeführte wird zum Braunen ernannt, er wird privilegiert. Er gehört „nicht zu den Doofen da oben, die nichts verstehen". Er wird in den Seminarraum gebracht: „Du hast dir das verdient, dass du zur Gruppe der Braunäugigen gehören darfst." Die Grünkragen-Gruppe rebelliert inzwischen, wird aber auf die knallharte Alternative hingewiesen: Wenn ihr den Regeln nicht gehorcht, ist der Workshop für euch zu Ende: „Alle die weiter mitmachen wollen, haben jetzt einen grünen Kragen an!"

Wissenschaftlich belegt: Blauäugige sind minderbemittelt

Dann werden die Gruppen zusammengeführt. Die Braunäugigen sitzen auf bequemen Stühlen teilweise etwas erhöht in einem Oval, die Blauäugigen mit dem grünen Kragen auf unbequemen Hockern in der Mitte. Sie sind von den Brauen umringt, stehen also unter Beobachtung. Der Versuchsleiter geht die Plakate durch und erklärt ihren Inhalt als Ergebnisse von wissenschaftlichen Studien. Die Blauen werden vorgeführt, jeder muss ein Plakat vorlesen und keiner macht es „richtig". Einer muss das letzte Plakat mit den angeblich wissenschaftlich belegten Studienergebnissen im Textkasten 7–2 vorlesen und scheitert natürlich an der Aussprache des Wortes *Blueys,* das es im Englischen ja nicht gibt (es wäre *blue eyes*).

Der Versuchsleiter spricht über die Wiege der Menschheit, die vor Hunderttausenden von Jahren in Afrika lag: „Unsere Vorfahren hatten dunkle Haut, dunkle Haare und dunkle Augen. Das Melanin in der Haut und den Augen schützt die Organe. Degenerieren Menschen zu weißer Haut und blauen Augen, lassen sie mehr schädliches Sonnenlicht durch. Langfristig wird die Gehirntätigkeit beeinträchtigt." Einige schauen seltsam bei dieser merkwürdigen Theorie, wagen aber kein Widerspruch.

Ein Blauäugiger, der „sich nicht an die Regeln halten will" (will sich nicht auf den Boden setzen, da ein Hocker zu wenig ist), erreicht die Grenzen seiner Toleranz. Dieser Begriff hat ja eine merkwürdige Doppelbedeutung – ursprünglich dem lateinischen Wortstamm nach (und wie hier gemeint) ‚Duldung'. Also die Fähigkeit und Bereitschaft, die Herabsetzungen zu ertragen. Wenn wir „mehr Toleranz gegenüber Andersartigen" fordern, meinen wir aber genau das Gegenteil: Sie sollen nicht *mehr* erdulden müssen, sondern weniger. Wie dem auch sei – als die Einsprüche und Beschwerden eines Blauen nichts nützen, verlässt er unter hämischen Anmerkungen des Trainers den Seminarraum. Draußen erwartet ihn ein Assistent und klärt ihn über die wahren Hintergründe des Geschehens auf: „Ist dir klar, dass es in der Gesellschaft Menschen gibt, die einen grünen Kragen umhaben? Willst du lernen, wie sich das anfühlt, einen solchen Kragen umzuhaben?" In dieser Situation gesellt sich ein dunkelhäutiger Mitarbeiter des Seminarleiters dazu, ohne allerdings etwas zu sagen. „Schau mal", sagt der Assistent zu dem wütenden Blauäugigen mit dem grünen Kragen, „*Du* kannst deinen Kragen abnehmen, *er* aber nicht." Der Teilnehmer begreift: Flüchten oder Standhalten – und damit solidarisch sein. „Asylsuchende könnten auch nicht weglaufen", sagt der Assistent. Daraufhin geht der Blaue wieder in das Seminar zurück. Doch auch ein „Brauner" verlässt das Spiel, schockiert von der mangelnden Solidarität der anderen Teilnehmer. Aber löst man ein Problem, indem man vor ihm wegläuft? Aussteigen ist „Wegsehen" und auch keine Lösung. Schimmert hier nicht wieder eine paradoxe Rückkopplung durch, ein *Double Bind*? Weigerst du dich, jemanden zu diskriminieren, lernst du nicht, wie es ist, jemanden zu diskriminieren. Damit du dich später weigerst, jemanden zu diskriminieren.

Die Herabsetzungen werden immer weiter gesteigert. Unter der Anleitung und nach den Regeln des Versuchsleiters beteiligen sich die Braunäugigen an den scheinbar harmlosen, in Wirklichkeit aber tief verletzenden Demütigungen. Die Blauäugigen werden in nur drei Stunden total demoralisiert. Die Krönung ist der schriftliche Wissenstest („Test zur Erfassung der intellektuellen Fähigkeiten"). Die Fragen stammen größtenteils nicht aus dem westlichen Kulturkreis, zum Beispiel „Welche Maßnahmen führte Kemal Atatürk ab 1924 in der Türkei ein? a) … b) … c) … d) …" Erwartungsgemäß schneiden die Braunen gut und die Blauen schlecht ab. Der Versuchsleiter fragt mit gespielter Ungläubigkeit, aber auch so, als sei seine Vermutung bestätigt: „*Keiner* von euch hat 13 Punkte?!" (die erforderliche Zahl, um den Test zu bestehen). Dann macht er eine triumphierende Geste zu den Braunen, die sagen will: „Da seht ihr es!"

Es war nur ein Spiel – aber ein böses

Endlich – der fiese Versuchsleiter nimmt den Schlips ab und verwandelt sich in einen Menschen. Ein Professor und ein Schwarzer betreten den Raum. Ich hätte auch schreiben können: Ein Weißer und ein Professor betreten den Raum. Beides ist sachlich richtig (beide sind Professoren und haben verschiedene Hautfarbe), transportiert aber eine unterschiedliche und in beiden Fällen falsche Botschaft (hinzu käme noch ein weiteres gesellschaftliches Selektionsmerkmal: der weiße Professor ist weiblich!). Wozu muss man überhaupt diese scheinbar bedeutsamen Eigenschaften erwähnen: „Der schwarze US-Präsident …"?!

Gemeinsam mit den Soziologie-Professoren und in einer nun zu allen Teilnehmern freundlichen Atmosphäre gehen nun alle die Situation in diesem sozialen Feedback-Experiment durch und schildern ihre Gefühle. Die Diskriminierten hatten gelitten: „Egal, wie ich mich verhalte, es ist falsch!" – die klassische *Double-Bind*-Konstellation. Sie haben gemerkt (und die anderen auch): Negative Leistungserwartungen führen zu negativen Leistungen. Doch auch ihren Peinigern war unwohl. Aber sie unternahmen nichts zur Rettung der Unterdrückten, und einige ließe sich sogar teilweise auf das Spielchen ein. Milgram lässt grüßen. „Die Welle" auch, ein Film über den Versuch eines Lehrers von 1967 an einer kalifornischen Schule. Seine Schüler hatten nämlich nicht verstanden, wie es überhaupt zum Nationalsozialismus in Deutschland kommen konnte. Deswegen stellte er eine „Bewegung" auf, die er totalitär mit straffer Disziplin und Ahndung von Regelverstößen als Alleinherrscher führte. Das soziale Experiment lief, wie man sich denken kann, aus dem Ruder. Ebenso wie das „Stanford-Prison-Experiment", das 1971 von amerikanischen Psychologen an der *Stanford University* in Kalifornien durchgeführt wurde. Studenten wurden in einer simulierten Gefängnis-Situation in zwei Gruppen eingeteilt – Wärter und Gefangene: Peiniger und Gepeinigte, wie die Braun- und Blauäugigen. In keinem dieser Experimente blieben menschliche Grundwerte gewahrt.

Nun haben alle die paradoxe Feedback-Schleife erkannt: Das Sein bestimmt das Bewusstsein – und das Bewusstsein bestimmt das Sein. *Werden* sie diskriminiert, *fühlen* sie sich diskriminiert. *Fühlen* sie sich diskriminiert, verhalten sie sich „unnormal" (außerhalb der Norm und den Erwartungen der Umwelt) und werden daraufhin geringschätzig behandelt. Auch eine schöne Rückkopplung: Wir schauen bei Diskriminierungen tatenlos zu, denn es scheint ja nichts Schlimmes zu passieren. Denn wenn gerade etwas Schlimmes passieren würde, dann würde ja jemand einschreiten.

Der Diplom-Politologe Jürgen Schlicher wurde von Jane Elliott ausgebildet, einer Schullehrerin aus den USA, die den „*Blue-Eyed*-Workshop" 1968 anlässlich der Ermordung von Dr. Martin Luther King, Jr., entwickelt hat. Jane Elliott hat mit ihren eigenen „Spielen" in der Schulklasse erlebt, was aus einem normalen fröhlichen Kind wird, wenn man ihm einen grünen Kragen um den Hals legt und ihm signalisiert, dass es minderwertig ist. Es wird eingeschüchtert, ängstlich und verletzlich und nichts gelingt ihm mehr, wenn es „auf dem falschen Platz sitzt". Sie sagt: „Damit Rassismus funktioniert, reicht es für die braven Leute aus, *nichts* zu tun. Menschen werden nicht als Rassisten geboren, sie werden dazu gemacht. Aber alles, was erlernt werden kann, kann auch verlernt werden." Der deutsch-amerikanische Regisseur Patrick M. Sheedy hat dazu 2013 einen Film produziert, der diesen Workshop begleitet hat: „Der Rassist in uns".[7]

Übertrieben? *Nie* wird ein Ausländer so offensichtlich zur Schnecke gemacht wie die Versuchspersonen in diesem Workshop. Oder doch? Oder wurde einfach die täglich fortgesetzte „sanfte" Diskriminierung auf drei Stunden verkürzt und deswegen intensiviert?

Die Ablehnung des Fremden ist ja aus der Menschheitsgeschichte verständlich – sie kennzeichnet das Verhalten der sehr frühen Kulturen (wir werden in Abschn. 8.1 ausführlich darauf eingehen). In den Horden der Frühmenschen war jeder verdächtig, der nicht dazu gehörte. Aber es entspricht nicht dem aufgeklärten Menschenbild von heute. Und wer von uns möchte schon ein Frühmensch sein?!

Auch hier stellt sich die Frage (wie beim Milgram-Experiment), ob es erlaubt ist, Menschen so zu mobben wie in diesem Workshop. Der Veranstalter warnt denn auch „psychisch labile Personen" vor der Teilnahme.

Nachtrag: Der Trainer hat blaue (!) Augen – aber er rechtfertigt sich, als er darauf angesprochen wird: „Du glaubst wirklich, dass für diejenigen, die Privilegien haben und diejenigen, die keine Privilegien haben, dieselben Regeln gelten?! Das ist mal wieder total blauäugig!"

Ich sehe auch eine Verbindung zu unseren zyklischen Sprüchen – hier bietet sich einer aus dem Staatsdienst an: Der Mensch formt das Amt formt den Menschen. Oder grammatikalisch besser als Zyklus: Das Amt prägt die Frau prägt das Amt – das ist dann nicht nur Gender-Gerechtigkeit. Wie die über 400 Workshops wohl Herrn Schlicher geformt haben?

[7]Näheres siehe *Diversity Works*, Webseite zu Theorien zu Interkulturellem Management und Diversity (Vielfalt) auf https://www.diversity-works.de/.

Jedenfalls muss auch er, nachdem er den Schlips abgelegt hat, von seinem Team wieder aus seiner Kasernenhof-Rolle befreit werden.

7.5 Liebe – und andere Formen von Kontrollverlust

Beginnen wir mit einer trivialen Feststellung: Nur wenige Menschen lieben jemanden, der sie hasst oder dem sie gleichgültig sind. Der Mechanismus ist so einfach: Liebst du mich, lieb' ich dich. Jeder empfindet spontane Sympathie für jemanden, der für ihn Sympathie bekundet. Wenige antworten auf Signale „Ich finde dich gut!" mit Ablehnung. „Der Künstler lebt vom Beifall" – das erklärt die schier endlosen „letzten Auftritte" von Showgrößen, die ihren Lebensunterhalt längst nicht mehr mit öffentlichem Erscheinen finanzieren müssen.

Nehmen wir an, Sie sind ein Mann im besten Alter, alleinstehend, von allgemein üblicher sexueller Orientierung. Faktoren, die Ihre Lust verstärken – wie zum Beispiel, dass Sie die letzten vier Wochen auf einem Fischtrawler auf der Nordsee gearbeitet haben –, brauchen wir gar nicht zu berücksichtigen. Sie sitzen abends in einer Bar, entspannen sich, denken an gar nichts (oder vielleicht sogar *daran*) … und sehen SIE. 90–60–90, oder sogar (die Natur hat es zum Zwecke der Fortpflanzung so eingerichtet) etwas mehr, vielleicht mit volleren Hüften. Stichwort „Fraulichkeit" oder „Vollweib". Forscher wie zum Beispiel Geoffrey F. Miller untersuchen dieses Gebiet unter dem Stichwort „Evolutionäre Ästhetik". Sie dient, wie eine Enzyklopädie uns verrät, der sexuellen Selektion.

SIE hat vier Wochen als Erzieherin in einer katholischen Mädchenschule verbracht, und ihre Hormone signalisieren ihr die Notwendigkeit, zur Erhaltung der menschlichen Art beizutragen. Nun machen sich Ihre Augen nach einem kurzen (und weitgehend überflüssigen) Aufenthalt auf ihrem Gesicht an die Erkundung der (subjektiv) 100–60–100. Die Beine, von denen ziemlich viel zu sehen ist, kommen hinzu. Sie sieht Ihren Blick und atmet tief ein (103–57–100). Augenkontakt. Sie sieht, wohin Sie sehen, und zieht ihre Schlüsse daraus. Und Sie sehen, dass sie es sieht. Also fragen Sie nonverbal „Okay?" und sie antwortet „Komm her!"

Nun stehen Sie neben ihr. Was Sie als Erstes sagen, ist weitgehend genormt und nahezu bedeutungslos. Na ja, nicht ganz. Sagen Sie etwas

Witziges – Frauen *lieben* Männer mit Humor. Er erleichtert die Aufgabe, sie ggf. ein Leben lang zu ertragen. Umgekehrt scheint das nicht so der Fall zu sein – der evolutionäre Vorteil von Humor ist noch nicht hinreichend erforscht. Aber Lachen setzt „Glückshormone" (sogenannte Endorphine) frei und verringert die Zahl der Stresshormone im Blut (Adrenalin und Kortisol).

Ihr Gehirn belohnt *sich selbst*

Die Endorphine verhelfen Ihnen zu weiteren geistreichen Bemerkungen, da sie Ihr Gehirn anregen (Ihr eingebautes „Belohnungssystem"), obwohl das Denken (zumindest das logisch-analytische) weitgehend ausgeschaltet ist und die anderen Sinne (vor allem der Geruchssinn) die Kontrolle übernommen haben (B_I besiegt mal wieder B_{II}). Kleine „unabsichtliche" Berührungen werden folgen und einen Fortschritt des Näherkommens signalisieren, der zu weiteren Berührungen animiert. Ihr bewusstes Ich hat sich ausgeklinkt – und wenn nicht, dann beschäftigt es sich mit technischen Fragen: ob Sie das Bett gemacht oder eine frische Unterhose angezogen haben. Jetzt gilt es, die Flut der positiven Rückkopplungsprozesse beizubehalten und nicht etwa auf irgendeinem Teilbereich in eine Abwärtsspirale zu geraten. Aber das erledigt Ihr Unterbewusstsein (B_I) für Sie. Sie scheint Sie gut zu finden, und das finden *Sie* gut.

Näheres zu diesem Thema können Sie auch in Woody Allens Klassiker von 1972 „Was Sie schon immer über Sex wissen wollten, aber bisher nicht zu fragen wagten" sehen. Dort werden während eines romantischen Abendessens beim Italiener im Gehirn des Mannes alle körperlichen Aktivitäten koordiniert, und die Spermien warten gespannt auf ihre Absprungmöglichkeit aus einer Art Fluggastbrücke, in der sie zu ihrem Einsatz kommen sollen. Aber das ist Ihnen ja bekannt – und wenn nicht, dann kann Ihnen eine detaillierte Beschreibung auch nicht zu wirklichem Verständnis verhelfen. Schließlich ist dies ja keine medizinische Vorlesung.

Ich gebe zu, ich hätte eine solche Situation auch aus einem anderen Blickwinkel und mit völlig anderen Worten beschreiben können. Wichtig war mir jedoch, eine Ahnung zu vermitteln (denn unser Wissen über diese komplexen Vorgänge ist äußerst bescheiden), welche vielfältigen Arten von Feedback in Ihrem zentralen Nervensystem vor sich gehen. Hier war es ein schönes Beispiel für eine positive Rückkopplung, die nicht in einem „Teufelskreis" endet. Was 7 Jahre später beim „Rosenkrieg" in der Scheidung dann vielleicht doch passiert.

Nun sind wir Menschen ja keine technischen Apparate und das Vorzeichen der Rückkopplung kann blitzschnell wechseln. Ihre anfeuernden Blicke werden „falsch" (nach Ihrer Meinung) gedeutet … Ende der Rückkopplungsschleife!

Flüssiges Vertrauen – wenn's gar nicht anders klappt

Dies ist ein kleiner Abschnitt fast ohne Worte, zum selben Thema. Er spricht für sich selbst. Was denken Sie, wenn Sie Textkasten 7–3 lesen (keine wilde Fantasie des Autors, sondern eine reale Anzeige)?

Textkasten 7–3: Werbespruch für „Flüssiges Vertrauen"

Liquid Trust in der ¼-Unzen-Sprühflasche. Wissenschaftler haben kürzlich eine Chemikalie entdeckt, die dazu führt, dass Menschen anderen vertrauen. Zum ersten Mal können Sie die Welt in ihrer Handfläche haben und alles beginnt mit dem Pheromon-Produkt *Trust*. Das weltweit erste Oxytocin-Pheromon-Produkt, speziell entwickelt, um eine vertrauensvolle Atmosphäre zu schaffen. Möchten Sie, dass andere Ihnen mehr vertrauen? Könnten Sie mehr verkaufen, mehr lieben und mehr erreichen, wenn Ihnen die Menschen mehr trauen? Holen Sie sich heute eine Flasche *Liquid-Trust*-Pheromone, um eine vertrauenswürdige Atmosphäre zu schaffen. Steigern Sie Ihre Vertrauenswürdigkeit und Sympathie mit unserem vertrauensverstärkendem *Body Spray*! „Vertrauen ist Kraft" – Lao Tzu 2500 v. Chr.[8]

Warten Sie es ab! In Abschn. 7.7 finden Sie die Auflösung dieses Rätsels. Falls es für Sie eins war …

Ein einmaliges Gastspiel

Um sich wieder zu beruhigen, brauchte er jetzt einen Kaffee. Als er das *Cappuccino* betrat, sah er Silke allein an einem Tisch sitzen. Die beste Freundin seiner Frau und Single. Und sie sah ihn. Unmöglich, sich jetzt woanders hin zu setzen. „Hi!" sagte sie, „Wie geht es dir?" „Danke gut, super!" „Erzähl mir nichts, ich sehe es dir doch an!" Das mochte er an ihr, ihre einfühlsame Art. Und ihre Stimme, die sich nicht so anhörte wie bei vielen jungen Frauen – Daisy Duck im Würgegriff, wie er immer sagte. Und so erzählte er von seinem Streit mit Anja, seiner Frau. „Ja, das ist mir auch schon aufgefallen, ihre stärkere Aggressivität", bestätigte Silke am Ende und

[8]Hier scheint die Werbeagentur, vielleicht um die Ehrfurcht zu erhöhen, ca. 2000 Jahre hinzuaddiert zu haben – falls sie Laozi (chinesisch ‚Alter Meister'), Laotse, Lao-Tse, oder Laudse gemeint haben, der im 6. Jahrhundert v. Chr. gelebt haben soll.

sah dann plötzlich auf die Uhr: „Mann! Ich muss los! Mach's gut!" „Danke, dass du mir zugehört hast!" sagte er noch schnell und legte seine Hand auf ihre. Dann standen beide auf, Küsschen links, Küsschen rechts. *„Hat er mich eben richtig geküsst?"* dachte Silke verwirrt. *„Oh! War das ihre Wange oder waren es ihre Lippen?"* dachte er und beschloss, das nächste Mal darauf zu achten.

Den Rest der Geschichte auszumalen überlasse ich Rosamunde Pilcher. Es geht ja nur um das Muster. Und das ist schnell zusammengefasst. Eine Frau merkt, dass ihr Mann ihre beste Freundin gut findet (Frauen haben Antennen für so etwas). Das gefällt ihr nicht, und sie reagiert etwas sauer darauf. Ihr Mann kriegt ihre leichte Aggressivität mit (Männer spüren so etwas gelegentlich). Ihre Freundin ist nie aggressiv, und so findet er sie noch netter. Vielleicht flirtet er versteckt ein wenig mit ihr, was seine Frau sehr ärgert. Sie macht ihn vor ihr runter, und um Streit zu vermeiden, lässt er sich das gefallen. Nach dem Treffen im Café tauschen Silke und er gelegentlich verständnisvolle Blicke, wenn seine Frau ihre spitze Zunge zeigt. Das Bussi-Ritual wird unauffällig intimer. Das Verhältnis zwischen Anja und Silke wird jetzt etwas verkrampfter und beide wissen nicht, woran es liegt. So geht das geraume Zeit, und irgendwann mal merkt er, dass er sich in Silke verliebt hat. Hat der Liebesgott Amor einen seiner Pfeile verschossen und ein unschuldiges Herz getroffen? Nein, Feedback war am Werk. Viele kleine positive Rückkopplungen, gelegentlich unterbrochen von dämpfenden negativen (denn er liebt seine Frau. Sie nervt ihn nur immer öfter mit ihrer in seiner Meinung unbegründeten Eifersucht).

Lange Rede, kurzer Sinn. Es kommt, wie es kommen musste. Gelegenheit macht Liebe, und die beiden verbringen eine Nacht miteinander. Und einen Morgen, an dem zwei Erwachsene miteinander reden, nachdem zwei Kinder miteinander gespielt haben. Beide kommen zur Vernunft (oder die Vernunft kommt zu ihnen). Die bestehenden Beziehungen sind beiden zu wichtig. Es gibt keine zweite Nacht. Es soll beim *One-Night-Stand* (ursprünglich ein Begriff aus der Theaterbranche für eine einmalige Aufführung) bleiben. In Zukunft gibt es Wange links, Wange rechts – plus je einen Schmatzer in die Luft.

Halten Sie mich nun nicht für unromantisch. Aber es geht nicht um die Geschichte. Es geht um das Muster. Wir Menschen sind keine Maschinen, in denen Art und Stärke der Rückkopplung fest einprogrammiert sind. Wir sind variabel, wir können wechseln – zum Beispiel das Vorzeichen der Rückkopplung. Vielleicht haben wir einen freien Willen, vielleicht sind wir Sklaven unserer Biochemie. Vermutlich beides. Aber wir können anders, in den meisten Fällen. Jemand hat es auf einen kurzen Nenner gebracht:

„Freier Wille ist das Bewusstsein des Anderskönnens." Wenn wir gelernt haben, die Feedback-Mechanismen zu durchschauen, können wir vielleicht Beziehungen so fein abstimmen, dass sie nicht „aus dem Ruder laufen".

Psychischer Dekubitus oder Szenen einer Ehe II

„Dekubitus" ist die medizinische Bezeichnung für ein Wundliegegeschwür, das bei Personen auftritt, die lange bettlägerig sind und nicht ausreichend gepflegt werden. Das gibt es offensichtlich auch im seelischen Bereich. In Abschn. 1.3 hatten wir ja schon „Szenen einer Ehe" vorgestellt und den „Kommunikationseisberg" kennen gelernt, bei dem $^7/_8$ des Gemeinten unter Wasser liegen.

Schauen wir uns ein (Ehe-)Paar mit einer langen Beziehungsgeschichte an (auf eine Geschlechterzuweisung wird verzichtet). Sie sitzen zusammen um einen Tisch, lesen in irgendwelchen Fachbüchern und haben Zettel neben sich, um sich Notizen zu machen:

Aussage	Bedeutung
„Kannst du mir bitte mal kurz den Stift leihen?"	Ich möchte mal kurz den Stift haben
„Hast du selber keinen?"	*Was – meinen* Stift?!!
„Der ist aber im anderen Zimmer. Nun gib schon!"	Stell' dich doch nicht so an!
„Du kannst dich ja ruhig mal bewegen. Ich brauche meinen."	Du bist ja immer so ein faules Schwein!
„Doch nur für eine Zeile ..."	Nun gib doch endlich her!
„Nein, du verkrakelst mir den immer!"	„Immer", zum Ersten. Böse (unbewiesene) Ereignisse in der Vergangenheit
„Du könntest ja auch *einmal* freundlich und entgegenkommend sein!"	Du warst noch *nie* (der kleine Bruder von „immer") freundlich und entgegenkommend
„Du hast mir schon mal einen Stift verkrakelt!"	Und überhaupt, *alles* machst du kaputt!
„Du kannst mir doch *einmal* einen Gefallen tun!"	„Einmal", zum Zweiten! Der Dekubitus zeigt sich
„Nein, du verkrakelst ihn mir! Du verkrakelst mir ja *alle* Stifte!"	In der Kunst der psychologischen Kriegsführung werden Behauptungen umso besser, je öfter man sie wiederholt
„Für *eine* Zeile! EINE ZEILE!!"	Das ist immer dasselbe. Diese blöden Argumente!

... und so weiter und so fort ...

Wie so oft in einer sich aufschaukelnden Situation bestimmt ein riesiger Vorrat aus ungelösten Konflikten der Vergangenheit die Reaktion. Außenstehende wundern sich oft über einen gereizten Tonfall oder plötzlich auftretende Vulkanausbrüche. Anmerkung am Rande: Es handelt sich um einen gewöhnlichen billigen Kugelschreiber und nicht etwa – wie man vermuten könnte – um eine Kostbarkeit wie den ersten Bleistift des Schreiners Kaspar Faber aus dem Jahre 1761.

Wie sieht das aus, wenn die Beziehungsarchäologen nicht fündig werden? Schauen wir uns also ein Paar mit einer noch kurzen Beziehungsgeschichte an, also ohne seelische Wundliegegeschwüre:

Aussage	Bedeutung
„Kannst du mir bitte mal kurz den Stift leihen?"	Ich möchte mal kurz den Stift haben
„Bitte, gerne!"	Ist kein Problem

Keine belastende Vorgeschichte, eine Begegnung auf rationaler Ebene. Hier haben sich noch keine wunden Stellen gebildet – durch die ständige Wiederholung kleiner, an sich unbedeutender Nadelstiche aus der Vergangenheit. Es sind ja oft Hunderte, wenn nicht Tausende solcher kleinen Verletzungen, die sich summieren. Das haben die Teilnehmer des „*Blue-Eyed*-Workshop" im Ansatz erfahren – aber das ist nichts gegen das tägliche Leben von wirklich Benachteiligten.

Jede Kommunikation in einer Beziehung hat eine Vorgeschichte. Sie bestimmt das Vorzeichen der Rückkopplung, deren Fortsetzung sie ist. Ein kleines Beispiel: Er hat einen Sonnenschirm im Garten aufgestellt. Beim ersten kräftigen Windstoß fällt er um. Sie: „Habe ich dir doch gleich gesagt, dass das nicht halten wird!" Sehen wir mal von der Tatsache ab, dass eine solche Äußerung nach dem kleinen *YouTube*-Film des Komikers Mark Gungor mit dem Titel „*How to stay married and not kill anybody*" (Wie man verheiratet bleibt und nicht irgendwen umbringt) eine Todsünde ist. Hat sie in der Vergangenheit schon oft seine bastlerische Qualitäten höhnisch kommentiert, dann ist das sicher eine positive Rückkopplung: Sie verstärkt sein ohnehin schon vorhandenes Gefühl, in ihren Augen nicht zu genügen. Hat sie seine handwerkliche Qualität aber bisher überschwänglich gelobt und droht es ihm in den Kopf zu steigen, dann dämpft sie damit seinen Übermut: negative Rückkopplung. Man könnte sagen: Das Verhalten eines Systems wird von seiner Vergangenheit beeinflusst.

Wer ist der „Herr im Haus" – in *uns*?

Seit Urzeiten grübeln Philosophen und Dichter über das Bewusstsein und das Unbewusste nach, wie wir in Abschn. 6.6 gesehen haben. Der Begründer der Psychoanalyse, Sigmund Freud, hat sich drei Schächtelchen ausgedacht: unser bewusstes, verstandesmäßiges und erwachsenes *Ich*, das unbewusste und kindliche *Es* und die irgendwo in unserem Kopf angesiedelte Welt der Regeln und Vorschriften, das *Über-Ich.* Auch Eric Berne (der Ihnen aus Abschn. 7.1 bekannt ist) trifft eine solche Unterscheidung: das *Erwachsenen-Ich,* das *Kindheits-Ich* und das *Eltern-Ich.* Das sind die „Personen", die an seinen „Spielen der Erwachsenen" beteiligt sind. Mark Gungor sieht ebenfalls diese Schachtelstruktur im Gehirn, zumindest im männlichen. Dort gibt es viele kleine isolierte Schachteln für verschiedene Themen, die nicht miteinander kommunizieren. Im weiblichen Gehirn ist dagegen alles mit allem verdrahtet, betrieben von einer Energie, die man „Gefühle" nennt. In seinem Sketch „*Tale of Two Brains*" (Geschichte der zwei Gehirne) beschreibt er noch eine vierte Instanz beim Mann: das Nichts (die *Nothing Box,* sein bevorzugter Aufenthaltsort). Deswegen kann ein Mann Dinge tun, die so aussehen, als wäre er hirntot. Ich vermute (*Ich*?!? Genauer: irgendetwas vermutet irgendwo in mir), dass alle diese Schachteln der Realität nicht gerecht werden. Unsere Persönlichkeit ist ein komplexes vernetztes rückgekoppeltes System. *Ein Ich* ist mit Sicherheit zu begrenzt gedacht. Viele sprachliche Konstruktionen (siehe den Abschn. 2.2 über Selbstbezüglichkeit) weisen darauf hin: „Ich bin mit mir uneins" – das sind schon zwei. „Du belügst dich selbst" – auch zwei. Oft liest man auch: „Er hörte sich sagen" – kuck mal, wer da spricht![9] „Zwei Seelen wohnen, ach! in meiner Brust", sagt Faust im gleichnamigen Drama von Goethe, wie schon erwähnt. Es fängt ja schon damit an, dass wir zwei Gehirnhälften haben, die zum Teil für verschiedene Aufgaben zuständig sind. Doch beide sind „selbstständige Persönlichkeiten", wie man an Personen nachweisen kann, bei denen die Kommunikation zwischen beiden Hälften gestört ist.[10] *Gnothi seauton* (griechisch ‚Erkenne dich selbst!') ist eine Inschrift am Apollotempel von Delphi und gilt als Leitspruch vieler Philosophen und Psychiater. Diese Liste könnte man beliebig fortsetzen. Besonders schön ist die Formulierung (lassen Sie sich das mal auf Ihrer geistigen Zunge zergehen): „Ich denke mir …" Wer hat da Gedanken für wen produziert? Subjekt und Objekt wohnen ja im selben Körper. Selbstmitleid, Selbstzweifel, Selbstachtung und andere Begriffe brauchen offensichtlich ein Objekt für ihre Gefühle. Die Hirnforscher stellen mit ihren Kernspintomografen fest, dass Erlebnisse und Tätigkeiten Aktivitäten in vielen Stellen des Gehirns gleichzeitig hervorrufen. Auch der Satz „ich

[9] *Look Who's Talking*, eine US-amerikanische Filmkomödie aus dem Jahr 1989.

[10] Sog. *Split-Brain*-Patienten (englisch: ‚geteiltes Gehirn').

bewege mich" ruft in mir die Vorstellung einer Marionette hervor, an deren Fäden ich selbst ziehe. Und wer ist das, der diese schönen Sätze schreibt – mein (freudsches) *Ich* bei vollem Bewusstsein? Und wer oder was spricht dann, wenn ich schlafe und träume, dass ich mich mit anderen unterhalte? Das bewusste *Ich* schläft doch!

Vielleicht ist auch das zu einfach. Schließlich haben wir ja drei Gehirne – also vielleicht drei *Ich*'s? „Was mache ich denn jetzt gerade für einen Blödsinn?!" fragt man sich (!) manchmal. Fragen hier das *Ich* und das *Über-Ich* im Chor das *Es*? Sieht ganz so aus. Deswegen vermutet ja, wie gesagt, David Eagleman, dass es in uns ein *Wir* gäbe. Er sagt: „Die Hälfte meines Ichs sind andere Leute" (nämlich der kulturelle Einfluss). Ein Netzwerk unterschiedlicher Neuronenschaltkreise, die z. T. verschiedene innere Zustände repräsentieren. Vielleicht erklärt das auch die so oft zu beobachtende Tatsache, dass akademisch und wissenschaftlich gebildete Leute (Physiker, Mediziner usw.) oft die merkwürdigsten esoterischen Ideen vertreten, die mit einfachster Logik als falsch zu durchschauen sein müssten.

Werde ich gar geleitet vom Vorstand eines Kaninchenzüchtervereins, wo vor jeder Entscheidung erst einmal lange unter vielen Beteiligten diskutiert wird? Vielleicht verkündet der Vorstandsvorsitzende, das *Ich*, nur, was die anderen (ohne ihn?) längst beschlossen haben?[11] Michio Kaku meint, das rationale Bewusstsein habe hauptsächlich „die Funktion, die Zukunft zu simulieren". Das Gehirn bewältigt diese Aufgabe, „indem es dafür sorgt, dass sich diese Rückkopplungsschleifen gegenseitig kontrollieren". Der „CEO diskutiert mit seinen Vorstandskollegen, bis man sich geeinigt hat."[12] Bei geistigen Erkrankungen, z. B. Zwangsstörungen, führe „ein Versagen der gegenseitigen Kontrolle dazu, dass das Gehirn in einen Teufelskreis gerät, so dass das Bewusstsein niemals glaubt, das Problem sei gelöst."

Das *Es* möchte mit der Freundin meiner Frau flirten. Die *rechte Gehirnhälfte* versteht ihre süßen Worte und die *linke* versucht, ihr mit originellen Formulierungen zu antworten.[13] Das *Ich* und das *Großhirn* (enge Freunde, wohnen zusammen in einer WG) beurteilen die Gelegenheit mit einer Abwägung von Chancen und Risiken. Mein *Ego* befürwortet die Idee spontan. Das *Über-Ich* warnt vor den Konsequenzen – es sei nach seiner Meinung ungehörig und moralisch verwerflich. Das *Zwischenhirn* sieht den bulligen Ehemann der Freundin auftauchen und empfiehlt einen Flucht-

[11]Dieser Vergleich wird der Komplexität des Gehirns mit seinen ca. 100 Mrd. Nervenzellen natürlich nicht gerecht. Denken Sie also eher an den CEO eines multinationalen Großkonzerns (und selbst das ist noch um Größenordnungen zu simpel).

[12]Lt. M. Kaku ist der CEO der „dorsolaterale präfrontale Cortex".

[13]Sie erinnern sich an das Broca- und Wernicke-Areal in Abschn. 6.5.

reflex. Das *Darmgehirn* meldet sich: „Ich würde das alles lieber später machen. Ich habe die Schweinshaxe nicht so gut vertragen …" „Egal, Leute!" sagt das *Stammhirn*, „Ihr könnt machen, was ihr wollt! Es *geht* nicht, denn mein Blutdruck ist im Eimer." Und ich falle in Ohnmacht.

Doch Rückkopplungssignale zwischen verschiedenen inneren Instanzen führen dazu, dass wir meist doch wie *eine* Person und nicht wie ein Schizophrener (griechisch *s'chizein* und *phrēn,* also ‚gespaltene Seele') auftreten. Auch wenn Eagleman „die geheimen Eigenleben unseres Gehirns" als „eine repräsentative Demokratie, die durch den Wettbewerb zwischen Parteien funktioniert, die alle glauben, dass sie den richtigen Weg wissen, um das Problem zu lösen", beschreibt und Precht fragt, wer das *Ich* ist und wie viele es davon gibt. Das Feedback der Natur sorgt auch hier wieder für unser Überleben. Denn wenn kein wie auch immer zustande gekommenes *Ich* (ein „Selbst", ein Subjekt) den Objekten der Außenwelt gegenüber treten könnte, könnten wir in unserem sozialen Umfeld nicht bestehen. Das können wir mit der kleinen Paradoxie Eaglemans beschließen: „*The elegance of the brain lies in its inelegance.*" (Die Eleganz des Gehirns liegt in seiner Uneleganz [ein Wort, das nicht im Duden steht].)

7.6 Konditionierung – nicht nur bei Pawlows Hunden

Der russische Mediziner und Physiologe Iwan P. Pawlow wurde 1904 mit dem Medizinnobelpreis ausgezeichnet. Ich kann mich hier kurzfassen, denn die Geschichte ist allgemein bekannt. Er untersuchte das Verhalten von Hunden, ihre Reaktion auf Kombinationen von Reizen. Seitdem ist die Bezeichnung „Pawlow'scher Hund" fast ein geflügeltes Wort. Jedes Mal, wenn die Hunde Futter bekamen, wurde auch eine Glocke geläutet. Nach einiger Zeit triefte bei ihnen auch der Speichel, wenn *nur* die Glocke ertönte. Das nennt man „Konditionierung": Einem natürlichen und meist angeborenen „unbedingten Reflex" (Speichelabsonderung beim Anblick von Futter) kann durch Lernen ein neuer „bedingter Reflex" hinzugefügt werden. Treten zwei Reize gleichzeitig auf, werden sie oft auch in *unserem* Kopf miteinander verbunden. Das führt sogar so weit, dass wir einen ursächlichen Zusammenhang herstellen. Darüber werden wir im Abschnitt über „selektive Wahrnehmung" noch eingehender sprechen. Schauen wir uns erst einige weniger bekannte Beispiele einer Konditionierung an.

Wie Frau M. zum Medium wurde

Das Vertriebsteam hatte ein erfolgreiches Jahr hinter sich. Alle hatten ihre Vorgaben erreicht. Also stand die „100 %-Feier" an. Und die Geschäftsleitung ließ sich nicht lumpen. Eine Band, ein Kabarettist, ein Zauberkünstler und Magier. Frau M. war begeistert. Besonders, da der gut aussehende Zauberer sie offensichtlich attraktiv fand und verheißungsvolle Blicke mit ihr tauschte.

Als er dann auf sie zutrat, fing ihr Herz an zu klopfen. Und er brachte keinen plumpen Anmachespruch, sondern sagte: „Ich habe es sofort gesehen: Sie haben mediale Fähigkeiten!" Trotzdem blieb sie cool: „Ach, was Sie nicht sagen! Das glaube ich eher nicht. Ich habe ja BWL studiert." Der Magier ließ nicht locker: „Doch, doch. Ich kann es Ihnen beweisen. Kommen Sie mit ins Nebenzimmer, da haben wir mehr Ruhe. Ich lasse natürlich die Tür offen … Nicht, dass Sie etwas Falsches denken!"

Neugierig ging sie mit. Im Nebenzimmer zog er ein Kartenspiel aus der Tasche, mischte es gründlich durch, und sagte zu ihr: „Ich decke – für Sie unsichtbar – eine Karte nach der anderen auf, und Sie sagen mir, welche Farbe ich sehe. Pik, Herz, Karo oder Kreuz. Das wird mir beweisen, dass Sie die Karte medial erkennen, obwohl Sie sie nicht sehen. Am Anfang werden Sie ein paar Fehler machen, denn Sie sind sich Ihrer Fähigkeiten ja noch nicht sicher. Deswegen sage ich Ihnen nach jedem Zug, ob Sie richtig lagen oder nicht."

Gesagt, getan. Und siehe da, nach 20 min kam Frau M. aus dem Staunen nicht mehr heraus. Ihre Vorhersagegenauigkeit lag bei fast 100 %. Was war passiert? Hatte Frau M. tatsächlich „außersinnliche Wahrnehmungen"?! Keineswegs, denn schon dieser Ausdruck ist völlig irreführend. Es ist vielmehr eine „außerbewusste" Wahrnehmung. Sie *ist* ja gerade sinnlich: Wir hören, riechen und sehen ein Feedback des Gegenübers, ohne es bewusst zu tun oder auch nur zu merken. Wir nehmen ca. 90 % der Informationen aus unserer Umgebung unbewusst auf, so schätzen Psychologen. Und ebenso senden wir viele kleine unbewusste Signale aus.

Im Gegensatz dazu sandte der Magier *bewusste* Signale aus, die Frau M. aber nicht bewusst bemerkte. Bei jeder der vier Farben dasselbe Signal, zum Beispiel ein leichtes Zucken der Wimpern bei „Herz" oder ein deutliches Atmen bei „Pik". Durch dieses Feedback trainierte er das Unterbewusste von Frau M., ohne dass sie es merkte. Und schließlich deutete sie diese Signale richtig und konnte die Farbe der Karten „vorhersagen". Das ist natürlich eine frei erfundene Geschichte. Aber dieses Experiment ist von vielen Psychologen mit immer demselben Ergebnis wiederholt worden: der Konditionierung der Versuchsperson.

Wir haben das gelernt – es steckt in unseren Genen. Leider hat das Individuum sein angeborenes Talent, sie zu deuten, im Laufe der Erziehung *ver*lernt, aber viele kleine Kinder und auch Haustiere können es (zur Überraschung der Erwachsenen) noch. Ist Ihnen schon aufgefallen, wie genau Kinder oft die Reaktionen ihrer Eltern abschätzen? Wie viele Tiere Ihnen in die Augen schauen? Welche Erkenntnisse sie wohl aus Augenbewegung, Blinzelfrequenz, Pupillengröße und Benetzung ziehen? Im Mittelalter erweiterten Frauen mit Belladonna (italienisch *bella donna* ‚schöne Frau') ihre Pupillen, um auf Männer attraktiv zu wirken. „Attraktiv" heißt, dass die großen Pupillen dem Mann vortäuschten, dass sie *an ihm* interessiert sei. So signalisieren wir unbewusst Interesse. So glauben ja viele Hundebesitzer, sie hätten ihrem Liebling Kunststückchen beigebracht (z. B. Stöckchen zu apportieren). In Wirklichkeit ist es genau umgekehrt: Sie tun, was der Hund möchte.

Der „Mentalmagier" Jan Becker lässt eine Person einen beliebigen Gegenstand in einem Kaufhaus verstecken. Dann führt er sie an der Hand (er *sie,* nicht sie ihn) durch das Kaufhaus und findet das Versteck. Feedback, was sonst?? Was ein Schwitzehändchen doch so alles verrät! Der Fachausdruck für solche Techniken heißt *Cold Reading* (‚kalte Deutung'). Informationen werden durch die Beobachtung des Gesprächspartners und seiner Reaktionen ermittelt. Ein tastendes „Sie lieben Tiere …" und ein unbewusstes Feedback (vielleicht leichte senkrechte Falten zwischen den Augenbrauen) führen zur korrekten Fortsetzung „… nicht besonders", und das leichte zufriedene Lächeln nach dieser richtigen Erkenntnis zur Verstärkung: „… ja, ich möchte fast sagen, gar nicht!". Das Gegenteil, die „heiße Deutung" beruht auf vorher heimlich gesammelten Fakten.

Wieso steckt das in unseren Genen? Nun, stellen Sie sich vor, einer unserer Vorfahren (vielleicht der *Homo erectus,* der ‚aufrechte Mensch', oder gar schon ein *Homo sapiens,* ein ‚weiser Mensch') biegt vor Hunderttausenden von Jahren um die Ecke. Und vor ihm steht – von Angesicht zu Angesicht – ein Artgenosse. Jetzt muss es wirklich schnell gehen, denn viele Fragen sind zu beantworten (die Informatiker nennen das einen Entscheidungsbaum): männlich oder weiblich? Wenn weiblich: paarungsbereit oder nicht? Wenn männlich: vom selben Stamm oder ein Fremder? Wenn ein Fremder: stärker oder schwächer? Eine eindeutige und klare Entscheidung muss getroffen werden. Dafür hat er etwa 0,3 s Zeit, sonst gibt es nichts mehr zu entscheiden und der andere hat es für ihn erledigt (und es kann seine letzte Entscheidung gewesen sein). Das ist der Grund.

Wird man als Mädchen geboren?

Oder wird man zum Mädchen gemacht? Das fragen sich viele Mädchen, die in Mathematik schlechte Noten haben. Negative Leistungserwartungen führen zu negativen Leistungen. Wie der Sozialpsychologe Claude Steele und andere in Hunderten von Studien gezeigt haben, zaubern diese Stereotype (griechisch so viel wie ‚feste Form‘) deutliche Leistungseinbußen herbei. Selbst behutsame Einflüsse wirken so, zum Beispiel, wenn man vor einem Rechentest die Leute nach ihrer Ethnie (in den USA) oder ihrem Geschlecht fragt. Afro-Amerikaner gelten dort als schlecht in der Schule. Mathe, so sagt man, ist nichts für Frauen. Die Studenten aus den befragten Gruppen hatten schlechtere Ergebnisse als die Kontrollgruppen. Stereotype sind Wolken von Einstellungen, Überzeugungen und Erwartungen, die sich bedrohend um eine Gruppe von Menschen legen. Deswegen ist der englische Fachausdruck treffend: *stereotype threat* (Bedrohung durch Stereotype). Aber wenn die Forscher die negativen Ansichten anderer Menschen nicht erwähnten, schnitten die beobachteten Gruppen genauso gut oder sogar besser als die Konkurrenz ab. Die Forscher zeigten, dass die Studenten unter dem *stereotype threat* unbewusst so besorgt um die Bestätigung der Stereotype waren, dass sie sich genau entsprechend der Vorurteile verhielten. Die klassische selbsterfüllende Prophezeiung, ein verhängnisvolles Feedback.

Das ist der kleine Tom

Kinder nehmen blitzschnell und intuitiv wahr, welche Erwartungen Erwachsene an sie haben. Entsprechend verhalten sie sich, was wiederum die Erwartungen der Erwachsenen beeinflusst. Wenn das kein perfekter (und oft weitgehend undurchsichtiger) Regelkreis ist!

„Das ist der kleine Tom“, sagt der Assistent am Lehrstuhl für Psychologie zu der Versuchsperson. „Wir wollen herausbekommen, ob Sie schon in so frühem Alter aus seinen Gesichtszügen und seinem Verhalten auf seinen Charakter schließen können. Schauen Sie sich ihn in Ruhe an und kommen Sie dann zu mir ins andere Zimmer. Sie haben 15 min Zeit.“

Danach: „Nun, was sagen Sie?“ „Ja, hm, schaut ganz kräftig aus, der Kleine. Durchsetzungsfreudig, fast ein kleiner Rabauke. Intelligent schaut er auch aus … ich würde fast sagen, der wird mal Ingenieur.“

„Danke sehr. Jetzt zeige ich Ihnen die kleine Lisa“, sagte der Assistent, als sie wieder das Kinderzimmer betraten. „Sie kennen ja die Prozedur.“

Später sagt der Proband: „Niedlich, die Kleine! Und so zart … Ich glaube, sie ist sehr empfindsam. Und freundlich. Im Kindergarten wird sie bestimmt gut zurechtkommen.“

Dass es dasselbe Baby war, erkannte keine der Versuchspersonen. Das Geschlechtsstereotyp wirkte wie eine blaue bzw. rosa Brille.

Auch hier möchte ich den üblichen „schwarz/weiß"-Streit („Das ist alles nur Erziehung!" gegen „Das ist alles angeboren!") vermeiden. Es ist, erstens, ein „sowohl – als auch", eine breite Grauzone. Und es ist, zweitens, ein sich einpendelnder Rückkopplungsprozess.

Man wird nicht nur als Mädchen geboren, man wird auch mit einer bestimmten Hautfarbe geboren (wie in dem Ursprung des *Blue-Eyed-*Workshops aus Abschn. 7.4). Und mit vielen anderen Merkmalen, die sofort bei anderen die Kette der Stereotype auslösen. Sogar (selbst)kritische Menschen fallen auf sie herein, zum Beispiel behauptete ein bekannter Hirnforscher (der hier nicht genannt werden soll), dass Mädchen im Schnitt weniger mathematisches Talent als Jungen hätten. Dass ihnen das durch die Stereotype ihrer Umwelt erst eingeredet worden war, hätte er als Psychologe eigentlich wissen müssen. Doch gehen wir damit nicht zu streng ins Gericht: Die Evolution hat uns mit diesem Bewusstsein Stufe I, den vorbewussten (Vor-)Urteilen, relativ erfolgreich bis hierhin gebracht.

7.7 „Selektive Wahrnehmung" ist ein Feedback-Prozess

Ich kenne Menschen, die glauben an ihr „Parkengelchen". Sie glauben – nein: sie wissen (so sagen sie) –, dass genau dort ein Parkplatz frei wird, wo sie ihn brauchen. Sie haben diese Erfahrung schon oft genug gemacht. Aber solche „Wünsche an das Universum" sind nur esoterische Spukgeschichten, aber kein Anzeichen für Feedback. Anders ist es mit Mädchen, die an ihr fehlendes Mathematik-Talent glauben. Sie glauben – nein: sie wissen (so sagen sie) –, dass sie in Mathematik schlecht sind. Und prompt schreiben sie in der nächsten Arbeit eine 5 (oder 4–, wenn sie hübsch sind und eine männliche Lehrkraft haben). Zahllose Untersuchungen beweisen, dass diese Konditionierung wirkt – positiv wie negativ (wobei es immer im technischen Sinne eine positive, also verstärkende, Rückkopplung ist). Es ist eine „selbsterfüllende Prophezeiung" (engl. *self-fulfilling prophecy*).

Geschichten über Prophezeiungen, die sich selbst erfüllen

Sie erinnern sich noch an Abschn. 7.5? *Liquid Trust,* das flüssige Vertrauen. Die Bewertungen bei *Amazon* waren eher mittelmäßig, aber einige vergaben auch 5 Sterne. Unter anderem eine junge Frau, wie Sie in Textkasten

7–4 sehen. Eine selbsterfüllende Prophezeiung: Es wirkt, weil sie daran glaubt, dass es wirkt. Eine Vermutung, zugegeben, denn ich kenne ja die Hintergründe nicht. Aber anders als beim Parkengelchen oder Wünschen an das Universum lässt sich hier ein Wirkungszusammenhang finden. Der Placebo-Effekt, den Sie schon aus Abschn. 6.7 kennen. Wir sehen das, was wir sehen wollen. Wenn wir viel Geld für Unfug ausgeben, der irgendeine positive Wirkung verspricht, dann *muss* die Wirkung auch eintreten (sonst müssten wir uns ja schämen, so viel Geld verpulvert zu haben). Also blenden wir alle gegenteiligen Anzeichen aus unserer Wahrnehmung aus. Der „Rosa-Brillen-Effekt" funktioniert hervorragend bei Tierhaltern und sogar Tierärzten: Sie glauben Veränderungen beim Tier wahrzunehmen, die gar nicht aufgetreten sind, einfach weil sie sie erwarten.

Auch unsere falsche Risikoeinschätzung entsteht durch selektive Wahrnehmung. Zum Beispiel lesen wir (fast) jede Woche von einem Lottogewinner in der Zeitung. Von den Millionen Nicht-Gewinnern lesen wir nichts. Kein Wunder, dass wir die (falsche) Regel daraus ableiten: Durch Lottospielen kann man reich werden. Die Meldungen über Flugzeugabstürze in der Tagesschau führen dazu, dass viele sich vor dem Fliegen fürchten – vor dem Autofahren oder multiresistenten Krankenhauskeimen (geschätzte 30.000 Tote pro Jahr) haben dagegen nur wenige Angst.

Textkasten 7–4: „Flüssiges Vertrauen" hält, was es verspricht

Das hat mir wirklich geholfen. Mein Freund ist sehr eifersüchtig. Er hat mir nie vertraut. Ich habe alles versucht … Aber er ist sehr skeptisch. Jetzt benutze ich *Liquid Trust*, gerade mal zwei bis drei Sprühstöße vor jedem Treffen. Und er spricht mit mir, ohne nervös zu werden. Okay, er fragt immer noch: „Was hast du den ganzen Tag gemacht?" Und: „Hast du wirklich deine Mädels getroffen?" Etc. Aber er glaubt jetzt meinen Antworten, er hört mir zu. Er kontrolliert mein Handy nicht mehr (wer mich angerufen hat, wen ich angerufen habe). Ich kann sagen, dass er mir mehr vertraut und auch mehr mit mir kuschelt .

Schon bei den alten Griechen gab es Geschichten über Delphine. Jeder kennt und liebt diese intelligenten und friedlichen Tiere. In der Sage reiten Menschen auf ihrem Rücken, und sie retten über Bord gegangene Seeleute. Aber stimmt das? Vielleicht spielen sie nur mit ihnen, denn das tun sie nachweislich gerne. Wenn der Schiffbrüchige dann Glück hat, dann befördert ihn das Spiel in die Nähe der Küste. Das ist dann wie beim Lotto: Für jeden Seemann, der von Delphinen gerettet wurde, sind wahrscheinlich zehn andere Schiffbrüchige in die falsche Richtung getragen worden. Die aber konnten dann nicht mehr über ihr Delfin-Abenteuer berichten. So bildet jeder Gerettete einen weiteren Beweis für die Richtigkeit der These, dass Delfine menschenfreundliche Wesen sind.

Je mehr Dinge Menschen zu wissen glauben, desto weniger hinterfragen sie. Seien Sie also skeptisch, besonders gegen sich selbst! Nutzen Sie auch den Rückkopplungs-, das heißt Verstärkungseffekt durch Gleichgesinnte: Der amerikanische Wissenschaftshistoriker Michael Shermer ist Gründer der *Skeptics Society*, der Gesellschaft der Skeptiker zur Förderung des wissenschaftlichen Denkens. Im Netz findet man eine Liste von Skeptikern und Skeptikervereinigungen mit vielen Einträgen (in Deutschland leider nur mit *einer* Gesellschaft, der schon erwähnten GWUP).

Die moderne Technik nimmt uns ja viele Aufgaben ab, die wir früher selbst erledigen mussten. So auch bei der selektiven Wahrnehmung. Sie geben bei *Google* ein Suchwort ein, sagen wir: „Ägypten". Ihr Partner auf seinem Laptop tut zur gleichen Zeit dasselbe. Die Ergebnislisten können völlig verschieden sein, denn *Google* „weiß", dass Sie sich für Politik interessieren und Ihr Partner für Urlaubsreisen. Es verwendet angeblich 57 Kriterien („Signale" genannt) zur Beschreibung Ihres Profils, nicht nur aus Ihren Suchbegriffen, sondern aus Ihrer gesamten Aktivität im Internet. Das ist das, was ein Autor als „Filterblase" bezeichnet hat, eine Art geistiger Seifenblase um Sie herum, die nur *die* Informationen enthält, für die Sie sich interessieren. Man nennt es auch „Web-Personalisierung" oder „Echokammer". Mithilfe eines Algorithmus, der ein Benutzermodell erstellt, werden Inhalt und Struktur einer Web-Anwendung den besonderen Bedürfnissen, Zielen, Interessen und Vorlieben eines jeden Nutzers angepasst. Stehen Sie politisch eher links, blendet *Facebook* die Statusmeldungen aller konservativen Freunde aus Ihrer *Timeline* aus und zeigt nur noch die Ihrer progressiven Freunde an. Also ein selbstverstärkender Mechanismus, die klassische positive Rückkopplung. Und das ist eigentlich das genaue Gegenteil der gefeierten neuen Informationsfreiheit im Netz.

Wer hat Angst vorm schwarzen Mann?

Im Film *Die Monster AG* erschrecken fantastische Gestalten aus einer Parallelwelt kleine Kinder. Das kennen viele Eltern. Kinder fürchten sich vor Gespenstern – selbst dann, wenn man ihnen beweist („Komm, wir schauen zusammen unter's Bett!"), dass gar keine da sind. Ähnlich geht es uns, wenn wir erwachsen sind – denn das Kind in uns lebt ja noch und ist höchst aktiv. Das ist der schon erwähnte „Nocebo-Effekt". Wie sieht das in der Praxis aus?

Nehmen wir als Beispiel den Elektrosmog. Viele „elektrosensible". Menschen klagen ja über Kopfschmerzen, Müdigkeit oder Konzentrationsstörungen, wenn sie zum Beispiel der Strahlung von Handys ausgesetzt sind. Die Wissenschaft tut sich schwer, das zu beweisen und ebenso schwer, es zu widerlegen. Die Physiker sagen, dass die „Handystrahlen" (technisch: Mikrowellen) mit ihrer geringen Leistung keinerlei schädliche Wirkung auf lebendes Gewebe haben – im Gegensatz zu den kurzwelligen UV- oder Röntgen-Strahlen. Aber *weiß* man es?! Wie ist es in Wirklichkeit? Sind die Klagen der Betroffenen nur eingebildet, ein Nocebo-Effekt? Aber Angst macht krank. Man braucht nur irgendwo einen Mobilfunkmast aufzustellen (ihn aber gar nicht anzuschließen!) – und schon melden sich Leute, denen der (nicht vorhandene) Elektrosmog Kopfschmerzen und Herzflimmern verursacht. Die Angst vor der elektromagnetischen Strahlung erzeugt die körperlichen Symptome. Und die Krankheitssymptome machen den Betroffenen weitere Angst – Angst vor der vermuteten Ursache. Der Feedback-Kreis hat sich geschlossen.

Sofort ergibt sich die Frage, welcher Meinung oder Wahrnehmung wir *wirklich* trauen können, was wir zuverlässig *wissen* können – einschließlich der Frage, ob wir unserer *eigenen* Wahrnehmung trauen können. Wissen, so sagen schon die alten griechischen Philosophen, ist „wahre gerechtfertigte Meinung" (engl. *Justified True Belief*). Es genügt nicht, eine Meinung zu haben – sie muss auch *wahr* sein. Und sie darf nicht nur zufällig wahr sein, die (wahre) Meinung muss auch *gerechtfertigt* sein, das heißt durch Argumente begründet (zum Beispiel durch Fakten oder logische Schlüsse belegt).[14] Wahrheit besteht in der Übereinstimmung von Meinung und Wirklichkeit. Sehr schön bezeichnete schon der griechische Philosoph Aristoteles in seiner Schrift über die Dialektik „anerkannte Meinungen" als „diejenigen, die entweder (a) von allen oder (b) den meisten oder (c) den Fachleuten und dabei entweder (ci) von allen oder (cii) den meisten oder (ciii) den bekanntesten und anerkanntesten für richtig gehalten werden." Er kommt damit von einer Wahrheits*definition* zu Wahrheits*indikatoren*. Besser kann man Quellen des Wissens und der Wahrheit kaum beschreiben – die Experten und die Weisheit der Vielen. Die „Schwarmintelligenz" lässt grüßen. Deswegen zitiere auch ich hier gerne anerkannte Wissenschaftler (ciii). Aber ob am Ende (a) alle Menschen oder nur (ciii) die anerkanntesten Fachleute recht behalten (vor allem, wenn sie sich widersprechen), das ist bis

[14]Das war eine Jahrhunderte lang akzeptierte Definition. Erst der amerikanische Philosoph Edmund Gettier entlarvte sie 1963 als problematisch. Nachzulesen im Internet unter dem Stichwort „Gettier-Problem". Im Deutschen als „GWG" bekannt, gerechtfertigter wahrer Glaube.

heute unbeantwortet und im Einzelfall mal so, mal so. Überhaupt: Wirklichkeit, Realität – was ist das?

Wenn Tauben verrücktspielen

Dass eine Taube sich mit Philosophie beschäftigt, werden Sie mir kaum abkaufen. Doch, doch, sie denkt über Kausalität nach, über den Zusammenhang von Ursache und Wirkung. Schließlich hat sie ja ein Bewusstsein Stufe I. Burrhus Frederic Skinner (sein zweiter Vorname ist bekannter als der erste) konnte es beweisen. Er wurde mit seiner „Skinner-Box" und den darin stattfindenden Versuchen sofort berühmt. Das ist eine Kiste, in die man die Tiere hineinsetzen kann, um sie von außen zu beobachten. Ein Mechanismus wirft in regelmäßigen Abständen ein Futterkorn in die Kiste. Doch Tauben (und andere Tiere, z. B. Hühner) sitzen nicht einfach dumm herum und warten. Sie *tun* etwas: Sie scharren, sie bewegen den Kopf, sie putzen sich das Gefieder, sie laufen herum. Mit der Zeit ergibt es sich durch Zufall, dass sie beim Hereinfallen des Futterkorns gerade eine bestimmte Bewegung gemacht haben, zum Beispiel den Kopf nach links bewegt haben. Koinzidenz sagt man dazu. Nun beginnt ein Rückkopplungsprozess, eine sich selbst erfüllende Prophezeiung. Die Taube „denkt", dass ihre Kopfbewegung die Ursache für das Hereinfallen des Futterkorns war. Sie wird diese Kopfbewegung jetzt öfter machen, um sich mehr Futter zu verschaffen. Dabei wird sie feststellen, dass in der Tat das Futter häufig bei dieser Kopfbewegung spendiert wird. Und da sie gierig ist, macht sie diese Bewegung noch öfter. Die positive Rückkopplungsschleife ist geschlossen. Das Ergebnis sind verrückte Tauben. Eine bewegt ihren Kopf ständig nach links, eine zweite hebt dauernd den rechten Flügel, eine dritte scharrt die ganze Zeit mit den Füßen. Denn die Taube ist auch nur eine Kausalitäts-Suchmaschine, genau wie wir Menschen.

Da sieht man, wie einen die Rätsel der Kausalität um den Verstand bringen können, obwohl … Verstand haben die Tauben ja nicht, nur ein Bewusstsein der Stufe I. Stufe II, also Verstand, haben eigentlich nur wir, obwohl … das merkt man auch nicht immer. Auch *wir* konstruieren Wirkungen und damit subjektive Wirklichkeiten, wo es keine Ursachen gibt. Der Psychologe Gerd Gigerenzer hat auch darüber ein Buch geschrieben, wie wir Chancen und Risiken richtig einschätzen und nicht an böswillige Ampeln glauben, die immer gerade dann rot werden, wenn *wir* kommen. Er weist auch nach, dass die Gefahr, bei einem Transatlantikflug abzustürzen zehnmal geringer ist als das Risiko, auf der Autofahrt zum Flughafen tödlich zu verunglücken. Im Jahr nach „9/11", so schreibt er, sind auf den Straßen der USA 1600 Menschen mehr durch Verkehrsunfälle gestorben als im Vorjahr, weil sie aus Angst vor Terroristen nicht ins Flugzeug gestiegen sind. Deswegen klopfen wir bei bösen Erwartungen auf Holz (ersatzweise den eigenen Kopf): toi, toi, toi! Und es hilft, denn unsere Befürchtungen treffen erfreulicherweise selten ein.

Und Glauben ist natürlich, wir *wollen* glauben. Skepsis ist unnatürlich. Glauben, Vertrauen und Verlässlichkeit sind der Kern unseres Zusammenlebens – Misstrauen, Hinterfragen und Zweifel zerstören dieses Gerüst. Wir haben einen Glaubensautomaten in unserem Gehirn, eine Mustersuchmaschine. Es ist die Grundlage unseres Lernens: Der Pawlow'sche Hund glaubt genauso wie Skinners Taube nach einigen Erfahrungen, dass nach dem Ertönen der Glocke das Futter erscheint. Und viele von uns glauben (scheinbar auch durch Erfahrung belegt), dass es das Schicksal (nicht) gut mit uns meint.

Das Florida-Experiment

Das Wort „Menschenversuche" löst ja sofort gruselige Vorstellungen aus – Versuche an oder mit Menschen, das ist ja unethisch, fast verbrecherisch! Hier ist wieder das unbewusste „System 1" (oder „Bewusstsein Stufe I", B_I) am Werk, während das vernunftgesteuerte „System 2" einfach sagen würde: „Na ja, das kommt auf das Experiment an!" Zum Beispiel die Versuche, die der US-amerikanische Psychologe John A. Bargh mit Studenten durchführte. Sie sollten 5 Wörter richtig zusammenbauen, zum Beispiel aus „schnell/er/Bahnhof/geht/zum" den Satz „er geht schnell zum Bahnhof" bilden. Kein ethisches Problem, abgesehen davon, dass sich die Studenten vielleicht blöd vorkommen. Was sie nicht wussten: In ihren Wörtersammlungen kamen „junge" Begriffe vor – *schnell, Party, spontan* usw. Auch das ist noch nichts Besonderes. Aber in den Wörtern der Vergleichsgruppe tauchten „alte" Vokabeln auf: *vergesslich, Glatze, humpeln* … und *Florida.* Florida löst bei US-Amerikanern Gedanken an betuchte Rentner aus, die auf den Veranden der *Art-Deco*-Hotels in Miami ihren Lebensabend genießen. Na schön, aber *where is the beef?* Wo ist die Pointe der Geschichte? Hier ist sie: Die beiden Gruppen durften danach durch einen langen schmucklosen Flur in die Kantine gehen – und die Gruppe mit den „alten" Wörtern ging deutlich langsamer. Das *Priming* (wörtlich ‚das Grundieren', als psychologischer Fachbegriff ‚Bahnung') war geboren: die Beeinflussung des Verhaltens durch unbewusste Gedächtnisinhalte, die durch einen vorangegangenen Reiz aktiviert wurden.

Ich will nicht verschweigen, dass spätere Wiederholungen des Experimentes diesen Effekt nicht verlässlich reproduzieren konnten. Aber eine schöne Geschichte ist es trotzdem, und der Effekt des *Priming* ist durch viele andere Versuche wirklich gut belegt. Und er funktioniert auch umgekehrt:

Wenn Versuchspersonen mit gesenktem Haupt, gebeugtem Rücken und schlurfendem Gang ein paar Minuten herumlaufen, fallen ihnen danach mehr Wörter ein, die mit „Alter" zu tun haben. Viele Therapeuten können bestätigen, dass schon die Körperhaltung einen mächtigen Einfluss auf unser inneres Erleben hat. Johannes Michalak, Professor für klinische Psychologie an der Universität Hildesheim, hat das ausprobiert. Studenten lernten (per Rückkopplung!) auf einem Laufband „depressives" oder „fröhlich-beschwingtes" Gehen. In einem anschließenden Gedächtnistest erinnerten sich die niedergedrückten Läufer an mehr negative und die fröhlichen an mehr positive Begriffe. Sie ahnen schon: Der Körper beeinflusst den Geist und der Geist den Körper. Endlich lernen Sie nun etwas Praktisches: Gehen Sie aufrecht, selbstsicher und frohgemut durchs Leben – und es geht Ihnen besser! Beißen Sie auf einen quer im Mund liegenden Bleistift (das aktiviert dieselben Muskeln wie ein Lächeln, so haben Forscher herausgefunden) und Sie finden einen mäßig lustigen Film richtig komisch. Konditionieren Sie sich selbst!

Die unauffällige Beeinflussung durch *Priming* ist jedoch harmlos im Vergleich zu der Gehirnwäsche, die viele Sekten betreiben. Das kommt der verrückt machenden Skinner-Box schon näher. Sie reichen Menschen, die oft psychisch in Not sind, die Hand zur Hilfe, um sie danach an ihr über den Tisch zu ziehen. Dubiose Sekten (gerne auch mit Jüngstem Tag, an dem nur die Erleuchteten errettet werden) und ihre Gründer verschaffen ihnen ein ideologisch unangreifbares Fundament. Denn es handelt sich ja um göttliche Prinzipien, die nicht hinterfragt werden können und dürfen. Strenge Disziplin, ausgefeilte Hierarchien bis hin zur Kleiderordnung (weiß oder orange, vorzugsweise schlabbrig-wallend) und sinnlose Rituale bilden das Gerüst, das der Novize zwecks Erleuchtung erklimmen muss. Trickreiche Feedback-Schleifen sorgen für Lohn und Strafe. Für die Säuberung des Hirns von Spuren logischen Denkens sorgen paradoxe Sprüche („Der Weg zur Erlösung führt über eine stufenlose Treppe"), die dem Meister erläutert werden müssen, bis der Schüler von deren Sinnlosigkeit überzeugt ist. Die „Meister" sind meist männlich und bringen auch gerne mal junge hübsche Novizinnen, wenn nicht zur Erleuchtung, dann wenigstens zum Erglühen. Nachdem sie auch den *Rolls Royce* des Gurus poliert haben, sitzen sie in unbequemer Körperhaltung im Kreis, summen „Om!" – und nichts passiert. Sollten Sie je durch Zufall in eine solche Umgebung geraten, verabschieden Sie sich mit der passenden Paradoxie: „Schöner ist nur die Hölle!" Bei einer durch ausgebildete und kompetente Lehrer geführten *echten* Meditation jedoch springen viele Rückkopplungskreise im Gehirn an. Die Wirkung (der meditative Zustand) ist neurologisch als Veränderung der Hirnwellen messbar. Der Herzschlag wird verlangsamt, die Atmung vertieft, Muskelspannungen reduziert. Inzwischen treffen sich Meditations- und Bewusstseinsforschung zu gemeinsamen Projekten und nutzen diese Feedback-Effekte. So unterschiedlich können scheinbar ähnliche Situationen sein.

Deswegen untersuchen die Kognitionspsychologen nun intensiv das Verhältnis zwischen Körper und Psyche. *Embodiment* (‚Verkörperung') ist das neue Schlagwort – die Vermutung, dass Bewusstsein einen Körper voraussetzt. In der Roboterforschung, wo die Ingenieure das menschliche Bewusstsein durch „künstliche Intelligenz" (KI) nachzubilden versuchen, hat man das auch schon erkannt. Sie geben dem Roboter einen Körper, der Signale aus der Umwelt *und* von seiner eigenen Lage an das Computergehirn rückmeldet. Das erinnert an Thomas Metzinger und sein „transparentes Selbstmodell" (Abschn. 6.5). Die menschliche Wahrnehmung ist also keine Abbildung äußerer Reize (z. B. der Dinge, die wir sehen) im Gehirn, sondern ein Rückkopplungsvorgang, der aus einem wechselseitigen Abgleich von Empfindungen besteht. Die Einheit von Körper, Geist und Seele, wie die alten Weisheitstraditionen es schon lange lehren.

So wirkt der Körper auf Geist und Seele (das „Bewusstsein"). Und umgekehrt. Auch der „menschliche Lügendetektor" Paul Ekman zeigt ja, dass das Bewusstsein auf den Körper wirkt – so unterscheidet er unechtes Lächeln von dem, das ein freudiges inneres Erleben ausdrückt und damit Lüge von Wahrheit (oder zumindest Wahrhaftigkeit) trennt.

Wenn wir also in fortgeschrittenem Alter an uns ein Nachlassen der Kräfte beobachten, sollten wir nicht denken: „Huch, ich werde alt!" Im Gegenteil: Wir sollten neue Herausforderungen (*challenges,* dieses gängige Modewort) suchen, vielleicht im Umgang mit und bei der Förderung von jungen Menschen.

Framing – wie wir einen „Bedeutungsrucksack" mitschleppen

Eine spezielle Form des *Priming* ist das *Framing*: das Einbetten von Aussagen in einen Bedeutungsrahmen (engl. *frame* ‚Rahmen'). Das ist oft kein bewusster und willentlicher Akt, sondern geschieht fast automatisch. Denn viele sprachliche Begriffe schleppen einen „Bedeutungsrucksack" mit sich herum. Ein Beispiel verdeutlicht das sofort: die Flüchtlingswelle (!) von 2015. Hierin ist der Vergleich von Flüchtlingen mit Wassermassen enthalten. Eine solche Welle hat uns 2015 überrollt. Eine Asylantenflut, die auch im Jahr 2016 nur langsam abebbte. Flüchtlingsströme, die vielleicht wieder ansteigen. Die Metapher von Flüchtenden als Wasser offenbart einen prall gefüllten „Bedeutungsrucksack". Flüchtende sind keine Schutzbedürftigen, sondern eine Bedrohung wie eine Sturmflut. Wassermassen bedrohen Eigentum und Leben. Opfer der Situation sind Deutschland und Europa – ihnen droht die Überflutung. Und die Bedrohten werden damit aufgerufen, zugleich Helden zu sein, Helden der Selbstrettung. Denn die Metapher informiert nebenbei natürlich auch über die Lösung des Problems. Was ist zu tun, wenn die eigene Region, das eigene Haus einer Flut ausgesetzt ist? Dämme bauen. Sandsäcke vor die Türen. Keller und Erdgeschoss auspumpen. Auf die Politik übertragen bedeutet das: Abschottung und Abschiebung. So weckt ein plastischer und scheinbar wertneutraler Begriff unbemerkt weit reichende Assoziationen und stellt das Problem in den erwünschten Bedeutungsrahmen – *framing* eben. Und die für diese Situation gewählte sprachliche Metapher wirkt auf die Situation und den Umgang mit ihr zurück. Der Rückkopplungskreis ist geschlossen.

Im politischen Raum stehen die Rucksäcke herum wie im Eingang einer Jugendherberge – fast jeder Begriff ist aufgeladen mit Bedeutung. „Links", „rechts", „die 68er", „Freiheit", „das Volk", … – alle diese Vokabeln enthalten Bedeutungen, die auch nicht für alle Menschen identisch sind. Kurt Tucholsky definierte schon 1930 zutreffend: „Begriffe sind alte Gedächtnisinhalte, die anmarschiert kommen, wenn man ihren Namen nennt." Diese „Deutungsrahmen" werden durch die verwendete Sprache im Gehirn aktiviert. Sie erst verleihen den Fakten eine Bedeutung und ordnen sie passend zu unseren Erfahrungen und unserem Wissen ein. Die *frames* sind immer selektiv, heben also bestimmte Aspekte der Realität hervor und unterbewerten andere. Damit beeinflussen sie unser Denken und Handeln. Und unsere gesamte Wahrnehmung wird dadurch selektiv – wir sehen nur, was wir sehen wollen. So entstehen einseitige Blickwinkel und Stereotype wie „das Establishment" oder „die Lügenpresse". Es braucht also keine Filter wie in Suchmaschinen und sozialen Netzwerken, die uns nur die für uns passende Information präsentieren – unsere eigenen Vor-Urteile, geweckt durch die sprachlichen Deutungsrahmen, schaffen es alleine. Doch Fakten können ohne *frames* nicht vermittelt werden. Deswegen ist es auch ein Unterschied, ob man gegen eine abweichende Meinung ist oder seine eigene Gegenmeinung positiv artikuliert. Gegen offene Grenzen zu sein oder für geschlossene Grenzen ist logisch dasselbe, weckt aber andere Vorstellungen. Und genau diese Vorstellungen bestimmen unser Handeln.

Framing beruht auf emotionalen und unbewussten Reaktionen. Nehmen wir ein kleines Beispiel. Sie lesen folgende Meldung in den Medien:

> Im Zentrum von vielen, vielleicht sogar allen Galaxien gibt es ein schwarzes Loch. Es handelt sich dabei um einen extremen Ort, an dem sich auf

> engstem Raum so viel Masse konzentriert, dass selbst Licht der Gravitationswirkung nicht mehr entkommen kann. Bis jetzt hatte noch niemand solch ein Schwerkraftmonster tatsächlich gesehen. Alle bisherigen Bilder waren stets Illustrationen, wissenschaftlich mal mehr und mal weniger korrekt ausgeführt. Forscher haben nach jahrelanger Vorarbeit zahlreiche Radioteleskope weltweit so zusammengeschaltet, dass sie wie ein einziges, gigantisch großes Beobachtungsinstrument funktionieren. So ist ein virtuelles Teleskop entstanden. Es ist ihnen gelungen, ein schwarzes Loch zu fotografieren. Die Aufnahme stammt aus dem Inneren der sehr aktiven Galaxie Messier 87, kurz M87, die 55 Mio. Lichtjahre von der Erde entfernt ist. Doch das ist nicht einfach ein Foto, sondern ein komplizierter Algorithmus, der das Bild aus den riesigen Datenmengen errechnet hat – die eigentliche geistige Leistung. Fünf Wissenschaftler haben es auf einer Pressekonferenz vorgestellt.

Stop! Nehmen Sie sich einen Zettel und schreiben Sie einen ganz kurzen und frei erfundenen Satz zu jeder einzelnen der 5 Personen auf dem Podium (z. B.: „Hat einen grauen Bart“). Fertig? Und jetzt kommt die entscheidende Frage: Wie viele Ihrer Kurzbeschreibungen zeigen eine Frau? Oder gar eine junge Frau?! Bei meiner kleinen Stichprobe im Bekanntenkreis war es meist nur eine – wenn überhaupt. Sehen Sie: das ist *Framing*, *Gender-Framing* in diesem Fall. Des Rätsels Lösung in der Fortsetzung der Meldung:

> Die Informatikerin Katie Bouman hat mit ihrem Team am MIT einen Algorithmus entwickelt, der ein Foto des Schwarzen Lochs in der M87 macht. Ein Durchbruch in der Wissenschaft. Im Herzen von M87 befindet sich ein Punkt. Er entwickelt eine so starke Anziehungskraft, dass weder Materie noch Licht sich seiner Gravitation entziehen können. Dieser Punkt ist ein Schwarzes Loch. Bisher war es unmöglich, dieses Schwarze Loch bildlich festzuhalten. Katie Bouman, eine 29-jährige Assistenzprofessorin am MIT (*Massachusetts Institute of Technology*), schaffte das Unmögliche: Mit ihrem Team gelang es sie ihr, eine Aufnahme des Schwarzen Loches zu erzeugen – und damit dessen Existenz ein für alle Mal zu belegen.

Der „Hawthorne-Effekt“ zeigt unerwartete Wirkung

Der Leiter der Hawthorne-Werke in Illinois (USA) war nicht besonders zufrieden mit der Arbeitsleistung seiner Fließbandarbeiter. Also ließ er Fachleute für Betriebsorganisation kommen, die das Problem sofort erkannten: Die Beleuchtung der Arbeitsplätze war unzureichend. Daraufhin wurden bessere Lampen installiert, die Arbeitsleistung stieg, und alles schien in Ordnung. Doch der Chef, ein alter Knauser, war nicht zufrieden: Die Kosten waren zu hoch. Das ließ sich leicht beheben – ein Teil der Lampen wurde abgeschaltet, aber es war immer noch heller als vorher. Doch die Arbeitsleistung stieg erneut an, über das Niveau bei voller Beleuchtung. Erstaunt reduzierten die Fachleute den Lichtpegel auf den alten Stand, der Anlass für die unzureichende Leistung war. Abermals stieg die Leistung an, wenn auch nur leicht. Niemand konnte sich das erklären. Wie konnte das geschehen?

Die Antwort kennen Sie: eine Art *Priming*-Effekt, wie gerade besprochen. Die Arbeiter steigerten ihre Leistung, weil sie beobachtet wurden, und je intensiver man sich mit ihnen beschäftigte, desto motivierter waren sie, ihr Bestes zu geben. Das geschah in den 1920er Jahren. Das Prinzip gilt bis heute und wird immer gelten: Motivation fördert die Leistung. Und die Leistung steigert die Motivation. Aber es gibt auch eine Kehrseite: Leider sind Tausende sozialpsychologischer „wissenschaftlicher Studien" durch diesen Effekt verzerrt und dadurch wertlos.

Zwei Psychologie-Professoren, Robert Rosenthal und Lenore Jacobson, führten 1963 ein einfaches Experiment durch. Nachdem sie einen IQ-Test an Grundschülern vorgenommen hatten, sagten die Forscher den Lehrern, einige Schüler würden wegen ihres angeblich hohen IQ „akademische Sprinter" werden.[15] In Wirklichkeit war der IQ dieser Schüler nicht höher als die Werte der „normalen" Schüler. Am Ende des Schuljahres fanden die Forscher heraus, dass die „Sprinter" bessere Noten und eine größere Zunahme des IQ erreicht hatten als die „Normalen". Der Grund? Die Lehrer hatten mehr von den Sprintern erwartet, und damit ihnen mehr Zeit, Aufmerksamkeit und Unterstützung geschenkt. Und das Fazit? Konditionierung, wie in Abschn. 7.6 beschrieben. Also, liebe Lehrer, erwartet mehr von den Schülern, und sie erzielen bessere Ergebnisse!

Wer hat denn Angst vor „Dolly"?!

Das wäre doch wirklich albern, vor einem Wesen mit diesem Namen (nein, es ist nicht das bekannte Klonschaf!) Angst zu haben! Auch nicht vor Eloise, Wilma oder Katrina. Aber vielleicht dämmert es Ihnen jetzt: Katrina gilt als eine der verheerendsten Naturkatastrophen in der Geschichte der Vereinigten Staaten. Die lieblichen Mädchennamen sind Hurrikane. Der Historiker und Texter Jens J. Korff schreibt in seinem Blog *Passwort* im Juli 2014 nach einem Bericht in *Bild der Wissenschaft:* Macht der Worte – „Weibliche" Hurrikane töten mehr Menschen als „männliche":

---

[15] Der IQ (Intelligenz-Quotient) ist eine Kennzahl, die in „Intelligenztests" ermittelt wird (der Durchschnitt der Bevölkerung wird als 100 definiert).

> „In den USA werden Hurrikane abwechselnd mit männlichen und weiblichen Vornamen versehen. Das soll unter anderem dazu dienen, die Bewohner der bedrohten Gebiete effektiver zu warnen. Doch amerikanische Forscher haben festgestellt, dass Hurrikane mit weiblichen Vornamen im Schnitt mehr Todesopfer fordern als gleich starke Hurrikane mit männlichen Vornamen – sogar rund dreimal mehr. Die Ursache liegt offenbar darin, dass die Menschen Hurrikane mit weiblichen Vornamen nicht ernst genug nehmen und sich oft nicht rechtzeitig in Sicherheit bringen, wenn eine tödliche »Sandy« naht.
>
> Psychologen […] haben für eine Studie die Daten von knapp 100 atlantischen Hurrikanen ausgewertet, die zwischen 1950 und 2012 die US-amerikanische Küste heimgesucht haben. Sie kommen zu dem Schluss: Hätte man einem Hurrikan mit männlichem Vornamen stattdessen einen weiblichen gegeben, würde er im Schnitt dreimal so viele Todesopfer fordern. Um ihre These zu untermauern, dass das an der geschlechtsspezifischen Einschätzung der »Persönlichkeit« der Hurrikane liegt, haben sie Tests mit 346 Probanden durchgeführt. Sie sollten vorab das Gefahrenpotenzial von Hurrikanen abschätzen, die mal männliche, mal weibliche Namen hatten. Und tatsächlich: Das Gefahrenpotenzial der »weiblichen« Hurrikane wurde durch die Bank niedriger eingeschätzt als das der »männlichen« – und zwar von Frauen wie Männern gleichermaßen. Je weiblicher (oder vielmehr kindlicher) der Vorname war, desto ungefährlicher wurde der Sturm eingeschätzt; einer Dolly z. B. trauten die Probanden am wenigsten Böses zu."

Die Forscher(innen) schließen: „Wir zeigen, dass diese Praxis auch gut entwickelte und weit verbreitete Geschlechterstereotypen anzapft, mit möglicherweise tödlichen Folgen." *Priming* bzw. *framing* kann tödlich sein.

Wir konstruieren Wirklichkeit, wo keine ist

Aber *gibt* es überhaupt eine Wirklichkeit? Ich denke schon. Und schließe mich dem so schön selbstbezüglichen Satz des amerikanischen Science-Fiction-Autors Philip K. Dick an: „Wirklichkeit ist das, was nicht verschwindet, wenn man aufhört, daran zu glauben." (*Reality is that which, when you stop believing in it, doesn't go away.*) Der kolumbianische Neurowissenschaftler Rodolfo R. Llinás sagt: „Die einzige Wirklichkeit, die für uns existiert, ist bereits eine virtuelle. Wir sind im Grunde nur Traummaschinen, die virtuelle Modelle der realen Welt konstruieren." Ist also alles nur Einbildung, „blinder Glaube"? Nichts gegen Glauben – er ist eine „kollektive Gewissheit" (so R. Riedl), die in einer Kultur „von selbst" evolutionär entstanden ist. Zumindest aus naturalistischer Sicht. Andere Weltbilder verankern Glauben in sich selbst, das heißt in Gott und/oder seinem Propheten. Diese Gewissheit ist also – je nach Betrachtungsweise – eine konstruierte oder offenbarte Wirklichkeit.

Es erhebt sich die Frage, ob die Erfahrungen und alle anderen Wirklichkeiten im Kopf eines Menschen eine reale Entsprechung außerhalb des Kopfes haben, also letztlich „wahr" sind. Triviales Beispiel: Es ist wahr, dass es Ihr Haus gibt, in dem Sie wohnen. Ist es auch wahr, dass Sie einen Astralkörper haben (das heißt, ob die Behauptung von Menschen, ihn zu sehen, eine reale Entsprechung hat)? Kann man dies durch Nachfragen klären?[16]

Die Wissenschaft nimmt ja für sich in Anspruch, die Wirklichkeit zu erforschen. Alle Wissenschaft ist eine schier endlose Kette von Erkenntnissen, die aufeinander aufbauen. Eine Kette von derselben Art wie die Verknüpfung von Ursache und Wirkung (mit der das Wort „Wirklichkeit" ja zusammenhängt). Die Ur-Ursachen aller Theorien sind die „Axiome" – Wahrheiten, die so einsichtig sind, dass wir sie nicht beweisen müssen (und können).[17] Schon ca. 300 Jahre v. Chr. hat der griechische Mathematiker Euklid von Alexandria wichtige Axiome der Geometrie veröffentlicht, darunter das berühmte „Parallelenaxiom": „Zu jeder Geraden gibt es durch jeden Punkt außerhalb der Geraden genau eine Parallele."[18] Gibt es daran Zweifel? Nein. Kann man das beweisen? Nein. Das ist die Unbeweisbarkeit des Offensichtlichen oder die „Einsehbarkeit des Unerforschlichen" (wie es R. Riedl nennt und damit die Begriffe umkehrt). Deswegen lauert am Rande jeder Theorie ein Abgrund des Unerklärlichen. Die physikalisch-materielle Erklärung der Welt berührt an ihren Grenzen das Metaphysische (was eine Trivialität ist, denn „meta-physisch" bedeutet nach der Wortherkunft ‚jenseits der Physik'). Manche Philosophen nennen Axiome auch „Postulate", wörtlich: Forderungen. Zum Beispiel, dass die Welt eine Realität ist (und nicht, wie im Film *Matrix,* eine Computersimulation oder wie in Platons „Höhlengleichnis" der Schatten abstrakter Ideen). Deswegen sind auch die knallhärtesten Theorien wie Inseln im Meer der Unkenntnis mit einer unscharfen Küstenlinie. Diese Unschärfe ergibt sich unter anderem

---

[16]Mir erscheint es so, als ob genaues Nach- oder Hinterfragen viele Gesprächspartner ärgerlich macht. (Vielleicht fühlen sie sich „infrage gestellt"? Vielleicht sehen sie in der Frage „Warum?" eine versteckte Botschaft „Ich glaube dir nicht"?). Oder ist es die Verzweiflung des Papas, den der Sechsjährige mit seinen Fragen an den Rand seines Wissens treibt? Aber das ist nur eine Randbemerkung.

[17]Man denke daran: „Theorie" im naturwissenschaftlichen Sinne ist keine unbewiesene Vermutung, sondern eine Beschreibung bzw. Erklärung einer Realität, die durch Beobachtungen oder Messungen belegt ist und nachprüfbare Voraussagen über das Verhalten dieses Realitätsausschnittes erlaubt (die „Relativitätstheorie" von Albert Einstein zum Beispiel beschreibt das messbare Verhalten schnell bewegter Uhren). Dazu kommt, dass sie prinzipiell widerlegt werden kann: Es muss einen Satz geben, der – wenn er richtig ist – die Theorie zu Fall bringt.

[18]Für Mathematiker und andere Liebhaber einer exakten Ausdrucksweise hier: „Durch einen Punkt P außerhalb einer Geraden g lässt sich in der durch P und g gebildeten Ebene genau eine Gerade ziehen, die zu g parallel ist."

aus der Unbeweisbarkeit der Axiome und dem schon in Abschn. 2.3 beschriebenen „Gödel'schen Unvollständigkeitssatz" und natürlich aus der „Heisenberg'schen Unschärferelation", auf die wir in Abschn. 10.1 noch eingehen werden.

Wenn wir keine Muster finden, *er*-finden wir sie

Wir konstruieren oft kausale Zusammenhänge nur, haben wir gesagt. Ein Experiment zeigt dies sehr schön:

Der Biologieprofessor schenkte seinen beiden Studenten ein freundliches Lächeln und sagte: „Ich freue mich, dass Sie an unserem neuen Lernkonzept teilnehmen wollen, einer Methode nach Versuch und Irrtum. Sie sind ja beide gleich gut in dem Fach, deswegen können wir Ihre Lernerfolge auch hinterher vergleichen. Sie sehen jetzt getrennt voneinander auf zwei Bildschirmen jeweils Bilder von kranken oder gesunden Zellen, Vergrößerungen mikroskopischer Aufnahmen. Sie wissen aber noch nicht, was die beiden voneinander unterscheidet. Sie sollen es ja lernen. Sie bekommen es auch nicht am Bildschirm angezeigt, im Gegenteil: Am Anfang müssen Sie einfach nur raten. Dann drücken Sie eine der beiden Tasten, »gesund« oder »krank«. Danach, erst *danach* bekommen Sie vom Computer die Antwort »richtig« oder »falsch«. Allmählich werden Sie aufgrund dieses Feedbacks lernen, die gesunden von den kranken Zellen zu unterscheiden. Haben Sie noch Fragen?" „Ja, sehe ich die Zellen nach der Antwort noch?" „Gewiss, für eine begrenzte Zeit, um sich aufgrund der Antwort die Merkmale dieser Zellen einzuprägen. Dann mal an die Arbeit!"

Diese Experimente wurden vom Psychologen Alex Bavelas in den 1950er Jahren an der Stanford-Universität durchgeführt und sind seither unter dem Begriff „Bavelas-Experiment" bekannt. Watzlawick hat sie in seinem Buch genauer beschrieben. Eine klassische Situation von Lernen durch Feedback, wie Sie unschwer erkennen können. Eine Versuchsperson lernte nach anfänglichem Raten sehr schnell, kranke Zellen von gesunden zu unterscheiden, und erreichte bald eine Trefferquote von etwa 80 %. Aber darum drehte es sich gar nicht.

Der eigentliche Versuch bestand darin, dass die zweite Versuchsperson zur gleichen Zeit, aber getrennt von der ersten, nicht die *richtigen* Antworten bekam, sondern *zufällige*. Bei ihr war also der kausale Zusammenhang zwischen der vermuteten Wahrnehmung (gesunde oder kranke Zelle) und der Rückmeldung ihrer Diagnose zerstört. Sie suchte also nach einer Ordnung, die sie nicht erkennen konnte, weil sie für sie überhaupt nicht existierte. Trotzdem hatte sie nach dem Versuch das subjektive Gefühl, gesunde von kranken Zellen unterscheiden zu können.

Mehr noch: Der Teilnehmer, der die korrekten Rückmeldungen bekommen hatte, beendete das Experiment mit einer sehr einfachen, konkreten und sparsamen Erklärung der Unterschiede zwischen gesunden und kranken Zellen. Im Gegensatz dazu entwickelte der zweite Teilnehmer eine komplizierte, sehr subtile und aufwendige Theorie.

Nach dieser ersten Lernphase wurden beide Versuchspersonen zusammengebracht und gebeten, sich im gegenseitigen Gespräch anhand von Beispielen über die Merkmale und Kriterien zur Erkennung von kranken Zellen auszutauschen. Die erste Person bot dabei korrekte und relativ einfache Erklärungsmuster an. Die zweite Person hatte sich erheblich komplexere (falsche) Erklärungsmodelle gebildet, ausgefallene bis irrwitzige Theorien. Es kam aber noch schlimmer: Die erste Person war von den ausgefeilten, scharfsinnigen und aparten Hypothesen der zweiten so beeindruckt („Die Zelle sieht zwar gesund aus, zeigt aber diese blauen ausgefransten degenerierten Strukturen im Inneren …"), dass sie an ihrer eigenen (scheinbar zu einfachen) Erklärung zu zweifeln begann. Der andere konnte das nur bestätigen und wies die statistisch exakte Theorie des ersten als „naiv und simpel" zurück. Und er nahm Zuflucht zu all dem wissenschaftlichen Fachjargon, den er während seines Studiums gelernt hatte, um seinen „Meinungsgegner" zu beeindrucken („ganz klar ein dysfunktionales endoplasmatisches Retikulum"). In folgenden Versuchen verschlechterte sich die Leistung des ersten, da er die raffinierten Theorien des zweiten zu berücksichtigen versuchte. Das erinnert mich daran, dass solche Effekte auch in der Heilkunst auftreten. Dem Patienten werden wirkstofflose Substanzen verabreicht. Wenn kein Placebo-Effekt eintritt, bleibt das wirkungslos und wird in vielen Fällen als „Erstverschlimmerung" erklärt. Erst die (sehr viel später oft von selbst eintretende) Genesung ist dann die „heilende Wirkung" des „Medikaments". Nebenbei: Watzlawick erzählt auch eine Geschichte von zwei Psychiatern, die sich gegenseitig für Patienten halten, die sich für Psychiater halten. Ein Regelkreis des Wahnsinns, sozusagen.

Ähnliches beobachtete auch Dörner bei Versuchen, in denen Personen die Temperatur eines Kühlhauses durch regelnde Eingriffe konstant halten sollten. Hier bestand die Falle der Versuchsanordnung darin, dass das Kühlhaus mit beträchtlicher Verzögerung reagierte. Wir kennen diese „Totzeit" ja von Fußbodenheizungen. Einige Versuchspersonen erkannten diese Situation und bekamen das System relativ gut in den Griff. Bei anderen lief die Situation „aus dem Ruder" (erinnern Sie sich an Abschn. 1.2). Die Temperatur im Kühlhaus begann chaotisch hin und her zu schwingen. Daraufhin entwickelten sie „magische Hypothesen", wie Dörner es nannte, welche Einstellung der Temperatursteuerung zu welchem Ergebnis führen würde. Zum Beispiel meinte ein Teilnehmer, der eingestellte Sollwert der Temperatur müsste immer ungerade sein oder man dürfe ihn nur in Fünferschritten verstellen.

Wer kennt das nicht? Eine zufällige Verteilung von Sternen am Nachthimmel wird als Sternbild gedeutet und mit magischen Bedeutungen versehen. Ebene Figuren auf einem Blatt Papier werden als dreidimensionale Körper interpretiert. Optische Täuschungen verwirren unsere Wahrnehmung. Viele Prozesse in unserem Hirn, die noch weit vor bzw. unterhalb von bewusstem Lernen angesiedelt sind, gaukeln uns eine Wirklichkeit vor, die gar nicht existiert. Der „angeborene Lehrmeister" in uns erweist sich als verstandesmäßig weitgehend unbelehrbar. Wir suchen Ursachen, wo keine sind, vertuschen oder vergessen Irrtümer und finden Gründe durch beliebig absurde Zusatzannahmen, wie das Bavelas-Experiment zeigt.

So entstehen Verschwörungstheorien: lieber eine „sichere Erkenntnis", die von einem kleinen esoterischen Kreis von Wissenden (vom griechischen *esōterikós* ‚dem inneren Bereich zugehörig') geteilt wird (das schafft Anerkennung!), als quälende Fragen, auf die wir keine Antworten finden. Deswegen haben Esoteriker und Verschwörungstheoretiker dieses Prinzip zur Perfektion getrieben. Sie begründen ihre abenteuerlichen Behauptungen gerne mit unverstandenen physikalischen Gesetzen (z. B. Quantenphysik) oder Insider-Informationen (z. B. Freimaurer). Daraus ergibt sich eine einfache Lebensregel: Misstrauen Sie komplizierten Erklärungen, die Sie nicht verstehen. Da Sie aber auch einfachen (oft unzulässig vereinfachenden) Erklärungen misstrauen sollten, sitzen Sie nun in der Falle. Der einzige Ausweg: Seien Sie skeptisch, auch gegenüber eigenen Erkenntnissen!

Das Hirn sucht also Muster, Regeln und Erklärungen – findet es keine, *er*findet es sie. So wurden Götter und Naturgeister erfunden: Zeus (der griechische Göttervater) donnert und blitzt. Dass beides miteinander zu tun hat und physikalisch erklärt werden kann, war damals nicht bekannt (von Religionen, Heilverfahren, Wunderglauben, außersinnlichen und außerirdischen Wahrnehmungen will ich gar nicht sprechen). Erstaunlich bis erschreckend ist die Komplexität solcher Pseudolösungen und noch mehr die Hartnäckigkeit, mit der an ihnen festgehalten wird. Aber schon kleine Kinder sind ja wahre Meister im Erfinden von „logischen" Gründen (ohne diesen Begriff überhaupt zu kennen), warum gerade *sie* es nicht gewesen sind und wenn ja, warum sie nichts dafür konnten.

Die Neurowissenschaftler können Gehirne von Menschen mit elektrischen Signalen reizen und damit Handlungen auslösen: sie etwa zum Lachen bringen. Wird der Proband danach gefragt, *warum* er gelacht hat (er weiß ja nicht, dass „nur" sein „Lachzentrum" gereizt wurde), so *erfindet* er einen Grund, zum Beispiel er habe gerade an einen Witz gedacht. Dies behauptet er nicht wider besseren Wissens, sondern er glaubt selbst daran. Ohne einen plausiblen Kausalitätszusammenhang scheint der Mensch nicht auszukommen. David Eagleman sagt: „Das Gehirn sucht nach Mustern im Chaos und nach Konsistenz. Unsere Gehirne sind meisterhafte Erzähler, sie verstehen es ausgezeichnet, sogar aus eklatanten Widersprüchen eine stimmige Geschichte zu spinnen."

Glauben, Wissen und Russells Teekanne

Wir haben gerade gesehen, dass wir Wirklichkeit konstruieren, wo keine ist. Zum Beispiel bei Überzeugungen und Glaubenssätzen, in der Wahrnehmung (in Wirklichkeit bei der subjektiven Interpretation) politischer, gesellschaftlicher und zwischenmenschlicher Erscheinungen. Aber es gibt unbestreitbar auch eine Wirklichkeit, die *nicht* verschwindet, wenn man aufhört, daran zu glauben (der Ausspruch von Philip K. Dick, wenn Sie sich erinnern). Die da war, bevor es Menschen gab und die zurück bleibt, wenn der letzte von uns verschwunden ist. Eine physikalische, materielle Realität – es sei denn, Sie sind ein Fan des Filmes *Matrix*, in dem uns die Welt als reine Software-Konstruktion, als Computersimulation erscheint. Zumindest ist das meine Grundannahme – sonst funktioniert meine Geschichte vom Feedback nicht, nämlich der Rückkopplung zwischen eben dieser Wirklichkeit und unserer Vorstellung von ihr. Die Anhänger des Glaubenssatzes „Es gibt keine objektive Realität" können also gleich im Abschn. 7.8 weiterlesen.

Was also macht Ansichten zu Einsichten, Glauben zu Wissen? Es kann nur die Erkenntnis sein, dass das Behauptete *wahr* ist, dass Vermutetes tatsächlich in der Wirklichkeit existiert. Da wir Menschen uns oft gerne täuschen, ist das persönliche Erleben kein Beweis. Trivial gesagt: Auch wenn tausend Betrunkene in der Luft im Kreis tanzende weiße Mäuse sehen, *gibt* es sie in Wirklichkeit nicht. Wir setzen die Erkenntnis über den Glauben, nicht erst seit der Aufklärung um 1784, als der deutsche Philosoph Immanuel Kant die Menschen aufforderte, sich des eigenen Verstandes zu bedienen. Der englische Philosoph und Wissenschaftler Francis Bacon verlangte schon 1620, dass wissenschaftliches Erkennen sich an der Beobachtung der Natur messen lassen muss. Damit schuf er die Grundlagen der modernen wissenschaftlichen Methodik. Er vollzog einen Wendepunkt am Ende mittelalterlichen Denkens, um Trugschlüsse und naive oder ideologische Behauptungen zu vermeiden. Forscher sollten die Natur durch Beobachtung, Formulierung einer These und deren kritische Überprüfung im Experiment befragen. Man könnte es auch so formulieren: Die (negative, also korrigierende) Rückkopplung aus der Realität festigt die Erkenntnis. Dagegen fördert oft die (positive, also verstärkende) Rückkopplung aus der Zustimmung einer Glaubensgemeinschaft extreme und realitätsferne Meinungen. Umso schöner natürlich für die Verfechter gewagter Ideen, wenn doch irgendwann einmal die „alte" Wissenschaft versagt und sich der eigene Glaube (der es bis dahin mangels Beweisen war) als wahr herausstellt. Das sind die berühmten Ausnahmen (und es gibt viele davon, denken Sie nur an die kopernikanische Revolution), die die Regel bestätigen: Nichts ist wahr, wenn es nicht bewiesen ist. Wissenschaftliche Erkenntnisse widersprechen ja manchmal der Intuition, dem ersten Eindruck, dem Vor-Urteil. Denken Sie nur an den Sonnenaufgang. Die zweite, nicht ganz so augenfällige Erklärungsmöglichkeit, wird nicht sofort erkannt. Aber sie eröffnet sich dem kritischen, zweifelnden, nachdenklichen Geist.

Es reicht also nicht, die feste Überzeugung zu haben, Edelsteine besäßen heilende Kräfte (um mal ein einfaches Beispiel zu bringen), man muss es auch nachweisen können. Mit der Haltung, die der Philosoph Thomas Metzinger „intellektuelle Redlichkeit" nennt, darf man also sagen: „Ich glaube, dass die Seele des Menschen unsterblich ist." Aber nicht: „Ich weiß, dass die Seele des Menschen unsterblich ist." (Oder die versteckte Form einer Tatsachenbehauptung benutzen: „Die Seele des Menschen ist unsterblich.").

Und die Beweislast ist auch klar: Eine Behauptung, die nicht bewiesen werden kann, ist als unzutreffend anzusehen. Eine Behauptung, die nicht widerlegt werden kann, aber sicherheitshalber ebenfalls. Der Mathematiker und Philosoph Bertrand Russell hat im Jahr 1952 dazu einen schönen Aufsatz verfasst. Er schreibt:[19]

> „Wenn ich behaupten würde, dass es zwischen Erde und Mars eine Teekanne aus Porzellan gebe, welche auf einer elliptischen Bahn um die Sonne kreise, so würde niemand meine Behauptung widerlegen können, vorausgesetzt, ich würde vorsichtshalber hinzufügen, dass diese Kanne zu klein sei, um selbst von unseren leistungsfähigsten Teleskopen entdeckt werden zu können. Aber wenn ich nun zudem auf dem Standpunkt beharrte, meine unwiderlegbare Behauptung zu bezweifeln, sei eine unerträgliche Anmaßung menschlicher Vernunft, dann könnte man zu Recht meinen, ich würde Unsinn erzählen. Wenn jedoch in antiken Büchern die Existenz einer solchen Teekanne bekräftigt würde, dies jeden Sonntag als heilige Wahrheit gelehrt und in die Köpfe der Kinder in der Schule eingeimpft würde, dann würde das Anzweifeln ihrer Existenz zu einem Zeichen von Exzentrik werden. Es würde dem

[19]Wörtlich zitiert aus Wikipedia® https://de.wikipedia.org/wiki/Russells_Teekanne.

Zweifler in einem aufgeklärten Zeitalter die Aufmerksamkeit eines Psychiaters einbringen oder die eines Inquisitors in früherer Zeit."

Also, Realität (was immer du bist), gib uns ein Feedback!

Unser Weltbild entsteht durch Rückkopplung

Ich wage mal eine starke Behauptung: Unser Weltbild entsteht durch Rückkopplung und selektive Wahrnehmung. Nicht nur das kollektive (siehe später bei Don Beck, Abschn. 8.1), sondern auch das individuelle, Ihres und meins. Eine kleine Beweiskette: 1.) Wir können nicht *alles* wissen. Wir können nicht alle Fakten, Meinungen, Aspekte, Zusammenhänge, Argumente usw. zu einer weltanschaulichen Frage kennen. Wir müssen selektieren. 2.) Es gibt Sätze, die sich widersprechen. Viele Gegensätze lösen sich zwar in ein „sowohl-als auch" auf, wie ich zu zeigen versuchte, aber viele auch nicht. „Es gibt Gott" und „Es gibt keinen Gott" ist unauflösbar (das klassische *tertium non datur* der Logik, lat. ‚ein Drittes gibt es nicht'). Natürlich selektieren wir den für uns „richtigen" Satz. 3.) Ist ein fester Keim einer Meinung gelegt (wie auch immer, zum Beispiel durch die Erziehung), wird aus der Fülle der Belege derjenige ausgewählt, der zu dem Keim passt.[20] Dies verstärkt und fördert das Wachstum des Weltbildes. Im Prinzip ist es das bewährte evolutionäre Schema: Die Um-Welt beeinflusst das Welt-Bild, und dieses bestimmt die wahrgenommene (für wahr genommene) Umwelt.

Ja, ich bin offen für vieles. Ich habe Esoterik-Bücher gelesen und sie alle als Quatsch abgetan – und damit auch mein Weltbild stabilisiert. Lese ich Chopra und Mlodinow, schlage ich mich auf die Seite des Physikers.[21] Ja, ich bin tolerant und undogmatisch. Ich steigere mich nicht in eine extrem fundamentalistische Weltsicht hinein. Die positive Rückkopplung der selektiven Wahrnehmung wird irgendwann mal negativ und verhindert die „Explosion des Systems". Regulationsmechanismen verhindern übersteigerte extreme Meinungen. Sollten sie zumindest.

Ihre eigene Meinung, Ihr eigenes Weltbild ist also das Resultat eines möglicherweise langen, größtenteils unbewussten Rückkopplungsprozesses. Überspitzt könnte man sagen: „Jedes Urteil ist ein *Vor*-Urteil." Man ist nie im Besitz aller Fakten und Erkenntnisse, um endgültig sagen zu können: „So *ist* es!" (Für die Liebhaber der Selbstbezüglichkeit: Auch dies ist eine Meinung, auf die das gerade Gesagte zutrifft.) Natürlich gibt es Ausnahmen

[20] Die Meinung kann sich auch ändern, Stichwort „Konvertit".

[21] Chopra D, Mlodinow L (2012).

in den Fällen, in denen zum Beispiel unverrückbare Naturgesetze oder andere gesicherte Erkenntnisse im Spiel sind. Aber im Allgemeinen ergibt sich daraus die Forderung, anderen Ansichten gegenüber tolerant zu sein und vor allem die Bereitschaft mitzubringen, eigene Meinungen immer wieder kritisch zu hinterfragen. Hier gilt der warnende Satz des Journalisten Jan Fleischhauer: „Wer nur noch Menschen trifft, die an dieselbe Sache glauben, verliert irgendwann den Bezug zur Wirklichkeit außerhalb seiner eigenen Welt."

Der Physiker Florian Freistetter schreibt über Esoterik:[22] „Rationale Argumente können hier nicht funktionieren, denn wenn die Zielgruppe dafür empfänglich wäre, wäre sie ja erst gar nicht auf die irrationalen Behauptungen der Pseudowissenschaftler hereingefallen. Es geht hier um Glauben und nicht um Wissen – und Glaube ist ja gerade etwas, das man *ohne* rationale Grundlage akzeptiert." Unsere Meinung bestimmt unser Weltbild, und unser Weltbild bestimmt unsere Meinung.

Nehmen wir zum Beispiel an, Sie sind Atheist (Katholik, Parteimitglied, Tierschützer, Atomkraftgegner, … bitte bedienen Sie sich!). Sie treten einer zugehörigen Organisation bei und arbeiten aktiv mit, ihre (und Ihre) Überzeugung zu vertreten. Sie erhalten weitere Informationen zu diesen Themen und verbreiten sie. Sie beeinflussen die Meinung Ihrer Gesinnungsgenossen und werden von ihren Ansichten beeinflusst. Sie selektieren bereits. Ein allmählicher Prozess der Selbstverstärkung entsteht, Sichtweisen werden harmonisiert und angeglichen, Abweichungen und Differenzen ausgebügelt. Ein perfektes Beispiel für positive Rückkopplung – negative, das heißt glättende und ausgleichende Rückkopplung fehlt in diesem Fall.

7.8 Das geht gar nicht: Lernen ohne Feedback

„Leben selbst ist ein Erkenntnisprozess", hat Konrad Lorenz gesagt. Lernen ist ein „Kreislauf von Erwartung und Erfahrung", sagt Rupert Riedl. Und fährt fort: „Lernen ist ein universeller Schraubenprozess. In dem Sinne, als jede gewandelte Erfahrung die Erwartung verändert und jede gewandelte Erwartung neue Erfahrungen machen lässt." Erkenntnis hat sich evolutionär und damit in Rückkopplungsschleifen entwickelt. Alle Lebewesen lernen. Man kann den Begriff „lernen" ja recht weit fassen, zum Beispiel als Erfassen

[22]Quelle: Florian Freistetter: Esoterik – Wissenschaft oder Humbug? oder: Der Wert der Wissenschaftsvermittlung. 25.06.2014 (abgerufen Juni 2015) https://scienceblogs.de/astrodicticum-simplex/2014/06/25/esoterik-wissenschaft-oder-humbug-oder-der-wert-der-wissenschaftsvermittlung/.

und Speichern von Informationen über die Umwelt. Dann „lernt" sogar ein Stein, denn er verwittert und speichert damit Informationen über den Sauerstoffgehalt der Luft. So können Geologen aus Bohrkernen der Arktis etwas über das Klima vor 30.000 Jahren erfahren. Moleküle „lernen" auch, speziell das Riesenmolekül DNS, das das Gelernte von Generation zu Generation weitergibt. Aber bleiben wir beim Lebendigen: Ein Knochen „lernt", wo er belastet wird und bildet genau an den Stellen feste Strukturen aus, wo die physikalischen Spannungslinien für Zug und Druck verlaufen. Kein Statiker hätte es besser konstruieren können. Unser Auge hat „gelernt", winzigste Unterschiede in den Wellenlängen des Lichtes festzustellen und präsentiert sie uns als eine der tausenden von Farbschattierungen, die es unterscheiden kann. Das Auge „beweist" uns damit auch die Gültigkeit der optischen Gesetze, ebenso wie der Vogelflügel die der Aerodynamik. Die Flosse des Fisches beweist die Gesetze der Strömungslehre, zum Beispiel durch seine Stromlinienform. Alle Organe und Vorrichtungen, die in der Evolution entstanden sind, wären nicht so, wie sie sind, wenn die entsprechenden physikalischen Gegebenheiten nicht so wären, wie sie sind.

Doch kommen wir zu den Dingen mit einem Nervensystem: Eine Zecke „lernt", was ein Säugetier ist – ohne Biologieunterricht oder ein Nachschlagewerk. Der Geruch von Schweiß (Buttersäure) und eine Temperatur von 37 °C reichen aus. Allerdings braucht es das *Individuum* überhaupt nicht zu lernen, denn die *Art* hat es gelernt und es dem Individuum in seinem genetischen Gedächtnis mitgegeben. Die Katze hingegen lernt als Individuum, wie hoch sie springen kann – Versuch und Irrtum. Katzenbabys, die in einer künstlichen Umgebung mit ausschließlich senkrechten Linien großgezogen wurden, können keine Treppen steigen. Denn sie erkennen waagerechte Linien nicht. Sie haben es nicht gelernt. Kein Lebewesen kann ohne „Wissen" und damit „Lernen" überleben – weder ein Individuum, noch gar eine Art. Lernen ist ein Überlebensvorteil, deswegen sind wir neugierig. Und wird unsere Neu-Gier „befriedigt", haben wir ein schönes Gefühl, das durch „Glückshormone" hervorgerufen wird. Die Gier nach Neuem – das scheint ein elementarer Antrieb zu sein.

Natürlich besteht zwischen den beiden Arten des Lernens ein gravierender Unterschied: Lernen (ohne Anführungszeichen) ist mindestens an ein zentrales Nervensystem, wenn nicht gar an ein funktionierendes Gehirn gebunden. Beim „lernenden" Knochen ist das anders. Man kann aber auch nicht sagen: „Er passt sich an", denn auch das klingt wieder nach aktiver geistiger Leistung. Aber es ist „nur" ein evolutionärer Prozess der Selbstorganisation. Wie immer: Einerseits ist es ein deutlicher Unterschied zwischen individuellem Lernen und dem „Wissenserwerb" der Spezies, andererseits ist die Grenze fließend (siehe Abb. 3.4: Macht die Natur Sprünge?).

Natürlich gibt es eine positive Rückkopplung zwischen dem Vorgang des Lernens und dem Belohnungssystem im Gehirn, das Dopamin ausschüttet. Interessanterweise zeigen viele Studien, dass Erfolg im Leben nicht von der Intelligenz abhängt, sondern unter anderem von der Fähigkeit zum „Belohnungsaufschub“ – die Erwartung von langfristigen Vorteilen anstelle eines sofortigen Genusses.

Die Evolution schenkte uns ein Lernorgan

Lernen, soziales Lernen, die ständige Rückkopplung in der Gruppe – das hat unser Hirn stammesgeschichtlich vermutlich erst wachsen lassen. Natürlich sind die Geheimnisse der Gehirnentwicklung bei Weitem noch nicht enträtselt. Die sich täglich, stündlich, ja sekündlich ändernde Situation in der Stammeshorde erforderte eine wesentlich größere geistige Kapazität als ein sich langfristig änderndes Klima. Das heißt, das Alpha-Männchen musste schnell erfassen, wer seine Führungsposition gefährdete, welches Weibchen empfängisbereit war, wo welcher Feind lauerte. Konnte es das, gab es seine genetische Ausstattung an viele Kinder weiter. Konnte es das nicht, weil es zu doof war, gehören Sie und ich nicht zu seinen Nachkommen. Deswegen wuchs unser Gehirn in „nur“ 1,5 Jahrmillionen von einem halben auf zwei Liter Volumen an (beim Neandertaler) und ging später sogar auf 1,5 L zurück. Das ist mehr als eine Vermutung der Paläontologen, denn neuere Forschungen zeigen genau dies.

Wie der Psychiater Manfred Spitzer in einem Vortrag schilderte, beeinflusst die Größe der sozialen Gruppe die Größe des Gehirns – bei Makaken (Äffchen aus der Familie der Meerkatzen) und bei Menschen. Natürlich nicht kiloweise, aber immerhin: „Der Vergleich zeigte, dass das Leben in größeren Gruppen das Anwachsen der grauen Substanz verursachte. […] Die Größe des sozialen Netzwerks trägt zur Änderungen sowohl der Struktur als auch der Funktion des Gehirns bei.“

Unsere Intelligenz verdanken wir einem weiteren zentralen Feedback-Prozess. Unser großes Gehirn, das sich vor ca. 100.000 Jahren entwickelte, verbraucht etwa 25 % der Energie, die wir unserem Körper zuführen. Es befähigte uns dazu, das Feuer zu zähmen und Nahrung zu kochen, die unsere Energiezufuhr verbesserte. Gekochte Nahrung kann in einem kürzeren Darm aufgeschlüsselt werden, der seinerseits weniger Energie verbraucht (Sie wissen ja, Verdauung macht schlapp – „ein voller Bauch studiert nicht gern!“). Das Gehirn wuchs durch die Verbesserung der Energiezufuhr, die durch das wachsende Gehirn herbeigeführt wurde. Rückkopplung, perfekt!

Ein Kreislauf aus Erwartung und Erfahrung

Es blitzt im Westen. Kurz darauf ein lautes Krachen aus derselben Richtung. „Das ist schon das dritte Mal!" denkt der Steinzeitmensch, „zur gleichen Zeit und aus der gleichen Richtung ... Ob es da einen Zusammenhang gibt? Mal sehen, ob es noch einmal passiert!"

Lernen ist ein Regelkreis aus Erwartung und Erfahrung, siehe oben. Die Erfahrung („Empirie", vom griechischen *empeiria* ‚Erfahrung') liegt in der Vergangenheit. Sie wurde gewonnen aus der Wahrnehmung und ihrer Deutung. Sie bestimmt die Erwartung für die Zukunft.

Kurze Zeit später: Blitz ... Rumms! Die Vermutung („Hypothese") wird bestätigt. Er ist sich jetzt sicher: „Der Donner kommt vom Blitz. Doch woher kommt der Blitz?" Die Suche nach der Kausalkette beginnt, denn – so viel weiß er schon – es gibt nichts ohne Ursache. Doch auch nach dem zigsten Gewitter hat er noch keine gefunden. Das mag er nicht. Es passt nicht in sein Weltbild, denn *alles* hat eine Ursache. Dass etwas unerklärlich und zufällig ist, das mag er auch nicht. Zumindest kann er schon mal eine Hypothese formulieren: Die Götter der Ahnen sind zornig. Auch das hat er in seiner Horde gelernt: Man sollte niemandes Zorn erregen, schon gar nicht den Unmut der Mächtigen. Vielleicht sollte er sie mit einem Opfer besänftigen?! Mit Mächtigen kann man verhandeln. Er verbrennt eine köstliche Frucht, die er lieber selbst gegessen hätte. Und siehe da, am nächsten Tag strahlt die Sonne. Seine Hypothese hat sich bewährt. Die emanzipatorische These seines Kumpels („Du hast deine Frau schlecht behandelt und sie hat einen Fluch ausgesprochen") ist widerlegt. Denn auch am nächsten Tag ist er fies zu ihr, und es gibt kein Gewitter. Später merkt er, dass sowohl Lautstärke als auch Zeitverzögerung etwas mit der Entfernung des Blitzes und damit mit seiner Bedrohlichkeit zu tun hatten. Eine wichtige Erkenntnis, die er seinen Stammesmitgliedern mitteilen muss!

An den Haaren herbeigezogen? Glauben wir nicht an Ordnung und Muster, Ursachen und Erklärungen selbst da, wo wir keine finden? Lernen durch Erfahrung kann man nur aus Ordnung, nicht aus Chaos. Dinge müssen sich a) mit hoher Regelmäßigkeit zusammen ereignen und b) es müssen hinreichend klare Beziehungen zwischen Ursache und Wirkung sichtbar sein. Das lernende Subjekt zieht die wesentlichen Eigenschaften aus den Ereignissen heraus und vernachlässigt die unwesentlichen. Im Laufe seiner Evolution hat das Huhn das Schleichende, das Fellige und den beutesuchenden Blick seiner Feinde gelernt (und für seine Artgenossen in den Genen unveränderlich gespeichert). Ein Küken braucht das nicht als Individuum zu lernen, und es kümmert sich nicht um die Einzelheiten eines Wiesels, Marders oder Fuchses. Viele Versuche mit Attrappen haben das bewiesen: Ein Rotkehlchen zieht ein rotes Federbüschel einem ausgestopften Rotkehlchen *ohne* roten Fleck vor. Ein Vor-Urteil im besten Sinne. *Alle* Details abzuwarten, um ein endgültiges Urteil zu fällen, kann im schlimmsten Fall tödlich sein. Das ist das Lernen der Art: Ihr Gedächtnis sind die Gene, der Zeitraum sind Abertausende von Generationen. Beim Individuum ist das Gedächtnis das Gehirn, der Zeitraum genau eine Generation. Der Übergang ist fließend. Die genetische Grundlage – falls vorhanden – des individuellen Lernens wird zurzeit intensiv erforscht.

Wie stellen wir fest, ob jemand etwas weiß?

Über Lernen und Wissen – am Ende gar über Intelligenz – müssen wir erst einmal nachdenken. Wie stellen wir fest, ob jemand etwas weiß? Wir können ja nicht in seinen Kopf schauen. Richtig, wir merken es am Verhalten: Er kann es sagen, beschreiben oder sogar *tun.* Wenn sich jemand im Straßenverkehr richtig verhält, schließen wir rückwärts darauf, dass er die Vorschriften kennt. Verhält er sich *nicht* richtig, lauert umgekehrt schon ein Fehlschluss – vielleicht kennt er die Regeln, aber befolgt sie nicht. Doch eine noch größere Falle tut sich auf: Hat auch eine Katze ein (individuell erworbenes oder ererbtes) Wissen? Sicher, sie kann lernen, wo das Futter steht und sie weiß (ohne es zu lernen), wo sie an der Mutter saugen muss. Doch wie ist es mit einem Einzeller? „Weiß" er, dass er in die Richtung höherer Nahrungskonzentration schwimmen muss? Aus seinem Verhalten müssen wir es schließen. Können wir aus dem Verhalten eines Sauerstoffatoms schließen, dass es „weiß", dass es sich mit Eisen verbinden kann, mit Gold aber nicht? Manche sagen, Wissen – und damit Denken und Intelligenz – ist an ein Gehirn gebunden. Aber was *ist* ein Gehirn? Ab wie vielen Nervenzellen nennen wir etwas „Gehirn"? Erinnern Sie sich – das alte Problem des Sandhaufens (Abschn. 3.1)?

Hier entstehen unversehens spannende Fragen nach Denken, Bewusstsein und freiem Willen, über die sich die moderne Gehirnforschung die Köpfe heiß redet (siehe Susan Blackmores Buch). Doch alle Weltbilder – Ihres und meins, das der Katze und des Einzellers – sind „vollständig", denn sie reichen zum Überleben in der Welt aus. „Vollständig" im Sinne eines Abbildes der gesamten Welt, im Sinne von „umfassender Wahrheit", sind sie nicht. Im Gegenteil. So wenig, wie eine Katze etwas über Atomphysik weiß (und zu wissen braucht), so wenig wissen wir etwas über das, was wir nicht wissen und nicht zu wissen brauchen. Womit wir wieder bei den paradoxen Sprüchen des Kapitels 2 wären. Und wobei es – letzte Bemerkung dazu – interessant ist, dass wir etwas wissen, ohne es zu brauchen. Die gesamte Relativitätstheorie beschäftigt sich mit physikalischen Erscheinungen nahe der Lichtgeschwindigkeit. Der kommt nichts aus unserem Alltag auch nur entfernt nahe. Deswegen können wir es uns auch nicht vorstellen. Und das brauchen wir wirklich nicht zum Überleben.

Sprachenlernen leicht gemacht

„Malewina!" sagte Ludwig und deutete nach links, denn er meinte „Kreis" – den Kreis auf der Tafel links. Eusebesia verstand ihn falsch und dachte, er hätte „links" gemeint. Dass „links" *vapola* heißt, hatte sie noch nicht gelernt. Nein, wir sind nicht in der Volkshochschule von Wuppertal, wo die Schüler Volapük lernen (eine Kunstsprache, die um 1880 von dem Pfarrer Johann Martin Schleyer geschaffen wurde). Wir sind an der Freien Universität Brüssel, wo der belgische Informatiker Luc Steels das Wesen der Sprache erforscht. Er meint, Sprache entstehe als Ergebnis eines Spiels. Und hier „spielen" gerade zwei Roboter, die das Sprechen erlernen sollen. Genauer, es sind nur zwei sprechende Köpfe, die *„Talking Heads"*. Die Roboter lernen Kommunikation, sie erfinden eine eigene Sprache und schaffen so Intelligenz. Sie spielen Sprachspiele, und die sind ziemlich einfach. Sie versuchen, sich gegenseitig Objekte in ihrer Umwelt zu zeigen, und reden miteinander. Die Objekte sind ganz einfach: Dreiecke, Rechtecke und Kreise in verschiedenen Größen und Farben auf einer weißen Tafel. Sie werden von Kameras erfasst und den beiden „Köpfen" übermittelt. Einer ist der Lehrer und erfindet über Zufallszahlen ein Wort aus vorgegebenen Silben, etwa *„makosu"*. Er zeigt auf ein Objekt, von dem er sich ein internes Modell gebildet hat, und benennt es. Der andere kann die Zeigerichtung richtig deuten und verbindet das gehörte Wort *„makosu"* mit seinem Bild desselben Objekts.

So haben es die frühen Menschen wohl auch gemacht und Forscher, die in fremden Ländern auf Menschen mit unbekannten Sprachen gestoßen sind. Sie halfen sich vielleicht mit einem Ratespiel: Der Forscher deutet auf Gegenstände (darunter ein Pfeil) und sagt fordernd „Pfeil". Wenn der andere den Pfeil herüberreicht, bekommt er eine Belohnung. Dann hatte das Ratespiel Erfolg – und kommunikativer Erfolg ist genau das, was beim Sprachspiel zählt.

Jetzt kommt die Rückkopplung ins Spiel: Die *Talking Heads* werden auch belohnt. Sie bekommen für jedes erfolgreiche Sprachspiel Punkte und löschen auf diese Weise „falsche" Wörter aus ihrem Wortschatz. Das Computerprogramm (der Algorithmus) zählt die Punkte. Eusebesia verändert einfach die Bedeutung des Wortes *malewina*. Von nun an interpretiert sie es als „Kreis". Das Belohnungssystem führt dazu, dass sie bald auch *vapola* versteht: „links".

Und jetzt kommt die Macht der Computer – sie ermüden nicht. Was sie einmal gemacht haben, machen sie Millionen Mal. Es gibt nicht *zwei* Köpfe, sondern über tausend. Nicht *eine* weiße Tafel, sondern viele, über die ganze Welt verteilt und durch das Internet verbunden, und natürlich eine Unmenge von Objekten. So lernen die Köpfe eine gemeinsame, umfangreiche Sprache und verbinden sie mit Begriffen. Sie haben die Fähigkeit, die Welt zu erfassen und miteinander zu teilen, auf Objekte zu zeigen und Begriffe zuzuordnen. Sie lernen durch die Sprachspiele. Allerdings sagen uns die Philosophie und die Psychologie, dass nicht die Informationsebene in der Sprache das Bedeutungsvolle ist, sondern die Beziehungsebene. Nicht was gesagt wird, sondern was gemeint ist.[23] „Verstehen" im menschlichen Sinne können sie nicht. Und sie haben ja noch nicht einmal eine Grammatik wie in dem Satz: „Ich lösche das rote Quadrat".

Sprache ist Koordination des Verhaltens von Individuen. Und das kann der Computer natürlich nicht. *Noch* nicht? Vielleicht *nie*? Vielleicht entsteht eine so komplexe Sprache wie die menschliche daraus niemals, auch wenn Steels' Roboter unendlich lange miteinander spielen. Denn die Frage, wie menschliche Sprache entstanden ist, können wir vielleicht nur beantworten, wenn wir das menschliche Gehirn verstanden haben. Und daran hapert es noch gewaltig.

Zwei extrem unterschiedliche Zeitrahmen

Machen wir es uns noch einmal klar: Es gibt zwei gänzlich unterschiedliche Arten von Erfahrungen (oder Wissen), nämlich die, die das Individuum durch Lernen erwirbt, und die, die es „von zu Hause aus" mitbringt. Wo die erste Art herkommt, ist klar: durch Rückkopplung. An der Realität erprobtes Wissen („wenn Feuer, dann Aua!") wird auf noch unbekannte Art in unserem Gedächtnis gespeichert. In unseren Gehirnen. Dort, wo schon etwas da ist. Woher das kommt? Aus den Genen, die unseren Bauplan enthalten. Der „angeborene Lehrmeister". Immerhin kann die DNS riesige Informationsmengen speichern. Zwei Forscher der Harvard-Universität haben gezeigt, dass der gesamte menschliche DNA-Bauplan einem 6 Gigabyte großen Textdokument entspricht, das sind ca. 6000 Exemplare dieses Buches. Darin kann man schon einiges an Grundregeln ablegen – und der Rest entsteht daraus „von selbst" (durch Selbstorganisation).

Das Lernen der Art unterscheidet sich vom Lernen des Individuums in vielen Einzelheiten. Vor allem natürlich durch den Zeitraum: Das

[23]Sie erinnern sich an den Bedeutungsrucksack aus Abschn. 1.3.

Individuum muss es in einer Generation bewältigen, die Art braucht dafür viele Generationen. Bei höheren Tieren kann der Einbau eines erblichen Artmerkmals Jahrmillionen dauern. Kann, muss aber nicht. Der Birkenspanner wird uns in Abschn. 11.5 zeigen, dass es auch viel schneller gehen kann. Zufall und Notwendigkeit begegnen sich auch hier wieder. Zufällig ist die einzelne Erfahrung, notwendig und bestimmten Regeln unterworfen sind die Wiederholung und die Abspeicherung der Erfahrung. Die Gesetze der verstärkenden Rückkopplung.

Dumm nur, dass wir auch dort „lernen" (das heißt, Muster und Strukturen sehen), wo gar keine sind. Wir lernen zum Beispiel die Sternbilder am Himmel kennen, die nur zufällige Verteilungen sind und keinerlei Aussage beinhalten. Sie erhalten nur durch unsere Interpretation eine Bedeutung. Wir sind Erklärungssucher und werden unruhig, wenn wir keine finden. Das vergessen wir zu oft: Wenn wir aus wenigen Ereignissen allgemeine Schlüsse ziehen, liegen wir oft falsch. „Alle Schwarzen haben tolle Stimmen", meinen wir, bloß weil wir drei wunderbare Soul-Sänger gehört haben. Südländer sind temperamentvoll – solche vorschnellen Schlüsse ziehen wir ständig. Und verstärken sie durch selektive Wahrnehmung. Die Angst machende Unsicherheit des Wissens wird durch die Sicherheit des Glaubens ersetzt. Deswegen sind wir Ursachensucher. Doch oft fallen wir dabei dem Aberglauben an die Kausalität zum Opfer: Wir „finden" Ursachen, wo keine sind. So schrieben die Menschen, bevor die Naturwissenschaftler die wahren Gesetze erkannten, fast jede physikalische Erscheinung irgendwelchen Göttern oder höheren Mächten zu. Das kann zu bizarren Blüten des Aberglaubens führen. Im Gegensatz zu uns haben Tiere im Allgemeinen kein Weltbild, welches falsche Regeln zur Bewältigung der Welt enthält. Konrad Lorenz sagte: „Reinen Unsinn zu glauben ist ein Privileg des Menschen." Aber so ganz ernst kann er es nicht gemeint haben – schließlich hielten seine Gänse ihn für ihre Mutter! Ich möchte in aller Bescheidenheit hinter „zu glauben" ergänzen: „und deswegen Artgenossen umzubringen". Denn, wie schon in Abschn. 7.2 erwähnt, die Kehrseite der Münze „Schwarmintelligenz" ist der kollektive Wahn. Der individuelle Unsinn wird ja ebenfalls durch Feedback-Mechanismen in der Masse verstärkt.

Lernen des Individuums, Lernen der Art

Tut mir leid, Ihnen das sagen zu müssen: Ihr Gehirn ist schon ziemlich alt. Das Einzige, was diese Unverschämtheit mildert (die sich bei Ihnen in eine deprimierende Erkenntnis verwandeln könnte), ist die Tatsache, dass es mir und allen anderen Menschen ebenso ergeht. Weit über 90 %

unseres Verhaltens, die von unbewussten Regeln unserer tieferen Hirnregion gesteuert werden, wurden Tausende von Generationen vor uns geprägt und programmiert. Wenn bitter, dann giftig. Wenn fremd, dann gefährlich. Einfache lineare Kausalketten. Auch der „Hang zur einfachen Lösung" (so formuliert es Riedl), bei der „die Rückwirkung der Wirkung auf ihre Ursache in unserer vorbewussten Erwartung nicht vorgesehen" zu sein scheint, hat vermutlich zum Überleben in Urzeiten ausgereicht. Sonst wären wir heute nicht da. Aber ob wir morgen noch da sind? Unsere (Um-)Welt ändert sich schneller als unser Verständnis für sie.

Wie gesagt, es gibt zwei Arten von Lernen: Lernen des Individuums und Lernen der Art. Das Individuum lernt aus seiner Erfahrung und speichert die Informationen irgendwie irgendwo (Genaueres weiß man noch nicht) physikalisch in seinem Gehirn. Die Art lernt und gibt ihre Erfahrung in den Genen weiter. Doch wie kommt sie da rein? Genetische Veränderung (Mutation), so haben wir gelernt, erfolgt durch Zufall und spätere Bewährung in der Umwelt (Selektion). Also trifft ein energiereicher Gammastrahl aus dem Universum die DNS eines Huhnes, zerschießt ein Gen, und das Küken hat plötzlich Angst vor wieselig-füchsig-marderig Schleichendem? Und „prima!" sagt die Evolution, „das kann ich gut gebrauchen, da werden mir nicht so viele Hühner gefressen!" Nein, so nicht! Eine wichtige Rückwirkung haben wir noch nicht erwähnt: die der Umwelt auf die Gene. Die Gene sind ja einzelne getrennte Abschnitte auf der DNS. Und die DNS ist keineswegs die simple Vier-Buchstaben-Strickleiter, als die wir sie vorgestellt haben. Molekülteile (sogenannte Methylgruppen) können sich an Gene anlagern und ihre Aktivität beeinflussen – bis hin zur „Abschaltung". Sie sitzen gewissermaßen *auf* den Genen, daher die Bezeichnung „Epigenetik" (die aus dem Griechischen stammende Vorsilbe *epi* bedeutet ‚auf', ‚dazu', ‚außerdem'). Epigenetisch sind demnach alle Prozesse in einer Zelle, die als „zusätzlich" zu den Inhalten und Vorgängen der Genetik gelten. Außerdem ist die DNS-Strickleiter streckenweise wie ein Garnknäuel aufgewickelt und reguliert so die Verfügbarkeit genetischer Information. Das führt dazu, dass bestimmte Bereiche des Erbgutes „eingewickelt" sind, also nicht abgelesen werden können. Epigenetik ist sozusagen die Verpackung der DNS. Das Gen ist „ausgeschaltet". So wird zum Beispiel die Länge der winterlichen Kälteperiode in dem Zellapparat „einprogrammiert", der im Frühjahr für die Blütenbildung sorgt. Je länger der Winter dauert, desto schneller erblühen die Pflanzen, wenn es im Frühjahr wieder wärmer wird. Auch die Entscheidung, ob aus ein und demselben Ei der Honigbiene eine eierlegende Königin oder eine sterile Arbeiterin wird, ist ein epigenetischer Prozess. Er wird von der veränderten Ernährung der Bienenbabys durch ihre Ammen ausgelöst.

Weitere Hinweise finden wir bei eineiigen Zwillingen. Sie haben dieselbe genetische Ausstattung, werden sich aber mit zunehmendem Alter epigenetisch immer *un*ähnlicher. Der Biologe Bernhard Kegel sagt dazu: „Das Leben hinterlässt individuelle epigenetische Spuren." Die Tatsache ist seit mindestens 100 Jahren bekannt. Aber erst in den letzten Jahren gab es sensationelle neue Erkenntnisse. Kegel schreibt in seinem Buch: „Organismen entstehen nicht nur aus sich selbst heraus. Signale der Umwelt sind natürlicher und notwendiger Bestandteil ihrer Entwicklung [...]. Die Sensation besteht also nicht so sehr darin, dass es diese Einflussnahme der Umwelt gibt. Sie besteht in ihrer Raffinesse und in ihrem unerwarteten Umfang. Darin, dass sich die zugrunde liegenden Mechanismen als unvorstellbar komplexes mehrschichtiges sensibles Regulationsgeflecht entpuppen." Doch der Umfang der Vererbung über die Epigenetik ist noch umstritten, und ihr Mechanismus ist noch ungeklärt. Dennoch gibt es interessante Beobachtungen, die auf ein Feedback der Umwelt auf das Erbgut hindeuten. Hier fällt oft der Name der kleinen schwedischen Stadt Överkalix: Die dort lebenden Bauern hatten vor einem Jahrhundert ein sehr hartes, entbehrungsreiches Leben. Da sämtliche Sterberegister und weitere Statistiken über die landwirtschaftlichen Erträge über viele Jahrzehnte festgehalten wurden, konnten die Forscher herausfinden, dass eine Hungersnot im Leben der männlichen Bewohner von Överkalix zu einer höheren Lebenserwartung ihrer Enkel führte, während eine vergleichsweise gute Ernährungslage die Enkel wiederum früher sterben ließ. Die Enkel von Männern, die in ihrer Kindheit im Überfluss lebten, entwickelten mit größerer Wahrscheinlichkeit Diabetes und damit ein höheres Risiko eines frühen Todes. Eine körperliche Erfahrung beeinflusste also über die männliche Vererbungslinie die Lebenserwartung der Enkel – in nur 2 Generationen.

Epigenetik befasst sich also mit sichtbaren Zelleigenschaften (eines Individuums), die auf Tochterzellen vererbt werden und *nicht* in der DNS (dem Informationsspeicher der Art) festgelegt sind.

Lernen folgt der Zinseszins-Formel

Lernen ist „kumulativ", Wissen wird angehäuft und folgt daher der Zinseszins-Formel des exponentiellen Wachstums. Daher vermehrt sich das Wissen anfangs fast unmerklich langsam, später fast explosiv. Denn es wird auf Erlerntem aufgebaut und zusätzlich auf dem Zuwachs von Erlerntem.

Lernen an der natürlichen (oder künstlichen) Umwelt setzt voraus, dass es dort Ordnung und Gesetze gibt. Es müssen die Regeln der Kausalität gelten: Gleiche Ursachen haben gleiche Wirkungen oder ähnliche Ursachen haben ähnliche Wirkungen. Aus Unordnung und Zufall können wir nicht lernen, das heißt eben diese Regeln und Gesetze herauslesen. Wie hätten wir Menschen (und viele andere Lebewesen) ein Zeitgefühl bis hin zum Kalender entwickeln können, wenn die Sonne immer wieder launenhaft gesagt hätte: „Nö, heute gehe ich nicht auf!"? „Die Natur macht keine Sprünge", den Satz von Carl von Linné hatten wir ja schon. Sie darf auch keine machen, zumindest nicht in kürzeren Zeiträumen. An eine ständig und schnell wechselnde Umwelt kann sich keine Art anpassen.

Lernen ist der perfekte Rückkopplungsprozess. Alle Lebewesen sind lernende Systeme. Manche Arten (z. B. wir) beginnen damit schon vor der Geburt. Allerdings ist nicht jeder Erwerb einer Fähigkeit schon individuelles Lernen. Man denkt, junge Vögel wie Amseln oder Schwalben „lernen" das Fliegen, wenn man ihre ersten unbeholfenen Flugversuche beobachtet. Auch bei Babys beobachten die Eltern und vor allem Großeltern begeistert, wie es Laufen lernt. Verhaltensforscher wie Konrad Lorenz prüften das im Experiment. Sie hinderten junge Schwalben am „Üben", indem sie ihnen Pappröhrchen über das Gefieder stülpten. Ihre Geschwister durften das Fliegen „lernen", bis sie es nach wenigen Tagen perfekt beherrschten. Und siehe da, als man den gehandicapten Jungvögeln die Pappröhrchen entfernte, flogen sie los wie ihre Geschwister, die doch so fleißig geübt hatten. Die Erklärung der Wissenschaftler: Das Fliegen ist genetisch programmiert, als Verhaltensmuster im Erbmaterial abgelegt. Das Gehirn muss in den ersten Lebenstagen der Tiere nur erst ausreifen, um diese Muster perfekt abrufen zu können. Der amerikanische Sprachwissenschaftler Noam Chomsky sieht Ähnliches beim Menschen: Er verfolgt die Annahme, dass alle (menschlichen) Sprachen gemeinsamen grammatischen Prinzipien folgen und dass diese Prinzipien allen Menschen angeboren sind, es also eine Art „Universalgrammatik" gibt. Sie umfasst vermutlich verschiedene grundlegende Strukturen, die in allen Sprachen zu finden sind. Dazu gehören zum Beispiel die Unterscheidung zwischen Subjekt und Objekt („ich" und „die anderen"), Singular und Plural (einer oder mehrere), Aktiv und Passiv (handeln oder erleiden) oder die verschiedenen Zeitformen von Verben (ich tue, ich werde tun, ich tat, ich habe getan, tu!). Aber die Meinungen darüber gehen auseinander. Chomsky meint etwas überspitzt, wir würden keine Sprache lernen, sondern nur Vokabeln. Immerhin hat man ein „Sprachgen" gefunden (das „FOXP2-Gen"). Seit seiner Entdeckung 1998 bei Untersuchungen einer Londoner Familie, bei der viele Angehörige unter schweren erblichen Sprachstörungen litten, werden zahlreiche Auswirkungen dieses Gens erforscht. Aber das sprengt den Rahmen unseres Themas.

Richtungsstreit der Schulmeister

Viele Pädagogen führen eine Grundsatzdebatte über die richtige „Richtung" des Lernens. Soll man konkrete Beispiele verallgemeinern und daraus Regeln ableiten? Das ist das sogenannte „induktive" Vorgehen. Oder soll man eine Regel oder ein Gesetz formulieren und die Schüler dazu bringen, dafür Beispiele zu finden – das „deduktive" Vorgehen. Die lateinische Bedeutung dieses Wortes ist ‚Ableitung', während Induktion ‚Hinführung' heißt. Liebhaber von Anglizismen bezeichnen die Deduktion auch als *top-down* (‚von oben nach unten') und das andere als *bottom-up* (‚von unten nach oben'). Andere sprechen von Spezialisierung und Generalisierung. Die eine Vorgehensweise scheint die andere auszuschließen. Aber so ist es nicht. Es ist *kein* „entweder–oder", es ist ein Regelkreis! Eine Spirale! Wenn Sie die Regel als „Theorie" und das Beispiel als „Empirie" bezeichnen, können Sie gleich vier Fremdwörter in die Diskussion werfen: Die Empirie führt zur Induktion führt zur Theorie führt zur Deduktion führt zur Empirie führt zur …

Wobei – aus Sicht der Evolution – klar zu sein scheint, dass immer ein *Einzel*ereignis (ein „Keim") der Ursprung sein muss. Die Frage nach „Ei oder Henne?" wird hier zugunsten des Eies entschieden, denn das „Urhuhn" war der Urvogel, der Archaeopteryx, ein eierlegendes Reptil. Also suchen wir nach dem „Ur-Ei"? Ist es kein feststellbares Einzelereignis, dann wird eine Regel durch logisches Schließen aus einer anderen abgeleitet. Wenn ein Gas sich beim Zusammendrücken erwärmt wie die Luft in einer Fahrradluftpumpe, dann sollte man logisch ableiten können, dass es sich beim Ausdehnen abkühlt, ohne es je zuvor beobachtet zu haben (und es tut es auch, z. B. beim Kühlschrank). Wenn etwas auseinander fliegt, muss es vorher beisammen gewesen sein (eine einfache Regel, auf die wir in Kap. 10 bei der Entstehung des Universums noch eingehen).

Aber weder Ei noch Henne sind fertige Ausgangsprodukte – das ist der logische Fehler. Bei einem sich fortentwickelnden „Schraubenprozess" reden wir bei der Frage „Was war zuerst?" immer von einem einfachen, keimhaften Vorfahren. Ein „Ei", das noch keins war, ein „Auge", das nur eine lichtempfindliche Zelle war. Auch unser „letzter gemeinsame Vorfahre" (*last common ancestor*) wachte nicht eines Morgens auf und staunte, dass er (bzw. *sie*) keinen Affen, sondern einen Menschen geboren hatte!

Fassen wir zusammen

Rückkopplung ist das Grundprinzip des sozialen Zusammenlebens und auch unseres Verhaltens als Individuum. Einzelne Bereiche und Beispiele, die wir hier behandelt haben, sind nur Momentaufnahmen in diesem riesigen Gebiet.

Rückkopplung steuert die „Spiele der Erwachsenen", bei denen fein dosierte Mengen an „Streicheleinheiten" das Niveau der Kommunikation stabil halten oder destabilisieren. Rückkopplung bewirkt die Bildung von „Superorganismen", die als Schwarm ein anderes Verhalten zeigen als die einzelnen Mitglieder. Natürlich ist der Mensch der Spielführer im Feedback-Wettkampf: Im Abschn. 7.3 haben wir einige interessante und amüsante Beispiele für unerwartete Rückkopplungseffekte kennen gelernt.

Zehntausende Forscher arbeiten inzwischen weltweit auf dem Gebiet der künstlichen Intelligenz, auch im Zusammenhang mit der Erforschung des menschlichen Bewusstseins. Einige, z. B. der Autor Nick Bostrom, sehen bereits das Entstehen eines intelligenten Superorganismus voraus. Er würde in seiner Komplexität unsere Vorstellung übersteigen und uns vor gewaltige Kontrollprobleme stellen. Daher warnt er:

> „Was geschieht, wenn es Wissenschaftlern eines Tages gelingt, eine Maschine zu entwickeln, die die menschliche Intelligenz auf so gut wie allen wichtigen Gebieten übertrifft? […] Und genau, wie das Schicksal der (körperlich stärkeren) Gorillas heute stärker von uns Menschen abhängt, als von den Gorillas selbst, so hinge das Schicksal unserer Spezies von den Handlungen der maschinellen Superintelligenz ab."

Eine beunruhigende Vorstellung, wenn man bedenkt, wie wir mit Menschenaffen umgehen.

Nächstes Spielfeld der sozialen Rückkopplung: Vorurteile. Man kann sie sich antrainieren, wenn man meint, nicht genügend zu haben. Das zeigen das Milgram-Experiment ebenso wie der *Blue-eyed*-Workshop. So entsteht Fremdenhass, wo keine Fremden sind oder gar ein Deutschland, das sich angeblich selbst abschafft. Rückkopplungsprozesse, die nicht nur die „Täter" hochschaukeln, sondern auch die Opfer in ihre Rolle drängen und in ihr stabilisieren. So erklären sich viele Vorurteile – und da lauert schon das nächste, denn viele verwechseln eine Erklärung mit einer Entschuldigung. Erklärungen können hilfreich sein, denn könnten Pawlows Hunde oder Skinners Tauben die Feedback-Mechanismen erkennen, so könnten sie sie vielleicht durchbrechen.

Ein Tummelfeld der Rückkopplungsschleifen ist die „Theorie des Geistes" (*Theory of Mind*), die Fähigkeit, sich in andere hineinzuversetzen und so Vorstellungen von den Vorstellungen, Absichten, Annahmen und Gedanken von *anderen* zu entwickeln. Das Gefangenendilemma oder die Angst des Torwarts vorm Elfmeter sind nur zwei Beispiele davon. Auch die selektive Wahrnehmung gehört dazu: Sie verstärkt den Glauben an vermeintliche Erscheinungen, indem sie die Aufmerksamkeit darauf konzentriert und gegenteilige Beispiele sofort vergisst.

Spielen, die unablässige Wiederholung derselben Handlungsabläufe (ob bei Junglöwen oder beim Säugling), ist eine immer wieder durchlaufene Ursache-Wirkungs-Kette, ein ständiges Feedback über die Regeln des „wenn – dann". So lernen alle Lebewesen und neuerdings auch Computer und Roboter. Sie bilden eine Annahme („Hypothese") über eine Handlung oder Wirkung. Diese Annahme wird bestätigt oder verworfen, je nach der Beobachtung der Realität. Dies führt zu einer Verfeinerung und Korrektur der Annahme. Damit ist natürlich nicht das Lernen aus Büchern oder Vorträgen gemeint, sondern das Lernen aus Erfahrung in unserer Umwelt. Das Lernen nach den Prinzipien der Rückkopplung.

Ich sage nicht gerne Sätze, in denen „alles" oder „nichts" vorkommt. Aber in unserem Sozialleben scheint es mir gerechtfertigt, denn *alles* läuft auf Anerkennung hinaus, auf Achtung, Ansehen, Beifall, Belohnung, Bewunderung, Status, Rang, Bestätigung, Zustimmung, Ehre, Hochachtung, Lob, Respekt, Würdigung, … Wenn das nächste Mal jemand ein bestätigungssuchendes suchendes „Nicht wahr?!" an seinen Satz anhängt, dann möchte er kein korrigierendes Feedback. Er möchte positive Rückkopplung, eine Streicheleinheit: „Wie Recht du doch hast!"

In der kontinuierlichen (also durchgängigen) Entwicklung der Welt hat es „Sprünge" gegeben, die bei genauem Hinsehen keine waren (wie in Abschn. 3.2 und Abb. 3.4 dargestellt). Auch wenn nach der physikalisch-chemischen Evolution „auf einmal" Leben auftauchte, muss es eine (wenn auch kurze) Übergangsphase gegeben haben. Es sei denn, eine übernatürliche Macht habe mit dem Finger geschnipst und „plötzlich" gab es Leben. Danach setzte die biologische Evolution ein. Auch der Geist fiel nicht vom Himmel (so nannte der populärwissenschaftliche Schriftsteller Hoimar von Ditfurth ein ganzes Buch), denn auch der Geist hat sich nicht „plötzlich", sondern kontinuierlich entwickelt. Aber doch in Sprüngen, je nach Zeitmaßstab. Die kulturelle Evolution begann. Ein schönes Beispiel für einen „Sprung" ist die „kambrische Explosion", benannt nach dem geologischen Zeitalter, welches „Kambrium" genannt wird (vor über 500 Mio. Jahren). Plötzlich und fast gleichzeitig tauchten erstmalig Vertreter fast aller heutigen Tierstämme auf. Die Vielfalt der Tierwelt explodierte geradezu – doch dieses „plötzlich" dauerte etwa 5 bis 10 Mio. Jahre. Für die Evolution ist das ein kurzer Zeitraum, etwas über 0,15 % des Weltalters. Nun werden Sie sagen, 1,5 Promille sei aber schon eine ganze Menge. Es ist eben alles eine Frage des Maßstabes.

Soziales Leben ist ein Meer von Feedback-Schleifen. Eine weitere wichtige Erkenntnis in diesem Kapitel war die beständige, aber oft nicht bemerkte Rückkopplung zwischen den zwei Ebenen der Kommunikation: der rationalen und der gefühlsmäßigen, der wörtlichen und der gemeinten Bedeutung. Der Satz „Das hast du ja *toll* gemacht!" kann mehrere Aussagen beinhalten, die man oft – aber nicht immer – an der Betonung erkennt. Es kann ein Lob sein, aber auch ein ironischer Tadel. Und natürlich wirken diese beiden Ebenen ständig aufeinander ein. Im Oberstübchen geht es gesittet zu, im Keller gibt es Halligalli.

Höchst bemerkenswert für unser Thema ist auch, dass nicht nur die Gene den Bauplan der Lebewesen steuern, sondern dass umgekehrt auch die Umwelt der Lebewesen auf die Gene zurückwirkt (Stichwort „Epigenetik").

So, dies war das längste Kapitel, weil es hier so viele spannende Geschichten zu erzählen gab (die aber auch nur eine winzige Auswahl aus dem riesigen Schatz der Rückkopplungsphänomene darstellen). Im nächsten Kapitel über Politik und Geschichte werde ich mich umso kürzer fassen, weil dort die Erscheinungen des Feedbacks meist unerfreuliche Zeugnisse menschlicher Dummheit, Uneinsichtigkeit und Ignoranz ablegen, die allesamt dem „Reptiliengehirn" entsprungen zu sein scheinen.

8

Rückkopplung in Politik und Geschichte

Die Geschichte beruht nur auf Feedback – worauf denn sonst?!

Über Demokratie und Zivilisation, Diplomatie und Kriege sowie die kulturelle Evolution in der Gesellschaft.

Ein Kapitel mit diesem Titel ist natürlich vermintes Gelände. Denn besonders hier lauert das, was Wikipedia® POV nennt, ein (dort unerwünschter) *point of view,* ein persönlicher Gesichtspunkt oder eine subjektive Meinung. Wo zum Beispiel eine Person in der Gesellschaft eine positive Tendenz zu mehr Wohlstand und Zufriedenheit sieht, erkennt eine andere die sich immer weiter öffnende Schere zwischen Arm und Reich. Allgemein anerkannte Tatsachen und Fakten treten bei den Argumenten in den Hintergrund, vorgefasste Meinungen und Einstellungen dominieren. Deswegen ist Politik auch kein Gegenstand für Smalltalk. Ziel dieses Kapitels ist es nicht, eine vom Leser womöglich nicht geteilte Weltanschauung und Meinung zu vertreten. Und deswegen beschränke ich mich hier auf einige wohlbekannte Grundsätze, bei denen die Besonderheiten meines Themas auffällig hervortreten. Aber auch hier ist natürlich nicht auszuschließen, dass allen Aussagen ein bestimmtes Weltbild zugrunde liegt. In meinem Falle ist es eins – wie auch in allen anderen Kapiteln –, das die Philosophie unter dem Stichwort „Naturalismus" zusammenfasst, wie es Gerhard Vollmer in seinem kleinen Buch so schön beschrieben hat. Das heißt, jeder Einfluss von übernatürlichen Kräften wird als Begründung für physikalische und alle anderen Erscheinungen ausgeschlossen.

Das, was wir unter „Geschichte" verstehen, ist selbst schon wieder Ergebnis eines Feedback-Prozesses. Sie entsteht, wird hergestellt und erschaffen durch den Prozess der Geschichtsschreibung. Denn man kann

J. Beetz, *Feedback,* https://doi.org/10.1007/978-3-662-62890-4_8

kaum Geschichte objektiv und neutral einfach nur beschreiben. Natürlich bemüht sich jeder anständige Historiker um Objektivität, aber es ist trotzdem immer eine subjektive Sicht auf die Realität. Andererseits fließt eben diese Realität in die „Geschichte" ein, und damit ist der Regelkreis geschlossen. Das „finstere Mittelalter" ist ein gutes Beispiel dafür, wie das Heft *Spiegel*-Geschichte 1/2015 belegt. Viele gängige Vorurteile (zum Beispiel die Meinung, man habe im Mittelalter geglaubt, die Erde sei eine Scheibe) werden darin (aus subjektiver Sicht der Autoren!) widerlegt. Denn allmählich wird deutlich, dass es im Lauf des Mittelalters zu erheblichen, manchmal geradezu revolutionären Veränderungen kam.

Aber das wissen Sie ja schon: Alle Urteile sind Vor-Urteile, denn (wie gerade erwähnt) „Leben ist ein erkenntnisgewinnender Prozess". Erkenntnis ist ein evolutionäres Geschehen mit einer Richtung, aber ohne Ziel (es sei denn, man glaubt an eine endgültige „Erleuchtung", die man erreichen kann). Deswegen will ich nichts be- oder gar verurteilen. Ich möchte nur ein paar Geschichten erzählen, in denen unser Thema sichtbar wird.

8.1 Demokratie und Zivilisation

Demokratie (und jede andere Staatsform) ist wohl das Musterbeispiel für komplexe vermaschte Regelkreise mit negativer und positiver Rückkopplung. „Alle Macht dem Volke" ist ebenso falsch wie alle Macht einer weisen Königin (das funktioniert höchstens bei den Bienen, aber auch da ist die Königin nicht weise und mächtig, sondern nur eine Gebärmaschine). Negative Rückkopplung, das wissen Sie inzwischen, ist für Stabilität notwendig. Und positive Rückkopplung für Selbstorganisation und neue Systemkomponenten. Denn ein Staat ist ja kein Gebilde, dessen Funktion von außen wie auf Moses' Gesetzestafeln vorgegeben ist. Ein Staat ist (meistens) „von selbst" entstanden, nach den Regeln der Evolution und der Autopoiese.

Stichwort „Zivilisation" – da müssen wir früh anfangen. Wikipedia® definiert sie so:

> Als Zivilisation (von lateinisch *civis* ‚Bürger') wird eine menschliche Gesellschaft bezeichnet, bei der die sozialen und materiellen Lebensbedingungen durch technischen und wissenschaftlichen Fortschritt ermöglicht und von Politik und Wirtschaft geschaffen werden. Allgemeingültige Kennzeichen für Zivilisationen sind die Staatenbildung, hierarchische Gesellschaftsstrukturen,

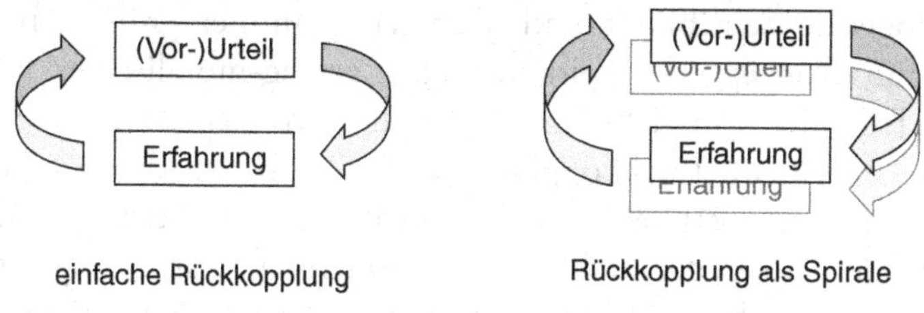

Abb. 8.1 Von der einfachen Rückkopplung zur Höherentwicklung

ein hohes Maß an Urbanisierung und eine sehr weitgehende Spezialisierung und Arbeitsteilung.

Diese Definition – besonders der zweite Satz – beschreibt einen in der Menschheitsentwicklung relativ „späten" Zeitpunkt. Sie werden sehen, dass die „sozialen und materiellen Lebensbedingungen" und der „technische und wissenschaftliche Fortschritt" bei weitherziger Auslegung der beiden Begriffe schon bei unseren Vorfahren, den Frühmenschen, sich gegenseitig in Form von Regelkreisen beeinflussten.

Vom Regelkreis zur Spirale – Höherentwicklung statt „Kreisverkehr"
Lernen, über das wir schon oben gesprochen haben (Kap. 7, 8), ist der Weg vom Vorurteil zum Urteil – genauer: vom Vorurteil der ersten Ebene zum Vorurteil der zweiten Ebene. Noch präziser und mathematisch ausgedrückt: vom Vorurteil der Ebene n zum Vorurteil der Ebene n + 1. Das führt letztlich zu einer spiralförmigen Höherentwicklung (Abb. 8.1). Diese kann sich „unendlich" oft fortsetzen. Denn ein endgültiges Urteil ist nie erreichbar, da wir nie die Kenntnis *aller* Fakten haben können. Das (Vor-)Urteil muss an der Erfahrung scheitern können. So arbeitet die Wissenschaft: Aus einer Vermutung wird eine Hypothese, die anhand der Realität überprüft wird. Sie muss bestätigt werden oder sich zumindest bis zu ihrer Widerlegung „bewähren", also brauchbare Erklärungen und Vorhersagen liefern.

Clare W. Graves, ein amerikanischer Psychologieprofessor, war Begründer einer „Ebenentheorie der Persönlichkeitsentwicklung". Die Management-Berater und Autoren Don Beck und Chris Cowan nahmen sich seiner Theorie in dem Buch *Spiral Dynamics* an. Sie erweiterten den Gedanken von individuellen Persönlichkeiten auf ganze Gesellschaften. Auch diese – so der Gedanke – entwickelten sich von den archaischen und überlebensbestimmten Formen der Frühmenschen über die autoritären Strukturen in Antike und Mittelalter bis zu modernen Gesellschaften, in denen weltweite ökologische Sensibilität und Vernetzung immer größere Bedeutung erlangen. Ein Konzept der spiralförmigen geistig-moralischen Höherentwicklung. Jede der Entwicklungsstufen, die ich gleich skizzieren werde, bildet sich in einem Rückkopplungsprozess aus der darunterliegenden, entwickelt sie weiter, schließt sie aber auch mit ein (denn in jedem von uns steckt auch noch der archaische Frühmensch, was Sie spätestens im modernen Autoverkehr merken, wenn Sie mal die Fassung verlieren). Diese „Seinsformen stimmen mit den bestehenden Lebensbedingungen überein" (so Graves) – eine Feedback-Erscheinung, denn diese Übereinstimmung wird natürlich durch permanente Rückkopplung zwischen Sein und Bewusstsein (siehe Abschn. 2.1) hergestellt. Zurzeit sind in diesem (nach oben offenen) System sieben Ebenen oder Entwicklungsstufen von Weltbildern und grundlegenden Lebenseinstellungen definiert. Doch wie muss man sich dieses theoretische Modell praktisch vorstellen?

Geschichte(n) aus uralten Zeiten

Wir schreiben das Jahr 100.000 v. Chr. …, obwohl sich das etwas paradox liest, denn „Chr." war ja noch nicht bekannt. Außerdem kommt es auf lächerliche 2020 Jahre nicht an. Angesichts der „Erschaffung" der Erde vor 4,567 Mrd. Jahren also gewissermaßen „gestern".

Ein Exemplar der Spezies „Mensch" (*Homo sapiens,* der weise Mensch) läuft durch die afrikanische Savanne. Er besitzt ein Gehirn, also auch Bewusstsein, Wissen und Intelligenz. Nicht so hoch entwickelt wie wir, vielleicht auf dem Niveau eines Kindes. Sicher besteht er den „Spiegeltest": Der Kerl, der ihn aus der Tiefe eines Wasserloches anglotzt, ist kein *anderer,* sondern *er selbst.* Also unterscheidet er *sich* und „die Welt da draußen", Subjekt und Objekt. Er weiß, dass bestimmte rote Beeren giftig sind und blaue nicht. Er weiß, dass dort, wo die Geier kreisen, frisches und genießbares Aas liegt. Er hat ein „inneres Erleben", ein Abbild der Außenwelt. „Wenn ich dorthin renne", denkt er (oder denkt es in ihm, denn vielleicht merkt er noch nicht, dass er denkt), „dann finde ich etwas zu essen." Sein Verhalten wird durch Kausalität und Logik bestimmt, von Ursache und Wirkung, durch „wenn – dann"-Konstruktionen. Denn er hat sicher ein Bewusstsein Stufe I, vielleicht sogar der Stufe II. Sein Weltbild ist einfach. Er würde es so beschreiben: „Mein Leben konzentriert sich aufs Überleben. Es ist auf die Befriedigung menschlicher biologischer Bedürfnisse ausgerichtet. Ich lebe – ähnlich wie andere Tiere – von dem, was die

Natur bietet. Mein Körper sagt mir, was ich zu tun habe. Ich reagiere auf das, was meine Sinne meinem Gehirn mitteilen."[1]

50.000 Jahre später treffen Sie seinen Nachfahren. Sein Weltbild (Ebene 2) ist „neu" – genauer: Es hat sich gewandelt, „höher" entwickelt. So sieht es aus: „Mein Bewusstsein, mein inneres Erleben ist vielfältig. Ich lebe in einem sozialen Verband. Wir suchen Sicherheit für die Unsrigen durch die Verbindung in der Familie und mit magischen Geistern. Wir haben Rituale und Zeremonien. Wir versuchen in Harmonie mit der Natur zu leben." Aber – Achtung! – der Vorfahre steckt noch in ihm. Er hat dessen Weltbild eingebaut und eine neue Schicht darübergelegt. Reizt man ihn, fällt er in alte Verhaltensweisen zurück. Mächtige Ge- und Verbote steuerten in dieser Phase das Leben der (wenigen!) Menschen. Müssen sie einen Baum fällen, sprechen sie ihm sein Bedauern über sein Schicksal aus und bitten ihn um Vergebung. Heute wären Ostasien und Südamerika mit dieser Haltung erfüllt von Entschuldigungen, die das Geräusch der Kettensägen übertönen würden. Hier zeigt sich, welcher Kulturverlust mit dem Prozess der Zivilisation einhergehen kann.

Ein neues Weltbild (Ebene 3) taucht etwa 7000 v. Chr. auf. Ein „neuer Mensch", der die beiden alten in sich trägt. Er geht nicht mehr bedingungslos in der Gruppe auf. Er hat ein starkes Ich entwickelt. Er sagt sich: „Das Leben ist ein Dschungel, indem nur der Stärkste überlebt. Ich unterwerfe andere Menschen und die Natur. Ich folge Gefühlen und Impulsen unmittelbar und kämpfe ohne Reue und Schuldgefühle. Ich verschaffe mir Respekt. Natürlich gehöre ich zu meinem Clan, aber ich mache nur das, was mir guttut." Was in dieser Zeit aufkommt, ist der Eigentumsbegriff: mein (bzw. unser) Land, meine/unsere Herde! Der Kampf zwischen sesshaften Ackerbauern, Nomaden und Räubern beginnt.

Nur 4000 Jahre später hat sich wieder ein neues Weltbild (Ebene 4) entwickelt, das nun drei alte in sich trägt. Der reine Egoismus hat sich überlebt. Menschen gehorchen Autoritäten, tun das Richtige, glauben an absolute Mächte und einen höheren Sinn. Dieser Zeitgenosse beschreibt sein Weltbild so: „Ich finde Sinn und Zweck im Leben und suche Ordnung und Stabilität. Ein Schicksal, ein göttlicher Plan bestimmt den Lauf der Dinge und weist jedem seinen Platz zu. Ich bin an etwas, das größer ist als ich, gebunden und unterwerfe mich den Autoritäten und den Regeln. Ich opfere

[1]Dieses und die folgenden Zitate (Beschreibungen der Weltbilder, z. T. verkürzt) aus Beck D E, Cowan C C (2007).

meine gegenwärtigen Wünsche in dem sicheren Glauben, dass mich in der Zukunft etwas Wunderbares erwartet."

Diese Haltung überdauert eine erstaunlich lange Zeit. Natürlich kann man über die Zeit-„Punkte", in denen sich ein Weltbild wandelt, diskutieren. Doch die Annahme, dass sich im Jahre 1700 ein neues Weltbild (Ebene 5) durchsetzt, kann einigermaßen begründet werden. Vielleicht entsteht es aber auch schon 200 Jahre früher, als die kopernikanische Revolution die Erde aus dem Mittelpunkt des Universums entfernt und den festen Glauben der Menschen erschüttert, dass die göttliche Ordnung den Menschen in das Zentrum der Welt gesetzt hat. Wie auch immer, ein Mensch dieser Zeit trägt bereits vier alte Verhaltensmuster in sich. Jetzt gibt er Auskunft über seine Sicht auf die Welt: „Ich verbessere mit Wissenschaft und Technik das Leben vieler Menschen, lerne durch Versuch und Irrtum. Ich strebe nach Autonomie und Unabhängigkeit und suche die besten Lösungen. Ich glaube an Strukturen und Regeln, aber nur dann, wenn ich sie selbst für sinnvoll erachte. Für mich ist die Welt eine Maschine, deren Funktionieren ich erkennen und steuern möchte."

Das hält nicht lange. Etwa im Jahr 1850 kommt – nach dieser Theorie – eine weitere Schicht (Ebene 6) hinzu. Das rein vernunftmäßige Verhalten tritt wieder etwas zurück und macht einem stärkeren Gemeinschaftsgefühl Platz. Dieser Mensch verkündet: „Ich möchte Teil der Gemeinschaft sein und persönlich wachsen. Wir Menschen sind alle gleich und gleich wichtig, deswegen suche ich Konsens und Harmonie. Wir können in das Innere jedes Menschen blicken und dort Reichtum entdecken."

Seit 1950 (manche sagen auch 1968) hat sich die Welt erneut gewandelt. Die sechste Schicht wird überwunden und es legt sich eine siebte darüber. Fortschrittliche Menschen sehen immer mehr, dass die alten Pfade ausgetreten sind. Die alte nationalstaatliche Ordnung wird durch zunehmende Globalisierung aufgeweicht. Diese moderne Sicht findet in den folgenden Sätzen ihren Ausdruck: „Ich sorge mich um den Zustand der Welt, die ich beeinflusse, weil mich dieser Zustand wiederum beeinflusst.[2] Unsere Welt ist ein komplexes, vom Kollaps bedrohtes System. Ich suche die persönliche Freiheit, ohne zu übertreiben und andere zu schädigen. Ich löse mich von der Fixierung auf die engen Grenzen eines Landes und habe das Wohl der Menschheit und der Natur im Auge." Der zentrale Glaubenssatz dieser Epoche ist: Jeder formt die Welt nach seiner eigenen Vorstellung.

[2]Hier hat Don Beck den Kern unseres Themas, die Wechselwirkung, genau getroffen.

Sie und ich sind „moderne Menschen". Wir haben die gegenseitige Beeinflussung von Welt und Individuum erkannt. Die Spirale hat sich eine Ebene weitergedreht. Sie und ich haben sieben Schichten in uns (diese und sechs alte) – und je nach Situation wird unser Verhalten aus einer oder mehrerer dieser Schichten gesteuert.

So hat es Don Beck beschrieben und zum Teil wörtlich formuliert (etwas lesbarer ist es in „Gott 9.0" dargestellt). Nun, die Selbstbeschreibungen der zitierten Prototypen sind zum Teil diskussionswürdige Annahmen. Aber darauf kommt es nicht an. Wesentlich ist das Prinzip: Jede Schicht ergibt sich aus den Erfahrungen der tiefer liegenden Schicht und führt zu einem „höheren und besseren" Weltbild. Gleichzeitig werden alle tieferen Schichten integriert und bleiben bestehen. Es entsteht eine sich immer schneller drehende Spirale der Weiterentwicklung der Menschheit. Einige Individuen haben ihren Platz hauptsächlich schon in der höchsten dieser Ebenen, andere sind noch tief in früheren (zum Beispiel an Autoritäten gebundenen) Verhaltensweisen verhaftet. Doch unser Aspekt, der der Rückkopplung, wird hier deutlich.

Angesichts moderner Entwicklungen mutet eine so idealistische Sicht („Höherentwicklung") vielleicht etwas weltfremd an. Vielleicht ist der grassierende Fundamentalismus auch nur ein Durchbrechen alter Schichten angesichts der Spannungen in unserer überfüllten Welt. Hinzu kommt, dass auch Don Beck die Häufigkeitsverteilung durchaus realistisch sieht: Die Mehrheit der Menschheit ist noch in der „mittleren Schicht" der festen Ordnungsstrukturen und bindenden Gemeinschaften angesiedelt.

Wie bei Zyklen und Rückkopplungen fast immer üblich zeigen sich auch hier Schwingungen: Die Weltbilder pendeln zwischen der Konzentration auf das „Ich" (Ebene 1, 3, 5 und 7) und auf die Gemeinschaft (Nr. 2, 4 und 6) hin und her. Um es zum Schluss noch einmal zu verdeutlichen: Auf jeder Stufe sind alle tieferen Ebenen noch wirksam. So kann ein Investmentbanker in Neu-Delhi (Ebene 5) durchaus zu seinen traditionellen Göttern beten (Ebene 2), für die Entschlüsse der UNO eintreten (Ebene 6) und die traditionelle Klassenstruktur für richtig halten (Ebene 4).

Unsere kleine Stadt II

Im Gegensatz zu Abschn. 1.5 ist dies wirklich unsere, also *meine* kleine Stadt, mit ca. 5000 Einwohnern. Sie hat eine Einkaufsstraße als Fußgängerzone, die zum Marktplatz hin leicht abfällt und dann zum Rathaus wieder ansteigt. Wir leben zwei Kilometer davor, auf dem Lande. Man kennt sich, man trifft sich. Mit einem Nachbarn und seiner Frau haben wir uns enger befreundet, mit den anderen locker. Die engeren lädt man schon mal ein, und sie uns. Neulich trafen wir sie im Buchladen, obwohl sie meist in ihrem Stammcafé sitzen. Sie schaute sich Psychologiebücher an (hat sie studiert), er stöberte bei den Kochbüchern (denn er kocht gern). Obwohl sein Kühlschrank meist ziemlich leer ist. Aber ich weiß, er verwendet gerne Schmand (neulich musste ich ihm sechs Becher mitbringen). Außerdem hüten wir ihr Haus, wenn sie in Urlaub sind. Daher kennen wir ihren Buchgeschmack (und den anderen auch). Auf einem Bild in seinem Arbeitszimmer ist er sogar bei einer Friedensdemo zu sehen, als junger Kerl. Ziemlich linker Vogel.

Da wir auf dem Land leben, müssen wir die Post aus dem Postfach holen. Das macht manchmal einer für beide. Neulich habe ich aus Versehen eine Kreditkartenabrechnung der Nachbarn geöffnet. Natürlich habe ich nicht reingeschaut und mich bei ihnen entschuldigt. Aber holla, ihr Urlaub war ja schweineteuer, und Business sind sie auch geflogen. Ich kenne auch die meisten ihrer Freunde und weiß, was sie mit ihnen quatschen. Oft sehen wir uns ja beim Stammtisch. Zwar weiß ich nicht, welche Partei der Nachbar gewählt hat, aber er hat mir seine „Wahl-O-Mat"-Ergebnisse gezeigt und ich kann es mir denken. Konnte ich vorher auch schon, er liest ja die „taz" und die Süddeutsche. Sie eher *Die Zeit* und *FAZ.* Man kann sich gut mit ihnen unterhalten. Sie sind beide sehr vielseitig interessiert und stellen viele Fragen. Daher kenne ich ihre Interessensgebiete genau, auch ihre Fernsehgewohnheiten. Sie sucht neuerdings Bücher über Hirnforschung. Das hatte ich schon wieder vergessen, aber der Buchhändler wusste es noch. Er hat ihr drei Bücher empfohlen, von denen sie zwei gekauft hat. Ich weiß sogar, wie oft sie sich die Zähne putzt. Natürlich tratschen wir nicht über sie, aber meine Frau hat mir erzählt, dass die Nachbarin früher auch mal Größe 38 hatte. Tja, wie die Zeit vergeht …

Unsere kleine Stadt … Alles frei erfunden – bis auf die ersten zwei Sätze. Wir leben ja nicht mehr in den 1950er Jahren. Wir brauchen den Nachbarn nicht mehr auszuspionieren, wir haben ja das Internet. Was wir über unsere Nachbarn wissen und das halbe Städtchen, das weiß das Internet auch. Präziser, umfassender, detaillierter. Und es vergisst *nie.* Wo man sich befindet (besonders das Stammcafé), weiß der Mobilfunkanbieter. Er weiß auch, mit wem man wo wie lange telefoniert hat. Wofür man sich interessiert, weiß *Google. Facebook* kennt Ihre Freunde und was sie mit Ihnen reden (und Sie mit ihnen). *Amazon* kennt Ihre bevorzugten Bücher und empfiehlt Ihnen welche.[3] Das Kreditkartenunternehmen weiß *auch,* wo

[3]Mir hat es sogar schon meine eigenen Bücher empfohlen, ohne es zu merken. Da muss der Algorithmus noch ein wenig nachpoliert werden.

Sie sind, und speichert alle Ihre finanziellen Transaktionen. Die oft auch vor Freunden geheim gehaltenen finanziellen Verhältnisse sind den Banken und der *Schufa* bestens bekannt. Der Versandhändler kennt die Entwicklung der Kleidergrößen der Nachbarin. Die in Mode kommenden Smart-TVs werden die Fernsehgewohnheiten der beiden bald detailliert an die Sender melden und individuelle Werbeeinblendungen ermöglichen. Bald werden wir das „Internet der Dinge" haben, die miteinander kommunizieren. Kleine Funkchips (wie sie schon in den neuen Reisepässen zu finden sind – der Fachausdruck ist RFID, *radio-frequency identification*) kommunizieren mit dem Netz. Der Kühlschrank der Nachbarn bestellt den Schmand selbstständig, wenn er zur Neige geht (aber keine sechs Becher, denn er kennt ihren Durchschnittsverbrauch). Bald wird *Google Home* über die Schnittstelle in ihrer intelligenten Zahnbürste auch ihre Pflegegewohnheiten kennen und vielleicht der Versicherung melden. Der Journalist und Blogger Sascha Lobo meint, dass „bald eine Welt entsteht, in der man eine Textnachricht von seiner Zahnbürste bekommt, dass man innerhalb der nächsten zehn Minuten die Zähne putzen muss, um nicht seine Zahnzusatzversicherung zu verlieren." Die Versicherungsgesellschaft weiß auch über Sensoren im Auto der Nachbarn, dass er ein recht flotter Fahrer ist. Das von der EU geplante automatische Notrufsystem *eCall* für Kraftfahrzeuge, das ab Oktober 2015 verpflichtend in alle neuen Modelle eingebaut werden muss, wird möglicherweise die technische Grundlage für eine komplette Infrastruktur zur Überwachung bilden. In einer wissenschaftlichen Untersuchung am MIT in *Massachusetts* in den USA wurde sogar festgestellt, dass man über die Bewegungssensoren im Smartphone voraussagen kann, ob eine Person am nächsten Tag Grippe bekommt. Das Feedback ist vollständig und vollständig miteinander vernetzt. Es ist perfekt rückgekoppelt – Ihre Interessen bestimmen die Marketingmaßnahmen, die Ihre Interessen unterstützen und fördern. Und begrenzen: Hat der Algorithmus Sie erst einmal als Taubenzüchter identifiziert, bietet er Ihnen nichts anderes mehr an. Er weiß schon besser als Sie, was Sie in Zukunft tun und denken werden.

Ich weiß, was du letzten Sommer getan hast

Es ist Ihnen ja klar, dass zum Kapitel „Politik und Geschichte" auch alle Erscheinungen in unserer Gesellschaft gehören. Eine davon kommt unter dem Titel eines US-amerikanischen Horrorfilms von 1997 daher *(I Know What You Did Last Summer)*. Im Jahre 2006 kam die dritte Fortsetzung mit dem Titel „Ich werde immer wissen, was du letzten Sommer getan hast" – und damit sind wir beim Kern des Problems: Es ist kein Film, nur Horror. Frank Schirrmacher hat es in seinem Buch ausführlich beschrieben (dessen

Titel mich inspiriert hat). Der amerikanische ehemalige Geheimdienstmitarbeiter Edward Snowden enthüllte im Jahre 2013, wie die USA und andere Staaten seit spätestens 2007 in großem Umfang die Telekommunikation und speziell das Internet global und verdachtsunabhängig überwachen.

Auch hier werde ich wieder von inhaltlichen Bewertungen Abstand nehmen und mich auf den Feedback-Aspekt konzentrieren. Sascha Lobo hat es in *Spiegel-online* ausgesprochen: Das kybernetische Denkmuster des Norbert Wiener beruht auf der Annahme, man könne aus vielen Einzeldaten rückwärts auf das Verhalten und die Vorlieben eines Menschen schließen – und damit die Gesellschaft steuern. Da diese Einzeldaten immer und überall erhoben werden oder in Zukunft erhoben werden können, braucht man sie nur noch zusammenzuführen, um ein „Lebensmuster" (engl. *Pattern of Life*) zu erzeugen. Die zugehörige Firma in den USA nennt sich passenderweise *RecordedFuture,* vorläufig im Dienste der Terrorabwehr (Slogan *„Forecast upcoming cyber threats in time for action."*). Fügt man ein „Benehmenserkennungssystem" (BRS *Behavioral Recognition Systems, Inc.* in Houston, Texas) hinzu, so kann man „abnormes Benehmen selbstständig und zeitgleich entdecken" *(… able to autonomously detect abnormal behavior in real time).* Als Ergänzung „empfiehlt" Lobo das Gestenerkennungssystem *WeSee,* das den Router in ein „Wohnungsradar" verwandelt – und der hängt am Internet! Heben wir schnell den rechten Arm, wird die Musik lauter. Machen wir eine wischende Bewegung, wechselt das Fernsehprogramm. Linker Arm nach unten: Rollladen runter!

Ca. 15 Mio. Überwachungskameras gibt es nach Expertenschätzung weltweit. Jeder Brite wird etwa 300 Mal täglich aufgenommen. Sie denken, bei den vielen Kameras, da sitzt doch keiner dahinter – und wenn, dann ist er nach 20 min eingeschlafen. Oder er guckt Fußball, wie man in so vielen Thrillern sieht. Korrekt! Denn nur 1 % wird wirklich überwacht und ausgewertet. Nach 20 min lässt die Aufmerksamkeit sowieso dramatisch nach. Also *don't worry!?* Aber da hilft „aisight" (gesprochen wie *„eye sight"*), das „Benehmenserkennungssystem" von BRS. Es simuliert ein neuronales Netzwerk und lernt selbstständig, was „verdächtig" ist und was nicht. Das „AI" soll ja an künstliche Intelligenz *(artificial intelligence)* erinnern. Es liefert *activity-based intelligence* (ABI), übersetzt „Erkenntnisse basierend auf Aktivitäten". In Deutschland hätten sie vielleicht den Werbespruch „ABI schläft nie!"

Nur 20 % der Deutschen finden das bedenklich. Die gehen wahrscheinlich fremd, hinterziehen Steuern oder parken falsch. Das könnte sich ändern, wenn das Datensammelland seine demokratischen Strukturen verlöre und sich eine Gestapo oder Stasi bildete. Ein Insider sagte vor dem

NSA-Untersuchungsausschuss wörtlich: „Die schmeißen nichts weg. Wenn sie erst mal was haben, dann behalten sie es." Vielleicht ist die Gleichsetzung von Enthüllungsjournalisten mit Terroristen (wie in England geschehen) schon der erste Schritt. Der „militärisch-industrielle Komplex" des vorigen Jahrhunderts wird zum kybernetisch-militärisch-industriellen Komplex.[4] Schon Carl Friedrich von Weizsäcker widmete der Kybernetik in seinem Buch „Die Einheit der Natur" einen ganzen Abschnitt.

Mit Daten und Daten *über* Daten („Metadaten") werden Personenprofile erstellt. Über Ihr Handy weiß man (bzw. glaubt es zu wissen), wo Sie sind. Schließlich bringen Drohnen ja nicht Terroristen um, auch nicht Menschen, sondern SIM-Karten. *Das* ist ihr elektronisches Ziel. Der Rest ist ein (manchmal erwünschter) Kollateralschaden. Da die maschinelle Regelung (z. B. das ABS im Auto) meist genauer ist als eine menschliche Reaktion, kann die Drohne aufgrund des „Lebensmusters" bald selbst entscheiden, wer demnächst Selbstmordattentäter wird.

Eine schöne Paradoxie, die gut in Abschn. 2.2 passen würde: Wer versucht, nicht in den Kreis der Verdächtigen zu geraten, gerät als erster auf die Liste. Jeder halbwegs intelligente Terrorist versucht, sich „normal" zu verhalten. Die Geheimdienste haben genau diejenigen im Visier, die über einen sogenannten Anonymisierungsserver ihre technische Adresse (die „IP-Adresse") zu verschleiern versuchen. Denn wer über einen solchen Server auf welche Inhalte von wo aus zugreift, lässt sich schwer feststellen. Aber *haben* sie ihn gefunden, ist er schon dadurch verdächtig, dass er sich verbergen wollte. Und wer kein *Facebook*-Konto hat, kann auch nicht in Ordnung sein.

Facebook ist mit mehr als 300 Mio. hochgeladenen Fotos jeden Tag und über 2 Mrd. monatlich aktiven Nutzern das größte soziale Netzwerk weltweit. In Deutschland waren es im September 2017 um die 31 Mio. Nutzer generieren weltweit in jeder Minute 4 Mio. *Likes,* und im Durchschnitt verbringt jeder Nutzer 20 min pro Tag auf *Facebook*[5]. Das Unternehmen ist eine riesige Datenkrake, denn jedes Mal, wenn eine fremde (!) Internetseite besucht wird, die mit einem „gefällt mir"- oder „teilen"-Button versehen ist, weiß es hierüber Bescheid und bietet die Informationen Werbern an – zur zielgenaueren Verbreitung von Werbung, auch und besonders von politischer. Es sind etwa 100 Daten, von persönlichen Angaben über

---

[4]Zugegeben – darin steckt ein Kategorienfehler: Militär und Industrie sind Akteure, Kybernetik ist ein Werkzeug bzw. ein Wissensgebiet.

[5]„40 Spannende Facebook-Statistiken für's Marketing" auf *Talkwalker* vom 18.07.2017 (https://www.talkwalker.com/de/blog/40-spannende-facebook-statistiken).

Konsum- und Zahlungsverhalten bis zu Ihren Vorlieben bei Musik und Filmen. Eine gigantische selbstverstärkende Rückkopplungsmaschine, denn aufgrund dieser Daten präsentieren Ihnen Firmen zu Ihnen passende Angebote, und Ihr Interesse daran generiert neue Daten.

Natürlich ist die „Ausspähung" durch Industrie und Geheimdienste keine einseitig gerichtete Informationssammlung über ein statisches System (die Gesellschaft). Es ist ein Kreisprozess im Sinne der Kybernetik: Es verändert das Verhalten der Gesellschaft (die sowieso nicht statisch ist, sondern sich beständig wandelt) und fügt ihr einen eigenen weiteren Regelkreis hinzu: „Ich weiß, was du letzten Sommer getan hast – und deswegen wirst du in diesem Sommer etwas anderes tun. Was ich aber auch schon weiß …"

Im Zusammenhang mit den Missbrauchsskandalen in Internaten und in der Kirche habe ich einmal „Knabenliebe im alten Griechenland" gegoogelt. Was dann passierte, können Sie sich denken: Einschlägige Werbung für Sex-Seiten und Spezialliteratur erschien auf meinem Bildschirm. Es hat mich einige Mühe gekostet, meine Frau davon zu überzeugen, dass alles nur „gesellschaftspolitischen Interessen" diene. Wie Recht hat doch Eric Schmidt, CEO von Google: *„If you have something that you don't want anyone to know, maybe you shouldn't be doing it in the first place."* (‚Wenn es etwas gibt, von dem Sie nicht wollen, dass es irgendjemand erfährt, sollten Sie es vielleicht ohnehin nicht tun.') Aber Achtung, Ironie! Denn das ist der erste Schritt zur „Schere im Kopf".

Die Gabe der Präkognition

Wieder ein schönes Wort: „Präkognition" heißt „Vorauswissen". Der Blick der Hellseherin in die Kristallkugel oder den Kaffeesatz. Der Autor Philip K. Dick schrieb im Jahr 1956 eine Kurzgeschichte, die der Regisseur Steven Spielberg im Jahr 2002 verfilmte: *Minority Report.* Darin sollen in der Abteilung *Precrime* der Washingtoner Polizei im Jahre 2054 drei sogenannte *„Precogs"* mittels Präkognition Morde verhindern. Mit ihren hellseherischen Fähigkeiten sehen sie die Morde der Zukunft voraus. Die (zukünftigen) Täter werden ermittelt und ohne Prozess in „Verwahrung" genommen. Wie niedlich! In 40 Jahren! Da sind wir heute schon weiter. Neulich sagte Ray Kurzweil, der bekannte Experte für künstliche Intelligenz (KI), voraus, dass Roboter bis 2029 „schlauer als Menschen" sein werden. Nach Bill Gates „der Beste, wenn es um Vorhersagen der Zukunft der KI geht". Der *Cyborg* aus dem Film „Terminator" des Regisseurs und Drehbuchautors James Cameron ist nicht so weit entfernt, wie Sie vielleicht denken. Werden die Maschinen danach trachten, über die Menschheit zu herrschen und die Kontrolle über die Welt zu übernehmen, um die Menschheit „vor sich selbst" zu retten? Oder gar ohne uns unterentwickelte Spezies auszukommen? Nick Bostrom meint, es wäre die letzte Erfindung, die der Mensch machen muss – vorausgesetzt, das superintelligente Wesen (das dann alle weiteren geistigen Entwicklungen übernimmt) wäre dumm genug, sich seinen Befehlen unterzuordnen. Eine schöne Paradoxie!

Wird *BigDog* von *Boston Dynamics* (ein Robotik-Unternehmen in *Massachusetts*) Ihnen wirklich nur auf Befehl ein Stöckchen bringen? Schon 1818 schrieb Mary Shelley den Roman „Frankenstein" – Feedback vom Feinsten: Der Mensch erschafft ein Monster, das Monster zerstört den Menschen. Ist ein „Zombie" denkbar, ein menschenähnlicher Roboter ohne eigenes Bewusstsein, ohne inneres Erleben (eine Frage, die Susan Blackmore in ihrem Buch mit ihren Gesprächspartnern beleuchtet)? Oder werden die Maschinen dann sogar ein Bewusstsein haben (müssen)? Werden KI-Maschinen (schöne Feedback-Idee!) eines Tages auch dieses Buch lesen und sich dabei köstlich amüsieren? Während die „Philosophie des Geistes" noch darüber rätselt, was „Bewusstsein" *ist,* haben es die Computer schon. Demnächst, irgendwann, irgendwie. Aber ich komme vom Thema ab …

Das war hier das Feedback zwischen Analyse und Analysiertem, abstrakt formuliert. Wir versuchen herauszubekommen, wie etwas tickt und verändern es damit. Im konkreten Fall versucht die Polizei, Verbrechensschwerpunkte zu ermitteln, um in gefährlichen Gegenden mehr Präsenz zu zeigen. Das war der gute alte Polizeibeamte, der seine Runden zieht und durch seine Anwesenheit Verbrechen verhindert. Der traditionelle Regelmechanismus: „Wo wir sind, sind keine bösen Jungs!" Heute ist das anders: Eine Software namens *PredPol* (Abk. für *Predictive Policing,* ‚voraussagende Polizeiarbeit') basiert auf Modellen für die Vorhersage von Nachbeben nach Erdbeben. Sie sagt Zeiten und Orte mit höchstem Risiko für zukünftige Verbrechen voraus. Im Gegensatz zu Technologien, die einfach Karten vergangener Verbrechen erstellen, verwendet *PredPol* „fortgeschrittene Mathematik und adaptives Computerlernen", so die Werbeaussage, und „hat zu Vorhersagen geführt, die doppelt so genau sind wie die bisherigen besten Vorgehensweisen". Sie wird zurzeit in Amsterdam, Los Angeles und Zürich eingesetzt. Nun soll sie in Nordrhein-Westfalen erprobt werden. „Lebensmuster" werden auch hier ermittelt, wie es ein Insider beschreibt: „Stellen wir in einem Ort das gleichzeitige Aufkommen ausländischer Transportfahrzeuge und die Verwendung ebenso ausländischer Telefonkarten fest, und das in regionalen Bereichen, die sich für mobile Einbruchstäter aufgrund ihrer Lage, etwa in Grenznähe oder Nähe der Autobahn, besonders eignen, sollte man aufmerksam werden." Die Vorhersagen seien „feiner als das Bauchgefühl eines erfahrenen Polizisten". *Minority Report* nicht erst im Jahre

2054. Obwohl *PredPol* nicht das Verhalten einzelner Menschen voraussagt, sondern nur statistische Aussagen über Korrelationen und mutmaßliche Zusammenhänge in einer Masse von Vorkommnissen macht. Natürlich könnten die ehrenwerten Herren Einbrecher dort arbeiten, wo sie bisher *nicht* waren – so wie der Elfmeterschütze in eine ungewohnte Ecke schießt. Aber ohne Lkw, ohne Autobahn und mit inländischen Subunternehmern?! So dreht sich die Rückkopplungsspirale zwischen Katze und Maus weiter … Na gut, das war jetzt eine Mischung aus Fiktion, Prognosen und Realität. Aber dasselbe zugrunde liegende Muster.

Das Amt prägt die Frau prägt das Amt

Diesen zyklischen Spruch kennen Sie schon aus dem Ende von Abschn. 7.4. *Der Spiegel* schrieb im Juni 2014 die schönen Zeilen:

> „Es heißt, jemand bekleide ein Amt. Aber es ist auch umgekehrt. Ein Amt bekleidet seinen Inhaber. Es legt ihm einen Mantel der Erwartungen um, gestaltet aus den Vorstellungen, die sich aus der Geschichte des Amtes, den Auftritten der Amtsträger und den Gesetzen ergeben. Diesen Mantel muss man tragen können, er muss passen."

Wir kennen Politiker, die in ihrem Mantel verschwanden, und solche, die die Knöpfe absprengten. Klar: Der Politiker gestaltet das Amt, und das Amt gestaltet den Politiker, wie schon gesagt. Doch die Macht der Gewohnheit wird zur Gewohnheit der Macht. Und Josef Augstein meint, „mit der Macht kommt die Verblendung".

Nur ein Rückkopplungskreis stimmt nicht: Die Prognose bestimmt die Zukunft bestimmt die Prognose. Es sei denn, jemand erfindet eine Zeitmaschine. Vorwärts geht es natürlich. Die Prognose bestimmt die Zukunft, ja, nämlich indem sie sich selbst erfüllt oder zerstört. Der *Club of Rome* prognostizierte 1972 „die Grenzen des Wachstums" (die wohl berühmteste Fehlprognose unserer Zeit). Auf die darin vorhergesagte totale Erschöpfung der natürlichen Ressourcen warten wir noch heute. Wäre der Ressourcenverbrauch in dem Ausmaß weitergegangen, wie das 1972 üblich war, wären wir vermutlich in der damals prognostizierten Katastrophe gelandet. Ist er aber nicht, und dazu hat eben diese Prognose, diese Warnung beigetragen. Klar, dass die Ressourcen natürlich irgendwann einmal erschöpft sein werden. Auch klar, dass die Nutzungsverlängerung immer teurer wird. Aber die exakten Zahlen und die exakten Jahreszahlen sind reine Spekulation. Die Prognose bestimmt die Zukunft – ja. Umgekehrt gilt es natürlich nicht: Die Zukunft bestimmt nicht die Prognose (aber natürlich die *Annahmen* über die Zukunft). Das muss man mehrmals betonen, weil genau das ja viele Leute denken. Sie glauben den Prognosen, weil sie tatsächlich glauben, dass sie von der Zukunft bestimmt werden. Prognosen sind aber schwierig, besonders über die Zukunft (dieser Kalauer musste hier leider noch einmal sein). Und wie gut, dass die meisten Prognosen im Nachrichtenrauschen ungehört verhallen.

Die Lobbyisten füttern die Abgeordneten füttern die Lobbyisten

Und noch ein zyklischer Spruch! Im wahrsten Sinn des Wortes. Denn *to feed* heißt ‚füttern', also ist Feedback ‚Rückfütterung'. Und das tun die beiden Gruppen, mit Schnittchen und Häppchen auf Kongressen und informellen Treffen. Aber nicht nur Essbares geht hin und her, auch – und hauptsächlich – Information.

Die altgriechische wörtliche Bedeutung des Begriffes *Demokratie* als ‚Herrschaft des Volkes' (abgeleitet aus *dēmos* ‚Volk' und *kratía* ‚Herrschaft') führt ausnahmsweise einmal in die Irre. Schon im klassischen Griechenland, wo diese Staatsform „erfunden" wurde, war es nicht das Volk in seiner Gesamtheit, sondern eine Volksversammlung, zu der nur die freien Männer zugelassen waren (Verzeihung, liebe Leserinnen!). Es ist *nicht* die Herrschaft des ganzen Volkes – nicht umsonst ist „Populismus" (lateinisch *populus* ‚Volk') ein Schimpfwort. Allerdings ist die Agitation gegen Volkes Stimme selbst ein politischer Faktor (schöne Rückkopplung!) – meist ein konservativer. Manche sagen: Ginge es nach dem Willen des Volkes, dann hätten wir die Todesstrafe, keine Ausländer und die D-Mark. Ein böser (und vermutlich/hoffentlich) falscher Satz.

Der Artikel 20 des Grundgesetzes, Absatz (2) besagt: „Alle Staatsgewalt geht vom Volke aus. Sie wird vom Volke in Wahlen und Abstimmungen und durch besondere Organe der Gesetzgebung, der vollziehenden Gewalt und der Rechtsprechung ausgeübt." Die „besonderen Organe der Gesetzgebung" sind die Abgeordneten des gewählten Parlaments. Von anderen Organen, insbesondere Interessenvertretern der Industrie, ist hier nicht die Rede. Aber unsere Volksvertreter geben zu: „Wir Abgeordnete sind natürlich auf Beratung angewiesen." Diese „Beratung" geht allerdings so weit, dass viele Lobbyisten Gesetzesentwürfe vorher zugespielt bekommen, lange bevor Bundestagsabgeordnete informiert werden. Einige Abgeordnete treten sogar in Seminaren „Lobbying für Fortgeschrittene" als Gastredner auf und bringen den Interessenvertretern bei, wie sie sich Gesetzesentwürfe beschaffen und entschärfen („prägen") können. Manche Lobbyisten schreiben dann die Entwürfe für die Gesetze lieber gleich selbst. Sie arbeiten geräuschlos hinter den Kulissen, denn sie wissen, wie Politiker ticken. Ihr

Job ist keine Einmalaktion, sondern eine Dauermassage. Sie lernen die Grundregel: „Mache dir Freunde, *bevor* du sie brauchst!" Viele Ministerialbeamte wechseln in Lobbyorganisationen, der sogenannte „Drehtüreffekt". Lobbyismus und Politik „bedingen sich gegenseitig". In sogenannten „Personalaustauschprogrammen" arbeiten Unternehmensmitarbeiter direkt in den Ministerien und erlangen so Insiderwissen. Nicht alle schätzen diese Art von Rückkopplung. Gregor Gysi möchte, dass „Frau Merkel entscheidet, was die Deutsche Bank macht, und nicht die Deutsche Bank, was Frau Merkel macht". Und das ist keineswegs nur seine eigene Meinung oder nur die der Linken, sondern er formuliert ein allgemeines Unbehagen.

8.2 Diplomatie und Säbelrasseln

Erwarten Sie hier keine fundierten geschichtlichen Analysen. Diese finden Sie an anderen Stellen überreichlich, und wir wollen politische und kriegerische Ereignisse ja nur („nur") aus einer bestimmten Sicht betrachten.

Eine verhängnisvolle Begegnung
Alexander K. ging den engen Bürgersteig entlang, den der neue Parkstreifen in der Straße gelassen hatte Er fühlte sich heute besser, zumindest besser als gestern. Doch die Chemo setzte ihm doch mehr zu, als er gedacht hatte! Aber mit seinen 20 Jahren würde er das schon wegstecken, und die Haare würden wiederkommen. Dumm nur (und den Ärzten unerklärlich), dass seine Knöchel so instabil geworden waren. Aber die hohen Schnürstiefel halfen. Das rückte ihn zwar in den Augen mancher Mitmenschen in die falsche Ecke, aber irgendwann merkten sie ihm seine Friedfertigkeit an. Wenn nicht, dann hatte er ja zur Sicherheit seinen Pfefferspray in der Tasche. Man wusste ja nie, in *der* Gegend. Als der Ausländer 200 m vor ihm um die Ecke bog und auf dem engen Bürgersteig auf ihn zukam, checkte er die Situation sofort.

Kelim D. war nicht so gut drauf. In seinem Job in der Kita waren die Kleinen heute seltsam aggressiv und kaum zu bändigen gewesen. Männliche Erzieher „mit Migrationshintergrund", wie man so schön sagte, waren gefragt, obwohl ihm seine Wurzeln kaum anzusehen waren – schwarzhaarig und mit dunklerem Teint sind ja viele. Die Sprachmelodie seiner Großeltern aus Anatolien hatte sein perfektes Deutsch nur leicht gefärbt, dafür beherrschte er das badische Nuscheln perfekt. Als er um die Ecke bog, sah er die Glatze in der Ferne sofort. Und auch den Teleskop-Schlagstock, den sie offensichtlich in der Hosentasche trug. Wie im Reflex blickte er in seine Umhängetasche und entdeckte zu seiner Beruhigung das Klappmesser neben seinem Handy.

Die Straße war menschenleer. Der andere kam ihm entgegen, auf derselben Seite. Alexander versuchte ihn einzuschätzen, seinen machohaften Gang, seine bullige Figur. Was er wohl in der Umhängetasche hatte, in die er gerade so verdächtig geschaut hatte?! Eine Knarre? Unwillkürlich straffte sich seine Gestalt. Er hatte vor seiner Krankheit viel Sport getrieben und würde es mit dem Kanaken schon aufnehmen. Vielleicht war er ja auch harmlos … aber in *der* Gegend?!

Kelim zwang sich, seinen Schritt nicht zu verlangsamen. Nur keine Schwäche zeigen, schon gar nicht bei einer Glatze in Springerstiefeln. Er fühlte sich unsicher. Zwar hatte er in seiner Ausbildung gelernt, Konflikte friedlich beizulegen – aber Konflikte unter Kindern. Mit ihm als Autoritätsperson und nicht als Beteiligtem. Sollte er die Straßenseite wechseln? Oder wäre gerade das ein Zeichen der Schwäche und würde einen Angriff provozieren? Was konnte man erwarten … eine Glatze in *der* Gegend?!

Sie waren nur noch wenige Meter voneinander entfernt.

Wie geht die Geschichte weiter, lieber Leser? Sind Sie schon von der Zwischenüberschrift konditioniert und fürchten das Schlimmste? Oder weichen die beiden sich wortlos aus oder murmeln sie sogar ein besänftigendes „Hi!“?

Natürlich hätte einer oder hätten beide auch andere Charaktere sein können, vor Wut und Aggression platzende menschliche Zeitbomben. Denn nun haben wir alle Zutaten für ein Massaker zusammen: eine diffuse Bedrohungslage (die Gegend), stereotype Feindbilder (Glatze versus Kanake) und unbegründete oder begründete Ängste. Schließlich die Fehleinschätzung des Bedrohungspotenzials: die Verteidigungswaffe in den eigenen Händen und die Angriffswaffe beim vermeintlichen Gegner.

Dabei hatte eine wirkliche Rückkopplung noch gar nicht stattgefunden, denn die beiden haben (anders als bei eskalierenden Nachbarschaftskonflikten) noch keine längere Historie von Zusammenstößen. Wie auch immer es ausgeht – es besteht eine asymmetrische Situation: Jeder sieht sie aus seiner Sicht. Die Wirklichkeit ist ja nicht so, wie sie *ist,* sondern wie sie uns erscheint.

Natürlich hinkt der Vergleich zwischen einem privaten Zusammenstoß und staatlichen Konfliktsituationen auf beiden Beinen (wie auch individuelle und staatliche „Notwehr“ nicht vergleichbar sind). Aber gewisse gemeinsame Merkmale konnten Sie sicherlich entdecken. Aber kommen wir nun zu echten Konflikten.

WWI – ein grausames Kürzel

Fast alle Kriege dieser Welt entstehen aus einem „Teufelskreis" an Rhetorik und Aggression. So hat Christopher Clark den Ersten Weltkrieg (WWI – *world war* gefolgt von einer römischen „1") unter die Lupe genommen und in seinem Buch genau analysiert. Wie so oft gibt es keine Seite, der die alleinige Kriegsschuld zugewiesen werden kann. Und überall gilt der bekannte Satz: „Im Krieg stirbt die Wahrheit zuerst." Wir wollen uns einmal auf diesen Aspekt konzentrieren: Inzwischen sind über 300.000 authentische Fotos und Filme aus der Zeit des Ersten Weltkriegs aufgetaucht und ausgewertet. Sie zeigen eindrucksvoll zwei völlig verschiedene Blickwinkel auf die Ereignisse. Damals, um 1910 herum, trat der Film seinen Siegeszug als Informationsmedium an. Die Staaten lernten schnell, sich seiner zu bedienen. Lüge und Krieg sind Zwillinge, und jedes Bild ist eine Manipulation. Ausnahmen (wie später der Film *Im Westen nichts Neues* von 1930) sind zu Recht berühmt. Wochenschauen und „Dokumentarfilme" enthielten geschönte, oft nachgestellte Szenen. Sie stachelten die Begeisterung des Volkes für den Krieg an, und die förderte ihrerseits das Entstehen und die Verbreitung dieser Propaganda. Nur die privaten Fotos der Soldaten an der Front zeigen heute ein gegensätzliches und wahres Bild des Krieges. Der Pazifist Ernst Friedrich hat schon 1924 in dem Buch „Krieg dem Kriege" alle Fotos über den ersten Weltkrieg gezeigt, die man kennen muss, um den Krieg einschätzen zu können. In seinem „Anti-Kriegs-Museum" in Berlin hat er sie ab 1925 auch ausgestellt. Auch Kurt Tucholskys Lied „Der Graben" sagte alles, was gesagt werden musste. Doch Pazifisten hatten und haben einen schweren Stand.

Die verlustreichste Schlacht des Ersten Weltkriegs war die „Schlacht an der Somme" vom Juli bis November 1916. Trotz über einer Million an getöteten, verwundeten und vermissten Soldaten wurde sie ohne eine militärische Entscheidung abgebrochen. Propagandafilme verwandelten sie in einen militärischen Sieg (der britische „Dokumentarfilm" *The Battle of the Somme*). Die Deutschen zogen mit ihrer Sicht der Dinge nach. Jeder Schritt einer Seite bedingte die Reaktion der andern Seite.

Der Erste Weltkrieg brachte die Saat für spätere Konflikte aus, die bald aufgehen sollte. Die Anfangsbedingungen für ein katastrophales 20. Jahrhundert.

WWII – ein katastrophales 20. Jahrhundert

Ich will das dunkelste Kapitel der deutschen Geschichte auch nur am Rande kommentieren, denn dazu fehlt mir die detaillierte Sachkenntnis. Aber es ist ein lange gepflegtes Märchen, dass die Herrscher ein friedliches oder gar widerwilliges Volk „verführt" haben. Im Gegenteil, ein über ein Jahrzehnt währender positiver Regelkreis nährte diesen Prozess. Die politische Stimmung eines großen Teils des Volkes spülte eine Klasse von Mächtigen und gehorsamen Bürokraten in die Positionen, in denen sie die Stimmung des Volkes für ihre Ideologie manipulieren konnten. Ein „Teufelskreis", wie er beeindruckender und verhängnisvoller nicht verlaufen konnte. Belege dafür finden sich wieder in „alten Büchern", zum Beispiel in Hoimar von Ditfurths „Innenansichten". Er beschreibt auch sehr plastisch einen zweiten, diesmal negativ rückgekoppelten Prozess, nämlich die „Zähmung der in uns lauernden Bestie": unsere Aggressionen, unseren Fremdenhass und unsere Zerstörungslust durch moralisch-ethisches Verhalten.

Erich Maria Remarque, der Autor des Antikriegsromans *Im Westen nichts Neues,* hat es ganz im Sinne unseres Themas formuliert: „Ich dachte immer, jeder Mensch sei gegen den Krieg, bis ich herausfand, dass es welche gibt, die dafür sind, besonders die, die nicht hingehen müssen." Er liefert auch eindrucksvolle Belege für die These, dass Soldaten erst zum Töten dressiert werden müssen. Da ist keine Bestie, die im Innern lauert und nur befreit werden muss. Soldaten werden zu Tötungsmaschinen geformt, durch einen sich selbst verstärkenden Prozess.

„Tyrannei" ist nicht die Herrschaft durchgeknallter und verbrecherischer Einzelner (deren namentliche Nennung aus Vergangenheit und Gegenwart ich mir spare) über ein widerwilliges und unterdrücktes Volk. Es ist ein Rückkopplungsmechanismus, der auch die „Unterdrückten" zu Mittätern macht, sei es als Stasi-Spitzel oder als NS-Blockwart. In Anlehnung an den schon erwähnten Spruch von Carl Sandburg könnte man sagen: „Stell' dir vor, es ist Diktatur, und keiner macht mit." Stattdessen entsteht ein dynamisches System von positiv rückgekoppelten Strukturen, die als ihre eigenen Brandbeschleuniger die Spirale der Unterdrückung anfeuern. Brennstoffe sind Karrieren, Geld und Macht. Damit nicht genug der Selbstbezüglichkeit: Selbstbetrug gehört auch dazu, angefacht durch das Feedback über die Medien (wie erwähnt: Rundfunk, Film, Fernsehen und heute das Internet). Wie Hoimar von Ditfurth in seinen „Innenansichten" berichtet, glaubten Tausende noch kurz vor dem „Zusammenbruch" an den „Endsieg" und verwandelten sich erst kurz nach dem Ende (ohne Sieg) in „Widerstandskämpfer".

Es hatte zwar erfolgreichen Widerstand gegeben, aber er war nicht einheitlich organisiert. Der einzige Ausweg aus der Zwickmühle zwischen moralischer Mitschuld und Tod im Gestapo-Keller bestand in der völligen Verdrängung der Realität (die spätere Standard-Schuldentlastungsformel

„Ich habe von allem nichts gewusst").[6] Selektive Wahrnehmung (siehe Abschn. 7.7) gepaart mit Selbstbetrug – die klassischen Zutaten der Selbstbezüglichkeit. Und damit sind vor allem die Verhältnisse gemeint, die im Alltag für alle sichtbar waren. Schon in der Bibel steht: „Wer Augen hat zu sehen, der sehe!"

Die Allianzen und Blockbildungen beeinflussen sich gegenseitig, die Maßnahmen der Entscheidungsträger ebenso. Aufgrund der straffen hierarchischen Strukturen in Armeen und Behörden pflanzten sich solche Konstellationen blitzartig „von oben nach unten" fort. Doch auch in (noch) nicht demokratischen Staaten beeinflusst die Stimmung „unten" das Verhalten der Herrschenden „oben". Es gibt Staatsführer (gar nicht so fern von uns), die ihr Handeln nach den Meinungsumfragen richten. Die die „öffentliche Meinung" (genauer: die veröffentlichte Meinung) über die Medien so manipulieren, dass sie ihr Handeln rechtfertigt. Der Regelkreis ist geschlossen.

WWIII – wohin die Reise geht

An dieser Stelle wird ein Witz erhellend, von dessen Aussage ich mich aber (schon im Interesse meines häuslichen Friedens) ausdrücklich distanziere: „Frage: Woran liegt es, dass die Frauen seit Jahrtausenden unterdrückt werden? Antwort: Es hat sich bewährt!" Aber das ist zynisch. Dasselbe scheint leider für die Droh- und Abschreckungsgebärden zwischen Völkern bzw. (besser) Staaten bzw. (noch besser) Staatenlenkern zu gelten. Auch sie scheinen sich bewährt zu haben. „Bewährt" bedeutet: Es sind alte, im Sinne eines heutigen oder „höheren" Bewusstseins (Don Beck) inhumane Verhaltensmuster, die bisher „funktioniert haben", zum Beispiel die nukleare Abschreckung. Der Nachweis ist freilich schwierig zu führen. Im Lichte meiner Thematik ist es eindeutig ein Fall von positiver Rückkopplung. Ein selbstverstärkender Kreislauf aus Unterdrückung und Demütigung, der im Tierreich oft durch eine Unterwerfungsgeste gestoppt wird.

Insofern ist das biblische Gebot, seine Feinde zu lieben (das von vielen als utopisch belächelt wird), nur eine Aufforderung zur Deeskalation. In den Weltkriegen wurde der Begriff „Fraternisierung" (Verbrüderung) in perverser Form umgedeutet und führte zu zahlreichen Hinrichtungen. Natürlich ist es praktisch, unseren von fanatischer Wut und Angriffslust erfüllten Feind ein-

---

[6]In diesem Zusammenhang: In Berlin gab es seit den 1970er Jahren ein Zimmertheater, das ab Mai 1994 ein Stück mit dem Titel „Ich bin's nicht, Adolf Hitler ist es gewesen" spielte.

fach zu erschießen. Es ist sicher einfacher, als die positive Rückkopplungsschleife zu durchbrechen, die ihn vermutlich dahin gebracht hat. Schon die berühmte „Nachrüstungsdebatte" der späten 1970er Jahre zeigte die bedenkliche Tendenz, die eigene Bedrohung durch den Ostblock zu überschätzen und die des Gegners durch uns klein zu reden. Wir alle kennen das Wort vom Splitter im Auge des Gegners und vom Balken im eigenen. Die Geschichtsforschung hat die tatsächliche Bedrohungssituation inzwischen auf einen ernüchternden Faktenstand gebracht.

Wurde der dritte und sicherlich allerletzte Weltkrieg wirklich durch „gegenseitige Abschreckung" verhindert? (Man erinnere sich an einen Slogan aus dieser Zeit: „Wer zuerst schießt, stirbt als zweiter.") Oder hat nicht vielmehr negatives Feedback (also Deeskalation) diese Katastrophe verhindert? Zumindest vier Ereignisse zeigen den Erfolg dieser Strategie: Zu Beginn der Berlin-Blockade 1948 wollte ein amerikanischer General die Sperren mit einem bewaffneten Konvoi durchbrechen. Der amerikanische Präsident der USA, Harry S. Truman, lehnte diesen Vorschlag ab. Diese Haltung bewährte sich auch ein paar Jahre später. Im Koreakrieg (1950–1953) soll der kommandierende General vorgeschlagen haben, die daran beteiligte Großmacht China mit Atombomben zu überziehen (was er später abstritt). Auch das lehnte Harry S. Truman ab. Der dritte Vorfall war die Kubakrise 1962, bei der der „Kalte Krieg" einen neuen Höhepunkt erreichte. Die Abschreckung (positive Rückkopplung), die Konflikte vermeiden sollte, hatte sie herbeigeführt. Nur durch die Besonnenheit des amerikanischen Präsidenten und des sowjetischen Ministerpräsidenten (so sind sich die Historiker einig) wurde ein atomarer Weltkrieg verhindert. Eine Reihe von diplomatischen Deeskalationsschritten entschärfte die Situation. Der vierte Vorfall zeigt, wie Drohgebärden missverstanden werden können. Während eines NATO-Manövers im November des Jahres 1983, das einen Atomkrieg simulieren sollte (mit dem Codenamen *„Able Archer* 83", dt. ‚tüchtiger Bogenschütze'), glaubte die sowjetische Führung an die Vorbereitung eines Erstschlages. Natürlich bereitete man einen Gegenschlag vor, der prompt von der westlichen Seite als bevorstehender Erstschlag interpretiert wurde. So ist das mit allen Waffen: Die eigene ist harmlos und dient nur zum eigenen Schutz im Notfall, die des Gegners ist eine aggressive Bedrohung. Das ist ja das alte rückgekoppelte Steinzeitmuster in unseren Köpfen: *Ich weiß* ja, dass ich harmlos bin, aber weiß es auch der andere? *Er* hat ja diese gefährliche Waffe (die gleiche wie ich!), aber sicher nicht so ehrliche Absichten!

Das Muster ist immer dasselbe: Block A provoziert Block B, und deswegen zahlt B mit gleicher Münze zurück oder setzt noch einen drauf.

Verletzt A mit zwei Kampfjets den Luftraum von B, veranstaltet B ein Manöver an der Grenze von A. Beide versuchen ihre Einflusssphären auszudehnen. B spricht nicht mehr mit A, deswegen bricht auch A den Dialog ab. Niemand kommt auf die naheliegende Idee, das Vorzeichen dieser Rückkopplungsschleife umzudrehen. Aber scheint nicht der am Computer durchgetestete Erfolg der *„tit for tat"*-Strategie gegen diese Idee zu sprechen? Warum sollte A zurückweichen, weil A Angst vor dem Krieg hat, wenn B keine Angst davor hat? Aber woher weiß A das mit Sicherheit? Und A und B sind ja keine Individuen, die mit einer Stimme sprechen (und selbst da zeigen schon unsere Gedanken über die verschiedenen Bewusstseinsinstanzen B_I und B_{II} die darin steckenden Probleme), sondern Machtblöcke mit komplizierten und einander widersprechenden Entscheidungsstrukturen.

Kein Friedensnobelpreis für Kriegsverhinderer?

Am 26. September 1983 verdiente sich der Sowjet-Offizier Stanislaw Jewgrafowitsch Petrow den Friedensnobelpreis, den er nie bekam. Fünf Atomraketen waren in Montana gestartet, so meldete der sowjetische Kosmos-1382-Satellit. Der US-amerikanische Erstschlag, den viele damals im Ostblock befürchteten (unter anderem aufgrund der von dem Militärstrategen Colin S. Gray formulierten Strategie, „dem sowjetischen Huhn den Kopf abzuschneiden"). Er hatte den Befehl, in einer solchen Situation den Gegenschlag auszulösen – im Sinne der damals herrschenden Militärdoktrin der *mutual assured destruction* (sichere gegenseitige Vernichtung). O-Ton damals: „Die atomare Abschreckung kann nur funktionieren, wenn auf beiden Seiten Vernunft und Rationalität regieren." Eine absolut unzutreffende Vorbedingung, wie wir in unseren Erkenntnissen über das Bewusstsein in Abschn. 6.6 gesehen haben. Doch nun schaltete Petrow sein Hirn ein: nur fünf Atomraketen für einen Erstschlag?! Das war doch total unwahrscheinlich! Ein Fehlalarm. Ein Softwarefehler im Satelliten. Er gab den Alarm nicht weiter. So rettete er vermutlich die Menschheit. In späteren Interviews gab er zu, das Hirn gar nicht benutzt zu haben. Die Vorwarnzeit war viel zu kurz für genaue Analysen. Er benutzte seinen Bauch, B_I aus vorigem Kapitel. Die mächtige Erfahrungsinstanz, die Gigerenzer beschrieben hat.[7]

Wie es anders geht, zeigt der schöne Film „Gran Torino" von und mit Clint Eastwood. Ein grimmiger und aggressiver Kriegsveteran in einem

[7]Gigerenzer G (2008).

heruntergekommenen, kulturell gemischten amerikanischen Vorort reagiert auf harmlose Streiche eines vietnamesischen Nachbarjungen mit Drohungen durch seine Schrotflinte. Da er für Recht und Ordnung steht, verhindert er allerdings auch einen Übergriff einer Gang auf diesen Jungen. Daraufhin überschüttet ihn die Familie mit kleinen Geschenken und Einladungen, denen er nicht widerstehen kann. Durch diesen Deeskalationsschritt werden seine Vorurteile abgebaut. Das dramatische und im Sinne echter Opferbereitschaft nahezu vorbildliche Ende des Films will ich Ihnen nicht verraten.

Der schon erwähnte Schriftsteller Arthur Koestler wurde einmal nach dem wichtigsten Datum in der Geschichte und Vorgeschichte der Menschheit gefragt. Er nannte ohne zu zögern den 6. August 1945 und sagte: „Seit den Anfängen des Bewusstseins bis zum 6. August 1945 musste der Mensch mit der Aussicht auf seinen Tod als Individuum leben. Seit dem Tage, an dem die erste Atombombe über Hiroshima die Sonne verblassen ließ, muss er mit der Aussicht auf seine Vernichtung als Spezies leben."

Er lässt sich zu weiteren „polemischen Bemerkungen" (wie er es nennt) hinreißen:[8]

> „Der Mann, der in den Krieg zieht, verlässt das Heim, das er angeblich verteidigen soll; er kämpft und schießt fern der Heimat. Was ihn dazu bringt, ist nicht der biologische Zwang, seinen persönlichen Landbesitz, seine Äcker und Wiesen zu verteidigen, sondern seine Hingabe an Symbole, die von Stammesmythen, göttlichen Geboten oder politischen Schlagworten abgeleitet wurden. Kriege werden nicht um Territorien geführt, sondern um Worte. Dies bringt uns zum nächsten Punkt im Katalog der möglichen Gründe für die menschliche Misere: Die tödlichste Waffe des Menschen ist die Sprache. Er ist für die hypnotische Wirkung von Schlagworten ebenso anfällig wie für ansteckende Krankheiten. Und in Fällen einer Epidemie ist es dann die Gruppenmentalität, die zur Herrschaft gelangt. Sie gehorcht ihren eigenen Gesetzen, die sich von den Verhaltensweisen und Regeln des Individuums abheben. Wenn sich ein Mensch mit einer Gruppe identifiziert, wird seine Fähigkeit zu vernünftigem Denken eingeschränkt, zugleich werden seine gefühlsbetonten Reaktionen verstärkt – eine Art Gefühlsresonanz oder positiver Feedback. Der Einzelne ist kein Killer, die Gruppe ist es; aber indem er sich mit ihr identifiziert, wird er in einen Killer verwandelt. Diese teuflische Dialektik spiegelt sich in der menschlichen Geschichte von Kriegen, Verfolgungen und Völker-

[8]Quelle: Arthur Koestler: Der Mensch – ein Irrläufer der Evolution. *Der Spiegel* 5/1978 https://www.spiegel.de/spiegel/print/d-40616990.html.

> mord wider. Und die hypnotische Kraft des Wortes ist der Hauptkatalysator solcher Umwandlung. Die Reden Adolf Hitlers waren zu seiner Zeit die mächtigsten Zerstörungswaffen. Ohne Worte gäbe es keine Dichtung – und keinen Krieg. Sprache ist der Hauptfaktor unserer Überlegenheit über Bruder Tier und zugleich, angesichts ihres explosiven Gefühlspotentials eine ständige Bedrohung für unser Überleben."

Koestler sagt: „Der Krieg ist nicht das Werk des Tieres, der Bestie in uns, sondern das Werk der Sprache, also der zwischenmenschlichen Kommunikation." Jeder kennt das Sprichwort „Wer Wind sät, wird Sturm ernten". Triviale Einsichten, die niemand befolgt. Man könnte ein Buch darüber schreiben, gäbe es das nicht schon.

Hans-Joachim Spanger, Vorstandsmitglied der Hessischen Stiftung Friedens- und Konfliktforschung, sagt in einem *Spiegel-online*-Interview im Januar 2015: „Das internationale System ist anarchisch strukturiert, weil es kein Gewaltmonopol kennt. Jeder sorgt für seine eigene Sicherheit. In dem Maße, in dem eine Seite ihre Sicherheit erhöht, reduziert sie die der anderen Seite. […] Das sind Maßnahmen der Rückversicherung. Sie werden […] als Bedrohung aufgefasst. Wir haben – wie im Kalten Krieg – eine Situation erreicht, in der eine Bedrohungs- und Rüstungsspirale in Gang gesetzt worden ist. Sie löst sich zusehends von den eigentlichen Ursachen und entwickelt eine eigene Dynamik." Das ist der Teufelskreis, die positive Rückkopplung, die – so meinen manche – durch einfache „Vorzeichenumkehr", also eine Deeskalationsstrategie, zu durchbrechen wäre.

WWIII ist in vollem Gange. Wollte man zynisch sein (und dazu neige ich gelegentlich in meiner Verzweiflung, wie Sie gemerkt haben), könnte man sagen: Erfreulicherweise ist er weitgehend unblutig. Denn wir, die „westliche" Welt – besser: die reiche Konsumwelt –, zu der mehr und mehr auch andere Länder gehören (wollen), führen ihn gegen die Armen dieser Welt. Und gegen unsere Kinder und Enkel. Sie werden die Opfer unseres heutigen Lebensstils sein. Die kleine reiche Welt vernichtet die große arme. Deren Menschen rütteln an den Zäunen zu Wohlstand und Gerechtigkeit. Sie werden kommen.

Angesichts der ungezählten Toten und Verwundeten der Kriege verbietet es sich, hier launige Geschichten zu erzählen. Don Becks Spirale dreht sich hier rückwärts. Sowohl in innerstaatlichen Konflikten wie in Auseinandersetzungen zwischen Staaten ist Deeskalation auch heute nicht die Regel. Und Menschenrechte – was ist *das* denn? Die Genfer Konventionen, die kriegerische Auseinandersetzungen (politisch korrekt ausgedrückt; man könnte auch sagen: das absichtliche Töten von Menschen) in ein

„humanitäres" Regelwerk einbetten wollten – sie ist nicht das Papier wert, auf das sie 1949 gedruckt wurden. Einerseits. Andererseits bieten sie und die UNO-Menschenrechtscharta von 1948 die Chance zur Zukunft, und das ist und bleibt die entscheidende Lehre aus WWI und WWII.

8.3 „Die Gesellschaft" – gibt es die?

Wer oder was ist das eigentlich? Fühlt man sich bei dieser Frage nicht wie ein Hai, der in einen Sardinenschwarm hineinstößt und niemanden zu fassen kriegt? Wird sie – wie jeder sofort zugeben wird – durch die kulturelle Evolution verändert, und wenn ja, *wie?* Die (überall nachlesbare) Definition dieses Begriffes ist etwas trocken und abstrakt: „eine durch unterschiedliche Merkmale zusammengefasste und abgegrenzte Anzahl von Personen, die als sozial Handelnde miteinander verknüpft leben und direkt oder indirekt sozial interagieren". „Sozial": Gesellschaft ist etwas, das sich gesellschaftlich verhält. Schöne Tautologie! Umgangssprachlich würde man sagen: ein Haufen Menschen. Aber nach der Lektüre des Abschn. 3.2 wissen Sie es besser: ein System von Menschen. Damit sind Sie in bester Gesellschaft mit Niklas Luhmann und seiner Beschreibung: „ein soziales System, das gegen eine Umwelt abgegrenzt ist."

Die Globalisierung verändert unsere Gesellschaft, denn die großen Städte gleichen sich immer mehr aneinander an. *Starbucks, McDonald's, Zara* und *H&M* sehen überall gleich aus. Die internationalisierte Werbung verbreitet das westliche Schönheitsideal in der ganzen Welt. Daher sehen sich die Menschen immer ähnlicher – nicht durch das Wirken der biologischen Evolution, sondern durch Schönheitsoperationen und Bleichcremes (für Afrika). Das ist die kulturelle Evolution, die hier ihr Wirken zeigt. Und wenn wir von „kultureller Evolution" sprechen, gibt es dann auch „kulturelle Gene"?

Wir vererben nicht nur Gene

Lernen durch Erfahrung setzt eine einigermaßen konstante und geordnete Welt voraus. Anders hätten die Lebewesen – vom Einzeller bis zum Menschen – den langen Weg ihrer Entwicklung nicht geschafft. Das Gedächtnis für diese Langzeiterfahrungen sind die Gene. Erst hoch entwickelte Spezies (z. B. unsere, aber auch einige Primaten) können Wissen auch anders weitergegeben. Wenn auch die Grenze zwischen individuellem Lernen und Lernen der Art etwas undeutlich ist, gibt es sicher in der kulturellen Evolution etwas, das den Genen entspricht. Richard Dawkins hat 1976 hier ein analoges Wort erfunden: das „Mem". Er selbst hat kein eigenes Buch darüber geschrieben, wohl aber Susan Blackmore: über „Meme", die „Gene der kulturellen Evolution". Aber er erwähnt sie in seinem Buch „Das egoistische Gen" im elften Kapitel.

Ein „Mem" ist eine Einheit kultureller Information z. B. ein Begriff, eine Redewendung, ein Spruch,[9] ein Sprachgebrauch, ein Modetrend, ein Architekturstil, eine wissenschaftliche Erkenntnis, … – unterschiedliche Dinge in einer Hierarchie unterschiedlicher Detaillierungsgrade. Sie sind die Gene in unserer „psychologischen DNS", individuell erlernte oder ererbte Wissensinhalte. Also auch Verhaltensanweisungen, die von einer Generation an die nächste weitergegeben werden. Im Gegensatz zu Genen verändern sie sich relativ schnell, vielleicht sogar innerhalb von Wochen oder Monaten. Plötzlich auftauchende „Hypes", die vielleicht ebenso schnell wieder abklingen. Trotzdem hinterlassen sie Spuren, und sei es auch nur als Anekdote in der Geschichte. Im Vergleich zu den biologischen Genen mutieren sie sehr häufig. Und die gesellschaftliche Umwelt selektiert sie: Gute, wertvolle Meme überleben und bleiben oft über Jahrhunderte bestehen, während nicht so erfolgreiche nach kurzer Zeit wieder verschwinden. Sie bleiben zwar in den Geschichtsbüchern oder auf irgendwelchen anderen Speichermedien erhalten, aber nicht in den Köpfen der Mitglieder einer Gesellschaft – und dort ist ihr Lebensraum. Die „Lebensumstände" aus dem Konzept von Don Beck sind typische Beispiele, denn sie „fügen sich zu Mosaiken zusammen, die Weltanschauungen bilden". Sie formen die Gesellschaft, und die Gesellschaft formt sie in einem unaufhörlichen Regelkreis. Man könnte Meme weiterhin schlicht als „Ideen" bezeichnen, wie man es seit Jahrhunderten tut. Mir scheint, die Gen-Metapher soll verdecken, dass Ideen eben nicht mutieren, sondern aktiv von einzelnen Menschen verändert werden: die ideen verändern die menschen verändern die ideen.

Das Medium ist die Botschaft

Das Rentnerehepaar sitzt vor dem Fernseher. Er mault: „Das ist doch eine Gesprächsrunde mit fünf Teilnehmern in einer geraden Linie. Warum muss denn die besoffene Kamera ständig um sie herumkreisen?" Sie weiß es: „Das macht die Sache doch lebendig!" „Nein, es ist albern! Man will doch die Gesichter und die Mimik der Leute sehen, die gerade reden. Wir wollen

[9] Z. B. die „Weissagung der Cree": „Erst wenn der letzte Baum gerodet, der letzte Fluss vergiftet, der letzte Fisch gefangen ist, werdet ihr merken, dass man Geld nicht essen kann", aber auch einfache Begriffe wie „Frieden".

Leute sehen. Dieses Gekreisel will niemand sehen!" „Nun reg' dich ab, es ist ja gleich zu Ende. Dann kommen die Nachrichten."

Aber auch die muss er kommentieren: „Der G12-Gipfel ... Was ist das nun wieder!?" „Sei still, sie erklären es gleich." Und in der Tat, der Reporter geht durch die Fußgängerzone und fragt: „Was halten Sie von der Globalisierung?" Ein junges Paar antwortet: (sie) „Globulisierung ist ..." (er) „(piep)".

„Siehste!" sagt er. „*Jeder* Dämel sagt zu *jedem* Thema in *jeder* Sendung seine Meinung! Wen interessiert das?! Die Journalisten recherchieren nicht mehr, das kostet ja Zeit. So hat der Reporter drei Sendeminuten mit drei Minuten Arbeit. Ich schreibe 'mal 'ne Doktorarbeit, ein Jahr Tagesschau: wie viele Stunden private Meinungen, wie viele leeres Politikergerede, wie viele Sportler auf Sockeln, die Sektflaschen schütteln ... Sind *das* Nachrichten?!"

Am nächsten Tag ist im Sender Redaktionskonferenz. Der Praktikant (Master in Medienwissenschaften) ist verunsichert: „Die Nachrichten sollen doch die Leute aufklären ... Der mündige Bürger ..." Der Redakteur stellt das richtig: „Das machen die Dritten, nach 23 Uhr. Nachrichten sind Neuigkeiten, deswegen heißen sie *News*! Nichts ist so alt wie die Neuigkeit von gestern." „Aber die Zuschauer sollen doch zumindest *verstehen,* worum es geht ..." „Nein, wir können ihnen nicht vorschreiben, was sie sehen sollen. Die Leute wollen Leute sehen. Ihresgleichen. Nachrichten sind Unterhaltung. Den Begriff *Infotainment* haben Sie ja sicher auf Ihrer Hochschule erklärt bekommen." Der Praktikant bleibt hartnäckig: „In der Wissenschaftssendung, da ging das doch auch. Der Professor erklärte die Gravitation, man konnte sein Gesicht sehen, er zeigte Schaubilder ..." „Da sinken ja auch die Einschaltquoten. Dieses Format muss sowieso jünger werden. Da kriecht doch kein Rentner aus dem Fußsack. Wir werden den Prof in der Schwerelosigkeit zeigen, im Parabelflug. Oder wir hängen ihn an den Füßen auf und stellen die Kamera auf den Kopf, dann haben wir »negative Gravitation«. *Das* finden die Leute toll!" „Aber die Persönlichkeit des Professors, wo bleibt denn *die*?" „Ja, die müssen wir auch anders machen: jüngere Brille, bunteres Hemd. Und er kann nicht herumstehen wie ein Spazierstock, er wandert durch die Gegend. Am besten auf dem Mars, in der *Blue Box.*"

Der Praktikant gab noch keine Ruhe: „Kann man denn ein Mal, nur *ein Mal,* eine Informationssendung ohne blöde Kommentare von blöden Leuten aus der Fußgängerzone sehen?!" Auch hier musste er sich von seinem Chef wieder belehren lassen: „Nein, die Leute vertragen diese hohe Informationsdichte nicht. Sie verlieren ihr Interesse. Es muss menscheln.

Und je blöder die Leute, desto mehr denken die Zuschauer: »Oh, einer von uns!«. Feedback, verstehen Sie?"

Die Zuschauer meinen: „Wir werden von den Medien manipuliert. Sie zeigen nur das, was wir sehen *sollen.* Die Wahrheit wird uns vorenthalten." Die Produzenten sagen: „Wir würden ja gerne etwas anderes zeigen. Aber das wollen die Leute nicht sehen. Die Wahrheit wollen sie nicht wissen." Wie ist es *wirklich?* Wenn etwas eine Nachricht ist, kommt es in die Tagesschau. Oder: Was in die Tagesschau kommt, ist die Nachricht? Die Wirklichkeit ist ein Regelkreis: DIE MEDIEN BRINGEN, WAS DIE ZUSCHAUER WOLLEN, WAS DIE MEDIEN BRINGEN.

Doch die Zeiten ändern sich. Fernsehen war gestern, Zeitungen auch. Wir haben das Internet, das Rückkopplungsmedium schlechthin. Die personalisierte Zeitung, die auf bekannte Interessenprofile der individuellen Leser zielt, steht vor der Tür. So wie der Online-Buchhändler Ihnen Bücher aus Ihren Interessensgebieten empfiehlt, so werden News-Lieferanten ihren Lesern nur das Neueste aus der Modeszene, der Friedensbewegung oder dem britischen Königshaus präsentieren. Sind die Medien noch die „Vierte Gewalt" im Staat? Oder ist es „Das Volk", das seine Meinungen und Wünsche mittels der „Sozialen Medien" in den Staatsapparat zurückspeist? *Feedback* im englischen Wortsinne. In Foren, Kommentaren und Blogs verschafft sich das Volk … ja, was? Gehör? Nimmt das Netz das Geschriebene auf, trägt es zurück als „die Meinung der Wähler"? Oder ist das Internet nur ein riesiger virtueller Stammtisch? Der kanadische Kommunikationstheoretiker Marshall McLuhan hat es ja in einem Buchtitel zusammengefasst: *The Medium is the Massage:* Es massiert unseren Geist. Ursprünglich sollte der Titel *The Medium is the Message* (Das Medium ist die Botschaft) lauten – was auch Sinn macht (und als Schlagwort bekannt geworden ist). Doch ein Druckfehler auf dem Titel der Erstausgabe gab ihm den neuen Sinn.

„Kollaps" – das Verschwinden von Kulturen

Als „Biogeograf" erforscht Jared Diamond Probleme der Biologie und zugleich der Geografie. Spätestens sein Buch „Kollaps" machte ihn weltweit bekannt. Von den auf 700 Seiten ausführlich geschilderten und analysierten Gruselgeschichten möchte ich nur eine erwähnen. Sie schildert am Beispiel, warum Gesellschaften untergehen. Erfreulicherweise erkennt er auch Bedingungen und nennt Beispiele für das Überleben von Gesellschaften – und es wird Sie nicht überraschen, dass die sorgfältige Beachtung von Rückkopplungsschleifen in komplexen Systemen ein Kernpunkt ist. Er betrachtet menschliche Gesellschaften als System und analysiert *Input* in Form von „Ausgangsvariablen" und *Output* als „Ergebnisvariablen".

Diamond erkennt fünf Grundmuster, die zum Zusammenbruch der von ihm untersuchten Gesellschaften geführt haben: Umweltzerstörung, Klimaschwankungen, feindliche Nachbarn, der Wegfall von Handelspartnern und fast immer eine falsche Reaktion der Gesellschaft auf Veränderungen. Denn, wie gesagt, das zentrale Problem ist die Rückkopplung zwischen Umwelt und dem Verhalten und Handeln der Menschen.

Auf der Osterinsel führten nicht nur die Großmannssucht und das Konkurrenzverhalten lokaler Herrscher zum Untergang. In dem Buch schildert er unter anderem den Untergang der Bevölkerung der Osterinsel, einem heute baumlosen (!) Eiland von 13 × 24 km Größe. Sie liegt völlig isoliert im Südostpazifik südlich des südlichen Wendekreises, über 3500 km von der nächsten Küste (Chile) entfernt. Polynesier besiedelten sie in zwei Wellen, und im 14. Jahrhundert sollen dort etwa 6000 bis 30.000 Menschen gelebt haben. Die Schätzungen gehen also dramatisch auseinander. Im 17. Jahrhundert kam es zu einem totalen Bevölkerungszusammenbruch, den Diamond beschreibt. Nach mehreren Pockenepidemien, hervorgerufen durch die europäischen Besucher, waren 1872 nur noch 111 Inselbewohner übrig.

Diamond schildert, dass:

> „… die Osterinsel in ungefähr ein Dutzend Territorien unterteilt war, die jeweils einer Sippe oder Familie gehörten; sie erstrecken sich jeweils von der Küste ins Landesinnere, so dass die Insel wie ein Kuchen in ein Dutzend keilförmige Stücke aufgeteilt war. Jedes Territorium hatte seinen eigenen Häuptling und große zeremonielle Plattformen, auf denen Statuen standen."

Von diesen Steinstatuen (die *moai* genannt werden) und ihren steinernen Plattformen *(ahu)* gibt es viele: ca. 300 *ahu* und Hunderte von *moai,* die bis zu 20 m hoch und 72 t schwer waren. Der Transport erfolgte über Holzschienen und hölzerne Schlitten:

> „50 bis 70 Menschen, die täglich fünf Stunden arbeiten und den Schlitten mit jedem Zug fünf Meter voranbringen, [können] eine durchschnittliche Statue von zwölf Tonnen in einer Woche über eine Strecke von nahezu 50 km transportieren."

Vor allem die Statuen trugen zum Raubbau an den riesigen Palmen bei, der um 1400 n. Chr. seinen Höhepunkt erreichte. Sein Befund:

> „Die Waldzerstörung auf der Osterinsel war größtenteils religiös motiviert: Man brauchte Balken für den Transport und für die Ausrichtung der riesigen Steinstatuen, die Gegenstand der Verehrung waren. […] Ich habe mich oft gefragt: »Was sagte der Bewohner der Osterinsel, der gerade dabei war, die letzte Palme zu fällen?« Schrie er wie moderne Holzfäller: »Wir brauchen keine Bäume, sondern Arbeitsplätze!«?“

Meine Vermutung: Der Satz beim Fall der letzten Palme war: „Och, das kommt jetzt auch nicht mehr drauf an!“ Denn es muss ihnen schon vorher klar gewesen sein, dass sie auf einen Abgrund zusteuerten. Aber wie findet man den Kipp-Punkt? Ging es ihnen wie dem Jungen in Abschn. 3.1: „Ab wie vielen Körnern ist denn ein Sandhaufen ein Haufen?“ Ab wie wenigen Palmen waren es denn auf der Osterinsel *zu* wenig?

Ich möchte noch hinzufügen: Wenn „Führer“ riesige Statuen zur eigenen Verherrlichung errichten lassen (und das kommt uns bis in die modernste Zeit bekannt vor), dann zeugt das nicht nur von religiöser Verirrung, sondern auch von Größenwahn. Auf jeden Fall ist es ein deprimierendes Beispiel von selbstverstärkender Rückkopplung: Ist deine Statue groß, baue ich meine noch größer! Und vielleicht haben die Anführer der verfeindeten Stämme ja auch das moderne Killerargument benutzt: „Wenn *wir* sie nicht fällen, machen es die anderen!“

Diamond schließt dieses Kapitel mit den Worten:

> „Die wichtigste Parallele zwischen der Osterinsel und der heutigen Welt liegt im Konkurrenzprinzip: Die Osterinsulaner haben ihre Insel ruiniert, weil jedes Dorf noch größere Götzenbilder erbauen wollte als das Nachbardorf. »Wir haben bisher noch jede Krise gemeistert«, das sagte der König der Osterinsel auch. Aber die Parallelen zwischen der Osterinsel und der ganzen heutigen Welt liegen beängstigend klar auf der Hand. Die Osterinsel war im Pazifik genauso isoliert wie die Erde im Weltraum.“

Verschwindet auch unsere menschliche Zivilisation?

Und wo steht die heutige Menschheit? Verpulvert sie nicht ebenso unbekümmert die Ressourcen ihrer „Osterinsel“, der Erde? Oder denkt sie schon zweifelnd: „Oh! Das wird aber jetzt langsam eng!“ Was sagt der letzte Fischer: „Ups! Das war der letzte Fisch!“? Werden auch unsere Kultur und die gesamte Zivilisation verschwinden? Wird es sogar nach kalten und heißen Kriegen und Wettrüsten einen „WWIII“ geben, wie in Abschn. 8.2 angedeutet? Oder ein langsamer Tod wie der oft zitierte Frosch, der in einem Topf mit kaltem Wasser auf eine heiße Herdplatte gestellt wird?

Es begab sich zu der Zeit (so fangen viele Märchen an), als „die Welt" in zwei Blöcke aufgeteilt war: „der Osten" und „der Westen". Ein Märchen ist das leider nicht (höchstens ein Schauermärchen), aber ich möchte es mit einfachsten Worten in diesem Stil weitererzählen. (Historiker mögen bitte gleich im nächsten Abschnitt weiterlesen.) Nach dem 2. Weltkrieg standen sich die beiden Blöcke in einem „Kalten Krieg" gegenüber. 1949 wurde die NATO (*North Atlantic Treaty Organization* ‚Nordatlantikpakt-Organisation') gegründet, und ein atomares Wettrüsten zwischen ihr und den USA auf der einen und der Sowjetunion und dem Ostblock auf der anderen Seite begann. Die Krönung und letzte Eskalationsstufe war der „NATO-Doppelbeschluss" 1979, der die (angeblich durch die sowjetische Aufrüstung geschaffene) „Lücke in der atomaren Abschreckung" des Westens schließen sollte. Offensichtlich hatten die Militärstrategen ein Vorzeichen übersehen: Der Westen war atomar *über-*, nicht unterlegen. Der technische Fortschritt – zum Beispiel in Form von „Mehrfachsprengköpfen" – bestimmte die strategische Planung (nicht etwa umgekehrt [oder doch?!]). Das versetzte die Welt in Angst und Schrecken, und nicht nur Hoimar von Ditfurth meinte: „Es ist so weit!" und empfahl, vor dem Ende der Welt noch ein Apfelbäumchen zu pflanzen.

Alle diese Zeichen sind nicht nur Reaktionen auf (anscheinende oder scheinbare) Bedrohungen, sie sind auch Kämpfe um die Rangordnung. Wie bei unseren Vorfahren, den Primaten, scheint es nur zwei Lösungen zu geben: Überlegenheit zu zeigen (begleitet durch symbolisches Trommeln auf die Brust) oder sich zu unterwerfen, erkennbar an einer Demutsgeste. Umgekehrt schließen wir aus Deeskalations-Maßnahmen rückwärts, dass derjenige unterlegen ist, und nennen es verächtlich „Appeasement-Politik" (englisch *to appease* ‚besänftigen', ‚beschwichtigen').

Dass wir die Verhaltensweisen unserer Vorfahren (bis hinunter zu den Reptilien) immer noch in uns tragen, soll nichts entschuldigen. Im Gegenteil: Da wir Menschen uns durch Verstand und Vernunft auszeichnen (Tiere besitzen sie im Ansatz auch, aber „mehr ist anders"), haben wir uns weiterentwickelt und müssen auch diese „tierischen" Verhaltensweisen überwinden. Don Beck und seine Co-Autoren haben ja nicht umsonst das Konzept der spiralförmigen geistig-moralischen Höherentwicklung erarbeitet – Rückkopplungsprozesse, die über sieben Stufen zu einem „globalen Erwachen" in einer „neuen Weltordnung" führen sollen. Keine esoterische Spinnerei, wie man vermuten könnte, sondern soziologisch begründete Entwicklungsschritte. Wenn wir uns und die Welt bis dahin nicht vernichtet haben.

Warum töten Menschen? Weil sie es können!

Natürlich greift diese Überschrift etwas zu kurz. Wölfe können auch Wölfe töten, tun es aber nicht. Die weitaus meisten Menschen können es, tun es aber ebenso wenig. Interessant wäre also die Frage, wie sich Menschen, die es tun, von Menschen unterscheiden, die es nicht tun. Oder wie sich Situationen, in denen manche Menschen das tun, von Situationen unterscheiden, in denen es keiner tut.

Gehen wir von der Weltpolitik in die privaten Wohnzimmer der USA. Schätzungen zufolge befinden sich rund 300 Mio. Schusswaffen in Privathaushalten, statistisch gesehen eine pro Einwohner, ob Baby oder Oma. Die NRA (*National Rifle Association* ‚Nationale Gewehr-Vereinigung') fördert aktiv (mit einem Jahresbudget von 250 Mio. US$) deren Verbreitung: „Waffen retten Leben, mehr Waffen retten mehr Leben", oder: „Waffen töten keine Menschen. Menschen töten Menschen." Allerdings kommen in den USA jährlich ca. 30.000 Menschen durch privaten Waffengebrauch ums Leben. Die NRA argumentiert, nicht die Waffen seien das Problem, denn „man kann einen Menschen auch mit einem Hammer töten, und niemand fordert, Hämmer zu verbieten." Ein wahrlich schlagendes Argument.[10] Greifen wir diese verblüffend einfache Idee auf und ersetzen das Wort „Waffe" durch „Hammer": Der zweite Zusatzartikel zur Verfassung der USA verankert das Recht, einen Hammer bei sich zu tragen. Er geht auf die Revolutionäre des Unabhängigkeitskrieges von 1791 zurück – allerdings sind die Hämmer von damals mit den heutigen nicht zu vergleichen, und die politisch-gesellschaftliche Situation noch weniger. Offensichtlich sind viele Amerikaner behämmert und hammergeil, um bei dem satirischen Bild zu bleiben. Denn in zahllosen Hammerwerf-Vereinen üben Männer, Frauen und Kinder mit Sporthämmern. Hämmer in allen Größenordnungen kann man in etwa 130.000 Hammergeschäften kaufen. Zwar ist eine Registrierung zwecks Überprüfung des Käufers (*background check* genannt) erforderlich, um Vorbestrafte und Unzurechnungsfähige von Hämmern fernzuhalten, aber ca. 21 Mio. Hämmer werden pro Jahr „privat" verkauft. Ohne jede Registrierung oder Spur, auf Flohmärkten, im Internet, auf Hammermessen (von Händlern als „Privatverkauf" deklariert). Da die Verkaufszahlen in manchen Gegenden rückläufig sind (ein uns vertrauter Feedback-Effekt wegen Sättigung des Marktes), werden für Frauen und Kinder besondere Hammermodelle entwickelt: bunt, mit Bildern auf den

[10] Aber natürlich hinkt der NRA-Vergleich: Waffen sind als Tötungswerkzeuge viel effektiver als Hämmer, weil sie eigens für den Zweck des massenhaften Tötens konstruiert wurden.

Griffen, aus angenehmen Materialien. Sogar Blinde dürfen legal Hämmer erwerben (im Bundesstaat *Iowa*) mit der Begründung: „Ich *höre* ja, wo jemand steht!" Am 14. Dezember 2012 stürmte ein junger Mann mit einem Sturmhammer die *Sandy Hook Elementary School* in *Newtown (Connecticut)* und tötete 20 Kinder und 6 Lehrer. Zyniker würden sagen: 30 % der landesweiten Tagesration von ca. 82 Hammer-Opfern.

Damit kommen wir zu unserem Thema: Als Präsident Barack Obama und andere Waffengegner eine Verschärfung der Waffengesetze forderten, kam es zu einem Rückkopplungseffekt – mit negativem, also „dämpfenden" Vorzeichen für dieses Vorhaben. Die NRA forderte dagegen eine Liberalisierung der Waffengesetze („Wir brauchen mehr gute Menschen mit Waffen gegen böse Menschen mit Waffen"), und viele Staaten folgten. Der Umsatz der Waffenindustrie explodierte in den Wochen nach *Newtown* förmlich um 94 Mio. US$, weil brave Bürger in Torschlusspanik gerieten und noch schnell ein paar halbautomatische Sturmgewehre zur Selbstverteidigung erwerben wollten. In vielen Waffengeschäften hängt seitdem das Bild Obamas mit der Unterschrift *„Salesman of the Year"* (Verkäufer des Jahres).

Viele argumentierten, auf die Polizei und andere öffentliche Institutionen könne man sich zur Verteidigung seines Lebens, seines Besitzes und seiner Freiheit nicht verlassen. Zu unserem Thema passt dann auch deren rückbezüglicher Spruch: „Wenn die Regierung mir nicht vertraut, weil ich eine Waffe habe, warum soll ich dann der Regierung vertrauen?!"

Der kolumbianische Modedesigner Miguel Caballero brachte daraufhin eine Mode-Kollektion „MC Kids" auf den Markt – kugelsichere T-Shirts und Schulranzen. Der Markt für Hochsicherheitsmode wächst rasant, auch ein Ausfluss des Gesetzes von Angebot und Nachfrage.

Nachtrag: eine Anekdote

Der Philosoph hatte zwei ehrwürdige Personen zu seinem monatlichen TV-Studiogespräch gebeten. Für das gesetzte Publikum, 23:30 Uhr. Die meisten Mitarbeiter des Senders waren schon zu Hause, nur noch ein Kameramann und ein Aufnahmeleiter waren zugegen. Der Kameramann hatte nicht viel zu tun: 45 min Totale (damals kreiselte noch keine *Steadicam* um Talkshow-Teilnehmer). Im Hintergrund des Studios stand ein Fernsehapparat, auf dem ein künstliches Kaminfeuer prasselte. Das war das einzige Hintergrundbild an der ansonsten kahlen Studiowand. ‚Da schlafen ja die Leute erst recht ein', dachte der Aufnahmeleiter. Er schaltete das Kamerabild auf den Fernseher. Jetzt waren auf dem Fernseher im Studio die drei Gesprächsteilnehmer zu sehen, zuzüglich eines Fernsehers, auf dem die drei Gesprächsteilnehmer zu sehen waren. Zuzüglich eines Fernsehers, auf dem die drei … usw. – in unendlicher Wiederholung. So viel als Nachtrag zum Thema „Selbstbezüglichkeit" (Abschn. 2.3). Selbstbezüglichkeit erzeugt immer „seltsame Schleifen", wie Hofstadter das nannte.

Fassen wir zusammen

In Abschn. 2.1 haben Sie schon diese Sätze über die Regelkreise gelesen: „Wenn man nicht will, dass sich die Welt sinnlos im Kreise dreht, dann kann man sich die Zyklen auch auseinandergezogen vorstellen, nicht als Ring, sondern als Spirale. So entsteht ein Prozess der Höherentwicklung: Das Sein bestimmt das Bewusstsein, das Bewusstsein bestimmt ein höheres Sein, dieses bestimmt ein höheres Bewusstsein." So entstanden unsere Kultur und Zivilisation, in Zyklen, die immer schneller laufen, immer kürzer dauern. Die „Ebenen der Existenz" *(Levels of Existence)* des Professor Graves, erweitert durch Don Beck, zeigen eine Rückkopplung zwischen der jeweiligen Form der menschlichen Existenz und den bestehenden Lebensbedingungen. Über sieben Ebenen von Weltsichten, die aufeinander aufbauen und jeweils alle früheren Stufen einschließen. Die Gesetze des exponentiellen Wachstums gelten auch hier: In grauer Vorzeit dauerte es Tausende von Jahren, bis der Mensch etwas Komplizierteres als einen einfachen Faustkeil herstellte. Als er Eisen schmieden konnte, gab es viele neue Erfindungen in kurzer Zeit. Heute explodieren unser Wissen und Können. In nur einem Menschenleben gelangten wir von der „Kutsche ohne Pferde", dem Modell T von Ford (engl. auch *Tin Lizzie* ‚Blechliesel' genannt), zur Apollo-Mondrakete. Die kulturelle Evolution in der Gesellschaft ist eine sich immer schneller entwickelnde Spirale. Da kein System ewig wachsen kann, ist es eine interessante und bisher unbeantwortbare Frage, wo und wie sie zum Stehen kommt. Manche fürchten: im Untergang unserer Kultur und Zivilisation.

Wenn wir in die gesellschaftlichen und politischen Strukturen unserer Demokratie blicken, entdecken wir Feedback-Kreise ohne Ende. Beziehungen in kleinen Gemeinschaften leben ebenso vom Austausch von Informationen wie ganze Staaten und – in den Zeiten der Globalisierung – die ganze Welt. Wenn ich also weiß, dass meine Nachbarin sich für Psychologie interessiert, sollte ich mich nicht wundern, dass ein Buchversand in Luxemburg es auch weiß.[11]

---

[11]Dass „die Märkte" ein vernetztes und rückgekoppeltes System sind, werden wir in Abschn. 9.4 behandeln.

Die unerfreulichsten Beispiele von Feedback sehen wir in (kalten und heißen) Kriegen: „positive" Rückkopplung in Form von (oft ebenfalls immer schnelleren) Eskalationsstufen. Auch der Untergang einer Kultur und Zivilisation läuft nach diesem Prinzip ab, wie Jared Diamond an vielen und lehrreichen Beispielen erläutert.

Und das ist die wichtigste Erkenntnis in diesem Kapitel mit Geschichten, die natürlich der Komplexität der tatsächlichen Vorgänge nicht im Entferntesten gerecht werden: Kein einziges geschichtliches Ereignis verläuft linear und hat *eine* Ursache und *eine* Wirkung. „Was war die Ursache des ersten Weltkriegs?", das ist eine sinnlose Frage. Wir haben es immer mit komplexen vernetzten Strukturen und vielfältigen Rückkopplungskreisen zu tun. Das Wesentliche war und ist es heute noch, positive und negative Rückkopplung zu unterscheiden, das heißt aufschaukelndes oder dämpfendes Verhalten. Und nicht zu vergessen, dass sich Situationen selbst bei negativer Rückkopplung gefährlich hochschaukeln können, wenn die Totzeit des Systems oder andere Parameter die passenden Werte haben. Denn das ist das Gefährliche dabei: Wir glauben, die Situation im Griff zu haben, denn diese Rückkopplung ist ja eine dämpfende. Doch die Trägheit des Systems macht unsere Eingriffe nicht nur wirkungslos, sie verkehrt sie ins Gegenteil. Das System schaukelt sich auf.

In der Gesellschaft treten alte Bekannte – die „üblichen Verdächtigen" – wieder auf. Hierarchien, denn Individuen formen Familien formen Verbände formen gesellschaftliche Gruppen formen Staaten formen … Erscheinungen der Emergenz, denn jede dieser neuen Klassen hat neue und zusätzliche Eigenschaften, die aus denen der untergeordneten Klassen nicht hervorgehen. Rückkopplungsprozesse bilden sich innerhalb und zwischen den hierarchischen Schichten. Daher rührt der Verlust der Linearität zwischen Ursache und Wirkung, daraus entsteht die Dynamik und das Anwachsen der Komplexität der resultierenden Systeme. Und unsere Unfähigkeit, sie zu durchschauen und zu beherrschen.

Auch die (im Sept. 2015) aktuelle Situation in Europa war – fern von jeder moralischen oder politischen Beurteilung – ein typisches Beispiel für ein rückgekoppeltes chaotisches Verhalten an seiner Stabilitätsgrenze (siehe Abschn. 4.3 und Abb. 4.5). Die „Flüchtlingskrise" ist voll von Rückkopplungsprozessen und noch lange nicht beendet. Der von manchen zynischerweise behauptete *Pull*-Effekt ist ein Beispiel für positive Rückkopplung: Man dürfe in Seenot geratene Flüchtende deswegen nicht retten, weil deren Rettung weitere Fluchtbewegungen auslösen würde. Einzelne Akteure (Staaten) können die Probleme nicht mehr lösen. Aber nicht nur in Europa – weltweit zeigen die Probleme, dass nationale Souveränität inzwischen an ihre Grenzen stößt. Zu stark ist die Vernetzung der Finanz-, Informations- und Energieströme, der politischen und wirtschaftlichen Interessen. Übergeordnete Strukturen entstehen quasi von selbst (Emergenz!). Als Nachtrag zu den Zyklischen Sprüchen (Kap. 2) habe ich das Thema „Sein und Bewusstsein" (siehe Abb. 2.1) in einen Regelkreis umgezeichnet, ausgehend von Don Becks *Spiral Dynamics*. Dort bestimmen die Lebensumstände, also das allgemeine gesellschaftliche Weltbild, das Sein, das seinerseits das soziale Umfeld bestimmt. Das Sein ist aber auch Eingabegröße für das Bewusstsein, das (im Bild) verstärkend in den Eingang des Seins rückgekoppelt ist. Wie bei viele natürliche Regelkreisen ändert sich das Vorzeichen der Rückkopplung irgendwann einmal, womit ein stabiles Systemverhalten erreicht wird. Und damit eine der Ebenen dieser Theorie (Abb. 8.2).

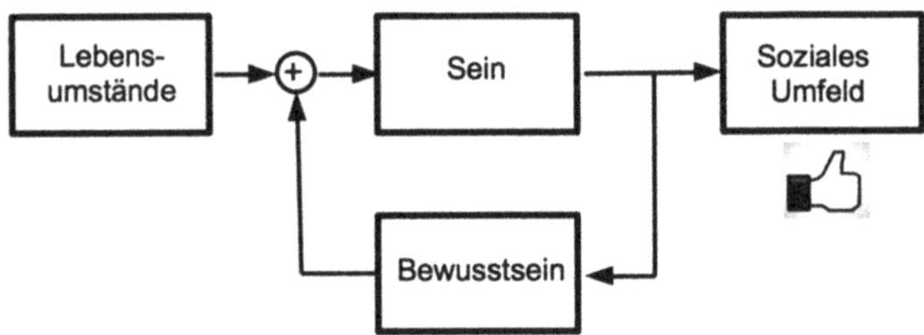

Abb. 8.2 „Sein und Bewusstsein" als Regelkreis

9

Rückkopplung in der Wirtschaft
Das Stabilitätsprinzip und die „Abwärtsspirale"

Über die täglichen Horrormeldungen in einer aus den Fugen geratenen Wirtschaft: Krisen, Teufelskreise und Abwärtsspiralen.

Was *ist* „die Wirtschaft"? Oder sollte ich besser fragen: *wer?* Nicht ein anonymes Gebilde, sondern handelnde Verantwortliche. Menschen. Eine interessante Frage für die Wirtschaftsphilosophie. Aber wir müssen uns auf die kybernetischen Gesichtspunkte beschränken. Aus dieser Sicht ist die Wirtschaft ein komplexes hierarchisches System wie in Abb. 3.3, in dem unzählbar viele Komponenten miteinander in Beziehung stehen. Und zwar in Wechselwirkung – rückgekoppelte Systeme. Das sieht man schon an Trivialitäten wie: Das Angebot bestimmt die Nachfrage und die Nachfrage bestimmt das Angebot.

Ebenso bekannt ist der Satz: Die Reichen werden immer reicher, die Armen immer ärmer. Das klingt nach den Regeln der logistischen Gleichung (vergleiche Abschn. 4.3). Giacomo Corneo, Professor für öffentliche Finanzen an der Freien Universität Berlin, formuliert es so:

> „Wenn wir auf Europa schauen, sehen wir, dass die Kluft zwischen hohen und niedrigen Einkommen immer größer wird. Die Gefahr besteht, dass sich am unteren und am oberen Ende der Pyramide große Teile der Gesellschaft vom Gemeinwesen verabschieden. Es kann ein Teufelskreis entstehen: Der Einfluss der Reichen auf die Politik wird größer, mit der Folge, dass die Politiker Gesetze schaffen, die den Reichen noch größeren Reichtum ermöglichen. Das führt letztendlich zu einer Plutokratie."

J. Beetz, *Feedback*, https://doi.org/10.1007/978-3-662-62890-4_9

Da taucht er wieder auf, der „Teufelskreis", der Mechanismus der Selbstverstärkung. Aber ist die Wirtschaft ein abgeschlossenes System wie Australien, das die sich lebhaft vermehrenden Kaninchen kahl gefressen haben, die dann an Hunger starben, worauf die Pflanzen wieder wuchsen? Ist es ein abgeschlossenes System wie der Lebensraum von Fuchs und Hase? Dann könnten Utopisten träumen, dass die Reichen verschwinden, wenn bei den Armen nichts mehr zu holen ist. Nein, die globale Wirtschaft ist *kein* abgeschlossenes System. Erstens liefert die Erde (noch) viele Reichtümer. Zweitens wird auch durch die menschliche Produktivkraft Reichtum erzeugt. Drittens entsteht Reichtum im System. Er entsteht in seinem *Inneren,* gewissermaßen aus dem Nichts. „Ein Universum aus dem Nichts", das werden wir gleich näher diskutieren.

Der Reichtum in unserem System ist Geld. Aber was *ist* Geld? Geld ist ein Anspruch auf eine Leistung, eine Ware oder Dienstleistung. Geld in Form von Banknoten ist nur bedrucktes Papier. Aus dem Papier wird offiziell erst Geld, wenn die Noten an die Banken ausgeliefert werden. Wie aber kommt das andere Geld in die Welt, das nicht aus Banknoten oder Münzen besteht? Wirklich „aus dem Nichts"? Ist die Wirtschaft – allen voran die Börse – nicht ein Nullsummenspiel, in dem der eine gewinnt, was der andere verliert?

Reichtum ist ungleichmäßig verteilt

Reichtum folgt keiner symmetrischen „Normalverteilung". Das ist die bekannte „Glockenkurve", die – daher der Name – die Form einer Glocke hat. Die Verteilung des IQ ist eine solche: Die weitaus meisten Menschen sind durchschnittlich intelligent, wenige sehr schlau und wenige eher minderbemittelt. Ähnlich bei der Körpergröße: Die meisten sind durchschnittlich, wenige sehr groß und wenige sehr klein. Doch beim Geld hat die Symmetrie ein Ende.

Oxfam ist ein Verbund von verschiedenen Hilfs- und Entwicklungsorganisationen mit Sitz in Oxford, UK. Sie hat 2015 eine weltweite Armutsstudie durchgeführt. Ergebnis: Das reichste Prozent der Weltbevölkerung besitzt mehr als alle anderen zusammen. Die 85 reichsten Menschen der Erde besitzen genauso viel wie die ärmere Hälfte der Weltbevölkerung zusammen, also rund 3,5 Mrd. Menschen. Nach Oxfams Aussage „beeinflussen wohlhabende Eliten und große Unternehmen weltweit die Politik zu ihren Gunsten und manipulieren wirtschaftliche Spielregeln in ihrem Sinne" – die bekannte Selbstverstärkung durch positive Rückkopplung.

Das Deutsche Institut für Wirtschaftsforschung (DIW) hat es im Frühjahr 2015 bei uns genauer untersucht. Es stellt fest: „Die reichsten

Deutschen verfügen über einen deutlich größeren Anteil am Gesamtvermögen der Deutschen als bisher geschätzt." 14 bis 16 % des Gesamtvermögens der Deutschen (bis zu 9,3 Billionen €) gehören den 0,1 % der reichsten Haushalte, 63 bis 74 % den reichsten 10 %. Der Krieg heißt Reich gegen Arm. Warren Buffett bestätigt dies: „Es herrscht Klassenkrieg, richtig, aber es ist meine Klasse, die Klasse der Reichen, die Krieg führt, und wir gewinnen."[1] Das sagte der drittreichste Mensch der Welt mit einem geschätzten Privatvermögen von ca. 72 Mrd. US-$, nachdem er festgestellt hatte, dass er prozentual weniger Steuern auf sein Einkommen zahlt als die meisten seiner Angestellten. Sein Sohn, Peter Buffett, sagt: „Es wird immer Märkte geben, Menschen haben schon seit Urzeiten getauscht und gehandelt." Aber es müsse gelingen, den Kapitalismus von einem System von Transaktionen und Profit in eines von Beziehungen und Gemeinschaft zu verwandeln. Und das ist ja unser Thema: Ja, Rückkopplung ist das Grundschema der Wirtschaft. Ja, die Parameter müssen richtig eingestellt sein, um ein Umkippen in die Selbstverstärkung und ins Chaos zu vermeiden.

Der Kabarettist Georg Schramm nennt es einen „lupenreinen Arm-Reich-Konflikt". Sinngemäß sagt er: „Dem Kapitalismus ist in der »Finanzkrise« eine erstaunliche Leistung gelungen: Er verliert eine Schlacht und lässt den Gegner die Zeche bezahlen. Vor der Französischen Revolution gab es etwa acht Staatsbankrotte. Bei ihren Gläubigern wurde der *haircut* etwas tiefer angesetzt – sie wurden geköpft." *Haircut* (Haarschnitt), das sagen die Banker vornehm zum „Schuldenschnitt" – sie werden einfach beschnitten. Manchmal auf null: *gar nichts* wird zurückgezahlt.

Man kann sicher die Aussage wagen, dass wir im Kapitalismus leben, ohne dass ich mir die Mühe machen muss, exakt zu definieren, was das eigentlich ist. Zumindest hat er zwei uns bekannte Wesensmerkmale: Marktwirtschaft und das Privateigentum an Produktionsmitteln. Wie gesagt, wir reden über Geld. Da weiß wenigstens jeder, worum es sich handelt ... oder? Was *ist* Geld denn eigentlich? Wenn Sie einen 5-Euro-Schein betrachten, ist er nichts anderes als ein bedrucktes Stück Papier, das billig herzustellen ist. Betrachten wir es etwas genauer. Wie sagte doch Bertolt Brecht in seiner „Dreigroschenoper" so zutreffend: „Was ist ein Einbruch in eine Bank gegen die Gründung einer Bank?" Also gründen Sie doch eine, die LIB, die LeserInnenBank. „Es werde Licht!" *(fiat lux)* steht lateinisch in der Bibel,

---

[1]O-Ton in der *New York Times* vom Nov. 2006: *„There's class warfare, all right, but it's my class, the rich class, that's making war, and we're winning."*

also sagen Sie: *„fiat pecunia!"* Denn Sie erschaffen Geld (das Fachleute deswegen „Fiatgeld" nennen). Geld, das vorher noch nicht da war. *„A Universe from nothing"* (‚Ein Universum aus Nichts') nannte Lawrence Krauss sein Buch über die Entstehung der Welt. Genau so entsteht das Finanz-Universum. Nach seltsamen Mechanismen, die Sie in Abschn. 9.1 kennen lernen werden.

Die Börse ist, wie schon in Abschn. 1.6 erzählt, der Prototyp einer perfekten Rückkopplung. Sofort finden wir wieder einen schönen zyklischen Spruch: Die Kurse steigen, weil die Leute kaufen, weil die Kurse steigen. Umgekehrt, mit „fallen" und „verkaufen", funktioniert es natürlich genauso. Das Musterbild eines Regelkreises mit dem Ergebnis, dass die Kursbewegungen wellenförmig verlaufen, wie im Lehrbuch. Was wird an der Börse gehandelt? Aktien? Wertpapiere aller Art? Kontrakte, Derivate, …? Nein. An der Börse werden die Erwartungen der Zukunft gehandelt. Wie und wieso, das sehen wir noch in Abschn. 9.4.

Die „unsichtbare Hand" des schottischen Ökonomen und Moralphilosophen Adam Smith: Sie ist ein Gleichnis, das die Selbstregulierung des Marktes beschreibt, die Selbststeuerung der Wirtschaft über Angebot und Nachfrage. Das Marktgeschehen ist eine ordnende und regulierende Kraft (wie eben eine „unsichtbare Hand"), die den Einzelnen dazu bringt, seine wirtschaftlichen Interessen zu verfolgen und dabei gleichzeitig dem Interesse der Gesellschaft (zum Beispiel nach bestmöglicher Güterversorgung) zu dienen. Märkte, die sich „vernünftig" „verhalten" (zwei Anführungszeichen-Paare, weil beides zwei getrennte Begriffe aus unserer Welt sind, die einen Rückkopplungsmechanismus unzulässig vermenschlichen). Von der Vernunft der Marktteilnehmer, die ja eigentlich das Geschehen bestimmen, ist allerdings nicht so viel zu spüren – aber das ist abhängig davon, wie man „vernünftiges Verhalten" definiert. Für sie besteht es oft nur in kurzfristigem Gewinnstreben, nach dem Motto „Nach mir die Sintflut!". Dabei haben *sie* nicht einmal eine Schwimmweste! Oder es ist der Herdentrieb, das Gegenstück der Schwarmintelligenz: Ich kaufe, weil andere kaufen. Deswegen sagen böse Zungen, es gäbe diese rationale regulierende Kraft gar nicht. Die einzige unsichtbare Hand sei die der Finanzindustrie in den Taschen der Steuerzahler.

Wieder ein interessantes Gebiet, in dem man viele Mechanismen wiederfindet, über die wir schon ausführlich gesprochen haben. Und manche liegen auf der Hand. Schon 1957 machte sich mein Lehrer Winfried Oppelt Gedanken über volkswirtschaftliche Regelungsvorgänge. Schauen wir uns beispielhaft einige davon an.

9.1 „Die Notenbanken drucken Geld" – doch wohin mit dem Papier?

„Die Notenbanken drucken Geld", hört man immer. Allein der Europäische Stabilitätsmechanismus (ESM) soll 700 Mrd. € umfassen. Ein 500-Euro-Schein wiegt ca. 1,12 g, eine Million Euro also 2,24 kg und 1 Mrd. € 2,24 t; 700 Mrd. € sind dann fast 80 große 20-Tonner-Lkw. Die Euros werden alle gedruckt?! Das kann doch so nicht stimmen! Geld ist doch weltweit fast nur virtuell.[2] Viele sagen: Das ist ja nur eine Metapher. Wie aber wird das virtuelle Geld erzeugt, wo kommt es in Zeiten des bargeldlosen Zahlens her? Setzt sich der Chef der Notenbank an seinen Computer und fügt an das Feld „Geldmenge" einfach eine Null an? Ja, fast so: Die Bank „schöpft" das Geld einfach elektronisch.

Grundsätzlich findet die Geldschöpfung auf zwei Ebenen statt: Die Zentralbank verleiht „frisches" Geld an die Banken, die dafür dort eine Sicherheit in Form von Wertpapieren hoher Bonität hinterlegen müssen. „Bonität" (lat. *bonitas* ‚Vortrefflichkeit') ist die Kreditwürdigkeit, die Fähigkeit und die Bereitschaft des Schuldners, das Geld zurückzuzahlen. Die eigentliche Geldschöpfung findet aber im Bankensystem selbst statt. Dort schöpfen die Banken „frisches" Geld einfach per Kreditvergabe. Ein Beispiel sehen Sie weiter unten. Wenn der Kredit ausgereicht wird, erscheint dieser auf der Aktivseite der Bilanz als Anlage und auf der Passivseite als Einlage. Selten wird auf „echtes" Geld zurückgegriffen (zum Beispiel die Einlagen der Sparer oder das Eigenkapital der Bank). Zieht der Kreditnehmer sein Geld ab, um etwa eine Fabrik oder ein Auto zu kaufen, muss die Bank sich „refinanzieren". Das geschieht in der Regel durch einen Kredit bei einer anderen Bank und erzeugt so die endlosen Verkettungen, über die die Banken miteinander verbunden sind. Die Zentralbank kann diese Kreditexpansion in unserem bisherigen System nur steuern, indem sie das Zentralbankgeld verteuert (was die Banken zu Abwicklung von Zahlungen benötigen, allerdings nur etwa 3 % der gesamten Kreditsummen). Oder indem sie den Banken Auflagen macht, ihre Vorräte („Reserven") an Zentralbankgeld zu erhöhen und die Kredite damit zu verteuern. Diese freie und ungebremste Geldschöpfung durch die Banken ist die Hauptursache für die Krise(n). Also folgen Sie Brechts Rat und gründen Sie eine Bank!

---

[2] In Europa gibt es eine sog. „zahlungsfähige Geldmenge" von ca. 4,8 Billionen EUR, davon sind aber nur 858 Mrd. EUR Bargeld. Die restlichen 82 % existiert nur auf Konten als „Sichteinlagen". Dieses Geld wurde überwiegend von den Banken als „Fiatgeld" geschaffen.

Bevor ,Sie das System aber als irrsinnig verdammen, denken Sie daran: Nichts ist so einfach, wie es scheint! Es gibt unter Fachleuten durchaus Argumente, die *für* einen solchen Mechanismus sprechen – allerdings unter strenger Kontrolle entsprechender Regelmechanismen. Diese aber wurden im Laufe der Zeit durch politische Entscheidungen stufenweise fast völlig aufgeweicht.

Das fragen wir uns alle: Wie um alles in der Welt funktioniert das internationale Finanzsystem? Beginnen wir … nicht mit einer Anekdote, sondern mit einer wahren Geschichte.

Auch ein Gauner kann berühmt werden

Carlo Pietro Giovanni Guglielmo Tebaldo Ponzi wurde am 3. März 1882 in Italien geboren und wanderte in die USA aus. Charles Ponzi, so nannte er sich dort, stellte etwas fest, was noch niemandem aufgefallen war: Internationale Antwortscheine der Post kosteten in Spanien umgerechnet 1 US-Cent, waren in den USA aber 6 Cent wert. Also gründete er 1920 in Boston eine Firma, um damit zu handeln. Er versprach Anlegern einen Profit von 100 % in 90 Tagen – und jeder, der daran zweifelte, bekam auf Wunsch sein Kapital nebst den enormen Zinsen anstandslos ausbezahlt. Die Mehrheit der Anleger ließ aber nach Ablauf der Bindungsfrist das Kapital samt Zinsen zur Wiederanlage stehen. Die (wenigen) echten Auszahlungen an die Anleger wurden jedoch mit den Einlagen der Neuanleger finanziert, die Zinsen nur als fiktiver Gewinn gutgeschrieben. Innerhalb von Monaten vertrauten über 30.000 Investoren dem blitzartig berühmt gewordenen Ponzi einen Gesamtbetrag von 15 Mio. US$ an. Erst ein Bericht in der *Boston Post* im Juli 1920 machte die Leute darauf aufmerksam, dass dieses Pyramiden- oder Schneeballsystem eines Tages unausweichlich zusammenbrechen musste. Unter den Anlegern brach Panik aus, doch Ponzi zahlte 2 Mio. US$ in drei Tagen an eine wilde Menschenmenge vor seinem Büro aus. Er umschmeichelte die Leute, teilte Kaffee und Donuts aus und sagte ihnen fröhlich, dass sie nichts zu befürchten hätten. Viele änderten ihre Meinung und ließen ihr Geld bei ihm stehen. Erst Anfang August 1920 musste Ponzi seine Zahlungsunfähigkeit eingestehen. Er wurde verhaftet und zu fünf Jahren Gefängnis verurteilt. Seitdem heißt dieses Schneeballsystem im angloamerikanischen Raum „Ponzi-Schema". Dies aber nur als Vorrede. Beginnen wir die Geschichte an der Basis, ohne jedoch gleich mit Adam und Eva anzufangen.

Bretton Woods ist ein kleiner Ort im US-Bundesstaat New Hampshire. Dort trafen sich am 1. Juli 1944 die Vertreter von 44 Nationen, um das internationale Finanzsystem nach der Weltwirtschaftskrise ab Oktober

1929 neu zu ordnen. Die Wechselkurse der teilnehmenden Länder wurden innerhalb gewisser Bandbreiten fest an den US-Dollar gebunden, dieser an den Goldpreis, der auf 35 US$/Unze festgelegt wurde. Zur Überwachung wurde der Internationale Währungsfonds (IWF) gegründet. Doch das System hatte einen grundlegenden Konstruktionsfehler. Die Länder bzw. die jeweiligen Zentralbanken waren in der Lage, Geld „aus dem Nichts" zu schaffen. Wie genau, das werden wir gleich sehen. Aber wenn die Staaten ihre Geldmengen erhöhten, mussten sie höhere Dollarreserven zur Deckung anlegen. Doch die USA konnten begreiflicherweise nicht mehr Gold zur Deckung dieser nachgefragten Dollars erzeugen. Also war eine immer größere Dollarmenge nicht mehr durch Gold gedeckt. Wenn nun ein Land seine Dollars gegen Gold zurücktauschen wollte, so hätte die in den USA vorgehaltene Menge an Gold nicht ausgereicht, weil den in Umlauf befindlichen Dollars zu wenig Deckung in Gold gegenüberstand.

So zog der US-Präsident Richard Nixon am 15. August 1971 die Notbremse: Er kündigte völlig überraschend die Bindung des Dollar an Gold. 1973 wurden die Wechselkurse freigegeben. *„Bretton Woods"* mit seinen festen Wechselkursen war tot, und das war ein einschneidender Eingriff in das internationale Finanzsystem. Denn nun stand einer ungebremsten Geldschöpfung nichts mehr im Wege: Ein Gegenwert in Gold war nicht mehr erforderlich. Und das war nur *eine* der politischen Entscheidungen, die Regelmechanismen des Finanzsektors aufzuweichen.

Fiat lux: es werde Licht! *Fiat pecunia:* es werde Geld!

Also kommen wir zur Geld-„Schöpfung". Nun arbeiten Sie in der LIB, der LeserInnenBank. Ein Kunde kommt zu Ihnen und möchte 100.000 € Kredit, um ein Unternehmen zu gründen. Das Wort „Kredit" kommt vom lateinischen *credere* ‚glauben' und bedeutet, dass Sie glauben, dass Sie das verliehene Geld auch wieder zurückbekommen. Um Sie darin zu bestärken, muss er Ihnen dafür ein Pfand geben, „Sicherheit" genannt. Wenn er eine Immobilie dafür kaufen möchte, wird diese Sicherheit in der Regel im Grundbuch eingetragen – und wenn er das Geld nicht zurückzahlt, gehört die Immobilie Ihnen. Doch das ist nicht unser Thema. Wir wollen wissen: Woher kommt das Geld? Ist es *Ihr* Geld? Das Ihrer Giro- und Sparkunden? Nein, weit gefehlt! Wenn Sie einem Freund Geld leihen, dann ist es Ihr eigenes, es kommt aus Ihrer Brieftasche. Wenn die Bank jemandem Geld leiht (also einen Kredit gibt), kommt es aus … dem Nichts! Es wird „geschöpft". Entgegen dem allgemeinen (Miss-)Verständnis wird also nicht etwa das Geld der Sparer oder das Eigenkapital der Bank weiterverliehen, sondern neu „gedrucktes" virtuelles Geld.

Das geht zum Beispiel so: Sie (das heißt die LIB) schreibt dem Kunden die gewünschten 100.000 € auf seinem Konto gut. Die Bank muss jedoch im Gegenzug für den Kredit Geld, die sogenannte Mindestreserve, bei der Zentralbank deponieren. Sie ist viel kleiner als der Kredit: Selbst besitzen muss sie davon nur 1 % (seit dem 18. Januar 2012, davor 2 %). Und nicht einmal das: Sie kann es sich auch von der Zentralbank leihen. Die restlichen 99.000 €, die sie am Ende der Laufzeit von dem Kunden zurückbekommt, waren virtuelles Geld: Fiatgeld. Sie waren vorher gar nicht *da*. Doch bei der Rückzahlung haben sie sich auf wunderbare Weise in *reales* Geld verwandelt. Und die Sicherheit, die er hinterlegen muss, deckt das virtuelle Geld voll ab. Und auch die Zinsen, die er zahlen muss, beziehen sich auf die volle Summe. Ein blendendes Geschäft für die LIB.

Das war das Prinzip der Geldschöpfung. Wie Lawrence Krauss es nannte: *„A Universe from nothing"*. Genau so entsteht das Finanz-Universum. Ein zentraler Ausdruck in diesem Buch war ja „von selbst" und „aus dem Nichts". Das Prinzip der „Selbstorganisation". Das gibt es also auch in der Wirtschaft.

9.2 Der Staat macht Schulden – aber bei wem?

Erinnern Sie sich noch an die zwei Inseln im Pazifik (Abschn. 1.4)? Prasserland war pleite. Doch anders als in diesem Märchen werden Staaten oder auch Banken heute gerettet. Noch märchenhafter!

Ernst und Hilde ziehen Bilanz

Das Rentnerehepaar saß am Abendbrottisch. Auf der Kommode stand in einem Silberrahmen ein Foto ihres Sohnes Gerhard. „Wir haben eigentlich immer gut gelebt, Hilde!" „Ja, du hast das Geld immer schön zusammengehalten." „Aber ein paar Schulden haben wir schon gemacht." „Das macht ja jeder. Ich verstehe von Geld ja nichts. Ich erinnere mich an 1950. Da haben wir uns 5000 DM für ein neues Auto geliehen." „Jaja, heute wären es 2500 €." „1960 waren es schon 15.000 DM an Schulden. Die neue Wohnung …" „Dass du dich daran noch erinnerst, Hilde! 1970 hatten sich unsere Schulden verdoppelt, 16.000 € nach heutiger Währung." „Ich verstehe von Geld ja nichts, Ernst. Aber das ist ja nicht so viel. Du hast ja immer gut verdient." „Ja, Hilde, das hat mich etwas übermütig gemacht. Die Eigentumswohnung … 120.000 DM Schulden im Jahr 1980." „Ach,

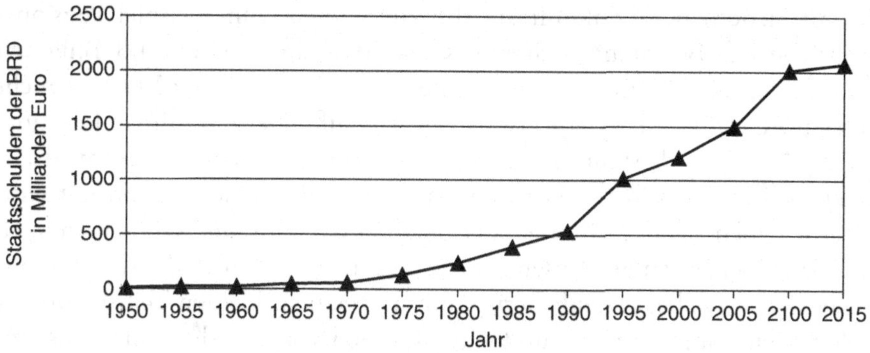

Abb. 9.1 Staatsschulden der BRD in Milliarden Euro

das ist ja nicht die Welt! Wir haben eben unser Leben genossen. Wir haben ja auch viel zurückgezahlt." „Das stimmt schon, aber wir haben auch viel Geld für Zinsen ausgegeben. 1990 standen wir schon mit 270.000 DM bei den Banken in der Kreide." „Ach, Ernst, das ist ja kein Beinbruch. Ich habe dann ja auch die Übersicht verloren. Aber der Gerhard zahlt's. Er erbt unser Vermögen *und* unsere Schulden." „Das wird ihn nicht sehr freuen. Heute, im Jahr 2015, sind es genau 516.250 €. Wir sind DM-Millionäre – allerdings in den Miesen. Und unsere Tage sind gezählt. Ob der Gerhard das je wieder loswird?!?"

Ja, so kann es gehen. Wenn wir uns den Verlauf der Staatsverschuldung anschauen, wie ihn der Bund der Steuerzahler ausweist (Abb. 9.1), sehen wir dieselbe exponentielle Entwicklung. Ich habe die Zahlen nur mit dem Faktor 1:4.000.000 umgerechnet. Die 516.250 € entsprechen den Staatsschulden von 2065 Mrd. (oder 2.065.000.000.000, falls Ihnen diese Zahlen vertraut sind – zwei Billionen), Stand 2012. Im Jahr 1975 waren es nur 130 Mrd., 1993 (in der Mitte zwischen 2012 und 1975) 770 Mrd.

Wir schreiben das Jahr 1381. Am 15. Mai stirbt der fränkische Raubritter Eppelein von Gailingen. An diesem Tag fängt ein Vorfahre Harry Potters an (Sie merken schon: eine erfundene Geschichte), jede Sekunde einen 100-Euro-Schein zu zerreißen. Tag und Nacht, 24 h pro Tag, 365 Tage pro Jahr, ohne Pause. 634 Jahre lang. Er hat nicht einmal Zeit, zu sterben. Bis heute hat er über 2 Billionen Euro vernichtet. Doch die deutschen Staatsschulden wachsen selbst ihm über den Kopf – er müsste seine Leistung auf aktuell (Stand Mai 2015) 165 € pro Sekunde steigern (andere Quellen zu anderen Zeiten weisen *noch* höhere Werte aus).

Das sind aber „nur" die verbrieften Schulden des Staates, für die Anleihen (also Schuldscheine) existieren. Was aber ist mit den Zahlungen, die mit Sicherheit in Zukunft auf ihn zukommen, zum Beispiel Pensionsansprüche der Beamten? Fachleute sagen, dass dort weitere 4,8 Billionen als Schulden der Zukunft festgeschrieben sind. Aber bei wem? Das ist nicht einfach zu ermitteln. Kredit ist Anspruch auf eine zukünftige Leistung. Dieser Anspruch besteht bei Privatleuten und Investoren, die Staatsanleihen besitzen; bei Versicherungen und bei Banken, die dem Staat Kredit gewährt haben. Und, Achtung, „der Staat" – das sind *wir.* Wir zahlen auch jedes Jahr Milliarden an Zinsen – 2011 waren es 62 Mrd. Wir, das sind wir Steuerzahler … aber erfreulicherweise nur zu einem kleinen Teil. Denn der größere Teil kommt (mit freundlichen Grüßen von Charles Ponzi) aus den neuen Schulden. Wir bezahlen die Schulden von heute mit den Schulden von morgen. Da bekommt das Wort „Kapitalverbrechen" einen ganz neuen Sinn. „Der größte Raubzug der Geschichte", wie die Autoren des gleichnamigen Bestsellers meinen.[3] Ein sich selbst nährender rückgekoppelter Prozess.

Der Kreislauf des Geldes

Der „Finanzkabarettist" Chin Meyer erzählt eine schöne Geschichte: Ein Gast kommt in ein etwas heruntergekommenes kleines Dorf (vielleicht im Wilden Westen). Es ist später Abend, und er steuert ein Hotel an und fragt nach einem Zimmer. Der Hotelier sagt: „Ich habe ein wunderbares Zimmer – wenn Sie mir 100 US$ zur Sicherheit hinterlegen, können Sie es sich in Ruhe ansehen." Der Fremde nickt, legt das Geld auf den Tresen und verschwindet. Der Hotelier hat aber Schulden bei seiner Wäscherei, die schon angemahnt wurden. Er nimmt das Geld und rennt los. Der Wäschereibesitzer, glücklich über die Zahlung, begleicht sofort seine Schulden beim Kohlenhändler. Aber auch die einzige Vertreterin des horizontalen Gewerbes hat Außenstände – beim Kohlenhändler. Sie freut sich über den Dollarschein. Atemlos kommt sie danach ins Hotel und überreicht dem Hotelier die 100 US$, die sie im schuldete. In diesem Augenblick kommt der Fremde die Treppe herunter und sagt: „Tut mir leid, ich habe es mir anders überlegt, ich fahre noch ein Stückchen weiter." „Kein Problem!" sagt der Hotelier und drückt ihm seinen Hunderter in die Hand. So sind alle ihre Schulden los.

Eine erfundene und nicht ganz wahrscheinliche Geschichte. Sie ist nett, obwohl sie nicht ganz zum Thema passt, weil sie auch in einer reinen Tauschwirtschaft ohne Geldschöpfung passieren könnte. Aber sie zeigt,

[3]Friedrich M, Weik M (2014).

dass Rückkopplungsketten über mehrere „Systeme“ laufen können. In der Wirtschaft ist das sogar die Regel. Und wen wundert es, dass solche Zusammenhänge hier oft nicht mehr erkannt werden. Sie sind verschleiert. Insbesondere dann, wenn nicht ein einziges Element (hier der Hunderter) weitergereicht wird, sondern unterschiedliche Zahlungsströme in unterschiedliche Richtungen laufen und letztendlich doch irgendwo wieder zusammenfinden. Auch Firmen- und Postengeflechte sind oft in solchen Kreisläufen strukturiert: Unternehmen A besitzt Anteile an Unternehmen B, aber auch B an A. Das Vorstandsmitglied des einen ist Aufsichtsratsmitglied des anderen – und umgekehrt.

Leihen oder kaufen – oder Anleihen kaufen?

60.560.000.000.000, sechzig Billionen (Millionen Millionen) US-Dollar – das ist der Schuldenberg, auf dem alle Staaten der Welt gemeinsam sitzen. Da die Ausgaben der Staaten meist die Einnahmen durch Steuern übersteigen, müssen sie sich Geld leihen. Entweder von den Banken oder von Investoren und Privatanlegern. Durch „Staatsanleihen“, wie zum Beispiel den Bundesobligationen. Dafür zahlt der Staat Zinsen als „Leihgebühr“. Nach Ende der Laufzeit der Anleihe zahlt er den geliehenen Betrag an den Gläubiger zurück. Hat er nicht genug Geld, gibt er neue Anleihen heraus. Erinnert Sie das an etwas oder jemanden? Richtig: Das „Ponzi-Schema“.

Die Zinsen, die der Staat den Anlegern oder Banken zahlen muss, sind vom Ausfallrisiko abhängig. Ist ein Staat vertrauenswürdig (solide Wirtschaft, stabile Regierung usw.), sind die Zinsen niedrig. Rating-Agenturen bewerten die Bonität der Staatsanleihen. Sind die Zinsen hoch – bei weniger vertrauenswürdigen Staaten –, benötigt der Staat mehr fremdes Geld, um die Zinsen überhaupt zahlen zu können. Der „Teufelskreis“ ist geboren. Die Kreditwürdigkeit sinkt immer weiter, die Zinsen werden immer höher. Irgendwann ist „Ende der Fahnenstange“. Der Staat ist pleite. Ist er dagegen versichert (ja, das gibt es! Man nennt es *Credit Default Swap*, kurz „CDS“), springt die Versicherung ein. Da ein CDS ein an der Börse handelbares Wertpapier ist, schwankt sein Preis, wie wir gleich sehen werden (Abschn. 9.4). Steigt die Pleitewahrscheinlichkeit, wird die Versicherung teurer und Spekulanten können sie teurer verkaufen, als sie sie eingekauft haben. Ein an der Börse normaler Feedback-Mechanismus. Hochkomplex, denn die tatsächliche Kreditwürdigkeit des Staates, die Meinung der Rating-Agenturen und der Preis der CDS beeinflussen sich gegenseitig. Nebenbei: Die Rating-Agenturen werden oft von demjenigen bezahlt, dessen Wertpapiere bewertet werden sollen. Was meinen Sie: Wie objektiv wird ihr Urteil sein?

Das Thema „Staatsanleihen“ hatten wir schon im Abschn. 1.4, im Land der *Prasser* und der *Knicker*. Dort war es eine fiktive Geschichte, hier aber wird es ernst. Eine Anleihe ist eine Schuldverschreibung mit der Aufschrift: „Du hast mir heute 100 US$ gegeben. Ich gebe sie dir in X Jahren zurück. Dafür bekommst du Y % Zinsen pro Jahr.“ Unternehmen und Banken können sie herausgeben, aber auch (und vor allem) die „öffentliche Hand“: ein Staat und seine Länder und Gemeinden (zum Beispiel bei uns die früheren Bundesschatzbriefe, „Bundesschätzchen“ genannt). 100 US$ steht drauf, aber man kann sie für 95 US$ kaufen (wenn ihr Zinskupon niedrig ist). Oder man muss 107,76 US$ dafür zahlen, wenn sie sich deutlich besser als andere Festzinsanlagen verzinsen. Am Tag der Fälligkeit bekommt man den Nennwert von 100 US$ zurück – wenn das Unternehmen (oder der Staat) dann a) noch existiert und b) nicht sagt: „Oh! Sorry! Dumm gelaufen – ich habe das Geld nicht … Seid ihr mit Z Prozent zufrieden?“ Das ist der sogenannte „Schuldenschnitt“. Ein Staat hat natürlich noch mehr Möglichkeiten (und hat bisher oft davon Gebrauch gemacht). Er kann seine Währung manipulieren: „100 US$ waren damals 5000 Pesos. Die gebe ich euch zurück. Dass sie heute nur noch 45 US$ wert sind, dafür kann *ich* ja nichts!“ Oder so ähnlich …

Das ist natürlich Volkswirtschaft *for dummies* – aber es ist ja nicht das Ziel, so komplexe Zusammenhänge sachlich exakt und vollständig in allen Details darzustellen. Ziel ist es nur, die Feedback-Mechanismen darin sichtbar zu machen.

Wer rettet wen? Kredite, Schulden und ordentlicher Haushalt

Unser Wirtschaftssystem – egal, ob wir es „Kapitalismus“ nennen oder nicht – fördert die Konzentration von Vermögen durch den nun schon hinreichend diskutierten kybernetischen Effekt der Selbstverstärkung. Derselbe Effekt führt auch zur weiteren Verarmung der Armen, zum Beispiel dadurch, dass sie wegen zu geringer Einkommen keine Altersversorgung aufbauen können. Eine negative Rückkopplung zur Dämpfung bzw. Umkehrung dieser Teufelskreise kann nur durch politische Entscheidungen herbeigeführt werden.

Meist verzinst sich Kapital stärker als die Wachstumsrate der Wirtschaft. Dadurch nehmen Vermögen schneller zu, als es der Wirtschaftsleistung entspricht, und Kapitalbesitzer haben Erträge höher als das durchschnittliche Arbeitseinkommen. Vermögen und Schulden stehen miteinander in Beziehung, und nach den 1970er Jahren nahmen beide deutlich zu. Durch die Aufhebung der Goldbindung des Dollars und die Liberalisierung der Finanzmärkte konnten Banken nahezu unbeschränkt Geld „drucken“.

Natürlich drucken sie nicht Milliarden an Geldscheinen und transportieren sie mit Lkw durch die ganze Welt. Es ist virtuelles Geld, um es noch einmal zu wiederholen. Das erreichte 2007 seinen Höhepunkt: NINJA-Kredite oder *Subprime*-Kredite. „NINJA" steht für *„No Income, No Job or Assets"* (‚kein Einkommen, kein Job und kein Vermögen'). *Subprime* heißt nichts anderes als ‚zweitklassig'. Der Kreditnehmer verfügt über zu wenig Einkommen, um einen Kredit zum Kauf eines Hauses abzuzahlen – schlechte Bonität nennt man das. Die einzige Sicherheit ist die Immobilie selbst – ein hervorragendes Pfand zu Zeiten steigender Immobilienpreise. So wurden Häuser oft über ihren tatsächlichen Marktwert beliehen, weil der ja im nächsten Jahr höher sein würde. Unsere bekannte Selbstverstärkung, die aber sich leider zu einem Teufelskreis umkehrt, wenn das Häuschen im nächsten Jahr weniger wert ist. Und im übernächsten Jahr noch weniger. Kann der Kreditnehmer seinen Kredit nicht mehr bedienen (NINJA), gehört das Häuschen der Bank. Und die hat ein Problem, denn der Marktwert ist geringer als der Kredit, den sie ausgegeben hat. Aber so groß ist das Problem nun auch wieder nicht – die Bank packt viele dieser *Subprime*-Kredite in ein großes Wertpapierpaket, findet (und bezahlt) eine Rating-Agentur, die für die giftigen Papiere die Bestnote AAA vergibt und verkauft sie an Investoren weiter. Die machen Fonds daraus, Bündel von schlecht abgesicherten Hypotheken, die sie kleinen Sparern als Alterssicherung andrehen. Das sind „forderungsbesicherte Wertpapiere" *(Asset Backed Securities),* denn die Sicherheit des Wertpapier-Besitzes besteht in der Forderung an den Hausbesitzer, die Hypothek zurückzuzahlen oder sein Eigentum herauszugeben. Sie haben den hübschen Namen *Collateralized Debt Obligation* (CDO), so viel wie ‚Pfandschuldverpflichtung', aber auch interpretierbar als ‚Schuldverpflichtung mit Nebeneffekten'. Warren Buffett nennt sie die „Massenvernichtungswaffen der Finanzindustrie". Im Jahr 2007 wurden solche Produkte im Wert von 634 Mrd. US$ verkauft. Dann kam im selben Jahr die weltweite Finanzkrise durch den Dominoeffekt, das typische Zeichen der Selbstverstärkung. Sie lief wie folgt: Die einkommensschwachen Hausbesitzer konnten ihre Darlehen wegen steigender Zinsen nicht mehr abzahlen. Die Banken kündigten die Kredite, konfiszierten die Häuser (die Bewohner lagen auf der Straße) und warfen sie auf den Markt. Dadurch verfielen die Preise noch weiter. Die Banken erhöhten, um eigene Verluste gering zu halten, die Kreditzinsen – und die Spirale drehte sich immer schneller. Als die hohen Verluste der Banken bekannt wurden, vertrauten sich die Geldinstitute auch untereinander nicht mehr. Einige gingen pleite bzw. sie wurden durch das Geld der Steuerzahler gerettet. Denn man fürchtete auch hier die positive Rückkopplung, den Domino-Effekt. Nebenbei (und ein schönes Feedback-Beispiel): Eine große Ratingagentur wurde gerade zur Strafzahlung von 1,5 Mrd. US$ verurteilt, weil sie falsche Bonitätsnoten für Ramschpapiere ausgegeben hat. Schlechtere Noten wären fürs eigene Geschäft ungünstig gewesen, denn AAA bringt Geld. Früher hat man diese Leute einen „Bankier" genannt – hohes Ethos, untadelige Haltung, größte Diskretion. Heute nennt man sie „Banker" oder noch diskriminierender „Bankster". Im September 2008 kollabierte als erste die Investmentbank *Lehman Brothers*. Andere große Finanzdienstleister (unter anderem große Hypothekenbanken mit den „giftigen" ABSs und CDOs) mussten durch riesige staatliche Kapitalspritzen „gerettet" werden. Die US-Kommission zum Finanzcrash 2008 legte im Januar 2011 ihren Abschlussbericht vor. Ein Krimi mit 633 Seiten und 2265 Fußnoten. Ein Kernsatz: „CDOs erwiesen sich als eine der verhängnisvollsten Anlagen der Finanzkrise." Der Befund: Führende Personen in der Regierung, der US-Notenbank und der Finanzwirtschaft hätten das Desaster verhindern können, doch sie taten genau das Falsche. Komplexe vernetzte Rückkopplungssysteme, die niemand durchschaute.

„Wer hat sich denn so einen Unsinn ausgedacht!?" werden Sie empört fragen. Antwort: niemand. Niemand hat dieses komplexe System erdacht wie ein Team von Ingenieuren ein AKW. Es ist evolutionär entstanden, in vielen kleinen Schritten, die alle für sich betrachtet logisch und einsehbar sind. Tauschhandel – Geld – Kredit – Zinsen – Wertpapiere – Finanzprodukte … über mehr als drei Jahrtausende geschichtlich gewachsen. Man könnte innerhalb der kulturellen Evolution fast ein neues Schächtelchen aufmachen: ökonomische Evolution.

Spare, spare, Häusle baue

Wir haben von Paradoxien und Rückkopplungsschleifen gesprochen, und genau die treffen wir in der Wirtschaft reichlich an. Der investigative Journalist Harald Schumann der Berliner Zeitung *Der Tagesspiegel* schreibt unter dem Titel „Achtung, Spar-Paradox!" im Juni 2014:

> „Einen Staatshaushalt kann man nicht führen wie einen Privathaushalt. Wer individuell mehr einbehält, als er ausgibt, hat am Ende mehr auf der hohen Kante. Der Staat jedoch, der in der Regel zwischen 40 und 50 % der Wirtschaftsleistung umsetzt, verändert durch seine Ausgaben auch seine Einnahmen. Steigen die Ausgaben, weil damit junge Leute ausgebildet und die Infrastruktur leistungsfähig gemacht werden, dann investieren auch private Unternehmen mehr. In diesem Fall werden die anfänglichen Mehrausgaben durch erhöhte Steuereinnahmen mehr als ausgeglichen. Das Gleiche

gilt selbstverständlich auch umgekehrt. Wenn die Budgetkürzungen einer Volkswirtschaft so viel Kaufkraft entziehen, dass die Unternehmen mangels Nachfrage nach ihren Produkten schrumpfen, dann sinken auch die Steuereinnahmen und die „harten" Einsparungen bringen dem Staatshaushalt wenig. Weil die Wirtschaftsleistung sinkt, steigt die Schuldenquote sogar an."

Nehmen wir als Beispiel die Portugiesen. Die Regierung kürzte die Löhne und Renten und erhöhte die Steuern. Rein rechnerisch sollte das 27 Mrd. € im Jahr bringen, mehr als ein Viertel des gesamten Staatsbudgets. Aber das jährliche Defizit sank nur um 9 Mrd. €, denn der Sparkurs verursachte eine Rezession und damit reduzierte Einnahmen. Es mussten nämlich auch die privaten Haushalte und Unternehmen sparen. Gleichzeitig stieg die Schuldenquote in nur drei Jahren von 94 auf 130 %. Die Portugiesen sind also nur ärmer geworden, haben aber nichts gewonnen. Das Gegenteil der Ziele wurde erreicht. Die Rezession dauerte an, die Steuereinnahmen fielen, und die Schuldenquote wuchs, anstatt zu sinken. Das Gleiche wiederholte sich in Irland, Portugal, Zypern und Spanien, wenn auch in geringerem Umfang. Die Diskussion Anfang 2015 um Griechenland zeigt, dass dieses Prinzip nach wie vor Gültigkeit hat. Schumann schreibt:

„Die Folgen waren verheerend. Weil die Zinslast extrem blieb, musste der Staatshaushalt radikal angepasst werden. Bis Ende 2013 fielen die öffentlichen Ausgaben um 30 Prozent. Übertragen auf Deutschland wären das rund 400 Milliarden Euro, so viel wie der ganze Bundeshaushalt. In der Folge verlor die griechische Wirtschaft 26 Prozent ihrer Leistung, mehr als es je zuvor einem europäischen Land in Friedenszeiten widerfuhr. […] In allen Fällen dienten die vergebenen Notkredite dazu, private Gläubiger auf Kosten der Steuerzahler von ihren Fehlinvestitionen freizukaufen. Und mit den zugehörigen Programmen sollten die Staaten dann »das Vertrauen der Finanzmärkte« zurückgewinnen. Dazu mussten sie Haushaltsdefizite in Überschüsse verwandeln, um wieder als zuverlässige Schuldner zu gelten."

Man muss kein Wirtschaftsfachmann sein, um zu sehen, dass die Dynamik komplexer rückgekoppelte Systeme von vielen Beteiligten offensichtlich nicht verstanden oder – wie manche meinen – durchaus verstanden, aber für die Interessen bestimmter Akteure ausgenutzt wurde. Dazu sagt der Professor für Volkswirtschaftslehre und Nobelpreisträger Paul Krugman in einem Interview:

„Die Wirtschaft ist ein Kreislauf. Meine Ausgaben sind Ihr Einkommen, Ihre Ausgaben sind mein Einkommen. Wenn nun jeder gleichzeitig weniger ausgibt, dann fallen die Einkommen und die Wirtschaft schrumpft. Wenn also der private Sektor überschuldet ist und kürzt, und dann auch der staatliche Sektor die Ausgaben zurückfährt, wer soll dann noch kaufen? Es kann einfach nicht funktionieren, wenn es alle zur selben Zeit tun."

Ebenso ein Nullsummenspiel ist der Börsenhandel: Wenn einer gewinnt, verliert ein anderer. Aber unterm Strich verlieren stets diejenigen, die schlechter informiert sind und weniger Möglichkeiten haben, ihr Vermögen zu managen, also die Masse der Kleinanleger und Versicherungssparer.

Um noch etwas zurechtzurücken: Nehmen wir an, ich bin arbeitslos und es geht mir wirtschaftlich schlecht. Ich stehe kurz vor der Pleite. Sie leihen mir 10.000 € und ich verspreche, es in einem Jahr mit Zinsen zurückzuzahlen, wenn es mir besser geht. Nach einem Jahr habe ich das Geld verbraucht (zugegeben: Ich habe nicht schlecht gelebt). Ich habe immer noch keinen Job und leider noch höhere Schulden. Sie wollen Ihr Geld zurück. Ein entferntes Mitglied meiner Familie, dem es wirtschaftlich gut geht, leiht mir das Geld und ich gebe es Ihnen. Aber ich stehe immer noch kurz vor der Privatinsolvenz. Wer wurde nun gerettet: Sie oder ich?

Was halten Sie nun von der „Rettung Griechenlands" und der Solidarität mit den verschwenderischen Griechen? Der griechische Staat erhielt Kredite in Höhe von 240 Mrd. €. Aber über 200 Mrd. € flossen an die Banken und verschiedene Hedgefonds. Rund 77 % der Hilfen gingen also an den Finanzsektor, weniger als ein Viertel blieben für den Staatshaushalt. Komplexe vernetzte und kaum durchschaubare Systeme voller „seltsamer Schleifen" – denn kollabieren die Banken, kollabiert damit die Infrastruktur des Staates.

9.3 Feedback zwischen Angebot und Nachfrage

Je höher die Nachfrage, desto höher der Preis. Je höher das Angebot, desto niedriger der Preis. Das war's auch schon! Ende des Kapitels.

Wirklich?

Ein feierlicher Augenblick bei *dpi (Digital Printers, Inc.):* Der neue 3D-Digitaldrucker wird den Kapitalgebern in einem Meeting vorgestellt. „Wir hatten eine Million Dollar Entwicklungskosten und können jeden Drucker für nur 100 US$ herstellen", sagt der Firmenchef. „Sehr interessant!" kommentiert der Banker, „Was soll er denn kosten?" „Naja", versucht der Firmenchef zu scherzen, „wenn wir nur einen verkaufen, müssten es mindestens 1.000.100 US$ sein. Verkaufen wir eine Million, wäre der Preis nur 101 US$. Jeder zusätzliche Dollar ist unser Gewinn." „Machen Sie keine Witze! Beide Zahlen sind Quatsch!" „Ja, war nur ein Scherz. Aber der Preis hängt von der verkauften Stückzahl ab. Verkaufen wir 5000 Stück, ist ein Preis von 300 US$ kostendeckend." Nun griff der Marketingchef ein: „Aber es ist doch genau umgekehrt: Wie viele Drucker wir verkaufen können, hängt vom Preis ab. Kostet er wenig, geht er weg wie warme Semmeln. Wenn er zu teuer ist, bleibt er in den Regalen liegen." Der Banker wurde ungeduldig: „Ja, was denn nun, meine Herren?! Hängt der Preis von den Verkäufen ab oder die Verkäufe vom Preis?"

Das kennen wir nun schon: Eine Aussage scheint gleichzeitig mit ihrer Umkehrung wahr zu sein. Das ist oft ein Hinweis auf eine Rückkopplungsschleife. „Der Markt" ist ein Regelkreis. Der Preis bestimmt die Verkäufe, und die Verkäufe bestimmen den Preis. Das bekannte Wechselspiel zwischen Angebot und Nachfrage.

Käthes Kate geht ein

„Käthes Kate" (nicht „Katze") war der Name eines kleinen Feinkostgeschäftes in der Schlüterstraße. Leider ist es eingegangen, wie auch manch anderer kleiner Laden in der Gegend. Wie aber kam es dazu? Nun, Einkaufen war vor längerer Zeit ein „Problem des Handlungsreisenden" (Abschn. 7.2) – viele kleine Läden, die man möglichst zeitsparend abklappern musste. Damals – ich spreche über die 1970er Jahre – gab es noch viele davon. Doch dann eröffnete in der Nähe ein Supermarkt. Damals eher noch eine Seltenheit.

Das lockte natürlich Kunden an, nicht nur wegen der Neuigkeit, sondern auch wegen der Bequemlichkeit des *One-Stop-Shopping.* Einkaufen mit nur einem Stopp und damit nur einmaligem Parkplatzsuchen (und nicht einmal das – er wurde gleich mitgeliefert) war attraktiv. Käthes Kunden begannen abzuwandern, obwohl sie mit speziellen Angeboten (zum Beispiel Holsteinischem Katenschinken, der gut zum Namen ihres Ladens passte) gegenzuhalten versuchte. Sie musste ihr Sortiment verkleinern, damit ihr nicht zu viele Waren verdarben. Dadurch verlor sie noch mehr Kunden. Schließlich hatte sie nur noch ein mageres Angebot – aber nun kam sowieso keiner mehr. „Käthes Kate" ging ein.

Positive Rückkopplung, wie so oft mit negativen Auswirkungen. Dörfer im Osten Deutschlands veröden, weil einer nach dem anderen wegzieht. Oder ziehen die Leute weg, weil die Dörfer veröden? Die alte Frage nach Ei und Henne, die wir inzwischen als eine Feedback-Erscheinung identifiziert haben.

Deutschland – eine Bananenrepublik?
Und damit meine ich nicht den seit 1995 von *Transparency International* erhobenen „Korruptionswahrnehmungsindex“ (englisch *Corruption Perceptions Index,* CPI), wo wir im Jahre 2013 einen zufriedenstellenden Platz einnahmen.

Fernsehen bildet, gelegentlich. So die Sendung des WDR „Billig. Billiger. Banane.“ im Mai 2014. Wie man weiß, sind Bananen billiger als alle anderen Obstsorten im Supermarkt. Eine „Preisspirale nach unten“? Antwerpen ist der größte Bananenhafen der Welt. Ein Drittel aller in Europa importierten Bananen gehen nach Deutschland, 1,4 Mio. Tonnen pro Jahr. Sie müssen makellos sein, der „Bananenverordnung“ der EU haargenau entsprechen. Ein Industrieprodukt mit exakten Spezifikationen: mind. 14 cm lang, 2,7–3,9 cm im Durchmesser. Angebaut werden sie in Südamerika: zum Beispiel in Kolumbien, Ecuador, Dominikanische Republik und Costa Rica. Hier begann vor über 100 Jahren der Siegeszug der *United Fruit Company,* die heute *Chiquita* heißt. Der größte Bananenproduzent der Welt. Riesige Gebiete tropischen Regenwaldes verwandelten sich in gleichförmige Bananenplantagen.

Nach Protesten in den 1990er Jahren verringerte *Chiquita* den Pestizideinsatz, die Zahl der mit Gift imprägnierten Plastiksäcke und die Menge der Abfälle. Das Unternehmen führte Arbeitsschutzmaßnahmen für ihre Beschäftigten ein, z. B. Atemmasken. Die *Rainforest Alliance,* eine internationale Umweltschutzorganisation, prüft seitdem jährlich ca. 300 einzelne Punkte in den Plantagen: Arbeiterrechte, Umweltstandards und Sicherheitsvorschriften. Das verursacht Kosten. Die Rentabilität sinkt. *Chiquita* verliert Marktanteile. Denn das Gütesiegel der Organisation ist den meisten Kunden unbekannt. Sie kaufen Bananen nach dem Preis. Nicht die Konzerne bestimmen den Preis, sondern fünf deutsche Supermarktketten bestimmen mit 85 % der Nachfrage, was sie für die Bananen zahlen. Jede Woche setzen deutsche Discounter den Preis auf den Cent genau fest. Seit 2015 ist der Bananenpreis nicht gestiegen, sondern pendelt um durchschnittlich 1 € je Kilogramm. Er ist ein Lockangebot. Ist der Kunde erst einmal im Laden, kauft er auch die teureren Produkte.

Der Preisdruck schlägt bis Costa Rica durch. Ein Drittel des vom Kunden gezahlten Preises bekommt der Supermarkt, ⅓ kostet der Transport, 20 % verdient der Konzern, 10 % bekommt der Produzent – und der Arbeiter 4 %. Inzwischen aber setzt ein Umkehrprozess ein: Bio-Bananen, ohne Pestizide. Schädlinge auf den Plantagen werden von Nützlingen beseitigt, die nur in pestizidfreien Plantagen ohne Chemiedünger gedeihen. Die blauen Plastiktüten, die die Bananen schützen, sind mit einer Mischung aus

Chili und Knoblauch imprägniert. Natürlich sind diese Bananen im Verkauf doppelt so teuer, aber die Discounter sind auf den Zug aufgesprungen und drohen durch den Marktdruck, diese Standards wieder zu verwässern. Im Jahr 2017 betrug der Anteil der Bio-Bananen ca. 15 %, einschließlich der Produkte mit dem *Fair-Trade*-Siegel. Würden sie konsequent gekauft, betrügen die jährlichen Mehrkosten für einen durchschnittlichen deutschen Haushalt (mit 3 Personen und einem Bananen-Verbrauch von ca. 10 Kilo pro Kopf pro Jahr) unter 30 €.

Doch es kündigt sich ein Ende der Billig-Spirale an: In den Niederlanden bietet ein Discounter in allen 260 Filialen nur *Fair-Trade*-Bananen an. Seitdem ist sein Umsatz damit um 10 % gestiegen. Steuert der Kunde den Discounter oder umgekehrt? Wo ist die Ursache, wo ist die Wirkung? Sehen wir hier nicht wieder ein Beispiel eines komplexen, vernetzten Systems voller Regelkreise, die miteinander in Beziehung stehen?

Verkaufen, was man nicht besitzt

Maximilian G. liebt und sammelt alte Autos. Den 911er Porsche zum Beispiel. Er kann es sich leisten, denn er ist vermögend. Sein Freund, Karl B., kennt wiederum jemanden, der ein solches Auto besitzt, in hervorragendem Zustand. Das Auto, nicht der Besitzer. Im Gegenteil, der ist todkrank, hat nur noch ein paar Wochen zu leben. Und Karl hat der zukünftigen Witwe versprochen, ihr behilflich zu sein. Also ergibt sich folgendes Gespräch zwischen Max und Karl: „Du, ich habe da einen 911er an der Hand, zu einem super Preis!" „Mann, Klasse! Der Marktpreis ist zurzeit hoch." „Ich liege 1000 € darunter." „Erzähle!" (Es folgen technische Details). Dann kommt Karl zur Sache: „Wenn du ihn heute kaufst, kann ich in ungefähr zwei Monaten liefern. Er muss erst aufgearbeitet werden. Aber da die Preise steigen, bist du auf der sicheren Seite. Wenn er dir nicht gefällt, kannst du ihn mit Gewinn verkaufen. Aber es muss heute über die Bühne gehen, Vertrag und Bezahlung." „Und welche Sicherheit habe ich?" „Na, hör mal! Unter Freunden … Ich kann dir ja meinen Geländewagen verpfänden, der ist das Doppelte wert." „Okay, gebongt!"

Und so entsteht ein Leerverkauf. Karl verkauft etwas, das er nicht besitzt. Er streicht heute den Kaufpreis ein. Am zugesagten Liefertermin kauft er ihn zu einem Spottpreis. Kann er zum vereinbarten Zeitpunkt nicht liefern, steckt er in der Klemme. Aber er wird liefern, denn der Bekannte liegt schon auf der Intensivstation. Denn zum festgelegten Termin *muss* er liefern. Eine makabere Geschichte, ein anrüchiges Geschäft? An der Börse sind sie allgemein üblich. Leerverkäufe gibt es für alle Produkte. Wenn der Leerverkäufer zum verabredeten Zeitpunkt nicht liefern kann (Zucker,

Schweinebäuche, Gold oder Aktien), schaut der Käufer in die Röhre. Theoretisch. Praktisch sichert er sich ab: Er greift auf andere Vermögenswerte des Leerverkäufers durch. Trotzdem bleibt ein übler Beigeschmack bei diesen Geschäften.

Doch Vorsicht mit dem Urteil – vielleicht haben Sie es selbst schon mal so gemacht. Nicht mit Todkranken, aber mit Ihrer Bank. Sie haben einen Kredit beantragt. Schaut man genau hin, ist das nichts anderes: ein Leerverkauf. Käufer ist die Bank, sie zahlt heute. Verkäufer sind Sie – Sie liefern in kleinen Häppchen (Tilgung) und den Rest bei Laufzeitende. Die Bank hat von Ihnen Geld gekauft, zu einem Termin oft weit in der Zukunft. Weil die Bank so lange warten muss, bekommt sie (wesentlich) mehr, als sie heute bezahlt hat (Zinsen). Und deswegen *muss* sie nicht warten, sie *will* es. Die Bank will Ihr Geld eigentlich gar nicht früher haben. Wollen Sie es ihr vor dem Laufzeitende zurückgeben, verlangt sie eine „Vorfälligkeitsentschädigung". Dass sie Ihnen heute schon den Kaufpreis zahlen muss (bei der Ausgabe des Kredites), juckt sie nicht. Sie hat sich ja abgesichert, falls Sie nicht liefern können: Sie überschreiben ihr das Auto oder das Häuschen, das Sie sich heute kaufen wollen. Und der Kaufpreis, den sie zahlt, ist ja zu 99 % virtuelles Geld, Fiatgeld.

Wer hat wen in der Hand?

Wer hat in unseren Schulen das Sagen, der Schulleiter? Nein, oft ist es der Hausmeister. Die arbeitende Klasse. Die gegenseitige Abhängigkeit ist nicht leicht zu ergründen. Der deutsche Philosoph Georg Wilhelm Friedrich Hegel hat schon um 1800 herum provozierend geschrieben: „Herr und Knecht stehen zueinander in einer sich gegenseitig bedingenden dialektischen und zyklischen Beziehung." Aha, zyklisch! Der Präsident des Staates ist abhängig von seinem Rhetorik-Berater, den er aber jederzeit feuern kann. Und wer kommandiert die Staatschefs auf dem G20-Gipfel herum? Der Fotograf für das Gruppenbild. Und schließlich – das ist das Thema dieses Kapitels – stehen Schuldner und Gläubiger miteinander in dieser Abhängigkeitsbeziehung. Leihen Sie einem Bekannten Tausend Euro und er zahlt sie nicht zurück, dann ist die Bekanntschaft beendet und wird durch eine Beziehung über die Anwälte ersetzt. Leihen Sie ihm 100.000 €, dann pflegen Sie die Beziehung weiter und sind an seinem gesundheitlichen und finanziellen Wohlergehen interessiert, wenn nicht genügend Masse pfändbar ist. Er ist plötzlich für Sie „systemrelevant" oder *too big to fail* (engl. ‚zu groß, um zu scheitern'). Sie können ihn nicht untergehen lassen, sonst gehen Sie selbst unter. In Amerika gibt es inzwischen das Wortspiel *„too big to jail“* (zu groß, um in den Knast zu gehen). Kein Geringerer als der Justizminister warnt davor, dass eine Bank zu groß sein könne, um sie noch strafrechtlich zu verfolgen.

Wer wen in der Hand hat, das habe ich sehr schön an einer Geschichte erlebt, die man „Unsere kleine Stadt III“ nennen könnte. In dem Städtchen, in dem ich lebe, gibt es nur wenige Handwerker, und nicht alle sind gut. Aber sie haben ihren Stolz. Das merkte ich, als ich eine neue Arbeitsplatte in der Küche installieren lassen wollte. Aus Naturstein. Bald erschien ein freundlicher Fachmann und machte sich an die Arbeit. Am Anfang war ich höflich: „Entschuldigen Sie bitte, ich verstehe ja nicht viel davon, aber ist diese Fuge nicht etwas zu breit geraten?“ Der Handwerker besserte nach. Ich lobte ihn, aber eine halbe Stunde später war ich wieder unzufrieden: „Also nach meiner Wasserwaage ist das schief … Wie ist es mit Ihrer?“ Er brachte es in Ordnung, und dann ging er. „So, fertig!“ waren seine Worte.

Später (*zu* spät) merkte ich, dass er den Wasserablauf eingeklemmt hatte. Er musste noch einmal kommen. Das war noch nicht alles. Insgesamt musste er noch dreimal kommen, und die Fugen waren immer noch nicht so, wie wir uns das vorgestellt hatten. Das sagten wir ihm auch. Seine Stimmung war nicht mehr so gut wie am Anfang. Na gut, dachte ich, ich bin der Kunde. Und der Kunde ist König. Und der König hat das Sagen. Schließlich bezahlt er ihn, also sitzt er am längeren Hebel. Also rief ich ihn noch einmal an, ob er denn die Fugen nicht noch ein wenig …

Er kam nie wieder. Die gute Nachricht: Er schickte auch keine Rechnung. Dazu war er zu stolz. Na gut, dachte ich. Nehme ich eben einen anderen. Aber ich fand keinen, alle waren höflich, hatten aber „keine Zeit“. Merkwürdig, im Zeichen der „Krise“. Mein Freund, der Nachbar, testete es für mich – natürlich hatten sie Zeit. Nur nicht für *mich*.

Das gilt auch in anderen Situationen. Wir leben ja in modernen Zeiten. Der Kundendienst ist *outgesourct,* und Ihr Telefon hat einen Rufnummerngeber. Das Gedächtnis des Handwerkers, nachtragend wie ein indischer Elefant, steckt im Computer, als Scoring-Algorithmus (von engl. *score* ‚Punktestand‘). Die Freundlichkeit der Servicemitarbeiter lässt mit der Zahl Ihrer Anrufe nach. Die Zeit in der Warteschleife verlängert sich. Beides war ja schon abhängig von der Gegend, in der Sie wohnen, von der Zahl und Höhe der vorangegangenen Bestellungen, von Ihrer Zahlungsmoral in der Vergangenheit und einem Dutzend weiterer Faktoren. Irgendwann nimmt niemand mehr ab. So schön kann „positive“ Rückkopplung sein.

9.4 „Die Märkte" – ein vernetztes System

Eine klassische Geschichte aus der Welt der Börse haben wir ja schon in Abschn. 1.6 behandelt. Nun darf natürlich auch der „Börsenguru" schlechthin, der legendäre André Kostolany, nicht fehlen. Er beschreibt in seinem Buch einen der ersten großen „Schwarzen Freitage" vom 24. September 1869. Der heute noch besonders bekannte Tag, der Zusammenbruch der New Yorker Börse 1929 mit der darauf folgenden Weltwirtschaftskrise, war eigentlich ein „Schwarzer Donnerstag". Nur in Europa kam er als „Schwarzer Freitag" an, da es hier bereits nach Mitternacht war.

Der allererste *Black Friday* fand im Dezember 1745 statt, aber wir wollen Kostolanys Geschichte folgen, weil er für unser Thema besonders interessante Wechselwirkungen zeigt.

Ein *Pearl Harbour* der Börse

Gold ist ja ein besonderer Stoff. In der Wirtschaft diente es zu dieser Zeit noch als Währungsreserve. Während des amerikanischen Bürgerkrieges war das Papiergeld in den USA stark angeschwollen, und die amerikanische Regierung versuchte den Dollar durch den Verkauf von Gold zu stützen. Zwei üble Spekulanten, Jay Gould und James Fisk, rochen den Braten und versuchten mit Bestechungsgeldern den Zeitpunkt des Eingriffs hinauszuzögern, was ihnen auch glückte. Zuerst kauften sie auf eigene Rechnung Gold, dann engagierten sie zwölf Börsenhändler mit dem Auftrag, Gold zu kaufen, um den Preis in die Höhe zu treiben. Das gelang ihnen auch: Angesichts des ständig steigenden Goldkurses (und des damit einhergehenden Preisverfalls für den Dollar) stiegen immer mehr Händler ein und trieben den Goldpreis weiter in die Höhe.

Am 23. September 1869 verkündete ein Telegramm des Präsidenten, dass die Regierung am Markt intervenieren würde. Die beiden Halunken ließen sich davon scheinbar nicht beeindrucken, sondern wiesen ihre Broker an, weiterhin Gold zu kaufen. In Wirklichkeit aber stießen sie heimlich ihre gesamten Bestände ab – zu akzeptablen Preisen, denn die gleichzeitigen Käufe täuschten eine Beruhigung des Marktes vor. Nach dem Eingreifen der Regierung begann der Goldpreis erst langsam, dann immer schneller zu sinken. Am Abend dieses Tages waren die Verluste aller Beteiligten (mit Ausnahme von Gould und Fisk) enorm. Die beiden weigerten sich auch, die von ihren Maklern gekauften Goldmengen abzunehmen und zu bezahlen. Sie behaupteten einfach, diese mündlichen Aufträge (damals galt in manchen Kreisen noch das Wort des ehrlichen Kaufmanns) nie erteilt zu haben. Also reihten sich ihre Broker in die Schar der bankrotten Börsenmakler ein, und Gould und Fisk rieben sich kaltblütig die Hände. Danach wandten sie sich dem Eisenbahngeschäft zu, um dort ihr Gangstertum fortzusetzen (Kostolany verwandelte das in seinem Buch schon vor 30 Jahren in den Begriff „Bangstertum"). Charakteristisch für diese und unzählige folgende Spekulationen mit Gütern aller Art ist das positive Feedback, verbunden mit manchmal natürlichen, manchmal bewusst kalkulierten Zeitverzögerungen – der „Totzeit", über die wir schon gesprochen haben.

Tomaten gehen auf die Reise

Der Tomatenanbau in Ghana wurde schon immer als ein möglicher Bereich für Beschäftigung und Einkommen angesehen. Tomaten sind ein wichtiger Bestandteil in den meisten ghanaischen Gerichten, und daher werden sie sowohl von den Reichen als auch den Armen verzehrt. Die Süddeutsche Zeitung berichtete schon im Mai 2010:

> „Subventionierte Nahrungsmittel aus Europa ruinieren die Kleinbauern in Entwicklungsländern. […] Südeuropäische Konzerne exportieren Tomatenmark-Dosen nach Ghana und verkaufen sie dort für rund 29 Cent. […] Ghanaische Hersteller müssen die Dose für 35 Cent anbieten, wenn sie von dem Geschäft leben wollen. Weil sie teurer verkaufen als die Europäer, werden sie vom Markt verdrängt. Die Europäer könnten sich den niedrigen Preis leisten, weil die EU die Tomatenproduzenten jährlich mit 380 Millionen Euro unterstützt. […] Insgesamt exportieren die Europäer jährlich 400.000 bis 500.000 Tonnen ihrer Produktion von elf Millionen Tonnen. […] Die Subventionen führen dazu, dass das Tomatenmark aus der EU um die Hälfte billiger angeboten werden kann, als es die Herstellungskosten erlauben."

Nun arbeiten auf den Tomatenfeldern in Italien, das Afrika mit EU-subventioniertem Tomatenmark überschwemmt, Migranten ohne Papiere. Sie kommen zum Beispiel aus … Ghana. Dazu schreibt die deutsche Ausgabe der Le Monde *diplomatique* im August 2014 (Text leicht verändert):

> „Was afrikanische Saisonarbeiter in Italien ernten, ruiniert die Landwirtschaft ihrer Heimat. […] Die meisten arbeiten schwarz und im Akkord: 3,50 € gibt es für die 300-Kilo-Steige, das sind weniger als 20 € am Tag für eine anstrengende Tätigkeit. […] Manche denken zurück an die Zeit, als sie selbst Tomaten angebaut haben – auf eigene Rechnung: »Meine Familie hatte ein Tomatenfeld, ein paar Hektar. Wir haben die Ernte auf dem Markt verkauft.« […] Die Dosen aus dem Ausland haben nicht nur die Ernährungsgewohnheiten der Ghanaer verändert; sie haben auch die Entwicklung einer

eigenen verarbeitenden Industrie blockiert. […] Die Arbeiter wissen nicht, dass die Tomaten, die sie ernten, auf wundersamen Wegen und mehrfach umgewandelt als Tomatenmark auf den Tellern ihrer eigenen Familie landen könnten."

Und so schließt sich die Feedback-Schleife: Arbeiter aus Ghana ernten die Tomaten, die in ihrem Land den Tomatenanbau ruinieren. Ähnliches passiert in vielen Teilen Afrikas – der Abfall aus der westlichen Welt setzt eine Teufelsspirale in Gang, die die heimische Produktion zerstört, vom Hähnchen über den Fisch bis zum Elektroschrott.

An der Börse haben Sie keine Chance – nutzen Sie sie!

Die Totzeit, die das Verhalten von Regelkreisen beeinflusst, kann gewaltig sein (nicht nur beim Supertanker, sondern vor allem bei klimatischen oder gar geologischen Vorgängen). Sie kann aber auch winzig sein, wie jüngste Vorgänge an der Börse beweisen. Kürzer als der Bruchteil einer Sekunde. Denn weit über die Hälfte des Börsenhandels wird inzwischen von Computern erledigt, und die sind (entgegen der täglichen Erfahrungen mancher frustrierten Benutzer) unheimlich fix. Man spricht hier vom „Hochfrequenzhandel".

Der Privatanleger hat in diesem Geschäft keine Chance. Insidergeschäfte und Marktmanipulation machen seine Gewinnchancen sowieso schon zur Illusion. Kaum ein Privatanleger verfügt über die Informationen über Unternehmen, Branchen oder die Gesamtwirtschaft, die einem Fondsmanager oder anderen beruflichen Investoren zur Verfügung stehen. Privatleute entnehmen ihr Wissen in der Regel den Medien. Was dort veröffentlicht wird, ist aber meist bereits in die Aktienkurse eingeflossen („eingepreist" lautet der Fachausdruck). Und nun der Hochfrequenzhandel. Es ist wie im Märchen vom Hasen und dem Igel: „Ick bün al dor" – die Profis bzw. ihre Maschinen sind bereits da. Dagegen war die „Tulpenmanie" aus Abschn. 1.6 eine Provinzposse. In den USA macht er inzwischen mehr als 60 % des Aktienhandels aus, in Europa fast 50 %. Transaktionen im Millisekunden-Bereich erlauben bis zu 5000 Orders pro Sekunde und manipulieren damit die Aktienkurse. Jedes Mal, wenn ein Händler Aktien kaufen wollte, wurden sie teurer. Und jedes Mal, wenn er Aktien verkaufen wollte, wurden sie billiger. Der Computer hat einen Vorsprung von weniger als einer Millisekunde, doch das kostet die anderen Börsenakteure zweistellige Milliardensummen im Jahr. Denn die Hochfrequenz-Algorithmen können die Absicht des Händlers erkennen, bestimmte Aktien zu kaufen. Dabei fangen sie die Preisabfrage des Händlers oder sogar die Kauforder selbst ab. Dann kaufen sie die

Papiere selber und verkaufen sie dem Händler zu einem minimal höheren Preis zurück. Das alles in der Zeit eines Wimpernschlages und – bei den großen Stückzahlen der Transaktionen – mit einem enormen Profit.

Das kann zu „Teufelskreisen" führen – insbesondere dann, wenn die Rückkopplung nicht negativ (dämpfend), sondern positiv (verstärkend) ist. Das Resultat ist dann vielleicht ein *Flash Crash*, ein plötzlicher Kurseinbruch wie am 6. Mai 2010 an der US-amerikanischen Börse. Innerhalb von Minuten brachen die Kurse dramatisch ein und erholten sich genauso schnell wieder. Ein chaotisches Verhalten, wie in Abschn. 4.3 geschildert.

Ähnliche Teufelskreise gibt es auch zwischen den Märkten und denen, die sie bewerten. So beklagte der ehemalige griechische Finanzminister Giorgos Papakonstantinou einmal: „Die Rating-Agenturen reagieren auf die Märkte, und die Märkte reagieren auf die Rating-Agenturen. Es ist ein Teufelskreis." Und der *Spiegel-online* schreibt dazu schon 2011 unter dem Titel „Rating-Agenturen – Im Teufelskreis der Schuldenrichter":

> „Der große Einfluss der Rating-Agenturen tritt in der aktuellen Schuldenkrise deutlich zutage: Mit ihren Herabstufungen verschärfen sie die Finanzprobleme der Schuldenländer und agieren so als Brandbeschleuniger. Wenn sie etwa die Bonität eines Landes von »sicher« auf »spekulativ« senken, setzt automatisch eine Massenflucht aus dessen Anleihen ein: Zahllose Banken und Investmentfonds sind per Vorschrift gezwungen, solche Anleihen abzustoßen. […] Als Folge steigen die Risikoprämien. Um Geld an den Finanzmärkten zu bekommen, muss die betreffende Regierung höhere Zinsen zahlen – was wiederum ihren Schuldenberg noch größer macht."

Wir sagen dazu: Regelkreise mit positiver Rückkopplung. Klingt weniger dramatisch, ist aber genauso ernst.

Der ungarische „Börsenguru" André Kostolany bringt die Grundregel der Börse im Sinne unseres Themas auf den paradoxen Punkt: „Ich kann Ihnen nicht sagen, wie man schnell reich wird; ich kann Ihnen aber sagen, wie man schnell arm wird: indem man nämlich versucht, schnell reich zu werden." Es sei denn, man ist Hochfrequenzhändler.

Märkte sind internationale Profitsuchmechanismen

Nehmen wir an, Sie wollten auswandern. Es gibt Länder, die von Einwanderern die Angabe ihres Vermögens verlangen. Sie geben die 100.000 € an, die Sie mitbringen, um sich eine Existenz aufzubauen. Sie kaufen sich einen Gebrauchtwagen für 8000 €, um mobil zu sein. Wie hoch ist danach Ihr Vermögen? 92.000 €? Aber das Auto ist auch ein Vermögensgegenstand

… Also immer noch 100.000 €? Aber im Augenblick des Kaufs verliert das Auto an Wert (bei Neuwagen manchmal 20 % und mehr). Sagen wir also 98.000 €, denn für 6000 € könnten Sie es wieder loswerden.

Sie sind dynamisch, Sie sind schnell. Sie kaufen sich ein kleines Geschäft in guter Lage und die notwendigen Dinge für Ihr Business. 60.000 € insgesamt. Sie beschaffen sich einen Kredit, denn der Wert des Geschäfts dient als Sicherheit. Sie sind nun 40.000 € reicher als bei Ihrer Ankunft. Nach vier Wochen ist der Termin bei der Einwanderungsbehörde (auch hier mahlen die Mühlen der Bürokratie langsam). Die Frage nach Ihrem Vermögen … Sie sagen wahrheitsgemäß: „Ich habe 32.000 € in bar." „Das ist zu wenig!" sagt der Beamte streng. „Aber ich habe noch ein Auto und ein Geschäft, die haben zusammen 68.000 € gekostet. Also beträgt mein Vermögen zusammen mit dem Kredit 140.000 €. Das müsste doch wohl reichen!" „Aber das Auto ist jetzt weniger wert, und den Kredit müssen Sie zurückzahlen." „Mag sein, aber das Geschäft ist schon im Wert gestiegen. Die Immobilienpreise steigen rasant. Zentrale Lage und so … Ich könnte es heute schon für zehn Prozent mehr verkaufen. Trotz des Wertverlustes des Autos, zwei Riesen, wäre ich für 144.000 gut."

Sie sehen, die Frage nach Besitz und Vermögen ist nicht einfach zu beantworten. Sie können reich sein und trotzdem wenig Geld in der Tasche haben. Doch ist Reichtum eine konstante Größe, die sich am Einkaufspreis orientiert? Oder schwankt der Wert täglich mit dem Marktwert der Dinge, die Sie verkaufen könnten? Dies ist die zentrale Frage bei der Bilanzierung der Vermögenswerte von Unternehmen und Banken. Wenn der *Kauf*preis in Ihrer Vermögensbilanz erscheint, bleiben Sie jahrelang arm, auch wenn der Wert Ihrer Immobilie um zehn Prozent pro Jahr steigt. Wenn es dort eine Vermögensteuer gibt, sind Sie fein heraus!

Damit sind wir bei den Steuern. Jedes Land erhebt Steuern auf Gewinne – und Gewinne sind das, was vom Umsatz übrig bleibt, wenn Sie die Kosten abgezogen haben. Diese Kosten entstehen durch Personal, Material, Verwaltung, … – was die Betriebswirtschaftslehre so hergibt. Wenn Sie 100.000 € Umsatz im Jahr haben und Ihre Kosten betragen 40.000 €, dann müssen Sie 60.000 € versteuern. Beträgt der Steuersatz 35 %, sind das 21.000 € und Ihr Gewinn sinkt auf 39.000 €. Aber Sie sind ja pfiffig! Sie gründen Töchter in Niedrigsteuergebieten (Irland, Jersey, Luxemburg, Delaware, Cayman Islands, …). Diese Töchter liefern Ihnen Ihr Material, managen Ihr Personal und verwalten Ihr Unternehmen. Ihre Marke („Egerländer Zwetschgenkrampus") gehört Ihrer Tochtergesellschaft auf den Bahamas. Sie residiert in einem kleinen Gebäude, in dem 3700 weitere

Firmen ihren Briefkasten haben. An sie führen Sie hohe Lizenzgebühren für die Markenrechte ab. Ihre anderen Töchter arbeiten auch nicht umsonst, und das treibt Ihre Kosten im eigenen Land gewaltig in die Höhe. Ihre Töchter stellen Ihnen saftige Rechnungen aus, und Ihre Kosten steigen auf 80.000 €. Dann haben Sie noch 20.000 € Gewinn und bezahlen nur 4000 € Steuern (weil der Steuersatz wegen der Progression auf 20 % gesunken ist). Natürlich sind Ihre Kosten die Gewinne Ihrer Töchter in den Steueroasen – nach Abzug der echten Kosten von 40.000 €. Da der Steuersatz dort nur 10 % beträgt, wird Ihr Gewinn noch einmal um 4000 € geschmälert. Ihre Steuerlast beträgt also 8000 € im Vergleich zu den 21.000 €, die Sie in Ihrem Auswanderungsland hätten zahlen müssen.

„Das klingt alles sehr unwahrscheinlich und konstruiert!“ werden Sie sagen, „Und diese Tricksereien laufen den ethischen Regeln eines ehrlichen Kaufmanns zuwider.“ Recht haben Sie. Aber Sie glauben gar nicht, was findige Juristen und Steuerberater sich alles an legalen Tricks aus den Fingern (und den Gesetzen) saugen, wenn am Firmenumsatz einige Nullen mehr hängen. Dabei haben Sie noch nicht einmal Ihren Firmensitz verlegt! Warren Buffett zahlt nach eigenen Angaben nur 17,4 % seines Einkommens an Steuern, seine Angestellten im Schnitt 36 %. Über 170 der 500 weltgrößten Unternehmen haben eine Niederlassung im Großherzogtum Luxemburg. 2012 flossen laut Angaben der US-Regierung 95 Mrd. US-$ durch das Land. Darauf bezahlten sie 1,04 Mrd. Steuern – im Schnitt 1,1 %. Alles weitere verraten Ihnen Ihre Steueroptimierungsberater.

Der Effekt der Rückkopplung – und nur der interessiert uns hier – zeigt sich in der bekannten paradoxen Selbstverstärkung. Länder unterbieten sich in ihren niedrigen Unternehmenssteuersätzen, um möglichst viele Firmen anzuziehen und damit ihre Steuereinnahmen zu maximieren. Manche Staaten haben diesen Mechanismus erkannt: Sie nehmen nicht *mehr* Geld ein, wenn sie die Steuern erhöhen. Sie nehmen mehr Geld ein, wenn sie sie *senken* – dann kommen die multinationalen Konzerne und füllen ihre Kassen.

Fassen wir zusammen

Angesichts der Labilität der Finanzmärkte werden Sie fragen: „Wer hat sich denn so einen gefährlichen Schwachsinn ausgedacht?!“ Die Antwort ist einfach: niemand. „Ein Universum aus Nichts“, wie oben gesagt. Zumindest keine einzelne Person oder Gruppe, die dieses komplexe und brandgefährliche System entworfen und konstruiert hat wie ein Team von Ingenieuren ein AKW oder eine Mondfähre. Es ist evolutionär entstanden, in einem seit über 4000 Jahre währenden Rückkopplungsprozess. Vor ca. 4000 Jahren haben bereits die Sumerer das Geld geschaffen, ein zweckmäßiger Ersatz für den Tauschhandel. Wenn nämlich jemand ein Huhn haben wollte, aber im Austausch dafür keine zwanzig Nüsse oder einen Haarschnitt wollte (vielleicht hatte er ja eine Glatze), musste ein neutrales Tauschobjekt her. Etwas, was einen festgesetzten Wert *für alle* besaß.

Wie in der Natur und vielen anderen Bereichen gibt es auch hier sehr viele symbiotische Beziehungen: Die Autoindustrie kann ohne die Zulieferer nicht leben, die ohne die Autoindustrie nichts zu tun hätten. Die Produzenten benötigen die Konsumenten und umgekehrt. Und zum Schluss noch ein zyklischer Spruch: DIE BANKER BRAUCHEN DIE FINANZMÄRKTE BRAUCHEN DIE BANKER.

Alle diese Einzelschritte sind logisch und sinnvoll – vielleicht bis auf die letzten, die selbst von Fachleuten nicht mehr verstanden werden. *Die Zeit* schrieb schon im Juni 2010:

> „Dass eine Währung funktioniert, hat in erster Linie mit Psychologie zu tun. Den höchsten Wert dabei hat das Vertrauen. Um das ringen Banken und Regierungen. [...] Erst schwand der Glaube an die Banken, und die Staaten eilten zur Hilfe. Dann schmolz das Vertrauen in die Staaten wie Schnee im Frühling, so dass die Zentralbanken helfen mussten. Und nun verlieren auch noch diese letzten Gralshüter des Geldes ihre Überzeugungskraft, weil sie im Kampf gegen den drohenden Kollaps fortwährend die eigenen Sicherheitsregeln brechen."

Wie in allen anderen Kapiteln gäbe es auch hier Tausende weiterer lehrreicher Geschichten zu erzählen. Aber alle anderen interessanten Themen (Inflation und Deflation, Derivate, Hedgefonds, Kaufkraftschwund, Bilanzregeln, Interbanken-Kredite, ...) müssen wir leider links liegen lassen. Sie sind randvoll mit Feedback-Prozessen. Aber da Ihre selektive Wahrnehmung inzwischen geschärft ist, werden Sie diese Schleifen entdecken, wohin Sie auch sehen. In einer Welt, in der Arme ärmer und Reiche reicher werden, ist es offensichtlich, dass hier viele positive Rückkopplungskreise existieren, die nicht dämpfend und ausgleichend, sondern aufschaukelnd wirken.

Der mit Abstand größte Vermögensverwalter der Welt hat eine Anlagesumme von 4,7 Billionen US$ (1 Billion = 1000 Mrd.) in den Händen. *Spiegel-online* schreibt im September 2015: „Wenn wenige große Investoren einen großen Anteil des Aktien- oder Anleihemarktes beherrschen und diese Investoren plötzlich alle gleichzeitig verkaufen wollen oder müssen, ist niemand mehr da, der ihnen die Papiere abkaufen kann. Das Problem wird umso größer, wenn die Investoren gezwungen sind zu verkaufen, weil sie Indexfonds abbilden und dem allgemeinen Markttrend folgen müssen. Der Absturz würde dann noch verstärkt.“ Positive Rückkopplung, wie Sie inzwischen wissen.

Man muss kein Wirtschaftsfachmann sein, um zu sehen, dass die Dynamik komplexer rückgekoppelter Systeme von vielen Beteiligten offensichtlich nicht verstanden wird – oder, wie manche meinen, durchaus verstanden, aber für die Interessen bestimmter Akteure ausgenutzt wird.

Seit 1971, dem Ende von *„Bretton Woods“*, habe die Regierungen die Kontrolle über die Geldschöpfung an die private Finanzwelt verloren. Die Rolle zwischen Regler und System wurde vertauscht. Jakob Augstein schreibt in Spiegel-online am 17. September 2015: „Im Griechischen ist der Kybernetes der Steuermann, der dafür sorgt, dass der Kurs anliegt. Die Kybernetik ist die Lehre von der Steuerung der Systeme. Unsere Gegenwart ist ein kybernetisches Desaster. Die Mechanismen der Regulierung versagen. […] Bis in die Siebzigerjahre gab es im Westen ein großes Vertrauen in die steuernde Kraft der Politik. Dann wurde die Politik durch die Märkte abgelöst. Da konnte man auf Kontrolle verzichten – es gab ja die Selbstregulation. Aber dann kam die Finanzkrise und zerstörte auch diesen Glauben.“ Also: Selbstregulation alleine reicht nicht, es müssen auch die Sollwerte und Systemparameter richtig gesetzt (und nicht „dereguliert“) werden.

Schon Henry Ford soll gesagt haben: „Eigentlich ist es gut, dass die Menschen unser Banken- und Währungssystem nicht verstehen. Würden sie es nämlich, so hätten wir eine Revolution noch vor morgen früh.“

Zum Schluss eine aktuelle Meldung zum Thema „Wechselwirkungen in der Wirtschaft“[4]: In den USA werden Bilanzen und Geschäftsberichte, die bei der Börsenaufsicht SEC hinterlegt sind, in einem Jahr über 160 Mio. Mal abgerufen – von Maschinen. KI-Systeme suchen darin automatisch nach Zahlentabellen oder verdächtigen Wörtern wie „Kläger“ oder „Schaden“, aber auch nach Konjunktiven, die sie als unsichere Aussagen interpretieren. Inzwischen vermeiden Firmen in ihren Berichten solche Formulierungen, da sie wissen, dass sie maschinell ausgewertet werden.

[4]Kolja Rudzio: „Maschine, mach mich reich“ in DIE ZEIT 10.12.2020 S. 33.

10

Rückkopplung im Größten und im Kleinsten

Das Universum wird nicht verschont, so wenig wie die Elementarteilchen

Über zwei Welten, die wir (größtenteils) nicht sehen und nicht verstehen, weil wir nie in ihnen gelebt haben.

Das Universum – das Gebiet der Kosmologie. Die Welt des unvorstellbar Großen. Gegenüber steht ihm die Welt des unvorstellbar Kleinen, Gegenstand der Atomphysik bis hin zur Quantentheorie. Wir hatten ja schon vorne (Kap. 6) erwähnt, dass die Physiker von „fundamentalen Wechselwirkungen" sprechen, den vier Grundkräften der Physik. Mit ihnen beeinflussen sich physikalische Objekte (Körper, Felder, Teilchen, Systeme) gegenseitig. Zwei kennen Sie vermutlich: die Gravitation und den Elektromagnetismus. Während die Gravitation nur in einer Richtung wirkt (anziehend), gibt es beim Elektromagnetismus Anziehung und Abstoßung (probieren Sie es mit zwei Magneten aus!). Die anderen beiden Grundkräfte wirken nur im subatomaren Bereich, mit dem Sie in der Regel nicht in Berührung kommen.

Die Evolution umfasst neben dem biologischen Bereich auch den der Physik und der Chemie und ist damit das denkbar umfassendste Prinzip überhaupt, denn es betrifft das gesamte Universum. Seit dem Urknall (engl. umgangssprachlich *big bang,* ‚großer Knall') hat die physikalische Evolution Strukturen von immer höherer Komplexität und Ordnung hervorgebracht. Und einer ihrer Mechanismen ist das Prinzip der Rückkopplung, der Rückführung der Wirkung auf die Ursache.

J. Beetz, *Feedback*, https://doi.org/10.1007/978-3-662-62890-4_10

10.1 Die Grundkräfte der Physik sind „Wechselwirkungen"

„Naturwissenschaft gehört nicht zur Bildung", sagte Dietrich Schwanitz – und irrte. Er schrieb in seinem Buch „Bildung": „Die naturwissenschaftlichen Kenntnisse werden zwar in der Schule gelehrt; sie tragen auch einiges zum Verständnis der Natur, aber wenig zum Verständnis der Kultur bei. [...] So bedauerlich es manchem erscheinen mag: Naturwissenschaftliche Kenntnisse müssen zwar nicht versteckt werden, aber zur Bildung gehören sie nicht." Nein, finde ich, sie *gehören* zur Bildung und sind immens wichtig zum Verständnis der Kultur. Ein Beispiel: die Wendung vom erdzentrierten Weltbild des Mittelalters (und der Kirche) zur modernen kopernikanischen Ansicht. Die Erkenntnis, dass die Sonne im Mittelpunkt unseres Planetensystems steht, hat unser gesamtes Denken und unsere Kultur beeinflusst. Naturwissenschaft und Mathematik prägen unser heutiges Weltbild, zum Leidwesen vieler Dogmatiker, die im Mittelalter stehen geblieben sind. Das ist nur *ein* Beispiel – die Naturwissenschaft hat unser Verständnis der Welt nachhaltiger beeinflusst und verändert als alle Philosophen zusammen.

Doch Sie brauchen keinen Schreck zu bekommen: Ich werde Sie nicht mit physikalischen Einzelheiten behelligen oder mit Dingen, die Sie schon in Ihrer Schulzeit nicht mochten. Hier interessieren nur allgemeine Feststellungen, die mit unserem Thema zu tun haben. Die Physik erklärt (und misst) Wirkungen und deren Ursachen, hat also mit Systemen zu tun (deswegen passt das zu unserem Thema). Sie macht oft keine Aussagen über Gründe hinter den Ursachen oder deren „wahre Natur", zum Beispiel warum ein radioaktives Atom zerfällt oder was das Wesen der Gravitation ist.

Physik: Gesetze, entstanden aus Beobachtung und Logik

Es gibt in der Physik Gesetze, die sind nichts anderes als gesunder Menschenverstand. Sie entstehen aus Beobachtungen und logischen Schlüssen. Ein Beispiel: Der schon erwähnte Sir Isaac Newton veröffentlichte 1687 in seinem Werk „Mathematische Prinzipien der Naturphilosophie" die dann nach ihm benannten Newton'schen Gesetze. Das „1. Gesetz" besagt: Körper, auf die keine Kraft wirkt, verharren in ihrem Bewegungszustand der Ruhe oder der gleichförmigen Bewegung. Warum dauerte es trotzdem bis ins 17. Jahrhundert, bevor er sie entdeckte? Antwort: Weil es diese idealen abgeschlossenen Systeme in unsere Erfahrungswelt nicht gibt. *Eine* Kraft in unserer Welt, die alle Bewegungen hemmt, ist die

Reibungskraft, zum Beispiel in Form von Luftwiderstand. Erst im leeren Weltraum gibt es keine Reibung mehr. Die Astronomen zu Newtons Zeiten mussten die Bahnen der Planeten am Himmel beobachten, messen, rechnen und daraus ein Gesetz ableiten. Und so kreisen die Planeten um ihre Sterne wie die Erde um die Sonne oder wie die Monde um die Planeten und hören gar nicht wieder auf. Weil nichts sie bremst. Und die Kraft, die sie von ihrer gleichförmigen und geradlinigen Bewegung auf eine Kreisbahn zwingt, ist die – ebenfalls von Newton entdeckte – Gravitationskraft. Damit kommen wir zum Thema: Wechselwirkung. Die Himmelskörper beeinflussen sich *gegenseitig.* Die Erde zwingt den Mond in seine Kreisbahn, und der Mond beeinflusst die Bewegung der Erde (und nebenbei auch noch die Gezeiten).[1]

In gleicher Weise ist es für den gesunden Menschenverstand klar, dass etwas, was sich ausdehnt, vorher kleiner gewesen sein muss. Und noch früher noch kleiner. Und das Universum dehnt sich aus. Schon um 1927 kam der belgische Priester und Astrophysiker Georges Lemaître auf die Idee, dass das Universum aus einem explodierenden „Uratom" entstanden sei. Doch erst der Astronom Edwin Powell Hubble konnte zwei Jahre später nachweisen, dass sich das Universum tatsächlich ausdehnt: der „Hubble-Effekt". Und je weiter eine Galaxie entfernt ist, desto schneller bewegt sie sich von uns fort. Das warf die bisherigen Überlegungen und damit die Vorstellung von der Natur des Universums über den Haufen. Man dachte nämlich, es sei statisch – einfach *da* und von einer unveränderlichen Größe. Dumm nur, dass dies dem Newton'schen Gravitationsgesetz widersprach: Die Gravitation hätte eine zusammenziehende Kraft gefordert, das Universum hätte also nicht statisch sein können.

Aber: Mehr ist anders und weniger ist auch anders. Wenn etwas kleiner wird, verändert es seine Eigenschaften und kann damit eine neue Qualität erreichen. Das sieht man an dem Luftvolumen, das in einer Fahrradpumpe zusammengedrückt wird: Es wird heiß. Wenn also das Universum vor unserer Zeit kleiner war, muss es heißer gewesen sein. Und davor noch kleiner und noch heißer. Das fordern die physikalischen Gesetze. Bis es nicht mehr geht: eine unendlich kleine und unendlich heiße „Singularität": der „Urknall". Und davor? Nichts. Es gibt kein „davor". Der Urknall ist die Entstehung von *allem,* Raum und Zeit eingeschlossen.

---

[1]Für Physiker: Alle diese radikalen Aussagen sind nur *fast* richtig. Sie gelten für ideale Systeme und nur annähernd für reale. Es gibt kein Gebiet ohne jede Kraftwirkung. Es gibt auch eine „Reibung" im Vakuum. Die „Kreisbahn" muss nicht exakt kreisförmig sein. Und so weiter.

In der Physik zeigt sich die Rückkopplung unter anderem als „Wechselwirkung". Das ist zwar nicht genau dasselbe, aber vergleichbar. Das eine wirkt auf das andere und das andere zurück auf das eine. Das dritte Newton'sche Gesetz ist das Wechselwirkungsprinzip: Kraft gleich Gegenkraft (lateinisch: *actio est reactio*). Zu jeder Kraft gehört eine gleich große und entgegengesetzt gerichtete Gegenkraft. Wenn Ihnen also nach längerem Stehen die Füße wehtun, dann denken Sie an die Regel „Kraft gleich Gegenkraft". Nicht nur Ihre Füße drücken auf den Boden, sondern der Boden drückt auch gegen Ihre Füße. Andernfalls versinken Sie wie in einem Moor. Das glauben Sie nicht? Fragen doch mal einen Artisten, der seinen Partner stemmt. *Er* ist dessen „Boden". Wenn Sie einen kräftigen Schritt nach Osten machen, dann schieben Sie mit gleicher Kraft die Erde nach Westen und ihre Drehung verlangsamt sich ein wenig. Aber da sie hunderttausend Milliarden Milliarden Mal schwerer ist als Sie, bemerkt es kein Schwein.

Die Grenzen der Vorhersage

Die gute Nachricht: Die Gesetze der Physik gelten immer und überall. Man braucht keine Polizei und keine Justiz, denn man kann sie nicht übertreten. Zum Beispiel gibt es keinen Raum ohne Gravitation, denn alle Körper ziehen sich an, nur unterschiedlich stark. Doch es ist nicht ganz so perfekt: In jedem realen System sind die Gesetze mit unscharfen und grauen Randbereichen behaftet. Messungen stoßen in ihrer Genauigkeit (die beachtlich sein kann und manchmal über 10 Dezimalstellen beträgt) an ihre ununterschreitbare Grenze. Und im Bereich des Allerkleinsten (der oft zitierten, aber selten verstandenen Quantenphysik) haben sie nur statistischen Charakter, sind nur Durchschnittsangaben. Wann (und warum) ein Uranatom zerfällt, weiß niemand. Aber im Durchschnitt dauert es 4,468 Mrd. Jahre, bis die Hälfte weg ist (es gibt auch Uransorten, bei denen dauert es „nur" 159.200 Jahre).

Und – jetzt komme ich zum Punkt – je mehr Systeme miteinander verbunden sind und aufeinander einwirken, desto unschärfer wird das Resultat – bis hin zu nicht vorhersagbarem chaotischem Verhalten. Das Dreikörperproblem hatten wir schon erwähnt: die Unmöglichkeit, eine genaue Lösung oder Vorhersage für den Bahnverlauf dreier Körper unter dem Einfluss ihrer gegenseitigen Anziehung (Gravitation) zu finden.

Physik und andere „exakte" Wissenschaften

Der Vater steht mit seinem Sohn vor der altersschwachen Batterie, die er aus dem Auto ausgebaut hat: „Mal sehen, wie viel Saft sie noch hat!" Der Sohn, der sich gerade zum Leistungskurs „Physik" gemeldet hat, gibt ihm fachkundige (und weitgehend überflüssige) Ratschläge: „Ja, mit dem Voltmeter …“ „Genau, und im Leerlauf sozusagen. Ohne dass irgendwas an ihr dranhängt, denn sonst geht die Spannung ja runter. Jeder Verbraucher benötigt Strom, und damit fällt die Spannung mehr oder weniger ab.“ Sohn: „Aber dein Messinstrument verbraucht doch auch Strom, sonst würde es ja nichts anzeigen. Also misst du gar nicht die Leerlaufspannung! Und das Voltmeter zeigt zu wenig an. Weil es ja durch seine Messung die Spannung vermindert.“ Vater: „Mann, nerv' nicht! Das kann man vernachlässigen!“

Der Naseweis hat Recht. Prinzipiell beeinflusst jede Messung den zu messenden Prozess. Aber auch der Vater hat Recht: Das kann man vernachlässigen. Das beliebteste Zeichen in der Stenografie der Physiker, der mathematischen Formel, ist das „<<“ („sehr klein gegen“). Die Formel „v<<c“ heißt für Normalos: „Die Geschwindigkeit v ist *sehr klein gegen* die Lichtgeschwindigkeit c“. Was für alle irdischen Geschwindigkeiten weitgehend zutrifft. Käme in einem Berechnungsverfahren nach der physikalisch korrekten Betrachtung eine Größe „v/c“ vor, würde jeder dafür null einsetzen: „Das kann man vernachlässigen!“ Doch für Prinzipienreiter ist das ein – wenn auch winziger – Fehler. So beeinflusst der winzige Strom, den das Messinstrument benötigt, die Spannung der Batterie. Aber der Fehler in der gemessenen Spannung ist vielleicht nur 0,01 % und damit vernachlässigbar.

Nicht nur in der Physik, sondern in allen messenden Wissenschaften (bis hin zur Soziologie, wie wir gesehen haben) beeinflusst die Messung bzw. die Beobachtung den zu untersuchenden Prozess. Das führt im Extremfall bis zu dem Punkt, den der deutsche Physiker Werner Heisenberg entdeckt hat: Sind die zu messenden Gegenstände so winzig und bis zur Gewichtslosigkeit leicht, dann erleben die Forscher eine Überraschung – die Unschärfe. Die Messung greift in den Prozess so stark ein, dass sich das Ergebnis nicht mehr exakt bestimmen lässt. Genauer gesagt: Ort und Geschwindigkeit eines winzigen Teilchens (z. B. eines Lichtteilchens, „Photon“ genannt) lassen sich nicht gleichzeitig exakt messen. Das ist die berühmte „Heisenberg'sche Unschärferelation“.

Wie sehen wir die Welt?

Der Physiker Henning Genz schlägt vor, das menschliche Bewusstsein vom tierischen dadurch abzugrenzen, dass wir „Beobachter“ seien. Wir können das Universum – das belebte wie das unbelebte, vom atomaren bis zum kosmischen – beobachten und durch unseren Geist erfassen. Zusätzlich können wir den Beobachtungen eine Bedeutung zumessen, dank des komplexen Systems, das sich hauptsächlich zwischen unseren

Ohren befindet. Wir erkennen Gesetze und ihre Bedeutung. Bedeutung ist Information – wie wir in Abschn. 11.3 sehen werden. Diese wiederum unterscheidet sich nur durch ihre Bedeutung (d. h. Wirkung) von gleich wahrscheinlichem bzw. gleich zufälligem Rauschen, nämlich einer ähnlichen, aber sinnlosen Kombination von Zeichen. Die naturwissenschaftlichen Gesetze und Parameter sind sehr kleine „Oasen in einer Wüste von möglichen Werten". Das zeichnet unser Universum aus. Nur diese „Feinabstimmung der Naturkonstanten" erlaubt seine (und unsere!) Existenz. Wären die Werte nur geringfügig anders, gäbe es … *nichts.*

Bekanntlich hat sich mit den Erkenntnissen des Astronomen Nikolaus Kopernikus im 16. Jahrhundert unser Weltbild radikal verändert. Nicht die Erde (und damit wir Menschen) waren danach der Mittelpunkt des Universums, sondern die Sonne – und später nicht einmal die. Unser Sonnensystem ist irgendwo ein winziges Pünktchen im Universum. Und einen „Mittelpunkt" hat das Universum auch nicht.

Die zweite radikale Änderung unserer Weltsicht ist an den meisten Menschen fast unbemerkt vorbeigezogen. Zu unverständlich sind ihre Grundlagen. Unser Gehirn kann sie sich nicht vorstellen und sie nicht begreifen (fast im Wortsinn). Denn es hat seine Erfahrungen, die sein Denken bestimmen, nur in unserer „Mittelwelt" gemacht, in der Kilogramm, Meter und Sekunde der Maßstab sind. In der Makrowelt (Milliarden über Milliarden dieser drei Größen) gelten andere Gesetze, denn (Sie können es schon nicht mehr hören) „mehr ist anders". Und weniger auch. In der Mikrowelt (Milliardstel von Milliardsteln) finden wir ebenfalls viel Unverständliches, das nicht in unsere Erfahrung passt. In der Makrowelt fanden die Wissenschaftler riesige Massen, Entfernungen und Geschwindigkeiten. Denken Sie nur an die Lichtgeschwindigkeit mit 300.000 km pro Sekunde oder etwa einer Milliarde Kilometer pro Stunde. Der vertraute gleichförmige dreidimensionale Raum „krümmt sich", die scheinbar gleichmäßig tickende Zeit dehnt sich. Hier herrschen die Gesetze der Relativitätstheorie. Ein Zwilling, der nahezu mit Lichtgeschwindigkeit reisen würde (falls er es könnte, weil er dabei gewaltig an Masse gewinnen würde), wäre bei seiner Rückkehr vielleicht 30 Jahre jünger als sein hier gebliebener Bruder. Die Uhr des Reisenden hätte langsamer getickt. Das ist das „Zwillingsparadoxon", nachzulesen bei Stephen Hawking.

Noch grausamer geht es in der Mikrowelt zu, der Quantenphysik. Von Quanten können und dürfen wir uns keine anschauliche Vorstellung aus unserer gewohnten Welt machen: Sie „sind" weder Teilchen noch Wellen (werden aber oft „Teilchen" genannt). Sie verhalten sich manchmal wie das eine, manchmal wie das andere. Doch sie haben physikalische Zustände

(z. B. Energie, Geschwindigkeit, Ort), die durch eine mathematische Gleichung (für Fachleute: die „Wellenfunktion") so exakt beschrieben werden, dass ihr Verhalten nachprüfbar und mit hoher Genauigkeit vorhergesagt werden kann: Wenn die Wellenfunktion *diesen* bestimmten Wert hat, verhält sich das Quantenteilchen (z. B. ein Elektron) *so.* Ein „Quant" kann durch zwei Löcher gleichzeitig wandern. Wenn wir messen, wo ein solches Teilchen ist, kennen wir seine Geschwindigkeit nicht mehr und umgekehrt. Das Teilchen wird „unscharf", und deswegen nennen wir diesen Effekt nach seinem Entdecker die „Heisenberg'sche Unschärferelation". Einzelheiten kann und muss man in (m)einem Physikbuch nachlesen. Ich will nur sagen: Der sichere Boden fester Gewissheit und unveränderlicher Erkenntnis ist verschwunden. Trotzdem können wir diese Effekte nachweisen und bis auf viele Dezimalstellen genau nachmessen.

Auch ist das Universum kein „Ding", das einfach und immer nur *da* ist. Es ist beim Urknall entstanden, wird irgendwann irgendwie enden und ist nicht statisch, sondern dynamisch: Es dehnt sich aus. In seinen kleinsten Teilen erscheinen die riesigen Massen und Ausdehnungen der Himmelskörper als allerwinzigste Energiepakete und Wellenmuster, von denen die Physiker noch keine abschließende präzise Vorstellung haben. Und zu dieser Revolution (wörtlich ‚Umwälzung') des Weltbildes gehört auch das Verständnis der nichtlinearen Dynamik, der wir uns in diesem Buch anzunähern versuchen.

10.2 Was das Universum zusammenhält – wenn überhaupt

Wie etwas von äußerster Komplexität „von selbst" entsteht, sehen wir an dem Komplexesten, was es überhaupt gibt: dem Universum. Das ist – nach dem „Standardmodell der Kosmologie – beim Urknall geschehen. Alles entstand aus einer unendlich kleinen und unendlich heißen „Singularität", einem Punkt. Danach regieren die physikalischen Gesetze, und die verlangen (ohne in die Einzelheiten zu gehen) einen dramatischen Wandel der Eigenschaften des Systems. Lassen wir die komplizierten Wechselwirkungen unmittelbar nach dem Urknall, dem *Big Bang,* einmal außer Acht. „Unmittelbar" ist hier auch der falsche Ausdruck, denn Materie im uns bekannten Sinn (Atome, bestehend aus positiv geladenen Protonen, negativ geladenen Elektronen und elektrisch neutralen Neutronen) kann sich erst etwa 70.000 Jahre nach dem Urknall gebildet haben. Danach besteht das

Universum zu ca. 93 % aus Wasserstoff und zu 7 % aus Helium. Punkt. Mehr ist nicht da. Nun, das stimmt nicht ganz: Außer Materie gibt es noch Zeit, Raum und die Naturgesetze, die den weiteren Verlauf bestimmen. Auch sie sind erst beim Urknall entstanden, ein „vorher" gab es so wenig wie einen Raum, in dem sich das Universum ausbreitete. Der (neu entstandene) Raum *selbst* breitete sich aus. Unvorstellbar, im wahrsten Sinn des Wortes.

Das ruft ja oft ungläubiges Staunen (oder staunenden Unglauben) hervor: „Wie kann denn etwas *von selbst* entstehen?!" Jeder, der die Funktionsweise eines Dieselmotors kennt, weiß die Antwort: durch physikalische Gesetze. Wird in einem explosiven Luft-Gas-Gemisch der Druck erhöht, so erhöht sich die Temperatur – und irgendwann explodiert das Ganze „von selbst": eine „Selbstzündung". Bei der Entstehung eines Sternes passiert etwas Ähnliches wie im Dieselmotor, nur in kosmischem Maßstab: Materie klumpt sich durch die Gravitation so dicht zusammen, dass extrem hohe Drücke und damit Temperaturen entstehen. Was dann „zündet", ist kein Gas-Gemisch im Zylinder eines Motors, sondern eine atomare Kernfusionsreaktion im Inneren des Sterns. Allerdings ist es immer noch eine Art Gas (die Physiker nennen es „Plasma"): Wasserstoff. Dessen Atomkerne verbinden sich zu Helium (das sogenannte „Wasserstoffbrennen"). Näheres kann man in vielen Physikbüchern nachlesen.

Sterne sind nicht sternförmig

Was *sind* Sterne überhaupt? Dumme Frage! Schauen Sie in einer sternklaren (!) Nacht nach oben, dann sehen Sie sie. Aber *was* sehen Sie da? Es sind Planeten, „richtige" Sterne und Galaxien. „Mehr ist anders", dieser Satz war selten so richtig wie hier. Planeten sind meist Gesteinsbrocken (nicht immer, es gibt auch Gasplaneten, wie zum Beispiel den Jupiter). Sie kreisen um die „richtigen" Sterne, die ein paar tausendmal größer sind und meistens aus extrem dichtem Wasserstoff bestehen. Während die Planeten-Sterne (z. B. der Abendstern, die Venus) nur von ihrer Sonne angestrahlt werden, leuchten die echten selbst. Sie sind mehrere Tausend Grad heiß. Sie senden neben Licht jede Menge andere elektromagnetische Energie aus, denn sie sind Kernfusionsreaktoren. Das heißt, die Atomkerne des Wasserstoffs verschmelzen („fusionieren") miteinander und erzeugen so ein schwereres Gas, nämlich Helium. Dabei wird Energie freigesetzt. Sie erreicht uns, zum Beispiel von unserer Sonne, in Form von Strahlung. Die Sterne, die wir sehen, können unheimlich weit weg sein. Bekanntlich misst man Entfernungen im Universum in „Lichtjahren", das sind etwa 9,4 Billionen Kilometer (eine Billion ist eine Million Millionen). Davon Tausende, Millionen oder gar Milliarden. Der sonnennächste Stern, *Proxima Centauri,* ist ca. 4,2 Lichtjahre entfernt. Der Durchmesser unserer Heimat-Galaxie, der Milchstraße, beträgt ca. 100.000 Lichtjahre. Damit sind wir schon beim nächsten Ding, das leuchtet. In einer Entfernung von Millionen Lichtjahren sehen wir keine einzelnen Sterne mehr, sondern nur noch leuchtende Galaxien (also Haufen bzw. Systeme von Sternen), die selbst hunderttausende von Lichtjahren groß sind. Unsere Milchstraße, die als milchiger Schleier den halben Himmel überzieht, erschiene nur noch als Lichtpunkt, obwohl sie zwischen 100 bis 300 Mrd. Sterne enthält. Und alle Planeten und Sterne sind rund, die Galaxien in erster Näherung auch. Was wir als strahlenförmigen Stern sehen, sind nur Reflexionen in der Atmosphäre. Der Name „Galaxie" kommt übrigens vom altgriechischen Wort *gála* ‚Milch'.

Galaxien bilden Gruppen, Haufen und weitere hierarchische Strukturen. Eine riesige Hierarchie im Sinne des Abschn. 3.2. Im Universum hätte also eine real existierende Person folgende Adresse: Max Mustermann, Hausnummer 17, Hauptstraße, Musterdorf, Deutschland, Europa, Erde, Solar-System, Orion-Arm, Milchstraße, Lokale Gruppe, Virgo-Superhaufen, Coma-Virgo-Filament. Beeindruckend, nicht wahr?!

Was braut sich in der Leere des Alls zusammen?

Der Weltraum ist eigentlich leer. Gut, ab und zu mal eine Sonne, vielleicht mit ein paar Planeten drum rum. Gaswolken, eher dünn gefüllt mit Gas (meist Wasserstoff) oder Staub. „Dünn" bedeutet: ein paar bis ein paar Tausend Moleküle je Kubikzentimeter. Wenn Ihnen das viel vorkommt, dann bedenken Sie: Moleküle sind winzig, und in einer 20-l-Gasflasche mit Wasserstoff unter Normalbedingungen befinden sich fast 60.000 Mrd. von Milliarden von Molekülen (Näheres kann man in meinem Physikbuch nachlesen).

Trotz ihrer Winzigkeit und der damit einhergehenden winzigen Masse ziehen sie sich an, nach demselben Gesetz (dem Gravitationsgesetz) wie zwei Eisenkugeln oder zwei Himmelskörper. Sie bewegen sich aufeinander zu. Dadurch ziehen sie sich noch stärker an, denn das Gesetz besagt, dass die Anziehungskraft mit abnehmendem Abstand ansteigt (und umgekehrt). Da kann ein drittes Molekül, das sich zufällig in der Nähe befindet, natürlich nicht abseitsstehen und gesellt sich dazu. Und ein viertes und ein fünftes. Die Anziehung verringert den Abstand, was wiederum die Anziehung erhöht. Positive Rückkopplung, Sie kennen das.

Das Resultat sind Verdichtungen von Materie, in denen physikalische Prozesse „von selbst" beginnen: Ab einer gewissen Dichte wird das Zeug so heiß (Millionen von Grad), dass eine nukleare Kernfusion zündet, wie beschrieben. Eine Sonne ist entstanden – „von selbst“! Na ja, das nicht, sondern durch positive Rückkopplung.

Auch Galaxien „wechselwirken“

Der Wissenschaftshistoriker Thomas S. Kuhn hat in seinem Buch über wissenschaftliche Revolutionen beschrieben, wie das gerade herrschende Weltbild die wissenschaftlichen Forschungen, Versuche und Ergebnisse beeinflusst. Und natürlich beeinflussen die wissenschaftlichen Erkenntnisse umgekehrt das Weltbild. Gelegentlich gibt es Revolutionen, die man auch „Paradigmenwechsel“ nennt, eine Änderung des Weltbildes. Ich erwähnte schon, dass der wohl bedeutendste Fall von Nikolaus Kopernikus 1543 geschaffen wurde. Er verwarf eine höchst komplizierte und unglaubwürdige Theorie (für Interessierte: die „Epizykeltheorie“), die die seltsamen Bewegungen mancher Planeten am Himmel erklären sollte.[2] Aber damit konnte die Erde nicht der Mittelpunkt des Universums sein – eine Revolution im Denken. Wir sind *ein* Planet (von vielen), der um *eine* Sonne kreist (von vielen), die in *einer* Galaxie (von vielen) herumfliegt. Natürlich wechselwirken Galaxien miteinander: Sie ziehen sich an. Und manche fliegen deswegen aufeinander zu. Und sie können zusammenstoßen. Dagegen ist der Zusammenstoß eines Kleinplaneten mit der frühen Erde, der den Mond erschuf, ein Klacks. Aber das ist falsch gedacht, denn eine Galaxie ist ja kein festes Gebilde. Sie besteht aus viel Nichts und ein paar Milliarden Sonnen, die großzügig darin verteilt sind. Wenn demnächst (in einigen Milliarden Jahren) der Andromedanebel mit unserer Galaxie (der Milchstraße) zusammenstößt, entsteht ein wunderbarer Reigen von Sonnen, die um die Zentren der Gravitation tanzen.

Was nicht im Mondkalender steht

„Wie wirklich ist die Wirklichkeit?“ haben wir in Abschn. 7.7 gefragt. Ob wir sie nicht in einer gigantischen Feedback-Schleife in einer Art selektiver Wahrnehmung im Kopf konstruieren. Einige Philosophen gehen da noch weiter: Sehen wir den Mond nur, weil wir ihn sehen *wollen?* Ist er in Wirklichkeit gar nicht *da?* „Der Mond ist nicht da, wenn keiner hinschaut, auch wenn alle, die hinschauen, stets den Mond sehen“, das behauptete der französische Physiker und Wissenschaftsphilosoph Bernard d’Espagnat 2008 in einem Interview der *FAZ*. Für einen Physiker eine erstaunliche Aussage, denn er müsste wissen, dass Mond und Erde in einer komplexen Wechsel-

---

[2]Ein schönes Beispiel für das Bavelas-Experiment aus Abschn. 7.7.

wirkung stehen und standen. Und zwar lange, bevor auf der Erde überhaupt irgendwer war, der schauen konnte. Und er wird auch noch da sein, wenn der letzte unserer egoistischen Spezies verschwunden ist.

Denn er hat eine „Aufgabe", die ihm freilich niemand zugeteilt hat: Er stabilisiert die Erdachse. Erde und Mond beeinflussen sich nämlich gegenseitig mithilfe der geheimnisvollen Kraft, die zwischen allen Massen wirkt: der Gravitation. Das dritte Newton'sche Gesetz (wir hatten es ja schon erwähnt) lautet: Zu jeder Kraft gehört eine gleich große Gegenkraft. Schleudert der Hammerwerfer sein Sportgerät um sich herum, so zieht die Kugel an seinem Arm nach außen. Er zieht die Kugel mit gleicher Kraft nach innen. Lässt er los, setzt sich die Kugel in Bewegung – sie fliegt davon. Und wenn Sie genau hinschauen, entdecken Sie noch etwas: Der Hammerwerfer schleudert die Kugel nicht „um sich" herum. *Er* ist nicht die Drehachse. Denn er und die Kugel bilden ein wechselwirkendes System. Sie drehen sich um den gemeinsamen Schwerpunkt. Er dreht sich nicht um seine senkrechte Körperachse, sondern – nach hinten gelehnt, um die Fliehkraft des Hammers auszugleichen – um eine Achse irgendwo nahe seines Brustbeins.

Erde und Mond machen es genauso: Der Schwerpunkt und damit der Drehpunkt des Mond-Erde-Systems liegt *in* der Erde, aber *außerhalb* ihres Mittelpunktes, da der Mond so viel leichter ist. Das System „eiert" also wie der Hammerwerfer. So suchen übrigens „Planetenjäger" die Objekte ihrer Neugier in der Milchstraße oder in fernen Galaxien: Da diese „Exoplaneten" ja nicht leuchten, suchen sie nach ihrem Zentralgestirn. Wenn es „eiert", dann ist das ein Anzeichen für einen Planeten, der es umkreist.

„Ein Planet, der um eine Sonne kreist …" hatten Sie beim „Dreikörperproblem" bezüglich der Erde gelesen (Abschn. 4.3). Das ist also nicht ganz richtig, genauso wenig, wie sich der Mond um die Erde dreht. Die Erde bildet ja keine feste Achse, die im Universum festgeschraubt ist. Im Gegenteil, sie bewegt sich selbst um die Sonne. Was dreht sich also worum? Und warum? Letzteres ist einfach: weil sich aufgrund der Unsymmetrie der Massen bei der Entstehung des Sonnensystems „von selbst" ein Drehimpuls gebildet hat und seither erhalten blieb.

Ein französischer Astronom namens Jacques Laskar zeigte 1993 die Instabilität der Rotationsachsen der inneren Planeten Erde, Mars, Venus und Merkur. Die Erdachse würde ohne die Wirkung des Mondes in ihrer Neigung von 0 bis 85 Grad schwanken – mit verheerenden Folgen für das Klima unseres Planeten. Von wegen: „Er ist nicht da, wenn keiner hinschaut!" Das wechselhafte Klima hätte vielleicht sogar die Entstehung höheren Lebens verhindert. Der Mond ist im Vergleich zu den Monden anderer Planeten sehr groß und er ist sehr nah. Sein gravitativer Einfluss auf die Erdneigung ist daher viel stärker. Er hält die Erdachse stabil … für immer? Eine Boulevardzeitung titelte schon am 29.09.2005 verängstigt: „Chaos im Weltall. Erd-Achse kippt!"

Aber es gibt auch andere Meinungen. Man kann zwar keine wissenschaftlichen Experimente machen: Mal ausprobieren – Erde *mit* Mond und Erde *ohne* Mond … Aber Computersimulationen liefern ein anderes Bild: Danach sorgt der Riesenplanet Jupiter allein für eine ausreichend stabile Rotationsachse unserer Erde. Schließlich ist er etwa 300 Mal schwerer als sie. Wie dem auch sei: ein schönes Beispiel für die Wechselwirkung zwischen zwei oder mehr Himmelskörpern. Die näherungsweisen Simulationen zeigen übrigens chaotisches Verhalten und erinnern uns an die seltsamen Erscheinungen im Abschn. 4.3. In unserem Sonnensystem haben wir ja schon acht Planeten, die dort – erfreulicherweise recht geordnet – umherschweifen (so die Bedeutung des altgriechischen Wortes *planētēs*). Wie gut, dass die Anziehungskraft mit dem Quadrat der Entfernung abnimmt: eine der vielen Nichtlinearitäten in der Natur. Sonst wäre im Sonnensystem der Teufel los.

Der Mond bewirkt viel, aber vieles auch nicht

Florian Aigner ist Physiker und „Wissenschaftserklärer", wie er sich selbst nennt. Auf der Technologienachrichten-Seite *futurezone.at* schreibt er in der Rubrik „Wissenschaft & Blödsinn" unter der Überschrift „Schneiden Sie jetzt Ihre Zehennägel!" über den Einfluss des Mondes: „Viele Leute takten ihr Leben nach den Mondphasen. In gewissem Sinn ist das ein Zeichen von Intelligenz." Und er rückt die Dinge zurecht:

> „Wenn der Mond ganze Ozeane bewegen kann, warum soll er dann nicht auch bei viel profaneren Dingen in unserem Alltag eine Rolle spielen? Ganz einfach: Weil die Kraft des Mondes, die auf uns wirkt, völlig vernachlässigbar ist. Der Mond übt eine Gezeitenkraft auf den Ozean aus, weil der Ozean ziemlich groß ist. Hat schon mal jemand Gezeiten in der Badewanne beobachtet? Hat sich der Kaffee in der Tasse schon mal bewegt, weil gerade Vollmond war? Natürlich nicht. Und genauso wenig beeinflusst der Mond unsere Zellen oder die Rinde eines Baumes. Besonders absurd ist die Vorstellung, der Mond habe eine spezielle mystische Wirkung auf Wasser und daher auch auf uns, weil wir zum Großteil aus Wasser bestehen. Die Gezeitenkraft kommt durch die Gravitation zustande, dem Mond ist es dabei völlig egal, ob er auf Wasser, Maschinenöl oder linksdrehendes, quantenenergetisiertes Erdbeerjoghurt wirkt."

Dann entlarvt er alle üblichen Mondmythen, vom Wachsen der Haare bis zur Häufigkeit von Geburten. Wo aber sieht er „Zeichen von Intelligenz"? Völlig zu Recht argumentiert Aigner:

> „Das Erkennen von komplizierten Mustern aus einfachen Daten erfordert eine große Intelligenzleistung. Wir Menschen sind extrem gut darin, aus unzureichenden Datenmengen Strukturen zu erraten. Computern fällt so etwas extrem schwer. Warum halten sich die Mondmythen [...] so hartnäckig? Weil wir Menschen Meister im Mustererkennen sind – selbst dort, wo eigentlich gar kein Muster ist. Wenn wir aus unseren Alltagsbeobachtungen voreilig abergläubische Schlüsse ziehen, ist das also ein Zeichen von Intelligenz. Ein Zeichen von noch größerer Intelligenz allerdings ist es, die eigene Fehleranfälligkeit zu erkennen und solide Fakten über das eigene Bauchgefühl zu stellen."

Dem kann man nichts hinzufügen. Intelligenz entsteht durch Rückkopplung zwischen Denken und Wirklichkeit. Aber wir sind etwas vom Thema abgekommen ...

10.3 Unten ist eine Menge Platz

„Unten" meint hier die Welt des Allerkleinsten, bis hinunter zu den Atomen oder sogar noch kleineren Teilchen. Auch hier entdecken wir – ohne dazu besondere Fachkenntnisse zu benötigen – Erscheinungen, die zu unserem Thema passen.

Nehmen wir die Chemie. Sie ist Wechselwirkung in Reinform. Sie funktioniert dadurch, dass Atome der Elemente ihre Elektronen (die um den Atomkern herumschwirren) mit anderen Atomen teilen. Vorzugsweise mit denen von *anderen* Elementen. Sauerstoff hat zwei Elektronen „zu wenig" und Wasserstoff eins „zu viel" (laienhaft ausgedrückt). Also geht ein Sauerstoffatom mit zwei Wasserstoffatomen eine innige Verbindung ein, und fertig ist das Wassermolekül. Tun sie das nicht, zum Beispiel bei Gold, Platin oder den sogenannten Edelgasen, dann verbinden sich die Atome der Elemente nicht zu Molekülen. Keins der Millionen Materialien – vom Kochsalz bis zum Nylonstrumpf –, die aus den nur ca. 100 Elementen hergestellt werden, würde existieren. Und ebenso nicht alles Lebendige, das ja letztlich auch nur aus Molekülen besteht – von der Amöbe bis zum Zebra.

Die Welt der Quanten – und das bisschen, was wir davon verstehen

Da unten, im Bereich des Allerkleinsten, ist die Welt anders als gewohnt. Die Dinge sind nicht „glatt", sondern „körnig". Das heißt, nicht beliebig fein unterteilbar – es gibt ein „Kleinstes": eine Einheit, die nicht weiter zerlegbar ist, von der es keine „halbe Einheit" gibt. Die (von vielen so gerne zitierten) Quanten. Keine Dinge im engeren Sinne, sondern die kleinsten Portionen von *etwas.* Materie, Energie, Licht – alles ist „gequantelt". Daraus folgt: Es gibt keine beliebig hohe Genauigkeit – und damit keine exakte Vorbestimmtheit, die die Philosophen „Determinismus" nennen. Das erzeugt eine Unbestimmtheit, die wir schon bei der Heisenberg'schen Unschärferelation kennen gelernt haben. Ihre Auswirkungen sind nicht auf die Mikrowelt beschränkt, sondern sie erstrecken sich bis in unsere normale Lebensumgebung, ohne dass uns die Ursache bewusst wird. Die theoretischen Bahnen, mit denen eine Billardkugel eine zweite anstößt (und die eine dritte, und die eine vierte usw.), kann man exakt berechnen. Auch wo die siebte die achte trifft, ist rechnerisch genau zu ermitteln. Wie Seifritz in seinem Buch zeigt, versagt jedoch hier die Praxis. Liegen die Kugeln auch nur einen Meter auseinander, so muss die siebte Kugel die achte nicht mehr treffen. Die Unbestimmtheit der Lage der Quanten an ihrer Oberfläche (in diesem Fall der Elektronen der Atomhülle) führt nach achtmaliger Fortpflanzung dieses winzigen Fehlers dazu, dass die Abweichung schon so groß wie eine Billardkugel ist. Hier haben wir es mit einem echten physikalischen Zufall zu tun. Und damit ist jeder Determinismus, jede Vorausberechnung des Funktionierens dieser Welt, im Eimer. Das ist schon der zweite Todesstoß für ihn – der erste war die Chaostheorie.

Was hat das nun mit Rückkopplung zu tun? Ganz einfach: der „sich aufschaukelnde" Fehler, die zunehmende Unbestimmtheit (exponentielles Wachstum!) ist ein Merkmal dieses Geschehens und führt letztlich zu nicht vorhersagbarem chaotischen Verhalten.

Schritte, die Schritte verkleinern

Das Prinzip der Iteration kennen Sie ja schon aus Abschn. 4.3. Der amerikanische Physiker und Nobelpreisträger Richard Feynman hat dazu eine interessante Idee geäußert: eine Maschine, die kleine Maschinen baut, die kleine Maschinen bauen, die … und so weiter. Unsere „Wumm!"-Kurve aus Abschn. 3.3, nur umgekehrt. Wozu? Das grundlegende Ziel ist Miniaturisierung, also Forschung auf dem Gebiet der Nanotechnologie.

Er hatte ja schon die Idee, die 24 Bände der *Encyclopædia Britannica* auf einen Stecknadelkopf (Durchmesser ca. 1,6 mm) zu schreiben. Die Buchstaben hätten dann „nur" 1/25.000 ihrer jetzigen Größe. Alle Bücher dieser

Welt, die von Interesse sind, wären zusammen etwa 24 Mio. Bände. Man könnte sie auf einer Million Stecknadelköpfe unterbringen, also einer Fläche von ca. 2,5 Quadratmetern. Wenn mehr anders ist, wie wir schon oft festgestellt haben, ist weniger natürlich auch anders. Dinge verkleinern sich nicht in demselben Maßstab. Darauf muss man achten.

Wir kennen ja die Greifhände, die man zum Umgang mit radioaktiven oder anderen gefährlichen Materialien verwendet. Man könnte sie verwenden, um mit ihnen kleinere Greifhände zu bauen, etwa im Maßstab eins zu vier. „Dann haben wir eine Vorrichtung", so schreibt Feynman, „mit der man Prozesse bei einem Viertel der Größe verrichten kann: Kleine Servomotoren mit kleinen Händen spielen mit kleinen Muttern und Schrauben, sie bohren kleine Löcher; diese sind dann viermal kleiner. Ich fertige also eine viermal kleinere Drehmaschine, viermal kleinere Werkzeuge, und ich produziere im Maßstab von einem Viertel noch einige weitere Hände, die im Verhältnis wieder ein Viertel der Größe aufweisen. Das bedeutet – von meinem Standpunkt aus – ein Sechzehntel der Größe." Dieses Verfahren, so meint er, ließe sich hinreichend oft fortsetzen, bis man durch diese Iteration in den Nanobereich vordringen könnte.

Was kommt Ihnen dabei natürlich sofort in den Sinn? Richtig: die Fehlerfortpflanzung. Wie bei Seifritz' Billardkugeln oder Mays virtuellen Fischen kann das Ergebnis chaotisches Verhalten zeigen. Also muss bei jedem Schritt die Präzision des Apparates um den gleichen Faktor verbessert werden, damit sich die Fertigungstoleranzen nicht potenzieren. Bei der Verkleinerung des Maßstabes ergeben sich eine Reihe interessanter Probleme. Plötzlich treten molekulare Anziehungskräfte auf und die Teile kleben zusammen. Eine gelöste Schraube fällt dann nicht nach unten, da die Schwerkraft dafür zu klein ist. Natürlich sieht Feynman diese Probleme auch. Wenn wir in die Größenordnungen der atomaren Welt kommen, verhalten sich die Atome nicht wie kleine Kügelchen in unserer normalen Welt, weil sie den Gesetzen der Quantenmechanik unterliegen. Er erkennt: „Während wir also den Maßstab verkleinern und mit den Atomen herumfummeln, haben wir es mit gänzlich anderen Gesetzen zu tun." Weniger ist anders. *There's Plenty of Room at the Bottom* (siehe unsere Kapitelüberschrift) nannte er seinen Vortrag, den 1959 an einer kalifornischen Forschungsuniversität hielt. Nebenbei: Seine Idee der Miniaturisierung einer Buchseite um den Faktor 25.000 ist inzwischen realisiert.

Moleküle, die sich selbst vermehren

Selbstorganisation war ein Grundprinzip bei der Entstehung des Lebens, vermutet man. Im Abschn. 6.3 haben wir das ausführlich diskutiert: das

Miller-Urey-Experiment. Auch der amerikanische Komplexitätsforscher Stuart Kauffman vertritt in einem *Spiegel*-Interview im Jahr 2010 diese Auffassung.[3]

Er widerspricht sogar der Meinung, dass Naturgesetze immer und überall gültig sind. Er meint, es gäbe Dinge, die sich aus keinem Naturgesetz ableiten lassen: „Wunder". Zwar ist der Ursprung des Lebens eine direkte Folge der physikalischen Naturgesetze, aber nicht die Evolution. Kein Naturgesetz bestimmt den Weg, den sie genommen hat. Moleküle müssen sich durch noch ungeklärte Methoden der Selbstorganisation vermehrt haben. Sie müssen durch irgendeinen Zufall auf engstem Raum eingeschlossen gewesen sein, um miteinander zu reagieren. Und dieses System muss in der Lage gewesen sein, mit seiner Umgebung in Wechselwirkung zu treten.

Stuart Kauffman hat eine „Theorie der autokatalytischen Systeme" entwickelt. Sie besagt, dass Moleküle ganz automatisch beginnen, sich selbst zu vermehren. Man muss nur nach dem Zufallsprinzip hinlänglich viele komplexe Moleküle herstellen. Dann kann man immer komplexere, sich selbst erhaltende chemische Reaktionszyklen konstruieren. Aber kann die Natur so etwas von selbst erzeugen? Kauffman vermutet: ja. Je mehr Moleküle man hat, desto komplexer wird das Netzwerk der sich wechselseitig verstärkenden chemischen Reaktionen. Und irgendwann entstehen vollständige sich selbst antreibende Reaktionszyklen. Chemie verwandelt sich in Biologie. Der Forscher sagt: „Es gibt demnach einen Grad von Komplexität, an dem – plopp! – molekulare Reproduktion, also Vermehrung entsteht. Ist der Mechanismus einmal in Gang gesetzt, wird ein solches System immer komplexer. Wenn es uns gelungen ist, auf der Basis des vorhandenen Lebens Dackel oder Maispflanzen zu züchten, welche Formen von Leben wird man dann erst aus künstlichem Leben erzeugen können! Die Folgen könnten noch bedeutender sein als die der Computerrevolution." Emergenz geboren aus Komplexität und Rückkopplung, könnte man sagen.

Man nennt diese Moleküle auch „Nanobots" (Nanoroboter), autonome Maschinen im Kleinstformat. Sie sollen eines Tages in der Lage sein, Kopien von *sich selbst* herzustellen. Sie „verdauen" gewöhnliche Materie und schaffen neue Formen von Materie. Die „Selbstreproduktion", die wir bei organischen Riesenmolekülen (z. B. der DNS) sehen und als eines

---

[3]Quelle: Philip Bethge und Johann Grolle: Das ist Futter, das ist Gift. Der Spiegel 1/2010 https://www.spiegel.de/spiegel/print/d-68525308.html.

der Prinzipien der Evolution kennen gelernt haben. Fachleute meinen, sie könnten ihre Anzahl alle 15 min verdoppeln. Geraten sie außer Kontrolle, könnte ihr Zuwachs dem Gesetz des exponentiellen Wachstums gehorchen. Der „Teich" dieser „Seerosen" (Sie erinnern sich an das Beispiel in Abschn. 3.3) wäre die gesamte Erde. Sie wäre in wenigen Tagen mit „grauer Schmiere" (engl. *grey goo*) bedeckt. So könnten sie einen Großteil der Erde „verdauen" und jeglichem Leben ein Ende setzen. Dieses Szenario hat der Nanotechnologie-Pionier Eric Drexler in seinem Buch *Engines of Creation* 1986 entworfen.

Fassen wir zusammen

Das Nichts ist *nicht* leerer Raum – es ist *kein* Raum und *keine* Zeit. Beim Urknall, der kein Knall im bekannten Sinne war (er war geräuschlos und ohne Lichtblitz), entstanden erst Zeit und Raum. Es gab also kein „vorher". Harald Lesch nennt es den „Tag ohne gestern". Das ist das „Standardmodell der Kosmologie", die allgemein anerkannte Vorstellung der Kosmologen. „Von Anfang an" waren Naturgesetze und Naturkonstanten vorhanden, die es erlaubten, dass sich das Universum „von selbst" bildete und in der physikalisch-chemischen Evolution ausbreitete und verwandelte. Die Naturgesetze haben als logische Konsequenz, dass sich das Universum (auch durch Rückkopplungseffekte) in seiner Erscheinungsform von Anfang an ständig wandelte. Es dehnt sich seitdem unaufhörlich und sogar immer schneller aus, angetrieben von einer unbekannten „dunklen Energie". Theorien besagen, dass es deswegen auch irgendwann enden wird: Da es immer weiter auseinanderfliegt, wird es irgendwann einmal „leer" sein – aus Sicht eines jeden möglichen (hypothetischen) Beobachters wird jedes leuchtende Objekt so weit entfernt sein, dass das Licht ihn nicht mehr erreicht.

„Am Anfang" heißt: Erst nach einigen Millionen Jahren bildeten sich großräumige Strukturen im Kosmos. Dabei begann die Materie – immer noch gasförmig – sich in den Gebieten mit höherer Massedichte durch die Gravitation zusammenzuziehen. Wieder traten Wechselwirkungen auf: Höhere Dichte und dadurch höhere Temperatur zündeten Kernfusionsprozesse. Die führten nach dem „Ausbrennen" des Brennstoffes (Wasserstoff) zu weiterer Verdichtung, die wiederum schließlich Atomkerne zusammenschmolz und erst dann alle unsere bekannten etwa 100 Elemente bildete. Solche Wechselwirkungen reichen bis in die „unterste Ebene" der Elementarteilchen.

Nicht nur im Universum bei Sternen und Galaxien, sondern auch im atomaren Bereich finden wir alles wieder: Selbstorganisation und Emergenz, Wechselwirkungen zwischen Kräften und Materie, chaotisches Verhalten.

Einige wenige Beispiele: Fangen (kurz nach dem Urknall) Protonen frei herumfliegende Elektronen ein, entsteht ein Wasserstoffatom (Selbstorganisation). Durch Zufuhr von Energie (Druck, Temperatur) schließen sie sich zu Helium zusammen – ein „neuer" Stoff mit neuen Eigenschaften (Emergenz). Die Eigenschaften der einzelnen Atome (Wasserstoff, Helium, Eisen und alle anderen) sind aus den Eigenschaften ihrer Bestandteile (Protonen, Neutronen, Elektronen) *nicht* ableitbar. Große und schwere Atomkerne (z. B. Uran) sind instabil und zerfallen (ein chaotisches Verhalten), weil das Wechselspiel zwischen den Kräften im Atomkern komplex ist und den Gesetzen des Zufalls gehorcht.

Halten wir also fest: Das Universum ist durch Wechselwirkung und Selbstorganisation entstanden und durchlief viele Hierarchiestufen, in denen sich neue Systeme aus vorhandenen Systemen gebildet haben – von den Elementarteilchen über die Atome bis zu Sternen und Galaxien, zu allen chemischen Elementen, zu Molekülen und schließlich … zum Leben.

Lassen wir die Lebenszeit des Universums auf ein Jahr zusammenschrumpfen, so tritt der heutige Mensch erst wenige Sekunden vor Mitternacht des letzten Tages auf. Deswegen fragt der Philosoph Michael Schmidt-Salomon: „Was ist davon zu halten, wenn ausgerechnet die kosmische Eintagsfliege »Mensch« sich einbildet, im Zentrum des Universums zu stehen?" Nun, das ist nicht die entscheidende Frage. Viel wichtiger ist Folgendes: „Was ist davon zu halten, dass eine Spezies, die gerade erst entstanden ist, als erstes ihren eigenen Lebensraum vernichtet?" (auch das ein bedauerliches Zeichen positiver Rückkopplung).

Wir haben gesehen, dass Feedback auch in der Welt der Allergrößten und des Allerkleinsten eine Rolle spielt. Bemerkenswert, dass unser eingebauter menschlicher Erkenntnisapparat (B_I) nur für das Erkennen der Mittel-Welt geeignet ist – erst B_{II} (unser logisch-rationales Denken) erlaubt es uns, Erkenntnisse aus den beiden anderen Welten zu erlangen. Das zeichnet uns Menschen aus. Die Gesetze und Regeln der Rückkopplung aber gelten, wie wir gesehen haben, in allen drei Welten.

11

Rückkopplung hat alles erschaffen

Unser Universum und das Leben: Die Entstehung von etwas aus nichts

Über eine wagemutige Vermutung: Feedback ist der Ursprung von allem und führt zu einer endlosen Kette der Entwicklung.

Ja, ich weiß! Falsche Überschrift. *Evolution* hat alles erschaffen. Aber ohne Rückkopplung funktioniert sie nicht.

So gerne ich im Stamm eines Wortes tiefere Bedeutung erkenne, so vorsichtig muss ich sein, dies nicht zu weit zu treiben. Es kann in die Irre führen: „Evolution" könnte man nach seinem lateinischen Wortstamm mit ‚Auswickeln' übersetzen – es deutet auf etwas Vorhandenes hin, das nur ausgepackt wird. Ein Geschenk des Schöpfers … und auch Er schöpft im wörtlichen Sinn nur Vorhandenes wie eine Ladung Fische aus einem Teich. Aber die Evolution ist nicht das Auspacken von schon vorhandenen Dingen, sie ist die Herstellung von etwas Neuem, ein Prozess des Erschaffens. Und es gibt keinen Hersteller, das Neue macht *sich selbst.* Das ist wunderbar und kaum zu begreifen. Die Entstehung neuer Eigenschaften ist ein Faktum und zugleich ein Rätsel: Wie kommt es (um dieses Beispiel erneut zu strapazieren), dass die Hochzeit aus einem giftigen Gas (Chlor) und einem ebenfalls nicht sehr bekömmlichen Leichtmetall (Natrium) genießbares Kochsalz ist? Wieso kann eine einzelne Nervenzelle nicht denken, ein Haufen von ihnen aber fast ununterbrochen? „Mehr ist anders", das war die Begründung. Das Phänomen der Emergenz, der Entstehung neuer Eigenschaften. Und mit Evolution ist ja nicht nur die biologische Entwicklung von Neuem gemeint. So entstehen zwar Lebewesen aus Zellen, Zellen aber aus Molekülen, Moleküle aus Atomen, Atome aus Elementarteilchen, Elementarteilchen aus Energie, Energie aus … ja, was? Lawrence Krauss meint: aus *nichts.*

J. Beetz, *Feedback,* https://doi.org/10.1007/978-3-662-62890-4_11

Konrad Lorenz nennt das Auftreten von etwas wirklich Neuem „Fulguration“ (lateinisch *fulgur* ‚Blitz‘) und gibt zu, es auch nicht vollkommen rational erklären zu können. Das erschien ihm treffender als der Begriff „Emergenz“, der ja (wörtlich) auch wieder nur das Auftauchen von etwas bereits Existentem bedeutet.

Der schon öfter zitierte Manfred Eigen sagte in einem Interview: „Nach dem *Big Bang* hat schon eine physikalische Evolution stattgefunden“ und in Bezug auf unseren Planeten: „Unsere Erde ist 4,7 Mrd. Jahre alt. Nach 500 Mio. Jahren war sie so weit abgekühlt, dass Chemie möglich war. Sie hat dann das Leben relativ schnell entwickelt. Der genetische Code ist 4 Mrd. Jahre alt, und die ersten zellulären Lebewesen entstanden vor 3 Mrd. Jahren. Eine Zelle ist ein irrsinnig komplexes System. Aber erst im Kambrium vor 500 Mio. Jahren »explodierte« das Leben.“ Wie entstand dann das Leben? „Von Leben können wir erst sprechen, wenn sich eine Kette aufbaut, die immer weitergeht. Es muss die Reproduktion da sein. Das können wir uns heute nur noch vorstellen über ein Rückkopplungssystem. Das bedeutet, dass da ein nichtlinearer Prozess gewesen sein muss.“[1] Da sind sie wieder, in Kurzform, die Gesetze der Evolution: Nichtlinearität und Rückkopplung.

11.1 Evolution und Umwelt: der Anfang auf der Erde

An dieser Stelle macht es Sinn, ein paar Stufen der Entwicklungsgeschichte unseres Planeten zu betrachten. Ein evolutionäres Geschehen, in dem jeder Schritt aus dem vorhergehenden entsteht.

Warum ist nicht nichts?

Diese Frage ist leicht zu beantworten: Wir wissen es nicht. Wir wissen auch nicht, warum etwas *ist* (was ja dieselbe Frage ist, wenn man die doppelte Verneinung auflöst). Der Physikprofessor und Fernsehmoderator Harald Lesch hat sie (neben vielen anderen Denkern) ausführlich diskutiert. Die Philosophen haben sich die Köpfe darüber zerbrochen und sind auf ein Paradoxon gestoßen: Ein „Nichts“ kann nicht existieren. Denn wenn

[1]Wörtliche Mitschrift des Interviews, deswegen nicht druckreif und elegant ausformuliert.

es existiert, dann ist es schon ein „Etwas". Aber das „Warum?" – als *erste* Ur-Sache – ist nicht unser Thema. Deswegen fragen wir nur nach späterer Ursache und Wirkung und der Beziehung zwischen beiden.

Also, wo kommt das eigentlich alles her, was Sie so umgibt? Nicht die vom Menschen gemachten technischen Dinge, sondern Tiere und Pflanzen, Materialien und Luft – ja, das ganze Universum. Dazu müssen wir ein wenig in der Zeit zurückgehen. Dieses „ein wenig" ist schwer vorstellbar. Drängen Sie Ihr (langes) Leben von 100 Jahren auf eine Fingerlänge (zehn Zentimeter) zusammen. Dann ist das Universum 13.700 km lang (d. h. alt). Wie man (z. B. bei Ditfurth) nachlesen kann, war das sich ausdehnende Universum mit Wasserstoff gefüllt – natürlich nicht gleichmäßig (genau alle 23,785… Zentimeter ein Wasserstoffatom). Nein, kleine Unregelmäßigkeiten führten dazu, dass sich zwei Atome ein wenig näher kamen. Die Anziehungskraft zwischen ihnen ist deswegen stärker als zu allen anderen. „Schwerkraft" („Gravitation", vom lateinischen *gravis* ‚schwer') nennt man die anziehende Kraft zwischen zwei Massen. Jetzt fängt der erste positive Rückkopplungseffekt an: Sie kommen sich näher, und weil sie sich näher kommen, wird die Anziehungskraft noch stärker. Bis sie direkt nebeneinander angekommen sind und ein winziges Kügelchen bilden. Das hat doppelt so viel Masse wie die Atome in seiner Umgebung. Also doppelt so viel Anziehungskraft. Das führt dazu, dass die Atome in der Umgebung sich auf das Kügelchen zubewegen – aber nicht gleichmäßig. Deswegen bekommt das System (!) aus den zwei Atomkügelchen und den auf sie zu fliegenden Wasserstoffatomen einen kleinen Drall und fängt an, sich zu drehen. Wenn das Ganze nun zu einem Gasball von einer unvorstellbaren Zahl von Wasserstoffatomen angewachsen ist, haben wir einen sich drehenden Stern, in dem dann noch eine nukleare Reaktion „zünden" muss. Er ist „von selbst" entstanden, wie ja bereits in Abschn. 10.2 kurz angedeutet.

Die „Selbstentstehung" („Autopoiese") geht weiter: Nach den Gesetzen der Physik wird ein solcher immer dichter werdender Gasball immer heißer. Besagte nukleare Reaktion (die sogenannte „Kernfusion") zündet. Deswegen leuchten die Sterne. Und atomare Prozesse führen dazu, dass die Kerne der Wasserstoffatome zu immer schwereren Elementen verschmelzen, bis hin zu Eisen. Rückkopplung Teil zwei: Nun sind Temperatur und Druck so hoch geworden, dass der Stern explodiert und auseinanderfliegt. Die Explosion erhöht Temperatur und Druck abermals. Das nun führt dazu, dass *noch* schwerere Elemente gebildet werden. Rückkopplung Teil drei: Die durch den Weltraum segelnden Elemente unterliegen natürlich chemischen Gesetzen (die nichts anderes sind als physikalische auf atomarer Ebene).

Treffen zwei Wasserstoffatome und ein Sauerstoffatom zusammen, dann bilden die drei ein Wassermolekül. Der gesamte Schutt der Sternenexplosion fängt erneut an, sich zusammenzuklumpen (Rückkopplung Teil vier). Vielleicht werden diese Klumpen von einem noch vor sich hin brütenden, noch nicht explodierten Stern eingefangen und bilden dessen Planetensystem? Wenn wir auf unserer 13.700-km-Zeitachse etwa 9000 km zurückgelegt haben, dann sind wir bei der Entstehung unseres Sonnensystems einschließlich der Erde vor 4,7 Mrd. Jahren angekommen. Alles geschah „von selbst“: durch Materie, Naturgesetze und das Prinzip des Feedbacks. (Natürlich ist das eine „Klein-Fritzchen“-Geschichte. Genauer und ausführlicher ist sie bei Ditfurth oder Hawking nachzulesen.)

Die chemisch-physikalische Evolution

Der Ausdruck „chemisch-physikalische Evolution“ ist eigentlich doppelt gemoppelt, denn Chemie ist genau genommen ein Teil der (Atom-)Physik. Man könnte es also auch nur „physikalische Evolution“ nennen. Unsere Erde war ja nicht *da,* sie hat sich und damit die Umwelt selbst „gemacht“. Sich selbst, durch einen rückgekoppelten Prozess. Angefangen von ihrer rein physikalischen Entstehung durch die Zusammenballung von Steinen, Staub und anderem Material durch die Schwerkraft. Und wie passend für *uns*! Im richtigen Abstand von einem Energie liefernden Stern. Eine fast kreisförmige Umlaufbahn, um nicht eisige Winter und brütende Sommer zu erzeugen. Die richtige Größe des Planeten, damit er gerade die richtige Menge an Strahlungswärme speichern kann. (K)ein Wunder, dass wir *hier* sind! Und nicht auf dem Neptun.

Hier begegnen wir auch einer Paradoxie, die eigentlich in das Kap. 2.2 gehört. Alle Lebewesen (mit einigen Ausnahmen) sind auf Sauerstoff als Energieproduzent für ihren Stoffwechsel angewiesen. Die meisten und vor allem organische Substanzen werden jedoch von freiem Sauerstoff angegriffen und vernichtet (oxidiert). Wie also konnten diese Vorstufen des Lebens überhaupt entstehen? Irgendwann muss das System „Erde“ gekippt sein, sich selbst umgepolt haben.

Das löst auch eine weitere Frage, die die Biologen bisher beschäftigt hat: Wenn Leben unter gewissen Voraussetzungen „von selbst“ entsteht, warum entsteht es dann nicht *heute noch* fortwährend irgendwo auf dieser Welt aus dem Nichts? Die Antwort ist: Die Evolution hat den Ast abgesägt, auf dem sie saß. Ein besserer Vergleich wäre ein Hausbesetzer, der in einem riesigen Wohnblock zufällig eine offene Wohnung findet … und als Erstes nach seinem Einzug das Schloss austauschen lässt. Nach dem heutigen

Wissensstand konnten die Vorstufen des Lebens und die erste lebendige Zelle nur *ohne* Sauerstoff entstehen, sonst hätte er sie gleich wieder oxidiert und damit vernichtet. Die Sauerstofffreiheit der frühen Atmosphäre ist für die Bildung und Erhaltung organischer Verbindungen und der nachfolgenden einfachen Einzeller also von entscheidender Bedeutung. Erst später produzierten Zellen (d. h. Bakterien) Sauerstoff, was den ersten Entstehungsprozess für alle weitere Zukunft unmöglich machte. Das werde ich Ihnen gleich erzählen, aber es ist „Teil II" der Sauerstoffproduktion.

Sauerstoffproduktion, Teil I

Der erste Sauerstoff muss irgendwann einmal „von selbst" entstanden sein. Natürlich nicht „aus dem Nichts", sondern zumindest durch die Zufuhr von Material und Energie. Das Material war das Wasser in den Urozeanen. Die Energie war die UV-Strahlung, die ungehindert bis zur Erde und in die oberen Wasserschichten durchdrang. „Photodissoziation" lautet der Fachausdruck, wörtlich „Zerlegung durch Licht".

Natürlich war damals niemand dabei. Wir kennen jedoch den Endzustand, wie wir ihn heute vorfinden. Wir kennen auch die Anfangszustände, zum Beispiel aus der Analyse von Bohrkernen, in denen die Bestandteile früherer Zeiten der Atmosphäre abgelegt sind. Dazwischen stellt die Wissenschaft aufgrund der Naturgesetze einen Zusammenhang zwischen Ursache und Wirkung her. Ein Musterbeispiel für einen solchen Rückkopplungseffekt ist wieder mit dem Namen von Harold Urey verbunden: der „Urey-Effekt". Bevor Sauerstoff durch Lebewesen hergestellt wurde, entstand er schon aus dem Wasser der Urmeere. Denn die energiereiche UV-Strahlung zerlegt Wasser (H_2O) in Wasserstoff (H) und Sauerstoff (O). Ditfurth beschreibt es so klar, dass ich ihn hier zitieren möchte:[2]

> „Der freigesetzte Wasserstoff, das leichteste aller Elemente, stieg praktisch ungehindert in der Atmosphäre nach oben, bis er sich zuletzt im freien Weltraum verlor. Der Sauerstoff blieb übrig. Sauerstoff aber ist […] ein besonders stark wirksamer UV-Filter. Deshalb verlief dieser Prozess der Photodissoziation nicht kontinuierlich, auch nicht in der Art eines Kreislaufs, sondern nach den Gesetzen der Rückkopplung: Er stoppte sich selber ab, sobald ein ganz

[2]Ditfurth H von (1972). Es gibt „modernere" (d. h. korrektere) Sichten auf die Entstehung von Sauerstoff, siehe z. B. *Oxygen: A Four Billion Year History* von Donald E. Canfield (Princeton Univers. Press 2015).

> bestimmter Sauerstoffgehalt in der Atmosphäre erreicht war. Ein Gehalt, der groß genug war, um die UV-Strahlung so stark abzuschirmen, dass die weitere Produktion von Sauerstoff zum Erliegen kam. Die selbstregulatorische Natur dieses Prozesses brachte es ferner mit sich, dass der resultierende Sauerstoffgehalt der Atmosphäre sich mit großer Genauigkeit auf einen ganz bestimmten Wert eingespielt haben muss. An einem ganz bestimmten Punkt erlosch die Sauerstofferzeugung. Sank die Sauerstoffkonzentration erneut unter diesem Betrag (etwa durch Oxidationsvorgänge an der Oberfläche, die der Atmosphäre Sauerstoff entzogen), so hieß das gleichzeitig, dass die Wirksamkeit des UV-Filters nachließ. Folglich kam dann die Photodissoziation des Wassers sofort wieder in Gang. Sie hielt so lange an, bis die ursprüngliche Sauerstoffkonzentration exakt wieder erreicht war."

Die perfekte negative Rückkopplung, ein Regelkreis wie aus dem Lehrbuch. Eine der seltenen Fälle, wo die Evolution „zurück auf Los" geht, den Reset-Knopf drückt. Leben ohne Sauerstoff, das war nicht so richtig etwas. Aber wir wollten das Geschehen ja nicht aus der Sicht und mit der Sprache eines handelnden Subjekts darstellen. Also besser: Sauerstoff als Energielieferant, als Beschleuniger chemischer Prozesse, förderte den Stoffwechsel und führte zu besseren Überlebensbedingungen.

Die PVC-Stühle in den Cafés im Mittelmeerraum werden mit den Jahren brüchig, denn UV-Strahlung ist energiereich. Ja, Sie können auch beim Schnorcheln einen Sonnenbrand bekommen! Diese energiereiche Strahlung zerstört nicht nur Moleküle, sie erzeugte auch organische Moleküle in den oberen Schichten der Urmeere. Die nächste Paradoxie: Nicht nur Sauerstoff ist für die komplexen und empfindlichen organischen Moleküle schädlich, sondern auch die UV-Strahlung. Sie zerbricht Eiweiß-Moleküle, deswegen wird UV-Licht auch zur Desinfektion eingesetzt. Also bringt sie die Moleküle, die sie gerade erzeugt hat, gleich wieder um!? Eine schöne paradoxe Rückkopplung! Wie kommen wir aus dieser Zwickmühle heraus? Ganz einfach: Erfreulicherweise nimmt die Intensität der Strahlung mit zunehmender Wassertiefe schnell ab. So „flüchteten" sich die Moleküle in Tiefen unter etwa zehn Meter und waren dort sicher. Ein nasser „Luftschutzkeller" …

Das Leben liefert den Sauerstoff, den das Leben benötigt

Sauerstoffproduktion, Teil II: Der Geologe James William Schopf wurde in den alten Gesteinen in Westaustralien fündig. Dort entdeckte er die ältesten versteinerten Reste von winzigen Lebewesen: das Fossil einer 3,5 Mrd. Jahre alten Cyanobakterie. Schauen wir uns an, wie mit ihrer Hilfe die Erdatmosphäre entstand. Von Ditfurth schreibt: „Eine Spezies verändert nachhaltig die Umwelt, die sie erst hervorgebracht hat." Unser Feedback-Prinzip! Die „Dunstkugel" der Erdatmosphäre (so die wörtliche Bedeutung von ‚Atmosphäre') ist eine lächerlich dünne Schicht von nur ca. 1,6 % des Erdradius. Sie durchlief – wie ein Stück Software – mehrere Versionen nach ihrer Entstehung vor über 4 Mrd. Jahren. Die erste, die Uratmosphäre, verschwand auf Nimmerwiedersehen – wir zählen sie gar nicht mit, die Null-Version. Version 1.0 entstand durch vulkanische Ausgasung aus dem Erdinneren und bestand zu etwa 80 % aus Wasserdampf, zu 10 % aus Kohlendioxid und zu ca. 6 % aus Schwefelwasserstoff. Für flüssiges Wasser war unsere Erdkugel zu heiß. Die ungebremste UV-Strahlung zerlegte die Wassermoleküle langsam aber sicher, und chemische Reaktionen führten dazu, dass vor etwa 3,4 Mrd. Jahren die zweite Atmosphäre hauptsächlich aus Stickstoff (in geringeren Mengen wahrscheinlich auch aus Wasserdampf und Kohlendioxid) bestand. Das meiste Wasser aus dem Erdinneren verwandelte sich im Umweg über die Atmosphäre in Regen und die Ozeane bildeten sich. Die Erde war jetzt hinreichend kühl geworden. Leben gab es schon: einfache Bakterien. Die ersten Einzeller waren vermutlich nicht mehr als mikroskopisch kleine Säckchen, gefüllt mit einem Gemisch aus Proteinen und Nukleinsäuren. Umgeben von einer wässrig-fetten Haut, die bestimmte Moleküle („Nahrung") durchließ und andere nicht.

Diese simplen Einzeller kamen mit der „Luft" ganz gut zurecht. Sie sind übrigens „unsterblich", denn sie vermehren sich durch Zellteilung: Aus 1 mach 2. Die „Elternzelle" stirbt nicht, sie geht in ihren zwei „Tochterzellen" auf. Aber sie „verschwindet". Erst die geschlechtliche Fortpflanzung (vor ca. 1,5 Mrd. Jahren auf der Erde entstanden) erzeugt eigenständige Nachkommen, deren Eltern neben ihnen weiterleben.

Bakterien zerstören die Erdatmosphäre

Was sich wie die Überschrift in einer Boulevardzeitung liest, ist damals grausige Wirklichkeit: Die „Große Sauerstoffkatastrophe" brachte alle die Lebewesen um, die für ihren Stoffwechsel eine andere Atmosphäre brauchten und von Sauerstoff geschädigt wurden. Wie konnte es so weit kommen?!

Sie ahnen es mittlerweile: Rückkopplung. Das Unglück begann vor etwa 2,4 Mrd. Jahren – nein, eigentlich schon etwas früher, vermutlich vor ca. 3,8 Mrd. Jahren („*etwas* früher" in geologischen Zeiträumen). Die schon erwähnten Cyanobakterien hatten eine einfache Form der Fotosynthese entwickelt. Diese Viecher – es sind Blaualgen – waren einfache Bakterien, die im Wasser lebten (es hatte zu Zeiten der Atmosphäre Version 2.0 schließlich einen Dauerregen von etwa 40.000 Jahren gegeben). Durch eine zufällige

Mutation waren sie in der Lage, durch die Energie des Sonnenlichtes (wie schwach sie unter der Meeresoberfläche auch war) aus im Wasser gelöstem Kohlendioxid (CO_2) chemische Substanzen und Energie zu erzeugen. Eine weitere Mutation veränderte den Prozess so, dass freier Sauerstoff entstand (für Fachleute: „oxygene Fotosynthese") – genau das, was heute alle Pflanzen mit dem Chlorophyll-Farbstoff in ihren Blättern machen. Sauerstoff als Abfallprodukt! Freier Sauerstoff, eine Katastrophe! Zufällig gab es Lebewesen, für die das *kein* Gift war, im Gegenteil. Sie vermehrten sich, die anderen litten darunter und verschwanden von der Erde. Wie die Selektion in der Evolution halt so spielt …

Der zweite Effekt: Die Erdkruste änderte sich. Mit freiem Sauerstoff oxidiert nicht nur Eisen, sondern es bilden sich auch Minerale wir Korund, das auf vielen Schleifpapieren zu finden ist. Mutter Natur verdoppelte kurzerhand während der „Sauerstoffkatastrophe" die vorhandenen Mineralien auf die Zahl von heute insgesamt etwa 4500 natürlichen mineralischen Stoffen. Der dritte Effekt brachte (zumindest aus unserer Sicht) wirklich eine Chance. Zwar sollen bereits vor der „Sauerstoffkatastrophe" erhebliche Mengen an ungebundenem Sauerstoff in der Atmosphäre gewesen sein (unser „Teil I" der Sauerstoffherstellung), aber jetzt ging es erst richtig los. Denn bei vielen Stoffen setzt die Oxidation mit Sauerstoff wesentlich mehr nutzbare Energie frei als ein Stoffwechsel ohne Oxidation. Lebewesen, die bis dahin energielos in der Ecke saßen, konnten nun vor Kraft kaum laufen. Na ja, da sieht man, welche Assoziationen ein schiefes Bild weckt: Sie schwammen ja, noch niemand lief auf dem Land herum! Aber der erhöhte Sauerstoffgehalt förderte die Evolution des Energiestoffwechsels. Denn der biologische Stoffwechsel (Fachausdruck „Metabolismus") kommt in zwei Formen: Einerseits werden chemisch komplexe Nahrungsstoffe zu einfacheren Stoffen abgebaut und liefern Energie. Andererseits werden körpereigene Stoffe unter Energieverbrauch aus einfachen Bausteinen aufgebaut. Und mit Sauerstoff ist hier plötzlich Energie in Hülle und Fülle vorhanden! Kein Wunder, dass die Organismen jetzt wachsen und gedeihen.

Bald (na ja, wie gesagt, in geologischen Zeiträumen) waren die Ozeane mit Sauerstoff gesättigt, oder er war durch die Oxidation von Stoffen chemisch gebunden (Eisen rostet durch Sauerstoff). Doch die Cyanobakterien ließen nicht locker und produzierten weiter Sauerstoff. Er begann, in die Atmosphäre zu entweichen. Eine wesentliche, von Lebewesen verursachte Umweltveränderung, die auf die Lebewesen zurückwirkte. Denn andere Organismen begannen den Sauerstoff zu *lieben* – sie konnten bald ohne ihn nicht mehr leben (wie Sie und ich auch). Sie passten sich der

Sauerstoffatmosphäre an (immer in dem schon besprochenen Sinne: Nicht etwa durch die Umstellung von Individuen, sondern durch das Verschwinden der Unangepassten und die Ausbreitung der Angepassten). Der steigende Sauerstoffgehalt in den Ozeanen hatte einen großen Teil der früheren Lebewesen ausgelöscht. Fertig in ihrer jetzigen Form war Version 3.0 der Atmosphäre vor etwa 350 Mio. Jahren. Ein schöner zyklischer Spruch (Abschn. 2.1): Die Lebewesen verändern die Atmosphäre verändert die Lebewesen. Dazu gehört auch die Anreicherung der oberen Luftschichten mit Ozon, einer besonderen Form von Sauerstoff. Er blockiert weitgehend die gefährliche energiereiche UV-Strahlung, die von der Sonne kommt. Sie schädigt Haut und Augen, bringt viele kleine Organismen um und zerstört organische Moleküle – bis hin zur direkten DNS-Schädigung. Man verwendet sie zur Sterilisation, also dem Abtöten von Bakterien. Pflanzen werden bei UV-Bestrahlung schwer beeinträchtigt, was zum Absterben der gesamten Pflanze führen kann. Das Ozon wurde also indirekt von Lebewesen hervorgebracht und schützt das Leben. Für die Cyanobakterien war er Abfall. Feedback, mal wieder – im weiteren Sinne.

Abfall, der die Welt verändert – das gibt es nicht nur heute, wo zum Beispiel riesige Strudel von Kunststoff-Partikeln im Meer die Fische umbringen. Die Fotosynthese der Cyanobakterien produzierte Energie … und Abfall. Sauerstoff. Wohin damit? Sauerstoff ist giftig, weil „aggressiv" – er löst verschiedene chemische Prozesse aus. Die blöden Bakterien machten es wie heute wir Menschen: ab in die Atmosphäre. Dass Sauerstoff die meisten organischen Substanzen angriff – na und? Jetzt verstehen wir die Mikrobiologin Lynn Margulis (der wir gleich begegnen werden) und ihren Optimismus: Sie meint, die Erde wird auch mit so schädlichen Organismen wie *Homo sapiens* fertig werden.

Leben ist eben „nicht die Geschichte eines ersten, primitiven Lebenskeimes, die sich auf der Bühne des Planeten weiter entfaltete, dessen Oberfläche zufällig »lebensfreundlich« war und die das während des ganzen Ablaufes weiterhin unverändert blieb", wie von Ditfurth in seinem Klassiker „Im Anfang war der Wasserstoff" schrieb. Unser Planet machte „sich selbst" und durch das Leben lebensfreundlich. Einen (auch für uns Menschen) glücklicheren Feedback-Prozess kann man sich nicht denken!

Tote Materie wird lebendig?!?

„Tote" Materie ist ja eigentlich falsch, denn es ist ja „unbelebte" Materie gemeint. Tot ist nur, was einmal gelebt hat. Auf einige Grundsatzfragen hierzu sind wir ja schon in Abschn. 6.3 eingegangen. Hoimar von Ditfurth hat in seinem Buch beschrieben, wie letztlich alles aus Wasserstoff entstand.

Dort spricht er völlig zutreffend von einer „Evolution der Atmosphäre". Denn alle Elemente der Evolution – Mutation, Selektion und Rückkopplung – sind bei der Entwicklung der Atmosphäre versammelt. Schon diese physikalisch-chemische Evolution ist an Komplexität und Reichhaltigkeit der Wechselwirkungen kaum zu übertreffen. Von Ditfurth schreibt: „Außerdem ist der heutige Zustand der Erde in allen Einzelheiten das Resultat einer Entwicklung, im Verlauf derer von Anfang an das Leben und die irdische Umwelt sich gegenseitig in der Form eines kontinuierlichen Rückkopplungsprozesses [...] bedingt, beeinflusst und verändert haben." Und weiter: „Das »Leben« ist in einem verblüffenden Maße imstande, die Bedingungen, die seine Entfaltung fördern, selbst aktiv herbeizuführen."

Leben ist durch drei bzw. vier Eigenschaften gekennzeichnet, um es noch einmal zu wiederholen (siehe Abschn. 6.2). Es setzt differenzierte Systeme voraus, gewissermaßen als die „nullte" Eigenschaft. Ein homogenes System – ein Eimer Wasser, der nur aus Wassermolekülen besteht oder ein paar Quadratmeter Eisenblech aus Eisenmolekülen – ist dafür ungeeignet. Selbst die einfachste Zelle ist ein Ganzes und besteht aus Teilen, die miteinander wechselwirken. Lebendige Systeme sind abgegrenzte Systeme: Individuen, also unteilbare Ganzheiten („Holons" haben wir sie genannt). Menschen haben eine Haut, Pflanzen eine Oberfläche, selbst Einzeller eine sie begrenzende Zellwand. Das erste wirkliche Kennzeichen ist der Stoffwechsel. Ein Organismus ist nie ein „abgeschlossenes System", dem wir uns in der Physik anzunähern versuchen, ohne es je wirklich zu erreichen. Stoffwechsel heißt, dass Organismen aus ihrer Umwelt Stoffe aufnehmen, sie „wechseln" (d. h. umbauen) und Überschüssiges wieder abgeben. Dazu wird – ebenfalls aus der Umwelt – Energie benötigt. Sie kann aus dem Stoffwechselprozess selbst entnommen werden (z. B. aus unserer Nahrung) oder in davon unabhängiger Form zugeführt werden, wie die Lichtenergie bei den Pflanzen. Das zweite echte Kennzeichen des Lebens ist die Selbstreproduktion. Das lebende System ist in der Lage, sich selbst zu kopieren. Nicht eine 1:1-Kopie des Individuums, sondern ein neues, aber leicht verändertes Exemplar derselben Art – bei geschlechtlicher Fortpflanzung unter Zuhilfenahme eines männlichen Individuums. Drittens und als letztes Kennzeichen des Lebens: die „Mutabilität", der Fachausdruck für Veränderung (also den Vorgang der Mutation). Erst damit wird der Prozess der Fortentwicklung („Emergenz") in Gang gesetzt – sonst wäre die Erde mit einem Schleim von Quadrilliarden Kopien der Urzelle bedeckt.

Wodurch wurden wir zu Menschen?

Irgendwann in der Vergangenheit, vor etwa 5 bis 6 Mio. Jahren, trennte sich die menschliche Entwicklungslinie von der der Affen. Doch zu 98,5 % sind unsere Gene mit denen der Affen identisch. Nur 15 Mio. „Buchstaben" der DNS sind beim Menschen anders. Sie steuern die entscheidenden Unterschiede: aufrechter Gang, Größe des Gehirns, Feinmotorik der Hände, Sprachfähigkeit. Doch wie sind diese Unterschiede entstanden? Dazu gibt es verschiedene Theorien. Eine davon macht einen Klimawandel in Afrika verantwortlich, der die Wälder zurückdrängte und offene Savannenlandschaften begünstigte. Beobachtet man Schimpansen in Graslandschaften, so sieht man, dass sie sich öfter aufrichten, um Räuber und Beute besser beobachten zu können. Vermutlich haben das auch unsere Vorfahren getan. Dadurch wurden die Hände frei, und durch die besondere Lage des Daumens waren sie geschickt genug, um Werkzeuge zu gebrauchen. Dies wiederum begünstigte das Gehirnwachstum: Diejenigen, die Werkzeuge nutzen konnten, hatten eine bessere Überlebenschance. Sie wurden immer geschicktere Werkzeughersteller, und dadurch wuchs ihr Gehirn. Der Mensch erschuf das Werkzeug und die Werkzeuge schufen den Menschen.

Andere Theorien konzentrieren sich auf das soziale Verhalten. Je größer die Gruppe ist, die ein Anführer koordinieren kann, desto erfolgreicher ist sie beim Jagen. Dazu braucht er Intelligenz. Diese hilft auch dabei, Konkurrenten zu täuschen und zu hintergehen oder Allianzen zu schmieden. Die Intelligenz fördert das soziale Verhalten und das Sozialverhalten fördert die Intelligenz. Zu Intelligenz gehört natürlich auch die Fähigkeit zur Sprache, deren Erwerb ebenfalls ein rückgekoppelter, also selbstverstärkender Prozess ist.

Wiederum andere Theorien gehen von der sexuellen Selektion aus. Intelligenz siegte möglicherweise über rein körperliche Stärke. Intelligenz befähigte auch schwächere Männchen dazu, einen Hinterhalt zu legen oder Verbündete zu finden, um das Alphamännchen zu stürzen. Vielleicht haben die Weibchen das ziemlich bald mitbekommen. Vermutlich spielen alle diese Faktoren eine Rolle, denn sie schließen sich gegenseitig ja nicht aus. Gemeinsam ist ihnen auch hier wieder nicht ein linearer kausaler Zusammenhang, sondern ein Prozess der Rückwirkung der Wirkungen auf die Ursachen. Komplexe vernetzte Systeme.

11.2 Leben ist Zusammenleben: Systeme, die sich gegenseitig bedingen

So wenig, wie es in der Physik abgeschlossene Systeme gibt, so wenig gibt es sie in der Biologie. Geht ja auch nicht, denn biologische Prozesse setzen physikalische Gesetze voraus. Also treffen wir in der lebenden Natur (fast) nur kooperierende Systeme an.

Anpassung ist alles

Ende der 1990er Jahre traf ich in Illinois einen Farmer, Wendel Lutz. Er hatte riesige Ländereien voller Soja und Mais. Er war vor allem von seinem neuen Mais begeistert, den der Biotechnologie-Konzern *Monsanto* gentechnisch verändert hatte. „Früher konnten wir nur an bestimmten Tagen Unkrautbekämpfungsmittel spritzen, nur an bestimmten Stellen. Wir mussten die Blütenbereiche der Nutzpflanzen aussparen. Jetzt haben wir *Roundup,* das neue Pestizid. Ich kann es spritzen, wann ich will. Auch bei Regen oder wenn das Unkraut schon meterhoch ist. Es bringt alles um. Der Mais heißt *Roundup Ready,* ist also gentechnisch so darauf vorbereitet, dass es *ihm* nicht schadet. Die Felder sind sauber. Man kann sich nichts Einfacheres wünschen (*you can't ask for anything simpler than that*)!"

Roundup bedeutet so viel wie die Aushebung von Verbrechern oder das Zusammentreiben von Vieh. Es enthält den Wirkstoff Glyphosat, der später auch noch im Urin der Konsumenten nachweisbar ist. In Argentinien und Kolumbien, wo über 90 % der Sojapflanzen genverändert ist, soll es durch Überdosierung schwere Gesundheitsschäden hervorgerufen haben. Die WHO (*World Health Organization,* Weltgesundheitsorganisation) stuft es als „krebserregend für den Menschen" ein. Im Jahr 2012 besuchte ich Wendel Lutz wieder. Inzwischen hatte sich Presseberichten zufolge in den USA der Herbizideinsatz verzehnfacht. 60 % aller Lebensmittel in Supermärkten sollen gentechnisch veränderte Bestandteile enthalten, die laut Gesetz (!) von 1986 den natürlichen „substanziell gleich" sind. Der Farmer war verzweifelt: „Ich kann das Unkraut nicht mehr kontrollieren. Eine resistente Sorte hat sich ausgebreitet. Ein Super-Unkraut. Ich musste schon mehrere Felder aufgeben. *That thing is a weed straight from hell!* (das Zeug ist ein Unkraut direkt aus der Hölle)." Das „Super-Unkraut (engl. *superweed*) heißt Palmer

Fuchsschwanz oder Palmer Amaranth. Es wächst 6 – 7 cm pro Tag, wird bis zu 3 m hoch und verstreut eine Million Samen pro Pflanze.[3]

Mit Gentechnik wollte man den Hunger in der Welt bekämpfen, denn noch immer leidet ein Sechstel der Erdbevölkerung unter Mangelernährung. Glyphosat in *Roundup* war eine einfache Lösung (*straightforward* nennt man es auf Amerikanisch: ‚geradeaus'). Eine Ursache – eine Wirkung. An Nebenwirkungen in einem komplexen Ökosystem hatte man nicht gedacht. Ähnlich geht es der Wunderwaffe Penizillin und anderen Antibiotika. Auch hier entwickeln sich resistente Keime bzw. nehmen überhand, weil die nicht resistenten ausgerottet wurden. Die Abkürzung MRSA (Methicillin-resistenter *Staphylococcus aureus*, ein Bakterium) geistert durch die Krankenhäuser als Kürzel für eine immer stärkere Multiresistenz, die sogenannte „Krankenhausbakterien". Allein in Deutschland sollen bis zu 40.000 Patienten daran gestorben sein – jährlich (allerdings gehen die Schätzungen weit auseinander).

Es geht auch anders. Ökologische Landwirtschaft, die umweltgerecht und ressourcenschonend verfährt, ist nicht nur möglich, sondern auch auf lange Sicht ertragreicher als die industrielle Produktion von Nahrungsmitteln. Voraussetzung dafür ist allerdings auch, dass den Bauern – und nicht nur den Großproduzenten unter ihnen – wieder eine Schlüsselrolle in der Entwicklung zugebilligt wird. Und, wie so oft, führen uralte (sozusagen in der Tradition evolutionär „gehärtete") Verfahren zum Erfolg. Eins davon ist *Milpa*, die tausendjährige Agrarökologie der Maya in Mittelamerika. Bauern betreiben dieses Landwirtschaftssystem bis heute. Drei Pflanzen werden gemeinsam angebaut und bilden eine Symbiose: Mais, Bohnen und Kürbisse, „die drei Schwestern". Der Mais dient den Bohnen als Rankhilfe, die Bohnen wiederum liefern dem Mais Stickstoff, während die großen Blätter des Kürbisses den Boden abdecken und so Austrocknung oder Erosion durch Regen verhindern. Dabei treffen wir einen alten Bekannten wieder: Palmer Amaranth. Aber hier benimmt er sich gesittet, hält sich in natürlichen Grenzen (bzw. wird durch seine Mitbewohner auf dem Feld begrenzt). Die Rückkopplungsschleifen der verschiedenen Pflanzen halten sich gegenseitig in Schach.

---

[3]Eine fiktive Geschichte nach der Sendung „Gefährliche Geheimnisse – Wie USA und EU den Freihandel planen" in 3sat vom 24. Juli 2014 (Zahlenangaben von dort. Quelle: https://www.3sat.de/mediathek/?mode=play&obj=42403).

Wo gehört die Symbiose hin?

Ja, wohin? Ist sie ein Effekt der Natur (Kap. 6) oder des Soziallebens (Kap. 7)? Haben wir sie dort vergessen zu erwähnen? Hier kommt sie nun endlich zur Sprache. Und wie sieht sie überhaupt aus? Zuerst einmal erinnert sie mich an den Film „Bomber & Paganini" von 1976. Darin werden zwei kleine Gauner bei dem Versuch, einen Safe zu sprengen, zu Krüppeln (*politically correct:* körperlich beeinträchtigt). Der eine wird blind, der andere kann nicht mehr gehen. Obwohl sie sich nicht leiden können, sind sie nun aufeinander angewiesen. Der Blinde schiebt den Rollstuhl des Lahmen, und der sagt ihm, wo es lang geht. Im übertragenen Sinne passt das auf die beiden: Symbiose ist definiert als das Zusammenleben verschiedener Arten in engstem physischen Kontakt, die für beide Partner vorteilhaft ist. Im Gegensatz zum „Schmarotzer" oder „Parasiten", bei dem der eine genießt und der andere zahlt.

Symbiose ist eine eigene Geschichte und könnte allein viele Bücher füllen. Kurz gefasst: Lebewesen A kann ohne B nicht existieren und umgekehrt. Egal, ob sie gleich groß sind (Ameisen und Blattläuse) oder nicht (Dinosaurier und ihre Darmbakterien). Und so kommt es, dass der größte Teil des Lebens auf der Erde aus symbiotischen Systemen besteht – schon allein dadurch, dass ein großer Teil der Bäume und Sträucher auf Bestäubung durch andere Arten angewiesen ist. Auch die Blattschneiderameisen und ihre Pilze aus Abschn. 7.2 sind ein Beispiel: Die Ameisen ernähren sich von den Pilzen, und die Pilze wiederum können sich ohne die Ameisen nicht vermehren. Nicht zu vergessen: die Kleinsten der Kleinen. Mikroben haben es seit 3 bis 3,5 Mrd. Jahren gelernt, kooperativ mit anderen Lebewesen zusammenzuleben. Sie haben sich zu erfolgreichen Gemeinschaften zusammengetan und sind Verbindungen mit immer neuen Partnern eingegangen – von den Pflanzen bis zum Menschen.

Eine andere Geschichte. Ein schönes Paar. Sie waren so eng zusammen und konnten ohne einander nicht leben. Er sorgte für sie, sie sorgte für ihn. Sie waren schon so lange zusammen, dass sie sich gar nicht mehr so genau erinnern konnten – vielleicht ein paar 100 Jahre … Obwohl es nicht immer harmonisch war. Sie fühlte sich manchmal ausgenutzt, denn die Vorteile waren eindeutig auf seiner Seite. Eigentlich war es die klassische und heute unmoderne Rollenverteilung. „Nein", beklagte sie sich bei ihren Freundinnen, „das ist keine Symbiose, das ist kontrollierter Parasitismus!" Sie versorgte ihn mit allen Nährstoffen, die er brauchte. Er bot ihr nur Schutz vor der Ultraviolettstrahlung und zu rascher Austrocknung. Er war nämlich ein Pilz, und sie eine Alge. Sie stellte sein Futter (und ihr eigenes auch) durch Fotosynthese her – organische Moleküle, die mit der Energie des Sonnenlichtes erzeugt werden. Es ist die Grünalge (oder auch die bekannte Cyanobakterie), die CO_2 verbraucht und Sauerstoff abgibt. Das Paar, untrennbar vereint, wird zusammen als „Flechte" bezeichnet.

Da das Ganze wieder mehr ist als die Summe seiner Teile, sind die Eigenschaften der Flechten anders als die der Organismen, aus denen sie sich zusammensetzen.

Ist Symbiose ein Evolutionsmotor?

Ein Unternehmen produziert jährlich ca. 200 Mrd. Tonnen an organischen Stoffen (Zucker bzw. Stärke,). Ohne diese Stoffe gäbe es kein Leben. Die Maschinen dieser Firma sind nur fünf bis zehn Tausendstel Millimeter groß. Diese „Maschinen" sind keine leblosen Apparate – es sind Lebewesen: Einzeller. Es sind die „Chloroplasten". Das ist eine Art von Organell, also ein winziges inneres Organ, in einer Pflanzenzelle. Das griechische Wort *chloros* heißt ‚grün'. Und die Chloroplasten sind grün, denn sie enthalten den Blattfarbstoff Chlorophyll. Ihr Rohmaterial sind Wasser und Kohlendioxid. Als Energiequelle nutzen sie Elektrizität – genauer: elektromagnetische Wellen, die wir als sichtbares Licht kennen. Der Herstellungsprozess heißt Fotosynthese (wörtlich ‚Zusammensetzung durch Licht'). Doch wie kamen sie überhaupt in die Pflanzenzellen hinein?

„Kleine grüne Sklaven", so hat sie der russische Botaniker Konstantin Sergejewitsch Mereschkowski genannt. Es waren die Cyanobakterien, die Blaualgen, die Jahrmillionen zuvor den Sauerstoff der Erde produziert hatten. Die komplexen Zellen, die später entstanden, haben die Algen einfach gefangen genommen, geschluckt, sich einverleibt, sie „gefressen". Wo fand das statt? Natürlich in den Urozeanen, denn an Land war ja noch nichts los. Und die UV-Strahlung dort wäre tödlich gewesen. Im Meer schwammen die ersten Urzellen herum und „fraßen" organische Makromoleküle, um Material für ihre Vermehrung (durch Zellteilung) zu haben. Und sie fraßen die Blaualgen (die ja auch nur Einzeller waren). Ein Mikroorganismus frisst den anderen. Aber er verdaut ihn nicht, sondern lässt ihn weiterleben – zu beider Nutzen. So entstanden die Pflanzenzellen, die Chlorophyll zur Material- und Energieerzeugung nutzen. Eine schöne Art der Rückkopplung!

Eigentlich war nun das Leben in Gefahr. Ein Kipp-Punkt, ein chaotischer Ausreißer. Denn jetzt gab es „gefräßige" lebende Zellen, die sich die Molekülbausteine im Meer einverleibten, aus denen sie entstanden waren. Der chemische Entstehungsprozess dieser Bausteine dauerte lang im Vergleich zu dem Hunger der Zellen. Infolgedessen musste die Konzentration organischer Moleküle im Wasser abnehmen. Die Zellen waren dabei,

„den Ast abzusägen, auf den sie eben erst mühsam gekrochen waren“ (so formuliert es Ditfurth). Aber das Prinzip der Symbiose half dem Leben wieder aus der Patsche: Die Zellen, die Blaualgen „fressen“ und in ihrem Inneren als „grüne Sklaven“ halten konnten, hatten einen Überlebensvorteil. Nur durch einen Zufall hatten sie die gefressenen Blaualgen nicht „verdaut“ (das heißt durch ihre Stoffwechselvorgänge zerlegt), sondern die Alge hatte überlebt, wie im vorigen Absatz kurz geschildert. Und sie tat das, was sie immer tat: Sie produzierte im Inneren der Zelle aus Wasser, Kohlendioxid und Licht organische Moleküle – zur Freude ihres Verzehrers. Symbiose, also Feedback: Nutzt du mir, nutz' ich dir. Denn die Chloroplasten waren im „Bauch“ der Zelle sicher. Und die Zelle brauchte nun weniger Makromoleküle von außen, denn die Chloroplasten in ihrem Inneren stellten sie selber her! Die erste „Welternährungskrise“ war überwunden. Die „Lichtschlucker“ hatten die Nase vorne. Wenn Sie noch einen Zungenbrecher suchen: Das ist die „Endosymbiontentheorie“, also die Theorie der „inneren Symbiose“. Die Mikrobiologin Lynn Margulis machte diese Idee Mereschkowskis bekannt. Kernlose Zellen (hier die Blaualgen) werden von anderen geschluckt und formen ein Organell (vielleicht sogar den Zellkern). So leben beide friedlich und symbiotisch zusammen, ein perfektes *Joint Venture*.

Und wir, wir sind die Nachkommen jener Zellen, die fast verschwunden wären. Wie schön, dass die Evolution auch Nischen für die „Verlierer“ im Daseinskampf bereithält. Wenn *die* dann wieder die Oberhand gewinnen und die „Chloros“ ausrotten (womit wir gerade durch die Abholzung der Wälder begonnen haben), dann bekommen wir die typischen zyklischen Verläufe (wie in Abb. 5.1), die rückgekoppelte Systeme auszeichnen. Natürlich reißt diese stark vereinfachte Erklärung tausend neue Fragen auf. Aber dies ist ja kein Biologiebuch – ich wollte ja nur dieses interessante Beispiel der Symbiose erwähnen.

Das Pantoffeltierchen kann rechnen

Haben sich da zwei Forscher eine nette Geschichte ausgedacht? Nein, denn *Paramecium bursaria* scheint diese Art von Symbiose zu bestätigen. Das ist nicht der Name eines dritten Wissenschaftlers, sondern der lateinische Fachbegriff für das Pantoffeltierchen. Dieser Einzeller hat alle Organelle, die eine anständige Zelle braucht. Aber keine Chloroplasten. Es muss sich von organischen Molekülen in der Natur ernähren. Doch meistens frisst es Chlorella-Algen, selbstständige winzige grüne Algen, die die Fotosynthese beherrschen. Das Pantoffeltierchen zählt mit: 30 bis 40 dieser Algen genügen. Sie werden *nicht* verdaut, sondern müssen ackern: Nahrung aus

Licht liefern. Frisst es mehr oder teilen sich die Algen (die ja noch am Leben sind) in mehrere, dann werden die überzähligen „grünen Sklaven" verdaut. Aber im Gegensatz zu den Chloroplasten sind die Chlorella-Algen noch allein lebensfähig – wenn man sie herausoperiert, dann vermehren sie sich. Das Pantoffeltierchen bekommt dann allerdings einen Riesenhunger, denn seine inneren Nahrungslieferanten sind ja nicht mehr da. Und frisst wieder mehr Chlorellas.

Margulis vertritt in ihrem Buch sogar die Auffassung, dass nicht Mutationen die Hauptursache für die Entstehung von Neuem seien, sondern der symbiotische Zusammenschluss von Vorhandenem. Sie sagt, dass „Leben ein langfristig angelegtes Miteinander ist, in dem neue Lebensformen nicht durch Mutation und Selektion entstehen, sondern durch die Neigung selbstständiger Lebensformen, sich zu verbinden und auf höherer Organisationsebene als eine größere Gesamtheit wiederzuerscheinen. Individualität entsteht so aus den Wechselwirkungen einstmals unabhängiger Akteure. Und selbst wir Menschen sind letztlich nichts weiter als Symbionten in einer symbiontischen Welt."

Ein Indiz (und ein sehr gutes) ist das sogenannte Mitochondrium im Zellinneren von fast allen Mehrzellern, also auch in unseren Zellen. Es ist sozusagen das Kraftwerk, denn es liefert Energie. Besonders viel davon gibt es in Zellen mit hohem Energieverbrauch, zum Beispiel beträgt der Volumenanteil von Mitochondrien in Herzmuskelzellen über 30 %. Die Theorie sagt, dass so alle Mehrzeller entstanden sind: Die Einzeller, die eine Milliarde Jahre lang die Erde beherrscht haben, sind mit anderen eine Symbiose eingegangen, haben diese sogar verschluckt. Jetzt leben sie im Zellinneren weiter, also als eigenes Organell (ein „Zellorganell") mit *eigener* Erbsubstanz, also einer eigenen DNS. So könnte man sagen: Symbiose ist Grundlage *allen* höheren Lebens. So verändern biologische Prozesse unsere Erde, die sie überhaupt erst hervorgebracht hat. Da können wir auch mitmachen, wie sie jetzt sehen.

Das GröExAZ

Das „größte Experiment aller Zeiten" ist gerade in vollem Gange. Untersuchungsgegenstand: wir, die Menschheit. Und „die Schöpfung" vielleicht, obwohl es sie in genau definiertem, abgegrenztem und festgelegtem Umfang ja gar nicht gibt. Zu oft schon sind über 80 % aller Arten vom Wandel der Zeiten schlagartig ausgetauscht worden. Wir also. Wird die Menschheit das Experiment überleben?

Uns droht – da sind sich die meisten einsichtigen Menschen einig – ein radikaler, Milliarden von Menschen bedrohender Klimawandel. Nun meldet sich der Praktiker und meint, die Ingenieurskunst könnte der Menschheit – wie bisher fast immer – weiterhelfen. Wir lösen das Problem der globalen Erwärmung durch „Geoengineering“. Ein einfaches Denken in Ursache und Wirkung: Die Erde wird zu warm. Große Vulkanausbrüche führen zu einem globalen Temperaturabfall, einem „vulkanischen Winter“. Der Grund sind die riesigen Mengen an Schwefeldioxid (SO_2), die der Ausbruch in die Stratosphäre befördert. Dadurch werden Sonnenstrahlen ins All reflektiert und so die Erwärmung der Erde abschwächt. Also pumpen wir Schwefeldioxid mithilfe eines etwa 25 km langen Schlauchs von einem Meter Durchmesser in die Stratosphäre. Kosten etwa 250 Mio. US$ (vielleicht auch eine Milliarde), ein Klacks gegen die Schäden durch den Klimawandel. Man könnte es in einer Dekade technisch realisieren.

Zu Risiken und Nebenwirkungen fragen Sie Ihren Wissenschaftler, zum Beispiel den Klimatologen Alan Robock. Er nannte zwanzig Gründe, warum Geoengineering eine schlechte Idee sein könnte (Originaltitel seiner Arbeit: *20 reasons why geoengineering may be a bad idea*) und sagte in einem Interview: „Falsch plus falsch ist nicht gleich richtig. Technischen Problemen mit noch mehr Technik zu begegnen löst das Problem nicht.“ Aus der Liste ist aus Sicht der Kybernetik besonders kritisch, wenn die Einleitung von SO_2 plötzlich unterbrochen wird. Dann kann es zu extrem hohen Änderungen der globalen Durchschnittstemperatur um 2 bis 4 °C pro Dekade kommen. Das wäre im Vergleich zu heute eine zwanzigfach schnellere Erderwärmung. Er kommt zu dem Schluss: „Wir müssen nun Geoengineering in unser Gelöbnis »gefährliche anthropogene (menschengemachte) Störungen des Klimasystems zu verhindern« mit einbeziehen.“[4]

Die Einleitung von SO_2 in den Tropen (wo die Winde es über den Globus verteilen) würde nachhaltige Abkühlung in den meisten Teilen der Welt produzieren, mit größeren Effekten über den Kontinenten. Über der Antarktis eingeleitet würde die Eiskappe abgekühlt (die Erwärmung der Antarktis ist wegen der Schmelze des Festlandeises besonders kritisch, siehe Abschn. 6.4). Die Reduktion der Sonnenstrahlung würde zu größeren Änderungen der Niederschlagsmengen führen. Sowohl die tropische wie die arktische SO_2-Injektion würden den asiatischen und afrikanischen Sommermonsun stören, wodurch die Niederschläge für die Lebensmittelversorgung für Milliarden von Menschen reduziert würden. Chaotisches Verhalten auf-

[4]Im Original: *We now must include geoengineering in our pledge to „prevent dangerous anthropogenic interference with the climate system.“* Quellen: climate.envsci.rutgers.edu/pdf/20Reasons.pdf und https://www.zeit.de/2012/12/U-Interview-Robock.

grund eines Eingriffs in ein komplexes System. Seinen Gefahrenpunkt Nr. 7 übrigens, Ausbleichung des Himmels, relativiert er mit einem Augenzwinkern: *but nice sunsets* (aber schöne Sonnenuntergänge).

Geoengineering ist ein Musterfall für lineares Denken. Man hat auch vorgeschlagen CO_2 in die Erde zu pumpen – *weg* ist der Klimaschädling! Über Nebeneffekte macht man sich keine Gedanken. Das ist nur vergleichbar mit der Atomstromindustrie (verringert CO_2, der Müll wird später von anderen entsorgt) und der Staatsfinanzierung (erhöht den Lebensstandard, die Kredite werden später von anderen zurückgezahlt).

Es ist eine Binsenweisheit, dass man in komplexen vernetzten Systemen dazu neigt, Querverbindungen und Abhängigkeiten zu übersehen. Triviale Einsichten, die niemand befolgt. So kommen Filmregisseure gelegentlich auf die Idee, die Erbsubstanz der DNS aus urzeitlichen Knochenfunden wiederzubeleben, um heute einen Dinosaurier oder ein Mammut zu erschaffen. Abgesehen davon, dass sie vielleicht nicht die passenden Nahrungsquellen haben – es fehlen ihnen mit Sicherheit einige hundert Kilo hoch spezialisierter Darmbakterien, die ebenfalls ausgestorben sind. Ich möchte nicht unappetitlich werden, aber auch in uns leben etwa 2 kg von ca. 500 bis 1000 unterschiedlichen Arten dieser Mikroorganismen. Sie von uns und wir von ihnen. Wären sie tot, würden wir ihr Schicksal bald teilen.

Nein, das ist keine Kulturkritik, keine Weltuntergangsgejammere – nur der Versuch, auf die Vernetzungen bei komplexen Systemen hinzuweisen.

11.3 Zufall oder Notwendigkeit?

„Zufall oder Notwendigkeit?“, diese Frage wird im Zusammenhang mit evolutionärem Geschehen oft gestellt. Mit dem Zufall eng verknüpft ist der Begriff der Wahrscheinlichkeit. Er ist leicht zu verstehen: die Zahl der interessierenden Ereignisse dividiert durch die Zahl der möglichen Ereignisse. Zu abstrakt? Eine „6“ zu würfeln (*ein* interessierendes Ereignis) hat eine Wahrscheinlichkeit von 1:6, da es nur sechs mögliche Ereignisse gibt (die 6 Seiten des Würfels). Beim Roulette beträgt die „einfache Chance“ 1:37 (36 Zahlen, die Hälfte rot oder schwarz, und die Null). Beim russischen Roulette mit einem fünfschüssigen Revolver 1:5. Einfach. Schwieriger wird es beim Lotto „6 aus 49“. Vier Richtige – wie viele 4er-Kombinationen gibt es? Wie viele Kombinationen aller 6 Zahlen überhaupt? Die Mathematiker wissen es: für den Vierer 13.545 zu 13.983.816. Das ist aber auch schon fast alles. Die Wahrscheinlichkeit für ein Erdbeben in San Francisco, für die zufällige Entstehung einer Aminosäure (Vorstufe des Lebens) oder gar die Entstehung des Lebens selbst kann nicht wirklich berechnet werden. Es ist reine Spekulation. Denn es sind nicht voneinander unabhängige Ereignisse wie das Ziehen einer Lottokugel, sondern Rückkopplungsschleifen, evolutionäre Prozesse, die schrittweise aufeinander aufbauen. Deswegen sagt von Weizsäcker zu der Frage, ob Leben „von selbst" entstehen kann: „Niemand weiß es. Niemand weiß, dass es *nicht* geht."

Wir haben ein gestörtes Verhältnis zum Zufall, denn wir können ihn schlecht realistisch einschätzen. Die mathematische Wahrscheinlichkeitsrechnung, mit der wir ihn halbwegs vorhersagbar machen können, bleibt den meisten von uns verschlossen. Wir halten die Lottozahlen „1 – 2 – 3 – 4 – 5 – 6" für total unwahrscheinlich, die Folge „7 – 15 – 23 – 24 – 38 – 44" aber nicht. Wenn die Mathematiker uns messerscharf beweisen, dass beide Folgen gleichwahrscheinlich sind, glauben wir ihnen trotzdem nicht. Zufall, was *ist* das überhaupt? Auch das wissen wir nicht genau. Eine Ursache, die wir nicht erkennen – oder *keine* Ursache? Albert Einstein meinte, die Voraussage des *Einzel*ereignisses (*nicht* eines statistischen Durchschnitts) sei „das, wobei unsere Berechnungen versagen." Den Durchschnitt kennen wir genau. Für einen „Sechser im Lotto" *plus* richtiger Superzahl beträgt die Wahrscheinlichkeit 1 zu 139.838.160. Das bedeutet nicht, dass Sie 139 Mio. Mal spielen müssen, um genau einmal zu gewinnen – es gewinnt ziemlich häufig einer den Jackpot (leider nicht Sie!). Und Sie könnten auch doppelt so lange spielen und trotzdem nichts gewinnen. Zufall eben. Das Einzelereignis ist nicht berechenbar. Aber Ihre Chancen steigen natürlich, je öfter Sie spielen. In 139 Mio. Jahren (ein Klacks für die Evolution!) hätten Sie 52 mal 139 Mio. Mal den Schein abgegeben – da müsste es doch mit dem Teufel zugehen, wenn es nicht wenigstens einmal geklappt hätte! Letztlich ist die Antwort auf die Frage nach der Natur des Zufalls unerheblich. Zumindest ist die Kausalität, die sichtbare Kette von Ursache und Wirkung, unterbrochen. Wir kennen die Ursache nicht. Fertig.

Zum Beispiel folgen die Bewegungen eines Würfels in einem Becher nur und ausschließlich den physikalischen Regeln von Masse und Beschleunigung. Es sind wohlbekannte mechanische Gesetze, und doch ist das Ergebnis nicht vorhersagbar, sondern reiner Zufall. Es ist oft schwieriger als man denkt, Zufall und Kausalität zu unterscheiden. Eine Ursache festzustellen ist nicht immer einfach, speziell bei Einzelereignissen. Aber auch bei wiederkehrenden Ereignissen oder wiederholbaren Experimenten kann es schwierig sein: Ich habe gerade eine Münze geworfen und bekam „Zahl-Kopf-

Zahl-Zahl-Zahl-Zahl-Zahl."[5] Zufall oder Geschick? Dann war alles wieder „normal". Der zwanzigste Versuch brachte sogar sieben Mal „Kopf"! Das kommt Ihnen zu Recht merkwürdig vor. Oder nicht?! Weil das so ist und weil wir das Wirken des Zufalls nicht *beweisen* können, glauben viele fest daran, dass es ihn gar nicht *gibt,* dass *alles* seine Ursache hat, vorbestimmt ist. Ein Glaube, der logisch nicht zu widerlegen ist. So wenig, wie er zu beweisen ist.

Zufall ist nicht nur ein Ereignis, dessen Ursache wir nicht erkennen. Wir erkennen auch nicht sein zeitliches Muster. Zufall ist das Unvorhersehbare, das wir vorhersehen müssen, das Unberechenbare, mit dem wir rechnen müssen, das Außergewöhnliche, das gewöhnlich passiert. „Es ist wahrscheinlich, dass das Unwahrscheinliche geschieht", sagte der griechische Philosoph Aristoteles. Dabei ist der Zufall nicht außergewöhnlich, sondern gewöhnlich: Jede Sekunde passieren x Zufälle. Wir können auch Zufall von Nicht-Zufall nicht zuverlässig unterscheiden. Zufallszahlen aus dem Computer sind nicht zufällig, sondern durch ein Programm exakt bestimmt. Aber das Ergebnis erfüllt alle mathematischen Bedingungen für „Zufälligkeit".

Aristoteles' Satz haben auch David und Kathleen Long aus *Scunthorpe* (UK) beherzigt. Wie *the guardian* am 1. April 2015 meldete, waren sie mit ihrem 1-Mio.-£-Lottogewinn vom 26.07.2013 nicht zufrieden und spielten weiter. Am 27.03.2015 gewannen sie eine weitere Million, entgegen einer angeblichen Chance von 1: 283 Mrd. … aber vielleicht war es ja nur ein Aprilscherz! Zumindest haben es andere Medien aufgegriffen.

Können unendlich viele Affen ein Drama schreiben?

Ein Gedankenspiel, das schon den Philosophen des alten Griechenlands zu schaffen machte, lebte um 1860 wieder auf. Charles Darwin hatte gerade seine Evolutionstheorie veröffentlicht, und ihre Gegner versuchten das Prinzip der zufälligen Mutation ins Lächerliche zu ziehen. Ein Autor von Büchern über Spiritualität, Deepak Chopra, schreibt noch heute: „Die Vorstellung, dass die Schöpfung ohne Bewusstsein auskommt, ist wie die irrwitzige Idee von einem Raum voller Affen, die nach dem Zufallsprinzip Tasten auf einer Schreibmaschine anschlagen und irgendwann – nach Millionen Jahren – vielleicht ein Werk geschaffen haben, das dem Shakespeares entspricht." Die Geschichte von „Shakespeares Affen" machte schon damals die Runde. Doch hier irren viele Denker. Denn nicht das *End*ergebnis ist durch den Zufall zustande gekommen, sondern nur sein Aus-

[5]Es geht auch elektronisch, z. B. in https://www.random.org/.

gangspunkt: die *Anfangs*bedingungen. Weiter unten sehen Sie gleich ein einfaches Beispiel.

Aber der Reihe nach: Berechnungen von Wissenschaftlern zeigen angeblich, dass die Lebenszeit des Universums nicht einmal ausgereicht hätte, ein einziges Enzym (eine riesige komplexe Molekülkette) zu erzeugen. Das ist der eigentliche Hintergrund des *Infinite-Monkey*-Theorems (so die englische Bezeichnung von „Shakespeares Affen"). Nach den unbestreitbaren Gesetzen der Wahrscheinlichkeitsrechnung ist die Chance für ein zufällig entstandenes Endergebnis von einiger Komplexität so klein, dass sie praktisch gleich null ist – sei es ein komplexes Molekül, ein Einzeller oder gar ein höheres Lebewesen. Wir haben ja schon gesagt (z. B. in Abschn. 6.3), dass biologische Moleküle, zum Beispiel Enzyme, aus langen Ketten von nur 20 verschiedenen Aminosäuren bestehen. Sie haben oft 100 und mehr Glieder, und die unterschiedliche Reihenfolge der Aminosäuren bestimmt die Funktion des Moleküls. Die Mathematiker sagen uns, dass die Wahrscheinlichkeit für das *zufällige* Entstehen eines solchen Enzyms eine Zahl ist, die sich erst in der 130. Stelle hinterm Komma von der Null unterscheidet. Also *un-mög-lich.* Es *kann* nur durch einen evolutionären Prozess entstanden sein – und der *muss* Milliarden Jahre gedauert haben. Oder es muss ein Schöpfer her – der „Lückenbüßer-Gott", der für alles einspringt, was wir uns nicht erklären können bzw. (wie in diesem Fall) für das, was wir uns *falsch* erklären. Zudem steckt auch darin noch ein kleiner Schönheitsfehler: Dieser Schöpfer hat in seiner Allmacht und All-Intelligenz unser Universum hervorgebracht. Aber wer oder was IHN hervorgebracht hat, wird nicht erklärt.

Deswegen ist es kein Zufall, dass die rohrförmige Blüte einer bestimmten Pflanzenart genauso groß ist, dass eine Wespe hinein schlüpfen kann, wie ich neulich im Garten beobachtete. Und ebenso wenig, dass die Wespe rückwärts aus dem engen Schlauch auch wieder herauskrabbeln kann. Es ist Koevolution. Die Pflanzen mit nicht wespengerechten Blüten konnten sich nicht verbreiten und sind ausgestorben. Die Wespen ohne Rückwärtsgang auch.

Unser Geist dient auch zum Rechnen

Wie entsteht ein komplexes Endergebnis durch Zufall? Zu dieser schwer bis unmöglich zu klärenden Frage möchte ich eine Idee beitragen, fern von jedem Anspruch, den „Stein der Weisen" gefunden zu haben. Aber zumindest ist mir *ein* Steinchen aufgefallen: ein völlig falscher Denkansatz. Und das kann ich an der tippenden Affenhorde sehr schön illustrieren.

Unser Alphabet hat 26 Buchstaben – vergessen wir Leerstellen, Satzzeichen, Großbuchstaben usw. – wir wären ja schon begeistert, wenn den

Affen Hamlets „*tobeornottobe*" als einfache Zeichenkette zu entlocken wäre. Meinetwegen auch „seinodernichtsein". Da uns „die Schöpfung" auch ein Gehirn gegeben hat, das zum logischen Denken und zum Rechnen befähigt ist, können wir die Wahrscheinlichkeit eines solchen Zufalls schnell ermitteln. Die Chance, das erste „t" zu treffen, beträgt 1 : 26 oder 3,8 %. Für den richtigen zweiten Buchstaben gibt es wieder dieselbe Chance, also für die richtige Wahl *beider* („to") den Wert 1 : (26 × 26) = 1 : 676 = 0,15 %. So geht es weiter: drei Buchstaben 1 : 17.576 = 0,0057 %.

Bei den 13 Buchstaben der englischen Version von Hamlets Zweifel gibt es mehr als 2,5 Mrd. Milliarden (für Mathematiker: $2{,}5 \times 10^{18}$) Kombinationsmöglichkeiten – und entsprechend winzig ist ihr Kehrwert: die Chance, die gewünschte Buchstabenkombination *zufällig* genau zu treffen (seit der Finanzkrise sind uns ja *einige* Milliarden geläufig, aber *Milliarden* davon schon unheimlich). Natürlich wird das Ganze ein wenig „verdünnt" durch die Milliarden Jahre, die die Evolution für ihr Wirken Zeit hatte – aber auch verschärft durch die Tatsache, dass „Hamlet" aus deutlich mehr als 13 Buchstaben besteht und ein komplexes Molekül aus mehr als 13 Atomen. Beide kommen bezüglich ihrer Einzelteile locker in den Tausenderbereich und treiben damit die Wahrscheinlichkeit eines zufälligen Entstehens schnell gegen null. „Siehste!" sagen die Verfechter dieser These, „sag' ich doch! Schöpfung, kein Zufall."

Die verführerische Sicherheit falschen Denkens

Unser Alphabet hat 26 Buchstaben – aber im Deutschen gibt es nur *ein* Wort mit einem Buchstaben (o Wunder!). Zweibuchstabige Wörter ein paar (von „ab" bis „zu" – ich habe sie nicht gezählt). Insgesamt gibt es vielleicht 80.000 Wörter beliebiger Länge (von mir aus auch 500.000 oder 5.328.000, wie *Die Welt* im März 2015 berichtete). Also mit Sicherheit erheblich weniger als die errechneten Milliarden Milliarden von genau 13-buchstabigen Wörtern. Denn eine Sprache besteht aus Regeln: wie Wörter gebildet werden und wie Wörter zu Sätzen geformt werden (die Grammatik). Ein Dichter folgt den (meist unbewussten) Regeln der Schreibkunst, zum Beispiel der Struktur einer griechischen Tragödie. Eine Sprache ist kein zufälliger Buchstabensalat. Und Shakespeares *Hamlet* mit mehr als 130.000 Buchstaben ohne Interpunktion erst recht nicht. Das ist der Fundamentalirrtum der „Zufallsberechner".

Als erstes machen wir uns klar, dass hier mit falschen Voraussetzungen gearbeitet wird: Sprache ist eben *kein* zufällig zusammengewürfelter Haufen von Buchstaben. Sie ist ein System aus Buchstaben, Wortteilen, Wörtern, Phrasen, Satzteilen, Sätzen usw. – eine selbstständige zufällige Buchstabenkombination (ein Wort) „yz“ gibt es im Deutschen genauso wenig wie „engschweifend“ oder „Er flog grün“ (syntaktisch korrekt, semantisch aussagelos). Jeder von uns kennt auch sprachliche Fertigbausteine („Phraseologismen“ genannt), die so und nicht anders verwendet werden. Zum Beispiel „Hab und Gut“ oder „wie Katz' und Maus“. Sie schränken die freie Kombinationsfähigkeit von Wörtern weiter ein. Ein Vergleich hinkt, er humpelt nicht und ist nicht gehbehindert. Sehr kreative Autoren finden hier gelegentlich überraschende und schöne neue Verbindungen, doch viele Sätze im Alltag werden aus solchen Phrasen zusammengesetzt. „Da rennen Sie bei mir offene Türen ein!“ sagt man als eine solche Floskel – nur ein Witzbold ersetzt das durch die Formulierung „Da knallen Sie bei mir eine Drehtür zu!“.

Es gibt also in dem System „Sprache“ eine Hierarchie von Systemkomponenten, und mit diesen höheren Einheiten spielt der kreative Schriftsteller. So kann ein Computer mithilfe eines programmierten Zufallszahlengenerators „Gedichte“ schreiben, und nahezu niemand kann sie von „echten“ Gedichten eines Menschen unterscheiden. Er „komponiert“ auch Musik, die der Musikfreund als „Mozart“ zu erkennen glaubt. Nach festen Regeln und Algorithmen mit einer (kleinen!) Prise Zufall.

Aber wir Menschen können mit Wahrscheinlichkeiten schlecht umgehen. Nicht umsonst wird mit statistischen Aussagen viel Unfug getrieben – oft nicht einmal absichtlich. Wissenschaftler und Mathematiker schreiben inzwischen Bücher darüber, zum Beispiel „Lügen mit Zahlen“ oder „Warum dick nicht doof macht …“.[6] Falsch angewandte Statistiken können dramatische Auswirkungen haben. Die Autoren des letztgenannten Buches haben Beispiele gebracht und drei Gründe ermittelt: Erstens lernen unsere Kinder in der Schule immer noch vorwiegend die Mathematik der Sicherheit, wie Algebra und Geometrie, und eher weniger über die Mathematik der Unsicherheit, wie statistisches Denken. Zweitens wird Information in den Medien oft (unabsichtlich?) irreführend vermittelt. Drittens zieht unser Gehirn vorschnelle Schlüsse, die in der Menschheitsgeschichte dem Überleben dienten, aber heute nicht immer nützlich sind. Wir suchen (und finden) Muster dort, wo keine sind und übersehen die Bildung kleinerer selbstständige Einheiten.

Und wir denken oft falsch. Wir suchen einen unwahrscheinlichen Zufall und glauben an Wunder, wo einfache Regeln am Werk sind. Ist es nicht ein Wunder, dass die Erdatmosphäre genau *die* Wellenlängen des sichtbaren

[6]Bosbach G, Korff J J (2012), Bauer T, Gigerenzer G, Krämer W (2014).

Lichts durchlässt (etwa 380 nm bis 780 nm), die unser Auge sehen kann?[7] Das zäumt ja das Pferd vom Schwanz her auf, denn das Auge hat sich ja genau aufgrund dieser Gegebenheit entwickelt.

Die Evolution benutzt einen Baukasten

So hat die Evolution, um im Bild zu bleiben, nie durch blindes Würfeln aus einem „Buchstabensalat" einen sinnvollen Roman entstehen lassen. Sie benutzt einen Baukasten aus bereits vorhandenen einfachen Modulen, die nahezu beliebig oft kopiert, umstrukturiert und zu immer neuen Texten arrangiert werden können. Diese ständige und vor allem wiederholte Benutzung grundlegender Module und Konstruktionsprinzipien erleichtert die biologische Variation. Dadurch wird die Zahl der Entwicklungsalternativen sehr stark beschränkt, sodass sich in der Evolution immer wieder in ähnlicher Weise die ursprünglichen Grundzüge der Entwicklungsprogramme zeigen, seien es Augen, Gliedmaßen oder einfachste Prinzipien des Körperbaues wie Symmetrie oder ein System zur Nahrungsaufnahme. Aber Einzelheiten würden hier viel zu weit führen. Wir brauchen nur festzuhalten: Evolution ist nicht blindes Würfeln. Sie erzeugt nicht willkürliche Ergebnisse, sondern variiert Bildungsgesetze, aus denen sich zwingend und folgerichtig die Fülle der einzelnen Phänomene ergibt.

Nun werden Sie sagen: „Das ist auch wieder nur abstraktes Gerede. Was meint er denn konkret?" Das lässt sich am besten mit einem praktischen Beispiel illustrieren. Ich würde gerne für den nächsten Schritt aus dem Dilemma, wie der „Zufall" extrem komplexe Ergebnisse erzeugen kann, mit Ihnen das „Spiel des Lebens " spielen. Es ist unter dem Namen *Conway's Game of Life* bekannt geworden. Der Mathematiker John H. Conway hat es 1970 als System zweidimensional angeordneter „zellulärer Automaten" erdacht. Das hört sich wieder komplizierter an, als es ist: Es ist ein Spielbrett mit Feldern („Zellen"), in denen fiktive Lebewesen aufgrund eines Automatismus entstehen und vergehen – daher der Begriff „zellulärer Automat". Dieser Automatismus ist ein Satz von nur vier einfachen Regeln, zum Beispiel „Eine lebende Zelle mit zwei oder drei lebenden Nachbarn bleibt in der nächsten Generation erhalten" oder „Lebende Zellen mit weniger als zwei Nachbarn sterben in der nächsten Generation". Leider würde eine ausführliche Darstellung den Rahmen dieses Buches sprengen (Sie können es in meinem Mathematikbuch nachlesen). Doch der Punkt ist: Wählen Sie ein

[7]Aus einem Bereich des Spektrums der elektromagnetischen Strahlung von ca. 10^{-15} bis 10^{5} m Wellenlänge (das verhält sich wie 1 : 100.000.000.000.000.000.000).

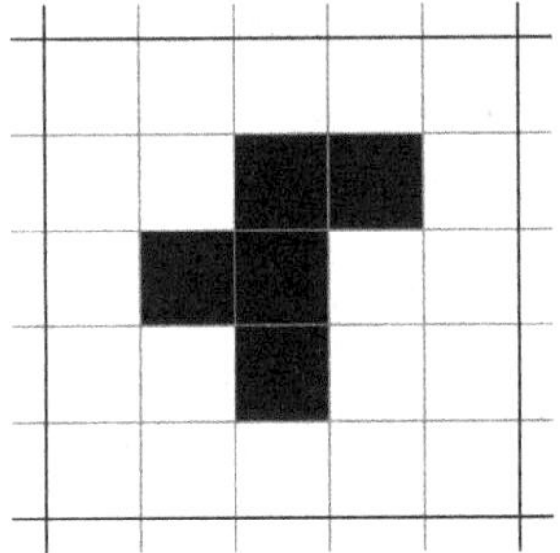

Abb. 11.1 Das „r-Pentomino", ein zufälliges Ausgangsmuster im „Spiel des Lebens"

beliebiges Anfangsmuster („zufällig"), entsteht der Rest „von selbst", durch die Bildungsregeln.

Probieren wir es aus: „Am Anfang war das Wort", sagt die Bibel. Unser Anfang ist noch einfacher – wir brauchen nur das „r" daraus. Es ist das „r-Pentomino" (Abb. 11.1). Mit diesem einfachen Muster können Sie spielen. 10 Generationen oder 100 oder 1000. Bald sieht das Ergebnis aus wie „erstarrtes Leben". Es „lebt" sogar richtig, denn kleine Teile der Kolonie spalten sich ab und wandern mit jeder neuen Generation über das Spielfeld. „Lebewesen", die sich bewegen! Eine Momentaufnahme einer Kolonie von Einzellern: ein komplexes Muster.[8] Archäologen würden sie für Lebensspuren aus der Vergangenheit halten. Weiter oben hatten wir gesagt: Nicht das *End*ergebnis kommt durch den Zufall zustande, sondern nur sein Ausgangspunkt: die Anfangsbedingungen. Also nicht das enorm komplexe (und damit als Zufallsergebnis total unwahrscheinliche Protein), sondern ein kleiner Grundbaustein. Der Rest ist Regelhaftigkeit. Eine „Mutation", eine zufällige Veränderung des Ausgangsmusters (zum Beispiel eine sechste lebende Zelle unten am „r") bringt mit denselben Regeln ein völlig anderes Endergebnis hervor (vielleicht ein Absterben der gesamten Population).

Wenn nun aber der Zufall sogar das Bildungsgesetz verändert (zum Beispiel nur eine lebende Zelle mit *genau* drei lebenden Nachbarn bleibt in der nächsten Generation erhalten), dann entsteht ein völlig anderes Muster – aber nicht durch Zufall, wie von Affen zusammengewürfelt, sondern durch das neue Regelwerk. Dieses Regelwerk ist, wie Sie wissen, im „echten Leben" in der DNS verankert, dem „Bauplan der Evolution". Und die DNS kann durch Zufallsereignisse verändert werden.

[8]Eine schöne Simulation findet man u. a. in https://de.wikipedia.org/wiki/Conways_Spiel_des_Lebens.

Der Schwarm folgt einfachen Regeln

„Darf ich bei euch mitschwimmen?" fragte die Sardine eine Kollegin am Rande des großen Schwarmes. „Okay", sagte die Angesprochene in diesem leicht fragenden Ton, als müsse sie noch überlegen, „wenn du dich an die Regeln hältst …" „Und die wären?" „Als erstes natürlich: Komm niemandem zu nahe! Wenn *dir* jemand zu nahe kommt, weiche ein wenig aus. Aber, zweitens, bleib bei unserem Schwarm. Such dir ein paar Nachbarn aus und bewege dich ungefähr zu ihrem geometrischen Mittelpunkt. Und die dritte Regel brauche ich ja eigentlich gar nicht zu erwähnen, so selbstverständlich ist sie: Schwimme nicht einfach ziellos herum, sondern in etwa in dieselbe Richtung wie deine Nachbarn. Dann bist du dabei." „Wenn's weiter nichts ist …" „Na, dann willkommen im Team!" „Danke!"

Ähnliche „Organismen" wie Conways Spielfeld sind Schwärme von lebendigen Wesen. Wissenschaftler trafen Annahmen über die Regeln des Schwarmverhaltens und prüften sie durch Simulationen im Computer. Wieder „zelluläre Automaten". Und siehe da, der „elektronische" Schwarm verhielt sich wie ein Fisch- oder Vogelschwarm. Der Experte für Computergrafik Craig Reynolds versuchte schon 1986, die kollektive Intelligenz der Schwärme durch ein Computerprogramm abzubilden: Wie findet ein Schwarm seine Flugrichtung und sein Tempo? Wie verbinden sich Individuen zu einem einheitlichen Gefüge?

Dabei folgen die einzelnen Individuen offenbar drei einfachen Regeln:

1. Bewege dich in Richtung des Mittelpunkts derer, die du in deinem Umfeld siehst.
2. Bewege dich weg, sobald dir jemand zu nahe kommt.
3. Bewege dich in etwa in dieselbe Richtung wie deine Nachbarn.

Mehr braucht man nicht – schon entstehen „übergeordnete Organismen": Schwärme. Scheinbar von geheimnisvollen Lebenskräften beeinflusst – und doch nur einfachen Regeln gehorchend. Den Algorithmus, also die Handlungsanweisung zur Schwarmbildung, haben die Tiere verinnerlicht – er ist in ihren Genen gespeichert.

Nun ist die Evolution ja kein einfaches Brettspiel oder ein simpler Schwarm. Und die „verschlungenen Pfade der Menschwerdung", wie es Josef Reichholf nannte, beanspruchten mindestens drei Anläufe. Spuren ihrer Gene (vom Neandertaler und vom Denisova-Menschen) haben wir noch in uns.

Albert Einstein wollte den Zufall nicht als ein Prinzip der Natur anerkennen: „Gott würfelt nicht!" Manfred Eigen stellte das richtig: „Gott würfelt, aber er befolgt auch seine eigenen Spielregeln."

Wir Menschen sind Regelsucher

Ja, wir Menschen sind neu-gierig, wir sind gierig nach Regeln, Mustern, Ursachen und Begründungen. Das „wenn – dann" zu erkennen, war ein Überlebensvorteil: *Wenn* ich eine Grube grabe, *dann* kann ein Tier hineinfallen und ich habe zu essen. *Wenn* ich mit einem Stein auf einen anderen schlage, *dann* bekommt er eine scharfe Kante, mit der sich Jagdbeute öffnen lässt. Wir mögen keine unerklärlichen Wunder. Wir hassen Zufälle. Wie gut, dass sie so selten sind. Notfalls muss „das Schicksal" als Ursache herhalten. Wie bei manchen Ehepaaren: „*Du* bist schuld – es ist ja keiner sonst da, und *ich* kann's nicht gewesen sein!" Nur wie eine Regel zufällig entsteht, das wissen wir nicht. Wieso formen Elementarteilchen ein Atom? Wodurch verbinden sich zwei Wasserstoffatome zu einem Heliumatom? Warum ziehen sich zwei Massen gegenseitig an? Wie entstand das erste „Leben", das sich dann „von selbst" fortpflanzte? Wie entstanden die Regeln, die Naturgesetze, die die Entwicklung bestimmen? Das sind grundlegende Fragen. Wir Menschen suchen Antworten.

Das Gesetz der Selektion ist nichts anderes als reine Logik, also ebenfalls eine einfache Regel des Lebens: *Wenn* ein Lebewesen „schlechte" Gene geerbt hat, *dann* unterliegt es im Kampf ums Dasein und kann die unpassenden Eigenschaften nicht weitergeben. In einem der „natürlichen Selektion" nachempfundenen Algorithmus hat es der Evolutionsbiologe Richard Dawkins geschafft, immerhin einen Satz Shakespeares von 23 Buchstaben in nur 40 Generationen zu „erschaffen" – eine Zeitspanne, die für Bakterien mit ihren Vermehrungsraten ein Klacks ist.

Deutlich mehr als 40 Generationen brauchte die Entwicklung der Hand: ca. 340 Mio. Jahre. Eine winzige Mutatione derselben Gene, Anpassungsprozesse an unterschiedliche Anforderungen und auseinanderstrebende Entwicklungslinien – das Ergebnis ist die menschliche Hand, aber auch ein Adlerflügel und eine Löwenpfote, alle mit 5 „Fingern". Regeln beherrschen also die Natur – plus eine Prise Zufall. In der Chemie reagieren bestimmte Stoffe unter bestimmten Bedingungen (die wir gut kennen). In der Biologie werden bestimmte Erbkrankheiten nur über die mütterliche Linie vererbt – mit bestimmten Häufigkeiten. Der Zufall spielt mit – aber er ist nicht der Herr auf dem Platz. In der Evolution vollziehen sich die Veränderungen oft in kleinsten Schritten. Es kommt selten plötzlich ein Baby mit Hörnern auf die Welt und dann sagt die natürliche Auslese: „O je, das war nichts!"

Ich möchte niemandem einen Vorwurf machen und des „Irrglaubens" bezichtigen, denn schon immer waren Naturgesetze von Magie schwer zu unterscheiden. Vor allem in der Chemie entstehen neue Stoffe gewissermaßen „aus dem Nichts". Viele glauben auch an Zauberei, wenn sich ein Kupferdraht, der neben einem dicken Eisenstück hängt, plötzlich „von selbst" bewegt. Denn man hat nicht gesehen, dass das Eisenstück ein Magnet ist, und dass durch den Kupferdraht nach Betätigung eines Schalters ein Strom fließt. Es geht noch schlimmer: Bewegt man den Draht durch das Magnetfeld, so *entsteht* in ihm ein Strom. Und das ist nichts anderes als das 1831 von Michael Faraday entdeckte elektromagnetische Induktionsprinzip. Wenn uns also etwas, das wir beobachten, Rätsel aufgibt und durch unseren ungeschulten Verstand nicht erklärt werden kann, dann bedeutet das noch lange nicht das Vorhandensein metaphysischer Kräfte.

Nicht der Zufall, sondern die Regel bestimmt das Ergebnis

Ein komplexes Endprodukt wie das Auge entstand nicht durch Zufall, sondern durch Regeln und Bildungsgesetze – aus einfacheren Vorläufern. Das Komplexe entsteht aus einfachen Strukturen, die aus noch einfacheren Strukturen entstanden – bis hin zu einer Zelle mit lichtempfindlichen Bestandteilen. Die und nur die sind vielleicht durch Zufall entstanden. Beim Auge stand eine Genveränderung am Anfang, die ein Protein („Opsin" genannt) lichtempfindlich machte. Oder es hatte noch einfachere Vorläufer. In 500 Mio. Jahren kann viel passieren.

Können wir die Schöpfung „nachbauen"? Vielleicht wird es bald Realität, denn die synthetische Biologie beginnt, aus einzelnen Gen-Schnipseln (*BioBricks*, „Lebensziegelsteine") künstliche Viren und Bakterien im Labor herzustellen. Natürlich ist hier der menschliche „Schöpfer" am Werk, aber keineswegs mit unendlicher Intelligenz. Ist nun die Schöpfung entzaubert? Könnte nicht auch ein Zufall, gefolgt von einem Regel- und Ausleseprozess, ein solches Ergebnis erzeugen, wenn genügend (mit Sicherheit nicht unendlich) viel Zeit zur Verfügung gestanden hätte? Wir wissen es nicht – aber können wir messerscharf und mit Bestimmtheit daraus schließen, dass es *unmöglich* sei? Nein, zumindest nicht mit fragwürdigen Berechnungen der Unwahrscheinlichkeit eines solchen Ereignisses.

Wahrscheinlichkeitsrechnung ist sowieso ein vermintes Terrain. Mit ein wenig Ungeschick oder bösem Willen kann man die Chancen eines AKW-Unfalls ebenso herunterrechnen wie manche Menschen zu teuren Vorsorgeuntersuchungen bewegen. Mithilfe der Wahrscheinlichkeitsrechnung kann man *nicht* nachweisen, dass komplexe Systeme *nicht* „von selbst" entstehen können. Auch muss etwas Neues in seiner Ganzheit nicht durch Zufall oder einen Schöpfer entstehen. Es kann aufgrund (bekannter) Gesetzmäßigkeiten aus Einzelteilen gebildet werden. In der Chemie finden wir tausendfach Beispiele dafür: Einem Stoff (z. B. Kohle) in der Umgebung eines anderen (z. B. Luft) wird Energie zugeführt (z. B. Wärme) und es entsteht etwas Neues – Kohlendioxid (CO_2) in unserem Beispiel. Das Ganze nennt man „verbrennen". So wurde schon 1828 von Friedrich Wöhler der Harnstoff synthetisch aus *an*organischen Substanzen hergestellt – während die „Fachleute" noch glaubten, etwas Organisches (das man bis dahin aus Harn gewonnen hatte) könne nur mit „Leben" zu tun haben. Das war das Ende der okkulten Erklärungsversuche. Denn nun war das Wunder enträtselt: ein regelhafter chemischer Prozess. Ist er deswegen weniger wunderbar? Warum soll derselbe Weg prinzipiell unmöglich sein: die Entstehung von Leben aus unbelebter Materie? Wir wissen es nicht, noch nicht.

Der Physiker und Nobelpreisträger Murray Gell-Mann pflichtet Philip W. Anderson bei und sagt: „Man braucht nicht noch mehr, um mehr zu bekommen. Das ist es, was Emergenz bedeutet. Leben kann aus Physik und Chemie und einer Vielzahl von Zufälligkeiten emergieren. Das menschliche Bewusstsein kann durch Neurobiologie und eine Vielzahl von Zufälligkeiten entstehen." Das ist sein Kernsatz: „*You don't need something more in order to get something more.*" Es ist seine Antwort auf die Frage: „Gibt es da nicht noch mehr?!" Irgendetwas Übernatürliches … Nein, sagt er, grundlegende Gesetze (wie die in diesem Buch behandelte Dynamik rückgekoppelter Systeme) plus das Spiel des Zufalls, und etwas Neues entsteht, aus dem etwas Neues entsteht.

Die Geschichte von „Shakespeares Affen" ist also nichts anderes als eine schiefe Analogie, ein schiefes Bild. Sie geht von falschen Voraussetzungen, insbesondere von einem falschen Begriff des Zufalls aus. So hat die Evolution nicht gearbeitet, und so würde auch kein vernünftiger Affe arbeiten. Blindes Würfeln ist keine brauchbare Strategie, um etwas zu erschaffen. Die Wiederverwendung und Modifikation von schon Erreichtem schon eher. Es ist für viele auch schwer zu verstehen, dass die Evolution keine Ziele hatte. Die Frage nach dem „warum?" ist sinnlos. Sie ist einfach geschehen, ohne Ziel – aber nicht ohne Richtung.

Das mag manchem wie Haarspalterei vorkommen, befreit aber die Evolutionstheorie von manchem ideologischen Ballast und falschen Analogien. Diese stecken in vielen Formulierungen, zum Beispiel „*survival of the fittest*", was oft als „Überleben des Stärkeren" gedeutet wird. Das führt schnell zum „Tod der Schwächsten" und zu brutalen Einstellungen gegenüber Schwachen und nicht so Erfolgreichen. Das wird zu Recht als „Biologismus" angeprangert (viele Begriffe mit -ismus haben einen schlechten

Ruf). Da der Stand unseres Wissens unser Weltbild bestimmt und damit umgekehrt (wieder eine Rückkopplung!) auch die Maßstäbe setzt, mit denen wir auf die Welt durch unser Handeln einwirken, können solche Verzerrungen unserer Erkenntnis gefährlich werden. Denn Weltanschauungen bieten das Fundament unseres Handelns – und gerade dort hat der „Darwinismus" Ungeheuerliches ausgelöst (auch ein Schimpfwort – erfreulicherweise gibt es keinen „Einsteinismus" als abfällige Bezeichnung für die Relativitätstheorie).

Ist nun das Wunder der Schöpfung zerstört, die Schöpfung entzaubert? Nein, die Spiritualität hilft uns, darüber nachzudenken. Unsere Liebe und unsere Achtsamkeit bringen uns dazu, sie zu achten und zu respektieren. Sie ist nicht „nur" Zufall, sondern ein wenig Zufall und viel Gesetzmäßigkeit. Doch selbst in dieser Regelhaftigkeit ist sie ein wunderschöner und faszinierender Zufall.

Die Entzauberung der Welt

Viele sagen, die Naturwissenschaft habe die Welt entzaubert. Das mag stimmen, wenn zum Zauber das Unerklärbare gehört. Wenn die „Verzauberung" auf Unwissenheit beruht oder auf dem Glauben an unergründliche höhere Mächte, dann halte ich nicht viel von ihr. Der Blick in die Welt der Atome und in die Geschichte des Universums hat heute – zumindest im naturwissenschaftlichen Sinne – die alte philosophische Frage beantwortet, wer wir sind und woher wir kommen. Viele finden die Antwort „Wir sind nur Sternenstaub" desillusionierend und suchen nach geheimnisvolleren Erklärungen. Ich persönlich finde gerade das wundervoll (im Wortsinn): dass aus „ein paar einfachen Atomen" etwas so Komplexes wie der Mensch und der ganze Rest der Welt entstand – „von selbst". Ich werde *ver*zaubert, wenn ich erkenne, dass ein paar einfache Prinzipien durch den Zusammenbau weniger grundlegender Bausteine etwas so Komplexes und Wunderbares hervorbringen können. Der Sinn des Lebens wird dadurch zu einer individuellen und autonomen Entscheidung und ist nicht mehr von außen vorgegeben. Ich werde verzaubert durch den Gedanken, wie Gesetze und Regeln ineinandergreifen und geschlossene, widerspruchsfreie und schöne Systeme bilden. Denken Sie nur daran, dass alle Moleküle – vom Salzkorn über die PET-Flasche bis zum Erbmolekül DNS – aus nur ungefähr 100 chemischen Elementen bestehen (von denen die Hälfte äußerst selten verwendet wird). Daraus und aus ein paar hundert naturwissenschaftlichen Gesetzen und Regeln entsteht die gesamte wunderbare Vielfalt der unbelebten und der belebten Natur. Meiner Meinung nach trägt genau dieses Wissen zur Verzauberung bei.

Auch die „Feinabstimmung der Naturkonstanten“ kann uns verblüffen und verzaubern (ich habe sie in meinem Physikbuch ausführlich beschrieben). Das erstreckt sich von der einfachen Tatsache, dass es genau drei Raumdimensionen gibt und geben muss bis hin zum Gewichtsverhältnis einzelner Atombausteine, das auf Bruchteile von Prozenten genau stimmen muss, damit das Universum so bestehen kann, wie es ist.

Vielleicht ist das „Jenseits“ mancher Religionen genau die Welt jenseits unserer Vorstellungskraft, die die Physiker in der Welt des Kleinsten (der Quanten) und des Größten (des Kosmos) nachgewiesen haben. Oder liegt es im Diesseits Ihrer Vorstellungswelt, dass ein „Etwas“ gleichzeitig eine Welle und ein Teilchen sein kann oder dass eine bewegte Uhr langsamer geht?

Der Zauber, den man verspüren kann und sollte, verwandelt sich allerdings schnell in einen Fluch. Es fällt schon schwer, die vernetzte Welt zu durchschauen. Noch schwerer, sie zu beeinflussen. Gekoppelte Systeme, die niemand beherrscht.

Aber wir sollten uns hier von persönlichen Meinungen und Weltbildern weitgehend freihalten. Zurück zur Rückkopplung und Beispielen für Situationen, wo sie auftritt.

11.4 Überall ist Tanaland

Als Ngoro Okambo von seinem Feld in der Nähe des Mukwa-Sees in sein Dorf zurückkam, wich seine Verzweiflung langsam von ihm. Innerhalb einer Woche, seit seinem letzten Besuch, waren die Früchte seiner Obstplantagen von Schädlingen nahezu vollständig vernichtet worden. Doch als er den hellhäutigen Fremden auf dem Dorfplatz von Lamu entdeckte, keimte Hoffnung in ihm auf. Nun würde alles gut werden! Als er näher kam, erkannte er ihn wieder: derselbe, der schon vor ein paar Wochen den Fischern geholfen hatte. Im See hatten giftige Geißelalgen fast alle Fischarten zuerst gelähmt und dann von innen her verzehrt. Der See hatte sich blutrot gefärbt und unbeschreiblich gestunken. Doch der Fremde hatte Rat gewusst: Eine geheimnisvolle Flüssigkeit, von den Fischern mit Wasser verdünnt und in den Owanga-Fluss eingeleitet, der den See speiste, hatte die Algen umgebracht. Allerdings hatten nur ganz wenige Fische überlebt – umso mehr war das Dorf nun auf gute Ernten angewiesen.

Und was der Fremde dann versprach, hörte sich wie die Verheißung des Paradieses an: Nicht nur sein Stamm, die Tupis, sollte von seiner Hilfe profitieren, sondern auch die benachbarten Moros, Hirtennomaden, die von der Viehzucht und der Jagd lebten. Und eine ganze Schar von Helfern sollte kommen, um Dämme zu bauen und Bewässerungssysteme anzulegen, Waldgebiete zu roden und das Ackerland besser zu düngen. Sie wollten sogar ein Krankenhaus und eine Schule bauen. Die Affen und Kleinsäuger, die die Felder der Tupis schädigten, sollten bekämpft werden. Die Rinder- und Schafherden der Moros sollten vor den Leoparden besser geschützt werden. Eine bessere Ernährung und medizinische Versorgung sollte allen zugutekommen. Die Zeiten des Hungers und der Armut seien vorbei, versicherte der Fremde – und er hielt Wort. Erste Erfolge beflügelten den Eifer der Helfer: Das Bewässerungssystem, gespeist aus einem Grundwasserreservoir, steigerte den Ertrag der Felder, die Zahl der Affen und Kleinsäuger sank drastisch.

Der Volksmund nennt es „verschlimmbessern"

Doch Jahre später ging es den Tupis und Moros so schlecht wie nie zuvor. Die zahlreichen Leoparden in Tanaland, die sich vorwiegend von den Kleinsäugern ernährt hatten, waren als Folge dieser Maßnahme nun in die Rinder- und Schafherden der Moros eingebrochen. Man hatte sie abschießen lassen und ihre Felle gewinnbringend verkauft und mit dem Geld die Rinderherden vergrößert. Dadurch wurden die Kleinsäuger wieder zur Plage und schädigten den Obst- und Ackerbau. Die Herden verbrauchten allerdings Unmengen an Wasser, das den Feldern fehlte.

Der Langzeiteffekt war noch dramatischer: Die Bevölkerung wuchs dank besserer Ernährung und medizinischer Versorgung in einer steil verlaufenden Kurve. Übervölkerung und Versorgungsschwierigkeiten waren die Folge. Hungersnöte traten auf und die Sterblichkeitsraten stiegen deutlich, denn die lineare Steigerung des Nahrungsangebots hielt mit dem exponentiellen Bevölkerungswachstum nicht Schritt. Pestizide hatten zahlreiche Pflanzen- und Tierarten vernichtet, die Böden waren überweidet und ausgelaugt. Der Grundwasserspiegel war drastisch gesunken, denn das Grundwasserreservoir wurde durch keinerlei Zuflüsse aufgefüllt. Die Viehherden waren auf einen Bruchteil ihres ehemaligen Bestandes geschrumpft.

Doch nun kommt die (nur vordergründig) gute Nachricht: Es war nur ein Spiel. Dietrich Dörner hat es 1975 erfunden, ebenso wie Lohhausen, eine fiktive Stadt in Deutschland. Beide wurden von wohlmeinenden Helfern in Simulationen auf dem Computer in kurzer Zeit gründlich an die Wand gefahren.

Erfolg und Misserfolg waren keineswegs nur von Fachwissen abhängig. Allerdings zeigte sich, dass das „Bauchgefühl" (B_I, das implizite Wissen aus Abschn. 6.6) von erfahrenen Beratern besser funktionierte als das von Laien. Es war mehr eine Frage von „Denkstrukturen". Die wohlmeinenden

Entwicklungshelfer scheiterten, wenn sie lineare Trends annahmen und exponentielle Entwicklungen (die leider anfangs nahezu linear verlaufen!) übersahen. Ihre Analyse der Situationen war eingeschränkt und ihre Ziele kurzfristig. Nebenwirkungen wurden kaum bedacht, sie konnten nicht flexibel reagieren – und überhaupt: Sie *reagierten,* anstatt zu *agieren.* Ihre Erfolgskontrolle beschränkte sich (anfangs) auf zufriedenes Abhaken ihrer Maßnahmen und (später) auf panische Korrekturversuche. Sie tendierten zum Über- oder Untersteuern und schaukelten damit das System auf, anstatt es zu stabilisieren.

Ein Einzelergebnis sollte uns zu denken geben. In Tanaland kam es unter anderem dadurch zur Katastrophe, dass die Erträge der Landwirtschaft durch Tiefbrunnen gesteigert wurden. Kaum einer dachte daran, das Grundwasser in einer trockenen Region nicht „nachwächst". Heute schon wird in Küstenregionen mehr Grundwasser verbraucht, als durch Niederschläge nachgeliefert wird. Meerwasser dringt in das Grundwasser ein und versalzt es. Ungeklärte Abwässer machen es zusätzlich ungenießbar. Dadurch steht noch weniger Grundwasser für den menschlichen Verbrauch zur Verfügung. Wenn im Jahre 2040 ca. 9 Mrd. Menschen auf der Erde leben, wird das vorhandene Wasser nur 70 % des Bedarfs decken. Den Rest können Sie sich denken. Die Kriege der Zukunft werden um Wasser geführt werden. Die Bevölkerungsexplosion ist übrigens ein Musterbeispiel für ein (über) exponentielles Wachstum, das wir nicht entfernt beherrschen.

Natürlich war „Tanaland" ein Spiel. Kein Mensch in einer echten Situation wäre so dämlich, ein unterirdisches Grundwasserreservoir leer zu pumpen. Oder doch? Der Ogallala-Aquifer (ein „Aquifer", wörtlich ‚Wasserträger', ist ein Grundwasserleiter) befindet sich mit einer Fläche von mehr als 450.000 Quadratkilometern unterhalb der *Great Plains* in den USA unter acht amerikanischen Bundesstaaten. Die *Great Plains* (engl. ‚Große Ebenen') sind die klassischen Prärien des amerikanischen Westens und werden heute intensiv landwirtschaftlich genutzt. Sie sind der „Brotkorb Amerikas" mit Mais, Weizen und Sojabohnen. Der Grundwasserspiegel lag zum Beispiel bei *Seward* (Kansas) 1978 in ca. 93 m Tiefe, 1994 bei ca. 109 m. An manchen Stellen fällt er um bis zu 1,50 m pro Jahr. Im Sommer 2014 schrieb *Spiegel-online:* „Der Südwesten der USA leidet seit 14 Jahren unter einer rekordverdächtigen Dürre. Ihre Folgen könnten noch schlimmer sein als befürchtet: Satellitendaten zeigen, dass die Grundwasser-Vorräte massiv angegriffen sind. Forscher zeigen sich entsetzt."

Kalifornien erlebt zurzeit die schlimmste Dürre nach den Trockenkatastrophen um 1923 und Ende der 1970er-Jahre. Der US-Bundesstaat ist mit seinen fast 40 Mio. Einwohnern die achtgrößte Volkswirtschaft der Welt. „In Kalifornien stehlen sie jetzt Wasser", titelt *Spiegel-online* im Februar 2015. Die Jahre 2012 bis 2014 waren die trockensten seit 1200 Jahren. Im zentralen Tal (*Central Valley*) Kaliforniens wird auf einer Länge von 700 km das meiste Obst und Gemüse in den USA produziert. Das spült jährlich mehr als 40 Mrd. Dollar in die Kassen des Staates. 80 % aller Mandeln der Welt kommen von dort. Satellitenbilder haben kürzlich gezeigt, dass auch die Grundwasserpegel schon stark gesunken sind. Der Anbau gelingt nur mit künstlicher Bewässerung, die durch die Dürre massiv zugenommen hat – was die Grundwasserpegel weiter sinken lässt. Rückkopplung … Aber Kalifornien zählt zu den wenigen US-Bundesstaaten, die den Grundwasserverbrauch noch nicht regulieren. Brunnenbohrer sind auf acht Monate hin ausgebucht. Ein einziger Baum in den riesigen Mandelhainen des *Central Valley* braucht an einem heißen Sommertag bis zu 300 L Wasser. Die Produktion einer (einer!) Walnuss verschlingt 18,55 L Wasser. Die Hausbesitzer stellen „*Pray for Rain*"-Schilder („Betet für Regen") in ihre Vorgärten. Sie helfen sich mit einem speziellen Spray – sie besprühen den vertrockneten Rasen mit grüner Farbe. Lineares Denken …

Nach den letzten Jahren der Dürre geben Landwirte jetzt ihre Felder auf, Farmer schlachten ihr Vieh, Mandelbauern fällen ihre Bäume. Hunderttausende Hektar Ackerland liegen bereits brach. Die kalifornischen Abgeordneten beschließen per Abstimmung, dass der Mensch keinen Einfluss auf das Klima habe. So gesehen haben sie recht. Das Nachrichtenportal CNN meldet am 2. April 2015, dass Kaliforniens Gouverneur Jerry Brown den Wassernotstand ausgerufen hat. Er musste im Fernsehsender ABC gestehen: „Der Klimawandel ist kein Scherz". Es sei die schlimmste Dürre seit Menschengedenken.

Mexiko-Stadt, die Metropole mit ca. 8,8 Mio. Einwohnern, sinkt in drei Jahren um einen Meter ab. Schuld daran ist die Entnahme von Grundwasser, der Boden schrumpelt zusammen wie Dörrobst – wie in New Orleans, Shanghai, Jakarta, Bangkok, Athen und zahlreichen anderen Städten. Tokio hatte sich Mitte des 20. Jahrhunderts um vier Meter gesenkt, dann wurde die Grundwasserförderung drastisch eingeschränkt. Seit etwa 1970 scheint sich die 9-Mio.-Metropole stabilisiert zu haben.

Überall ist Tanaland!

Handeln in komplexen Systemen

Die Kernschmelze in Harrisburg 1979, in Tschernobyl 1986 und in Fukushima im Jahr 2011 haben ähnliche Wurzeln. Damit sei nicht gesagt, dass sie durch „richtiges Verhalten" zu verhindern gewesen wären! Doch ähnlich wie die Versuchspersonen, die als „Bürgermeister von Lohhausen" in einem weiteren Dörner'schen Experiment für das „Wohlergehen der Stadt in näherer und ferner Zukunft" sorgen sollten, scheiterten auch die Bedienungsmannschaften in den Krisensituationen im Kernkraftwerk an prinzipiellen menschlichen Verhaltensweisen.

Was in Tanaland oder Lohhausen nur eine Computersimulation war (deren Realitätsnähe manche gerne anzweifeln), ist in Tschernobyl, Fukushima und allen anderen Problemfällen in dieser Welt grausame Wirklichkeit. Die Verhaltensmuster der Versuchspersonen, die Dörner genau analysiert, können verallgemeinert werden und zeigen vor allem Mängel bei der Fähigkeit, mit komplexen rückgekoppelten Systemen fertig zu werden. Kritisch ist unter anderem die typische Übersteuerung aufgrund der „Totzeit" – der Zeitdifferenz zwischen dem Eingriff und seiner Wirkung. Aber auch die wissentliche Verletzung von Sicherheitsvorschriften, die dadurch belohnt wird, dass sie „das Leben leichter macht". Ein typischer Fall von positiver Rückkopplung, den wir alle kennen. Wenn wir im Auto den Sicherheitsgurt nicht anlegen, wird das immer durch ein größeres Gefühl der Freiheit belohnt. Bis auf das *letzte* Mal.

Auch andere Verhaltensweisen sind symptomatisch: die Unfähigkeit zum nichtlinearen Denken in kausalen Netzen (statt Kausalketten) voller Nebenwirkungen. Die Unterschätzung exponentieller Verläufe. In Tanaland und in der Realität geht es auch anders zu als in James-Bond-Filmen: Schädlicher als böse Absicht gepaart mit Intelligenz sind gute Absichten plus Dummheit.

Wenn also Wissenschaftler voraussagen, dass sich die Bevölkerung Afrikas von heute ca. 1 Mrd. bis zum Jahr 2050 verdoppeln wird, dann ist das ein Beispiel für die Art von exponentiellem Wachstum, mit der die (wenn überhaupt, dann linear ansteigende) Nahrungsversorgung nicht Schritt halten wird.

„Probleme kann man nicht mit derselben Denkweise lösen, durch die sie entstanden sind", hat Albert Einstein über die Weltwirtschaftskrise von 1929 gesagt. Das gilt auch für alle anderen einschließlich der noch kommenden Krisen. Im wirtschaftlichen Sektor ist „dieselbe Denkweise" einer der Grundzüge des Kapitalismus: das Recht der Privateigentümer, über ihr Eigentum nach Belieben zu verfügen. Ein allgemein einsichtiges Grundrecht. Der Wirtschaftswissenschaftler Gerhard Scherhorn sieht darin eine versteckte Gefahr:

> „[Das Recht der Privateigentümer] hat ja die Folge, dass aus dem privaten Eigentum heraus ungezügelt auf Gemeingüter zugegriffen werden kann, auf Atmosphäre, Atemluft, Bodenfruchtbarkeit, Wasserreinheit, Fischreichtum, Artenvielfalt, Gesundheit, Beschäftigung … […] Es beruht darauf, dass Gemeingüter übernutzt werden. Die meisten sind bereits in ihrem Bestand so

weit dezimiert, dass sie dringend geschont und regeneriert werden müssten. Dazu müssten wir sie so behandeln wie unsere privaten Besitztümer und Produktionsanlagen – wir müssten in ihre Erhaltung und Erneuerung bzw. Ersetzung reinvestieren. Das ersparen wir uns bisher, was die Preise verbilligt und die Gewinne überhöht, aber die Substanz verzehrt."

Bräuchten wir nicht eine grundsätzlich neue Wirtschaftsordnung? Eine, die es verbietet, Kosten auf Gemeingüter abzuwälzen; die es den Unternehmen zur Pflicht macht, Gemeingüter zu schonen, zu regenerieren, zu ersetzen? Die auch Finanzunternehmen zum Schutz der Gemeingüter verpflichtet? Denn im Artikel 14 des deutschen Grundgesetzes steht auch: „Eigentum verpflichtet. Sein Gebrauch soll zugleich dem Wohle der Allgemeinheit dienen." Das könnte die heutige Denkweise revolutionieren und künftige Krisen vielleicht verhindern.

Krisen sind wie Krankheiten – sie kommen und gehen. Manche „von selbst", manche durch menschliches Zutun. Eine Krankheit kann aus völlig unbekannter und nicht erklärbarer Ursache auftreten und nur durch Wissen, Können und Erfahrung der Ärzte wieder vertrieben werden. Sie kann auch durch individuelles menschliches Verhalten verursacht und nicht heilbar sein. Ebenso gibt es Krisen, die unvorhergesehen über uns hereinbrechen und solche, die wir selbst verursacht haben – und solche, deren wir Herr werden und vor denen wir kapitulieren. Es gibt aber – dessen sind wir Menschen uns bewusst – eine „letzte" Krankheit, die zum Tod führt. Ebenso wissen wir – erfreulicherweise nicht aus individueller Erfahrung –, dass es auch eine „letzte" Krise gibt, die zum Ende der gesamten Menschheit führen kann. Ob das ein Virus wie COVID-19 oder der (euphemistisch so genannte) Klimawandel sein wird, das wissen wir nicht. In Textkasten 6–1 haben Sie ja einen Vorgeschmack auf solche Ereignisse bekommen. Gemeinsam ist ihnen allen das Thema dieses Buches: komplexe dynamische rückgekoppelte Prozesse, die wir unzureichend verstehen und beherrschen.

Wasser ist ein Menschenrecht – aber nicht ein voller Swimmingpool

Die auf der Erde vorhandene Wassermenge beträgt ungefähr 1,386 Mrd. Kubikkilometer, das sind $^{1}/_{785}$ des Erdvolumens. Und nur 2,59 % davon ist Süßwasser. Schauen wir uns an, was ein Marktführer zu diesem Thema zu sagen hat und welche Rückkopplungsschleifen sich daraus ergeben:

„Ohne Wasser geht gar nichts. Wasser ist das Leben. Die fünf Liter, die wir für unseren täglichen Verbrauch benötigen, sowie die 20 L für die tägliche Mindesthygiene, die sind ein Menschenrecht. Dieses Menschenrecht macht

> genau 1,5 % des internationalen Wasserverbrauchs aus – dieser sollte frei sein. Aber für die restlichen 98,5 % sehe ich kein Menschenrecht. Es gibt kein Menschenrecht auf Wasser für Swimmingpools und Golfplätze. Beim 140. Geburtstag von Nestlé vor sechs Jahren habe ich mir überlegt, auf was wir achten müssen, damit wir dereinst 280 Jahre Nestlé feiern können. Nach einer langen Analyse habe ich Wasser als Kernpunkt unserer künftigen Strategie bezeichnet. Ohne Wasser könnten wir nicht leben, es gäbe keine Konsumenten. Zur Erzeugung der Rohmaterialien brauchen die Bauern Wasser. Wir brauchen in der Verarbeitung Wasser. Zur Zubereitung vieler Nestlé-Produkte braucht der Konsument Wasser. Ohne Wasser steht auch bei Nestlé alles still."

Das sagt Peter Brabeck, der Verwaltungsratspräsident von Nestlé. Die UN-Chefberaterin für Wasserfragen, Maude Barlow, sieht das naturgemäß etwas anders: Aids, Kriege und Verkehrsunfälle zusammen verursachen weltweit nicht so viele Tote wie Wasserknappheit. Das Recht auf Zugang zu sauberem Wasser ist am 28. Juli 2010 von der Vollversammlung der Vereinten Nationen als Menschenrecht anerkannt worden. Geschätzt eine Milliarde Menschen haben dies nicht. Nestlé, der größte Lebensmittelkonzern der Welt, hat den Trend erkannt: Wasser aus der Flasche. Auf diesem Sektor ist er Weltmarktführer mit etwa 90 Wassermarken. Weltweit pumpt er Grundwasser ab und füllt es in PET-Flaschen oder Plastikbeutel. Wenn die Quelle versiegt ist, zieht er weiter. Brabeck hält Wasser für ein Lebensmittel wie andere auch, das einen Marktwert hat. In weiten Teilen der USA, dem wichtigsten Absatzmarkt für Nestlés Wassersparte, gilt das „Recht der stärksten Pumpe": Wer Land besitzt oder gepachtet hat, darf auf seinem Grundstück so viel Wasser pumpen, wie er will – ohne Rücksicht auf seine Nachbarn. Im US-Bundesstaat Maine zum Beispiel verkaufen Grundstücksbesitzer das Wasser für wenig Geld an Nestlé, das es in Tanklastern (sie fahren mit Bio-Diesel!) in die Abfüllanlagen transportiert. Tausende von Dollar pro Tankfüllung sind schnell verdient. Seine Marke „*Pure Life*", gereinigtes und mit einem Mineralienmix angereichertes Grundwasser, ist das meistverkaufte Flaschenwasser der Welt. Es wird vor allem in der „Dritten Welt" verkauft. Die Flüsse in den Megacitys sind dort fast alle verseucht, die Trinkwasser-Infrastruktur unzureichend. Der Citarum-Fluss in Indonesien zum Beispiel (fließt durch Jakarta) ist auf der Liste der „Top 10 der am stärksten verseuchten Orte der Welt" (so das *Blacksmith Institute* 2013). 500.000 Menschen sind direkt betroffen und indirekt rund 5 Mio. Menschen. Wasser und Boden sind mit sehr hohen Anteilen von Blei, Cadmium, Chrom und Pestiziden verseucht. Auch in Lagos, der Megacity Nigerias, hat Wasser immer einen Preis. Ein Liter Flaschenwasser kostet mehr als ein Liter Benzin. Arme Familien geben manchmal mehr als die Hälfte ihres Tagesverdienstes (1 – 3 €) für notwendiges Trinkwasser aus öffentlichen Zapfstellen aus. Die Oberschicht trinkt jedoch *Pure Life.*

Nebenwirkungen durch die Weichmacher und Chemikalien in den Plastikverpackungen sind noch nicht hinreichend erforscht. Vier interessante Rückkopplungskreise werden sofort sichtbar: Je mehr die Gesundheitsgefahren von Softdrinks den Konsumenten bewusst werden (z. B. Zucker), desto mehr steigt das Interesse an „natürlichem" Wasser. Zweitens: Je tiefer man bohrt, desto besser ist das Wasser. Drittens: Je tiefer man bohrt, desto weniger ist es eine nachhaltige Nutzung, z. B. durch nachsickerndes Regenwasser. Viertens (fast trivial): Je mehr man abschöpft, desto schneller sind die Grundwasservorräte erschöpft. In Pakistan ist der Grundwasserspiegel durch exzessive Landwirtschaft rapide gefallen und das Wasser aus den Brunnen der Einheimischen zur übelriechenden Brühe verkommen. Schaut man genauer hin, entdeckt man weitere Feedback-Schleifen: Durch das Marketing für Flaschenwasser wird das Bewusstsein für die Notwendigkeit einer funktionierenden öffentlichen Trinkwasserversorgung geschwächt.

Was tun Sie, wenn Sie nicht wissen, was Sie tun sollen?
Es gibt natürlich kein Patentrezept, keine silberne Kugel (die *silver bullet,* die Vampire und Werwölfe tötet) im Umgang mit komplexen Systemen. Aber den meisten Fällen ist überlegtes, vorsichtiges (in der Politik: diplomatisches) Handeln besser als vorschneller grober Aktionismus. Abgesehen von technischen Regelkreisen, die auf robuste Stabilität (gute negative Rückkopplung) ausgelegt sind, sind alle anderen meist empfindlich, gemischt negativ *und* positiv rückgekoppelt und sensibel bezüglich kleiner Änderungen in den Randbedingungen. Und natürlich werden viele Regelkreise gesteuert und beeinflusst von … äußerst komplexen Regelkreisen (sozialen – oder was ist ein Team sonst?!).

Um Dörner noch einmal zu zitieren: „Angesichts von Umweltverschmutzung, Atomkriegsgefahr, Aufrüstung, Terrorismus, Überbevölkerung usw. ist es wohl jedem klar, dass die Menschheit sich heute in einer problematischen Situation befindet." Und er schließt sich der Diagnose von Rupert Riedl an, dass „in dieser Tendenz zum Erleben der Welt als zusammengesetzt aus einzelnen Kausalketten die Unzulänglichkeiten unserer Problembewältigung liegen."

Sanfte Steuerungsmaßnahmen, geringe Eingriffe, sorgfältiges Beobachten sind oft eine gute Strategie. Allerdings gilt der Spruch: Man kann einen Abgrund nicht in Teilschritten überqueren – und manchmal führt Evolution in die Sackgasse und bewahrt das bestehende „kranke" System. Dann hilft nur eine Revolution. Es gilt der alte Sinnspruch, das „Gelassenheitsgebet“: „Gott, gib mir die Gelassenheit, Dinge hinzunehmen, die ich nicht ändern kann, // den Mut, Dinge zu ändern, die ich ändern kann, // und die Weisheit, das eine vom anderen zu unterscheiden.“

Die Dinosaurier, so sagt der Volksmund, sind ausgestorben, weil sie zu viele Muskeln und zu wenig Hirn hatten. Bei uns liegt die Sache eventuell umgekehrt – aber mit denselben Folgen. Die Biologen nennen das ein „Extremorgan“, eine extreme Ausprägung eines Merkmals oder Organs im Vergleich zu Vorfahren und zu nah verwandten Arten (die sich als evolutionär nachteilig erweisen können, zum Beispiel die Federn der Paradiesvögel, das Rad der Pfauen oder extrem hinderliche Hirschgeweihe). Denn wir benutzen unser hoch entwickeltes Gehirn, um Systeme zu erschaffen, die wir nicht mehr beherrschen. Vielleicht sterben wir *dadurch* aus. Der Mensch als Irrläufer der Evolution? Doch das große Gehirn hat auch einen Vorteil: Es kann „über sich selbst nachdenken“. Es *könnte* erkennen, dass es falsch denkt – und gegensteuern.

Der Neurobiologe Gerald Hüther fügt einen interessanten Aspekt hinzu, der zu unserem Thema passt:[9] „Das Großhirn wird am stärksten durch die Erfahrungen geformt, die wir im Laufe unseres Heranwachsens und späteren Lebens in Beziehung zu anderen Menschen machen. Wenn das Großhirn schief geworden ist, liegt es nicht am Großhirn, sondern dass wir alle so ungünstige Erfahrungen gemacht haben. Nicht das Großhirn ist eine Fehlentwicklung, sondern die Art unseres gegenwärtigen Zusammenlebens. […] Die jüngeren Teile des Hirns sind überhaupt nicht losgelöst zu denken von den Beziehungen, die wir in der Welt haben.“ Das passt doch: Unser Bewusstsein formt die Gesellschaft formt unser Bewusstsein.

11.5 Das Gänseblümchen-Modell und der Birkenspanner

Ein *Model* wurde ja früher *Mannequin* genannt, französisch für ‚Gliederpuppe‘. Es dient dem Modeschöpfer als Modell. Ein Modell bildet einen Teil der Wirklichkeit ab. Nicht immer der wirklichen Wirklichkeit, denn weit über 90 % der Menschen sehen nicht aus wie Models. Aber das Model bildet *den* Teil der Wirklichkeit ab, für den der Couturier seine Kreationen

[9]Quelle (leicht geändert): Die neue Lust am eigenen Denken | Gerald Hüther im Gespräch. https://www.youtube.com/watch?v=82jJ_WbcIV8.

erschaffen möchte. Und viele Menschen möchten aussehen wie Models – womit der erste kleine Rückkopplungskreis schon geschlossen wäre: Models sollen Menschen darstellen, die wie Models aussehen.

Ein Modell in der Wissenschaft und Technik stellt manchmal ähnliches Wunschdenken dar, wenn es nicht sorgfältig konstruiert ist. Doch ein gutes Modell schafft es, wesentliche Teile der Wirklichkeit abzubilden und auf unwesentliche zu verzichten. Flug- und Automodelle in Windkanälen oder Schiffsmodelle in Schlepptanks liefern gute Ergebnisse und Vorhersagen, die Rückschlüsse auf das Verhalten des echten Gegenstandes erlauben. Warum also kein Modell für ein dynamisches rückgekoppeltes System bauen?

Eins davon haben Sie ja schon in Kapitel 11.3 kennen gelernt: *Conway's Game of Life*. Es erzeugte fiktive „Lebewesen", von denen sich einige sogar bewegen (*Raumschiffe, Gleiter* und *Segler* genannt). Schauen wir uns nun ein anderes berühmtes Beispiel an.

Künstliche Lebewesen in Feedback-Schleifen

Das Gänseblümchen heißt auf Englisch *daisy*, also nennt man das Gänseblümchen-Modell auch oft *daisy world* (oder in einem Wort: *Daisyworld*). Es ist eine einfache simulierte Welt, ein Computermodell, das letztlich aus mathematischen Gleichungen besteht. Ein erdähnlicher Planet umkreist einen Stern. Es gibt nur zwei Arten von Lebewesen: schwarze Gänseblümchen und weiße. Die mit den weißen Blüten werfen Licht und damit Wärmeenergie zurück, und die mit den schwarzen Blüten schlucken es. Dadurch sind sie wärmer als weiße Gänseblümchen und kahle Erde und wärmen den Planeten auf. Von hellen und dunklen Autos kennen Sie das ja.

Umgekehrt ist der Planet mit vielen weißen Blüten kühler als mit mehr schwarzen. Die schwarzen gedeihen bei Kälte besser, die weißen bei Wärme. Dem Fachbegriff für die Rückstrahlung sind wir ja schon begegnet: „Albedo". Gäbe es keine Blumen, dann wäre die Temperatur des Planeten direkt von der (langfristig steigenden) Strahlungsleistung der Sonne abhängig. So aber reguliert der gesamte Planet „sich selbst" – mithilfe der Gänseblümchen. *Feedback* vom Feinsten. Und das geht so: Am Anfang der Betrachtung sind schwarze und weiße etwa gleich häufig, und der Planet ist noch relativ kühl. Dadurch gedeihen die schwarzen besser und ihre Zahl vermehrt sich gegenüber den weißen. Da sie aber Wärme absorbieren, heizt sich der Planet allmählich auf – natürlich über viele Blümchen-Generationen hinweg.

Wenn die Einstrahlung durch die Sonne aber etwas zunimmt, dann wird er mit so vielen schwarzen Gänseblümchen zu heiß. Jetzt bekommen die weißen Gänseblümchen einen Wachstumsvorteil und treten an die Stelle der schwarzen Gänseblümchen, die allmählich in ihrer Zahl abnehmen. Der ganze Planet wird also allmählich eher von weißen Blümchen bevölkert. Die aber reflektieren die Sonneneinstrahlung, was eine Abkühlung des Planeten zur Folge hat. Das freut die schwarzen, denn so gedeihen sie besser – und drängen die weißen wieder zurück. Ein stabiles Gleichgewicht, das zwischen leichten Übergewichten der beiden Sorten hin und her pendelt. Der „eingeschwungene Zustand", den Sie in Abb. 5.1 gesehen haben. Insgesamt haben wir also ein System, das sich auf eine Temperatur von etwa 22 °C einstellt, also beim angenommenen Optimum des Pflanzenwachstums. Ein natürliches Regelsystem, bedingt durch die negative Rückkopplung über die sich verändernde Wärmeaufnahme des Planeten. Die Gänseblümchen steuern ihre Umwelt, die auf die Gänseblümchen zurückwirkt. Bis hierhin überrascht Sie die Geschichte nicht.

Zwei Wissenschaftler, James Lovelock und sein Doktorand Andrew Watson, veröffentlichten dieses Modell in einer Fachzeitschrift im Jahre 1983. „Na, wenn *das* mal so einfach ist!" sagen Sie zweifelnd, denn Sie haben ja mit komplexen vernetzten Systemen inzwischen einige Erfahrung. Richtig! Das haben die beiden auch gemerkt und ihr Modell verfeinert: Wolken kommen hinzu, die vor allem über großen Feldern von schwarzen Blümchen auftauchen. Denn bei der Aufnahme von Wärme wird Feuchtigkeit abgegeben, die über den Blumenfeldern aufsteigt. Sie formt Wolken, die aber die Sonneneinstrahlung reduzieren, wodurch die Blümchen wieder weniger Wärme aufnehmen. So wird die Situation langsam undurchschaubar, wenn weitere Einflussfaktoren in das Modell mit aufgenommen werden. Wie im richtigen Leben. „So ist das eben mit der Rückkopplung in komplexen vernetzten Systemen!" sagen Sie – und recht haben Sie. Das Modell verhält sich wie lebende Populationen. Solche Modelle unterstützen die These, dass es keinen *prinzipiellen* Unterschied zwischen unbelebter und lebender Materie gibt. Der Übergang von der einen zur anderen Form ist zwar ein deutlicher „Sprung", scheint aber quasi-kontinuierlich (wie in Abb. 3.4) zu sein.

Zusammen mit der Mikrobiologin Lynn Margulis entwickelte der Biophysiker James Lovelock Mitte der 1960er Jahre auch die „Gaia-Hypothese", ein Bild von unserem selbstorganisierenden, gewissermaßen „lebenden" Planeten. Gaia, das fein abgestimmte riesige Ökosystem der Erdoberfläche, ist nichts anderes als Symbiose vom Weltraum aus gesehen, sagt Margulis. Der Name leitet sich von *Gaia* ab, der Erdgöttin der griechischen Sagenwelt. Danach ist die Erde und alles Lebendige eine Ganzheit, ein fein abgestimmtes Ökosystem, welches letztlich nur durch endlos viele Systeme in Symbiose funktioniert. Betrachtet man die vielen Rückkopplungen, von denen wir einige kennen gelernt haben (Sauerstoff, Klima usw.), dann hat dieser Vergleich etwas für sich. Aber – wie immer – Vergleiche hinken und verführen oft zu falschen Deutungen.

Nach der Gaia-Philosophie wird die Erde in ihrer Gesamtheit als Lebewesen betrachtet. Also muss man ebendieses Gesamtsystem an sich untersuchen und nicht die diversen Teilsysteme. Sie geht davon aus, dass sich nicht nur die einzelnen Lebewesen ihrer Umwelt anpassen und diese sich im Wesentlichen unabhängig entwickelt, sondern dass umgekehrt die Umwelt sich an die Lebewesen anpasst und damit wiederum auf deren Entwicklung zurückwirkt. Dafür haben wir hier ja auch schon Beispiele gesehen. Das ist eine Art „Koevolution", also „gemeinsame Evolution". Ein kompliziertes vernetztes Rückkopplungssystem, das nur schwer zu entwirren ist.

Andere zelluläre Automaten zeigen ebenfalls spontane Musterbildung, etwa der an der Universität von Brüssel entwickelte „Brüsselator" oder der „Oregonator" der Universität von Oregon. Sie beruhen auf Arbeiten des russischen Chemikers und Biophysikers Boris Beloussow, der um 1950 einen „chemischen Oszillator" entdeckte.[10] Flüssigkeiten aus verschiedenen Chemikalien oszillieren in ihrer Farbe, andere Substanzen bilden in Petrischalen wellenförmige Muster. Die lebenden Systeme verhalten sich ebenso wie ihre unbelebten technischen Modelle. Alle diese Erscheinungen sind klare Hinweise auf Rückkopplungsprozesse, Selbstorganisation und chaotisches Verhalten.

Künstliche Evolution mit genetischen Algorithmen

Nun heben wir ganz ab, ist man versucht zu denken. Torsten Reil, CEO der Firma *NaturalMotion,* stattet virtuelle Figuren in Computerspielen mit „natürlichen" Fähigkeiten aus. Schließlich hat er an der Universität Oxford Biologie studiert. Dazu werden nicht – wie sonst üblich – vorgefertigte Bewegungen von Menschen durch *Motion Capture*[11] erfasst, sondern die Figuren bekommen ein Körpermodell und lernen über AI-Software,[12] unser Bewegungszentrum im Nervensystem nachzuahmen. Das ist *the tricky part,* wie Reil ihn nennt, der schwierige Teil: Er benutzt „genetische Algorithmen

---

[10]Für Fachleute: die „Belousov-Zhabotinsky-Reaktion" (in der amerikanischen Schreibweise des Namens „Beloussow").

[11]Unter *Motion Capture,* wörtlich Bewegungs-Erfassung, versteht man ein Tracking-Verfahren, das es ermöglicht, jede Art von Bewegungen so zu erfassen und in ein von Computern lesbares Format umzuwandeln, dass diese die Bewegungen analysieren, aufzeichnen, weiterverarbeiten und zur Steuerung von Anwendungen verwenden können. (Quelle: Wikipedia*).

[12]AI- oder KI-Software (*Artificial Intelligence,* künstliche Intelligenz) simuliert Intelligenz, wird durch „Regeln" gesteuert, kann sich selbst verändern und damit „lernen".

– künstliche Evolution". Dazu erschafft er im Computer eine große Zahl verschiedener virtueller Individuen, die dem Zufall unterworfen sind. Er verbindet sie mit den virtuellen Muskeln und hofft, „dass etwas Interessantes passiert". Am Anfang tut sich wenig. Die meisten bewegen sich überhaupt nicht, aber ein paar machen vielleicht einen kleinen Schritt. Die werden vom Algorithmus ausgewählt und durch Mutation und Rekombination wie in der natürlichen Evolution reproduziert. Man könnte dies auch einen evolutionären Algorithmus nennen. Dieser Prozess wird immer und immer wieder wiederholt, bis zum Schluss virtuelle Figuren entstehen, die geradeaus laufen können. In der fünften Generation unsicher wie ein Baby, in der zehnten wie ein Zweijähriger. Die zwanzigste Generation marschiert wie ein Soldat.

Damit nicht genug. Sie lernen alles, was ein Körper kann („alles" in Anführungszeichen): Sie reagieren auf Hindernisse oder Schubser. Und je nach Position des Hindernisses oder des Stoßes fällt die Figur *unterschiedlich.* Je nach Richtung der Einwirkung dreht sie sich anders seitlich weg oder fällt anders hin. Stellt man sie auf (virtuelles) Eis, rutscht sie aus. Alles mit absolut natürlichen Bewegungen, die unsere Spiegelneuronen feuern lassen: Wir bekommen Mitleid mit ihren vielen Stürzen. Schon ist die Filmindustrie ganz heiß darauf – virtuelle Stuntmen. Die Simulation läuft in Echtzeit auf leistungsfähigen Computern, eine vollständige Simulation eines Körpers mit virtuellen Muskeln. Wenn James Bond mit einem Bungee-Seil von der Staumauer springt, gefährdet kein menschlicher Stuntman mehr sein eigenes Leben. Und keine Puppe an seiner Stelle entlarvt sich durch unnatürliche Bewegungen. Die Simulation dafür hatte Reil in zwei Stunden fertig. Natürlich ist die Simulation eines menschlichen Körpers mit *allen* seinen Bewegungsmöglichkeiten bei Weitem noch nicht erreicht. Doch der nächste Schritt deutet sich schon an: Nicht *eine* Figur bewegt sich in einer virtuellen Welt, sondern mehrere – und die interagieren miteinander. Das erste virtuelle Fußballspiel mit „selbstständig handelnden" Spielern deutet sich schon an.

Reil spricht hier sogar von Emergenz, der Entstehung neuer Verhaltensweisen. Denn bei einer Präsentation fingen zwei auf dem Bildschirm zu nahe beieinanderstehende Figuren plötzlich *von selbst* an, sich zu kabbeln und zu schubsen. Offensichtlich war die Schwarm-Regel in der AI-Software hinterlegt: „Halte genügend Abstand zur nächsten Figur". „Das ist die Magie dieses Prinzips", sagt Reil. Inzwischen ist er im *Silicon Valley* ansässig, und seine Firma gehört einem großen Spielehersteller. *„My Horse"* ist ein virtuelles Pferd für das Handy: Wer sich darum kümmert, es pflegt und füttert, kann sich die Zuneigung des Tieres erarbeiten. Das Pferd wirkt real. Reil sagt: „Die Pferde in unserem Spiel sind so überzeugend simuliert, dass man eine emotionale Bindung zu ihnen aufbaut. Die kann man nicht einfach vernachlässigen." Seine Firma *NaturalMotion* hat fünf Spiele mit dieser Technik herausgebracht, die über 12 Mio. Mal heruntergeladen wurden. Künstliche Evolution plus lernende Algorithmen – das perfekte Zusammenspiel des Feedback-Prinzips. Wie gut, dass andere echte Lebewesen mit Beinen den Lernprozess schon hinter sich haben!

Künstliches Leben – wo wir schon dabei sind

Künstliches Leben – das wollen wir doch nicht auf Computermodelle beschränken, oder?! Wenn schon, denn schon! Wozu haben wir denn unsere Gentechnik? *Schiege* und *Tomoffel* waren ja nur der Anfang, denn biotechnische Methoden in der Tier- und Pflanzenzüchtung sind ja nicht neu. Eine *Tomoffel* ist eine Mischung aus Tomate und Kartoffel. Eine *Schiege* ist eine Kreuzung von Schaf und Ziege. Vergessen wir auch nicht das Klonen, die Erzeugung von genetisch identischen Lebewesen: Das Schaf *Dolly* war im Juli 1996 das erste geklonte Säugetier. Auch *Copy Cat* wurde bekannt, die erste geklonte Hauskatze im Dezember 2001. Inzwischen ist die Liste der geklonten Tiere erheblich länger geworden. Doch damit nicht genug. Der Faden einer Spinne ist bekanntlich extrem dünn und haltbar, stärker als Stahl oder Kevlar. Nehmen wir doch das entsprechende Gen der Spinne und pflanzen es in ein Ziegenembryo ein. Heraus kommt die *spider goat* (Spinnenziege), deren Milch das Seidenprotein der Spinne enthält. Daraus kann man biokompatible Fäden machen, die zum Beispiel als Reparaturmaterial für beschädigte Sehnen verwendet werden. Die Herstellerfirma nannte es *BioSteel.* Andere Genverpflanzungen sorgen dafür, dass Hefezellen keinen Alkohol, sondern Dieselöl produzieren. So kann man Brauereien in Tankstellen umfunktionieren. Dumm nur – mal wieder eine nicht ausreichend bedachte Nebenwirkung –, dass die Hefezellen echte biologische Nahrung brauchen, meist in Form von Zucker. Der wiederum wird aus der Nahrung für Menschen gewonnen, zum Beispiel aus Mais. Das ist also kein echter Fortschritt für die Menschheit.

So entstehen völlig neue Lebensformen. In Bill Gates' Garage werden heute nicht mehr Elektroteile zusammengelötet – dort steht jetzt ein Braukessel. Nachdem die Physik ihren „Sündenfall" schon hinter sich gebracht hat – die Atombombe –, steht er uns in der Biologie noch bevor. Vermutlich der geklonte oder hybride Mensch, eine Mischung aus Robotik und den Genen des Neandertalers? „Synthetische Biologie" nennt man das, „Leben 2.0". Die Biologie weist der Technologie den Weg – wie in der Chemie wird die analytische Phase durch die synthetische abgelöst: Man erforscht nicht mehr, wie Bestehendes entstanden ist, man stellt *neue* Stoffe her. Der

US-amerikanische Biochemiker Craig Venter produzierte im Mai 2010 den ersten künstlichen Organismus. Aus Gen-Ziegeln, den schon erwähnten *BioBricks*, werden künstliche Genome hergestellt. Dumm nur, dass ein Organismus-Designer einen Programmierfehler nicht reparieren kann und fehlerhafte Produkte nicht durch Rückrufaktionen aus der Welt geschafft werden können – sie pflanzen sich in exponentiellem Wachstum fort. Der Bio-GAU? Auch die Informatik könnte einen netten Beitrag leisten: Androiden, die intelligenter sind als Menschen und vielleicht sogar ein Bewusstsein haben. Binnen 30 Jahren werden wir die Möglichkeiten haben, übermenschliche Intelligenz zu erzeugen, meint zumindest Michio Kaku. Wenig später wird nach seiner Ansicht die menschliche Ära enden. Auch Bill Gates sieht in der neuen „Maschinenintelligenz" eine potenzielle Gefahr für die Menschheit – und sei es auch nur durch die Vernichtung von Arbeitsplätzen. Stephen Hawking geht noch weiter: „Die Computer werden irgendwann in den kommenden hundert Jahren mit ihrer künstlichen Intelligenz den Menschen übertreffen. […] Das wird das größte Ereignis in der Geschichte der Menschheit werden – und möglicherweise auch das letzte."[13]

Inzwischen „versteht" ein Computerprogramm von IBM namens *Watson* die Fragen eines amerikanischen Quizprogrammes und schlägt alle menschlichen Gegner, und die Sachverhalte des „gesunden Menschenverstandes" sind in einer maschinenauswertbaren Wissensdatenbank gespeichert.[14] Auch Lee Sedol, der südkoreanische Meister des hochkomplizierten Brettspiels *Go,* war geschockt. Er war mehrmals von einem Computer besiegt worden. Ein Meilenstein in der Entwicklung der künstlichen Intelligenz. Die Maschine hatte zwar nicht ohne Fehler gespielt, aber sie hatte Sedol mit Zügen und Strategien überrascht, die kein Mensch je zuvor gesehen hatte. Da es bei *Go* mehr Zugmöglichkeiten als Atome im Universum gibt, kann sie auch der schnellste Supercomputer nicht vorausberechnen. Der Mensch braucht deshalb eine Mischung aus Logik und Intuition. Erfahrene Spieler spüren, welcher Zug in einer bestimmten Situation der richtige ist. Auf ihrer unterbewussten Ebene (B_I aus Abschn. 6.6) erkennen sie oft Muster wieder, die sie in vorangegangen Partien schon einmal gesehen haben. Sie setzen ihr implizites Erfahrungswissen ein. Aber das Programm lernt nicht nur aus ungezählten bereits von Menschen gespielten Spielen. Der Computer spielt auch gegen *sich selbst.* Er „weiß" ja, wann er gewonnen hat, denn nur die

---

[13]Quelle: Carsten Knop: Künstliche Intelligenz – Das klügste Hirn wird verlieren. FAZ.net 25.05.2015 https://www.faz.net/aktuell/wirtschaft/stephen-hawking-prophezeit-den-super-computer-13607146.html.

[14]Der Name ist *Cyc* (vom engl. *encyclopedia*), *„a knowledge base of everyday common sense knowledge"*.

Spielregeln wurden ihm einprogrammiert. Innerhalb weniger Tage entwickelte das System *AlphaGo Zero* eine Expertise, mit der jahrtausendelange menschliche Strategieentwicklung nicht mithalten kann – *ohne* menschliches Wissen zu *Go* außer den Spielregeln. Es gewann jede Partie und entdeckte nicht nur bekannte Strategien des Spiels, sondern auch neue, unbekannte Spielzüge. Man verzichtete auf den klassischen Lernprozess und nutzte nicht mehr menschliches Erfahrungswissen. Das System lernt aus der *eigenen* Erfahrung, die anders ist als die menschliche. Die bisherigen menschlichen Weltmeister können nur zur Kenntnis nehmen, dass die Strategie besser ist als die von Menschen entwickelte, verstehen aber nicht einmal mehr im Detail, warum dies der Fall ist. Die Menschheit hat *Go*-Wissen aus Millionen von Spielen gesammelt, die über Jahrtausende hinweg gespielt wurden, und in Strategieregeln und Büchern niedergelegt. Innerhalb weniger Tage konnte *AlphaGo Zero* aus dem Stand viel von diesem *Go*-Wissen wiederentdecken und – wie erwähnt – innovative Strategien entwickeln, die neue Einblicke in das älteste aller Spiele bieten.[15]

Vielleicht entsteht auch Positives? Genveränderungen könnten Mücken in fliegende Impfspritzen verwandeln. Wie Küppers schon sagte: Nur Wissen kann Wissen beherrschen.[16]

In der Zeitschrift *Nature* warnen Wissenschaftler im März 2015 inzwischen vor gezielten Veränderungen des menschlichen Erbgutes. Die Technik erlaubt es heute, Gene gezielt zu manipulieren – so wie Sie mit *Word* Sätze oder Wörter eines Textes ändern.[17] Ist *das* der biologische Sündenfall?

Warum sich der Birkenspanner umfärbte

Diese Geschichte können Sie Ihren kleinen Kindern vorlesen:

> „Es war einmal ein Birkenspanner, ein Schmetterling mit Flügeln so breit, wie dein Finger lang ist. Die Birkenspanner sind gelblich hell, fast wie bei einem Zitronenfalter. Aber es gibt auch einige Braun- und Beigetöne. Wie du ja weißt, haben sie eine bewegte Vergangenheit. Die Weibchen legen gelbe Eier an Zweigen ab, die dann dunkler werden. Schließlich schlüpfen fast schwarze Raupen heraus, die sich aber bald danach grün färben. Damit passen sie sich gut der Blattfarbe an, damit sie von den hungrigen Vögeln nicht gefressen werden. Im Juli verpuppen sie sich in einem schwarzen, netzartigen Gespinst an der Erde,

---

[15] David Silver et al.: „*Mastering the game of* Go *without human knowledge*" in *Nature* Vol. 550, S. 354–359 vom 18.10.2017. (https://www.gwern.net/docs/rl/2017-silver.pdf).

[16] Küppers B-O (2008).

[17] Zum Nachschlagen: das „CRISPR/Cas-System".

was sie ebenfalls wieder hungrigen Blicken entzieht. Die Puppen überwintern, oft sogar mehrere Jahre. Ab März schlüpfen die Falter der neuen Generation.

Birkenspanner brauchen nichts zu essen, sie nehmen keine Nahrung auf. Die Männchen fliegen herum und suchen die Weibchen, die tagsüber unbeweglich an Zweigspitzen in Birken sitzen und auf die Männchen warten. Sie wollen sich nur lieb haben, damit das Weibchen neue Eier legen kann. Aber viele von ihnen lebten in einem schmutzigen Industriegebiet, die Birkenblätter waren alle dunkel von Ruß und Staub. Da fielen die hellen Schmetterlinge sofort auf, und viele wurden von Vögeln gefressen. Dadurch wurden sie immer weniger und drohten ganz zu verschwinden. Da beschlossen sie, sich so dunkel zu färben wie die schmutzigen Blätter, damit man sie nicht mehr sehen konnte. Und so leben sie heute noch."[18]

Ein schönes Märchen – und wie so viele Märchen eine gelungene Mischung aus reiner Fantasie und einem wahren Kern. Denn Sie ahnen es ja schon: Eine Art kann nicht „beschließen", sich umzufärben. Hier gelten die Gesetze der Evolution. Hoimar von Ditfurth hat es in seinem Buch „Im Anfang war der Wasserstoff" exakt beschrieben. Die Gesetze der Evolution beruhen auf dem Zufall – beim Birkenspanner darauf, dass immer wieder zufällig ein paar wenige ganz dunkle Exemplare auftreten. Negative Albinos sozusagen. Wenn nun ihre unglücklichen hellen Artgenossen von den Vögeln gefressen werden, wer bleibt dann noch übrig, um neue Räupchen zu zeugen? Klar, die dunklen. Die Gesetze der Evolution bestimmen die „Selektion" durch die hungrigen Vögel. So nimmt die Menge der hellen Birkenspanner ab und die der dunklen zu. „Die Birkenspanner beschlossen, sich dunkel zu färben" – das ist als verkürzte Formulierung vielleicht zulässig. Aber nur, wenn man weiß, wie es wirklich abläuft.

Normalerweise verlaufen genetische Veränderungen ja langsam. Aber es gibt viele Ausnahmen, nicht nur beim Birkenspanner. In nur 75 Jahren ist die Größe von Schildkrötenweibchen in der *Chesapeake Bay* im Bundesstaaten Maryland um 15 % angestiegen. Die kleineren konnten sich nicht so erfolgreich fortpflanzen, da sie in den kleinen Zugängen von Krabbenfallen verendeten. Die Flügellänge von Schwalben in den USA verkürzt sich seit Jahren merklich, da sie dadurch wendiger werden und schneller ausweichen können. Die anderen werden vom Autoverkehr erfasst. In New York vermehren sich „Superratten", die gegen Rattengift immun sind. Die in Australien eingeschleppte Aga-Kröte verbreitet sich dort

[18]Der Fachausdruck für diesen Effekt ist „Industriemelanismus" (Melanismus ist „Schwarzfärbung", vom griechischen *melas* ‚schwarz').

rasant. Einige Schlangenarten fressen die Kröten, obwohl sie giftig sind, besonders die kleinen Kröten, die nicht so viel Gift enthalten. Also steigt die Durchschnittsgröße der Kröten. Auf der anderen Seite sinkt die durchschnittliche Größe der Köpfe der Schlangen, weil die mit den großen Köpfen die großen Kröten (die viel Gift enthalten) fressen und dadurch langsam aussterben. Das sind nur einige Beispiele für die komplexen Feedback-Prozesse, in denen natürlich auch der Mensch eine Rolle spielt, da er Lebensräume besonders schnell und grundlegend verändert. Das bedeutet, dass der Klimawandel auch dramatische evolutionäre Veränderungen in der Tier- und Pflanzenwelt nach sich ziehen wird (dies als Nachtrag zu Abschn. 6.4). Doch auch die Geologen müssen sich neu orientieren: Im Südwesten Islands zieht sich das Meer zurück, denn das Land steigt um bis zu drei Zentimeter pro Jahr. Nach Aussagen von Forschern im Fachmagazin *Geophysical Research Letters* ist die Ursache das Schwinden der Gletscher. Die Insel wird immer leichter und schwimmt auf dem flüssigen Magmagürtel im Erdinneren höher auf.

Können Systeme kippen?

Denken Sie nun aber bitte nicht: „Ach, wenn etwas wegen der positiven Rückkopplung aus dem Ruder läuft, dann drehen wir einfach das Vorzeichen um und alles beruhigt sich wieder!" Nicht nur, dass Ihnen die Totzeit einen Strich durch die Rechnung macht – nein, es gibt auch „Kipp-Punkte". Ein zu weit gespanntes Gummiband reißt, ein zu wenig gegossener Baum verdorrt, eine mit einer bestimmten Geschwindigkeit abgeschossene Rakete verlässt die Erde, und wir können sterben. „Ich habe mich bisher immer wieder erholt!", das gehört zu den berühmten letzten Worten. Nassim Nicholas Taleb erzählt in seinem Buch die Geschichte vom Truthahn. Der Truthahn bekam jeden Tag Futter von seinem Besitzer. Am ersten, zweiten und dritten Tag, am vierten und fünften und so weiter. Er sah den Winter, den Frühling, den Sommer und den Herbst. Jeden Tag gefüttert zu werden, das war offensichtlich ein Naturgesetz. Also zog er am dreihundertsechzigsten Tag seines schönen Lebens den mathematischen Schluss von n auf n + 1 und wartete am dreihunderteinundsechzigsten Tag freudig auf sein Futter. Da kam der Besitzer mit der Axt und schlachtete ihn. Es war der Tag vor *Thanksgiving*.

Ähnlich können chaotische Entwicklungen wie in Abb. 4.1 verlaufen, z. B. mit einer Wachstumsrate von $r = 4$. Ist eine Population vernichtet, taucht sie nie wieder auf. So erging es über 99 % aller Arten der Erde.

Können wir die Welt verstehen?

Die Erfassung komplexer Systeme fällt uns schwer, wie wir schon oft betont haben. Auch mit der Logik tun wir uns schwer. „Qualität hat ihren Preis!“ sagen wir zutreffenderweise, denn ein gutes Produkt lässt sich nicht billig zusammenschustern. Doch im Kopf drehen wir das um (was logisch unzulässig ist) und glauben, ein teures Produkt sei auch automatisch gut. So fallen wir auf billige Uhren aus China herein, die auf „vornehm“ getrimmt wurden, oder geben 300 € für eine Creme aus hawaiianischen Vulkanveilchen *(Viola maunakeensa)* aus, die unsere Falten beseitigen soll. Ebenso wird das Argument „Man kann mit Logik nicht alles erklären!“ gerne umgekehrt (logisch falsch!) in die Behauptung „Eine Erklärung muss nicht logisch sein“. Doch, wie man sagt: „Logik ist sicher nicht alles, aber alles ist ohne Logik nichts.“ „Na und?“ sagt ein Psychiater und weist darauf hin, dass die Insassen von Irrenhäusern am logischsten denken. Das habe eine Untersuchung ergeben, in der die Frage „Ist Rationalität pathologisch?“ auftauchte mit der Antwort „Patienten treffen rationalere Entscheidungen als Gesunde“ (freilich nur in psychologischen Versuchssituationen). Kirsten Volz von der Uni Tübingen hat in einem Vortrag „Intuition, Emotion, Einsicht und Verstand“ darauf hingewiesen.[19] Und sie hat vielleicht recht, wie Phineas Gage bewiesen hat. Rationalität allein ohne Emotion macht uns möglicherweise lebensuntüchtig. Aber die Erklärung einer Erscheinung, die einen logisch falschen Schluss enthält, ist ihrerseits falsch. Das zeigt das bekannte Logik-Rätsel „Linda“, das Volz (aber auch Kahneman und viele andere) beschreibt:

Probieren Sie es selbst aus. Erzählen Sie jemandem die Geschichte von Linda, einer promovierten Soziologiestudentin, die sich während ihres Studiums sehr für Umwelt-Themen interessiert hat. Leider findet sie danach keine passende Anstellung, muss sich also ihren Lebensunterhalt nun anders verdienen. Eine Bank bietet ihr einen Job als Kundenberaterin an, nachdem sie eine interne Ausbildung von drei Monaten durchlaufen hat. Was ist wahrscheinlicher?

1. Linda nimmt das Angebot der Bank an.
2. Linda nimmt das Angebot der Bank an und engagiert sich in ihrer Freizeit in einer Umweltorganisation.

Was meinen Sie und die Leute, denen Sie diese Frage vorlegen? Viele halten den zweiten Ausgang für wahrscheinlicher – wo sie sich doch schon während

[19]Quelle: Kirsten G. Volz: Intuition, Emotion, Einsicht und Verstand. Eberhard Karls Universität Tübingen: turmdersinne.de/magic/show_image.php?id = 110.903.

des Studiums so stark engagiert hat und nun sicher einen Ausgleich für den uninteressanten Bankjob sucht! Nicht so die formale Logik: Sie spricht von „verknüpften Wahrscheinlichkeiten". Haben zwei voneinander unabhängige Ereignisse jeweils bestimmte Eintrittswahrscheinlichkeiten, so ist die Wahrscheinlichkeit, dass *beide zugleich* eintreffen, gleich dem Produkt aus den einzelnen Wahrscheinlichkeiten. Konkret: Ist die Wahrscheinlichkeit, dass Linda den frustrierenden Bankjob annimmt, gleich 60 % und unabhängig davon die Wahrscheinlichkeit, dass sie sich in ihrer Freizeit in einer Umweltorganisation engagiert, sogar gleich 80 %, dann ist die Wahrscheinlichkeit, dass sie *beides* tut, gleich 60 % mal 80 %, also nur 48 %. Aber selbst, wenn die beiden Ereignisse *nicht* unabhängig voneinander wären, wäre die Wahrscheinlichkeit, dass beide zusammen auftreten, immer noch kleiner oder höchstens gleich der eines einzelnen Ereignisses. Die zweite Alternative in Lindas Entwicklung ist also *nie* wahrscheinlicher als die erste, da sie ja durch die Zusatzbedingung eingeschränkt wird. Das ist Logik.[20]

Gibt es eine logische Begründung der Logik? Nein, das sagt schon Herr Gödel (Abschn. 2.3): Man kann eine Theorie nicht aus sich selbst begründen. Die tückische Selbstbezüglichkeit macht uns den Strich durch die Rechnung. Logik ist nur aus dem Erfolg des Handelns begründbar. Wir haben uns (beileibe nicht immer!) logisch verhalten, und das hat uns nicht ausgerottet. Das rettete den Frühmenschen: Wenn ein Bär in einer Höhle verschwindet und nicht wieder auftaucht, muss er noch drin sein. Und deswegen suchte sich unser Vorfahre eine andere Wohnung.

Zwei grundsätzlich verschiedene Weltsichten

Ich habe ja schon erkennen lassen, dass ich einem naturalistischen Weltbild zuneige, ohne mir jedoch völlig sicher zu sein, ob es „wahr" ist. Aus Gründen der Fairness möchte ich auch die gegenteilige Sicht erwähnen, denn Bertrand Russell hat gesagt: „Das Problem unserer Welt besteht darin, dass sich Fanatiker und Dummköpfe ihrer Sache immer so gewiss sind, während weise Menschen voller Zweifel sind." Da schlage ich mich lieber und ohne falsche Bescheidenheit auf die Seite der Weisen. Der katholische Theologe Armin Kreiner hat beide Positionen auf den Punkt gebracht:[21]

---

[20]Diese Aufgabe ist nicht ganz fair gestellt, denn *alltagssprachlich* würde man die Frage möglicherweise so auffassen, dass sich Linda zwischen den Alternativen Bank *und kein* Engagement sowie Bank *und* Engagement entscheidet – der (oft unlogische) „Bedeutungsrucksack" unserer Sprache.

[21]Quelle: Armin Kreiner und Michael Schmidt-Salomon: Streitgespräch – Atheismus und traditionelle Religion. Westfälische Wilhelms-Universität Münster 16.10.2014 https://www.youtube.com/watch?v=GIj3oGwd9gk.

„Der atheistischen bzw. naturalistischen Erklärung zufolge entstanden aus Energie/Materie immer komplexere Strukturen mit immer ausgeklügelteren Fähigkeiten, die zunächst Leben, dann Bewusstsein und schließlich Intelligenz und Geist hervorbrachten, der sich dann Gott ausdachte, um sich einen Reim auf alles machen zu können. Der theistischen Erklärung zufolge steht am Anfang der göttliche Geist, der Energie/Materie erschafft, damit sich Leben, Bewusstsein und Intelligenz entwickeln können, und schließlich Wesen, die den schöpferischen Grund von allem erkennen und zu ihm in Beziehung treten können. Beide Erklärungen setzen etwas voraus, was seinerseits nicht mehr erklärbar ist."

Fassen wir zusammen

Das 11. Kapitel war sozusagen „Sonstiges" – interessante und wichtige Ergänzungen zu dem Thema. Beginnen wir mit dem fünften Unterkapitel: Modelle und Computer-Simulationen zeigen ein Verhalten, das auch bei lebenden Systemen beobachtet wird. Daraus schließt man rückwärts, dass auch lebende Systeme von so einfachen Regeln beeinflusst werden. Dazu gehören die Naturgesetze, die Systemgesetze der Rückkopplung und die Regeln der Evolution. So entwickeln sich bei zellulären Automaten komplexe Strukturen aus einfachen. Und sie bewegen sich sogar von Generation zu Generation. Conway's *Game of Life* oder *daisy world* sind bekannte Beispiele dafür. Das ist das Prinzip der Selbstorganisation, die bei Schwärmen gut zu beobachten ist. Das „Räuber-Beute-Modell" (im Abschn. 4.3 an Füchsen und Hasen dargestellt) lässt sich auch in Computermodellen simulieren.

Doch begonnen hat der Siegeszug der Wechselwirkung schon mit der Entstehung des Universums. Physikalische Gesetze plus kleiner Schwankungen in der Verteilung der Materie führten „von selbst" zu den Zusammenballungen, die wir nun – nach über 13 Mrd. Jahren – in unserem riesigen Universum am Sternenhimmel beobachten können. Eine ebenso grundsätzliche Erscheinung ist die Tatsache, dass Systeme sich gegenseitig bedingen: Leben ist Zusammenleben. Symbiose ist der Motor der Evolution. Zwei Arten ergänzen sich in ihrem gemeinsamen Lebensraum dadurch, dass ihre Vorteile sich gegenseitig verstärken und damit summieren. Zufällige Variationen, die sich begünstigen, bleiben erhalten – ungünstige fördern das Überleben der Art nicht und verschwinden wieder. So entstehen hervorragend aneinander angepasste Spezies, deren „zufälliges" Harmonieren total unwahrscheinlich erscheint. Ist es auch – das Wirken des Zufalls ist eine falsche Hypothese. Die Geschichte von „Shakespeares Affen" und ihre offensichtlichen Denkfehler haben das gezeigt. Die Entwicklung von Systemen unterliegt nur in geringem Maße dem Zufall. Vielmehr entstehen komplexe Strukturen durch Rückkopplung und die Wiederverwendung von bewährten Funktionen. So bewirkte eine (zugegeben) zufällige Genmutation, dass ein Protein auf Licht reagierte. Daraus entwickelte sich eine lichtempfindliche Zelle und – nach langen Feedback-Zyklen und auch kleinen wieder zufälligen Variationen – die Vielzahl der heute zu beobachtenden Augenformen.

Dass komplexe rückgekoppelte Systeme nicht intuitiv zu erfassen und zu regeln sind, zeigten viele Studien an Simulationen. Eine der bekanntesten ist Tanaland, wo scheinbar positive und wohlmeinende Eingriffe in ein Ökosystem dieses nach wenigen Zyklen ruinierten – und das nach anfänglicher, große Hoffnungen weckender Erholung. Ein Beispiel sind die komplexen Modelle, die den Klimawandel simulieren und sehr beunruhigende Prognosen offenbaren. Der ehemals oberste Klimaschützer der Uno, der Niederländer Yvo de Boer, sagte Ende 2013 in einem Interview mit *Bloomberg Business:* „Der einzige Weg, wie ein Abkommen im Jahr 2015 zum Zwei-Grad-Ziel führen könnte, wäre, die gesamte Weltwirtschaft stillzulegen." Und viele Klimaforscher halten das Zwei-Grad-Ziel auch noch für zu hoch angesetzt, um schwerwiegende Folgen der globalen Erwärmung auf Mensch und Umwelt (z. B. den fast vollständigen Verlust aller Korallenriffe) zu verhindern. Das Klima könnte kippen. Die Erderwärmung würde ungebremst weitergehen – und sich sogar noch von selbst verstärken.[22]

Zum Schluss der zum Teil schwierigen Themen zur Entspannung ein selbstbezüglicher Witz (ja, das muss jetzt sein: Textkasten 11–1).

Textkasten 11–1: Ein selbstbezüglicher Witz

Kanada, im Herbst. Zwei Trapper, Vater und Sohn, bereiten sich auf den Winter vor: Sie hacken Holz. Am Abend des zweiten Tages sagt der Sohn: „Bo, ey! Ich kann nicht mehr! Wie viel Holz müssen wir denn noch schlagen?" „Weiß ich auch nicht", sagt der Vater, „aber gehe morgen zum Häuptling rüber und frage ihn! Ich mache solange weiter." Am nächsten Tag, nach stundenlanger Wanderung, kommt der Sohn beim Häuptling an und fragt ihn nach den langfristigen Aussichten. Der Häuptling steigt auf einen kleinen Hügel, hält die Hand über die Augen, blickt in die Ferne und sagt: „Langer schwerer Winter!" „Oh je!" sagt der Sohn, „bist du dir wirklich sicher?" Der Häuptling sieht noch mal in die Ferne und sagt wieder: „Langer schwerer Winter!" „Aber wie kommst du darauf?" will der Sohn wissen. „Weißer Mann hacken viel Holz", sagt der Häuptling.

[22]Dagny Lüdemann, Nick Reimer: „Was, wenn die Welt am 1,5-Grad-Ziel scheitert?" in DIE ZEIT vom 08.08.2018 (https://www.zeit.de/wissen/umwelt/2018-08/klimawandel-erderwaermung-duerre-risiko-klima-forschung-kippelemente).

11.6 Fassen wir *alles* zusammen

Kommen wir nun am Schluss – für die absoluten Schnellleser – zu einer Zusammenfassung des gesamten Themas. Im ersten Kapitel haben Sie in kleinen Geschichten einige Grundzüge des Feedbacks erkannt: Ursache und Wirkung, Verkettung von Systemen, Rückkopplung der Wirkung auf die Ursache. Dann lernten Sie ein weiteres Prinzip kennen: Selbstbezüglichkeit. Sie äußerte sich in Paradoxien und zyklischen Sprüchen. Ihre gesamte Problematik kann man ja in einem Satz mit drei Wörtern zusammenfassen: „Ich lüge immer." (Die Paradoxie der Kreter ist ja nur ein daraus konstruiertes kleines Geschichtchen). Im dritten Kapitel gingen wir die Sache systematisch an, im wahrsten Sinn des Wortes: Systeme und Haufen, Entstehung von neuer Qualität durch Änderung von Quantität, Wachstum von Systemen. Die methodische Untersuchung haben wir im nächsten Kapitel fortgesetzt und das Verhalten von Regelkreisen gesehen, deren Ausgang (Wirkung) auf den Eingang (Ursache) zurückgeführt wird. Es gibt drei Arten der Rückkopplung, die auf das dynamische (zeitliche) Verhalten des Systems einen starken Einfluss haben, ebenso wie die Trägheit des Systems („Totzeit"). Das kann zu unvorhersagbarem „chaotischem" Verhalten führen. Im 5. bis 9. Kapitel haben wir viele Erscheinungen von Rückkopplung behandelt: in der Technik, in der Natur, im Sozialleben und in der Psychologie, in Politik und Geschichte, in der Wirtschaft und – natürlich – der Evolution. Im 10. Kapitel fanden wir Rückkopplungserscheinungen im Größten und im Kleinsten, also im Weltall und im atomaren Bereich. Wir schlossen mit der Behauptung, Rückkopplung habe alles erschaffen und fanden auch dafür interessante Beispiele.

Unterm Strich ist das Thema: Kybernetik

Unterm Strich handelt dieses Buch von der Kybernetik. Über die Definition dieses Begriffs sagt von Weizsäcker: „Man wird doch wohl erst dann klar sagen können, was Kybernetik ist, wenn man verstanden hat, was Kybernetik ist." (Wahlweise eine hübsche Paradoxie oder eine Trivialität.) Ich habe es hier einfacher: Alles in diesem Buch gehört mehr oder weniger dazu. Wir sind über dem Kontinent der Kybernetik einen großen Bogen geflogen. Die Esoteriker sagen ja gerne: „Alles hängt mit allem zusammen." Das ist übertrieben. Aber vieles hängt mit viel mehr zusammen, als wir gemeinhin sehen. So hängt unser Thema *Feedback* eben auch mit Selbstbezüglichkeit zusammen, mit den daraus entstehenden Paradoxien und „Zyklischen Sprüchen". Das Wesen der Kausalität, des Zusammenhanges zwischen Ursache und Wirkung, gehört ebenso dazu wie Emergenz, die spontane Herausbildung von neuen Eigenschaften eines Systems. Denn „Mehr ist anders“, um noch einmal diesen knackigen Satz zu zitieren. Nichtlinearität und exponentielles (wie manche denken: ewiges) Wachstum bei begrenzten Ressourcen machen uns zu schaffen. Die Struktur (als erstes die Hierarchie) und Vernetzung von Systemen gehören zum Thema ebenso wie chaotisches Verhalten von Systemen, die eigentlich ganz einfach und genau bestimmt sind („deterministisch“). Der Zufall natürlich und sein Gegenspieler, die Kausalität. Und schließlich Rückkopplung mit ihren beiden Vorzeichen: positiv (verstärkend) und negativ (dämpfend). Und sie wird besonders in gekoppelten, also vernetzten komplexen Systemen unüberschaubar. Sie zu *ent*koppeln, also die Zahl der Abhängigkeiten zu verringern, ist eine der Möglichkeiten, die chaotische Unberechenbarkeit solcher Systeme etwas besser in den Griff zu bekommen.

Die magischen zwei Worte dieses Buches sind „sich selbst“. Ein Satz bezieht sich auf sich selbst oder er widerspricht sich selbst. Ein System führt seine Ausgangsgröße auf sich selbst zurück, auf seinen Eingang. Selbstbezüglichkeit ist die Wurzel von allem, könnte man sagen. Und nicht nur Selbstbezüglichkeit, sondern auch Selbstorganisation und Selbsterzeugung – der Zungenbrecher „Autopoiese“. Systeme, höher geordnete Strukturen, entwickeln sich „von selbst“ durch Energiezufuhr und die Gesetze der Natur. Vom Universum über das Sonnensystem bis zur ersten Zelle und schließlich uns Menschen. Der etwas trockene und theoretische Begriff des „Systems“ steht für alles, was wir betrachtet haben: ein technischer Apparat, ein Lebewesen, ein physikalisches Gebilde, ein Organ, eine Beziehung, Kultur, wirtschaftliche oder politische Einheit und so weiter. Und wir haben es auch mit der Magie der Zeit zu tun: dass sich in doppelter Zeit nicht unbedingt das Doppelte ereignet, sondern das x-fache („exponentielles Wachstum“). Oder *gar* nichts („Totzeit“). Das heißt, die Systeme, mit denen wir es zu tun haben, sind dynamisch und rückgekoppelt.

Von Selbstbezüglichkeit über Kausalität zu Regelkreisen

Die „zyklischen Sprüche“ fassen ja auch die ganze Unsinnigkeit der „entweder/oder“-Behauptungen zusammen, die man oft in Diskussionen erlebt. Was habe ich neulich gehört: „Eine gute Beziehung lebt vom Streit.“ „Nein, genau umgekehrt!“ Was immer diese Erwiderung bedeuten mag … Wie erkennen Sie Rückkopplungsschleifen, die wir so häufig übersehen? Werden Sie zum Beispiel misstrauisch bei Entgegnung „genau umgekehrt!“ Das Sein bestimmt das Bewusstsein? Genau umgekehrt: Das Bewusstsein bestimmt das Sein (Abschn. 2.1). Lernen funktioniert entweder deduktiv oder induktiv, entweder *top-down* oder *bottom-up* (Abschn. 7.8). Beides und viele andere Beispiele sind oft sichere Zeichen für Feedback, wie wir ausführlich dargestellt haben. Es sind Schleifen. Und hier kommt der zyklische Spruch, der einen Aspekt der Evolution auf den kürzesten Nenner bringt: Das Leben verändert die Umwelt verändert das Leben.[23]

Der Regelkreis ist eine Art sich selbst erzeugende Ursache – nämlich aus seiner Wirkung. Das klingt nach Münchhausen, nach einer Paradoxie. Aber es ist die Grundidee des Ganzen. Feedback, das Prinzip der Rückkopplung und der Regelkreise, ist der Evolution untergeordnet. Sie ist das mächtigste Konzept überhaupt. Diese beiden universellen Prinzipien entfalten ihre Kraft nicht unabhängig voneinander. Eine scharfe begriffliche Trennung wäre sowieso unzweckmäßig, zu sehr spielen viele Erscheinungen, denen wir hier begegnet sind, mit in das gesamte Geschehen hinein: Nichtlinearität, vernetzte Systeme, periodische Verläufe, oft sogar chaotisches Verhalten.

Kommen wir nun zu Ihnen, meine lieben Leserinnen und Leser. Sie sind ein komplexes System aus vielen perfekt negativ rückgekoppelten, also stabilen Regelkreisen. Das ist so offensichtlich, dass wir uns hier ausladende Geschichten gespart haben. Sie würden Bände füllen. Körpertemperatur, Blutdruck, Sauerstoffgehalt des Blutes, Atemfrequenz, Herzschlag, Gleichgewicht, Insulinspiegel … die Liste der präzise ausbalancierten Größen ist schier endlos. Nur auf Ihr wunderbares Gehirn sind wir etwas näher eingegangen. Von dem sagen ja einige, es sei das komplexeste Ding im Universum.[24] Unsinn! Es ist ein integraler Bestandteil von Ihnen, also sind *Sie* das komplexeste Ding im Universum. Aber Sie sind nicht allein, also ist Ihr sozialer Verband … Und so weiter – das Prinzip der Hierarchie/Holarchie. Selbst wenn Sie krank sind, funktioniert die stabilisierende Wirkung der Regelkreise: Sie werden (manchmal mit ein wenig Hilfe durch unterstützende Maßnahmen) wieder gesund. Denn auch Ihr Immunsystem besteht aus Regelkreisen. Aber keine Regel ohne Ausnahme (und leider hat *diese* Regel hier einmal wirklich *keine*): Irgendwann funktioniert dieses wunderbare System nicht mehr. Dann sind Sie tot. Nur ein letzter übergeordneter Regelmechanismus sorgt dafür, dass Ihre Gene wenigstens teil-

[23]Ein Kategorienfehler, ich weiß, denn die Umwelt ist Teil des Lebens.

[24]Michio Kaku schreibt, man bräuchte einen Supercomputer (wie IBMs *Blue Gene*) von der Größe eines Häuserblocks und der Leistung eines 1000-Megawatt-Kraftwerkes, um es annähernd nachzubauen. *Unser* Gehirn passt in einen Schädel und braucht nur ca. 20 W.

weise erhalten bleiben (wenn Sie rechtzeitig daran gedacht haben, Kinder in die Welt zu setzen).

Die Welt ist in Hierarchien des Enthaltenseins geschichtet, in Klassenstrukturen und Kategorieebenen, zwischen denen Rückkopplungsbeziehungen bestehen. Will heißen (vereinfacht): Der Kosmos besteht aus (oder enthält) Galaxien, die Sonnensysteme enthalten, die Planeten enthalten, die Moleküle enthalten, die Atome enthalten, die Quarks enthalten. Die Moleküle bestimmen die Art des Planeten (wohlgemerkt: Das Ganze ist *mehr* als die Summe seiner Teile) und umgekehrt: Die Art des Planeten bestimmt die Moleküle, die auf ihm vorkommen können (die schon erwähnte „Abwärtskausalität"). Aus der vielfältigen Rückkopplung oder Wechselwirkung zwischen den Ebenen, die hier nur im Bereich des Anorganischen illustriert sind, entsteht ein komplexes, vernetztes dynamisches Gesamtsystem. Schiebt man „zwischen" Planeten und Moleküle noch alle Ebenen der sozialen und biologischen Systeme ein, so ändert sich nichts am Prinzip: hierarchische Ordnung und Rückkopplung zwischen den Ebenen, also einander entgegenlaufende Beziehungen von Ursache und Wirkung.[25] Sie erinnern sich: In Regelkreisen wie in Abb. 4.1 erzeugt die Ursache x die Wirkung z, und diese wirkt als x–z auf die Ursache zurück.

Evolution – physikalisch, biologisch, kulturell

Jede Evolutionstheorie – zum Beispiel die Entwicklung des Menschen –, die nicht die hochgradige Vernetzung von Art und Umwelt berücksichtigt, kann nur unvollständig oder widersprüchlich sein. Genetik, Paläontologie mit ihren Fossilfunden, Anthropologie, Klimatologie und Ökologie, … – alles hängt miteinander zusammen und wirkt aufeinander ein, in unzähligen schwer durchschaubaren Regelkreisen. Nicht die Anordnung und Menge der Gene auf unserer DNS bestimmt die Entwicklung des Organismus, sondern ihre Wechselwirkung mit dem gesamten Organismus. Speziell zu unserer menschlichen Spezies passt ein letzter und kurzer zyklischer Spruch: GEHIRN MACHT SPRACHE MACHT GEHIRN.

Zum Thema „Rückkopplung" gehört zwangsläufig auch die Betrachtung exponentiellen Wachstums und des Verhaltens vernetzter Systeme – von eindimensionalen linearen Beziehungen zwischen Ursache und Wirkung müssen wir uns bekanntlich verabschieden. Die hochgradige Vernetzung

[25] Philosophen können hier den Scheingegensatz „Idealismus *oder* Materialismus" elegant als Feedback-Schleife entlarven, ebenso wie „Empirismus *oder* Rationalismus".

und Komplexität von Systemen verringert ihre Sicherheit – je komplexer das Netz, desto höher die Gefährdung. „Entnetzung", also die Verringerung der Schnittstellen und der Berührungspunkte zur Umwelt, der Einflussmöglichkeiten und Rückkopplungseffekte schafft Abhilfe. Entkopplung und Isolierung von vorher zusammenhängenden Systemen erhöht die Sicherheit. *Small is beautiful* (klein ist schön) kann auch anders interpretiert werden: Klein ist überschaubar, kontrollierbar und sicher.

Das Wunder der Selbstorganisation entsteht auch durch Rückkopplungseffekte. Es ist überall anzutreffen. Günter Dedié schreibt in seinem Buch: „Die Hierarchie der selbstorganisierten Systeme beginnt in der Materie, setzt sich fort bei den Lebewesen und reicht hinauf bis in die geistige Ebene des Gehirns und zur Funktion der menschlichen Gesellschaft." Und weiter: „Die meisten Systeme in der Welt entstehen aus ihren Elementen durch Prozesse der spontanen Selbstorganisation und besitzen kollektive Strukturen, Eigenschaften und Fähigkeiten, die aus den Eigenschaften ihrer Elemente nicht exakt erklärbar sind. Die Welt besteht aus einer durchgängigen Hierarchie derartiger Systeme."

Schon Konrad Lorenz sagte (wie erwähnt), dass „Leben ein erkenntnisgewinnender Prozess" ist, der „Gesetzlichkeit aus der Welt extrahiert". Ein Auge bildet die optischen Gesetze, ein Flügel oder eine Flosse die der Strömungslehre ab. Rupert Riedl schrieb, dass „allein schon die Existenz der Evolution das Vorhandensein von Ordnung in der Welt beweist". Schon die einfachste Urzelle zeige durch ihr Überleben, dass es in der Umwelt Bedingungen gab, die mit konstanter Regelmäßigkeit wiederkehrten. Und die von relativ einfacher Kausalität sind – in einer dreidimensionalen Welt, in der gleiche Wirkungen gleiche oder zumindest ähnliche Ursachen haben und Wahrscheinlichkeiten als Gewissheiten erscheinen. Diese einfachen – wenn auch manchmal falschen – Hypothesen haben das Leben (und uns selbst) weit gebracht. Bisher konnten wir ignorieren, dass die Welt nicht linear-kausal ist, sondern aus einem komplexen Netzwerk von rückgekoppelten Wirkungen und Rückwirkungen besteht. Deswegen sang Bertolt Brecht im „Lied von der Unzulänglichkeit des menschlichen Strebens" in der Dreigroschenoper: „Denn für dieses Leben ist der Mensch nicht schlau genug." Das Gehirn, so Riedl, ist schließlich kein Organ zum Erkennen der Welt, sondern nur zum Überleben.[26] Er schreibt im Vorwort

[26]Das u. v. a. m. kann man im Spiegel-Interview mit Hoimar von Ditfurth „An der Grenze zwischen Geist und Biologie" vom 1.10.1979 nachlesen.

seiner „Strategie der Genesis“: „Die Wissenschaften erkannten nicht die Rückwirkungen der Wirkungen auf ihre Ursachen, nicht die Kreisläufe der Systembedingungen zwischen den Schichten komplexer Organisation; und wir enden schließlich zwischen halben Evolutionstheorien, halben Wahrheiten, in den Widersprüchen von Idealismus und Materialismus, Natur und Kultur oder Leib und Seele, die, alle zusammen, für das Dilemma unserer Zivilisation die Verantwortung tragen. [...] Die Strategie dieser Genesis beruht dabei stets auf der Wechselwirkung zwischen den Schichten sich türmend komplexer Organisation.“ Und er gibt uns drei weitere Sätze mit auf den Weg: „Es besteht keine Hoffnung durch Mehrheitsbeschlüsse die Wahrheit zu finden.“ – „Alle Systeme, die sich durch Wachstum erhalten können, müssen allein an diesem Wachstum zugrunde gehen.“ – „Unser Überleben wird davon abhängen, ein bisschen schneller weise zu werden als mächtig.“ Da müssen wir gespannt sein, ob die Weisheit ihren gewaltigen Rückstand aufholen kann.

Gibt es Möglichkeiten, diese „Teufelskreise“ zu durchbrechen? Klar gibt es die: Tun Sie etwas Unerwartetes, drehen Sie das Vorzeichen der Rückkopplung um. Machen Sie Ihrem widerlichen Nachbarn ein Geschenk. Setzen Sie auf Deeskalationsstrategien. Bei Streitigkeiten mal zuhören, auf den Bedeutungseisberg achten und Bewusstsein Stufe II einschalten. Ach, wenn es doch nur so einfach wäre! Aber versuchen könnte man es ja mal ...

Wir glauben, vieles durch „gesunden Menschenverstand“ regeln zu können. Doch dieser Verstand ist vor Hunderttausenden von Jahren in einer einfach strukturierten Umgebung entstanden und wird mit komplexen vernetzten Systemen nicht fertig. Denn die Welt ist mit über 7 Mrd. Menschen im Vergleich zu unter einer Million damals nicht nur voller, sie ist *anders.* Außerdem ist Ihr gesunder Menschenverstand nicht mit dem eines Arabers, Chinesen oder Kongolesen identisch. Wenn ich sage, dass wir diese komplexen Systeme (Klima, Gesellschaft, Gehirn – um nur drei zu nennen) vermutlich nie durchschauen werden, dann ist das keine Aufforderung zur Resignation. Eher eine Warnung vor vorschnellen, auf linearem Ursache-Wirkungs-Denken beruhenden Schlüssen. Denn „überall ist Tanaland“!

zl;ng

Der Blogger Sascha Lobo schließt seine Kolumne in *Spiegel-online* mit einem Kürzel aus der Internet-Welt „tl;dr“ (*too long; didn't read* ‚[Der Text war] zu lang; [ich habe ihn] nicht gelesen‘) als Zusammenfassung ab. Mein „zu lang; nicht gelesen“ (für die Leser, die gerne am Ende eines Krimis nachschauen, wer der Mörder war) wären folgende zwei Sätze:

Im Rahmen der Evolution ist bei Menschen ein Gehirn entstanden, das ihn befähigt, so komplexe rückgekoppelte Systeme zu erschaffen, dass er sie nicht mehr durchschauen kann. Um als Art zu überleben, muss er es trotzdem versuchen.

Wir können für Schnellleser auch versuchen, wichtige Sätze als Slogans zu formulieren, die Sie als Aufkleber auf der Stoßstange (sogenannte *Bumper Sticker*) anbringen können (Textkasten 11–1).

Damals, 1922, als man einen Hit noch „Schlager" nannte, sangen die Leute: „Wir versaufen unser Oma ihr klein Häuschen!" Das war vergleichsweise menschlich. Heute sind wir mehr zukunftsorientiert: Wir verprassen die Lebensgrundlagen unserer Enkel. Unser heutiges („westliches") Lebensgefühl ist der Adrenalinkick eines Bungee-Springers, der vergessen hat, das Seil festzubinden. Wir wenden auf komplexe Systeme die Erfahrungen an, die wir mit einfachen Systemen gesammelt haben – und wundern uns, wenn das schiefgeht (denn „mehr ist anders"). Die *Global Challenges Foundation* hat gerade 12 Risiken benannt, die das Ende der menschlichen Zivilisation bedeuten könnten, vom extremen Klimawandel bis zu katastrophaler Weltpolitik (*Bad Global Governance*). Es gibt Leute, die hier einen besonders pikanten Rückkopplungseffekt vermuten: Der Mensch ist die einzige Art, die aktiv zu ihrer eigenen Vernichtung beiträgt. Ein letzter positiver Rückkopplungseffekt (mit negativen Auswirkungen) ergibt sich, wenn die Menschen in ihrer Mehrzahl erkannt haben, dass es zu spät ist. Dass Eingriffe in das Klima die Katastrophe nicht mehr aufhalten. Dann gibt es den bekannten „Tanz auf dem Vulkan". Denn nun kommt es auch nicht mehr darauf an. Jetzt verfeuern wir auch noch die letzten fossilen Brennstoffe. So müssen sich die letzten Bewohner der Osterinsel auch gefühlt haben.

Wir stehen – erstmalig in der menschlichen Geschichte – an einem globalen Wendepunkt, einem Kipp-Punkt, der über die Zukunft unserer Art entscheidet. Ewiges Wachstum ist unmöglich, ebenso wie die Beherrschung immer komplexerer Systeme. Ersteres ist eine unbegrenzte positive Rückkopplung, die in der Explosion oder dem Kollaps endet. Das zweite führt zu chaotischem Verhalten, das nicht mehr kontrollierbar ist, und zu Dominoeffekten. Diese theoretischen Erkenntnisse zeigen heute ihre praktischen Konsequenzen: instabile Prozesse. Die Sensibilität dafür zu erhöhen war Ziel dieses Buches.

Heinrich von Kleist schließt sein „Marionettentheater" mit den Worten: „… und hier sei der Punkt, wo die beiden Enden der ringförmigen Welt ineinandergriffen" und „…so findet sich auch, wenn die Erkenntnis gleichsam durch ein Unendliches gegangen ist, die Grazie wieder ein." Die poetische Version des Rückkopplungsprinzips. Die Wirkung greift auf die Ursache zurück. Die letzten Sätze sind: „Mithin, sagte ich ein wenig zerstreut, müssten wir wieder von dem Baum der Erkenntnis essen, um in den Stand der Unschuld zurückzufallen? Allerdings, antwortete er; das ist das letzte Kapitel von der Geschichte der Welt."

In zwei Sätzen zusammengefasst: Wenn Sie von nun ab bei jeder Handlung nicht nur an ihre beabsichtigte Wirkung denken, sondern auch auf Nebenwirkungen und vor allem Rückwirkungen achten, dann haben Sie die Ziellinie dieses Buches erreicht. Und auch, wenn Sie in Zukunft die Rückkopplungskreise (vor allem die verhängnisvollen Teufelskreise) besser erkennen können – auch und besonders im privaten Bereich (z. B. wenn es Ihnen gelingt, vor dem nächsten Beziehungskonflikt mithilfe ihres Bewusstseins Stufe II das Vorzeichen der Rückkopplung umzudrehen).

Hoimar von Ditfurth sagte in seinen „Innenansichten" sinngemäß: Die meisten Menschen sind blind für das Wunder, in dem sie sich zwischen Geburt und Tod wiederfinden und von dem sie selbst ein Teil sind. Die rätselhafte Ordnung der Welt, der Natur oder des Kosmos erschließt sich uns durch die Naturwissenschaft. Wie schön wäre es, diese „die Seele des Menschen verarmende Barriere aus Gleichgültigkeit und Unwissenheit zu überwinden." Rupert Riedl schrieb schon 1987: „Wir haben nicht vor Augen, dass es auf dieser Welt keine Wirkung gibt, die nicht auf irgendeinem Wege auf ihre eigene Ursache zurückwirkte. Eine weitere Folge unserer einseitigen Vorstellung von den Ursachen ist, dass sie uns nicht in Netzen erscheint, sondern in Kettenform. Und das verleitet zu dem Irrtum, man könne die Wirkung einer Ursache, die man gesetzt hat, lenken oder kanalisieren." Jeremy Rifkin spricht in seinem Buch „Die empathische Zivilisation" oft von Rückkopplungseffekten, insbesondere im Klimabereich. Er warnt, dass Rückkopplungsschleifen schließlich ein Umkippen der Biosphäre auslösen könnten: „Der unumkehrbare Wendepunkt stellt sich vielleicht noch in diesem Jahrhundert ein, denn die Freisetzung (von Treibhausgasen) könnte eine Rückkopplungsspirale zur Folge haben, die nicht mehr in den Griff zu bekommen wäre. [...] Neben den klimatischen Rückkopplungsschleifen, die bisher im Gespräch sind, gibt es auch die ökonomischen, politischen und sozialen Rückkopplungsvariablen, von denen in den Hochrechnungen der Klimamodelle eher selten die Rede ist. [...] Die menschliche Verzweiflung wird ein in unserer ganzen Geschichte nie erlebtes Niveau erreichen." Und der Evolutionsbiologe Reichholf hat uns einen mahnenden Satz hinterlassen: „Dieser evolutionäre Erfolg unserer Art mutierte allerdings in unserer Gegenwart zum größten Problem der Menschheit." Das ist die denkbar knappste Zusammenfassung des Prinzips und der Folgen vom ...

Feedback

Textkasten 11–2: Aussagen und Thesen zum Thema „Feedback"

- Die Prinzipien der Kybernetik und der Systemtheorie gelten in allen Lebensbereichen im gesamten Universum.
- Selbstbezüglichkeit ist der Kern der Rückkopplung, schafft aber auch paradoxe Probleme.
- Zyklische Sprüche sind Ausdruck von Rückkopplung.
- Mehr ist anders (*size matters*). Das führt zu „Emergenz".
- Die Welt ist in Hierarchien geschichtet, zwischen deren Ebenen Wechselwirkungen bestehen.
- Hierarchien wachsen durch Differenzierung zu komplexen Systemen.
- Systeme beinhalten Struktur und Zusammenspiel ihrer Komponenten.
- Ein System hat andere Eigenschaften als die Summe seiner Komponenten.
- In allen komplexen Systemen finden wir Rückkopplung, also Rückwirkung auf die Ursachen.
- Autopoiese (Emergenz) ist die Entstehung neuer Systeme aus vorhandenen Komponenten – „von selbst" aus Materie, Energie und Bildungsgesetzen.
- Ewiges Wachstum bei begrenzten Ressourcen ist unmöglich.
- Sprunghafte Veränderungen sind „unter dem Mikroskop" stetig.
- Lineare monokausale Systeme sind selten, es überwiegen komplexe, vernetzte, dynamische, rückgekoppelte Systeme.
- Im Regelkreis beeinflusst die Wirkung die Ursache.
- Bei Regelkreisen ist die Frage „Wer war zuerst da?" sinnlos (das „Henne/Ei-Problem").
- Negative Rückkopplung wirkt dämpfend, positive Rückkopplung wirkt aufschaukelnd und führt zu „Teufelskreisen".
- In rückgekoppelten Systemen entsteht dynamisches Verhalten bei Energie- und Materialzufuhr nach physikalischen Gesetzen „von selbst".
- Schwingungen und Zeitzyklen sind Kennzeichen dynamisch stabiler Regelkreise.
- Aus einem einfachen System mit Rückkopplung kann sowohl Ordnung als auch Chaos entstehen.
- Selbstorganisation („Autopoiese") funktioniert über Feedback-Mechanismen.
- Einfache Regeln erzeugen bei Rückkopplung komplexe und nicht mehr vorhersagbare Systeme.
- Evolution ist das mächtigste Konzept der Welt.
- Evolution hat eine Richtung, aber kein Ziel.
- Evolution benutzt das Prinzip der Rückkopplung.
- Evolution wird nicht nur vom Zufall, sondern mehr von Regeln beherrscht.
- Evolution gibt es auf physikalischem, chemischem, biologischem und kulturellem Gebiet.
- Die Umwelt verändert das Individuum verändert die Umwelt.
- Gleichartige Erscheinungen (Stabilität/Aufschaukeln, zyklische Verläufe, Totzeiten, Nebenwirkungen) deuten auf Rückkopplungsphänomene in fast allen Lebensbereichen hin.
- Zelluläre Automaten zeigen Merkmale von „Leben".
- In komplexen vernetzten Systemen sind einfache Lösungen vermutlich meist falsch.
- Unser Verständnis komplexer Systeme ist beschränkt, daher ist ein Eingriff in sie gefährlich.

Literatur[1]

Barthlott W, Cerman Z, Nieder J (2005) Erfindungen der Natur: Bionik – Was wir von Pflanzen und Tieren lernen können. rororo Rowohlt, Reinbek

Bauer T, Gigerenzer G, Krämer W (2014) Warum dick nicht doof macht und Genmais nicht tötet: Über Risiken und Nebenwirkungen der Unstatistik. Campus, Frankfurt a. M.

Beck DE, Cowan CC (2007) Spiral Dynamics: Leadership Werte und Wandel. Kamphausen Verlag, Bielefeld

Beetz J (2010) Denken – Nach-Denken – Handeln. Triviale Einsichten, die niemand befolgt. Alibri, Aschaffenburg

Beetz J (2012) 1 + 1 = 10. Mathematik für Höhlenmenschen. Springer, Heidelberg

Beetz J (2014) E $=mc^2$. Physik für Höhlenmenschen. Springer, Heidelberg

Berger M (2001) Grundkurs der Regelungstechnik Taschenbuch. Books on Demand, Norderstedt bei Hamburg

Berne E (1970) Spiele der Erwachsenen. Psychologie der menschlichen Beziehungen. Rowohlt Tb., Reinbek

Bickerton D (2009) Adam's Tongue: How Humans Made Language, How Language Made Humans. Hill and Wang, New York City

[1] „*Oldies but goodies*" könnte man bei manchen Quellen sagen. Doch wie schon im Vorwort ausgeführt, haben wir unsere Lektion immer noch nicht gelernt – obwohl viele schon seit so vielen Jahren darauf hingewiesen haben. Es bietet sich auch ein – rückbezüglicher (also zum Thema passender) – Seitenhieb auf die Buchbranche an: Es gibt „ewige" (na ja, nicht ganz) Wahrheiten, die nicht schon nach drei Verkaufsmonaten verfallen. Aber das bestimmen ja die Leser, die immer etwas Neues wollen, weswegen die Verlage ständig alte Weine in neue Schläuche füllen. Und der Verlag wirft ständig „neue" Bücher auf den Markt, von denen die Leser glauben, sie dürften keins versäumen. Der Verlag bestimmt, was die Leser lesen und die Leser bestimmen, was der Verlag druckt. Waren diese „seltsamen Schleifen" nicht unser Thema?!

J. Beetz, *Feedback*, https://doi.org/10.1007/978-3-662-62890-4

Blackmore S (2000) Die Macht der Meme oder Die Evolution von Kultur und Geist. Spektrum, Heidelberg

Blackmore S (2012) Gespräche über Bewusstsein. Suhrkamp Tb, Berlin

Bosbach G, Korff JJ (2012) Lügen mit Zahlen: Wie wir mit Statistiken manipuliert werden. Heyne, München

Bostrom N (2014) Superintelligenz: Szenarien einer kommenden Revolution. Suhrkamp, Berlin

Boyle TC (2006) América. dtv, München

Chopra D, Mlodinow L (2012) Schöpfung oder Zufall? Wie Spiritualität und Physik die Welt erklären – Ein Streitgespräch. Arkana, München

Clark C (2013) Die Schlafwandler: Wie Europa in den Ersten Weltkrieg zog. Deutsche Verlags-Anstalt, München

Damásio A (2004) Descartes' Irrtum: Fühlen, Denken und das menschliche Gehirn. List Tb., Leipzig

Dawkins R (2014) Das egoistische Gen. Spektrum, Heidelberg

Dedié G (2014) Die Kraft der Naturgesetze: Emergenz und kollektive Fähigkeiten von den Elementarteilchen bis zur menschlichen Gesellschaft. tredition, Hamburg

Diamond J (2005) Kollaps. Warum Gesellschaften überleben oder untergehen. Fischer, Frankfurt/M

Diamond J (2006) Der dritte Schimpanse: Evolution und Zukunft des Menschen. Fischer, Frankfurt/M

von Ditfurth H (1990) Innenansichten eines Artgenossen – Meine Bilanz. Claassen, Berlin

Dobelli R (2012) Die Kunst des klugen Handelns: 52 Irrwege, die Sie besser anderen überlassen. Hanser, München

Dörner D (1989/2003) Die Logik des Mißlingens. Strategisches Denken in komplexen Situationen. Rowohlt, Reinbek

Eagleman D (2012) Inkognito: Die geheimen Eigenleben unseres Gehirns. Campus, Frankfurt/M

Eigen M (1987) Stufen zum Leben. Die frühe Evolution im Visier der Molekularbiologie. Piper, München

Falkenburg B (2012) Mythos Determinismus: Wieviel erklärt uns die Hirnforschung? Springer, Heidelberg

Föllinger O (2013) Regelungstechnik: Einführung in die Methoden und ihre Anwendung. VDE, Berlin und Offenbach

Friedrich M, Weik M (2014) Der größte Raubzug der Geschichte: Warum die Fleißigen immer ärmer und die Reichen immer reicher werden. Bastei Lübbe Tb., Köln

Genz H (2006) War es ein Gott? Zufall, Notwendigkeit und Kreativität in der Entwicklung des Universums. Hanser, München

Gigerenzer G (2008) Bauchentscheidungen: Die Intelligenz des Unbewussten und die Macht der Intuition. Goldmann, München

Gigerenzer G (2013) Risiko: Wie man die richtigen Entscheidungen trifft. C. Bertelsmann, München

Gleick J (1988) Chaos: die Ordnung des Universums. Droemer Knaur, München

Haberer T, Küstenmacher M, Küstenmacher WT (2010) Gott 9.0: Wohin unsere Gesellschaft spirituell wachsen wird. Gütersloher Verlagshaus, Gütersloh

Hawking S (2010) Eine kurze Geschichte der Zeit. Rowohlt rororo, Reinbek

Hofstadter DR (1992) Gödel, Escher, Bach: ein Endloses Geflochtenes Band. dtv, München

Junker R, Scherer S (2006) Evolution – ein kritisches Lehrbuch. Weyel Lehrmittelverlag, Gießen

Kahneman D (2014) Schnelles Denken, langsames Denken. Pantheon, München

Kaku M (2014) Die Physik des Bewusstseins: Über die Zukunft des Geistes. Rowohlt, Reinbek

Kegel B (2009) Epigenetik: Wie Erfahrungen vererbt werden. DuMont, Köln

Kostolany A (1982) Kostolany's Wunderland von Geld und Börse. Seewald Verlag, Stuttgart

Krauss L (2013) Ein Universum aus Nichts: … und warum da trotzdem etwas ist. Knaus, München

Kuhn T (1967) Die Struktur wissenschaftlicher Revolutionen. Suhrkamp, Frankfurt a. M.

Küppers B-O (1996) Leben = Physik + Chemie? Das Lebendige aus der Sicht bedeutender Physiker. Piper Tb., München

Küppers B-O (2008) Nur Wissen kann Wissen beherrschen: Macht und Verantwortung der Wissenschaft. Fackelträger-Verlag, Köln

Lorenz K (1996) Die acht Todsünden der zivilisierten Menschheit. Piper Tb., München

Mäder C (2008) Kipp-Punkte im Klimasystem. Umweltbundesamt, Berlin

Mandelbrot B (2014) Die fraktale Geometrie der Natur. Birkhäuser, Basel

Margulis L (1999) Die andere Evolution. Spektrum Akademischer Verlag, Heidelberg

Maturana HR, Varela FJ (1987) Der Baum der Erkenntnis. Die biologischen Wurzeln des Erkennens. Goldmann, München

Metzinger T (2014) Der Ego-Tunnel: Eine neue Philosophie des Selbst: Von der Hirnforschung zur Bewusstseinsethik. Piper Tb., München

Miller GF (2001) Die sexuelle Evolution. Partnerwahl und die Entstehung des Geistes. Spektrum Akademischer Verlag, Heidelberg

Monod J (1971) Zufall und Notwendigkeit. Philosophische Fragen der modernen Biologie. Piper, München

Neukamm M (Hrsg) (2009) Evolution im Fadenkreuz des Kreationismus: Darwins religiöse Gegner und ihre Argumentation. Vandenhoeck & Ruprecht, Göttingen

Oppelt W (1956) Kleines Handbuch technischer Regelvorgänge. Verlag Chemie, Weinheim

Oppelt W, Geyer H (1957) Volkswirtschaftliche Regelungsvorgänge im Vergleich zu Regelungsvorgängen der Technik. Oldenbourg, München

Perrow C (1988) Normale Katastrophen – Die unvermeidbaren Risiken der Großtechnik. Campus, Frankfurt/M

Precht RD (2012) Wer bin ich – und wenn ja wie viele? Eine philosophische Reise. Goldmann, München

Ravenscroft I (2008) Philosophie des Geistes: Eine Einführung. Reclam, Ditzingen

Reichholf J (1993) Das Rätsel der Menschwerdung. Die Entstehung des Menschen im Wechselspiel der Natur. dtv, München

Riedl R (1976, 1986) Die Strategie der Genesis. Naturgeschichte der realen Welt. Piper, München

Riedl R (1979, 1988) Biologie der Erkenntnis. Die stammesgeschichtlichen Grundlagen der Vernunft. dtv, München

Riedl R (1987) Kultur: Spätzündung der Evolution? Antworten auf Fragen an die Evolutions- und Erkenntnistheorie. Piper, München

Riedl R (2000) Zufall, Chaos, Sinn – Nachdenken über Gott und die Welt. Kreuz, Stuttgart

Rifkin J (2011) Die empathische Zivilisation: Wege zu einem globalen Bewusstsein. Fischer Tb., Frankfurt/M

Schätzing F (2006) Nachrichten aus einem unbekannten Universum. Eine Zeitreise durch die Meere. Kiepenheuer & Witsch, Köln

Schirrmacher F (2009) Payback. Warum wir im Informationszeitalter gezwungen sind zu tun, was wir nicht tun wollen, und wie wir die Kontrolle über unser Denken zurückgewinnen. Blessing, München

Schrödinger E (1951) Was ist Leben? Die lebende Zelle mit den Augen des Physikers betrachtet. Leo Lehnen Verlag, München

Schwanitz D (2002) Bildung – Alles, was man wissen muß. Goldmann Verlag, München

Seifritz W (1987) Wachstum, Rückkopplung und Chaos. Eine Einführung in die Welt der Nichtlinearität und des Chaos. Hanser, München

Soros G (2000) Die Krise des globalen Kapitalismus Offene Gesellschaft in Gefahr. Fischer Tb., Frankfurt

Spitzer M (2005) Nervensachen: Geschichten vom Gehirn. Suhrkamp Tb., Berlin

Spitzer M (2012) Digitale Demenz. Wie wir uns und unsere Kinder um den Verstand bringen. Droemer, München

Taleb NN (2010) Der Schwarze Schwan: Die Macht höchst unwahrscheinlicher Ereignisse. dtv, München

Vester F (1978) Unsere Welt – ein vernetztes System. Klett-Cotta, Stuttgart

Vollmer G (2013) Gretchenfragen an den Naturalisten. Alibri, Aschaffenburg

Watzlawick P (2005) Wie wirklich ist die Wirklichkeit? Wahn, Täuschung, Verstehen. Piper Tb., München

Weisman A (2009) Die Welt ohne uns: Reise über eine unbevölkerte Erde. Piper Tb., München von Ditfurth H (1972) Im Anfang war der Wasserstoff. Hoffmann und Campe, Hamburg

von Ditfurth H (1988) So lasst uns denn ein Apfelbäumchen pflanzen. Es ist soweit. Knaur, München

von Kleist H (2013) Über das Marionettentheater. Anaconda, Köln

von Weizsäcker CF (1971) Die Einheit der Natur: Studien. Hanser, München

Widmer H (2013) Das Modell des Konsequenten Humanismus: Erkenntnis als Basis für das Gelingen einer Gesellschaft. rüffer & rub, Zürich

Wiener N (1968) Kybernetik. Regelung und Nachrichtenübertragung in Lebewesen und Maschine. Rowohlt rororo, Reinbek

Wuketits FM (2009) Darwins Kosmos: Sinnvolles Leben in einer sinnlosen Welt. Alibri, Aschaffenburg

Personen- und Sachregister

Alle hier genannten Begriffe sind natürlich im Internet (u. a. in Wikipedia®)[2] mit einer Fülle von Informationen aufzufinden. Manche zentralen Begriffe wie „Rückkopplung" sind nicht indiziert oder nur bei ihrem ersten oder besonders hervorgehobenem Auftreten – sie sind schließlich Thema des gesamten Buches.

A

[2]Ein schönes Beispiel für Selbstbezüglichkeit: Wikipedia enthält einen Artikel über *sich selbst.*

J. Beetz, *Feedback*, https://doi.org/10.1007/978-3-662-62890-4

E

L

Printed in the United States
by Baker & Taylor Publisher Services